Emken / Windbacher

Baustoff-Handelskunde

8. unveränderte Ausgabe

VERLAG:
RM Handelsmedien GmbH & Co. KG
Stolberger Straße 84
50933 Köln

REDAKTION:
RM Handelsmedien GmbH & Co. KG
Niederlassung Duisburg

Stresemannstr. 20-22
47051 Duisburg
Postfach 10 14 61
47014 Duisburg

Telefon: 0203 30527-0
Telefax: 0203 30527-820
www.rm-handelsmedien.de
info@rm-handelsmedien.de

Redaktionelle Koordination/Lektorat:
Dr. Norbert Schmitz-Kremer

Anzeigen:
Mechthild Kaiser

Satz + Layout:
Sabine Ernat, Dorsten

Druck: D+L Printpartner GmbH, Bocholt

8. Ausgabe 2017

ISBN 978-3-9818677-1-8

Zum Geleit

Liebe Auszubildende,
Liebe Mitarbeiter im Baustoff-Fachhandel,

wissen Sie eigentlich, wie bedeutend Ihre Branche ist? Vergleichen Sie doch einmal die Baubranche mit der Autobranche. Welche Branche ist wohl größer? Was denken Sie?

Betrachtet man den Umsatz, liegt die Baubranche im Vergleich zur Autobranche mit einem Bauvolumen von zuletzt 325 Mrd. EUR in Deutschland auf Augenhöhe. Und mit neuen Technologien für intelligente Häuser (Smart Homes) hat die Baubranche längst zu den iCars der Automobilbranche aufgeschlossen.

Der Baustoff-Fachhandel ist ein bedeutender Zweig der deutschen Bauwirtschaft; er ist Dreh- und Angelpunkt vieler Bauvorhaben. Mitarbeiter im Baustoff-Fachhandel verstehen sich als Partner von Bauherren und Renovierern, von Baustoffherstellern, Architekten, Bauingenieuren und Handwerkern. Großhandel und Einzelhandel sind unser Geschäft.

Im Baustoff-Fachhandel tätig sein heißt: vielseitig und zukunftssicher unterwegs sein – mit guten Karrierechancen dazu. Einkauf, Verkauf und Logistik bieten viele Möglichkeiten.

Die neue Baustoff-Handelskunde und das Internet-Portal www.baustoffwissen.de begleiten Sie während Ihrer Ausbildung und beim Einstieg in den Beruf. Sie vermitteln Ihnen wertvolle Tipps und Basiswissen in allen wichtigen kaufmännischen, betrieblichen und rechtlichen Wissensgebieten des Baustoffhandels.

Viel Erfolg!

Berlin im Juli 2015

Stefan Thurn
Präsident des Bundesverbandes Deutscher Baustoff-Fachhandel (BDB)

Zu den Autoren

Marco Emken wurde 1975 in Wittmund, nahe der Nordseeküste, geboren.
Nach dem Abitur sammelte er erste Baustoff-Erfahrungen in einer Bautischlerei und absolvierte eine Ausbildung zum Kaufmann im Groß- und Außenhandel in einem Baustoffhandelsunternehmen.
Parallel zur Ausbildung erfolgte ein Studium der Betriebswirtschaft an der Berufsakademie mit den Schwerpunkten Marketing und Unternehmensführung.
Beruflich ist er seit fast 20 Jahren im operativen Baustoffgroßhandel tätig.
Er verantwortete zunächst die Baumarkt-Mitgliederbetreuung der Kooperation Nowebau und lernte danach auf verschiedenen Stationen viele Facetten des Baustoffhandels kennen: Marketing, Produktmanagement, Einkauf, Vertrieb und Logistik.
2008 wurde er Prokurist, und seit 2010 ist er Geschäftsführer des Nowebau-Zentrallagers im ostfriesischen Großefehn, das rund 100 angeschlossene Nowebau-Baustoffhändler im gesamten Nordwesten Deutschlands beliefert.
Er ist ebenfalls im Bundesverband Deutscher Baustoff-Fachhandel als stellvertretender Bezirksvorsitzender sowie als Mitglied der Arbeitsgruppe Logistik aktiv und fungiert als Prüfer im IHK-Prüfungsausschuss für Groß- und Außenhandel.
Die Aus- und Weiterbildung besitzt nach seiner Überzeugung einen zentralen Stellenwert: „Man muss jede Möglichkeit der Weiterbildung nutzen, die man kriegen kann!"

Marc-Oliver Windbacher wurde 1967 in Hamburg geboren.
Nach der Realschule und dem erfolgreichen Abschluss einer technischen Ausbildung erwarb er die Fachhochschulreife.
1994 begann er im internationalen Handelsunternehmen Toys"R"Us eine Management-Trainee-Ausbildung. Nachdem er bundesweit verschiedene Führungspositionen durchlaufen hatte, übernahm er eine Stabsstelle im Projektmanagement in der europäischen Unternehmenszentrale in Köln.
Im Jahr 1998 wechselte er zur Kooperation Hagebau, wo er als Projektleiter eine Kundenkarte, die Hagebau Partner-Card, entwickelte und bundesweit einführte. Parallel erhielt er ein Stipendium an der Bayerischen Akademie für Werbung und Marketing, wo er 2001 sein Diplom als Direktmarketing-Fachwirt erhielt.
2007 übernahm er die Abteilungsleitung für Schulung/Training und Personalentwicklung. In dieser Funktion konzipierte er zahlreiche branchenorientierte und zertifizierte Qualifizierungsprogramme, entwickelte Ausbildungsstandards und wirkte in zahlreichen Gremien mit, wie z. B. im BDB-Arbeitskreis „Aus- und Weiterbildung", und engagierte sich in IHK-Prüfungsausschüssen.
Er gewann für die Hagebau zweimal den Internationalen Deutschen Trainingspreis in Gold und Silber.
Seit 2013 ist er bei der Bauking AG, einem marktführenden Unternehmen im Baustoff- und Holzhandel, als Personaldirektor tätig. Er leitet das Personalmanagement und verantwortet ebenfalls das Ausbildungswesen mit über 350 Auszubildenden.

Vorwort

Das Berufsbild Groß- und Außenhandelskaufmann/-frau im Baustoff-Fachhandel hat sich in den letzten Jahren stark gewandelt. Die Tätigkeiten sind anspruchsvoller und vielfältiger, zugleich aber auch attraktiver geworden.

Gerade vor dem Hintergrund des auch in Zukunft weiter knappen Wohnraums und der damit verbundenen guten Auftragslage im Baustoffhandel ist die Ausbildung zum/zur Baustoffkaufmann/-frau zukunftssicherer denn je.

Für die vorliegende 7. Ausgabe der Baustoff-Handelskunde haben mit Marco Emken und Marc-Oliver Windbacher zwei Vertreter aus der Baustoffhandelspraxis den „Autoren-Stab" von Klaus Klenk und Steffen Leßig übernommen, denen unser Dank für die langjährige Betreuung dieses Buches gilt.

Die neue Ausgabe bietet angehenden Baustoff-Kaufleuten das aktuelle kaufmännische Rüstzeug – praxisnah und auf die Anforderungen im modernen Baustoff-Fachhandelsunternehmen zugeschnitten.
Verständliche und anschauliche Beispiele verdeutlichen stets die Theorie in den verschiedenen Wissensgebieten.
Die Vermittlung der allgemeinen Grundlagen bleibt weiterhin den Berufsschulen vorbehalten.

Die große praktische Erfahrung der beiden Autoren – im Verbandswesen, in der Führung eines Baustoff-Handelsunternehmens und in der beruflichen Aus- und Weiterbildung – geben der neuen Baustoff-Handelskunde ihre besondere Qualität.

Wenige Branchen verfügen über ein derartig spezifisches Standardwerk für die erfolgreiche Aus- und Weiterbildung ihres Nachwuchses.

Duisburg, im Mai 2017

Inhaltsverzeichnis

Inhalt

Inhalt

I Der Markt für Baustoffe

1 Bevölkerung und Haushalte

Die Bevölkerungszahl der Bundesrepublik Deutschland liegt derzeit bei rd. 81 Mio. Einwohnern. Nach Berechnungen des Statistischen Bundesamtes dürfte sich die Zahl in den kommenden Jahren nur geringfügig ändern. Längerfristig geht das Statistische Bundesamt bei seinen Berechnungen davon aus, dass die Bevölkerung Deutschlands in den nächsten 50 Jahren um 15 Mio. Einwohner abnehmen wird. Bei dieser Prognose muss allerdings berücksichtigt werden, dass sich die Zahl der Aus- und Umsiedler sowie der Asylsuchenden kaum voraussagen lässt. Der Anteil der erwerbstätigen Bevölkerung wird, mittelfristig betrachtet, relativ stabil bleiben. Im Hinblick auf den privaten Verbrauch im Inland lassen sich deshalb allenfalls sehr begrenzte negative Einflüsse ableiten. Das zahlenmäßige Verhältnis zwischen älteren und jüngeren Menschen wird sich erheblich verschieben. Bis zum Jahr 2030 werden die Menschen im Alter von 57 bis 75 Jahren zu den am stärksten besetzten Jahrgängen gehören. Heute sind es die 40- bis 59-Jährigen mit über 25 % der Gesamtbevölkerung. Diese Verschiebung in der Alterspyramide wird erhebliche Auswirkungen auf das Marketing haben. Schon heute spricht man von den Senioren als die wirtschaftlich attraktivste Zielgruppe der Zukunft. Die Gesamtzahl der Privathaushalte beträgt etwas über 40 Mio. In den nächsten Jahren wird sich die Zahl im Gegensatz zur Bevölkerung leicht erhöhen. Hieran lässt sich ein Trend der nächsten Jahre ablesen: Es wird sich vermehrt um Single-Haushalte handeln, d. h. tendenziell wird die durchschnittliche Wohnungsgröße abnehmen. Der künftig etwas verstärkte Rückgang bei Mehrpersonenhaushalten dürfte durch diese Zunahme der Einpersonenhaushalte weitgehend ausgeglichen werden.

2 Konjunktur

Unter Konjunktur versteht man die Schwankungen im Wirtschaftsablauf, z. B. bei der Beschäftigung, dem Preisniveau und dem Import bzw. Export. Im Rahmen unserer sozialen und marktwirtschaftlichen Ordnung ist der Staat verpflichtet, mit eigenen Maßnahmen, u. a. über die Einnahmen- und Ausgabenpolitik der öffentlichen Haushalte, ausgleichend zu wirken. Damit werden extreme Konjunkturschwankungen, wie sie beispielsweise eine Inflation (Geldentwertung) darstellt, vermieden. Die Wellenbewegungen der Konjunkturen sind deshalb flacher geworden, als dies früher der Fall war. Die Erfahrungen der letzten Jahrzehnte zeigen, dass man mit dieser relativen Stabilität auch langfristig rechnen kann.

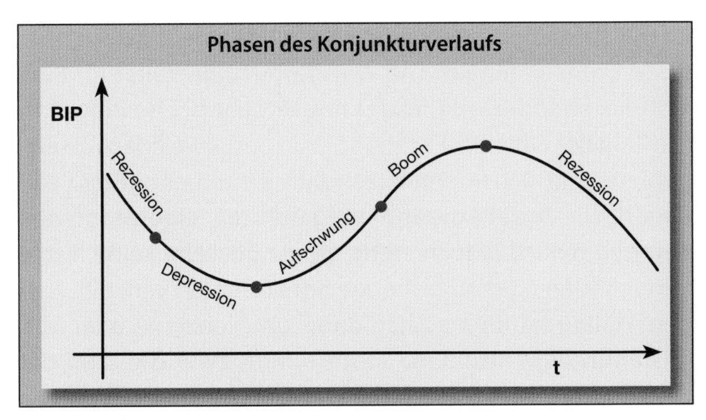

Grafische Darstellung der Phasen des Konjunkturverlaufs. *Grafik: www.pussep.de*

3 Bauwirtschaft und Baukonjunktur

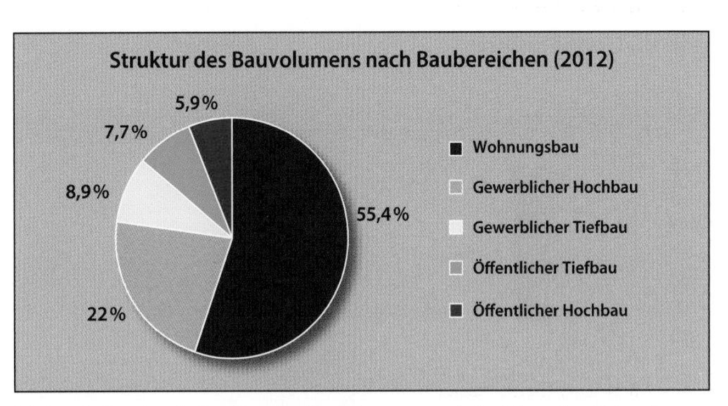

Die Statistik zeigt die Struktur des Bauvolumens nach Nachfragebereichen in Deutschland in 2012. Im Jahr 2012 besaß der Wohnungsbau in Deutschland einen Anteil von rund 55 % am gesamten Bauvolumen. Insgesamt belief sich das Bauvolumen auf mehr als 309 Mrd. EUR. *Quelle: DIW Berlin/Statista 2015*

Die Bauwirtschaft ist einer der bedeutendsten Wirtschaftszweige in Deutschland. Hier werden weit mehr als die Hälfte aller Investitionen getätigt. Allein im Bauhauptgewerbe (Wohnungsbau, Wirtschaftsbau und öffentlicher Bau) wurden in 2012 745 000 Mitarbeiter in Vollzeit beschäftigt. Nimmt man die baunahen Gewerke und Zulieferer hinzu, steigt die Zahl der Beschäftigten auf rund 2 Mio.
Insbesondere wegen der intensiven Verflechtung mit einer Vielzahl vor- und nachgelagerter Wirtschaftszweige ist die Branche volkswirtschaftlich und politisch von hoher Bedeutung. Das Bauvolumen ist definiert als Summe aller Leistungen, die auf die Herstellung und Erhaltung von Bauwerken gerichtet sind. Es umfasst neben den Bauinvestitionen auch Reparaturen, Instandhaltung und Instandsetzung. Die jährliche Berechnung erfolgt durch das Deutsche Institut für Wirtschaftsförderung in Berlin. Die Daten basieren auf der Preisbasis des Jahres 2000 = 100. Das Bauvolumen im Jahr 2012 belief sich auf mehr als 309 Mrd. EUR. Das Bundesamt für Bauwesen und Raumordnung veröffentlich im „Bericht zur Lage und Perspektive der Bauwirtschaft" jährlich die aktuellen Zahlen.
Für die kurz- und mittelfristige wirtschaftliche Planung im Baustoff-Fachhandel dienen überwiegend die Baugenehmigungen und Baufertigstellungen. Diese stehen in einem

engen zeitlichen Zusammenhang: Erfahrungsgemäß liegen zwischen Genehmigung und Fertigstellung des Rohbaus ca. 8-10 Monate. Der Ausbau nimmt weitere 4-6 Monate in Anspruch. Somit ist die Baugenehmigung der wichtigste Frühindikator zur Vorausschätzung der tatsächlichen Bautätigkeit in der nächsten Planungsperiode. Der Wohnungsbau macht mit rund 54 % immer noch den größten Teil des Bauvolumens aus. In den Jahren 2006 bis 2008 gingen die Genehmigungszahlen und somit die erstellten Wohneinheiten drastisch zurück, bis sie sich in 2009 auf niedrigem Niveau stabilisierten. Seit 2010 ist wieder ein moderater Anstieg von Baugenehmigungen und Baufertigstellungen zu beobachten.

Moderne Baustoff-Fachhandlung *Foto: Holz+Bau, Weener*

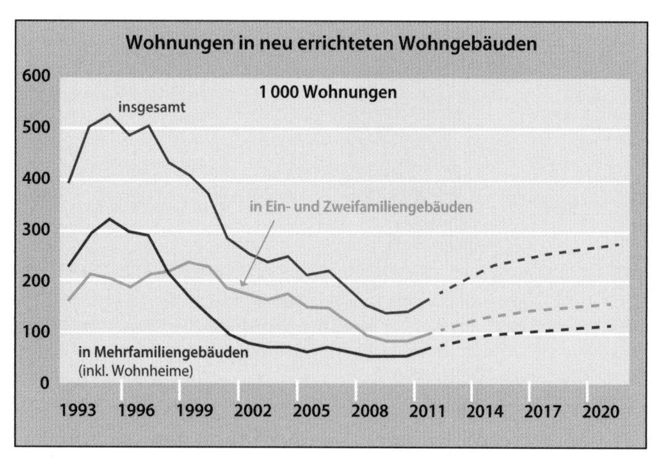

Fertigstellung von Wohn- und Nichtwohngebäuden *Quelle: Destatis/ifo-Institut*

Nach Prognosen des ifo-Instituts und der Heinze Marktforschung wird die bereits eingeleitete Verschiebung der Investitionen vom Neubau hin zur Modernisierung noch stärker an Fahrt zunehmen. Bereits heute machen die Investitionen im Bereich der Modernisierung zwei Drittel des gesamten Wohnungsbauvolumens aus. In den letzten Jahren hat sich der Baustoff-Fachhandel bereits auf diese Verschiebung eingestellt.

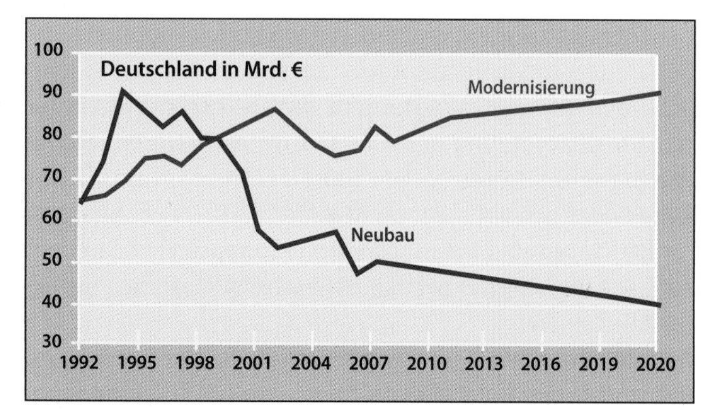

Entwicklung des Wohnungsbauvolumens in Mrd. EUR *Quelle: Heinze/ DIW Berlin*

4 Der Baustoff-Fachhandel

4.1 Stellung im Markt

Die Unternehmen des Baustoff-Fachhandels sind als Partner für alle, die ein Bauprojekt – gleich welcher Größe – betreiben, sowohl auf der Großhandels- als auch auf der Einzelhandelsstufe tätig. Im Großhandel beliefern sie im Produktionsverbindungshandel als Vertriebspartner der Baustoffindustrie die gewerblichen Profi-Kunden, wie z. B. Bauunternehmer, Zimmereien, Dachdecker, Fliesenleger usw.

Weitere Kunden sind Architekten, Bauplaner und Behörden sowie „Profis auf Zeit", private Bauherren und private Modernisierer. Im Schnitt werden zwei Drittel des Umsatzes im deutschen Baustoff-Fachhandel mit den Profikunden erwirtschaftet. Der Absatz an die Endverbraucher nahm in den letzten Jahren stetig zu. Ursächlich hierfür sind die gestiegene Eigenleistung am Bau sowie die Marktverschiebung hin zur Sanierung und Modernisierung. Der Baustoff-Fachhandel steht dabei im direkten Wettbewerb zu den Bau- und Heimwerkermärkten. Der Baustoff-Fachhandel erwirtschaftete im Jahr 2012 einen Gesamtumsatz von rund 20 Mrd. EUR.

Das Tätigkeitsumfeld des Baustoff-Fachhandels ist überwiegend regional strukturiert. Im Durchschnitt ist der Belieferungsradius auf ca. 50 km beschränkt. Lediglich Händler mit speziellem und meist engem Sortiment liefern über diese Grenzen hinaus. Die Wettbewerbsintensität im Baustoff-Fachhandel wird insgesamt als sehr hoch eingestuft. Die Zahl der Baustoff-Fachhändler in den jeweiligen Absatzgebieten hat sich in den letzen Jahren nur geringfügig verändert. Die Anzahl der inhabergeführten, eigenständigen Betriebe nimmt jedoch stetig ab, da Betriebe keine Nachfolger finden oder an bisherige Konkurrenten verkauft werden. Häufig handelt es sich dabei um Konzerne oder Mittelstandskooperationen. Somit nimmt zwar die Zahl der Händler kontinuierlich ab, die Zahl der Standorte hingegen fast nicht.

4.2 Funktionen des Baustoff-Fachhandels

Der Baustoff-Fachhandel übernimmt im Wirtschaftskreislauf wichtige Funktionen, die seine Stellung als Bindeglied zwischen Produktion und Verarbeitung rechtfertigen. Er leitet den Warenstrom vom Erzeuger zum Verbraucher, indem er die benötigten Wirtschaftsgüter am richtigen Ort, zur richtigen Zeit und in ausreichender Menge bereitstellt. Die Funktionen werden im Einzelnen wie folgt dargestellt:

Überbrückungsfunktionen
Dazu zählen:
Raumüberbrückung: Einem Hersteller, z. B. im norddeutschen Raum, ist es nur dann möglich, im süddeutschen Gebiet breit gestreut seine Artikel zu vertreiben, wenn er dort eine Reihe von Handelspartnern hat. Diese sorgen für die Distribution (Verteilung) in ihrem Einzugsgebiet. Der eigene Fuhrpark des Baustoff-Fachhandels spielt dabei eine wichtige Rolle.
Zeitüberbrückung: Dazu gehört insbesondere die Lagerfunktion des Baustoff-Fachhandels. Er stellt damit sicher, dass die Ware sofort verfügbar ist, wenn Bedarf anfällt. Auch die Vordisposition (den Bedarf dem Hersteller vorausschauend mitteilen) spielt dabei eine Rolle. Jeder Baustofferzeuger kann seine Produktion darauf einstellen, wenn ihm seine Händler rechtzeitig sagen: Wir benötigen von Ihren Artikeln in zwei Monaten eine bestimmte Menge.
Preisausgleich: Die einzelnen Baustoffhändler stehen untereinander im Wettbewerb (Konkurrenz). Wettbewerb ist jedoch eine der wichtigsten Grundlagen unserer Marktwirtschaft. Er stellt sicher, dass der Verarbeiter oder der Verbraucher stets zu günstigen Preisen einkaufen kann.

Kreditfunktion
Der Baustoff-Fachhandel beliefert seine Kunden und setzt Zahlungsziele. Bei Bezahlung innerhalb von acht Tagen mit 3 % Skonto bzw. nach 30 Tagen netto. Er gewährt also Kredit und handelt im Grundsatz wie eine Bank.

Warenfunktionen
Quantität: Die von der Industrie erzeugten Großmengen müssen bedarfsgerecht aufgeteilt werden. Der Hersteller eines bestimmten Baustoffs kann also nur über eine bestimmte Anzahl von Händlern seine Erzeugnisse vermarkten lassen.

Qualität: Verschiedene Baustoffe werden mit qualitativen Unterschieden hergestellt. Der Baustoff-Fachhandel hat die Aufgabe, Produkte verschiedener Qualitäten – beispielsweise Fliese 1. Sorte und Mindersortierung – in seinem Sortiment zu führen.

Sortiment: Hier übernimmt es der Baustoff-Fachhandel, alle Waren, die man z. B. für den Bau eines Hauses benötigt, am Lager zu führen oder innerhalb weniger Stunden in Großmengen beschaffen zu können. Damit ist er in der Lage, alle Ansprüche, die ein Bauunternehmer oder ein Bauherr an ihn stellt, zu erfüllen.

Beratungsfunktion
Aufgabe des Handels ist es, Informationen über die Ware und ihre Verarbeitung dem Verwender bzw. Verbraucher zu übermitteln. Für den jeweiligen Zweck ist der richtige Baustoff über die Beratung zu verkaufen.

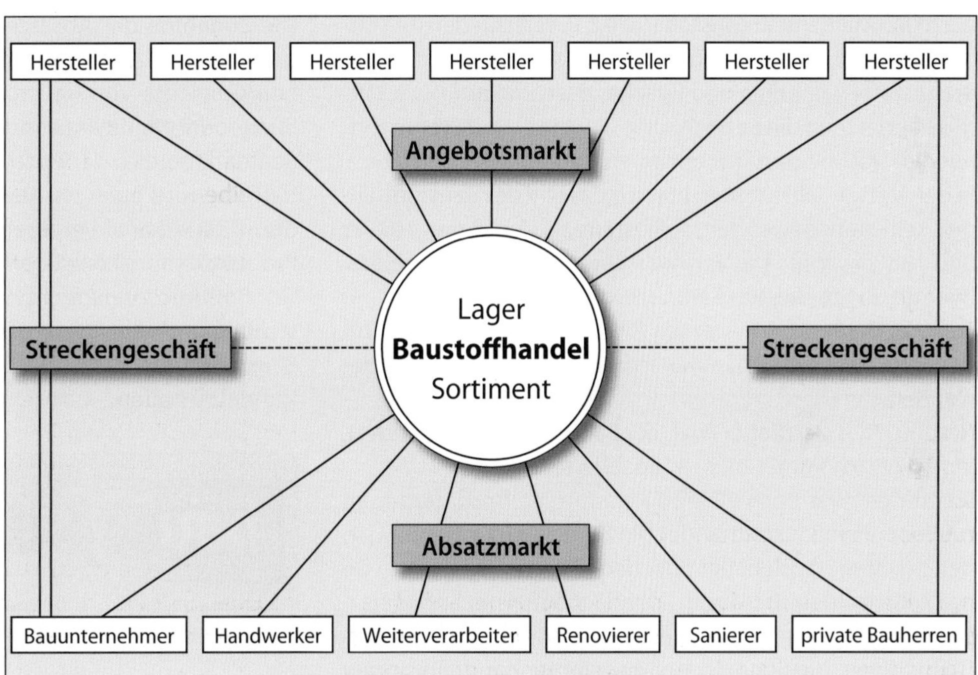

Während der Angebotsmarkt (Lieferanten) relativ homogen erscheint, steht dem Baustoff-Fachhändler ein heterogener Absatzmarkt (Kunden) gegenüber, der höchste Anforderungen an das Verkaufstalent stellt.

Markterschließungsfunktion
Bei neuen Produkten muss der Handel zusammen mit dem Hersteller den Markt neu erschließen. Dabei muss der vermutliche kommende Bedarf abgeschätzt werden.

Aufgrund seiner Handelsfunktionen teilt sich der Markt für den Baustoff-Fachhandel in zwei funktionell unterschiedliche Bereiche (s. Grafik oben):
Angebotsmarkt: Auf diesem Markt treffen Hersteller und Handel zusammen. Der Angebotsmarkt regelt die Beziehungen zwischen diesen beiden Marktteilnehmern.

Absatzmarkt: Auf diesem Markt treffen Handel und Abnehmer zusammen. Der Absatzmarkt regelt die Beziehungen zwischen diesen beiden Marktteilnehmern.

4.3. Der Baustoffhandel im Wandel der Zeit

Betrachtet man den heutigen, modernen Baustoffhandel, so unterscheidet er sich doch in vielen Belangen enorm von den frühen Baustoffhandlungen in den Gründungsjahren. Seinerzeit übernahm der Handwerker auch die Beschaffung des zu verarbeiteten Materials. Erst später entwickelte sich der klassische Baustoffhandel. Zu Anfang und Mitte des letzten Jahrhunderts entstanden dann viele heutige Baustoffhandlungen. Oftmals gingen sie aus Gastwirtschaften hervor, die aufgrund ihrer meist zentralen Lage auch als Ort für den regionalen Handel dienten. An vielen alteingesessenen Baustoffhandelsstandorten sieht man auch noch Viehwaagen oder landwirtschaftliche Verladerampen für Vieh. Sie wurden an zentralen Orten errichtet, die sich zu Handelsstandorten entwickelten; zumeist waren sie an den Schnittpunkten wichtiger regionaler Handelsrouten gelegen.
Neben landwirtschaftlichem Grundbedarf, Maschinen und Saatgut bediente ein Großteil der früheren Baustoffhändler auch den Markt für Brennstoffe, wie z. B. verschiedenste Kohlesorten. Und auch heute noch führen viele Baustoffhändler Brennstoffe wie Kohle und Flaschengase im Sortiment. Oftmals findet man die Bezeichnung „Baustoff- und Brennstoffhandel" noch in den Firmennamen traditioneller Betriebe.
In den letzten Jahrzehnten hat sich das Bild des Baustoffhandels sehr stark gewandelt, spätestens als sich in den 1970er und 1980er Jahren die Vertriebsschiene der Baumärkte etablierten. Bis zu diesem Zeitpunkt gab es den Baumarkt mit Selbstbedienung, so wie man ihn heute kennt, nicht. Und der Baumarkt hat sich in den letzten Jahrzehnten stets gewandelt.
Natürlich hat sich daher auch der Baustoffhandel verändert, indem er sich immer mehr spezialisierte.
So gibt es zwar noch viele sogenannte Vollsortimenter im traditionellen Baustoffhandel, die für den Bauunternehmer, den privaten Häuslebauer oder den „Profi auf Zeit" alles von der Kellerisolierung bis zum Dachflächenfenster anbieten.
Daneben gibt es spezialisierte Händler wie z. B. Bedachungs-Fachhändler, die überwiegend bestimmte Kundengruppen wie in diesem Fall den Dachdecker oder Zimmereibetrieb bedienen. Weitere, allerdings weniger verbreitete Spezialgroßhändler sind z. B. die sogenannten Dämmstoff-Kontore, die sich speziell um das Sortiment Trockenbau/Innenausbau kümmern oder aber die reinen Bauelementehändler im Bereich der Türen, Tore und Fenster.

Das Logo der Kooperation von Fachhändlern für Dach- und Fassadenbaustoffe (FDF), die über 90 Standorte in Deutschland und Österreich verfügt

Neben einer ständig zunehmenden Spezialisierung der Baustoffhändler beobachtet man seit einigen Jahren eine weitere, viel einschneidendere Entwicklung, nämlich die deutliche Zunahme von Online-Anbietern für Baustoffe.
Die Zunahme der Absätze über den Online-Kanal ist aufgrund der hohen Erklärungsbedürftigkeit und der z. T. hohen Gewichte von Baustoffen nicht so hoch wie z. B. im Buch- oder Musikversandhandel, allerdings steigt auch im Baumarktbereich der Anteil der Online-Umsätze stetig. Mittelfristig wird auch der Baustoffhandel weitere Anteile an den Online-Kanal verlieren, sollte er sich nicht mit hoher Problemlösungskompetenz und kreativen Ideen dagegen wehren. Auch verspricht die Kombination von Online-Bestellung und -Abholung der bestellten Ware im stationären Baustoffhandel gute Chancen, Marktanteile im stationären Handel zu halten.

Mit Online-Shops versuchen Baustoffhändler, dem Wandel im Einkaufsverhalten der Kunden zu entsprechen.

II Marketing und Werbung

1 Was ist Marketing?

Marketing als Ausdruck von marktorientiertem Denken und Handeln ist für alle Unternehmen unserer Wirtschaft von großer Bedeutung. Dies gilt auch für den Baustoff-Fachhandel. Marketing kann als „Zuwendung zum Kunden hin" umschrieben werden. Da der Kunde im Mittelpunkt aller Überlegungen stehen muss, hat Marketing praktisch alle Bereiche einer marktgerechten Unternehmensführung erfasst. In den letzten Jahrzehnten ist Marketing perfekter, wissenschaftlicher, detaillierter und komplizierter geworden. Das drückt sich auch in der Marketingliteratur aus, in der neben Grundlagenwissen auch eine Fülle von Spezialthemen behandelt wird.
In den folgenden Ausführungen werden Hinweise zu zentralen Marketingaspekten des Baustoff-Fachhandels gegeben. Vollständigkeit ist nicht möglich. Dem Leser wird vielmehr ein übersichtlicher Einstieg in das Marketingwissen unserer Zeit angeboten.

Symbolhafte Säulen der Marketingvielfalt: crossmediales Marketing
Foto: D. Fehrenz/Messe Frankfurt Ausstellungen

Wenn man unter Marketing die marktbezogene Unternehmensführung einerseits und die aktive Beeinflussung und Gestaltung des Marktes mithilfe der verfügbaren Marketinginstrumente andererseits versteht, ist schon eine recht gute Beschreibung der Marketingziele gegeben. Geht man einen Schritt weiter und sucht nach einer noch umfassenderen Definition, kann man wie folgt formulieren:

> *Marketing ist aktives Bemühen, auf der Basis umfassender Informationen über relevante Sachverhalte und durch den planvollen Einsatz absatzpolitischer Instrumente Marktpartner im Sinne der eigenen Zielsetzung zu beeinflussen.*

Häufig wird der Begriff „Marketing" zur Kennzeichnung der absatzorientierten Grundhaltung eines Unternehmens eingesetzt. Damit kommt zum Ausdruck, dass sich alle betriebswirtschaftlichen Vorgänge am Absatzmarkt zu orientieren haben. Unter diesem Gesichtspunkt kann Marketing als eine Unternehmensphilosophie verstanden werden.

> *„Die zentrale Marketingaufgabe sehen wir in der Entwicklung und dem Absatz von Produkten und Dienstleistungen, welche die Wünsche und Bedürfnisse der Menschen optimal befriedigen und die in uns gesetzten Unternehmensziele erreichen."*
> *Deutsche Marketingvereinigung*

Die Erfüllung dieser Aufgaben wird in die Bereiche Marketingforschung und Marketingpolitik unterteilt:

1.1 Marketingforschung

Die Marketingforschung umfasst die systematische Gewinnung, Verarbeitung und Weitergabe von allen relevanten Daten und Informationen für das Unternehmensmarketing. Diese Forschung unterteilt sich in zwei große Bereiche. Zum einen in die Primärforschung, die mittels Befragungen, Interviews oder Beobachtung Daten und Informationen beschafft, sowie andererseits in die Sekundärforschung, die überwiegend aus bestehenden Daten (Statistiken, Außendienstberichte oder Internetberichte) ihre Aussagen gewinnt.

1.2 Marketingpolitik

Die Marketingpolitik ist die zielgerichtete Gestaltung des Absatzmarktes. Hier stehen dem Baustoff-Fachhandel verschiedene Arbeitsmittel zur Verfügung. Diese Mittel werden als Marketinginstrumente bezeichnet. Diese Instrumente sind:

- Preis- und Kontrahierungspolitik = Zu welchen Bedingungen sollen die Leistungen abgesetzt werden?
- Produkt-/Sortimentspolitik = Welche und wie viele Leistungen sollen angeboten werden?
- Kommunikationspolitik = Wer soll durch welche Informationen und auf welchen Wegen beeinflusst werden?
- Distributionspolitik = An wen und auf welchen Wegen sollen welche Leistungen abgesetzt werden?

Das Zusammenwirken dieser vier Instrumente nennt man **Marketingmix**.

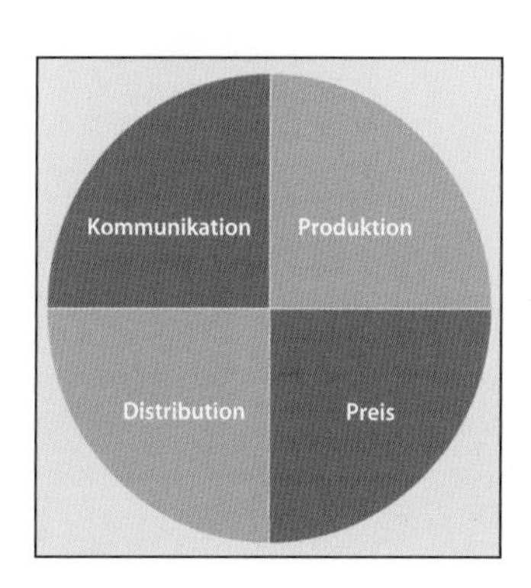

Die vier Hauptkomponenten im Marketingmix

1.3 Baustoff-Fachhandel und Marketing

Diese allgemein gehaltenen Begriffserläuterungen könnten den Eindruck erwecken, als ob für den Baustoff-Fachhandel eine ziemlich einheitliche Marketingkonzeption existieren würde bzw. eingesetzt werden könnte. Jedoch gleicht kein Unternehmen exakt dem anderen. Besonderheiten prägen das Erscheinungsbild. Die Größe des Unternehmens, sein Standort, die Sortimentszusammensetzung, die Kundenstruktur und die Mitarbeiter setzen individuelle Akzente. Somit gibt es „die" eine Konzeption nicht.
Und ob eine Marketingkonzeption dann tatsächlich mit Erfolg durchgesetzt werden kann, ist von verschiedenen äußeren Rahmenbedingungen abhängig, z. B. von einer allgemein guten Konjunktur.
Eine negative Rahmenbedingung kann hingegen eine rückläufige Zahl der Kinder sein, woraus langfristig eine Schrumpfung der Kundenzielgruppe resultiert.
Das Käuferverhalten, die Art und Weise, wie die Konkurrenz agiert und reagiert, auch die Vorgehensweise der Hersteller, setzen häufig neue Maßstäbe. Dazu kommen technologische und politische Gegebenheiten. Der Wertewandel spielt ebenfalls eine wichtige Rolle (z. B. Umweltbewusstsein). Auch politische Veränderungen können auf Erfolg oder Misserfolg einer Konzeption einwirken. Kurz vor Inkrafttreten von Steuererhöhungen nimmt z. B. der Umsatz im Handel zu, um noch zu vermeintlich niedrigen Preisen kaufen zu können. Kurz nach der Erhöhung verzeichnet man dann eine Umsatzdelle, da sich viele Verbraucher vorher entsprechend eingedeckt haben.
Der Schlüssel zum Erfolg liegt bei jedem Unternehmen in der Fähigkeit, rechtzeitig und angemessen Änderungen des Marktes zu berücksichtigen. Die Marktforschung und die Beobachtung und Auswertung der Marktprognosen liefern dazu das Basismaterial.

2 Preis- und Kontrahierungspolitik

Vereinbarungen, wie Preise, Rabatte, Boni, Skonti sowie die Lieferungs- und Zahlungsbedingungen sind Elemente in der Preis- und Kontrahierungspolitik. Die Preispolitik als Marketinginstrument spielt beim Baustoff-Fachhandel nach wie vor eine wichtige Rolle.

Großbaustellen, wie z. B. der Sitz der Europäischen Zentralbank (EZB) in Frankfurt/M., werden mit Baumaterialien im Streckengeschäft beliefert.
Foto: Mylius

Grundsätzlich werden zwei große Preisgruppen unterschieden:
Streckenpreise = Preise für Baustoffe, die das Händlerlager nicht berühren. Der Versand erfolgt vom Hersteller direkt an die Baustelle (Streckengeschäft).
Lagerpreise = Preise der Baustoffe, die über das Händlerlager ausgeliefert oder dort abgeholt werden.

2.1 Rabattpolitik

Die Rabattpolitik hat die Aufgabe, die Preishöhe durch gewährte Nachlässe zu verringern. Rabatte (Abschläge) sind also Preisnachlässe für Waren und Dienstleistungen. Der wichtigste Rabatt beim Baustoff-Fachhandel ist der **Mengenrabatt**. Er wird als Preisnachlass für die Abnahme größerer Mengen gewährt. Mengenrabatte werden beim Baustoff-Fachhandel etwa bei der Abnahme geschlossener Ladungen oder bei bestimmten Jahresbezügen vonseiten der Industrie angeboten. Der Handel gewährt seinen Kunden Mengenrabatte unter ähnlichen Voraussetzungen, z. B. im Streckengeschäft, beim Vorliegen eines Großauftrags oder wenn ein Kunde Fliesen für ein ganzes Haus einkauft. Weitere Rabattarten sind u. a. Funktionsrabatt, Treuerabatt, Saisonrabatt, Naturalrabatt, Sonderrabatt. Bei dem Begriff **Bonus** handelt es sich um einen nachträglich gewährten Rabatt. Dieser wird von der Baustoffindustrie meist jährlich zum Jahresende gewährt. Mittlerweile werden Bonusgutschriften auch viertel- oder halbjährlich vergütet. Inzwischen sind durch die Kreativität und die gezielteren Einkaufsstrategien der Baustoff-Fachhändler und Kooperationen neben dem normalen Jahresbonus viele weitere Bonusarten erwachsen.
So gibt es:
- Steigerungsbonus,
- Werbebonus,
- Verkaufsförderungsbonus,
- Zielerreichungsbonus,
- Gruppenbonus usw.

Skonto ist ein prozentualer Nachlass auf den Rechnungsbetrag. Beim Baustoff-Fachhandel wird z. B. dem Endverbraucher bei Barzahlung einer größeren Rechnungssumme Skonto gewährt und dem Profi-Kunden bei Bezahlung seiner Außenstände innerhalb von zehn Tagen ein Skonto von 2 % eingeräumt. Entscheidend für die Gewährung von Skonto ist entweder die sofortige Bezahlung oder die Begleichung der Rechnungen innerhalb einer bestimmten Frist. Rabatte, Boni und Skonti sind wie der Preis ebenfalls Mittel einer aktiven Preispolitik.

2.2 Lieferungs- und Zahlungsbedingungen

Mit Hilfe von Lieferungs- und Zahlungsbedingungen werden weitere Konditionen vereinbart. Die Lieferungs- und Zahlungsbedingungen des Baustoff-Fachhandels liegen als unverbindliche Konditionsempfehlung des Bundesverbandes Deutscher Baustoff-Fachhandel e. V. (BDB) vor.

Auszug aus der Präambel der Konditionsempfehlungen des BDB
„Die Grundlage einer dauernden und bleibenden Geschäftsverbindung sind nicht Lieferungs- und Zahlungsbedingungen, sondern Zusammenarbeit und gegenseitiges Vertrauen. Dennoch kommen wir nicht umhin, für alle Geschäfte mit unseren Kunden einige Punkte abweichend bzw. ergänzend zu den gesetzlichen Regelungen zu vereinbaren, indem wir zugleich Einkaufs- bzw. Auftragsgeschäftsbedingungen widersprechen."

Im Einzelnen werden in den Lieferungs- und Zahlungsbedingungen Ausführungen u. a. zu folgenden Themen gemacht: Lieferung, Melden von Mängeln, Transportschäden und Fehlmengen, Mängelhaftung, besondere Vereinbarung bei Zahlungszielen, Gerichtsstand sowie Eigentumsvorbehalt im Geschäftsverkehr mit gewerblichen Kunden.

2.3 Spannendenken beim Einzelhandel

Fast jeder Baustoff-Fachhändler ist auch im Einzelhandel tätig und sollte mit dem Spannendenken vertraut sein, denn die Zielgruppe der Endverbraucher wird auch von den zahlreichen Baumärkten und Baumarktdiscountern umworben. Diese locken oftmals mit vermeintlich attraktiven Sonderangeboten, die in vielen Fällen nur sehr knapp über den Einstandspreisen des Baustofffachhandels liegen. Von den Lebensmitteldiscountern haben die großen Baumarktketten gelernt, das Instrument der Preispolitik sehr variantenreich einzusetzen. Aktive Preispolitik bedeutet für sie das Planen und Durchführen dieser Sonderangebote. Sie signalisieren dem Endverbraucher zu Recht oder zu Unrecht generelle Billigpreise.

Der Baustoff-Fachhandel hat in der Vergangenheit gelernt, mit Aufschlägen umzugehen. Das Denken in Spannen fällt immer noch schwer. Eine Gegenüberstellung zeigt z. B. folgendes Bild:

Spanne	Aufschlag
10	11,1
20	25,0
33	49,2
40	66,7
45	81,8
50	100,0
55	122,2
60	150,0

Hinweis: Spannendenken und Handelsaufschlag siehe auch Kap. V, 2.2. „Kalkulation"

Sonderangebote beim Baustoff-Fachhandel bedeuteten bisher: Preisreduzierung für einzelne Artikel ohne Ausgleich durch höhere Kalkulation anderer Produkte. Anders verhält es sich bei der geplanten differenzierten Kalkulation im Rahmen des Spannendenkens. Hier geht man beispielsweise davon aus, dass 5 % des Gesamtumsatzes mit einer Spanne von nur 10 % als Sonderangebot verkauft werden. Um für den Gesamtumsatz trotzdem den geplanten Rohertrag zu erzielen, ist eine Umrechnung notwendig. 95 % des Gesamtumsatzes sind deshalb mit einer höheren Spanne als beispielsweise den generell benötigten 40 % in Ansatz zu bringen. Rechnerisch ergibt sich somit folgendes Bild: 5 % des Umsatzes werden mit einer Spanne von 10 % kalkuliert, 95 % des Umsatzes werden nicht mit 40 %, sondern mit einer Spanne von 41,6 % berechnet. Der Gesamtrohertrag ändert sich trotz der Sonderangebote in diesem Falle nicht.

2.4. Preislisten

Mehr und mehr ist der Baustoff-Fachhandel dazu übergegangen, Preislisten für seine Kunden zur Verfügung zu stellen. Dienten früher dazu einfache Computerausdrucke, so erwartet der moderne Kunde sauber durchstrukturierte, übersichtliche und auf seinen Bedarf abgestimmte Preisunterlagen, häufig sogar online in einem Intranet, welches sich exklusiv für den Kunden auf der Homepage des Händlers befindet. Der Baustoff-Fachhandel versucht mit den Preislisten, sich von einer einheitlichen Preisgestaltung zu lösen, und geht dazu über, eine in sich gegliederte Mischpreiskalkulation je Kundengruppe einzuführen. Prinzipiell unterscheidet man zwei Formen:

Nettopreisliste
Hier ist der vom Kunden zu bezahlende Preis abgebildet. Auf diese Liste gibt es keine Rabatte. Es ist zu überprüfen, inwieweit Frachten zur Ermittlung des Einstandspreises dazuzurechnen sind.

Bruttopreisliste
Bei dieser Preisliste gibt es, jeweils auf spezielle Kunden berechnete, Nachlässe in Form von Rabatten. Diese Liste hat speziell in der Pflege Vorteile. So müssen bei Preiserhöhungen der Industrie nicht alle Preise, wie bei der Nettopreisliste, neu kalkuliert werden, sondern die Erhöhungen werden durch die differenzierte Aufschlagskalkulation sowohl im Einstands- als auch im Verkaufspreis eingerechnet. Zugeschnitten auf die jeweiligen Bedürfnisse des Kunden kann eine individuelle Preisliste erstellt werden.

Allgemein ist festzustellen: Insbesondere Preise und Rabatte werden als Marketinginstrument des Baustoff-Fachhandels immer von Bedeutung sein. Neben dem Preis gibt es jedoch noch andere Möglichkeiten, sich am Markt zu qualifizieren, wie nachfolgend beschrieben wird.

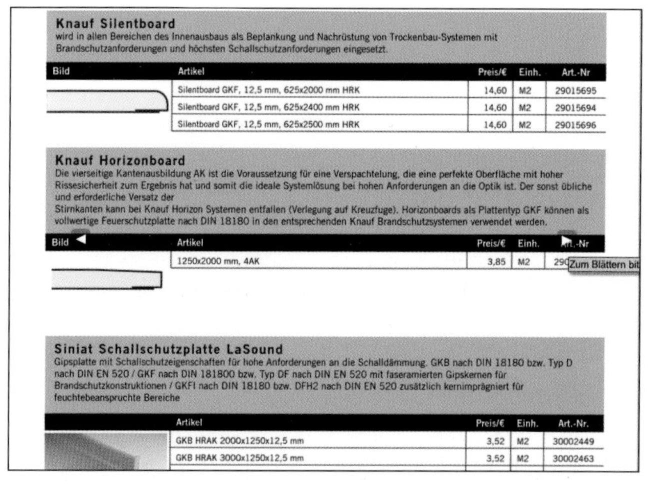

Knauf Silentboard
wird in allen Bereichen des Innenausbaus als Beplankung und Nachrüstung von Trockenbau-Systemen mit Brandschutzanforderungen und höchsten Schallschutzanforderungen eingesetzt.

Bild	Artikel	Preis/€	Einh.	Art.-Nr
	Silentboard GKF, 12,5 mm, 625x2000 mm HRK	14,60	M2	29015695
	Silentboard GKF, 12,5 mm, 625x2400 mm HRK	14,60	M2	29015694
	Silentboard GKF, 12,5 mm, 625x2500 mm HRK	14,60	M2	29015696

Knauf Horizonboard
Die vierseitige Kantenausbildung AK ist die Voraussetzung für eine Verspachtelung, die eine perfekte Oberfläche mit hoher Rissesicherheit zum Ergebnis hat und somit die ideale Systemlösung bei hohen Anforderungen an die Optik ist. Der sonst übliche und erforderliche Versatz der
Stirnkanten kann bei Knauf Horizon Systemen entfallen (Verlegung auf Kreuzfuge). Horizonboards als Plattentyp GKF können als vollwertige Feuerschutzplatte nach DIN 18180 in den entsprechenden Knauf Brandschutzsystemen verwendet werden.

Bild	Artikel	Preis/€	Einh.	Art.-Nr
	1250x2000 mm, 4AK	3,85	M2	29[illegible]

Zum Blättern bit

Siniat Schallschutzplatte LaSound
Gipsplatte mit Schallschutzeigenschaften für hohe Anforderungen an die Schalldämmung. GKB nach DIN 18180 bzw. Typ D nach DIN EN 520 / GKF nach DIN 181800 bzw. Typ DF nach DIN EN 520 mit faseramierten Gipskernen für Brandschutzkonstruktionen / GKFI nach DIN 18180 bzw. DFH2 nach DIN EN 520 zusätzlich kernimprägniert für feuchtebeanspruchte Bereiche

	Artikel	Preis/€	Einh.	Art.-Nr.
	GKB HRAK 2000x1250x12,5 mm	3,52	M2	30002449
	GKB HRAK 3000x1250x12,5 mm	3,52	M2	30002463

Preisliste (Auszug) Hagebau Profi-Katalog 2013/14 für Trockenbau-Produkte

3 Produkt- und Sortimentspolitik

Der Absatz von Baustoffen wird wesentlich beeinflusst durch das zur Verfügung stehende Sortiment zuzüglich der firmeneigenen Dienstleistungen, die Qualität der Produkte und ihre Präsentation. Die Gestaltung des Sortiments ist für den Handel von besonderer Bedeutung. Sortimentsentscheidungen haben wesentlichen Einfluss auf die erforderliche Gewinnerzielung. Ferner sind in den Warenbeständen hohe Kapitalbeträge gebunden. Wenn man beim Baustoff-Fachhandel vom Sortiment spricht, denkt fast jeder ausschließlich nur an die Baustoffe. Diese Betrachtungsweise ist zu eng. Unter Sortiment versteht man vielmehr die Gesamtheit der Waren zuzüglich der Dienstleistungen, die ein Handelsunternehmen seinen Kunden anbietet. Zum Sortiment eines Baustoff-Fachhändlers gehört somit neben den Baustoffen auch der gesamte angebotene Service, wie z. B. die Zufuhr mit eigenen oder fremden Lkws, Kreditierung von Zahlungen, Beratung durch die Mitarbeiter, Lagerhaltung, Ausstellung und Werkzeugverleih.

3.1 Unterteilung des Sortiments

BAU-Warengruppenschlüssel

Beim Baustoff-Fachhandel sind die einzelnen Baustoffe in **Warengruppen** zusammengefasst. Dem dafür geschaffenen BAU-Warengruppenschlüssel (Neufassung August 2010) liegt folgende Systematik zugrunde:

01 Dienstleistungen, Produktionen
02 GaLaBau
03 Tiefbau
06 Putze/WDVS/Bauchemie
07 Mauerwerk
08 Roste, Kellerlichtschächte, Matten
09 Abgasanlagen
10 Trockenbau
11 Dämmstoffe
12 Außenwandbekleidungen (Fassaden)
13 Bleche
14 Dachdeckungen
15 Dachzubehör
16 Holz
17 Bauelemente
19 Schlösser, Beschläge
21 Tragwerkskonstruktionen
22 Antriebe, Antriebssteuerungen
23 Glas, Verglasungen
24 Sanitär/Heizung
26 Schwimmbadanlagen, Saunen
27 Wasserbehandlung
28 Heiztechnik, Gasversorgungsanlagen
29 Abscheider
30 Klima/Lüftung
31 Fördertechnik
32 Elektrotechnik
34 Bühnentechnik, Tribünen
35 Wandbaustoffe
37 Profile, Putzprofile, Gitter
38 Klein und Selbstbaumöbel inkl. Küche
39 Gerüste, Leitern, Schalung, Verbau
40 Absperrungen, Zäune, Baumschutz
41 Eisenwaren inkl. Schlösser, Beschläge & Sicherungstechnik
42 Aktionen, Haus und Hobby
43 Werkzeuge/Maschinen
44 Gartenhartware
45 Lebendes Grün/Saatzucht
46 Gartenmöbel/Dekoration
47 Freizeit, Basteln & Werken inkl. Spielwaren & Camping
50 Tapeten, Bodenbeläge, Innendeko
51 Anstrichmittel und Zubehör
52 Beschilderung
53 Abfallbehälter, Müllbeseitigung
60 Fliesen
99 NN

Die einzelnen Warengruppen sind in **Artikelgruppen** unterteilt. Bei der Warengruppe „07 Mauerwerk" ergibt sich z. B. folgendes Bild:

07.01 Fertigteile, Stürze
07.02 Mauerwerkssteine
07.03 Durchführungen, Mauerschutz
07.04 Schalung

Eine weitere Aufteilung erfolgt nach einzelnen Sortimenten. Die Artikelgruppe 07.02 Mauerwerkssteine beispielsweise ist unterteilt in:

07.02.01 Klinker (Sonderformen)
07.02.02 Mauerwerkselemente (Großformate)
07.02.03 Mauersteine/Formsteine
07.02.04 Mauersteine
07.02.05 Mauerziegel (Sonderformen)
07.02.06 Mauerziegel
07.02.07 Verblender, Vormauerziegel, Klinker
07.02.08. Verblendsteine
07.02.09 Vormauersteine

Jedes Sortiment ist unterteilt in einzelne Artikel, z. B. 07.02.08 Verblendsteine:

07.02.08.01 Betonwerksteinverblender
07.02.08.02 Kalksandsteinverblender
07.02.08.03 Kunstharzverblender
07.02.08.04 Naturwerksteinverblender
07.02.08.05 Porenbetonverblender
07.02.08.06 Stuck/Verblender
07.02.08.07 Verblend-Fertigteile
07.02.08.98 Zubehör Verblendsteine
07.02.08.99 Sonstige Verblendsteine

Den kompletten Warengruppenschlüssel steht im Internet unter www.baudatenbank.de zur Verfügung.

Für die vom Baustoff-Fachhandel erbrachten Dienstleistungen gibt es in der Warengruppe 01 Dienstleistungen,

Produktionen allgemeine Hinweise. Dienstleistungen sind zum Beispiel Zufuhr von Baustoffen oder Kranentladung etc.

Werkzeuge und Maschinen gehören zur Warengruppe 43.
Foto: Baywa

Markenartikel, Handelsartikel, Handelsmarken
Eine weitere mögliche Unterteilung des Sortimentes erfolgt nach den Anteilen von Markenartikeln, allgemeinen Handelsartikeln und Handelsmarken.

Markenartikel: Markenartikel sind industrielle Fertigwaren, die der Hersteller mit einem Markennamen und/oder einem Markenzeichen versehen hat. Besondere Merkmale eines Markenartikels sind:

- die Markierung (das Produkt wird individualisiert und herausgehoben) (Beispiel: der Stern von Mercedes),
- gleichbleibende Aufmachung (Beispiel: Coca Cola in der typischen Flasche),
- gleichbleibende Qualität (Beispiel: Zigaretten einer bestimmten Marke),
- Werbung des Herstellers beim Verbraucher (Beispiel: Bierwerbung),
- hoher Bekanntheitsgrad (Beispiel: Haushaltsgeräte eines bestimmten Herstellers),
- sehr dichtes Vertriebsnetz (Beispiel: Der Weinbrand Chantré wird in allen Lebensmittelläden, in vielen Kiosken und auch in Tankstellen vertrieben).

Die Dominanz beim Verkauf liegt beim Hersteller. Dies bedeutet, der Handel ist praktisch gezwungen, die vom Hersteller gewissermaßen „vorverkaufte" Ware im Sortiment zu führen, da der Kunde sie ständig nachfragt.
Besteht für neue Produkte kein unmittelbarer Bedarf, so ist dieser erst zu wecken. Der Hersteller ist deshalb in diesen Fällen besonders intensiv auf den Handel angewiesen. Bei der Einführung neuer Produkte ist der Handel aufgerufen, sich stärker als bisher mit der Markteinführung auseinanderzusetzen, die Chancen der Innovation zu sehen und erhöhten Mut zum Risiko aufzubringen. Eine gewisse Vorsicht ist jedoch legitim. Mancher Baustoff, überschwänglich angepriesen, ist schon nach kurzer Zeit wieder vom Markt verschwunden.
Grundsätzlich kann jedes Produkt zum Markenartikel gemacht werden. Hersteller, insbesondere Marktführer von Fliesen und Platten, Dämmstoffen, Fenstern und Türen, chemischen Baustoffen u. a. m., gehen in ihren Marketingüberlegungen davon aus, dass sie Markenartikel herstellen. Für den Baustoff-Fachhandel haben diese Markenartikel bzw. markenartikelähnlichen Baustoffe im Sortiment folgende Vorteile:

- zügiger Abverkauf, angetrieben durch den intensiven Vorverkauf der Hersteller,
- Sicherung des langfristigen Absatzes,
- das positive Image des Herstellers wird vom Kunden automatisch auf den Händler übertragen,
- weitgehende Sicherung bei Reklamationen,
- Verlass auf Konstanz im Hinblick auf die Qualität,
- Abgrenzung von Wettbewerbern, die den betreffenden Markenartikel nicht führen.

Markenartikel haben jedoch nicht nur Vorteile, sondern auch Nachteile. Da sie vergleichbar sind, besteht in der Regel ein harter Preiswettbewerb. Deshalb fallen die Gewinne auf der Handelsseite bei diesen Artikeln oftmals recht schmal aus.

Fugenmörtel – Markenartikel ja oder nein?
Foto: quick-mix

Allgemeine Handelsartikel: Erhebliche Teile des Baustoff-Fachhandelssortiments haben keinen Herstellernamen bzw. der Hersteller bleibt zumindest für den Kunden unbekannt oder ohne Bedeutung. Schüttgüter, wie Sand und Kies, die Mehrzahl aller angebotenen Röhren und Steine, genormte Massenbaustoffe lose oder in Säcken, das alles sind Produkte, die unter der Rubrik „Allgemeine Handelsartikel" einzuordnen sind. Mit diesen Sortimentsteilen kann der Baustoff-Fachhandel gestalten, d. h., er ist in der Lage, eine ganz individuelle Auswahl zu treffen, um sich so vom Wettbewerber abzuheben. Er ist hier auch manchmal in der Lage, Ausschließlichkeitsansprüche durchzusetzen. Allgemeine Handelsartikel benötigen häufig aktives Verkaufen. Der Kunde muss intensiv beraten und animiert werden. Kann der Baustofffachhandel dem Hersteller dieses aktive Verkaufen garantieren, wird ihn der Hersteller eventuell konditionell besser stellen als die Wettbewerber.

Handelsmarken: Handelsunternehmen, die sich profilieren wollen, versuchen dies u. a. auch mit Hilfe eigener Handelsmarken. In der Theorie sind Handelsmarken die Markenartikel des Handels. Unterscheiden kann man zunächst echte und unechte Handelsmarken. Bei unechten Handelsmarken stellen Markenhersteller zur Auslastung vorhandener Kapazitäten neben ihren eigenen Produkten Artikel für den Handel, Kooperationen oder Handelskonzerne her. Von echten Handelsmarken spricht man, wenn ein Handelsunternehmen selbst die Entwicklung und Produktion übernimmt, wobei die eigene Herstellung oder die Einschaltung eines Herstellerbetriebes denkbar ist. Die Vermarktung von Handelsmarken bietet gewisse Vor- und Nachteile:

Vor- und Nachteile der Vermarktung von Handelsmarken	
Vorteile	**Nachteile**
Unabhängigkeit des Handels von der Angebotsmacht des Herstellers	starke Konkurrenzsituation durch Markenartikel
Schließung von Sortimentslücken	zusätzliche Kosten durch Produktion, Logistik und Kontrolle für den Handel
Alleinstellungsmerkmale	Verkauf meist nur über den Preis
Erschließung neuer Zielgruppen	meist nur Nischen besetzbar
Ertrag bleibt vollständig beim Handel	bessere Vermarktung nur durch kostspielige Werbung möglich

Für den einzelnen Händler ist es jedoch sehr schwer, den notwendigen Bekanntheitsgrad von eigenen Handelsmarken durchzusetzen. Handelskonzerne oder Kooperationen hingegen haben hier aufgrund der breiteren Absatzmöglichkeiten vieler Betriebsstätten bessere Möglichkeiten. Speziell Baumärkte verwenden Handelsmarken immer häufiger, um günstige Angebote, speziell für Verbrauchsartikel bieten zu können. Handelsmarken findet man vor allem bei Farben und Lacken, bei Sackwarenangeboten wie Putze und Mörtel sowie bei Silikonen und Dichtstoffen. In der Praxis des Baustoff-Fachhandels bildet das Sortiment eine ausgewogene Einheit zwischen Markenartikeln, markenartikelähnlichen Baustoffen und allgemeinen Handelsartikeln. Marketing im Sortimentsbereich heißt, die erforderliche Gewichtung so vorzunehmen, dass für das Unternehmen die notwendige Gewinnspanne gewährleistet ist.

Die Baustoffkooperation Eurobaustoff erweitert kontinuierlich das Sortiment ihrer Fachhandelsmarke „Prima".
Fotos: Eurobaustoff

Einkaufsgüter

Ein weiteres Kriterium im Sortimentsmarketing ist die Unterscheidung nach Einkaufsgütern. Hier werden drei verschiedene Arten von Gütern unterschieden:

Convenience Goods: Diese Güter kauft der Verbraucher in der Regel häufig, ohne Zögern und mit einem Minimalaufwand an Vergleichs- und Kaufanstrengungen. Sackwaren oder graue Betonwaren rechnet man hier dazu.

Shopping Goods: Für die Auswahl und den Kauf dieser Güter nimmt der Verbraucher größere Anstrengungen auf sich, indem er nach bestimmten Kriterien wie Qualität, Preis oder Aussehen kritische Vergleiche anstellt (z. B. Fliesen).

Speciality Goods: Beim Kauf dieser Güter ist der Verbraucher zu besonderen Kaufanstrengungen bereit, handelt es sich doch um hochwertige Güter mit teilweise einzigartigen Eigenschaften bis hin zu Luxusgütern (z. B. Sanitäreinrichtungen, Whirlpool).

Hochwertige Sanitäreinrichtungen zählen zu den Speciality Goods.
Foto: Trauco Fachhandel

3.2 Produktinnovation und Produktlebenszyklus

Jedes Produkt hat einen bestimmten Lebenszyklus. Vereinfacht ausgedrückt bedeutet dies: Ein Produkt erscheint erstmals auf dem Markt, in der Markteinführungsphase, wobei es sich nur langsam durchsetzt. Ab einem gewissen Zeitpunkt erfolgt in der zweiten Phase, der Wachstumsphase, eine kräftige Erhöhung, was Umsatz und Ertrag angeht. Nun ist das Produkt auf seinem Höhepunkt der Reife. Es schließt sich eine Zeit der Stagnation an, die letztlich durch sinkende Umsätze und Erträge abgelöst wird. Wenn diese Phase eingetreten ist, wird zu überlegen sein, ob das Produkt aus dem Angebot genommen wird oder ob versucht wird, durch Modifikationen des Produktes eine Relaunch-Strategie zu fahren, was bedeutet, es als „fast" neues Produkt wieder auf den Markt zu bringen. In der Produktpolitik werden diese vier Phasen mit unterschiedlichen Ausprägungen der Marketinginstrumente versehen. Die Grafik auf der nächsten Seite zeigt das Konzept des Produktlebenszyklus, wobei die aus der amerikanischen Literatur stammenden Begriffe ergänzt wurden. Es muss noch erwähnt werden, dass nicht jedes neue Produkt automatisch diesen Verlauf nimmt, oftmals wird auch ein „Flop" geboren. Beispiele für Artikel, die aus dem Sortiment des Baustoffhandels verschwunden sind: die Gruppe der asbesthaltigen Erzeugnisse, Schilfrohrmatten oder Muffenkitt. Aufgabe eines erfolgreichen Marketings ist es, immer wieder neue Artikel aufzubauen und sie zu höchstem Umsatz und Ertrag zu führen. Dies darf jedoch nicht als Einzelmaßnahme gesehen werden. Wenn sich ein Produkt als Umsatzträger und Ertragsbringer im steigenden Teil der Kurve befindet, sind die Stagnation und das Ausscheiden aus dem Sortiment bereits vorprogrammiert. Neue Produkte müssen deshalb ständig eingeführt werden und dies bereits schon dann, bevor sich das Vorgängermodell im

Abschwung befindet, damit ein bestimmtes Umsatz- und Ertragsniveau erhalten bleibt. Innovationen, das sind die Neuheiten, die jungen Artikel. Ständig kommen Neuheiten auf den Markt. Die Produktsysteme für den Trockenausbau, die Betonsanierung und Naturbaustoffe sind Beispiele dafür. Der Wandel im Geschmack – Weißlacktüren statt Kiefer unbehandelt – und neue Bedürfnisse (Umweltschutz) führen ebenfalls zu Innovationen. Gesetzliche Vorschriften, wie die neue Wärmeschutzverordnung oder die Biolöslichkeit von Dämmstoffen, führen zwangsläufig zur Veränderung und Neugestaltung von Produkten.

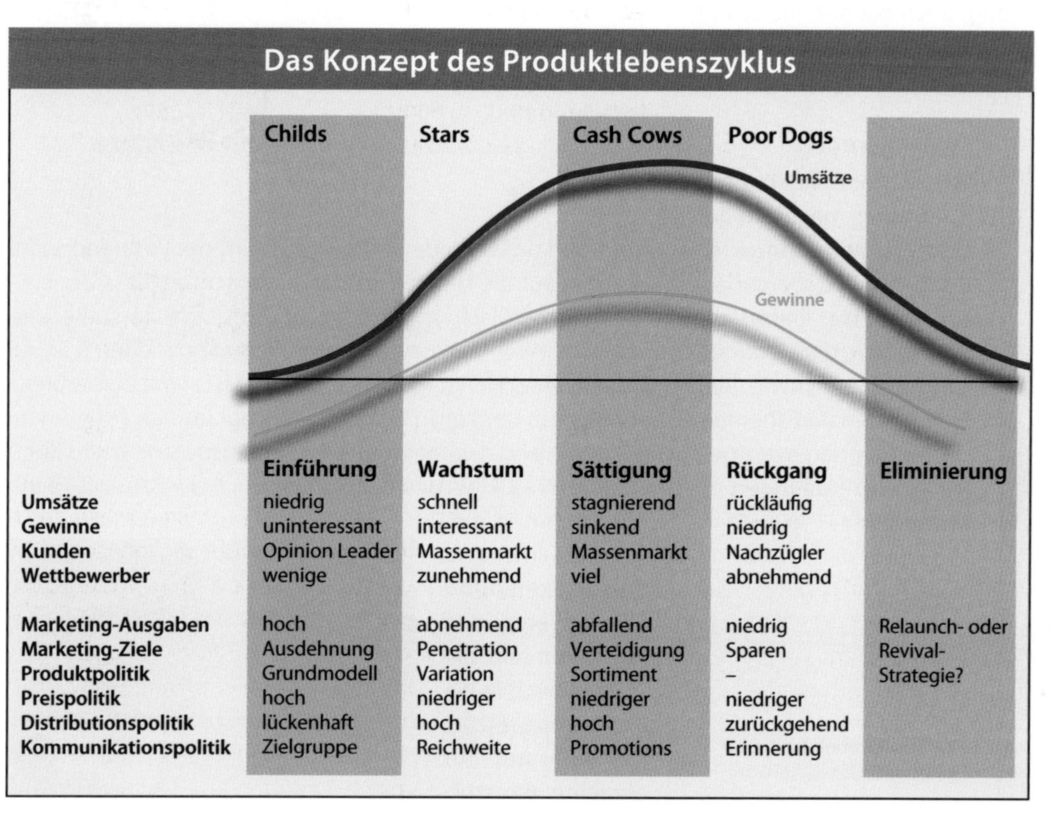

	Einführung	Wachstum	Sättigung	Rückgang	Eliminierung
Umsätze	niedrig	schnell	stagnierend	rückläufig	
Gewinne	uninteressant	interessant	sinkend	niedrig	
Kunden	Opinion Leader	Massenmarkt	Massenmarkt	Nachzügler	
Wettbewerber	wenige	zunehmend	viel	abnehmend	
Marketing-Ausgaben	hoch	abnehmend	abfallend	niedrig	Relaunch- oder Revival-Strategie?
Marketing-Ziele	Ausdehnung	Penetration	Verteidigung	Sparen	
Produktpolitik	Grundmodell	Variation	Sortiment	–	
Preispolitik	hoch	niedriger	niedriger	niedriger	
Distributionspolitik	lückenhaft	hoch	hoch	zurückgehend	
Kommunikationspolitik	Zielgruppe	Reichweite	Promotions	Erinnerung	

3.3 Ertragsorientierte Gesichtspunkte

Die Chance, Gewinne zu erzielen, hängt wesentlich von der Sortimentszusammensetzung ab. Ertragsorientierte Überlegungen sind deshalb von großer Bedeutung. Es sind die Artikel mit Ertragsfunktion, die für die erforderlichen Erträge sorgen. Sie zeichnen sich durch Alleinstellungsmerkmale aus, haben hohe Umsatzanteile und einen schnellen Umschlag. Demgegenüber stehen Artikel mit Frequenzfunktion. Ihre Aufgabe ist es, Kunden anzuziehen, um so für eine hohe Kundenfrequenz zu sorgen. Sie werden meist zu attraktiven Preisen angeboten. Bei der Zusammenstellung des Sortiments ist auch auf gewisse Verbundeffekte zu achten. So wird man die Zielgruppe Dachhandwerker niemals optimal für sich gewinnen können, wenn man Wohndachfenster nicht in seinem Sortiment anbietet, egal ob diese ertragsreich sind oder nicht. Der Kunde von heute erwartet ein komplettes und abgerundetes Sortiment.

Der Dachhandwerker erwartet, dass ihm Wohndachfenster angeboten werden.
Foto: Baustoffunion, Winnenden/K. Klenk

3.4 Sortimentsgestaltung

Das Sortiment eines Baustoff-Fachhändlers ist darauf ausgerichtet, Umsatz und Ertrag für das Unternehmen zu sichern. Sortimenter, die sich immer nur anpassen, etwa nach der Devise *„Der Kollege führt den neuen Baustoff, also muss ich ihn auch aufnehmen!"*, erfüllen diese Voraussetzungen nicht. Zumindest mittel- und langfristig gesehen werden sich Schwierigkeiten ergeben. Die Gestaltung eines Sortiments ist zentraler Bestandteil des Marketings in der Produkt- und Sortimentspolitik. Die Hersteller von Baustoffen sind die Lieferanten des Baustoff-Fachhändlers und oder bei der Sortimentszusammenstellung von großer Bedeutung.

Einige Grundüberlegungen: In vielen Branchen, auch beim Baustoff-Fachhandel, spielt oftmals der Preis für das angebotene Produkt eine entscheidende Rolle. Bei genormten Massenbaustoffen ist dies sicherlich zutreffend. Bei einer großen Anzahl anderer Produkte sind jedoch andere Gesichtspunkte für die Lieferantenauswahl maßgebend:

Breite und Tiefe des Angebots
Es ist leichter und kostensparend, mit einem Hersteller zusammenzuarbeiten, der nicht nur einzelne Produkte vertreibt, sondern komplette Produktsysteme anbietet.

Vertriebsweg
Hersteller, welche die Kunden des Handels direkt bedienen, können für die Sortimentspolitik des Baustoff-Fachhandels nur eine untergeordnete Rolle spielen.

Rabatte und Konditionensysteme
Die Rabatt- und Konditionengewährung des Herstellers muss leistungsbezogen sein. Die Handelsfunktionen, wie

Lagerhaltung, Bezugsgröße, Ausstellung und Fachberatung, begründen einzelne Rabattbestandteile.

Qualität
Bewährte Baustoffe von bekannten Lieferanten und neue Produkte, die vor der Markteinführung umfangreich getestet wurden, sind zu bevorzugen. Billige Angebote aus Importen oder von kaum bekannten Vertretern offeriertes, beinhalten erhebliche Risiken.

Liefersicherheit
Die Zuverlässigkeit der Lieferung, auch die Nachlieferung über einen längeren Zeitraum hinweg, sind Voraussetzungen für jede erfolgreiche Sortimentsgestaltung.

Mängelhaftung
Wie werden Reklamationen auch nach Ablauf der Mängelhaftungsfristen behandelt? Nachbesserung, Ersatzlieferung, Übernahme der Verarbeitungskosten sowie der Folgekosten sind Themen, die im Rahmen eventueller Kulanzregelungen zu klären sind.

Die Dachabdichtung ist eine Domäne von Systemanbietern.
Foto: Dörken

3.5 Marketingkonzeption

Neben dem Vertriebsweg sind andere Elemente der Herstellermarketingkonzeption von Bedeutung. Dabei geht es vor allem um die Antwort auf die Frage: Gelingt es, die Marketingmaßnahmen des Herstellers mit denen des Händlers möglichst eng zu verzahnen? Wichtig in diesem Zusammenhang sind folgende Punkte:

- gemeinsame Marktbearbeitung, um den zu erwartenden Umsatz zu erzielen,
- Vorverkauf durch den Hersteller,
- Daten über den zu bearbeitenden Markt,
- die erforderliche Spanne,
- der notwendige Flächenbedarf,
- Mindestbestand, Lagerumschlag, Belastung der betrieblichen Kapazität in Fuhrpark, Lager, Ausstellung und Personal,
- Logistik,
- Unterstützung beim Kundendienst,
- Seminare, Schulungen,
- Nutzung neuer Medien.

3.6 Entsorgung

Die Entsorgung von Baustoffen ist zu einem wichtigen Bestandteil in der Lieferantenauswahl geworden. Stetig steigende Abfallgebühren lassen den Baustoff-Fachhändler darauf achten, dass der Lieferant der Interseroh angeschlossen ist und seine Abfallgebühren entrichtet. Dies hat für den Handel den Vorteil, dass für Verpackungen der Industrie keine weiteren Gebühren zu entrichten sind.

Kunststoffrecycling spielt in der Baubranche und bei der Interseroh SE eine wichtige Rolle.

3.7 Ökologie

Aufgrund des veränderten Bewusstseins der Verbraucher in Hinblick auf die Umwelt ist darauf zu achten, dass der Lieferant ökologisch unbedenkliche Produkte herstellt und vertreibt. Auch auf die möglichen Recyclingverfahren ist zu achten. Jeder Hersteller von Baustoffen ist somit aufgerufen, neben dem Denken in Produktionsprogrammen zusammen mit dem Handel gemeinsame Marketingstrategien und Konzepte zu erarbeiten und durchzusetzen. Jeder Baustoff-Fachhändler muss diese neue Dimension des Denkens und Planens erkennen und bereit sein, die Theorie auch in die Praxis umzusetzen. Der Billigpreis für einzelne Baustoffe verliert damit an Bedeutung.

Ein Dämmstoffhersteller bietet als Bauherren-Service die Rücknahme der Dämmstoffabfälle an.
Foto: Rockwool

3.8 Sortimentskontrolle

Aktive Sortimentspolitik heißt auch laufende Sortimentskontrolle. Dies ist mit einigem Aufwand verbunden, jedoch unerlässlich. Der Gesamtumsatz wird wohl von jeder Baustoff-Fachhandlung monatlich erfasst. Jedoch zeigt erst die Kontrolle der Umsätze über Teilsortimente (Warengruppen) Schwächen wie mangelnde Umschlagshäufigkeit auf. Theoretisch kann man diese Kontrollen bis zur Umsatzkontrolle für jeden einzelnen Artikel verfeinern. Die „kurzfristige Erfolgsrechnung" wird ausführlich besprochen. Eine aussagefähige Sortimentskontrolle ist über Leistungskennzahlen möglich. Der Lagerumschlag (Umschlagshäufigkeit), der durchschnittliche Einkaufsbetrag von Kunden, die Zahl der Kunden und vieles andere mehr sind so zu erfassen. Die Analyse der Raumnutzung gibt Aufschlüsse über den Umsatz einer Warengruppe auf der entsprechenden Laden- bzw. Lagerfläche. Die Kundenumlaufstudie findet in SB-Märkten Anwendung. Hier wird die Effektivität der Präsentation überprüft. Der Kunde wird auf seinem Gang durch das Geschäft begleitet. Es wird dabei auch festgestellt, welche Angebote er annimmt. Ferner wird erfasst, wann der Kunde das Geschäft betritt, die Anzahl der gekauften Artikel, evtl. auch das Geschlecht des Kunden und sein geschätztes Alter. Die Maßnahmen innerhalb der Produkt- und Sortimentspolitik sind vielfältig. Das Sortiment des Baustoff-Fachhandels bietet eine besonders reichhaltige Palette an Variationen und Maßnahmemöglichkeiten innerhalb dieses Marketinginstruments. Wichtig ist es jedoch, die Zusammenhänge zu kennen und vorhandene Kenntnisse auch in die Praxis umzusetzen.

4 Kommunikationspolitik

„Wenn ein junger Mann ein Mädchen kennenlernt und ihr erzählt, was für ein großartiger Kerl er ist, so ist dies Reklame. Wenn er ihr sagt, wie reizend sie aussieht, so ist das Werbung. Wenn sie sich aber für ihn entscheidet, weil sie von anderen gehört habe, er sei ein feiner Kerl, so sind das Public Relations."

Alwin Münchmeyer

Alle Maßnahmen eines Unternehmens, welche die bewusste Beeinflussung des Absatzmarktes betreffen und die Bereiche Werbung, Verkaufsförderung, Öffentlichkeitsarbeit, Profilierung und den persönlichen Verkauf umfassen, zählen zur Kommunikationspolitik. Regionale, immer stärker werdend auch emotionale Gesichtspunkte sind dabei von Bedeutung. Der Kommunikationsprozess befasst sich mit den Frage: „Wer sagt was, über welchen Kanal, zu wem und mit welcher Auswirkung?"

4.1 Werbung

Werbung ist eine Maßnahme zur Förderung des Verkaufs. Mit der Werbung wird versucht, das Käuferverhalten in eine bestimmte Richtung zu lenken. Sie ist einer der wichtigsten Teile des firmenindividuellen Marketings. Betriebswirtschaftlich formuliert möchte man einen Bedarf wecken, den der Käufer im Baustoff-Fachhandel deckt.
Die Aufgaben und Ziele der Werbung, Werbemittel und Werbeträger, die Grundformen der Werbung, die Werbung im Hinblick auf den Endverbraucher sowie gegenüber der Bauindustrie und dem Baugewerbe sind wichtige Kapitel. Um seiner Bedeutung gerecht zu werden und alle Aspekte zu erfassen, wird das Thema „Werbung" in einem gesonderten Kapitel ausführlich besprochen.

Die Kooperation erarbeitet für ihre Gesellschafter ein breites Marketingangebot und bietet individualisierbare Vorlagen für die Erstellung von Werbemitteln.

4.2 Verkaufsförderung

Zur Verkaufsförderung – aus dem Englischen „sales promotion" – zählen alle Maßnahmen zur Unterstützung der Absatzbemühungen eines Unternehmens. Verkaufsförderung als unterstützende Maßnahme zum besseren Verkauf von Baustoffen wird an anderer Stelle behandelt, der Vorverkauf durch die Baustoffhersteller, Ausstellungen, Warenplatzierung, Telefonverkauf und Franchise-Systeme ebenfalls. Verkaufsförderung muss, wie alle anderen absatzwirtschaftlichen Maßnahmen, systematisch geplant und in die jeweilige Marketingkonzeption integriert werden.

Verkaufsförderndes Roll-Up-Display zum Thema „Rückstau" für Fachhändler *Foto: Kessel*

4.3 Persönliche Verkaufskontakte

Bei genormten Massenbaustoffen wird erfahrungsgemäß mit sehr geringen Spannen kalkuliert. Das hat zur Folge, dass oftmals Preisgleichheit besteht. Was entscheidet dann letztlich darüber, wer den Auftrag erhält? Es sind die persönlichen guten Kontakte, die in der Regel den Ausschlag geben. Kontaktpflege zum Kunden ist deshalb eine Marketingmaßnahme, die es zu unterstützen gilt. Kontaktpflege lässt sich auf vielerlei Art und Weise realisieren. Bei den großen Profikunden sind es der ein- oder zweimalige jährliche Besuch, der Blumenstrauß zum Geburtstag oder eine Aufmerksamkeit für die Gattin, welche die zwischenmenschlichen Beziehungen positiv beeinflussen. Beim Endverbraucher sind es ebenfalls kleine Aufmerksamkeiten, die immer gut ankommen. Das Bonbonglas auf der Theke, die Rose am Valentinstag für weibliche Kunden, der Apfel im Herbst oder

das bunte Ei zu Ostern, das sind kleine Geschenke, die wenig kosten, jedoch stets auf gute Resonanz stoßen. Auch die Literatur hat dies neuerdings wieder entdeckt und schreibt darüber in zahlreichen Büchern zu den Themen Beziehungsmarketing, Beziehungsintelligenz oder Emotionale Intelligenz.

Beispiel aus der Fachliteratur zum Beziehungsmarketing: Anne Schüller, Touchpoints, Gabal-Verlag.

4.4 Öffentlichkeitsarbeit (Public Relations)

Mit der Öffentlichkeitsarbeit sollen die Beziehungen zur Umwelt, in die das Unternehmen quasi eingebettet ist, gepflegt werden. Öffentlichkeitsarbeit ist ausgerichtet auf Kunden,

Ein Baustoffhändler organisiert einen Benefizlauf. *Foto: Weton Baustoffe*

Lieferanten, Arbeitnehmer, Verbände und Kooperationen, Behörden, Kreditinstitute und den Staat bzw. die Kommune vor Ort. Hauptaufgabe der Öffentlichkeitsarbeit ist es, über wesentliche Ereignisse im Unternehmen so zu berichten, dass eine positive Resonanz entsteht und bei der Umwelt Vertrauen geschaffen wird. Beim Baustoff-Fachhandel sind gute Ansätze für positive Öffentlichkeitsarbeit vorhanden, z. B.:

- Unterstützung des Vereinslebens,
- Tage der offenen Tür als gesellschaftliches Ereignis,
- Engagement in Umweltfragen,
- Kontakte zum Gemeinderat,
- laufende Information über neue Baustoffe, etwa bei der Ortskernsanierung,
- Unterstützung beim schulischen Werkunterricht,
- gute Kontakte zur örtlichen Presse,
- Einstellung von neuen Auszubildenden,
- Teilnahme der Azubis beim Preiswettbewerb Top Ten,
- Hausmessen zu Themen wie Naturbaustoffe oder kostengünstiges Bauen.

PR findet aber nicht nur in den einzelnen Unternehmen statt. Auch Verbände und Kooperationen nehmen dieses Thema ernst. So hat der Bundesverband Deutscher Baustoff-Fachhandel e. V. eine Strategie zur Presse- und Öffentlichkeitsarbeit (PR-Konzeption) entwickelt, um über gezielte Maßnahmen folgende Primärziele zu erreichen:

- Sicherung des Vertriebsweges für Baustoffe über den Baustoff-Fachhandel durch Darstellung der Handelsleistung,
- Lobbyarbeit auf kommunaler und regionaler Ebene,
- Meinungsführerschaft durch Fachkompetenz in Sachen Bauen, Renovieren, Wohnen.

Mit dieser Kampagne wird versucht, den Baustoff-Fachhandel in den Mittelpunkt des öffentlichen Bauinteresses zu rücken. Von dieser Maßnahme auf Bundesebene profitiert jeder einzelne Baustoff-Fachhändler, da die PR-Maßnahmen auf seinen Betrieb zurückstrahlen.

4.5 Profilierung

Die Gesamtheit der Maßnahmen, die dem Ziel dienen, einem Unternehmen ein eigenständiges und unverwechselbares Erscheinungsbild zu verschaffen, können als Profilierung bzw. als Profil-Marketing bezeichnet werden (nach: Wolfgang Oehme, Handels-Marketing (1992).
Die Baustoffhandelskonzerne sowie Kooperationen versuchen im Rahmen ihrer Profilierung, durch immer wiederkehrende Elemente an ihren Standorten Größe und Marktmacht zu demonstrieren. Die korrekte Umsetzung des einheitlichen Erscheinungsbildes (engl. „Corporate Design" oder „CD") wird in Handbüchern umfassend beschrieben. Im Folgenden seien einige wichtige Aspekte kurz aufgeführt:

Außenansicht
Mit Gebäude und Freilager präsentiert sich die Baustoff-Fachhandlung den Kunden und der Öffentlichkeit. Früher konnte man Baustoffhandlungen oftmals als „vereinigte Hüttenwerke" bezeichnen. Das hat sich geändert. Heute herrscht zeitgemäße moderne Architektur vor. Die Fassade,

Die GaLaBau-Ausstellung verbindet sich harmonisch mit dem Fachmarktgebäude. *Foto: Aug. Cassens Baustoffe, Oldenburg*

die Vorderfront der Betriebsgebäude, ist optisch so gestaltet, dass sie vom Kunden schon von weitem erkannt wird. Im Freilager stehen wohlgeordnet Palettenregale und demonstrieren Fachkompetenz durch Warenfülle. Sehr häufig findet man auch Außenausstellungen für Gartenbaustoffe, in denen auf vielfältige Art und Weise Anwendungsbeispiele gezeigt werden. Das Ganze ist als Einheit gestaltet.

Verkaufsräume

Offener Thekenbereich in einem Baustoff-Fachhandel *Foto: Holz & Bau, Weener*

Der Verkaufsraum ist das Zentrum jedes Handelsunternehmens. Da der Kunde hier entscheidet, ob er die Ware erwirbt oder nicht, heißt es hier Verkaufsatmosphäre zu schaffen. Übersichtliche Ordnung und Sauberkeit müssen selbstverständlich sein. Viel Licht, ansprechende, nicht aufdringliche oder schreiende Farben und eine häufiger wechselnde Dekoration sind unerlässlich. Immer stärker spielen beim Kunden emotionale Gesichtspunkte eine Rolle. Der Kauf soll zum Erlebnis werden. Die Mitarbeiter stehen den Kunden an der aufgeräumten Verkaufstheke zur Verfügung, sollten ihren Arbeitsbereich aber mitten im Verkaufsraum an der Ware sehen.

Warenpräsentation

Der oberste Leitsatz lautet: Der Kunde muss das finden, was er sucht. Die Ware ist mit Preisetiketten versehen und ihr Verwendungszweck leicht verständlich beschrieben. Displays, auf denen Vorteile einzelner Baustoffe dargestellt sind, verstärken die Verkaufsatmosphäre. Der Kunde soll sich wohlfühlen. Er wird zum längeren Verweilen animiert und so für Zusatzkäufe empfänglicher.

Unternehmenssymbol / Firmensignet

Das einheitliche Signet der Kooperation Eurobaustoff

In früheren Zeiten spielte beim Baustoff-Fachhandel das Unternehmenssymbol in Form eines markanten Firmenzeichens eine weitgehend untergeordnete Rolle. Mit dem einheitlichen Erscheinungsbild der Konzerne sowie der Kooperationen gibt es hierfür für den Händler meist klare Vorgaben. Die überregionale Erkennungsmöglichkeit der Signets führt dann zu einem deutlich verbesserten Wiedererkennungswert durch den Verbraucher.

Hausfarben

Individuelle Hausfarben sind beim Baustoff-Fachhandel üblich. Die Kooperationen geben sich mit speziellen Hausfarben ein einheitliches Erscheinungsbild. Die Hausfarben ziehen sich wie ein roter Faden durch das ganze Profilierungsmarketing. Die Geschäftspapiere, die Gebäudefassade und die Verkaufsräume, oftmals auch die Bekleidung der Verkäufer, sind entsprechend gestaltet.

Corporate Identity (CI)

Werden alle Verhaltensweisen eines Unternehmens einem einheitlichen Konzept zur Profilierung untergeordnet, spricht man von „Corporate Identity". Aus dem Unternehmen selbst wird mit Corporate Identity ein unverwechselbarer Markenartikel.

Das Markenzeichen in Form des Signets ist dabei unverzichtbarer Bestandteil. Corporate Identity zielt letztlich auf ein einheitliches Bild des Unternehmens und seines Leistungsprogramms. Bei der einheitlichen Kommunikation nach innen, also hin zu den Mitarbeitern, spricht man von Corporate Behaviour. Diese ist ebenfalls vom kompletten CI abgeleitet, da man nach innen dieselbe Meinung und Auffassung vertreten muss wie nach außen.

Moderne Baustoff-Fachhandlung mit gutem CI *Foto: Thelen/Eurobaustoff*

5 Distributionspolitik

Die Aufgabe der Distributionspolitik ist die optimale Gestaltung eines leistungsadäquaten Distributionssystems. Es geht um die Absatzlogistik, also um die physische Verteilung von Waren und Leistungen vor dem Hintergrund der Wahl des passenden Absatzweges. Kernfrage ist: *„Wie und auf welchem Weg kommt die Ware zum Verbraucher oder Verarbeiter?"*

5.1 Absatzlogistik

Logistik im Baustoff-Fachhandel ist einer der Kernprozesse, die sowohl die Wirtschaftlichkeit des Unternehmens als auch den Service am Kunden entscheidend mit beeinflussen. Die allgemein bekannte Definition der Logistik ist, „die richtige

Ware in der richtigen Menge zum richtigen Zeitpunkt am richtigen Platz zu haben". Im Baustoffhandel müssen hierbei die Unterschiede zwischen dem Strecken- und dem Lagergeschäft betrachtet werden. Das Lagergeschäft wiederum wird weiter unterteilt in das Abholgeschäft, bei dem der Kunde die Ware selbst abholt, und in das Zufuhrgeschäft, bei dem die Ware zum Kunden bzw. zur Baustelle ausgeliefert wird. Darüber hinaus betreiben einzelne Konzerne und Kooperationen Zentral- oder Regionalläger, um für spezielle Sortimente Prozesskosten in der Lieferkette zu reduzieren und gleichzeitig die Lieferschnelligkeit zu verbessern. Betrachtet man die Lieferkette im Zufuhrgeschäft vom Lieferanten über den Baustoff-Fachhandel bis hin zum Kunden, kann man die gesamte Kette in die Prozesse der Warenbeschaffung, der Lagerhaltung, der Lagerung und der Distribution zerlegen. Der physische Warenstrom umfasst somit die Vortransporte vom Lieferanten zum Baustoff-Fachhandel (als Anlieferung durch die Industrie oder als Abholung durch den Handel), die Prozesse der Lagerabwicklung vom Wareneingang über die Kommissionierung bis zum Warenausgang sowie die Beladung der Auslieferungsfahrzeuge, die Durchführung der Transporte und das Entladen beim Kunden.

Der Lkw des Baustoff-Fachhändlers transportiert die Ware auf die Baustelle des Kunden. *Foto: Bauzentrum Stupp*

Der Begriff „Marketinglogistik" geht noch weiter über den reinen Warenstrom hinaus. In seiner Definition bezieht er auch das Umfeld der Logistik mit ein, wie z. B. die Gesamtorganisation, die Vertriebs- und Sortimentsstruktur des Unternehmens. Ein weiterer Gesichtspunkt ist der Strukturwandel im Markt, wie er sich durch ein gemeinsames Europa ergibt. Marketinglogistik könnte man somit als Gestaltung, Steuerung und Kontrolle des Warenflusses im Markt bezeichnen. Die Wirtschaftlichkeit des physischen Warenstroms wird jedoch in sehr hohem Maße von den menschlichen Entscheidungen entlang der Lieferkette bestimmt: Welche Artikel werden in welchen Mengen bestellt und am Lager gehalten? Wie wird der eigene Fuhrpark oder Speditionsfuhrpark eingesetzt? Beim Baustoff-Fachhandel schlummern in der Neugestaltung der vorhandenen Logistik mit Hilfe zeitgemäßer Logistiksysteme ganz erhebliche Rationalisierungsreserven. Die häufigsten Ursachen, die ein Baustoff-Fachhandelsunternehmen veranlassen, die gegebene Logistik zu durchleuchten, sind akute Problemfälle:

- Ein Fahrer fällt aus. Ersatz ist nicht zu finden. Vorhandenes Transportvolumen muss daher mit weniger Mitarbeitern bewältigt werden.
- Wegen einer Sortimentsausweitung sind die erforderlichen Lagerkapazitäten nicht mehr vorhanden.
- Das Lagerpersonal ist nicht gleichmäßig ausgelastet.
- Neuerungen in der Lager- und Fördertechnik sind einzuführen.
- Der Lkw-Einsatz ist wegen zu hoher Kosten neu zu organisieren.
- Einkauf, Lagerung und Versand sind weitgehend selbständige Teile. Durch die Neuorganisation der Logistik sollen diese Bereiche zu einem Warenwirtschaftssystem zusammengeführt werden.
- Lieferbereitschaft und Lieferservice sind zu verbessern und Lieferzeiten zu verkürzen.
- Verkaufseinrichtungen sind waren- und kundengerechter zu gestalten.
- Vertriebswege müssen neu überdacht werden.

Diese und andere Beispiele führen in der Regel zur Erneuerung und Verbesserung der vorhandenen Logistik.

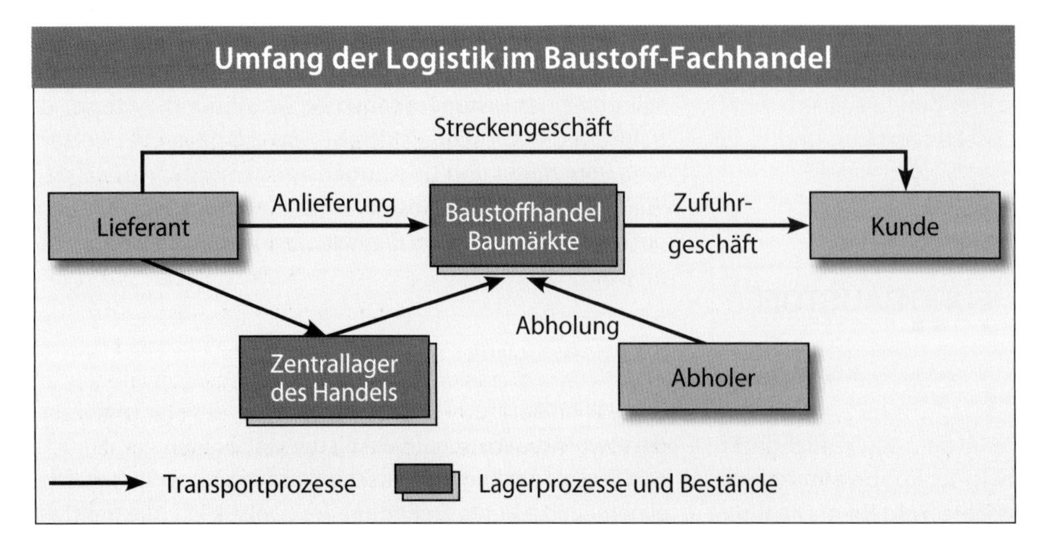

Die Logistik im Baustoff-Fachhandel ist ein komplexes Zusammenspiel von Transport- und Lagerprozessen.

Exkurs

Outsourcing von Logistikdienstleistungen

Als Outsourcing bezeichnet man die Übertragung von bisher selbst erbrachten Leistungsfunktionen an fremde Dienstleister. Outsourcing-Modelle fand man zuerst bei Unternehmen der Baustoffindustrie, welche ihren Fuhrpark aufgegeben haben und die Transportleistungen einem Dienstleister übertrugen. Weiterentwickelt wurde das Konzept des Outsourcings im Bereich der Lagerhaltung der Baustoffindustrie. Dienstleister übernahmen am Ende der Produktstraße den Baustoff und sorgten für Zwischenlagerung und Auslieferung der Ware. Wurde Outsourcing bislang vornehmlich als Instrument der Kostensenkung begriffen, so fungiert es heute in zunehmendem Maße als Hebel der Restrukturierung von Geschäftsaktivitäten und Neupositionierung am Markt.
Im Baustoff-Fachhandel befindet sich die Idee, Bereiche auszugliedern, noch am Anfang. Nur wenige Händler haben sich bisher dazu entschieden, z. B. den Fuhrpark outzusourcen. Im Bereich des Lageroutsourcing sind dies bis heute nur eine Handvoll. Unternehmen, die sich Gedanken über ein Outsourcing machen, müssen sich immer auch mit den Chancen und Risiken auseinandersetzen. Einen Überblick über die mit der Auslagerung verbundenen Chancen und Risiken gibt die nebenstehende Grafik.

Outsourcing

Pro

Strategie
+ Konzentration auf das Kerngeschäft
+ Vorteile kleiner Organisationen
+ Kooperation statt Hierarchie
+ Flexibilität
+ Risikotransfer

Leistung
+ Zugriff auf Know-how des Dienstleistungsunternehmens
+ Klar definierte Leistungen und Verantwortlichkeiten
+ Verfügbarkeit zusätzlicher Kapazitäten

Kosten
+ Kostenreduktion im laufenden Betrieb
+ Variable statt fixe Kosten
+ Gute Planbarkeit

Finanzen
+ Finanzmittelbeschaffung
+ Auswirkungen auf Jahresabschluss / Bilanz

Contra

Strategie
- Entstehen irreversibler Abhängigkeiten
- Unterschiedliche Unternehmenskultur
- Störung zusammengehöriger Prozesse
- Risiko der Zusammenarbeit
- Monopolbeziehungen bei Individuallösungen

Leistung
- Know-how-Abfluss bei ausgelagerten Leistungen
- Übervorteilung durch Informationsdefizite
- Überwindung räumlicher Distanzen

Kosten
- Transaktionskosten
- Switching Costs
- Bezugsgrößenbestimmung für Entgelt
- Weniger informelle Kommunikation

Personal
- Personalprobleme beim Übergang
- Motivationsprobleme

Der Outsourcing-Prozess

Der Outsourcing-Prozess besteht aus mehreren Phasen. Zunächst ist eine Ist-Analyse, wie bereits ausführlich beschrieben, im Bereich Logistik des Baustoff-Fachhändlers notwendig. In der zweiten Phase, der Make-or-buy-Phase wird geklärt, ob Leistungen überhaupt nach außen gegeben werden können, ohne die Know-how-Basis des Unternehmens (auch unter Einbezug zukünftiger Entwicklungsmöglichkeiten) zu gefährden oder in eine bedrohliche Abhängigkeit von einem Partner zu geraten. Der Baustoff-Fachhändler vergleicht nun seine ermittelten Kosten und Leistungsspektren mit denen eines Fremdanbieters.
Zeigen Dienstleistungsangebote von Spediteuren oder Logistikern deutliche Kosteneinsparungspotenziale und Leistungsverbesserungen auf, so ist nun die Entscheidung für oder gegen ein Outsourcing zu treffen. Wird der Weg der Auslagerung, z. B. im Bereich Fuhrpark oder Lagerbewirtschaftung, gegangen, sind weitere Schritte erforderlich:

- Kontaktaufnahme mit Dienstleistern,
- Abgleich der einzelnen Angebote,
- Ausarbeitung eines Dienstleistungsvertrages,
- Implementierung.

Auch bei diesem Prozess ist es wichtig, in regelmäßigen Abständen Erfolgskontrollen durchzuführen, um den Erfolg oder Misserfolg und Abweichungen frühzeitig zu erkennen.

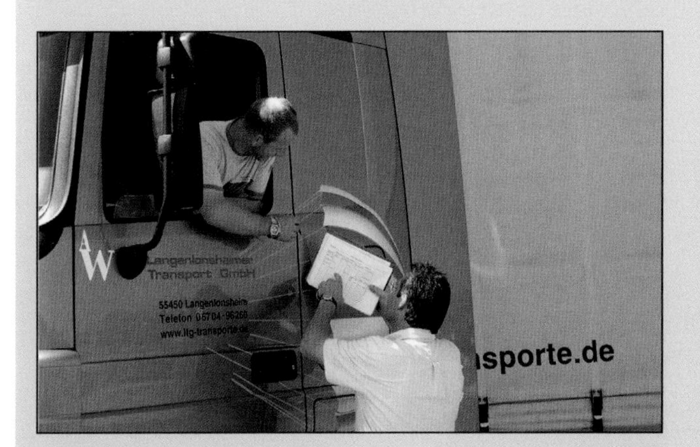

Spezialisierte Dienstleister übernehmen das gesamte Zufuhrgeschäft zu den Kunden des Baustoffhändlers. *Foto: LTG GmbH*

Modell „Selbstfahrender Unternehmer"

Dies ist eine Sonderform des Outsourcings. In diesem Fall wird der früher angestellte Fahrer zum selbständigen Fuhrunternehmer, der vom Baustoff-Fachhändler meist eine garantierte Grundauslastung erhält. Der neue Unternehmer übernimmt in den häufigsten Fällen den Lkw des Baustoff-Fachhändlers und bekommt zur Finanzierung dieser neuen Selbständigkeit einen zinsgünstigen Kredit vom Baustoff-Fachhändler. Oftmals erhält er auch Unterstützung im kaufmännischen Bereich. In saisonal bedingt ruhigerer Zeit muss sich der selbstfahrende Unternehmer nach anderen Aufträgen umschauen.

5.2 Absatzwege

Unter Absatzwegen versteht man die Wege, die vorhanden sind, um die Produkte und Dienstleistungen vom Hersteller zum Verbraucher bzw. Verwender zu bringen. Folgende Arten werden unterschieden:

Hersteller – Großhandel – Verwender (Gewerbe bzw. Verbraucher)
Dies ist der am häufigsten anzutreffende Absatzweg. Er herrscht beim Baustoff-Fachhandel vor. Zwischen Großhandel und Verbraucher ist auch die Einzelhandelsstufe denkbar.

Hersteller – Einzelhandel – Verbraucher
Hier haben die Hersteller die Funktion des Großhandels mit übernommen. Diese Absatzwege sind z. B. bei der Belieferung von Warenhäusern, Baumarkt-Discountern und dem Versandhandel anzutreffen.

Hersteller – Verwender bzw. Verbraucher
Der Handel ist hier völlig ausgeschaltet. Beim Vertrieb von Baustoffen bedeutet dies, dass der Hersteller direkt das Gewerbe bzw. den Handwerker oder den Endverbraucher beliefert. In der Baustoffbranche nennt man dies „Direktbelieferung". Entsprechend dieser Einteilung wird nach indirektem und direktem Absatz unterschieden. Beim indirekten Absatz schiebt sich zwischen Hersteller und Verbraucher bzw. Verwender die Handelsstufe. Unter direktem Absatz versteht man den Absatzweg unter Ausschaltung des Handels. Die Nachteile des direkten Absatzes sind:
- hoher Kapitalbedarf für den Hersteller,
- herstellereigene Vertriebsorgane,
- kleine Auftragsgrößen,
- eigene Lagerhaltung,
- erhöhtes finanzielles Risiko.

Partnerschaftlich kann der Baustoff-Fachhandel nur mit Herstellern zusammenarbeiten, welche die Handelsfunktion am Markt anerkennen, über den Handel liefern und leistungsgerecht honorieren. Mit Baustoffherstellern, die direkt branchenfremde Baumärkte bedienen, ist eine intensive Zusammenarbeit problematisch. Sicherlich muss der Baustoff-Fachhandel in der Zukunft mehr als nur die Lager-, Distributions- und Delkrederefunktion übernehmen.

5.3 Absatzform

Die Absatzform legt fest, wie der Baustoff-Fachhandel seine Ware an den Konsumenten bringt. Hier unterscheidet man zwei Alternativen, die zum Betrieb gehörenden und die betriebsfremden Distributionsorgane.
Zu den **betriebszugehörenden** Organen im Baustoff-Fachhandel zählt man den Verkauf durch die Geschäftsleitung und durch Reisende, den sogenannten Außendienst. Die Geschäftsleitung unterstützt meistens nur den Außendienst, speziell wenn es um große Aufträge geht. Der Reisende ist meist kaufmännischer Angestellter, der Geschäfte im Namen und auf Rechnung des Geschäftsherrn abschließt. Juristisch gesehen ist er ein Handlungsgehilfe, dessen Rechte und Pflichten in den §§59 – 83 HGB geregelt sind. Sein Gehalt setzt sich meistens aus einem Fixum und eine Rohertragsprovision sowie der Spesenvergütung zusammen.
Die **betriebsfremden** Organe sind Handelsvertreter, Kommissionäre und Makler. Diese bezeichnet man als Absatzmittler. Im Baustoff-Fachhandel trifft man gelegentlich, wenn auch heutzutage nur noch sehr selten, auf den Handelsvertreter, der selbständig Gewerbetreibender ist und im Namen und auf Rechnung des Auftraggebers Geschäfte macht.

5.4 Neue Dienstleistungen in der Logistik

Um gegenüber dem Wettbewerber Vorteile im Absatzmarkt zu erzielen, muss der Baustoff-Fachhändler immer neue Dienstleistungsformen entwickeln und anbieten. Diese Dienstleistungen müssen für den Kunden einen deutlichen Nutzen aufweisen und durch die Bezahlung von Dienstleistungssätzen vom Kunden honoriert werden. Folgende neue Dienstleistungen sind anzutreffen:

Hochauslegerkran
Bei dieser Dienstleistung kommen Spezialfahrzeuge mit Hochauslegerkränen (Auslage zwischen 17 und 30 m) zum Einsatz. Diese Fahrzeuge ermöglichen die Belieferung einer Baustelle in fast jede Etage bzw. die Lieferung von Dachmaterialien direkt auf das Dach. Der Kunde spart beim Einbezug dieser Dienstleistung viele Arbeitsschritte, wie z. B. den Transport des Baustoffs an die Verwendungsstelle oder den Einsatz von zusätzlichen Transportmitteln, wie z. B. Schrägaufzügen.

Etagenlogistik
Diese Dienstleistung basiert auf der Belieferung mit dem Hochauslegerkran. Aufbauend darauf werden die Baustoffe zusätzlich auf einer Etage einer Baustelle verarbeitergerecht verteilt. Im Vorfeld wird mit dem Kunden ein Plan erstellt, wo welche Baustoffe und in welcher Menge sein müssen. Der Kunde muss dann keine Baustoffe mehr schleppen, sondern kann diese direkt verarbeiten.

Ein modernes Dienstleistungsangebot für den Verarbeiter ist der Hochkranservice im Rahmen der Etagenlogistik. *Foto: Siebels Baustoffzentrum, Norden*

2-Stunden-Service
Bei diesem Service garantiert der Baustoff-Fachhändler die Belieferung der Baustelle innerhalb von zwei Stunden. Dies betrifft jedoch ausschließlich die Lagerware des Händlers. Der Kunde spart sich den Weg hin zum Händler und wieder zurück zur Baustelle und kann in dieser Zeit andere Arbeiten verrichten. Außerdem hat er den Vorteil, wenn Baustoffe unvorhergesehen kurzfristig auf der Baustelle ausgehen, eine sehr schnelle Lieferung zu bekommen.

24-Stunden-Service
Baustoff-Fachhändler in Großstädten bieten oftmals die Möglichkeit an, rund um die Uhr Baustoffe zu bekommen. Diese Dienstleistung kommt nur dort zur Geltung, wo nachts und unter starkem Zeitdruck gebaut wird.

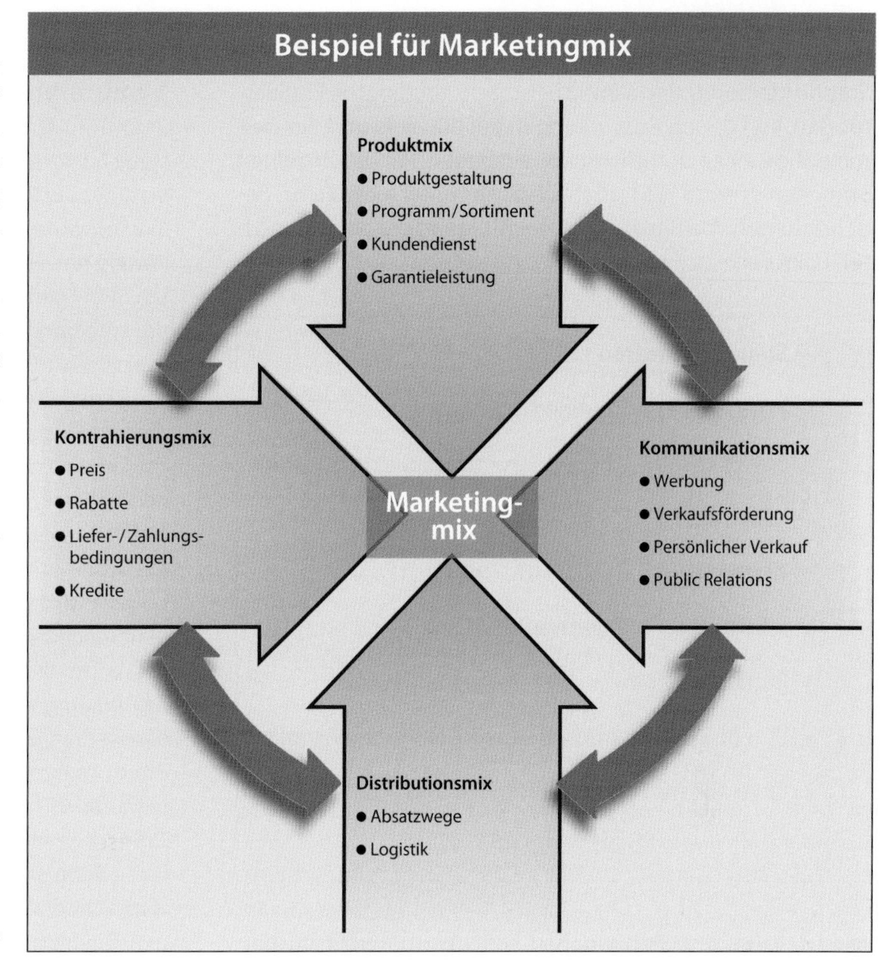

6 Marketingmanagement

Das Marketingmanagement umfasst die Analyse, Planung, Durchführung und Kontrolle von Programmen, die darauf gerichtet sind, beidseitig nützliche Geschäftsbeziehungen mit den Zielmärkten aufzubauen und zu erhalten. Dem Marketingmanagement obliegt die strategische und operative Handhabung der Marketinginstrumente im Rahmen des Marketingmix. Die besteht dabei darin, die einzelnen Marketinginstrumente so zu kombinieren, dass eine optimale Gesamtwirkung erreicht wird. Der Marketingmix im Baustoff-Fachhandel kann schematisch wie obenstehend dargestellt werden.

Marketingmix ist die Suche nach einem System, mit dem man unternehmerischen Erfolg erzielen kann. Eine generelle Formel, wie die einzelnen Maßnahmen dosiert werden sollen, gibt es allerdings nicht. In der Fachliteratur (z.B. Berger, Roland: Marketingmix, in: Marketing-Enzyklopädie, S. 597) heißt es: *„Es gibt keine allgemeingültige, umfassende Theorie zum Thema Marketingmix. Sie ist auch für die Zukunft nicht zu erwarten. Dies hängt einfach damit zusammen, dass das menschliche Verhalten bezüglich der Wirkungen von Marketingkonzeptionen keinen bekannten und langfristig gültigen Gesetzmäßigkeiten folgt. Im Marketingbereich aber nimmt das menschliche Verhalten nicht, wie in anderen betrieblichen Funktionen, eine periphere, sondern eine zentrale Rolle ein."*

Fachmessen zeigen Leistungsstärke und Vielfalt des Marketings. *Foto: Messe Frankfurt*

Neben den klassischen, auf den vorherigen Seiten behandelten Marketinginstrumenten gewinnen auch andere Faktoren in letzter Zeit massiv an Bedeutung, auch wenn sie in der klassischen Definition des Marketingmix (noch) nicht auftauchen. Zwei davon (Standort- und Personalmarketing) behandeln wir auf den folgenden Seiten.

6.1 Standortmarketing

Wichtig beim Bau neuer Baustoffhandlungen bzw. der Umsiedlung ist das Standortmarketing. Beim Baustoff-Fachhandel versteht man unter „Standort" den Ort der gewerblichen Niederlassung. Vom Standort ist der Sitz des Unternehmens zu unterscheiden. Der Betriebsmittelpunkt, etwa die Hauptniederlassung oder die Verwaltung, wird als „Unternehmenssitz" bezeichnet. Der Sitz des Unternehmens ist maßgebend für die Bestimmung des Erfüllungsortes, des Gerichtsstandes und des für die Führung des Handelsregisters zuständigen Registergerichts.

6.2 Standortfaktoren

Standortfaktoren sind sämtliche standortbedingten Einflussgrößen, von denen Auswirkungen auf die Ziele und die Zielrealisation eines Unternehmens ausgehen. Für die einzelnen Branchen unserer Wirtschaft sind sehr unterschiedliche Gegebenheiten von Bedeutung. Nachfolgend die bedeutendsten Faktoren:

Standortfaktoren
- Absatzmarkt und seine Abgrenzung
- Bevölkerung/Zahl und Struktur, bauliche Substanz
- Kaufkraft
- Wettbewerb
- Infrastruktur (Verkehrsanbindung)
- Betriebskosten
- Psychologische und sozialpsychologische Aspekte
- Objektbewertung
- Ergänzende Gesichtspunkte

Die Faktoren Bevölkerung, Kaufkraft, Wettbewerb und Infrastruktur werden in der Regel am stärksten beachtet. Aufgrund der großen Dichte von Baustoff-Fachhandlungen werden heutzutage nur noch sehr wenige neue Standorte gegründet. Die Standortanalyse findet vielmehr auf bestehende Betriebe ihre Anwendung. Hierbei wird untersucht, ob das Objekt in die Gesamtkonzeption eines Übernehmers passt. Die Konzerne und Kooperationen haben zur Standortanalyse Spezialisten oder entsprechende Dienstleistungspartner. Eine umfassende Standortanalyse ist von einem einzelnen Unternehmer nicht durchführbar.

Zukunftsträchtiges Modell: Mit einem an bestehende Einzelhandelsflächen angedockten Baustoffcenter-Modul sollen an geeigneten Standorten neue Kundengruppen erschlossen werden. *Abb.: Hagebau*

Exkurs

Seniorenmarketing

Unter Seniorenmarketing versteht man die gezielte Ausrichtung der Marketingstrategien und -instrumente auf den Markt für Konsumenten, die 60 Jahre und älter sind. Die Änderung der Generationenverhältnisse in der Industriegesellschaft bei gleichzeitiger Steigerung der Lebenserwartung hat dazu geführt, dass die Bedeutung der älteren Personen für Marketingaktivitäten deutlich gestiegen ist. Mittlerweile wird der Seniorenmarkt weiter gefasst. In die Marktbearbeitung werden bereits die „jungen Alten" im Altersbereich von 50 bis 59 Jahren integriert. Diese Altersgruppe wird sich selbst sicherlich sehr ungern als Senioren bezeichnen. Definiert man Senioren hingegen als dynamische Menschen, die ihr Leben aktiv gestalten und vor allem genießen wollen und die ihren kommenden Lebensabschnitt neu ausrichten wollen, so muss diese Altersgruppe einbezogen werden. Nicht zuletzt kürzere Arbeitszeiten, die Möglichkeit zum Vorruhestand und die Altersteilzeit versetzen diese Gruppe der 50-Jährigen in die Lage „ein neues Leben" zu planen. Bei einer heutigen durchschnittlichen Lebenserwartung von 80 Jahren dauert der Lebensabschnitt dieser Menschen 30 Jahre. Betrachtet man die Bevölkerungsentwicklung noch etwas genauer, so wird deutlich, wie interessant diese Zielgruppe für das Marketing ist. Bereits im Jahr 2010 stellte die Gruppe der über 50-Jährigen einen Anteil von weit über 40 %. Die deutliche Mehrheit der Menschen, die aktiv konsumierten, war bereits über 50. Dieser Entwicklung folgend wird 2030 jeder fünfte Deutsche älter als 60 Jahre sein.

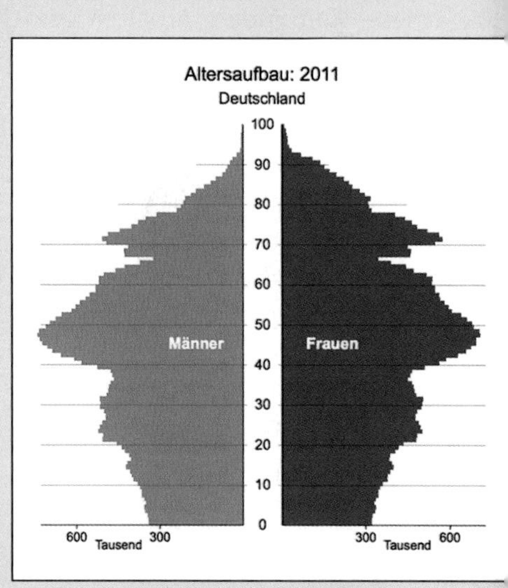

Demografische Entwicklung Deutschlands

Das macht diesen Markt heute bereits so interessant:
- 33,8 Mio. Menschen in Deutschland sind über 50 Jahre alt (per 31.12.2011),
- in wenigen Jahrzehnten werden über 40 % der Bevölkerung Senioren sein,
- die Lebenserwartung hat sich deutlich erhöht, aktive Gesundheitsorientierung wird zum Hauptanliegen vieler Senioren,
- das Geldvermögen bei der Bevölkerung über 55 Jahren liegt bei ca. 1,1 Bio. EUR, das der 35- bis 45-Jährigen dagegen bei 442 Mrd. EUR,
- die Kaufkraft der 50-Jährigen liegt bei 120 Mrd. EUR jährlich,

- 73 % der über 50-Jährigen sagen: „Besser das Leben genießen als zu sparen."

Die Zielgruppe Senioren ist, aufgrund der Alterspanne von 30 Jahren, keine homogene Gruppe, die durch pauschale Marketingmaßnahmen erreicht werden kann. Die Bedürfnisse sind so unterschiedlich, dass die Marketingstrategen folgende Unterzielgruppen gebildet haben:

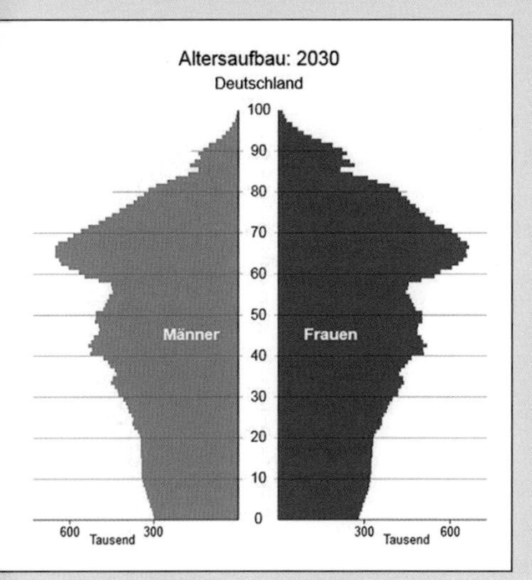

Quelle: Statistisches Bundesamt

Die 50- bis 59-Jährigen: Dies ist insgesamt die interessanteste Zielgruppe. Die Karriere ist auf dem Höhepunkt, das Einkommen ist relativ hoch und es ist die Zeit, in der die Kinder für Studium oder Beruf das Haus verlassen. Die neue Freizeit – zeitlich wie räumlich – eröffnet neue Möglichkeiten. Die Umgestaltung der eigenen vier Wände durch ein neues Bad, einen Wellnessbereich mit Sauna und Whirlpool oder der Ausbau des Hobbyraums zum Fitnessstudio geben hier neue Absatzchancen für den Baustoff-Fachhandel. Eventuell werden aber auch die Eltern (> 70 Jahre) wieder in das Haus aufgenommen, weil sie allein oder krank und pflegebedürftig sind. Hier bedarf es der Umgestaltung des Wohnraums. Barrierefreies Wohnen ist dann gefragt, was die Umgestaltung des Bades und der Toiletten sowie die Verbreiterung von Eingängen und Türen mit sich bringt.

Die 60- bis 69-Jährigen: Diese Gruppe bezeichnet man kurz als die „stillen Genießer". Sie sind im Ruhestand oder kurz davor. Die eigene Immobilie ist bezahlt. Häufig werden zu dieser Zeit Lebensversicherungen oder andere Geldanlagen zur Auszahlung fällig. Die Immobilie wird ein letztes Mal größer renoviert oder umgebaut. Werterhalt oder -steigerung als Sicherheit für das eigene Alter und die Nachkommen sind die Motivation. In den Bereichen Haussicherheit und altersgerechtes Wohnen ergeben sich Ansatzpunkte für den Baustoff-Fachhandel.

Seniorenmarketing als neue Aufgabe des Baustoff-Fachhandels *Foto: Archiv*

Die über 70-Jährigen: Diese Zielgruppe direkt anzusprechen wird für den Baustoff-Fachhandel nicht einfach. Aus gesundheitlichen Gründen wird für die Altersgruppe immer öfter das Thema „barrierefreies Wohnen" aktuell. Da die notwendigen Umbaumaßnahmen aber meist von den Kindern der Senioren, also von den 50- bis 59-Jährigen durchgeführt werden, muss diese Zielgruppe über die oben aufgeführte erste Zielgruppe erreicht werden. Um diese Zielgruppe im Baustoff-Fachhandel erreichen zu können, bedarf es zuerst einer Sensibilisierung dafür. Es sind nicht die „Alten", sondern es sind Menschen, die voll im Leben stehen. Diese wollen genau so beraten werden wie jeder junge Mensch, mit dem einzigen Unterschied, dass andere Lösungsvorschläge gefragt sind. Wie bereits beschrieben, geht es meist nicht um die schnelle und kostengünstige Lösung, sondern um eine qualitativ hochwertige und im Design ansprechende Baumaßnahme, welche auf die kommenden 30 Jahre ausgerichtet sein soll. Bereits heute gibt es viele Marketingmaßnahmen, mit welchen diese Zielgruppe erreicht werden kann.

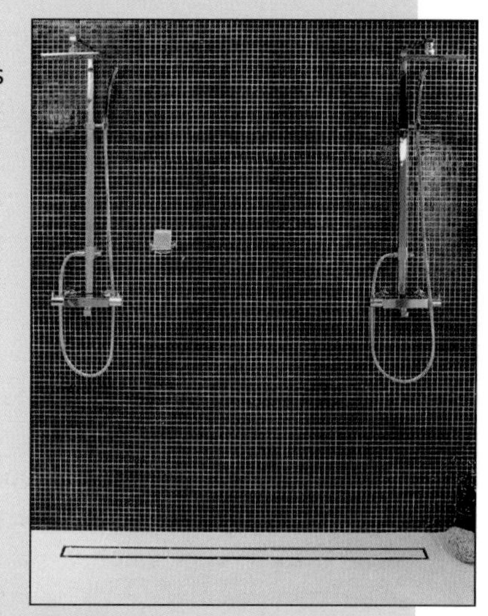

Ein bodengleicher Duschbereich gehört zum barrierefreien Wohnen und bietet Komfort und Sicherheit. *Foto: Proline Profile*

Hier eine Auswahl:

- Themenausstellungen, z. B. das barrierefreie Bad, Sicherheitseinrichtungen im Haus,
- Sortimentserweiterungen in den Bereichen Wellness mit Saunaangeboten und Wärmekabinen,
- Angebot von Komplettlösungen „Alles aus einer Hand",
- Vortragsveranstaltungen in Zusammenarbeit mit Ärzten, Krankenkassen oder der Polizei,
- regionale Pressearbeit.

Wie immer im Marketing ist es wichtig, ein abgestimmtes Paket zu entwickeln. Enorm wichtig sind auch die Auswahl geeigneter Mitarbeiter sowie die Umgestaltung von Teilbereichen der Ausstellung. Aufgrund dieses stetig steigenden Anteils der Bevölkerung und der großen Kaufkraft muss sich der Baustoff-Fachhandel ganz aktuell mit dieser neuen Zielgruppe und den damit verbundenen Maßnahmen und Möglichkeiten beschäftigen.

6.3 Personalmarketing

Seit einiger Zeit wird auch die Personalpolitik als Marketingmaßnahme verstanden. Personalplanung, Personaleinsatzplanung ebenso wie Funktionsbeschreibung oder auch die Aus- und Weiterbildung gehören dazu.
Der Unterschied zwischen einem Baustoff-Fachhandel und dem anderen liegt in den besser oder schlechter qualifizierten Mitarbeitern. Zweck eines jeden Unternehmens ist es, unter Einsatz von Kapital und Produkt Gewinne zu erwirtschaften. Und dazu braucht man trotz hoch entwickelter Technik und Kommunikationsmöglichkeiten gute Mitarbeiter. Die Mitarbeiter im Baustoff-Fachhandel werden hier mehr und mehr zum Erfolgsfaktor Nummer eins.
Interessant ist in diesem Zusammenhang, dass die Mitarbeiter, als wichtigstes Vermögen eines Unternehmens, in keiner Bilanz erscheinen. Die Zukunftstauglichkeit eines Unternehmens hängt zuallererst von den Menschen ab, die im und für das Unternehmen tätig sind. Besonders wertvoll sind Mitarbeiter, die

- **mit**denken,
- **mit**reden,
- **mit**entscheiden,
- **mit**gestalten und
- **mit**verantworten.

> *„Damit der unternehmerische Geist gedeiht, sind hohe Freiheitsgrade notwendig, Herausforderungen für die Mitarbeiter und ihre stete Förderung."*
> *Johannes M. Schuller (Geschäftsführer Bauzentrum Mayer, Ingolstadt)*

Andere Möglichkeiten, sich vom jeweiligen Wettbewerb abzusetzen, sind in den letzten Jahren deutlich weniger geworden. Die Vergleichbarkeit von Produkten und Technologien, deutlich kürzere Produkt-Lebenszyklen und geringere Betriebsgrößenvorteile bei einer zunehmenden Dichte von Händlern, die Kooperationen oder anderen Systemen angeschlossen sind, machen es schwierig, sich am Markt nur durch den Preis oder Ähnliches zu behaupten.

7 Werbung im Baustoffhandel

7.1 Grundlagen der Werbung

Werbung tritt in vielerlei Formen in Erscheinung. In fast allen Bereichen des menschlichen Lebens wird man mit ihr konfrontiert. Überall dort, wo man mit anderen in Beziehung tritt, Meinungen, Gedanken und Informationen austauscht, also kommuniziert, wird sie eingesetzt. Die Werbung für Produkte und Dienstleistungen, die Wirtschaftswerbung, ist der umfangreichste Teil aller Werbemaßnahmen. Hierfür werden jährlich Milliardenbeträge ausgegeben. Der Anteil der Werbekosten im Baustoff-Fachhandel steigt seit Jahren konstant.

Weitere Werbefelder, die aber hier nicht behandelt werden, sind die politische Werbung, etwa für einzelne Parteien und deren Kandidaten, die soziale Werbung, z. B. „Brot für die Welt", und die kulturelle Werbung für Museen, Theater- und Konzertveranstaltungen.

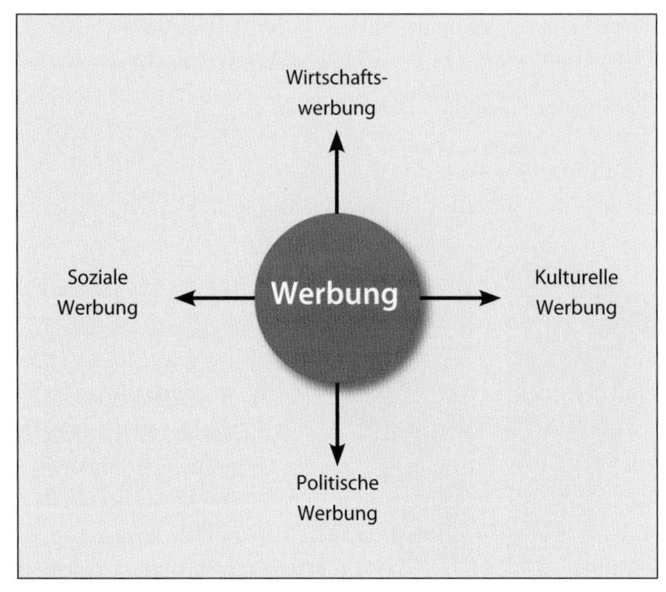

Werbung begegnet man in allen großen gesellschaftlichen Bereichen.

Werbung wurde früher überwiegend als „Reklame" bezeichnet. Dieser Begriff wird in der Literatur und umgangssprachlich nur noch sehr selten benutzt. Man kann die beiden Begriffe Werbung und Reklame weitestgehend gleichsetzen, wobei heute nur noch von Werbung gesprochen wird.

Die Stellung der Werbung im Marketingmix
Werbung wird definiert als bewusster Versuch, Menschen durch Einsatz spezifischer Kommunikationsmittel zu einem bestimmten, absatzwirtschaftlichen Zwecken dienenden Verhalten zu bewegen. Die Werbung ist als Marketinginstrument der Kommunikationspolitik untergeordnet. Diese steht neben der Distributions-, Sortiments- und Produktsowie der Preis- und Kontrahierungspolitik.

Aufgaben und Ziele der Werbung
Vereinfacht und auf den Baustoff-Fachhandel bezogen ist es Aufgabe und Zielsetzung der Werbung: *alle Maßnahmen zu ergreifen, die dazu dienen, für Baustoffe Käufer zu suchen, sie zu überzeugen und damit zum Kauf zu führen.*

Werbung ist nach dieser Definition also der planmäßige Einsatz von Werbemitteln, um bestimmte Absatzleistungen zu erzielen. Dabei unterscheidet man drei verschiedene Werbungsformen:

Die Einführungwerbung, um neue Produkte einzuführen. Bei der Einführungswerbung soll im Bewusstsein bzw. Unterbewusstsein der Konsumenten das Verlangen entstehen, ein bestimmtes Produkt zu kaufen. Sekundär ist es dabei, ob der Verbraucher den Artikel im weitesten Sinne benötigt oder nicht.

Die Expansionswerbung, um eine Ausweitung des Absatzvolumens mit den schon seither verkauften Artikeln zu erwirken. Bei der Expansionswerbung soll mit Werbemaßnahmen der Bedarf erweitert werden. Für den Baustoff-Fachhandel bedeutet dies in bestimmten Segmenten Umsatzexpansion. Dabei können Kunden, die das Produkt bereits kennen und kaufen, dazu angeregt werden, mehr zu bestellen. Auch neue Konsumenten können geworben werden. Dabei sind in der Regel neue Verwendungszwecke aufzuzeigen.

Die Erhaltungswerbung, um das erreichte Volumen nicht absinken zu lassen. Die Erhaltungswerbung ist vor allem bei rückläufiger Konjunktur von Bedeutung. Das Unternehmen will auf seine Produkte aufmerksam machen, alte Käuferschichten erhalten und neue hinzugewinnen. Der Marktanteil soll also nicht absinken, sondern erhalten bleiben.

Die Grenzen sind fließend. Eine scharfe Trennung der verschiedenen Werbearten, insbesondere beim Baustoff-Fachhandel, ist nicht möglich.

Im Stil der 1950er Jahre und mit eindrucksvollen Produktionszahlen konzipierte ein Dachziegelhersteller die Erhaltungswerbung für seine klassische Dachziegel-Produktfamilie. *Foto: Erlus*

7.2 Werbemittel

Werbemittel sind die Ausgestaltung bzw. Kombination von Kommunikationsmitteln (z. B. Wort, Bild, Ton, Symbol), mit denen eine Werbebotschaft dargestellt wird. Werbemittel sollen wahr und klar sein und nicht übertreiben. Sie sollen gute kaufmännische Gepflogenheiten zum Ausdruck bringen. Sie sollen keine Mitbewerber oder fremde Ware herabsetzen, keine politischen, religiösen oder sittlichen Gefühle verletzen. Je nachdem, ob eine Vielzahl von Personen angesprochen wird oder ob man sich direkt an Einzelpersonen wendet, wird zwischen Massenwerbemitteln bzw. Einzelwerbemitteln unterschieden.

Massenwerbemittel

Anzeige: Nach wie vor stellt die Anzeige das wichtigste Werbemittel dar. Durch alle Entwicklungsphasen der Werbung hindurch hat sie an Bedeutung kaum verloren. Vor allem in lokalen und regionalen Tageszeitungen, Anzeigenblättern und in der Fachpresse wird vom Baustoff-Fachhandel und der Baustoffindustrie mit der Anzeige geworben. Aufgrund der heutigen Informationsüberflutung der Menschen weiß man, dass die klassische Anzeige oftmals wirkungslos verpufft. Deshalb ist es wichtig, eine gute Werbestrategie zu haben, um den Kunden durch gestalterisch auffallende Anzeigen zu erreichen.

Gestaltete Anzeige eines Baustoff-Fachhändlers *Foto: Hagebau/Bauzentrum Hass+Hatje, Rellingen*

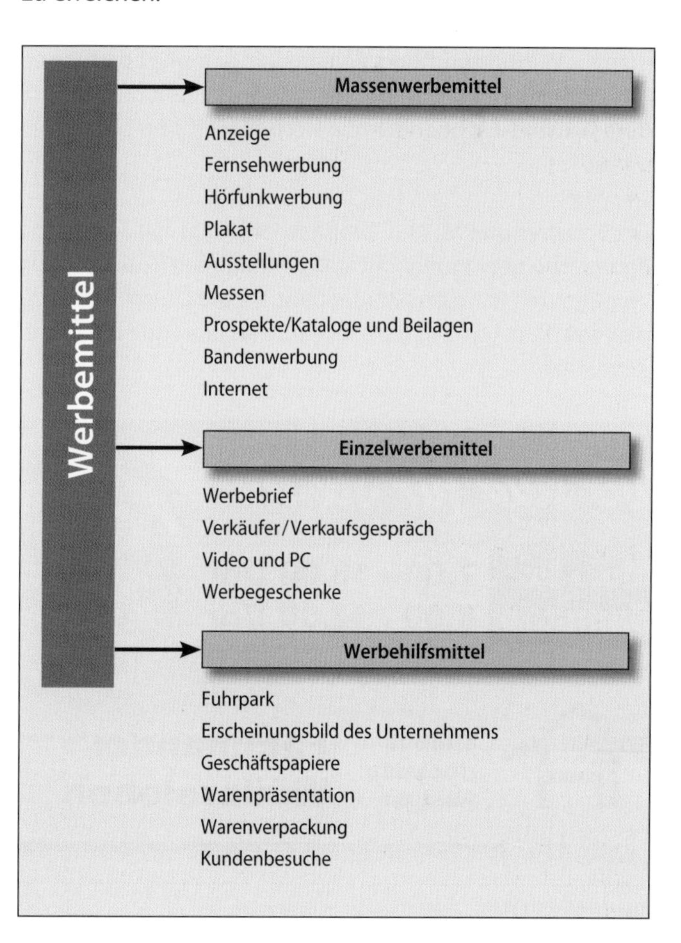

Fernsehwerbung: Die Fernsehwerbung ist auf bestimmten Sektoren ein Konkurrent der Anzeige. Wegen sehr hoher Kosten und fehlender Einschränkungsmöglichkeiten auf den lokalen Markt des Händlers kommt sie für den einzelnen Baustoff-Fachhändler meist nicht in Frage. Die Baustoffindustrie, Baumärkte und die Kooperation von Baustoff-Fachhändlern setzten sie teilweise ein, um den oftmals überladenen „Anzeigenfriedhöfen" in den Zeitungen zu entgehen. Die einzelnen Fernsehsender bieten genaue Auswertungen darüber, wann welche Zielgruppe welches Programm ansieht. Dem früheren Argument des hohen Streuverlustes der Fernsehwerbung kann in städtischen Ballungsräumen durch Werbung in lokalen Fernsehsendern begegnet werden. Im ländlichen Bereich wird dies allerdings schwierig, da hier nur sehr selten lokale TV-Kanäle betrieben werden.

Mit TV-Spots rund um einen Comedy-Star warb die Baustoffhandelskooperation Hagebau bei privaten Bauherren. *Abb.: Hagebau*

Hörfunkwerbung: Häufiger im Baustoff-Fachhandel findet man die Hörfunkwerbung. Regionalprogramme erlauben einen gezielteren Einsatz. Gerade in jüngster Zeit nutzen größere Baustoff-Fachhändler die Hörfunkwerbung als Werbemittel.

Großflächenplakat: Das Großflächenplakat hat wieder an Bedeutung gewonnen. Die aufzuwendenden Kosten liegen im tragbaren Rahmen. Straßenbahnen und Omnibusse werden vom Baustoff-Fachhandel gerne als fahrende Litfaßsäule benutzt.

Das Großflächenplakat gewinnt wieder an Bedeutung.

Ausstellung von Wohndachfenstern und Zubehör *Foto: Mobau Dörr & Reiff*

Ausstellungen: Sie sind für den Baustoff-Fachhandel von besonderer Bedeutung. Bestimmte Baustoffe, z. B. Fliesen und Platten, lassen sich in ihrer vollen Schönheit nur schwer beschreiben. Auch eine noch so gute Abbildung vermittelt nicht denselben positiven Eindruck wie das Material selbst. Dazu kommt, dass der Käufer seine Auswahl im Rahmen eines reichhaltigen Sortiments treffen und sich beraten lassen möchte. Ausstellungen für Elemente, z. B. Wohndachfenster, dienen dazu, dem Kunden die entsprechende Technik besser erläutern zu können. Einen Drehkippbeschlag beispielsweise muss man vorführen. Dies bewirkt mehr als tausend Worte.

Messen: Messen sind ebenfalls Werbeveranstaltungen. Dem Thema „Tag der offenen Tür" bzw. „Hausmessen" wird ein eigenes Kapitel gewidmet.

Prospekte/Kataloge: Sie sollen vor allem informieren. Da der Umworbene nicht zur Lektüre dickleibiger Werbebroschüren und vielseitiger Produktinformationen gezwungen werden kann, sind an die Gestaltung dieser Werbemittel besonders hohe Anforderungen zu stellen. Heute geht man mehr und mehr zur Beilagenwerbung über. Angefangen haben damit die Baumärkte und Discounter. Der Baustoff-Fachhändler versucht nun mit abgegrenzten Themengebieten, wie

Auch die Bandenwerbung bei Sportveranstaltungen hat durch die Medienwirksamkeit eine starke Bedeutung. *Foto: Aug. Cassens, Oldenburg*

z. B. „Naturbaustoffe", „Dachausbau", „Mein schöner Garten" oder „Das moderne Bad", interessante Beilagen für den potenziellen Kunden zu erreichen.

Titelseite eines Katalogs zum Thema „Fliesen" *Abb.: i&m*

Internet: Werbung im Internet ist die modernste und neueste Form der Werbung. Viele Internet-Provider bieten besonders günstige Tarife an, da hier immer wieder Werbung eingeblendet wird. Ebenso kann man parallel auf seiner Homepage oder auf anderen Homepages Werbung für sich machen. Über die Auswertung des „Surf-Verhaltens" von Internet-Nutzern kann die eingeblendete Werbung sehr genau auf die Interessen des Internet-Nutzers zugeschnitten werden.

Werbung im Internet: Banner-Werbung auf der Homepage *baustoffmarkt-online*

Einzelwerbemittel

Werbebrief: Beim Werbebrief handelt es sich um ein Schreiben, das sich direkt an den möglichen Käufer richtet. Diese Form der Werbung wird deshalb auch häufig als Direktwerbung oder Direktmarketing bezeichnet. Auf diese Form des Marketings wird noch genauer eingegangen.

Video/PC: Bei der Beratung im Verkauf können als Einzelwerbemittel auch Videos oder PCs eingesetzt werden. Viele Baustoffproduzenten stellen Produkt- und Verarbeitungsvideos zur Verfügung. Neben diesen Demonstrationen auf

Verarbeitungsvideo eines Herstellers bauchemischer Produkte

CD oder DVD stellen sehr viele Produzenten ihre Demo-Filme auch zum Download auf ihrer Internet-Seite ab. Teilweise geschieht dies in speziellen, passwortgeschützten Händlerbereichen oder aber auch im für alle Internet-Nutzer zugänglichen öffentlichen Bereich der Website.

Persönliche Einladung: Als weiteres Einzelwerbemittel können ferner die persönliche Einladungen zu Kundenveranstaltung gezählt werden.

7.3 Werbehilfen

Werbehilfen dienen nicht überwiegend dem Werbezweck. Sie können jedoch werblich genutzt werden. Beim Baustoff-Fachhandel ist hier vorwiegend der Fuhrpark zu nennen, sowohl der Pkw-Fuhrpark als auch der Lkw-Fuhrpark. Die Außenflächen der Fahrzeuge sind mit Firmenwerbung versehen. Hunderte von Kontakten zu potenziellen Kunden entstehen allein dadurch, dass sich die Fahrzeuge im Stra-

Lkws eines Baustoff-Fachhändlers: Deutlich sichtbar platziert ist die Firma, zusätzlich das Logo der Kooperation Baustoffring. *Foto: Tebart Baustoffe/ Baustoffring*

ßenverkehr bewegen. Das Erscheinungsbild des Gesamtunternehmens, im weiteren Sinne betrachtet, ist ebenfalls ein Werbehilfsmittel.

In der Vergangenheit, als sich die Kundschaft des Baustoff-Fachhandels vorwiegend aus Bauhandwerkern, Baugewerbetreibenden und der Bauindustrie zusammensetzte, war vielleicht das Äußere einer Baustoffhandlung weniger wichtig. Heute soll jedoch auch der Endverbraucher angesprochen werden. Die modernen Verkaufsformen des Einzelhandels – man denke an die großen Baumarkt-Ketten – locken mit kreativ gestalteten Gebäuden die Kunden zum Erlebniskauf.

Instinktiv misstraut der Kunde deshalb einer Firma, die vom äußeren Erscheinungsbild her eher schlampig als geordnet erscheint. Ein dynamischer Lagermeister kann im Hinblick auf Ordnung in ganz kurzer Zeit wahre Wunder vollbringen. Wenn es darüber hinaus gelingt, die Fassadenflächen branchenbezogen zu gestalten, sind Umsatzzuwächse mit Häuslebauern, Renovierern und Sanierern geradezu vorprogrammiert.

Werbehilfsmittel sind ferner Geschäftspapiere. Die werbewirksame Warenpräsentation, die Warenverpackung sowie der Besuch beim Kunden sind ebenfalls in die Rubrik Werbehilfsmittel einzuordnen.

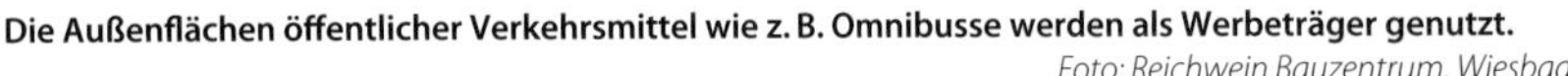

Die Außenflächen öffentlicher Verkehrsmittel wie z. B. Omnibusse werden als Werbeträger genutzt.
Foto: Reichwein Bauzentrum, Wiesbaden

Aufmerksamkeitsstarke Werbeträger: Piaggio-Dreiräder
Foto: C+S, Bergisch-Gladbach

7.4 Werbeträger

Unter Werbeträgern versteht man Gegenstände und Einrichtungen, durch die das Werbematerial zu Werbemitteln wird. Mit dem Werbeträger Zeitung wird beispielsweise das Werbemittel Anzeige an den Leser herangeführt. Werbeträger für Fernseh- und Funkspots sind das Fernsehen und der Rundfunk. Für die Direktwerbung ist es der Brief, für das Plakat sind es die Plakatsäule oder andere geeignete Werbeflächen, wie z. B. das City-Light-Poster.

7.5 Werbearten

Die verschiedenen Erscheinungsformen der Werbung lassen sich nach folgenden Arten einteilen:

Einzelwerbung

Hier wird für Produkte und Dienstleistungen eines einzelnen Unternehmens geworben. Dabei unterscheidet man folgende Anzeigentypen:

Imageanzeige: Bei dieser Anzeige soll die eigene Baustoff-Fachhandlung zur Markenpersönlichkeit werden. Grundbedürfnisse wie z. B. Fachberatung, Ausstellung, Lieferservice, Handwerkervermittlung etc. werden angesprochen. Ca. 40–50 % des Streuetats werden für Image- oder Kompetenzanzeigen ausgegeben ❶.

Produktanzeige: Im Mittelpunkt dieser Anzeige steht ein Verbrauchernutzen meistens unter Angabe eines Preisangebots ❷.

Angebotsanzeige: Hier steht der Sonderpreis im Blickpunkt. Diese Anzeigenform findet man häufig bei Baumarktdiscountern ❸.

Anlassbezogene Anzeige: Diese Anzeigeform wird nur zu speziellen Anlässen verwendet. Beispiele hierfür sind ein Firmenjubiläum, Tage der offene Tür oder Workshops für Kunden. Werden einzelne oder mehrere Anzeigentypen gleichzeitig verwendet, spricht man von Kombinationsanzeigen. Als Sonderform bezeichnet man auch Vereinsanzeigen, die in Clubzeitschriften von Vereinen veröffentlicht werden ❹.

Kooperative Werbung

Mit diesem Begriff wird die Zusammenarbeit zwischen mehreren Unternehmen im Bereich der Werbung bezeichnet, die in Form von Gemeinschafts-, Sammel- oder Verbundwer-

❶ **In einer Imagebroschüre profiliert sich ein Baustoffhändler als Vollsortimenter für den Häuslebauer.** *Abb.: Gerhardt Baustoffe*

❷ **Beispiel einer Produktanzeige**
Foto: Baustoffprofi Neermoor

❸ **Beispiel einer Angebotsanzeige** *Abb.: OBI*

❹ **Beispiel einer Jubiläumsanzeige**
Abb.: i&m

❺ **Beispiel einer kooperativen Werbung**
Abb.: i&m

bung erfolgen kann. Unter kooperativer Werbung versteht man auch die gemeinsame Werbung von Baustoff-Fachhandel und Baustoffindustrie ⑤.

Gemeinschaftswerbung: Dies ist die wohl häufigste Form der kooperativen Werbung. Mehrere Baustoffhändler schließen sich zusammen und werben am Ort bzw. in einer Region gemeinsam. Die Werbung erfolgt für Waren, die in den beteiligten Geschäften angeboten werden, oder spricht bestimmte Zielgruppen an.

Wenn der im BDB organisierte Baustoff-Fachhandel mit seinen Mitgliedern gemeinsam sein Fachwissen und seine fachlichen Kenntnisse – also seine Fachkompetenz – unter Beweis stellt, liegt ebenfalls Gemeinschaftswerbung vor.

Beispiel einer Gemeinschaftswerbung

Abb.: Nowebau

Verbundwerbung: Im Gegensatz zur Gemeinschaftswerbung (Werbegemeinschaft von Unternehmen des gleichen Geschäftszweiges) wird von Verbundwerbung gesprochen, wenn die Produkte sich gegenseitig ergänzen. Man kann dies auch als Bedarfsbündelung bzw. Problemlösung bezeichnen. Beispiel: Ein Fliesen- und ein Sanitärhändler, zwei rechtlich selbständige Firmen, werben gemeinsam für das zeitgemäße Bad.

Für die Partnerschaft mit dem Handwerk wirbt diese Musterfläche eines GaLaBauers.

Foto: K. Klenk

Sammelwerbung: Bei dieser Form schließen sich Werbetreibende der verschiedenen Branchen zu einer gemeinsamen Aktion zusammen. Beispiele hierfür sind Bautafeln oder ein Tag der offenen Tür eines gesamten Gewerbegebietes.

Ein Baustoff-Fachhändler veranstaltet mit zahlreichen Firmen aus der Region eine attraktive Gewerbeschau.

Abb.: Fliesen-Centrum Linnenbecker

7.6 Die Werbekonzeption

Die Grundlagen der Werbung wurden in den vorherigen Kapiteln bereits abgehandelt. Auf der Basis dieses Wissens lässt sich die Planung der Werbemaßnahmen, die Werbekonzeption, vornehmen. In der Fachliteratur wird dieser Begriff wie folgt definiert:

Werbekonzeption ist eine gedankliche Grundlage für die spätere Realisation des Vorhabens. Sie ist die Leitschnur für die Planung konkreter Werbemaßnahmen und fixiert die Werbemittel. Sie ist schriftlich festzuhalten. Die Werbekonzeption ist dem Gesamtmarketingplan untergeordnet.

In der Praxis wird die Werbekonzeption wie folgt gegliedert:

- Werbeobjekt,
- Zielgruppen,
- Werbeziele,
- Gestaltung,
- Werbestrategie,
- Auswahl der Medien,
- Werbegebiet,
- Werbezeitraum,
- Werbeetat.

Im Folgenden werden die einzelnen Punkte erläutert:

Werbeobjekt

Für was soll geworben werden? Diese Frage ist als Erstes zu klären. Mögliche Antworten sind: einzelne Produkte, Produktsysteme, besonderer Service, außergewöhnliche Leistungsfähigkeit, neue Ideen oder das grundsätzliche Ansehen des Unternehmens.

Genormte Massenbaustoffe kommen für den Baustoff-Fachhandel als Werbeobjekte nur selten in Betracht. Jeder Baustoffhändler hat sie im Sortiment. Leider ist oftmals nur der Preis hierfür alleiniges „Werbeargument". Ein völlig anderes Bild ergibt sich hingegen bei Fliesen. Die geschmackliche Komponente, die Vielfalt des Angebots, die besondere Qualität oder auch die in der Ausstellung gezeigte neue Wohnidee sind Verkaufsargumente, die werbewirksame individuelle Aussagen zulassen. Ähnlich verhält es sich bei Produktsystemen:

- Wärmedämmung – Dach und Fassade,
- Trockenausbau – Boden, Wand, Decke,
- Sicherheit – Türen, Fenster, Beschläge,
- keramische Baustoffe – isolieren, kleben, ausgleichen, verfugen,
- Dachgestaltung – Ziegel, Dachsteine, Fenster, Dämmstoffe,
- Fliesen – Leben mit Keramik,
- Mauerwerk – Wärme und Schall,

- Garten – Terrasse, Zäune, Gartenhäuser
- Renovierung – Farben, Lacke, Wand- und Bodenbeläge, Holz, Befestigungstechnik,
- Heimwerken – Werkzeug, wie es der Profi kauft, u. a.

Die Werbung für Produkte, Produktsysteme und Ideen vermischt sich in der Regel. „Herz" und Verstand des Kunden werden gleichermaßen angesprochen. Die Auswahl der Werbeobjekte soll nicht im Alleingang vorgenommen werden. Hier ist vielmehr die Teamarbeit gefragt. Dazu muss die echte, auf Leistung basierende Zusammenarbeit mit dem jeweiligen Baustoffhersteller kommen.

Werbeobjekt dieser Florpost ist die Produktgruppe „Arbeitskleidung". *Abb.: Eurobaustoff*

7.7 Zielgruppen

Unter Zielgruppen versteht man grundsätzlich diejenigen Verbrauchergruppen, die sich in einem oder mehreren Merkmalen ähneln. Sie kommen aufgrund eines gleichen oder ähnlichen Bedarfs und aufgrund zumindest ähnlichen Geschmacks als Käufer bestimmter Produkte oder Dienstleistungen in Frage. Der Baustoff-Fachhandel hat zwei große Zielgruppen: Bauindustrie bzw. Baugewerbe (Bauhandwerk, Profi) sowie private Abnehmer (privater Bauherr). Die Werbekonzeption für den Baustoff-Fachhandel muss beide Zielgruppen ansprechen. Eine Gliederung der Gesamtkonzeption in zwei Teilbereiche ist deshalb unabdingbar. Eine weitere Aufschlüsselung der Zielgruppen nach in der Werbeliteratur zu findenden Gliederungen ist recht schwierig. In anderen Branchen wird oftmals unterschieden nach:

- demografischen Merkmalen wie Geschlecht, Alter, Einkommen, Beruf,
- Merkmalen des allgemeinen Denkens und Handelns, wie Sicherheitsstreben und Ansehen,
- Merkmalen, die sich auf bestimmte Lebensbereiche beziehen, wie Freizeit und Erholung.

In der Werbung beim Baustoffhändler finden sich nur vereinzelt derart spezifische Aspekte. Das „junge Bad" beispielsweise wendet sich gezielt an die junge Generation. Auch das Sicherheitsbedürfnis wird angesprochen, etwa mit der 30-jährigen Materialgarantie. Für die teure Fliese wird naturgemäß bei den Bevölkerungsschichten mit höherem Einkommen geworben. Die Sonderangebote sollen dem schmaleren Geldbeutel Rechnung tragen. Der Baustoff-

Mit einem speziellen Produktkatalog werden designbewussten Endverbrauchern attraktive Wohnraumsituationen präsentiert, die ihre Gestaltungsfreude ansprechen. *Abb.: Hagebau*

Fachhandel untergliedert die Zielgruppen seiner Profikunden in die verschiedenen Gewerke, also z. B. Tiefbauer, GaLaBauer, Hochbauer, Zimmerer, Stuckateure usw. Der Endverbraucher wird untergliedert in Heimwerker, Renovierer und Sanierer sowie Bauherren, die ein komplettes Haus erstellen wollen.

7.8 Werbeziele

Mit der Werbung, einem Teilgebiet des Marketings, sollen entweder ökonomische Ziele, wie Steigerung des Umsatzes und des Ertrages, erreicht werden oder außerökonomische Ziele, wie z. B. Steigerung des Bekanntheitsgrades. Um Werbeziele sinnvoll formulieren zu können, ist zunächst die Ist-Situation zu ermitteln. Dann sind die anzustrebenden Sollwerte festzulegen. Sind die Werbeziele fixiert, ist auch die Art der Werbekampagne bestimmt. Dann ist entschieden, ob es sich um Einführungswerbung, Expansionswerbung oder Erhaltungswerbung handeln soll.

Gestaltung

Wie ist die jeweilige Zielgruppe anzusprechen? Eine generelle Gestaltungslinie (Anspracherichtung) ist die Antwort auf diese Frage. Auszugehen ist von den Konstanten in der Werbung, d. h. den Elementen, die ständig wiederkehren. Der Firmenname signalisiert bereits das umfangreiche Sortiment: „Baucenter" oder „Bauzentrum", „Baufachmarkt" oder

Firmensignet einer Baustoff-Fachhandlung an der Fassade im Eingangsbereich
Foto: Fa. Gerhardt Baustoffe

„Baumarkt". Dazu gehört heute, fast unabdingbar, ein einprägsamer Slogan (Werbeschlagwort), z. B.:

- *„Ihr freundlicher Baustoffhändler",*
- *„Ihr Baustoff-Fachberater",*
- *„Die Welt des Bauens",*
- *„Die Kompetenz am Bau".*

Während sich diese Slogans dem Hervorheben der guten Eigenschaften des Händlers widmen, gibt es auch oftmals „fordernde" Slogans, wie z. B. „Unsere Leistung ist messbar!". Hier soll der Kunde gedanklich aufgefordert werden, seine persönliche Erwartung vor dem Kauf mit der tatsächlichen Kaufabwicklung zu vergleichen. Das Ziel ist dabei natürlich, dass der Kunde seine Erwartungen erfüllt sieht. Mit solch einem Slogan weckt der Händler beim Kunden von Beginn an eine höhere Erwartung. Ergänzend zum Slogan kann ein sogenanntes Signet (symbolische Firmenmarke) treten. Die Kooperationen verdeutlichen ihre Zusammengehörigkeit mit einem solchen Signet. Der Baustoff-Fachhändler verwendet dieses, um überregionale Werbung der Kooperation auf sich zurückstrahlen zu lassen. Auch das BDB-Zeichen des Bundesverbandes Deutscher Baustoff-Fachhandel gehört dazu. Die variablen Elemente, wie der Werbetext und das Werbebild, müssen in ausgewogenem Verhältnis zueinander stehen. Rationale und emotionale Elemente sollen gleichermaßen Berücksichtigung finden. Anordnung und Gestaltungselemente der Werbung (Layout) müssen eine gewisse Einheitlichkeit aufweisen. So ist z. B. der Rahmen für Zeitungsanzeigen jeweils gleichartig zu gestalten. Werbeagenturen drücken diese Zusammenhänge dadurch aus, dass sie die Gesamtgestaltung praktisch „aus einem Guss" machen.

7.9 Werbestrategie

Bei der Werbestrategie geht es um die Frage, mit welchen werblichen Maßnahmen die gesetzten Ziele am besten zu erreichen sind. Es wird festgelegt, welche Werbemittel für die einzelnen Zielgruppen zum Einsatz kommen sollen. Allgemein gültige Hinweise sind kaum möglich. Individuelle Faktoren spielen die entscheidende Rolle. Die wichtigsten davon sind:

- regionale Gegebenheiten,
- Auftreten des Wettbewerbs,
- Höhe des Werbeetats und die Zusammenarbeit mit einzelnen Herstellern.

Auswahl der Medien (Medien-Mix)

Welche Werbeträger sollen zum Einsatz kommen? Hat man sich beispielsweise für eine Anzeige oder – besser noch – für eine Anzeigenserie entschieden, so ist zu klären, welche Tageszeitung bzw. Kundenzeitschrift für die Veröffentlichung herangezogen werden soll. Die Zahl der Zielpersonen, die anzusprechen sind, ist für diese Entscheidung wichtig. Die Konstanz der Werbung in einem Medium ist ebenfalls bedeutsam. Eine einzelne Anzeige bringt wegen der fehlenden Wiederholung kaum die erhoffte Wirkung. Werbeträger dürfen nicht isoliert gesehen werden. Das Zusammenwirken verschiedener Medien – Medien-Mix – ist im Voraus festzulegen. Wird beispielsweise im regionalen Rundfunk – meist bei Privatsendern – für eine bestimmte Produktgruppe geworben, so wird dieses Vorgehen durch entsprechende Anzeigen in der Tagespresse unterstützt.

Werbegebiet

Hierbei handelt es sich um den geografischen Raum, in dem die Werbung durchgeführt wird. Beim Baustoff-Fachhandel sind dies maximal 50 km im Umkreis. Bei bestehenden Filialsystemen kann das zu bewerbende Gebiet wesentlich größer sein.

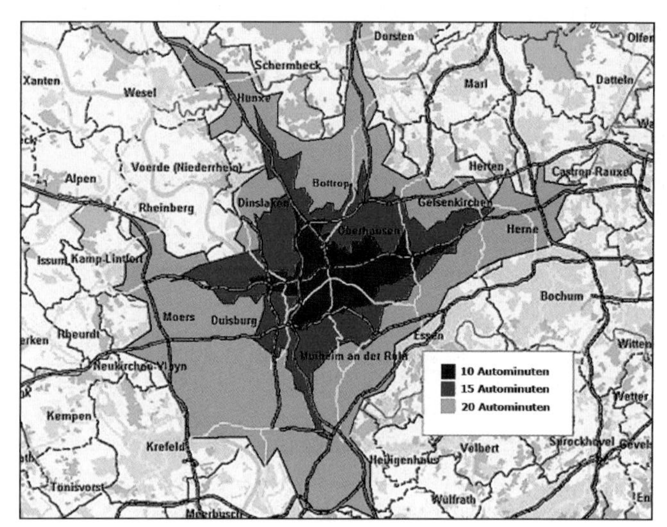

Werbegebiet nach Erreichbarkeit einer Filiale in Autominuten

Werbezeitraum

Planungsperiode ist in der Regel das Kalenderjahr. Der Baustoff-Fachhandel ist eine saisonabhängige Branche. Der Terminierung für einzelne Maßnahmen ist deshalb besondere Aufmerksamkeit zu schenken. Handwerkerveranstaltungen beispielsweise werden nur dann ein Erfolg, wenn sie in der ruhigen Zeit liegen. Damit kommen nur die Wintermonate in Frage. Ähnliche Grundvoraussetzungen bestehen gegenüber dem Endverbraucher. Bei Gartenartikeln beispielsweise wird der Erfolg nur dann eintreten, wenn rechtzeitig vor Frühjahrsbeginn geworben wird. Eine Anzeige für das Renovieren geht fast ins Leere, wenn sie im Hauptferienmonat geschaltet ist.

Werbeetat

Die Kosten für die Werbung werden im Werbeetat fixiert. Die Höhe dieser Ausgaben sollte sich an den gesteckten Zielen ausrichten. Zu den Werbekosten hat nahezu der gesamte Baustoff-Fachhandel ein etwas gespaltenes Verhältnis. Im reinen Baustoff-Großhandel war und ist die Werbung mit verhältnismäßig geringen Summen möglich. Im Baustoff-Einzelhandel dagegen herrschen andere Voraussetzungen. Der Endverbraucher will umworben sein und nimmt die Präsenz des Händlers in hohem Maße durch dessen werbliche Präsenz wahr. Will man auf dem Gebiet der Endverbraucherwerbung Erfolg haben, ist neben dem „Gewusst wie" auch

Beispiel I – Werbekonzeption für den Endverbraucher												
	Jan. EUR	Febr. EUR	März EUR	April EUR	Mai EUR	Juni EUR	Juli EUR	Aug. EUR	Sept. EUR	Okt. EUR	Nov EUR	Dez. EUR
Anzeigenwerbung, Regionalpresse	1 250	1 250	1 250	1 250	1 250	1 250	1 250	1 250	1 250	1 250	1 250	1 250
Gemeinschafts-werbung			250						250	250		
Zeitungsbeilage			3 000						3 000			
Massendrucksachen			750	750	750						750	
Tag der offenen Tür			5 000						5 000			
Informations-veranstaltung für Endverbraucher		1 500								1 500		
Dekoration, Schau-fenster, Fachmarkt	250	250	250	250	250	250	250	250	250	250	250	250
Fuhrparkbeschriftung			1 250									
Lichtwerbung	150	150	150	150	150	150	150	150	150	150	150	150
Anzeigen in Vereins-zeitschriften usw.	100	100	100	100	100	100	100	100	100	100	100	100
Gesamtsumme: 90 000 EUR	1 750	3 250	12 000	2 500	2 500	1 750	1 750	1 750	10 000	3 500	2 500	1 750

in größerem Umfang Geld erforderlich. Gekauft wird bei den Unternehmen, welche die besten Argumente vorzutragen haben. Voraussetzung dabei ist, dass der Endverbraucher diese Aussagen auch kennt. Baumarktdiscounter geben zwischen 3 % und 5 % ihres Jahresumsatzes für Werbung aus. Beim Baustoff-Fachhandel ist dies in der Regel erheblich weniger. Umso bedeutsamer ist es, dass die Werbekonzeption diesen Mangel durch ein besonderes Maß an Kreativität auszugleichen vermag. Die beiden Tabellen zeigen, wie ein Werbeetat, in Verbindung mit den bisherigen Ausführungen über Werbeobjekt, Zielgruppen, Werbeziele, Gestaltung, Strategie, Medienauswahl, Werbegebiet und -zeitraum getrennt nach Profikunden und Endverbraucher, aufgestellt werden kann.

Beispiel II – Werbekonzeption für den Profi (Bauindustrie, Baugewerbe, Bauhandwerk)												
	Jan. EUR	Febr. EUR	März EUR	April EUR	Mai EUR	Juni EUR	Juli EUR	Aug. EUR	Sept. EUR	Okt. EUR	Nov EUR	Dez. EUR
Veranstaltung mit Fliesenlegern		500									500	
Veranstaltung mit Stuckateuren	500											
Veranstaltung mit Isolierern										500		
Veranstaltung mit Dachdeckern												500
Kundenzeitschrift				1 270					1 250			
Werbebriefe, eigene Prospekte	375	375	375	375	375	375			375	375	375	375
Persönliche Besuche	250	250	250	250	250	250	250		250	250	250	250
Sonderveranstal-tung zum Tag der offenen Tür			2 500									
Werbegeschenke										1 500		
Gesamtsumme: 31 000 EUR	1 125	1 125	3 125	1 875	625	1 125	250		1 875	2 625	1 125	1 125

8 Wettbewerbsrecht

Das Wirtschaftssystem in der Bundesrepublik Deutschland basiert auf dem Gedanken des freien Wettbewerbs in allen Wirtschaftsbereichen. Es hat seinen Ursprung im Liberalismus des 19. Jahrhunderts und wurde erstmalig 1869 in der damals neu geschaffenen Reichsgewerbeordnung als „Grundsatz der Gewerbefreiheit" fixiert. In der Praxis zeigte sich jedoch schnell, dass freier Wettbewerb nur dann seine volkswirtschaftliche Funktion erfüllen kann, wenn der Erfolg des jeweiligen Mitbewerbers auf eigener, sachlicher Leistung beruht und nicht durch ungesetzliche Mittel zulasten von Mitbewerbern erreicht wird.

Die Grundpfeiler des deutschen Wettbewerbsrechts sind das Gesetz gegen den unlauteren Wettbewerb (UWG), auch als Lauterkeitsrecht bezeichnet, und das Gesetz gegen Wettbewerbsbeschränkungen (GWB). Die unterschiedlichen Ziele der beiden Gesetze werden aus den beiden Generalklauseln der Gesetze deutlich:

§ 1 UWG – Zweck des Gesetzes

„Das Gesetz dient dem Schutz der Mitbewerber, der Verbraucherinnen und der Verbraucher sowie der sonstigen Marktteilnehmer vor unlauterem Wettbewerb. Es schützt zugleich das Interesse der Allgemeinheit an einem unverfälschten Wettbewerb."

§ 1 GWB – Verbot wettbewerbsbeschränkender Vereinbarungen

„Vereinbarungen zwischen Unternehmen, Beschlüsse von Unternehmensvereinigungen und aufeinander abgestimmte Verhaltensweisen, die eine Verhinderung, Einschränkung oder Verfälschung des Wettbewerbs bezwecken oder bewirken, sind verboten."

Während das UWG also dafür sorgen soll, dass der Wettbewerb in ordnungsgemäßen Bahnen verläuft, soll das GWB sicherstellen, dass überhaupt Wettbewerb unter den Marktteilnehmern stattfindet.

8.1 Kartellrecht (GWB)

Nach § 1 GWB verbotene wettbewerbsbeschränkende Vereinbarungen sind Absprachen, die eine Beschränkung des Wettbewerbs beabsichtigen. Unterschieden wird zwischen horizontalen Vereinbarungen – den klassischen Kartellen zwischen Unternehmen auf der gleichen Marktstufe – und vertikalen Vereinbarungen zwischen Unternehmen verschiedener Marktstufen (Hersteller und Händler). Verboten ist auch die missbräuchliche Ausnutzung einer marktbeherrschenden Stellung durch ein oder mehrere Unternehmen (§ 19 Abs. 1 GWB). Unzulässig sind darüber hinaus Zusammenschlüsse mehrerer Unter-

nehmen, durch die eine unerwünschte Marktmacht entsteht (§§ 35 bis 43 GWB).
Das Gesetz gegen Wettbewerbsbeschränkungen (GWB) gilt nur für Unternehmen und Unternehmensvereinigungen. Unternehmen ist aber jede selbständige und auf Dauer gerichtete Tätigkeit in der Produktion oder im Geschäftsverkehr. Wer irgendetwas zum Markt beiträgt (dort also eine Funktion hat), ist Unternehmer, wobei eine Gewinnerzielungsabsicht nicht notwendig ist. So kann auch der Staat ein Unternehmen im Sinne von § 1 GWB sein, soweit er nicht hoheitlich auftritt. Nicht betroffen sind eigentlich nur Endverbraucher.
Zuständig für Kartellrechtsverstöße sind grundsätzlich die nationalen Kartellbehörden (Bundeskartellamt [BkartA], Landeskartellämter).

Sitz des Bundeskartellamts in Bonn

Das Bundeskartellamt ist eine selbständige Bundesoberbehörde, die dem Schutz des Wettbewerbs dient.
Fotos: Bundeskartellamt

Kartelle und Bußgeldleitlinien
Anfang Juli 2009 gab das Bundeskartellamt bekannt, dass es gegen neun deutsche Mörtelhersteller Millionenbußen verhängt habe. Den betroffenen Unternehmen wurde vorgeworfen, sich an wettbewerbsbeschränkenden Absprachen über Aufstellgebühren für Trockenmörtel-Silos beteiligt zu haben. Aufgrund der gesetzlichen Neuregelungen wurde für die Bemessung der Höhe des Bußgeldes nicht mehr nur auf die Mörtelumsätze der Unternehmen und deren Einnahmen aus der Silostellgebühr abgestellt, sondern auf den Umsatz des gesamten Unternehmens. Nach den Bußgeldleitlinien des Bundeskartellamtes wird also nicht mehr der vermeintlich erreichte Vermögensvorteil berücksichtigt, sondern pauschal bis zu 30 % des in der Verstoßphase erzielten Umsatzes. Dies führt bei Konzernen zu erheblichen Risiken.
Neben den Bußgeldern, die die Kartellbehörden festsetzen, können Geschädigte auch Schadensersatzansprüche geltend machen. Eine Verschärfung ist auch hier eingetreten, weil nach erlassenem und vom Täter anerkannten Bußgeldbescheid nur noch um die Höhe des Schadens gestritten wird. Der Haftungsgrund ist damit dem Grunde nach anerkannt.

Parallelverhalten
Von der kartellrechtswidrigen Absprache zu unterscheiden ist das sogenannte Parallelverhalten. Wir kennen es von den einheitlich steigenden Benzinpreisen an den Urlaubswochenenden. Der scharfe Wettbewerb zwingt die Mineralölkonzerne dazu, die Preise der Mitbewerber zu beobachten und die eigenen Preise entsprechend anzupassen. So ein Marktverhalten ist zulässig, ja sogar erwünscht. Unzulässig wäre eine bewusste Abstimmung der Unternehmen über ihre Preise. Kein Unternehmer wird daran gehindert, sich mit seinen Mitbewerbern über geschäftliche Entwicklungen auszutauschen, zumal wenn es sich um öffentlich zugängliche Daten handelt. Notwendig ist nur, dass jeder Unternehmer danach für sich seine eigenständigen Entscheidungen trifft.
Auch Marktinformationssysteme sind grundsätzlich zulässig. Allerdings dürfen diese keine unternehmensinternen Informationen („geheimer Wettbewerb") vermitteln. Öffentlich und allgemein zugängliche Daten sind unproblematisch. Auch interne Daten können vermittelt werden, wenn diese zuvor anonymisiert worden sind. Das heißt, es darf nicht erkennbar sein, woher diese Daten stammen.

8.2 Zulässige Kartelle

Nicht alle wettbewerbsbeschränkenden Kartelle sind verboten. Erlaubt (§ 2 GWB) sind zum Beispiel Mittelstandskartelle, die das Ziel haben, die Wettbewerbssituation kleiner und mittlerer Unternehmen gegenüber Großanbietern zu verbessern. Erlaubt sind auch Kartelle, die darauf ausgerichtet sind, den Verbraucher am technischen oder wirtschaftlichen Fortschritt zu beteiligen. Ein Beispiel im Handel wäre hier die Normung der Palettengrößen. Grundsätzlich steht es jedem Unternehmen frei, sein wirtschaftliches Potenzial gegenüber allen Marktbeteiligten einzusetzen, um möglichst günstige Konditionen zu erhalten oder erfolgreich am Markt zu agieren.

Im Folgenden sind einige zulässige Kartelle aufgeführt:

Rationalisierungskartell
Hierbei handelt es sich um Absprachen über Maßnahmen, die eine gemeinsame Rationalisierung ermöglichen. Der Rationalisierungserfolg muss in angemessenem Verhältnis zur Wettbewerbsbeschränkung stehen (§ 5 I GWB). Die Genehmigung eines Rationalisierungskartells durch die Kartellbehörde ist deshalb in der Regel mit erheblichen Auflagen verbunden. Bei der Steinzeug GmbH, Köln, handelt es sich um einen derartigen Zusammenschluss. Die Gesellschafter haben vereinbart, dass nicht jeder jede Dimension von Röhren herstellen muss, sondern eine Rationalisierung durch Spezialisierung stattfinden kann. Das Kartell ist vom Bundeskartellamt Berlin genehmigt.

Mittelstandskartell
Hier soll die Leistungsfähigkeit kleiner und mittlerer Unternehmen durch Rationalisierung wirtschaftlicher Vorgänge im Hinblick auf die zwischenbetriebliche Zusammenarbeit gefördert und verbessert werden. Der Wettbewerb auf dem Markt darf im Wesentlichen nicht verloren gehen (§ 3 I GWB). Eine Anmeldung ist nicht notwendig.

8.3 Verbotene Kartelle

Zu den verbotenen Kartellen zählen:

- Preiskartell, wenn die Preise verbindlich festgelegt werden,
- Kalkulationskartell (Vereinbarung gleichartiger Kalkulation),
- Quotenkartell (Absprache über Absatzmengen),
- Gebietskartell, d. h. jedes Kartellmitglied erhält ein bestimmtes Absatzgebiet zugesprochen (bekannt wurde diese Kartellform auch als „Zementkartell"),
- Frühstückskartelle.

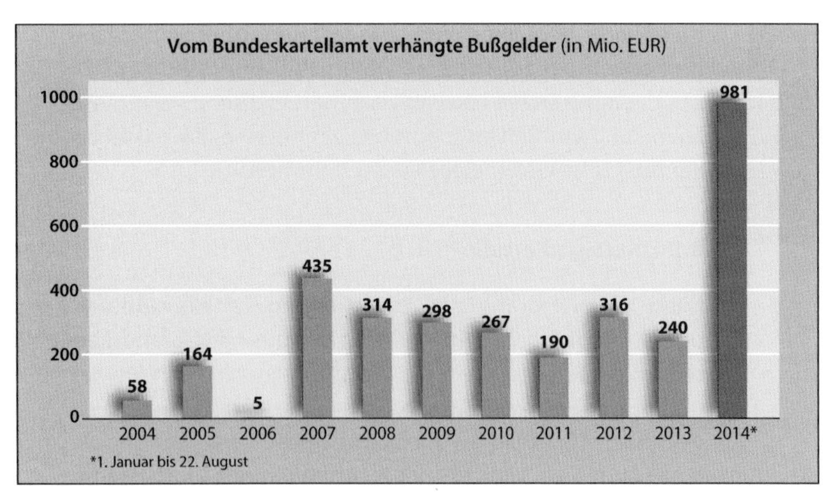

Vom Bundeskartellamt verhängte Bußgelder (in Mio. EUR) *Quelle: Bundeskartellamt*

Sogenannte „Frühstückskartelle" sind Kartelle, bei denen die Absprachen nur mündlich getroffen werden. Die Problematik solcher „Frühstückskartelle" gegenüber anderen Kartellen ist, dass sie praktisch nicht nachgewiesen werden können, da schriftliche Belege fehlen. Deshalb ist die sogenannte Kronzeugenregelung in das GWB eingeführt worden, wonach demjenigen, der das Kartell aufdeckt, erhebliche Vorteile zugebilligt werden.

8.4 Gesetz gegen den unlauteren Wettbewerb (UWG)

Das UWG ist ein Kernstück des deutschen Wettbewerbsrechts. Hier ist geregelt, was an Wettbewerb zulässig und was unzulässig ist. Daneben finden sich weitere Regelungen in anderen Gesetzen, die das deutsche Wettbewerbsrecht beeinflussen. Teilweise finden sich die Vorschriften in Sondergesetzen wie z. B. den Ladenschlussgesetzen, der Preisangabenverordnung (PAngV), dem Recht der Allgemeinen Geschäftsbedingungen, dem Markengesetz und weiteren Gesetzestexten zum gewerblichen Rechtsschutz. Wichtig ist dabei, dass Wettbewerber jegliche Rechtsverstöße verfolgen können, wenn diese nach der Rechtsprechung eine wettbewerbsrechtliche Relevanz haben.
Schutzrichtung des UWG ist insbesondere der Verbraucher. Daher sind gerade gegenüber Verbrauchern die Vorschriften, wie z. B. zu Preisangaben (§ 1 PAngV), Sonderaktionen wie „10 % auf alles", Zugaben oder dem Einsatz aggressiver Preisgarantien, zu beachten. Hinzu kommen dabei die besonderen neuen Vertriebsformen über das Internet.

8.5 Systematik des UWG

Ziel des UWG ist es, die Mitbewerber, Verbraucher und sonstige Marktteilnehmer vor unlauterem Wettbewerb zu schützen (§ 1 UWG). Die §§ 4, 5, 6 UWG enthalten einen nicht abschließenden Beispielkatalog von Verstößen. Die Definitionen der wesentlichen Begriffe des deutschen Wettbewerbsrechts finden sich in § 2 UWG. Dazu gehören:

Geschäftlicher Verkehr: Der Begriff „geschäftlicher Verkehr" ist weit zu fassen. So sind weder ein Unternehmen noch ein Betrieb notwendig. Auch eine Gewinnerzielung ist nicht erforderlich. Geschäftlicher Verkehr ist jede Maßnahme, die einen eigenen oder fremden beliebigen Geschäftszweck fördert.

Wettbewerbshandlungen: Alle Handlungen im geschäftlichen Verkehr zu Zwecken des Wettbewerbs.

Marktteilnehmer: Mitbewerber, Verbraucher, aber auch Unternehmer, die im Rahmen ihrer Tätigkeit Waren erwerben oder Dienstleistungen in Anspruch nehmen.

Mitbewerber: Unternehmen, die miteinander in unmittelbarem Wettbewerb stehen. Also z. B. Händler, die gleiche Sortimente bzw. gleiche Waren, Dienstleister, die gleiche Dienstleistungen anbieten, oder Un-

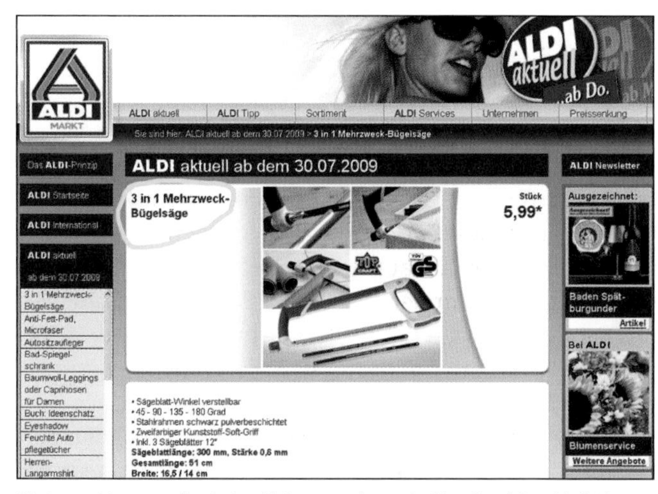

Mit kurzzeitigen, wechselnden Aktionsangeboten im Non-Food-Bereich (beispielsweise Werkzeuge) wird ein Lebensmitteldiscounter punktuell und temporär zum Mitbewerber örtlicher Baustoffhändler.

ternehmen, welche die gleichen Zielgruppen (Kunden) ansprechen. Mitbewerber bedeutet also nicht, dass ein Unternehmen der gleichen Branche angehören muss. So kann ein Lebensmitteldiscounter (Lidl, Aldi usw.) zum Mitbewerber für den Baustoff-Fachhandel werden, wenn dieser Baustoffe (z. B. Farben, Dichtmassen u. ä.) oder Bauwerkzeuge vertreibt und bewirbt.

Nachrichten: Mit Nachrichten ist hier nicht Rundfunkwerbung an einen unbestimmten Kreis von Adressaten gemeint. Unter Nachrichten versteht das Gesetz hier Informationen zwischen bestimmbaren Beteiligten über öffentlich zugängliche Kommunikationswege (z. B. Telefonate, Telefax, E-Mails usw.).

Verbraucher: Hier wird auf die Definition in § 13 BGB Bezug genommen. Verbraucher ist danach „jede natürliche Person, die ein Rechtsgeschäft zu einem Zweck abschließt, der weder ihrer gewerblichen noch ihrer selbständigen beruflichen Tätigkeit zugerechnet werden kann".
Keine „Verbraucher" sind daher Wiederverkäufer und gewerbliche Abnehmer, die Waren erst nach einer Bearbeitung oder Verarbeitung umsetzen.
Auch gewerbliche Verbraucher, die gekaufte Waren nicht weiter umsetzen, sondern in ihrem Gewerbebetrieb „verbrauchen", fallen nicht unter den Begriff „Verbraucher". Selbst wenn ein gewerblicher Abnehmer Waren, die er zur Weiterveräußerung eingekauft hat, für seinen privaten Verbrauch abzweigt, wird er für diese Waren nicht zum Verbraucher. Die Rechtsprechung hat hier Toleranzgrenzen gezogen, sodass ein gewerblicher Abnehmer auch dann nicht zum Verbraucher wird, wenn er in gewissem Umfang (ca. 10 %) für seinen Privatbedarf bezieht.

Unternehmer: §14 BGB definiert: Unternehmer ist eine natürliche oder juristische Person oder eine rechtsfähige Personengesellschaft, die bei Abschluss eines Rechtsgeschäfts in Ausübung ihrer gewerblichen oder selbständigen beruflichen Tätigkeit handelt.

8.6 Generalklausel (§ 3 UWG)

Mit § 3 UWG hat der Gesetzgeber eine Generalklausel als allgemeinen Auffangtatbestand geschaffen, der unlautere Wettbewerbshandlungen erfassen soll, die nicht ausdrücklich in der beispielhaften Aufzählung („Blacklist") des § 4 UWG untersagt werden.
Was genau unter „unlauterer Wettbewerbshandlung" zu verstehen ist, bedarf der Auslegung durch den Bundesgerichtshof, denn es handelt sich um einen sogenannten unbestimmten Rechtsbegriff. Einen Hinweis auf die Richtung der Auslegung gibt eine Formulierung im EU-Recht:
„Unlautere Wettbewerbshandlungen sind Handlungen, die den anständigen Gepflogenheiten im Handel, Gewerbe, Handwerk oder bei selbstständigen beruflichen Tätigkeiten zuwiderlaufen."

Die Generalklausel enthält eine Bagatellschwelle. Damit soll gewährleistet werden, dass nicht jeder kleinste Wettbewerbsverstoß geahndet werden kann. Maßstab für die Erheblichkeit dürften die konkreten Auswirkungen der Wettbewerbshandlung auf das Marktgeschehen sein. Entscheidend ist dabei nicht die Schwere des Verstoßes, sondern sind seine Konsequenzen für eine Vielzahl von Marktteilnehmern (z. B. E-Mail-Aktivitäten, die einzeln betrachtet zu keinem großen Schaden führen, in ihrer Gesamtheit jedoch einen erheblichen gesamtwirtschaftlichen Schaden auslösen).

8.7 Beispiele unlauterer geschäftlicher Handlungen (§ 4 UWG)

Die §§ 4 – 7 UWG führen einige wettbewerbswidrige Handlungen beispielhaft auf. In § 4 UWG werden in einer Art „Blacklist" die wichtigsten Fallgruppen unlauteren Wettbewerbs aufgelistet.

Ausübung von Druck und unsachliche Beeinflussung
Hierunter werden Wettbewerbshandlungen verstanden, die geeignet sind, die Entscheidungsfreiheit von Verbrauchern oder sonstigen Marktteilnehmern durch Ausübung von Druck oder sonstigem unangemessenen unsachlichen Einfluss zu beeinträchtigen.

Beispiel

Ein Prämiensystem von Herstellern, das den Verkäufern eines Handelsunternehmens Punkte gutschreibt, die dann in Prämien oder Bargeld eingetauscht werden können, ist eine unlautere Wettbewerbshandlung, weil der Verbraucher in der berechtigten Erwartung getäuscht wird, von dem Angestellten unabhängig beraten zu werden *(OLG Hamburg, Urteil vom 23.10.2003, Aktenzeichen 5 U 17/03).*

Eine unsachliche Beeinflussung kann auch in mancher Form der „Laienwerbung" gesehen werden. Zwar ist „Laienwerbung" heute grundsätzlich zulässig. So werden Laien heute gerne in der Werbung für Zeitschriften, Buchclubs oder für Vereinsmitgliedschaften usw. eingesetzt.
Zweifelhaft wird Laienwerbung aber, wenn mit dieser Werbeform in die private Sphäre der Laienwerber eingegriffen wird (ein Laie wird aufgefordert, Freunde oder Verwandte anzusprechen oder durch unverhältnismäßig hohe Werbeprämien animiert, im Freundes- oder Bekanntenkreis Kunden zu werben). Unzulässig dürften unter diesem Gesichtspunkt auch sogenannte progressive Kundenwerbesysteme sein, die in erster Linie darauf beruhen, dass ein Kunde weitere Kunden anlockt, die wiederum als werbende Kunden weiter Kunden werben sollen. In diesem Fall geht es dem Grunde nach nicht um den Absatz von Produkten, sondern um den Aufbau eines umfassenden Vertriebssystems.

Ausnutzung geschäftlicher Unerfahrenheit, Angst oder Zwangslage

Nutzt Werbung die Unerfahrenheit und Leichtgläubigkeit bestimmter Personengruppen bewusst aus, wie etwa durch gezielte Ansprache von Kindern, Jugendlichen, älteren Menschen oder Ausländern, so ist diese Werbung wettbewerbswidrig.

Beispiel

Unerfahrenheit

Werbung in Jugendzeitschriften für das Herunterladen von Klingeltönen, wenn der Gesamtpreis eines Klingeltones nicht ohne weiteres ersichtlich ist *(OLG Hamburg, Urteil vom 10.4.2003, Aktenzeichen 5 U 97/02)*.

Beispiel

Angst

Werbung für angeblich die Gesundheit fördernde Nahrungsmittel mit der pauschalen Aussage, dass wir zu viel gesättigtes Fett essen, was den Cholesterinspiegel erhöht (Angst vor einem hohen Cholesterinspiegel).

Schleichwerbung

Unter Schleichwerbung wird die Tarnung von Werbemaßnahmen durch redaktionell gestaltete Anzeigen verstanden, ohne dass die so gestaltete Anzeige ausreichend als Werbung gekennzeichnet wird.

Product Placement

In der Diskussion steht weiterhin eine besondere Form der Schleichwerbung: das Product Placement im Fernsehen. Man versteht darunter „die gezielte werbewirksame Einbindung von Produkten, Dienstleistungen, Marken oder Unternehmungen als Requisiten in die Handlung eines Kinospielfilms, einer Fernsehsendung oder eines Videoclips". Das EU-Parlament hat sich darauf geeinigt, in Zukunft Product Placement im Fernsehen zu erlauben. Die EU-Richtlinie verlangt allerdings eine genaue Kennzeichnung der Schleichwerbung.

DAS ERSTE

5.30 Morgenmagazin
9.00 heute
9.05 Auf eigene Gefahr
9.55 ARD-Wetterschau
10.00 heute
10.03 Brisant
10.30 Plözlich Opa TV-Posse, D 2006
12.00 heute-mittag
12.15 ARD-Buffet
Thema: Patientenverfügung
13.00 ZDF-Mittagsmagazin
14.00 Tagesschau
14.10 In aller Freundschaft
Krankenhausserie
15.00 Tagesschau
15.10 Sturm der Liebe
16.00 Tagesschau
16.10 Pinguin, Löwe & Co. Tierdoku
17.00 Tagesschau
17.15 Brisant
17.47 Tagesschau
17.50 Verbotene Liebe
Daily Soap, D 2006
18.20 Marienhof
18.50 Großstadtrevier
Kuschelig warm: Kommissar Heinzi Héviz verhindert einen Anschlag tschetschenischer Terroristen auf eine russische Erdgas-Pipeline – in Hamburg bleibt's gemütlich warm.
Mit freundlicher Unterstützung von Gazprop. Anschließend im Chat: Manfred Schröder.
20.00 Tagesschau

KRIMISERIE

ZDF

5.30 Morgenmagazin
9.00 heute
9.05 Volle Kanne – Service täglich
Verbrauchertipps
Dazw. um 10.00 Uhr heute
10.30 Julia – Wege zum Glück
Telenovela, D/A 2006
mit Susanne Gärtner
11.15 Reich und Schön
11.35 Reich und Schön
12.00 heute mittag
12.15 drehscheibe Deutschland Magazin
13.00 ZDF-Mittagsmagazin
14.00 heute – in Deutschland
14.15 Wunderbare Welt
Pioniere des Motorflugs
Die Brüder Wright
15.00 heute – Sport
15.10 Leben für die Liebe
Telenovela, D 2006
16.15 Julia – Wege zum Glück
Telenovela, D 2006 mit
Susanne Gärtner
17.00 heute – Wetter
17.15 hallo Deutschland
17.45 Leute heute Boulevardmagazin
17.50 SOKO 5113 Krimiserie, D 2006
„Comeback" mit Wilfried Klaus
18.00 heute
18.50 Wetter
19.25 WISO
Ratgebermagazin mit dem Tipp: Günstige Handy-Tarife – Durchblick im Tarifdschungel

KOMÖDIE

In einem „Fernsehprogramm der Zukunft" markiert der Verbraucherzentrale Bundesverband (vzbv) eine Fernsehsendung mit Product Placement. *Abb.: beuc/vzbv*

Intransparenz bei Verkaufsfördermaßnahmen oder Gewinnspielen

Rabatte, Zugaben und Geschenke sind heute grundsätzlich nicht mehr verboten, doch wird vorausgesetzt, dass die Bedingungen für die Inanspruchnahme transparent gemacht werden. Auch bei Gewinnspielen muss erkennbar sein, unter welchen Bedingungen die Teilnahme erfolgt, sodass die Konditionen vom durchschnittlich verständigen und aufmerksamen Verbraucher erkannt werden können. Bei Zugaben fordert darüber hinaus das Transparenzgebot, dass dem Verbraucher zumindest ansatzweise Kriterien für die Ermittlung des Wertes geliefert werden müssen. Der Verbraucher muss sich ein Bild vom Wert der Zugabe machen können.

Koppelung von Gewinnspiel mit Ware oder Dienstleistung

Neben dem Transparenzgebot darf die Teilnahme an Gewinnspielen nicht an den Kauf einer Ware oder Leistung geknüpft werden. Selbst ein psychologischer Kaufzwang darf nicht entstehen. So darf ein Verbraucher, der an einem Gewinnspiel teilnehmen möchte, grundsätzlich nicht gezwungen werden, das Geschäft zu betreten, um sich hier die Teilnehmerunterlagen abzuholen. Ausnahmsweise in sehr großflächigen Baumärkten, in denen sich ein Kunde anonym bewegen kann, dürfte ein Betreten der Verkaufsräume hinnehmbar sein.

Gewinnspiel bei einer Neueröffnung: Der Baustoff-Fachhändler möchte seinerseits Adressen möglicher Kunden gewinnen. *Abb.: Bauen+Leben*

Anschwärzung oder Geschäftsehrverletzung

Wettbewerbshandlungen sind unzulässig, die Waren, Dienstleistungen, persönliche oder geschäftliche Verhältnisse von Mitbewerbern herabsetzen oder verunglimpfen. Gleiches gilt, wenn über Waren, Dienstleistungen oder Unternehmen von Mitbewerbern unwahre Tatsachen behauptet werden, die geeignet sind, das Unternehmen oder dessen Kreditwürdigkeit zu schädigen. Anders als in den USA ist also die vergleichende Werbung in aggressiver Form in Deutschland nicht zulässig. Eine sachliche vergleichende Werbung ist jedoch zulässig, z. B. die Anzeigen von Handyvertreibern, in denen die Tarife verglichen werden. Zu Einzelheiten siehe unten bei § 6 UWG.

Nachahmung und Ausbeutung fremder Leistung
Eine Form diese Unlauterkeitstatbestandes ist die „Täuschung über die betriebliche Herkunft". Wird z. B. eine typische Badezimmerarmatur so nachgebildet, dass der Kunde glaubt, es handle sich um das Original eines bekannten Herstellers, so wird er über die betriebliche Herkunft gemäß § 4 Nr. 9a UWG getäuscht. Ein weiterer Bereich unlauteren Wettbewerbs ist die Ausbeutung fremder Leistungen. Wer „die Wertschätzung der nachgeahmten Ware oder Dienstleistung unangemessen ausnutzt oder beeinträchtigt", handelt gemäß § 4 Nr. 11b UWG unlauter. Jeder, der seine Waren oder Leistungen mit denen anderer bekannter Konkurrenzerzeugnisse in Beziehung setzt und dadurch den Ruf des Mitbewerbers ausnützt, um mehr Aufmerksamkeit für seine eigene Werbung zu erlangen, verstößt damit gegen das UWG.

Beispiel

Vor einigen Jahren hatten Baustoffhändler „französisches Poroton" angeboten. Zur Definition der Steine wurden die Vergleichswerte des deutschen Porotonsteines herangezogen. Obwohl es sich um Material handelte, das in Frankreich in Porotonlizenz produziert wurde, war die Werbung in Deutschland unter Bezugnahme auf „Poroton" wettbewerbswidrig.

Zwar war der Hinweis auf „Poroton" streng genommen nicht falsch. Es handelte sich ja um ein Lizenzprodukt. Die Bezugnahme auf das in Deutschland geschützte Markenzeichen „Poroton" stellte sich jedoch als Wettbewerbsverstoß dar, da auf diese Weise der mit hohem Aufwand eingeführte gute Name des Deutschen Porotonverbandes für ein ausländisches Produkt benutzt wurde. Es handelte sich hier um einen klassischen Fall der Ausbeutung fremden Rufes.

„Poroton" ist ein in Deutschland geschütztes Markenzeichen.
Abb.: Deutsche Poroton

Beispiel

In einem anderen Fall hatte ein Baustoffhändler für „Knauf-Rigipsplatten" geworben. Obwohl diese Werbeaussage in der Branche eher ein Schmunzeln hervorgerufen hatte, war sie doch ein Wettbewerbsverstoß.

Der unglückliche Werbetexter hatte den Fehler gemacht, die Markenbezeichnung „Rigips" als Gattungsbegriff zu verwenden. Tatsächlich ist es Rigips gelungen, in der öffentlichen Meinung seinen Markennamen als Synonym für die Gipskartonplatte einzuführen. Vergleichbares gibt es auch in anderen Bereichen. Es sei hier nur an das „Tempo"-Taschentuch, an „Styropor", an „Nylon"-Strümpfe usw. erinnert. In allen diesen Fällen steht ein an sich geschützter Produktname als Inbegriff für eine Warengattung. Auch wenn diese Bezeichnungen beim öffentlichen Verbraucher gang und gäbe sind: Ein Mitbewerber darf diese geschützten Namen ohne besondere Genehmigung des Schutzrechtsinhabers nicht führen.

Styropor ist eine Marke des Herstellers BASF. Bei dem Dämmstoff handelt es sich um expandierbares Polystyrol (EPS).
Foto: BASF

Beispiel

Pfiffig, dennoch unlauter, war die Werbung eines kleineren Münchner Möbelhändlers: „Schraubst Du noch oder wohnst Du schon?" Jeder Anzeigenleser wusste, auf welches „unmögliche Möbelhaus" diese Werbung gemünzt war.

Der Händler wurde zu Recht abgemahnt. Er hatte einmal durch seine Bezugnahme auf die Werbung des bekannten Mitbewerbers dessen Bekanntheitsgrad ausgenutzt. Darüber hinaus hatte er versucht, die Konzeption der Selbstbaumöbel schlechtzumachen, was eine Beeinträchtigung des guten Rufs des Konkurrenten gemäß § 4 Nr. 11b darstellen könnte.

Gezielte Behinderung von Mitbewerbern
Werbemaßnahmen haben natürlich das Ziel, Mitbewerbern Kunden abzujagen. Erfolgreichen Werbemaßnahmen gelingt dies in mehr oder minder großem Umfang. Solche „normalen Behinderungen" müssen in einer sozialen Marktwirtschaft hingenommen werden. Gehen Werbemaßnahmen aber so weit, dass es einem Wettbewerber unmöglich gemacht wird, seine Leistung auf den Markt zu bringen, sind die Grenzen der zulässigen Werbung überschritten (§ 4 Nr. 10 UWG). Die wichtigsten Erscheinungsformen einer solch unzulässigen Behinderung sind der Boykott, die Marktverstopfung und der Preiskampf.
Mit einem Boykottaufruf will man erreichen, dass ein Marktteilnehmer gezielt aus dem Markt gedrängt wird. Er kann seine Leistungen nicht mehr erbringen, weil die Kunden einheitlich seine Leistungen nicht mehr in Anspruch nehmen.

Beispiel

Boykott

Im Rahmen einer Insolvenz eines Bauunternehmens muss von dem Insolvenzverwalter ein Bauvorhaben noch fertiggestellt werden. Er möchte also, dass der bisherige Händler weiter liefert. Dieser möchte jedoch höhere Preise vereinbaren, um wirtschaftlich seinen Schaden aus der Insolvenz durch die kommenden Lieferungen zu mindern. Dies lässt der Insolvenzverwalter nicht zu. Daraufhin versucht der Händler beim Hersteller zu erreichen, dass diese Baustelle allein über ihn beliefert wird, sodass er seine erhöhten Preise durchsetzen kann. Als der Insolvenzverwalter das erfährt, weist er auf den darin liegenden Boykottaufruf gegenüber dem Hersteller hin, der seine Auffassung dann noch einmal überdenkt.

Unter Preiskampf wird hier der gezielte Preiskampf unter Missbrauch einer wirtschaftlichen Machtposition, also der klassische Verdrängungswettbewerb, verstanden. Zwar steht es nach unserer marktwirtschaftlich orientierten Wirtschaftsordnung jedem Unternehmen grundsätzlich frei, seine Preisgestaltung in eigener Verantwortung vorzunehmen und auch die Preise von Konkurrenten zu unterbieten. Doch darf damit nicht die Verdrängung des Wettbewerbers vom Markt bezweckt werden. Daher ist der Verkauf unterhalb des Einstandspreises nicht grundsätzlich, sondern nur bei Vorliegen besonderer Umstände wettbewerbswidrig. Entsprechend liegt in dem Anbieten von Waren unter Einstandspreis durch ein Unternehmen mit überlegener Marktmacht nur dann eine unbillige Behinderung kleiner oder mittlerer Wettbewerber i. S. von §20 IV 1 GWB vor, wenn das Angebot nicht nur gelegentlich erfolgt und sachlich nicht gerechtfertigt ist (§20 IV 2 GWB). Daher wird auch in einer „Preisgarantie", wie sie von vielen Baumarktketten praktiziert wird, lediglich die abstrakte Gefahr begründet, dass in einzelnen Fällen Waren unter Einstandspreis abgegeben werden. Dies bedeutet nach Ansicht des BGH grundsätzlich keine gezielte Behinderung von Mitbewerbern. Prozessual besteht in solchen Fällen aber immer das Problem des Nachweises.

Marktstörung

Mit der Behinderung vergleichbar ist auch der Tatbestand der Marktstörung.

Beispiel

Ein marktstarker Baustoffhändler könnte z. B. auf die Idee kommen, in einer Art Einführungsaktion Schraubendreher aller Größen in hoher Stückzahl zu verschenken. Da in einem Haushalt nur eine begrenzte Anzahl von Schraubendrehern benötigt wird und diese in der Regel eine gewisse Zeit halten, wäre der Markt für Schraubendreher für einen bestimmten Zeitraum verstopft. Das hieße, alle übrigen Mitbewerber könnten vorübergehend keine Schraubendreher verkaufen. Obwohl das Verschenken von Ware ohne Kaufverpflichtung – zumindest bei geringwertigen Werbegeschenken – dem Grunde nach nicht verboten ist, erhält es durch die Auswirkungen am Markt einen unlauteren Charakter.

Wettbewerbsvorsprung durch Rechtsbruch

Unlauter handelt natürlich auch, wer sich durch Rechtsbruch Wettbewerbsvorteile verschafft. Mit Rechtsbruch ist hier die Nichteinhaltung von beliebigen Rechtsvorschriften gemeint. Typische Beispiele sind z. B. Verstöße gegen die Preisauszeichnung (Nettopreise anstelle von Inklusivpreisen) und die Verletzung von besonderen Informationspflichten bei Internetangeboten. Wichtig ist, dass diese Gesetze nicht unbedingt das Ziel haben müssen, den freien Wettbewerb in unserer Wirtschaft zu sichern. Es können auch Gesetze sein, die „im Interesse der Marktteilnehmer das Marktverhalten regeln" (§ 4 Nr. 11 UWG). Dies macht aber auch deutlich, dass nicht jede Verletzung einer Rechtsnorm zugleich wettbewerbswidrig ist. Es handelt sich um eine weitere (neben § 3 UWG) geregelte Auffangnorm.

Ein klassisches Beispiel sind die Ladenschlussgesetze, die heute allerdings durch die Liberalisierung der Ladenöffnungszeiten zumindest werktags nur noch geringe praktische Bedeutung haben. Mit der Verabschiedung dieser Gesetze wollte der Gesetzgeber vorrangig die Arbeitszeit des Verkaufspersonals regeln. Ein weiterer Aspekt war der Schutz der Nacht- und Sonntagsruhe. Der Schutz der Mitbewerber vor einem Konkurrenten mit längeren Öffnungszeiten war nicht beabsichtigt. Doch über § 4 Nr. 11 UWG wird ein Verstoß gegen die Ladenschlussgesetze auch unlauterer Wettbewerb. Die nach wie vor aktuellen Diskussionen über die Ladenöffnungszeiten zeigen, dass viele Verbraucher längere Ladenöffnungszeiten begrüßen. Ein Baustoffhändler, der sich über die geltenden Ladenschlussgesetze hinwegsetzt, hätte gegenüber seinen gesetzestreuen Mitbewerbern einen Wettbewerbsvorteil.

Ein weiteres Beispiel ist der Abschluss eines Entsorgervertrages (Grüner Punkt) in Deutschland. Wer entsprechende Produkte in Deutschland auf den Markt bringt, muss einen entsprechenden Entsorgervertrag abschließen und nachweisen. Wenn ein Verkäufer die Produkte aus dem Ausland importiert, ohne die Entsorgung geregelt zu haben, dann verschafft er sich einen Vorteil, weil er die Kosten spart.

Gleiches wird künftig für die Kennzeichnung von Bauprodukten nach der Bauprodukteverordnung (BauProdVO) gelten. Bauprodukte müssen künftig gekennzeichnet sein und damit den Nachweis der Konformität zu den jeweiligen nationalen Vorschriften nachweisen. Wer Baustoffe aus einem anderen Staat importiert und sich die Prüfung der Konformität spart, verhält sich wettbewerbswidrig.

8.8 Irreführende geschäftliche Handlungen (§ 5 UWG)

Irreführend ist eine Handlung dann, wenn sie unwahre oder zur Täuschung geeignete Angaben enthält. Beispiele: Wer wichtige Angaben zu Waren oder Dienstleistungen gar nicht oder

Der Anlass eines Räumungsverkaufs muss tatsächlich gegeben sein und genannt werden: in dem einen Fall wegen Umbaus, in dem anderen wegen Geschäftsaufgabe. *Foto: K. Klenk*

falsch macht, wer über den Anlass des Verkaufs täuscht (z. B. Räumungsverkauf), wer irreführende Preisangaben macht, eine Verwechslungsgefahr mit einer anderen Ware hervorruft oder mit Preisherabsetzungen wirbt, ohne dass der höhere Preis ernsthaft verlangt worden wäre, und wer zu geringe Warenvorräte vorhält beziehungsweise über Lieferzeiten nicht informiert.

8.9 Vergleichende Werbung (§ 6 UWG)

Unlauter im Sinne von § 3 UWG handelt, wer vergleichend wirbt, und sich der Vergleich nicht auf den gleichen Bedarf oder die gleiche Zweckbestimmung, nicht auf wesentliche, relevante Eigenschaften der Waren oder Dienstleistungen bezieht oder zu Verwechslungen im geschäftlichen Verkehr führt. Unlauter handelt ebenso, wer Waren oder Dienstleistungen eines Wettbewerbers herabsetzt oder verunglimpft, eine Imitation einer unter einer geschützten Kennzeichnung vertriebenen Ware oder Dienstleistung herstellt.

Produktvergleiche

Eine Werbeaussage, die beispielsweise gleiche Produkte verschiedener Hersteller in einer Art „Test" einander gegenüberstellt, wobei das eigene Produkt – natürlich – immer am besten abschneidet, wäre herabsetzende Werbung und somit unzulässig. Diese Art der vergleichenden Werbung ist im deutschen Wettbewerbsrecht nicht gestattet.
Einen Sonderfall hierbei sind Vergleiche von Dritten, insbesondere der Stiftung Warentest. Zulässig ist der Hinweis auf Testergebnisse. Doch auch dann dürfen andere Produkte nicht namentlich benannt werden. Erlaubt ist nur die Nennung der Testposition für das eigene Produkt. Korrekt ist z. B.: Stiftung Warentest Test 6/2014 sehr gut (2 x sehr gut,10 x gut).

Systemvergleiche

Ohne Einschränkung zulässig ist der sogenannte Systemvergleich. Hier werden nicht einzelne Produkte, sondern Produktarten oder Produktionsverfahren einander wertend gegenübergestellt. Zielt der Vergleich jedoch erkennbar auf einzelne Wettbewerber ab, ist die Grenze zwischen zulässigem Systemvergleich und unzulässiger vergleichender Werbung überschritten. Natürlich muss auch ein Systemvergleich wahr, ausgewogen und nicht herabsetzend sein.

Preisvergleiche

Die Preisgegenüberstellungen sind als Mittel der Produktwerbung erlaubt, wenn gewisse Spielregeln beachtet werden. Wie und in welcher Form die Gegenüberstellung erfolgt – mit durchgestrichenen Preisen, „statt"-Preisen und Preissenkungen um einen bestimmten Betrag oder Prozentsatz –, ist unerheblich. Einzige Voraussetzung ist, dass die Preisgegenüberstellung der Wahrheit entspricht und die höheren Vergleichspreise in der Vergangenheit ernsthaft verlangt wurden (Verbot von sog. Mondpreisen). Grundsätzlich ist es ebenfalls möglich, seine Preise mit denen eines Mitbewerbers zu vergleichen. Ein solcher Vergleich muss jedoch inhaltlich wahr sein und deutlich machen, auf welchen oder welche Mitbewerber sich der Vergleich bezieht. Eine pauschale Bezugnahme auf einen „Konkurrentenpreis" oder Ähnliches wäre unzulässig und irreführend, da der Verbraucher die Angaben nicht nachprüfen kann.

Ventilator
~~39.99~~*
29.99
*) unverbindliche Preisempfehlung des Herstellers

Der Vergleich der eigenen Preise mit der unverbindlichen Preisempfehlung eines Herstellers ist zulässig.

Ein Vergleich der eigenen Preise mit unverbindlichen Preisempfehlungen des Herstellers (UPE oder UVP = unverbindlicher Verkaufspreis) ist zulässig, wenn der höhere Preis eindeutig als „unverbindliche Preisempfehlung des Herstellers" bezeichnet wird. Die Kennzeichnung des empfohlenen Preises als „Bruttopreis", „Listenpreis", „Richtpreis", „Katalogpreis", „regulärer Preis" o. ä. ist nicht gestattet, da diese Begriffe vieldeutig sind und daher geeignet sind, den Verbraucher irrezuführen. Hat ein Hersteller seine unverbindliche Preisempfehlung aufgehoben

Die Stiftung Warentest testet und bewertet zahlreiche Produkte und Dienstleistungen.
Abb.: Stiftung Warentest

(z. B. bei Auslaufmodellen), muss deutlich darauf hingewiesen werden, dass es sich um eine ehemalige unverbindliche Preisempfehlung des Herstellers handelt. Darüber hinaus muss deutlich darauf hingewiesen werden, dass es sich um ein Auslaufmodell handelt.

8.10 Unzumutbare Belästigung (§ 7 UWG)

§ 7 UWG enthält die Generalklausel „Unlauter im Sinne von § 3 UWG handelt, wer Marktteilnehmer in unzumutbarer Weise belästigt". In Absatz 2 werden dann einige Beispielsfälle aufgeführt. Unzumutbare Belästigungen sind demnach:

- Werbung gegen den erkennbaren Willen des Beworbenen (Hinweis am Briefkasten *„Bitte keine Werbung einwerfen!"*),
- Telefonanrufe bei Verbrauchern ohne deren Einwilligung,
- automatisierte Werbung ohne Einwilligung (Telefonautomaten, Rundfax und Massen-E-Mail usw.),
- Verheimlichung des Absenders bei E-Mails usw.

Keine unzulässige Belästigung ist elektronische Werbung gemäß § 7 Abs. 3 UWG dann, wenn die Mailadresse Bestandteil eines Kaufvertrages gewesen ist, der Unternehmer die Adresse rechtmäßig bereits in der Direktwerbung für ähnliche Waren nutzt oder der Kunde bei der Adressenerhebung darauf hingewiesen wurde, wie er widersprechen kann, und er nicht widersprochen hat.

9 Gesetze, die das Marktverhalten regeln

Im Folgenden werden eine Reihe von Vorschriften von besonderer Bedeutung vorgestellt. Verstöße gegen diese Vorschriften sind ebenfalls wettbewerbsrechtliche Verstöße.

9.1 Preisangabenverordnung (PAngV)

Wie Preise von Waren oder Dienstleistungen gegenüber Verbrauchern auszuzeichnen sind, regelt im Wesentlichen die Preisangabenverordnung (PAngV). Ziel dieser Verordnung ist es, dem Verbraucher die Möglichkeit zu Preisinformationen zu verschaffen und ihn vor irreführenden Preisangaben zu schützen. Geschützt wird nur der Verbraucher, der die Waren privat nutzt. Unternehmer und Kaufleute fallen nicht unter den Schutz der Preisangabenverordnung. In der Praxis ist diese Unterscheidung für den Baustoff-Fachhandel nur von theoretischer Bedeutung. Zwar ist die Preisangabenverordnung dem Grunde nach nicht auf Großhandelsbetriebe anzuwenden, doch sind diese von der Preisauszeichnung nur dann befreit, wenn sichergestellt ist, dass ausschließlich Nicht-Verbraucher die Verkaufsräume betreten. Da der bundesdeutsche Baustoff-Fachhandel heute in der Regel auch den Endverbraucher bedient, ist eine solche Abgrenzung nicht möglich. Er wird daher, von wenigen Ausnahmen abgesehen, in seinen Geschäftsräumen und bei seiner Anzeigenwerbung die Preisangabenverordnung beachten müssen.

Anders ist die Rechtslage im Internet und bei Angeboten, die durch Kataloge oder über Werbesendungen gezielt an Unternehmer gerichtet sind. In diesen Fällen findet die PAngV keine Anwendung. Es muss aber in der Werbung ausdrücklich darauf hingewiesen werden, dass ausschließlich an Unternehmer verkauft wird. Dies gilt auch bei Produkten, die normalerweise nur von Gewerbetreibenden gekauft werden (Gabelstapler, Bagger usw.).

Pflicht zur Angabe von Endpreisen (§ 1 Abs.1 PAngV)
Wer gegenüber Verbrauchern unter Angabe von Preisen wirbt, hat Endpreise anzugeben. Endpreise beinhalten die Umsatzsteuer und alle sonstigen Preisbestandteile, unabhängig von einer Rabattgewährung. Ausnahmsweise ist auch die Aufschlüsselung eines Preises zulässig. Dann muss jedoch der Endpreis (incl. Mehrwertsteuer) gegenüber den übrigen Preisbestandteilen deutlich hervorgehoben werden. Der Kunde muss auf den ersten Blick erkennen können, welches der von ihm zu zahlende Endpreis ist. Einfach ausgedrückt bedeutet das: Wenn Preise genannt werden, so müssen diese wahr und vollständig sein.

Was ist unter „sonstigen Preisbestandteilen" zu verstehen?

Beispiel

In den 1950er Jahren boten einige Automobilhersteller ihre Pkws mit Preisen ab Werk, zuzüglich Heizung, Überführung, Kfz-Schein usw. an. Diese Preisaufgliederung wäre heute gem. § 1 Abs.1 PAngV unzulässig. Der Pkw-Preis ab Werk ist für den Käufer dann ohne Bedeutung, wenn er das Fahrzeug nicht zu dem Ab-Werk-Preis erhalten kann. Endpreis ist letztendlich der Preis, den der Verbraucher am Ende zu bezahlen hat. Um bei dem Pkw-Beispiel zu bleiben: Auch früher wurden Autos grundsätzlich mit Heizung und Kfz-Brief verkauft.

Auch beim Baustoff-Fachhandel können zu den tatsächlichen Warenpreisen noch einige Zuschläge hinzukommen. So verlangen die meisten Baustoffhändler Mindermengenzuschläge, Kranentladungs- und Palettentauschgebühren. Hierbei handelt es sich jedoch nicht um sonstige Preisbestandteile im Sinne der Preisangabenverordnung. Mit diesen Zuschlägen werden Zusatzleistungen des Fachhandels gesondert in Rechnung gestellt, bei denen es den Kunden freisteht, sie in Anspruch zu nehmen. Je nach Vereinbarung sind im Baustoff-Fachhandel Endpreise im Sinne der Preisangabenverordnung der „Ab-Lager-Preis" oder der „Franko-Preis", wobei Letzterer grundsätzlich das Abladen nicht beinhaltet.

Angabe von Verkaufseinheiten oder Gütebezeichnungen
Mit den Preisen für Waren bzw. Leistungen sind, soweit es der allgemeinen Verkehrsauffassung entspricht, auch Verkaufs- oder Leistungseinheiten und die Gütebezeichnung anzugeben. Unter Verkaufs- oder Leistungseinheiten ver-

steht man z. B. bei Fliesen, Profilholz und Mineralfasermatten den Quadratmeter, bei Zement und Trockenmörtel die Kilogramm-Angaben usw.

Beispiel

Werden in einem Sonderangebot Fliesen beworben, so muss mit dem Preis angegeben werden, auf welche Menge sich der Preis bezieht. In der Regel wird es sich um einen m^2-Preis handeln. Anders sieht dies bei Dekorfliesen aus. Hier ist nach der Verkehrsauffassung Leistungseinheit nicht m^2, sondern die einzelne Fliese (Stück). Die Quadratmeter-Angabe bei der Fliese bezieht sich dabei auf die verlegbare Fläche und nicht auf die Oberflächenfläche der Fliesen. Dehnungsfugen gem. DIN sind also berücksichtigt.

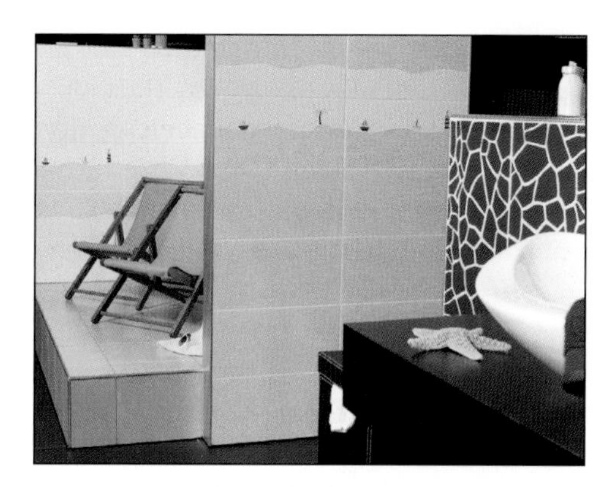

Hochwertige Dekorfliesen besitzen einen Stückpreis. *Foto: Steuler*

Ein Verstoß gegen die Preisangabenverordnung wäre es, wenn ein Baustoffhändler normale Fliesen zum Preis pro Stück anbieten würde. Gleiches würde gelten, wenn Profilholz zum Preis „Pro Profilbrett" angeboten würde.
Neben der Leistungseinheit ist auch die Gütebezeichnung mit anzugeben, wenn es der Verkehrsauffassung entspricht. So sind bei Mineralfaserdämmstoffen sowohl Stärke als auch Wärmeleitfähigkeit Kriterien, die bei der Beurteilung des Materials eine erhebliche Rolle spielen. In der Praxis bedeutet dies, dass bei der Preiswerbung für solche Materialien sowohl die Stärke des Materials als auch die Wärmeleitfähigkeitsgruppe angegeben werden müssen. Bei Profilholz sind verschiedene Qualitätsstufen handelsüblich. Auch hier müssen entsprechende Angaben (1a, 1b usw.) in der Preiswerbung gemacht werden. Nicht zu verwechseln ist an dieser Stelle der Begriff Gütebezeichnung mit einer Qualitätsbezeichnung wie etwa Sortierungsangaben bei Fliesen oder Hinweise auf zweite Wahl o. ä. Werden keine Angaben zur Qualität gemacht, kann der Kunde immer davon ausgehen, dass es sich bei dem angebotenen Material um einwandfreie Qualität handelt. Deshalb ist in diesen Fällen auch ein Hinweis auf die Qualität nicht erforderlich.
Die unterschiedliche Beurteilung ergibt sich daraus, dass eine Sortierungsangabe bei Fliesen nur dann notwendig ist, wenn die Qualität den Qualitätsstandard unterschreitet, den der Kunde normalerweise erwarten kann (s. o. die Ausführungen zum Sachmangel im Kaufrecht). Bei Mineralfaserdämmstoffen gibt es verschiedene Qualitäten, die jede für sich nicht beanstandet werden können. Dennoch sind sie für die preisliche Beurteilung des Käufers von erheblicher Bedeutung. Deshalb ist hier die Angabe bei der Preiswerbung unbedingt notwendig.

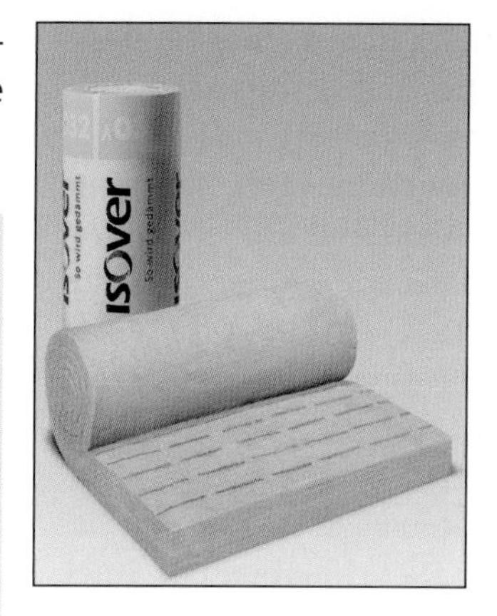

Die Wärmeleitstufe Lambda 032 wird vom Hersteller nicht nur angegeben, sondern hervorgehoben, um die hohe Leistungsfähigkeit seiner Produkte zu unterstreichen. *Abb.: Saint-Gobain Isover*

Grundsatz der Preisklarheit und Preiswahrheit (§ 1 Abs. 6 PAngV)

Preisangaben müssen wahr und für den Kunden klar und verständlich sein. Die Preise müssen dem jeweiligen Angebot eindeutig zugeordnet werden, leicht erkennbar und deutlich lesbar sein. Alle Preisangaben, die diesen Anforderungen nicht gerecht werden, verstoßen gegen die Preisangabenverordnung. Es müssen Endpreise angegeben werden. Unter Endpreisen werden die Bruttopreise verstanden, also die Preise, die der Kunde einschließlich der Mehrwertsteuer tatsächlich bezahlen muss.

Grundpreisangabe (§ 2 PAngV)

Waren, die in Fertigpackungen, offenen Packungen oder als Verkaufseinheiten ohne Umhüllung, nach Gewicht, Volumen, Länge oder Fläche angeboten werden, müssen in unmittelbarer Nähe zum Endpreis mit einem Grundpreis ausgezeichnet werden. Dies gilt auch für denjenigen, der als Anbieter dieser Waren gegenüber Verbrauchern unter Angabe von Preisen wirbt. Auf die Angabe des Grundpreises kann verzichtet werden, wenn dieser mit dem Endpreis identisch ist oder bei Waren, die nach anderen Mengeneinheiten, z. B. stück- oder paarweise, abgegeben werden. Weitere Ausnahmen gibt es bei kleinen Einzelhandelsgeschäften, bei denen die Abgabe der Ware überwiegend auf dem Wege der Bedienung erfolgt, bei Getränken, die üblicherweise nur in einer Kleinmenge angeboten werden, und bei kosmetischen Produkten, da die Kaufentscheidung in diesen Fällen nicht vom Grundpreis abhängt, sowie bei leicht verderblichen Lebensmitteln.
Die Mengeneinheit für den Grundpreis ist jeweils ein Kilogramm, ein Liter, ein Kubikmeter, ein Meter oder ein Qua-

Beispiel

Wenn Fleisch im Supermarkt mit 2,75 kg abgepackt ist, so muss neben dem Endpreis auch der Kilopreis als Grundpreis angegeben werden.

Kilopreis (grün markiert) und Einzelpreis (blau markiert) sowie Gewicht sind deutlich angegeben. *Foto: Redaktion*

dratmeter. Mit dem Grundpreis soll dem Verbraucher ein Preisvergleich bei Fertigpackungen mit unterschiedlichen Gewichts- oder Volumeninhalten erleichtert werden.
Entsprechendes gilt auch für andere Waren und Leistungen. Insoweit ist auch der Baustoff-Fachhandel betroffen. Im Wesentlichen gilt die Pflicht zur Angabe von Grundpreisen für alle Waren. Nur Waren, die nach Stück verkauft werden, sind von dieser Pflicht befreit. Diese Ausnahme erscheint zunächst logisch, in Teilbereichen ist sie jedoch inkonsequent. Aus dem Sortiment des Baustoff-Fachhandels dürften Kleineisenwaren (Schrauben, Dübel, Beschläge usw.) unter diesen Ausnahmetatbestand fallen. Da Schrauben per Stück verkauft werden, braucht offensichtlich bei Schraubenpäckchen kein Grundpreis für die einzelne Schraube angegeben zu werden. Wo aber liegt da der Unterschied zu einer Rolle Klebeband, die nach Metern berechnet wird und bei der ein Grundpreis angegeben werden muss?

Schraube und Stückpreis *Abb.: Torx*

Neben Kleineisenwaren gibt es noch eine ganze Reihe von Baustoffen, die im Baustoff-Fachhandel nach Stück verkauft werden (z. B. Mauersteine, Dachziegel usw.). Hier besteht keine Pflicht, einen Grundpreis anzugeben. Bei Fliesen, Mineralfaser-Dämmstoffen, Folien, Profilholz usw. muss auf Quadratmeterbasis ausgezeichnet und abgerechnet werden. Ähnliches gilt bei Kies, Sand und Fertigbeton. Hier ist die Berechnungseinheit der Kubikmeter oder die Tonne. Grundpreise müssen bei allen Produkten angegeben werden, die üblicherweise nach Gewicht oder Volumen als Fertigpackung verkauft werden (Zement, Mörtel, Farben, Lacke, Lasuren usw.), auch bei Waren, die abgepackt üblicherweise nach Metern angeboten werden, z. B. Dichtbänder, Schnüre, Ketten, Seile usw. In allen diesen Fällen muss nach der Preisauszeichnungsverordnung der Grundpreis zusätzlich zum Endpreis angegeben werden.
Die Preisauszeichnungspflicht muss nicht unbedingt an der Ware erfolgen. So kann z. B. in Regalen, in sogenannten Grabbelkörben und ähnlichen Verkaufsbehältnissen die Preisangabe am Behältnis oder am Regal erfolgen. Im Schaufenster werden die Preise auf deutlich lesbaren Schildern angegeben. In den Kojen der Fliesen- und Bauelemente-Ausstellungen können nach wie vor Preistafeln verwendet werden. In der Praxis muss der Grundpreis in unmittelbarer Nähe des Endpreises (zum Vergleich) und in vergleichbarer Größe angegeben werden. Eine besondere Hervorhebung des Grundpreises gegenüber dem Endpreis (z. B. durch größere Darstellung, auffälligere Farben usw.) dürfte in aller Regel zu einer Täuschung des Verbrauchers führen. Denn meistens wird der Grundpreis niedriger sein als der Endpreis.
Viele Warengruppen im Baustoff-Fachhandel werden auf der Basis von Grundpreisen (Quadratmeter, Kubikmeter, Tonnen usw.) angeboten oder berechnet. Viele Waren werden nach Stück abgerechnet. Was übrig bleibt, sind Produkte, die in Fertigpackungen nach Volumen oder Gewicht berechnet werden. Das sind Putze, Mörtel, Farben, Lasuren usw. Nur hier sind zusätzliche Angaben in Form von Grundpreisen notwendig. Gleiches gilt für Waren, die nach Metern berechnet werden, wie z. B. Seile, Bänder, Ketten usw.

9.2 Preisauszeichnung im Handel (§ 2 PAngV)

Während in § 1 PAngV geregelt wird, welche Preise genannt werden müssen und wie Preisangaben auszusehen haben, formuliert § 2 PAngV für den Handel eine Preisauszeichnungspflicht. D. h. es wird geregelt, wann Waren mit Preisen ausgezeichnet werden müssen. Das Gesetz unterscheidet verschiedene Formen der Warenpräsentation:

- Waren, welche „sichtbar" ausgestellt sind (Bedienungshandel),
- Waren, welche vom Käufer selbst entnommen werden können (Selbstbedienungshandel),
- Waren, welche zwar zum Verkauf bereitgehalten werden, aber weder „sichtbar ausgestellt" noch vom Verbraucher unmittelbar zu entnehmen sind (Bedienungshandel),
- Waren, welche nach Musterbüchern angeboten werden.

Preisauszeichnung in Ausstellungen und Schaufenstern
Die Ausstellung des Baustoff-Fachhandels stellt die typische Form des Bedienungshandels dar, wie sie als erste Alternative vom Gesetz vorgesehen ist. Waren, die der Baustoff-Fachhandel in seinen Ausstellungen präsentiert, müssen generell mit Preisen (Preisschildern oder Beschriftungen) ausgezeichnet werden. Es spielt keine Rolle, ob die Waren innerhalb der Verkaufsräume, in Schaufenstern oder auch im Freigelände ausgestellt werden. Entscheidend ist, dass die Warenpräsentation das Ziel hat, Waren aus dem Sortiment des Baustoff-Fachhandels auszustellen, die der Kunde dann an der Theke oder im Verkaufsraum kaufen kann.

Beispiel

Ein Baustoffhändler dekoriert seine Fliesenausstellung sehr aufwendig. Er beschränkt sich nicht darauf, Fliesen zu zeigen. Er demonstriert anschaulich, wie Bäder mit seinen Fliesen aussehen könnten. So finden sich in den Kojen nicht nur die passenden Waschbecken, sondern auch passende Handtücher, Spiegel und sonstige Accessoires. Der Auszeichnungspflicht unterliegen zunächst einmal die Fliesen, da diese ja verkauft werden sollen. Die Sanitärobjekte sind von einem Sanitärhändler ausgeliehen. Diese werden nicht ausgezeichnet. Da der Baustoffhändler jedoch eine kleine Frotteewarenabteilung besitzt und auch Spiegel verkauft, müssen sowohl Handtücher als auch Spiegel ausgezeichnet werden.

Die Form der Preisauszeichnung muss den Grundsätzen der Preisklarheit und Preiswahrheit gerecht werden. Speziell in Fliesenausstellungen bereitete die Preisauszeichnung unmittelbar an der Ware in der Vergangenheit Probleme. Zwischenzeitlich hat sich jedoch eine Praxis herausgebildet, die sowohl den ästhetischen Ansprüchen der Ausstellungsgestalter als auch den Anforderungen der Preisangabenverordnung gerecht wird. In jeder Koje finden sich Preistafeln mit der Auflistung aller in der jeweiligen Koje ausgestellten Waren. Nicht zugelassen sind Preisverzeichnisse für die gesamte Ausstellung. Solch eine Preisauszeichnung würde den Ausstellungsbesuchern die Feststellung der Preise der einzelnen Waren deutlich erschweren.

Auch im Freigelände ausgestellte Ware muss mit Preisen ausgezeichnet werden.
Foto: K. Klenk

Preisauszeichnung im Baumarkt und SB-Fachmarkt

Hier handelt es sich um die zweite Alternative, den Selbstbedienungshandel. Waren werden nicht nur zu Demonstrationszwecken ausgestellt, sondern zur Selbstbedienung durch den Kunden bereitgehalten. Eine Preisauszeichnung ist unmittelbar an der Ware vorzunehmen. Nur ausnahmsweise, bei kleinen Artikeln in sogenannten Grabbelkörben kann es ausreichen, wenn an den Behältern der Preis für die darin enthaltenen Waren angegeben wird.

Weit verbreitet sind heute, z. B. bei Kleineisenwaren, Preisauszeichnungen durch farbige Punkte, d. h. jedes Schraubenpäckchen ist mit Farbpunkten markiert. An den Regalen finden sich dann Preisverzeichnisse, in denen jedem Farbpunkt ein entsprechender Preis zugeordnet ist. Gegen diese Art der Preisauszeichnung ist zumindest so lange nichts einzuwenden, wie die Erläuterungen (Preistafeln) für den Kunden deutlich sichtbar ausgehängt sind. Nicht selten erfordert es jedoch vom Kunden detektivische Fähigkeiten, um die den Punkten zugeordneten Preise herauszufinden. Hier darf mit Recht bezweifelt werden, ob die Grundsätze der Preisklarheit, die von der Preisangabenverordnung gefordert werden, noch erfüllt sind.

Preisangaben in der Fliesenabteilung eines Baumarkts
Foto: Bauhaus/Redaktion

Das Lager als Verkaufsraum oder der Verkaufsraum als Lager

Geringere Anforderungen an die Preisauszeichnung werden beim Bedienungshandel dann gestellt, wenn das Lager gleichzeitig als Verkaufsraum oder der Verkaufsraum als Lager dient, die Ware also nicht „ausgestellt" wird. In solchen Fällen genügt es, wenn eine Preisauszeichnung nur am Regal oder an den Behältern, in denen die Waren lagern, erfolgt.

Beispiel

1. Ein kleiner ländlicher Baustoffhändler hat nur einen Verkaufsraum. Neben und hinter der Theke steht, für den Kunden einsehbar, eine Reihe von Regalen, in denen Farben, Lacke, verschiedene Werkzeuge sowie Schrauben und Nägel in Großpackungen gelagert sind. Der Kunde bedient sich nicht selbst, sondern ihm wird die gewünschte Ware an der Theke übergeben. Hier genügt es, wenn an den Regalen die Preise stehen, oder wenn z. B. bei Schrauben und Nägeln die Preise handschriftlich auf die Pappschachteln gemalt werden.
2. Ein anderer Baustoffhändler beschließt, ein „geöffnetes Lager" – so wie er es versteht – einzurichten. Für ihn bedeutet das, dass auch die Privatkunden im Lager herumlaufen und sich ihre Baustoffe aussuchen können. Daneben hat er einen Teil der Lagerhalle zur Selbstbedienung eingerichtet.

Abgesehen von der SB-Lagerhalle ist die Situation typisch für den traditionellen ländlichen Baustoff-Fachhandel. Die Praxis der Preisauszeichnung dürfte jedoch in den meisten Fällen den Anforderungen der Preisangabenverordnung kaum gerecht werden. Soweit es die SB-Halle betrifft, ist hier eine Preiskennzeichnung an der Ware selbst notwendig. Dies ist allgemein bekannt und wird in der Regel auch praktiziert. Soweit es jedoch das allgemein zugängliche Lager betrifft, gibt es nur in seltenen Fällen irgendwelche Formen der Preisauszeichnung. Auch wenn keine Selbstbedienung vorgesehen ist und die Waren auch nicht im Sinne des Gesetzes sichtbar ausgestellt sein dürften, sind Preisangaben vorzunehmen, da das Lager gleichzeitig auch als „Verkaufsraum" dient. In diesen Fällen müssten sich an Stellplätzen, den Regalen oder den Behältnissen Preise finden, oder es müssten zumindest Preisverzeichnisse zur Einsichtnahme ausgelegt sein.

Preisauszeichnung bei Angeboten

Zu beachten ist, dass die Preisangabenverordnung auch bei schriftlichen Angeboten gilt, die der Baustoff-Fachhandel einem privaten Bauherrn macht. Auch hier müssen grundsätzlich Endpreise (incl. Mehrwertsteuer) genannt werden. Es reicht nicht aus, wenn am Ende des Angebots vermerkt

wird: *„Diese Preise verstehen sich zuzüglich der gesetzlichen Mehrwertsteuer."*
Werden mehrere Positionen angeboten, so besteht häufig Unklarheit darüber, ob jede einzelne Position mit einem Endpreis ausgezeichnet werden muss oder ob es ausreicht, wenn der Gesamtpreis (aller Positionen) die Mehrwertsteuer beinhaltet. Vorsicht, hier muss unterschieden werden!

Beispiel 1

Ein Bauherr lässt sich ein Angebot machen über verschiedene Formate von Kalksandsteinen, Zement, Tondachziegeln sowie Gipskartonplatten. In diesem Falle muss bei jedem einzelnen Artikel der Endpreis (inkl. Mehrwertsteuer) aufgeführt werden.

Beispiel 2

Ein anderer Bauherr bittet um ein Komplettangebot für das Material zum Bau einer Garage. Benötigt werden 500 Kalksandsteine, 20 Sack Zement, einige Rollen Dachpappe, einige Kubikmeter Kies usw.

Wenn der Baustoffhändler die Anfrage so verstehen kann, dass es dem Bauherren auf den Gesamtpreis seiner Garage ankommt – das wird immer dann der Fall sein, wenn die einzelnen Artikel nach Stückzahl und Menge genau bestimmt sind –, dann kann er die einzelnen Artikel mit Nettopreisen auflisten und erst bei der Summe den Endpreis (Inklusivpreis) nennen. In diesem Fall ist es sogar möglich, bei den einzelnen Positionen keine Preisangabe zu machen und erst den Endpreis zu benennen. Dies hat den praktischen Aspekt, dass dem Bauherrn so auf legale Weise erschwert wird, die Preise der einzelnen Artikel zu vergleichen. Er kann dann nicht die einzelnen Artikel bei verschiedenen Baustoffhändlern, je nach günstigstem Angebot, zusammenkaufen.

Preisauszeichnung bei Sonderaktionen
Möchte ein Baustoffhändler zu besonderen Anlässen besondere Verkaufsaktionen veranstalten (z. B. Preisnachlässe auf das gesamte Sortiment oder auch auf Teilbereiche), gilt auch

Beispiele

„Ferienwochen im August": 10 % auf alle Garten- und Terrassenartikel" – Preisumzeichnung erforderlich, da länger als 15 Tage

„Große Balkonblumenaktion vom 01.– 05.04.: 20 % auf alle Balkonblumen in unserem Baumarkt" – Preisumzeichnung nicht erforderlich

„Im Winter reduzieren wir alle Artikel unseres Gartenmarktes um 10 %" – Preisumzeichnung erforderlich, da länger als 15 Tage

In diesem Schuhfachgeschäft ist der einstige Sommer-Schlussverkauf zum Schlussverkauf der Schuhkollektionen des Vorjahres mit 30 % Rabatt geworden. *Foto: Redaktion*

Den offiziellen Sommerschlussverkauf (SSV) hingegen gibt es nicht mehr. *Foto: K. Klenk*

hier die Preisangabenpflicht. Eine Information über den Endpreis erst an der Kasse ist unzureichend. Allerdings muss nicht jedes einzelne Teil im Preis umgezeichnet werden, es genügt, wenn die allgemeine Preisreduzierung (z. B. „abzüglich 20 %") allgemein angekündigt wird (§ 9 II PAngV). Die Einzelpreisauszeichnung ist auch nicht erforderlich, wenn es sich um nach Kalendertagen zeitlich begrenzte und durch Werbung bekannt gemachte generelle Preisnachlässe handelt. Wenn nur an der Kasse individuelle Preisnachlässe gewährt werden, ist eine entsprechende Preisauszeichnung nicht erforderlich. Hier handelt es sich um individuelle Preise, die nach § 9 II PAngV von der Preisauszeichnungspflicht befreit sind.

10 Ladenschlussgesetze (LSchlG)

10.1 Einzelhandel

Die zulässigen Öffnungszeiten von Einzelhandelsgeschäften sind in den Ladenschlussgesetzen (LSchlG) der Bundesländer geregelt. Die meisten Bundesländer haben die Ladenöffnungszeiten an Werktagen weitgehend liberalisiert. Sonderregelungen gibt es in diesen Bundesländern lediglich für Sonn- und Feiertage sowie für Heiligabend und Silvester. Zu beachten ist, dass die Ladenschlussgesetze nicht für den reinen Großhandel und für Dienstleister (Handwerker) gelten. Bei gesetzlichem Ladenschluss anwesende Kunden dürfen noch bedient werden; es dürfen aber keine neuen Kunden in die Verkaufsräume eingelassen werden.
Verkaufsstellen im Sinne der LSchlG sind alle Einrichtungen, in denen Waren zum Verkauf an jedermann feilgehalten werden. Für gewerbliches Feilhalten gilt das Verbot auch außerhalb von Verkaufsstellen. Dem Feilhalten entspricht das Zeigen von Mustern, Proben und Ähnlichem, wenn dazu Räume benutzt werden, die für diesen Zweck besonders bereitgestellt sind und dabei Warenbestellungen entgegengenommen werden.

Für den Baustoff-Fachhandel bedeutet dies, dass das Ladenschlussgesetz sowohl für die geschlossenen Verkaufsräume als auch für das Freilager sowie für Messen und Ausstellungen grundsätzlich Anwendung findet. Von den LSchlG nicht erfasst werden demgegenüber die Zufuhr von Waren sowie die Kundenberatung auf der Baustelle. Auch Hausbesuche während der Ladenschlusszeiten würden nicht gegen die LSchlG verstoßen. Dabei dürften jedoch keine Waren zum Verkauf mitgeführt werden.

Beispiel

Ein Baustoffhändler könnte sich diverse Fliesenmuster in den Kofferraum seines Pkw laden und auch noch nach 20 Uhr Bauherren auf Baustellen oder in ihren Häusern besuchen und über die neuesten Sonderangebote informieren. Bei diesen Gesprächen könnte er sogar Bestellungen entgegennehmen und weitere Verkaufsverhandlungen führen.

Exkurs

Tag der offenen Tür

Mit dem Begriff „Schau-Sonntag" wirbt dieser Baustoff-Fachhändler für einen „Tag der offenen Tür". *Foto: K. Klenk*

„Tage der offenen Tür", an denen keine Verkaufstätigkeiten stattfinden dürfen, sind auch an anderen Tagen zulässig. Solche reinen Schautage müssen weder angemeldet noch genehmigt werden. In der Werbung und im Ladenlokal muss deutlich darauf hingewiesen werden, dass keine Beratung und kein Verkauf stattfinden. Unter einem „Tag der offenen Tür" versteht man im Einzelhandel Tage, an denen die Verkaufsräume außerhalb der normalen Verkaufszeiten, in der Regel an Sonn- und Feiertagen, geöffnet werden.
Diese Veranstaltungen sind dann kein Verstoß gegen die LSchlG, wenn ein geschäftlicher Verkehr mit den Kunden unterbleibt. Unter geschäftlichem Verkehr versteht man alles, was über das bloße Zeigen von Waren hinausgeht und letztendlich zum Abschluss eines Kaufvertrages führen soll. Verboten sind deshalb Verkaufsgespräche, allgemeine Beratung und auch das Ausprobieren von Waren. Es leuchtet ein, dass im Einzelfall schwer festzustellen ist, ob das Personal an „Tagen der offenen Tür" die Besucher nur freundlich begrüßt oder aber Verkaufsgespräche führt. Außerdem dürften sich Verkäufer nur schwer den fachlichen Fragen von Kunden entziehen können. Deshalb ist es ständige Rechtsprechung, dass an „Tagen der offenen Tür" kein firmeneigenes Personal – dies gilt auch für Inhaber und leitende Mitarbeiter – in den Verkaufsräumen anwesend sein darf. Zur notwendigen Bewachung darf nur firmenfremdes Personal eingesetzt werden.
Ein „Tag der offenen Tür" lässt sich am besten mit einem „begehbaren Schaufenster" beschreiben. Der Kunde darf sich zwar alles ansehen, sobald er aber durch das Schaufenster hindurch greifen kann und die Ware an- oder ausprobieren kann, sich im Einzelnen beraten lassen oder die Ware bestellen kann, liegt ein Verstoß gegen die LSchlG vor. Unzulässig ist deshalb das Auslegen von Wunsch- oder Bestellzetteln, die Annahme von Bestellungen oder das Zeigen von Mustern und Proben.
Das Bild des „begehbaren Schaufensters" erklärt auch, warum das Offenhalten von Geschäftsräumen im Sinne eines „Tages der offenen Tür" keiner zeitlichen Begrenzung unterliegt und weder angemeldet noch genehmigt werden muss. Auch Schaufenster können ja Tag und Nacht besichtigt werden und bedürfen aus wettbewerbsrechtlicher Sicht keiner Genehmigung.
Darüber hinaus sind die Sonn- und Feiertagsgesetze der Bundesländer zu beachten. Nach dem Hessischen Feiertagsgesetz beispielsweise sind öffentliche Veranstaltungen an Sonntagen und an gesetzlichen Feiertagen unter bestimmten Voraussetzungen ganz oder zeitweise verboten (nicht vor 11 Uhr und bis spätestens 18 Uhr, Musikverbot u. ä.). Während der einfache „Tag der offenen Tür", der sich auf das bloße Öffnen der Geschäftsräume beschränkt, keine öffentliche Veranstaltung im Sinne dieses Gesetzes ist und somit auch keinerlei Beschränkungen unterliegt, gelten für volksfestähnliche Aktivitäten Sonderregelungen.
Gerne werden auch Anwendungsdemonstrationen oder Maschinenvorführungen angeboten. Auch dies ist während der gesetzlichen Ladenschlusszeiten unzulässig. Dabei spielt es keine Rolle, ob es sich bei den Vorführungen um eigene Mitarbeiter oder Mitarbeiter der Herstellerwerke handelt. Ziel der Vorführung ist neben der Information auch der persönliche Kontakt zum Kunden.

Volksfestambiente verspricht der Grill-Cup dieses Baustoff-Fachhändlers. *Abb.: Küppers-Büttgen Baustoffe*

Nicht zulässig wären jedoch solche Besuche, wenn der Baustoffhändler seine abendlichen Fahrten mit einem Lkw durchführt und die verkauften Fliesen gleich an Ort und Stelle abladen würde.

10.2 Handwerksbetriebe und Großhandel

Keine Geltung haben die LSchlG für die Geschäftsräume von Handwerksbetrieben, soweit sie dem Verkehr mit Kunden dienen, für die auf Bestellung individuell bestimmte Sachen hergestellt werden. Auch der reine Großhandel unterliegt nicht den gesetzlichen Ladenschlusszeiten. Daher wäre es Betrieben des Baustoffgroßhandels grundsätzlich möglich, Großhandelskunden auch nach 20 Uhr zu bedienen. Allerdings müsste gewährleistet sein, dass gewerbliche Kunden nicht für ihren Eigenbedarf einkaufen und private Kunden die Geschäftsräume in dieser Zeit nicht betreten können. Das heißt jedoch nicht, dass Großhandelsbetriebe bei ihren Geschäftszeiten an keine rechtlichen Grenzen gebunden sind. Ihre Geschäftszeiten werden durch die Gesetze über die Sonn- und Feiertage begrenzt. Eine entsprechende Kontrolle durch Kundenausweise ist möglich.

10.3 Heimwerkerkurse

Im Zuge der stärkeren Orientierung des Baustoff-Fachhandels in Richtung Heimwerken und Do-it-yourself werden von vielen Betrieben so genannte „Heimwerkerkurse" angeboten. Bei diesen Veranstaltungen sollen auch Laien mit Verlege- und Verarbeitungstechniken vertraut gemacht werden. Hier stellt sich die Frage, inwieweit solche Veranstaltungen auch durch das Ladenschlussgesetz berührt werden. Es muss unterschieden werden: Finden die Heimwerkerkurse in den eigenen Geschäftsräumen statt und besteht ein enger, räumlicher Zusammenhang zu den Verkaufsräumen, so unterliegen auch diese Kurse den LSchlG. Besteht dagegen eine klare Trennung zwischen Verkaufs- und Schulungsraum und wird diese Trennung auch vollzogen, oder wenn die Kurse in fremden Räumlichkeiten stattfinden, können zwar, jedoch müssen diese Veranstaltungen nicht während der gesetzlichen Ladenschlusszeiten durchgeführt werden.

Ein Heimwerker-Kursangebot für Frauen spricht u. a. die Zielgruppe der weiblichen Singles an. *Abb.: Hagebau*

11 Rechtsfolgen im UWG

Zunächst einmal enthält das Gesetz Abwehransprüche und Maßnahmen, mit denen sich ein Mitbewerber vor unlauteren Wettbewerbspraktiken seines Konkurrenten schützen kann. Dabei handelt es sich um zivilrechtliche Ansprüche. Einige wettbewerbsrechtliche Vorschriften haben jedoch auch ordnungspolitischen Charakter. Ein Beispiel hierfür ist das Ladenschlussgesetz. Verstöße gegen dessen Vorschriften sind deshalb zugleich Ordnungswidrigkeiten und werden als solche von den zuständigen Behörden geahndet.

11.1 Unmittelbare Mitbewerber und Verbände

Die folgenden Ansprüche können alle Mitbewerber geltend machen. Nicht anspruchsberechtigt sind jedoch Verbraucher. Mitwettbewerber ist jeder Gewerbetreibende, der Waren oder gewerbliche Leistungen gleicher oder verwandter Art vertreibt oder anbietet.

Die Zentrale zur Bekämpfung unlauteren Wettbewerbs e. V. (Wettbewerbszentrale) ist eine anerkannte Institution gegen den unlauteren Wettbewerb.

Zwischen einem Fliesenhändler und einem Baumarkt, der auch Fliesen verkauft, besteht ein Wettbewerbsverhältnis. Kein Wettbewerbsverhältnis im Sinne des UWG besteht zwischen dem Fliesenhändler und dem Baumarkt dann, wenn dieser mit irreführenden Angaben für Fahrräder wirbt. Doch hier könnte ein Fahrradhändler die Wettbewerbsverletzung rügen. Das Beispiel zeigt, dass sich die Interessen der Kontrahenten berühren müssen. Besteht kein Wettbewerb, so fehlt es auch an der Beeinträchtigung durch einen Wettbewerbsverstoß bei dem anderen Gewerbetreibenden.
Neben dem unmittelbaren Mitbewerber können auch Verbände Unterlassungsansprüche geltend machen, wenn ihnen eine erhebliche Zahl von Unternehmen angehören, die Waren oder Dienstleistungen gleicher oder verwandter Art auf demselben Markt vertreiben. Die Verbände müssen darüber hinaus nach ihrer personellen, sachlichen und finanziellen Ausstattung imstande sein, ihre satzungsgemäßen Aufgaben der Verfolgung gewerblicher oder selbständiger beruflicher Interessen tatsächlich wahrzunehmen. Damit

sollen Tätigkeiten von Abmahnvereinen und -anwälten unterbunden werden, die ausschließlich zum Zwecke der Gebührenbeschaffung tätig werden, selbst aber keine Unterlassungsansprüche geltend machen können.
Der Anspruchsgegner ist nicht nur der störende Betrieb, sondern sind auch die maßgeblichen Angestellten. So können sich die Ansprüche auch gegen die Geschäftsführer, Prokuristen, Einkäufer etc. direkt richten.

11.2 Wettbewerbsrechtliche Ansprüche

Unterlassung (§8 UWG)
Der wichtigste wettbewerbsrechtliche Anspruch ist der Unterlassungsanspruch. In der Praxis bedeutet dies, dass ein Baustoffhändler von seinen Mitbewerbern fordern kann, eine bestimmte unlautere Wettbewerbshandlung zu unterlassen. Voraussetzung für den Unterlassungsanspruch ist, dass ein Wettbewerbsverstoß vorliegt und dass Wiederholungsgefahr besteht. Die Wiederholungsgefahr wird im Wettbewerbsrecht grundsätzlich vermutet.
Eine besondere Form des Unterlassungsanspruchs ist der vorbeugende Unterlassungsanspruch. Hier braucht der Wettbewerbsverstoß noch nicht vorzuliegen. Hier reicht bereits aus, dass ein konkreter Wettbewerbsverstoß unmittelbar bevorsteht.
Eine Unterform des Unterlassungsanspruchs ist der Beseitigungsanspruch. Ein solcher liegt immer dann vor, wenn sich für den beeinträchtigten Wettbewerber nachteilige Auswirkungen aus einem Wettbewerbsverstoß ergeben haben und diese fortdauern.

Beispiel 1

Ein sogenannter „Schreibtischhändler" hat sich wettbewerbswidrig in seiner Werbung als „Baustoff-Center" bezeichnet. Für den Mitbewerber reicht es nicht aus, dass zukünftig diese Art der Werbung unterlassen wird. Wichtig ist für ihn auch, dass die Bezeichnung „Center" aus der Firmierung, aus Werbeprospekten, Firmenschildern usw. beseitigt wird.

Schadenersatzanspruch (§ 9 UWG)
Unter bestimmten Umständen kann auch ein Schadenersatzanspruch des Geschädigten entstehen. Voraussetzung ist jedoch, dass der Wettbewerbsverstoß schuldhaft begangen wurde. In der Praxis ist allerdings die Durchsetzung des Anspruchs nicht einfach. Die Höhe des Schadens muss belegt werden. So ist die Frage zu klären, wie sich der Gewinn des Anspruchstellers entwickelt hätte, wenn die wettbewerbswidrige Handlung unterblieben wäre. Dies würde bedeuten, dass der Anspruchssteller seine Kalkulation offenlegen muss.

Gewinnabschöpfung (§ 10 UWG)
Bei vorsätzlichen Wettbewerbsverstößen kommt auch die Gewinnabschöpfung in Betracht. Deshalb sieht das Gesetz die Möglichkeit vor, dass der Gewinn, der bei dem Schädiger entstanden ist, abgeschöpft wird, dies allerdings zugunsten des Bundeshaushaltes der Bundesrepublik Deutschland. Der Geschädigte hat hierfür einen Auskunfts- und Rechnungslegungsanspruch gegen den Wettbewerbsverletzer. Strafbar sind Pyramiden- und Schneeballsysteme sowie Irreführung durch unwahre Angaben.

12 Rechtsschutz in der Praxis

Die Geltendmachung der obigen Ansprüche, insbesondere auf Unterlassung und Beseitigung, erfolgen im Rahmen des Zivilrechtsweges. Es hat sich jedoch aus der Rechtsprechung und dem Zusammenspiel einer Reihe von Vorschriften aus der Zivilprozessordnung (ZPO) und dem UWG ein eigenständiger Verfahrensablauf ergeben.

12.1 Abmahnung

Ausgangspunkt ist, dass jeder Wettbewerbsverstoß eine Eilbedürftigkeit besitzt und damit eine Beantragung der einstweiligen Verfügung rechtfertigt. Das Risiko einer einstweiligen Verfügung liegt darin, dass diese auch ohne mündliche Verhandlung ergehen kann. Wenn aber der Störer seinen Verstoß sofort zugibt, dann hat der Antragsteller die Kosten zu tragen. Daher fordert er vorher den Störer auf, seinen Verstoß zuzugeben und durch das Versprechen einer Vertragsstrafe die Wiederholungsgefahr zu beseitigen. Diesen Vorgang nennt man Abmahnung.
Dabei darf zwischen dem Erkennen der Verstoßes und der Beantragung der einstweiligen Verfügung nur ein Zeitraum von maximal 3 Wochen liegen, sodass Eile geboten ist.

Inhalt des Abmahnschreibens
- konkreter Sachverhalt, aus dem der Anspruch hergeleitet wird,
- konkrete Bezeichnung des beanstandeten Wettbewerbsverstoßes,
- Aufforderung zur Abgabe einer Unterlassungserklärung,
- Vereinbarung einer Vertragsstrafe im Falle einer Wiederholung,
- Androhung gerichtlicher Maßnahmen für den Fall des fruchtlosen Fristablaufs.

Die große Masse der Wettbewerbsstreitigkeiten wird durch eine Abmahnung erledigt.

Abmahnkosten
Die Kosten der Abmahnung muss der Abgemahnte dem Abmahnenden erstatten. Die Rechtsprechung unterscheidet: Ein Mitbewerber, der keine besonderen Rechtskenntnisse besitzt, darf einen Rechtsanwalt mit der Abmahnung beauftragen. Die Anwaltskosten stellen dann die Abmahnkosten dar, die der Abgemahnte zu erstatten hat. Verbände oder qualifizierte Einrichtungen dürfen nur pauschale Bearbeitungsgebühren in Rechnung stellen. Von diesen

werden die notwendigen Kenntnisse zum Abmahnungsverfahren vorausgesetzt, sodass die Einschaltung eines Anwalts nicht erforderlich ist.

12.2 Einstweilige Verfügung

Wird keine Unterlassungserklärung abgegeben, dann kann die einstweilige Verfügung beantragt werden. Da der vermeintliche Störer nicht sicher sein kann, dass mit mündlicher Verhandlung entschieden wird, in der er sich verteidigen kann, kann er eine sogenannte Schutzschrift erstellen, in der er alles zu seiner Verteidigung ausführt. Diese kann dann vorab bei dem Gericht, bei dem die einstweilige Verfügung beantragt werden kann, hinterlegt werden. Kommt der Antrag auf Erlass der einstweiligen Verfügung, dann geht diese mit der Schutzschrift an den Richter. Kennt der Störer das Gericht nicht bzw. sind mehrere Gerichte zuständig, dann bestand früher der Aufwand darin, bei allen Landgerichten in Deutschland eine Schutzschrift zu hinterlegen. Der Aufwand war beachtlich. Daher hilft nun das Internet, indem dort die Schutzschrift im Zentralen Schutzschriftenregister

Homepage des Zentralen Schutzschriftenregisters (ZSR)

(ZSR) hinterlegt wird und die Landgerichte dort nachsehen, ob es eine Schutzschrift gibt. Das Gericht entscheidet dann, ob mit oder ohne mündliche Verhandlung entschieden wird. Aber auch wenn der Antragsteller das Verfahren gewonnen hat, darf er die Risiken nicht übersehen. Sollte nachher im Hauptverfahren die einstweilige Verfügung aufgehoben werden, dann hat er dem Gegner alle Schäden zu ersetzen, die diesem durch die Einhaltung der Verfügung entstanden sind. Auf ein Verschulden kommt es nicht an. Daher wird die Entscheidung vom Gericht nicht wie üblich von Amts wegen dem Gegner zugestellt, sondern die Ausfertigungen werden dem Antragsteller gegeben, der dann auch nach gewonnener einstweiliger Verfügung deren Inkrafttreten durch Unterlassen der Zustellung noch verhindern kann. Ist man Gegner, sollte man erst nach der Zustellung entsprechend handeln, hält man sich daran, ist aber die Zustellung durch den Antragsteller nicht erfolgt, dann besteht keine Schadenersatzpflicht.
Nach der einstweiligen Verfügung steht die Hauptsache noch an. Der Störer kann entweder die einstweilige Verfügung als endgültige Regelung anerkennen, dann muss er die sogenannte Abschlusserklärung abgeben, oder aber er will die Fragen in der Hauptsache, also im Rahmen eines normalen Zivilprozesses, klären lassen, in dem dann auch alle Beweismittel zugelassen sind.

12.3 Unterlassungsklage

Alternativ kann vor dem zuständigen Landgericht (Streitwert liegt bei Wettbewerbsangelegenheiten in der Regel höher als 5 000 EUR) auf Unterlassung geklagt werden. Im Klageverfahren sind neben dem Unterlassungsanspruch auch die Ansprüche auf Schadenersatz, Auskunfts- und Rechnungslegung durchsetzbar.

12.4 Verjährung (§ 11 UWG)

Die wettbewerbsrechtlichen Abwehransprüche wie Unterlassung, Beseitigung sowie der Anspruch auf Schadenersatz verjähren in sechs Monaten.
Die Verjährungsfrist beginnt, wenn der Anspruch entstanden ist und der Gläubiger von den den Anspruch begründenden Umständen und der Person des Schuldners Kenntnis erlangt oder ohne grobe Fahrlässigkeit erlangen müsste. Schadenersatzansprüche verjähren ohne Rücksicht auf die Kenntnis oder grob fahrlässige Unkenntnis in zehn Jahren von ihrer Entstehung, spätestens in 30 Jahren von der den Schaden auslösenden Handlung an. Andere Ansprüche verjähren ohne Rücksicht auf die Kenntnis oder grob fahrlässige Unkenntnis in drei Jahren von der Entstehung an.

12.5 Anspruchsgegner

Gegen wen können Ansprüche geltend gemacht werden? Anspruchsgegner ist grundsätzlich derjenige, der den Wettbewerbsverstoß begangen hat. Der Verstoß muss jedoch im geschäftlichen Verkehr, also mit Wettbewerbsabsicht, begangen worden sein. Bei Kaufleuten wird eine solche Absicht vermutet. Das Verhalten von Angestellten oder Beauftragten (Werbeagenturen, Zeitschriften usw.) muss sich der Inhaber eines Gewerbebetriebes zurechnen lassen.

Top! Karrierechancen beim führenden Baustoffhändler

Qualität und Einsatz zahlen sich aus. Das stellt die Saint-Gobain Building Distribution Deutschland GmbH (SGBDD) mit Sitz in Offenbach am Main eindrucksvoll unter Beweis: rund 5.500 Mitarbeiterinnen und Mitarbeiter, über 260 Niederlassungen, 15 Marken und 2 Milliarden Euro Umsatz (2014).

In punkto Mitarbeiterqualifikation setzt SGBDD Maßstäbe. Als mehrfach ausgezeichneter Arbeitgeber beschäftigt er bundesweit ca. 350 Auszubildende in den Berufsbildern Groß- und Außenhandelskaufleute, Fachlageristen sowie Fachkräfte für Lagerlogistik. Außerdem gibt es die Möglichkeit, ein duales Studium zu absolvieren. Punkten kann das Unternehmen neben zahlreichen Sozialleistungen, wie bspw. einer externen Mitarbeiterberatung, einer Fitnesskooperation, einer Unfallversicherung oder einer betrieblichen Altersvorsorge, mit der hauseigenen Akademie: Hier werden moderne Weiterbildungsmöglichkeiten und Schulungen von Fachthemen bis zur Sozialkompetenz durch hochqualifizierte Trainer und somit ein bereicherndes Forum für den Austausch zwischen Management und Nachwuchs geboten.

Als Tochter der Saint-Gobain S.A., Paris, greift SGBDD auf ein riesiges Netzwerk zurück – mit einem Gesamtumsatz von rund 41 Milliarden Euro (2014) und fast 180.000 Mitarbeiterinnen und Mitarbeitern in 64 Ländern. Die Saint-Gobain Gruppe gehört damit zu den größten Industrieunternehmen der Welt .

Weitere Informationen unter www.sgbd-deutschland.com/karriere

XING Linked 

In Kürze: Das Unternehmen

Saint-Gobain Building Distribution Deutschland GmbH
Hafeninsel 9
63067 Offenbach / Main

Tel.: +49 (0) 69 / 66 81 10-0
Fax: +49 (0) 69 / 66 81 10-100
info@sgbd-deutschland.com
www.sgbd-deutschland.com

ARDEX GmbH: Weltmarktführer bei qualitativ hochwertigen Spezialbaustoffen

ARDEX ist mit seinen innovativen und besonders gut zu verarbeitenden bauchemischen Produkten seit über 60 Jahren Qualitätsführer im Fachhandwerk und Fachgroßhandel. Inspiriert von den reichhaltigen Erfahrungen mit Materialien und Verarbeitungsprozessen sowie dem ständigen Dialog mit den Kunden aus dem Fachhandwerk, entwickelt ARDEX Produktsysteme für Profis. Diese Systeme sind optimal aufeinander abgestimmt und durch leichte und schnelle Verarbeitung sowie hohe Ergiebigkeit ausgesprochen wirtschaftlich. Die konzernfreie Gesellschaft in Familienbesitz setzt bei der Herstellung auf Innovationskraft, unternehmerische Flexibilität und bedingungslose Qualität.

Mit 39 Tochtergesellschaften und mehr als 2.200 Mitarbeitern in über 50 Ländern ist die ARDEX Gruppe auf allen Kontinenten vertreten, im Kernmarkt in Europa nahezu flächendeckend. Mit ihren elf großen Marken erwirtschaftet sie weltweit einen Gesamtumsatz von ca. 550 Millionen Euro, 70 Prozent davon außerhalb von Deutschland. Damit hat sich ARDEX als ein Weltmarktführer im Bereich qualitativ hochwertiger bauchemischer Produkte etabliert.

Diese Stellung ist zum einen auf die innovativen Produkte zurückzuführen – zum anderen aber auch auf das Wissen über die optimale Anwendung dieser Produkte. Die technische Beratung sowie die Schulungen und Trainings sind wichtige Erfolgsfaktoren für ARDEX und werden in Zukunft unter der Marke ARDEXacademy noch stärker für den Markterfolg genutzt.

In Kürze: Das Unternehmen

ARDEX GmbH
Friedrich-Ebert-Straße 45
58453 Witten
Germany

Tel.: +49 (0) 23 02 / 6 64-0
Fax: +49 (0) 23 02 / 6 64-375
kundendienst@ardex.de
www.ardex.de

III Einkauf und Lagerhaltung

1 Beschaffung und Wareneinkauf

Grundlage bei der Beschaffung im Baustoff-Fachhandel sind meistens strategische Entscheidungen zum Bereich Einkauf. Diese Grundsatzüberlegungen lassen sich als Antwort auf folgende Fragen festlegen:

- Was wird beschafft?
- Wann wird beschafft?
- Wo wird beschafft?
- Bei wem wird beschafft?

Im Mittelpunkt der Überlegungen stehen die Baustoffe zum Wiederverkauf. Eingekauft werden muss jedoch noch vieles andere mehr:

- Ersatzteile für Lkws, z. B. Reifen,
- Büromaterial, z. B. Papier, Ordner, Datenträger,
- Investitionsgüter, z. B. Lkws, Gabelstapler, EDV-Geräte.

Online-Verfügbarkeitsabfragen verschaffen dem Einkäufer einen genauen Warenüberblick. *Abb.: GWS Münster*

Auch für diese Materialien sind bei den Mitarbeitern Zuständigkeits- und Verantwortungsbereiche zu schaffen. Wann beschafft wird, ist das Problem des Bestellzeitpunktes. Diese Zusammenhänge werden im Kapitel „Lagerhaltung" besprochen. Wo eingekauft werden soll, heißt vereinfacht ausgedrückt: Einkauf im Inland oder im Ausland, etwa auf dem gemeinsamen europäischen Binnenmarkt. Die Frage, bei wem eingekauft werden soll, wird einerseits durch die Firmentreue beantwortet, andererseits rückt das Problem der Lieferantenauswahl in den Vordergrund. Die Gesamtheit dieser langfristigen Überlegungen wird in der betriebswirtschaftlichen Fachliteratur mit dem Ausdruck „Beschaffungspolitik" bezeichnet. Die Beschaffung umfasst alle Tätigkeiten, die darauf hinzielen, dem Betrieb die benötigten Waren, Dienstleistungen und Rechte zur Verfügung zu stellen. Der Baustoffeinkauf stellt für jeden Baustofffachhändler einen wichtigen Teilbereich im Rahmen seiner Gesamtleistung dar. Fehlentscheidungen im Einkauf führen zwangsläufig zu Ertragseinbußen. Der Wareneinsatz (Einkauf) beim Baustoff-Fachhandel beträgt 75 – 80 % des Gesamtumsatzes. Dabei unterhält ein Sortimentsbaustoffhändler Verbindungen zu etwa 300 Lieferanten. Bei starker Einzelhandelstätigkeit, etwa im Rahmen eines Baumarktes, erhöht sich die Zahl auf fast das Doppelte.

Hauptaufgaben der Warenbeschaffung	
Bereitstellung ↓	Dem Kunden anbieten ↓
der richtigen Ware	am richtigen Platz
in der richtigen Qualität	in der richtigen Form
in ausreichender Menge	zum richtigen Zeitpunkt

Insgesamt unterscheidet man drei Beschaffungsmärkte:

- Waren- und Dienstleistungsmarkt,
- Arbeitsmarkt,
- Geld- und Kapitalmarkt.

In diesem Kapitel konzentrieren wir uns auf die Beschaffung auf dem Waren- und Dienstleistungsmarkt.

1.1 Beschaffungsmarketing

Integriertes Vorgehen

Marktbezogenes Denken und Handeln – so heißt die vereinfachte Definition von Marketing. Beschaffung und Absatz sind die beiden Grundfunktionen, die jedes Unternehmen mit dem vorgelagerten Markt der Hersteller und mit dem nachgelagerten Markt der Kunden verbindet. Viele Menschen verbinden Marketing heute noch vorwiegend mit dem Absatz von Waren. Der Beschaffungsmarkt ist jedoch gerade beim Baustoff-Fachhandel von so großer Bedeutung, dass Marketing als gezielte Marktbearbeitung auch gerade beim Wareneinkauf einen hohen Stellenwert hat. Das Beschaffungsmarketing hat zum Ziel, die Warenverfügbarkeit in qualitativer, quantitativer und preislicher Hinsicht

Das eigene Lager sollte ständig die optimale Bestandshöhe haben. Das ist in der Praxis nicht immer ganz einfach. *Foto: Spilker & Wehmeier/Baustoffring*

optimal und rationell sicherzustellen. In ganzheitlicher Sicht für das Unternehmen heißt das: Das Beschaffungs- und das Verkaufsmarketing sind so aufeinander abzustimmen, dass sie letztlich ein gemeinsames Ganzes zum wirtschaftlichen Wohl des Unternehmens bilden.
Gibt es Differenzen zwischen den jeweils verantwortlichen Personen im Einkauf und Verkauf, führt dies zwangsläufig zu Ertragsminderungen, z. B.:

- Der Einkauf kauft günstig eine Großmenge eines Baustoffes ein. Der Verkauf kann diese Menge nicht rasch genug verkaufen.
- Kunden fragen häufig nach einem neuen Baustoff. Der Einkauf kann sich nicht entscheiden, das Material lagermäßig zu führen.
- Der Einkauf sucht billige Einzelbaustoffe. Der Verkauf will dagegen lieber Baustoffsysteme absetzen.

Kompromisse finden
Beim Marketing des Handels und der Hersteller bestehen z. T. erhebliche Unterschiede. Für den Handel ist z. B. der Satz „Im Einkauf liegt der Gewinn." immer noch von Bedeutung (insbesondere bei scharfem Wettbewerb und vergleichbarer Leistung). Hersteller dagegen wollen ihre Waren zu möglichst guten Verkaufspreisen im Markt plazieren. Händler erwarten prompte Belieferung durch die Industrie auch in Spitzenzeiten. Hersteller hingegen möchten eine möglichst gleichmäßige Auslastung bei Produktion und Absatz. Kompromisse sind also gefragt. Die Arbeitsgruppe „Honorierung der Leistung von Handel und Industrie" des Bundesverbands Deutscher Baustoff-Fachhandel (BDB) (siehe auch BDB Homepage www.bdb-bfh.de) hat die Leistungen der Industrie, die vom Handel erwartet werden, wie folgt definiert:

- Entwicklung marktgerechter Produkte,
- Lieferung technisch ausgereifter Qualitätsprodukte (DIN, Gütebestimmungen (RAL), Zulassungsvorschriften),
- Verkauf nicht nur einzelner Baustoffe, sondern ganzer Baustoffsysteme (z. B. Trockenausbau, Dachgestaltung),
- Freistellung von Risiken aus dem Produkt (Folgeschäden),
- wettbewerbsfähige Preise,
- frühzeitige Bekanntgabe von Preisänderungen,
- Vertriebsweg über funktionserfüllende Händler,
- kulante und schnelle Erledigung von Reklamationen,
- pünktliche Lieferung,
- Schulung der Mitarbeiter des Handels,
- Bereitschaft, die den Handel interessierenden Zielgruppen mit technischen Informationen zu versorgen,
- Werbung und Bedarfsweckung regional und überregional unter Einschaltung des Handels.

Die Hersteller können demgegenüber vom Baustoff-Fachhandel Folgendes verlangen (Erwartungskatalog ebenfalls von der BDB-Arbeitsgruppe „Honorierung der Leistung von Handel und Industrie" erstellt):

Sortimentsübernahme: Möglichst die Aufnahme des gesamten Lieferprogramms zur Erhöhung der Attraktivität im regionalen Wettbewerb. Wenn die Übernahme des Vollprogramms wegen Spezialisierung nicht möglich ist, intensive Bearbeitung eines Teils des Produktionsprogramms. Bereitschaft zur Mitwirkung bei der Einführung neuer Produkte.

Lagerhaltung: Vorhalten der gängigen Programmteile in einem Rahmen, der die Deckung des Normalbedarfs sichert. Auch bei Streckenaufträgen muss die kurzfristige Komplettierung gewährleistet werden. Bei Anforderungen von weniger gängigen Programmteilen: Gemeinsam die mit dem Hersteller erarbeiteten Hinweise auf Alternativen unter Verwendung gängiger Programmteile geben.

Lieferdienste: Rechtzeitige, richtige und vollständige Disposition bei Werksabholung 24 Stunden vorher durch den Baustoffhändler. Zustellung an die Baustellen der Verarbeiter mit Fahrzeugen des Handels. Klären der Abnehmerwünsche zur termingerechten, vollständigen und richtigen Auslieferung ab Herstellerwerk im Streckengeschäft.

Gemeinsame Marktgestaltung: Marktbeobachtung, d. h. Planung und Vorgehensweise anhand von Marktdaten und Erkenntnissen, die bei Industrie und Handel erarbeitet worden sind. Erfahrungsaustausch zwischen Industrie und Handel zur Preisstellung am Markt sowie über neue Produkte und andere wichtige Fragen.

Fortbildung: Bereitschaft des Baustoffhandels zur Fortbildung der Mitarbeiter in anwendungstechnischen und verkaufstechnischen Fragen. Daneben Initiativen zur Information bzw. Schulung der verarbeitenden Abnehmer und der bauplanenden Stellen in gemeinsamen Veranstaltungen beim Händler zusammen mit dem Hersteller.

Baustoffhersteller bieten beispielsweise anwendungstechnische Schulungsseminare für Baustoff-Fachhändler. *Abb.: Sopro Bauchemie*

Beratung: Durch Innen- und Außendienst des Baustoffhändlers mit Hilfe der Unterlagen der Industrie. Wenn nötig, Einbindung der Hersteller für die Beratung und die Detailausarbeitung bei Bauplanern und Verarbeitern.

Werbung und Verkaufsförderung: Werbung für das Lieferprogramm in Abstimmung mit dem Hersteller bei Bauplanern, Verarbeitern und Endverbrauchern, Verkaufsförderung und Produktpräsentation in den Ausstellungsräumen des Baustoffhändlers, Durchführung von Werbeaktionen (z. B. Veranstaltungen, Tage der offenen Tür usw.) in Abstimmung mit dem Hersteller. Wahrnehmen der Kreditfunktion gegenüber den Abnehmern.

Marktverhalten

Das Marktverhalten beruht auf dem Prinzip der Partnerschaft. Erwartet wird ein seriöses, nach kaufmännischen Grundsätzen ausgerichtetes Geschäftsgebaren. Dazu gehört auch ein den Grundsätzen kaufmännischer Kalkulation entsprechendes Preis- und Rabattniveau. Diese vielfältigen Wünsche und Forderungen von Handel und Industrie sind in Einklang zu bringen. Erst dann entstehen ineinander verzahnte Marketing-Konzeptionen, die dann letztlich auch den Begriff der Partnerschaft rechtfertigen. Diese Vorgehensweise wird auch als „kooperatives Marketing" bezeichnet.

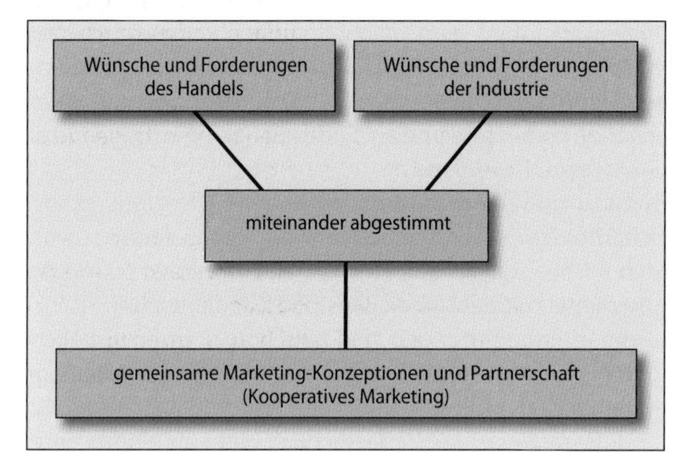

Schematische Darstellung des Kooperativen Marketings

Planung

Jeder Baustoff-Fachhändler sollte wissen, wie viele Baustoffe seines Sortiments in absehbarer Zeit verkauft werden können. Er muss also eine Bedarfsermittlung bzw. Bedarfsplanung erstellen. Bei größeren Baustoffhändlern werden diese planerischen Vorarbeiten in der Regel durchgeführt, bei mittleren und kleinen Betrieben erkennt man zwar deren Notwendigkeit, die Durchführung lässt (meist aufgrund hohen Zeitdrucks im Tagesgeschäft) jedoch manchmal zu wünschen übrig. Der Bedarf ist abhängig von verschiedenen Einflüssen.

Aus volkswirtschaftlicher Sicht:
- allgemeine Konjunktur,
- politische Ereignisse,
- Veränderungen in der Infrastruktur, etwa Verkehrswege,
- staatliche Maßnahmen, z. B. Erhöhung der Steuern und Abgaben für Unternehmer und Verbraucher,
- Förderungsmaßnahmen der öffentlichen Hand.

Aus der Sicht betriebswirtschaftlicher Einflüsse:
- saisonal bedingte Veränderungen,
- Mode, Geschmackswandel,
- Veränderungen der Kaufkraft des Kundenkreises,
- Konkurrenzverhältnisse.

Darüber hinaus sind alle für den Einkauf entscheidenden Maßnahmen, wie sie in den folgenden Kapiteln beschrieben werden, vorzubereiten, d. h. planerisch aufzuarbeiten.

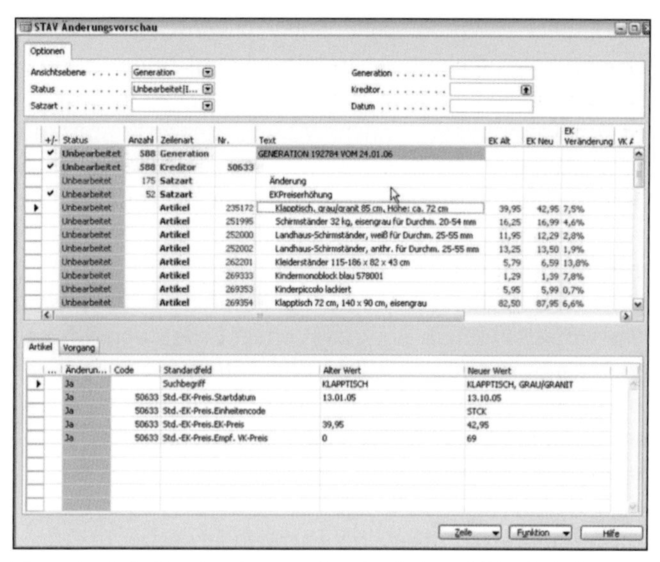

Warenwirtschafts-Branchenlösungen wie gevis erlauben effektive Bedarfsermittlung und -planung. *Abb.: GWS Münster*

1.2 Beschaffung als Logistikfunktion

Die klassische Logistik umfasst die Teilbereiche:
- Beschaffung,
- Lagerung,
- Absatz.

Der Wareneinkauf muss deshalb auch unter logistischen Gesichtspunkten gesehen werden. Im Unternehmen können dabei Zielkonflikte entstehen. Preisgünstiger Einkauf kann im Widerspruch zu Qualität und Lieferfähigkeit stehen. Sonderangebote sind eben nicht jederzeit lieferbar und lassen

Exkurs

„Just-in-time-Belieferung"

Beim verarbeitenden Gewerbe gibt es die Liefervariante der „Just-in-time-Belieferung". Die Automobilindustrie beispielsweise bevorratet viele der Materialien, die für die Bandfertigung benötigt werden, nur wenige Stunden. Beim Baustoff-Fachhandel sind die „Just-in-time"-Lieferungen eher die Ausnahme. Eine dieser Ausnahmen ist die Beschaffung von Baustoffen für Großbaustellen, welche in Kern- oder Ortszentren liegen. Als Beispiel könnte hier die Baustelle „Potsdamer Platz" in Berlin angeführt werden, die seinerzeit aufgrund von Platzmangel nur „Just-in-time"-Anlieferungen zuließ. Baustoff-Fachhändler und Bauunternehmer waren somit gezwungen, im Vorfeld der Belieferung ein komplettes Beschaffungslogistik-System auszuarbeiten.

Auf der Großbaustelle „Potsdamer Platz" galten höchste Anforderungen an die Beschaffungslogistik. *Foto: Archiv*

im Hinblick auf die Qualität häufig zu wünschen übrig. Ein ausgeprägtes Sicherheitsstreben bedingt hohe Lagerbestände und damit hohe Lagerkosten. Aufgabe des Einkaufs ist es deshalb, mit den anderen Abteilungen zu Kompromissen zu kommen. Der Idealzustand für Einkauf und Warenanlieferung der Baustoffe wäre dann gegeben, wenn die Baustoffe genau zu dem Zeitpunkt angeliefert würden, wenn sie gebraucht werden.
Bei der Beschickung des Lagers des Baustoff-Fachhandels ist ein anderes Problem von gravierender Bedeutung. Oftmals treffen sich im Lager sämtliche Warenströme:
- eigene Fahrzeuge werden beladen,
- Kundenfahrzeuge wollen abgefertigt werden,
- Hersteller liefern an.

Die Stoßzeiten beim Baustoff-Fachhandel sind:
- vormittags zwischen 7.00 Uhr und 9.30 Uhr,
- nachmittags zwischen 13.00 Uhr und 14.00 Uhr,
- abends zwischen 16.00 Uhr und 17.30 Uhr.

Kommen während diesen Stoßzeiten mehrere Warenströme zusammen, so entstehen im Lager Überfrequenzen, die es auszugleichen gilt. Kundenfahrzeuge sind stets willkommen. Hier ist nichts zu ändern. Die eigenen Lkws müssten jeweils um 7.00 Uhr fix und fertig beladen und bereit zur Abfahrt sein. Mit einem flexiblen Arbeitszeitmodell für Lagerarbeiter und Fahrer ist hier schon viel erreicht worden. Viele Baustoff-Fachhändler arbeiten mittlerweile mit festen Anlieferzeiten außerhalb dieser Stoßzeiten. Die Lieferanten werden informiert, das Unternehmen in den Spitzenzeiten weder mit Speditionsfahrzeugen noch mit Hersteller-Lkws anzufahren.

Der eigene Lkw wird beladen. *Foto: Baywa*

Dieses Vorgehen ist auch aus einigen anderen Branchen bekannt und führt zu einer entspannteren Abwicklung in den Spitzenzeiten sowie zu einem konstanteren Arbeitsaufkommen für die gewerblichen Mitarbeiter im Baustoff-Fachhandel.

1.3 Lieferantenauswahl

„Wer die höchsten Rabatte gibt, d. h. die günstigsten Preise einräumt, bekommt den Auftrag."

Nach diesem Prinzip wurde früher in nahezu allen Branchen unserer Volkswirtschaft gehandelt. In den letzten Jahren hat sich jedoch ein deutlich spürbarer Wandel vollzogen. Rabatte und Preise spielen zwar nach wie vor eine bestimmende Rolle. Bei dem vorherrschenden Wettbewerb und angesichts steigender Baupreise sind jedoch weitere Überlegungen hinzugekommen.
Bei Baustoffen beispielsweise, die nur an wirklich leistungs- und funktionserfüllende Baustoff-Fachhändler verkauft werden, ergeben sich für diese Firmen gewisse Alleinstellungsmerkmale. Mit anderen Worten ausgedrückt heißt dies: Bei den betreffenden Baustoffen – zu denken ist hier beispielsweise an die Keramik – besteht kein direkter Wettbewerb zu den Konkurrenten. Die gleiche Fliese etwa ist im Umkreis von 50 km nicht mehr zu finden. Preisvergleiche sind so zumindest erschwert. Wer als Hersteller Alleinstellungsmerkmale „verkaufen" kann, macht dem Fachhandel ein überaus attraktives Angebot. Wer dagegen „Hinz und Kunz" bedient, wird es immer schwerer haben, da seine Produkte an „jeder Ecke" zu finden sind und am Ende nur nach dem günstigsten Preis verkauft werden.
Nahezu dieselben Zusammenhänge – allerdings in verschärfter Form – sind gegeben, wenn der Lieferant sowohl den Fachhandel als auch die branchenfremden Baumarktdiscounter mit denselben Baustoffen bedienen will.
Lieferantenbeziehungen sind häufig auch im menschlich-gefühlsmäßigen Bereich angesiedelt. Das jahrzehntelange Miteinander verbindet. Vertrauen wurde dabei aufgebaut und die gegenseitige Verlässlichkeit mehr als einmal unter Beweis gestellt. Man hat gelernt, miteinander umzugehen, und kann deshalb auftauchenden Schwierigkeiten gemeinsam begegnen. Eine weitere Frage stellt sich dem Händler. Soll er kleine oder große Lieferanten bevorzugen? Die Vorteile großer Hersteller sind bekannt. Sie verfügen in der Regel über einen guten technischen Dienst und unterhalten leistungsfähige Forschungsabteilungen zur Entwicklung neuer Produkte. Kleinere Lieferanten zeichnen sich meistens durch große Beweglichkeit aus. Bei sogenannten Alleinlieferanten ist der Baustoff-Fachhandel ein Stück weit abhängig, da es keine Wettbewerbsprodukte mit gleichen Eigenschaften gibt. Auf Lieferschwierigkeiten, vorübergehende technische Mängel und mögliche Verschlechterungen der Konditionen kann der Händler mangels Alternative nur sehr eingeschränkt reagieren.

Auszeichnung eines Herstellers für die partnerschaftliche Zusammenarbeit mit einer Kooperation *Foto: Bauder/ Eurobaustoff*

Die Kriterien der Lieferantenauswahl in der Zusammenfassung:

- Qualität/Preis,
- Vertrieb nur über den Baustoff-Fachhandel,
- Kooperationslistung,
- evtl. Interseroh-gelistet,
- Konditionen,
- Außendienstbetreuung,
- Marketingunterstützung,
- Sortimentsangebot,
- Liefertermintreue,
- Mengentreue,
- Kulanz bei Reklamationen,
- Gegengeschäfte,
- Standort,
- Lieferrhythmus,
- Alleinstellungsmerkmale,
- Image.

Die von seiten der Industrie vorgetragene Auffassung hat ebenfalls viel für sich:
„Der Partnerhändler muss Flagge zeigen. Er kann, wenn er die Höchstrabatte beziehen will, seinen Bedarf nicht auf mehrere Hersteller verteilen."

Handels-Handelsgeschäft
Fachhändler mit großen Umsätzen bei einzelnen Herstellern erhalten aufgrund ihres Mengenbezugs hohe Rabatte. Für eine Baustoffhandlung, die mit den entsprechenden Lieferanten nur kleinere Mengen umsetzt, kann es durchaus lohnend

Die Auswahl eines bestimmten Lieferanten ist von vielen Faktoren abhängig. Das Argument „Der Billigste bekommt den Auftrag" sticht heute kaum noch.
Foto: K. Klenk

sein, nicht direkt beim Hersteller, sondern beim Händler einzukaufen (Handels-Handelsgeschäft). Dieser, rein logisch betrachtet, sehr vernünftige Entschluss kommt jedoch verhältnismäßig selten zum Tragen. Zum einen sieht der kleinere Händler im Einkauf beim Kollegen einen Prestigeverlust, zum anderen verhindert das Konkurrenzdenken den oftmals billigeren Einkauf. Neue Gesichtspunkte ergeben sich immer dann, wenn der Großhändler seinen kleineren Kollegen einen gewissen Gebietsschutz einräumt. Über alle Hindernisse hinweg hat sich bei einzelnen Warengruppen, z. B. bei Fliesen und Platten, das Handels-Handelsgeschäft sehr gut bewährt. Ferner gehen die regionalen Verbünde immer mehr dazu über, innerhalb des Mitgliederkreises das Handels-Handelsgeschäft zu pflegen.

Beispiele

1. Ein Baustoffhändler mit Fliesenhandelsabteilung setzt 0,75 Mio. EUR in Fliesen und Platten um. 0,25 Mio. bezieht er direkt aus Italien und Spanien. 0,25 Mio. setzt er mit einem deutschen Werk um und 0,25 Mio. kauft er bei einem Fliesenfachhändler in der Umgebung.
   Vorteile: Die 0,25-Mio.-Handels-Handelsgeschäfte verteilen sich auf mehrere Lieferanten. Mengenrabatte und Boni fallen deshalb – wenn überhaupt – nur in geringem Umfang an. Der Fliesenfachhändler hingegen, der in geschlossenen Ladungen und mit vollen Paletten disponiert, kann in der Regel preiswerter liefern als der Hersteller. Zudem besteht der uneingeschränkte Zugriff auf das Handelsgroßlager.

2. Innerhalb eines regionalen Zusammenschlusses von Baustoff-Fachhändlern besteht Aufgabenteilung. Ein Mitglied bestellt in geschlossenen Ladungen für die ganze Gruppe, z. B. die Warengruppe Dämmbaustoffe. Die Verteilung untereinander ist durchorganisiert. Für die Warengruppe Gipskartonplatten usw. ist ein anderes Mitglied zuständig.

1.4 Rabatte und Konditionen

Nur noch in den allerseltensten Fällen werden Baustoffe von der Industrie zum Handel ohne Einräumung von Rabatten oder Konditionen verkauft. Es gibt vielfältige Rabatt- und Konditionensysteme, mit deren Hilfe der Vertrieb erfolgt. Werksbruttopreis bzw. Listenpreis bieten erste Anhaltspunkte. Der Handel erhält Nachlässe in Form von Rabatten, Boni und Skonti.

Mengenrabatt
Mengenrabatte werden in Bezug auf die abgenommene Menge eingeräumt. Beim Bezug geschlossener Ladungen – wie etwa eines vollen Lkws – wird häufig Ladungsrabatt gewährt. Da es sich in diesen Fällen um größere Mengen Ware handelt, kann der Ladungsrabatt als eine besondere Form des Mengenrabatts angesehen werden. Beispiel: beim Bezug einer vollen Lkw-Ladung 3 % Zusatzrabatt.

Beispiel Mengenrabatt

Menge	Rabatt
ohne Mengenbindung	25 %
ab 500 kg	26 %
ab 1000 kg	27 %
ab 3000 kg	28 %
ab 5000 kg	29 %

Beispiel Staffelnettopreise	
Menge	EUR je kg
ab 1 t	2,25
ab 3 t	2,20
ab 5 t	2,12
ab 10 t	2,08
ab 15 t	2,06
ab 20 t	2,02

Nettopreise
Einzelne Baustoffe werden ohne Rabattgewährung ab Werk franko Baustelle bzw. Händlerlager verkauft. Auch mengenmäßige Staffelnettopreise sind möglich.

Bonus
Beim Bonus handelt es sich um einen nachträglich – also am Ende einer Zeitperiode – gewährten Rabatt. Die Bonisysteme der einzelnen Hersteller sind sehr vielfältig. Am gebräuchlichsten ist der Jahresbonus. Dieser wird am Anfang des Jahres zwischen Hersteller und Händler vereinbart und am Jahresende ausbezahlt.

Beispiel Staffelung des EK-Bonus nach Jahreseinkaufswert	
EUR	EK-Bonus
Ab 250 000	2 %
Ab 500 000	3 %
Ab 750 000	4 %

Von Bedeutung bei der Bonifizierung ist das Thema Kooperationszugehörigkeit. Kooperationsmitglieder können den ihnen zustehenden Bonus auf verschiedenen Wegen erhalten:
Entweder geht der Jahresbonus geschlossen an die Zentrale der Handelskooperation. Die Verteilung an die einzelnen Gesellschafter erfolgt individuell nach den jeweiligen Richtlinien der Kooperation.
Oder die Zentrale der Handelskooperation erhält einen Teil des Jahresbonus. Den Gesellschaftern wird darüber hinaus – nach Jahresbezugsmenge gestaffelt – ein Hausbonus gewährt.

In vielen Fällen werden besondere Leistungen des jeweiligen Händlers zusätzlich rabattiert oder bonifiziert. Dies trifft z. B. für eine besonders umfangreiche Lagerhaltung zu (Lagerbonus). Das Gleiche gilt, wenn in der Ausstellung bestimmte Produkte besonders umfangreich demonstriert werden (Präsenationsbonus).
Die Bonusvarianten sind damit längst nicht erschöpft. Weiterhin gibt es den Treuebonus für langjährige Geschäftsverbindungen und den Steigerungsbonus für im Vorfeld vereinbarte Umsatzzuwächse. Insbesondere bei der Keramik kennt man noch Zielerfüllungsbonus und Segmentbonus.

Exkurs

ECR

Seit einigen Jahren wird sowohl im Handel wie auch in der Industrie viel an der Verbesserung der Wertschöpfungskette gearbeitet.
Ein Mittel, die Wertschöpfungskette noch effizienter zu machen, ist ECR (Efficient consumer response). ECR steht für die effiziente Reaktion auf Kundenwünsche. Der ECR-Grundgedanke heißt: „Denken in Prozessketten." Die Optimierung der gesamten Prozesskette vom Hersteller bis zum Endkunden basiert hierbei auf vertrauensvoller Zusammenarbeit zwischen der Industrie und dem Handel. Die Ausgangssituation ist, dass jeder an der Absatzkette Beteiligte bislang nur seine eigenen Prozesse optimiert hat. Man spricht hier von der sogenannten **Push-Strategie**, d. h. das Produkt oder die Dienstleistung wurde durch das mehrstufige Distributionssystem in den Markt gedrückt. Die Folgen sind schwankende Auslastungen und überflüssige Kosten. Auf fast jeder Stufe wird dann unterhalb der optimalen Auslastung gearbeitet. Es bleiben große Ressourcen ungenutzt.
ECR versucht nun die Prozessoptimierung durch Kooperation. Eine lückenlose Informations- und Versorgungskette überwindet die alten funktionalen Grenzen zwischen Handel und Industrie. Hier spricht man dann von einer **Pull-Strategie**, d. h. durch den Nachfragesog wird das Produkt oder die Dienstleistung durch das Distributionssystem gezogen. Voraussetzung ist eine Vernetzung und die Kommunikation aller beteiligten Distributionspartner. In der Praxis bedeutet dies z. B., dass der Hersteller online tagesaktuell die Absatzzahlen seiner Produkte erhält. Mit diesen Zahlen plant er seine Produkte und die Belieferung seines Partners im Baustoff-Fachhandel. Der Hersteller übernimmt selbständig die Belieferung des Lagers des Baustoff-Fachhändlers nach vorher abgestimmten Mindest- und Höchstbeständen. Dies ist nur ein Vorteil in der Prozesskette. Man rechnet derzeit mit einem Einsparungspotenzial in einer Größenordnung von ca. 3,5 % des Umsatzes im Baustoff-Fachhandel.

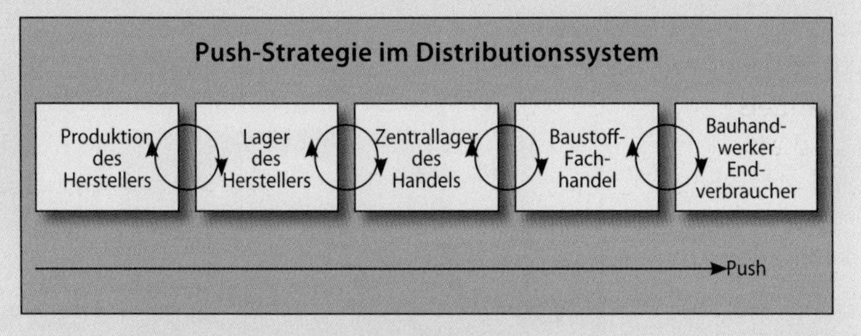

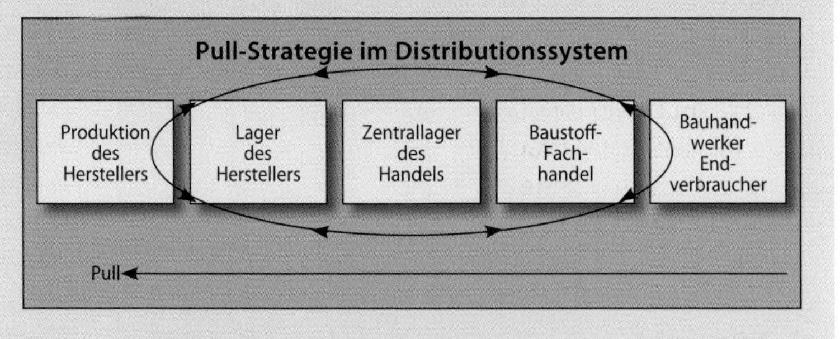

Skonto

Bei Zahlung innerhalb einer gewissen Frist gewähren alle Hersteller einen Preisnachlass in Form von Skonto. Die Skontofrist beträgt im Allgemeinen zwischen 7 und 14 Tagen, der Skontosatz 3 % oder 4 %, vereinzelt auch 5 %, selten nur 2 %. Bei sofortiger Bezahlung, d. h. im Bankeinzugsverfahren, gewähren die Hersteller in der Regel die höheren Skontosätze.

Sonstige Zuwendungen

Neben Rabatten, Boni und Skonti gibt es noch vielerlei Gegebenheiten, bei denen die Hersteller Sonderzugeständnisse machen. Etwa bei vom Händler organisierten Schulungs- oder Informationsveranstaltungen für Handwerker, Planer, Architekten oder Behörden. Das Gleiche gilt bei Anzeigen in der Tageszeitung. Hier erfolgt eine Beteiligung an den Anzeigenkosten. Bei vorliegendem Eigenbedarf werden ebenfalls Sonderrabatte eingeräumt. Baustoffe für die Präsentation in der Ausstellung werden in der Regel kostenlos gestellt. In bestimmten Fällen wird das Preis- und Konditionensystem des Herstellers umgangen, indem der Vertriebsmitarbeiter des Lieferanten einen Naturalrabatt gewährt. D. h. dass mehr Ware geliefert wird, als auf dem Lieferschein vermerkt ist. So bleibt vordergründig das Rabattsystem unverändert, gleichzeitig erhält der Händler jedoch einen zusätzlichen Vorteil. Das alles trifft allerdings nur dann zu, wenn es sich um einen wirklich guten Kunden handelt.

Konditionen beim Einzelhandel

Beim Einkauf von Waren für den Baufachmarkt, also im Einzelhandelsgeschäft, gibt es, wie bereits beschrieben, Mengenrabatte, Boni und Skonti. Insbesondere die großen Lebensmittelketten haben darüber hinaus Konditionsformen entwickelt, die auch, zumindest bei einzelnen Baumarktketten, praktiziert werden. Bei den großen Ketten gibt es kaum etwas, was es nicht gibt. So ist auch der sogenannte Listungsrabatt zu sehen. Er wird gefordert, damit der Hersteller in die Liste der zu berücksichtigenden Lieferanten aufgenommen wird.

Bei der Eröffnung eines neuen Geschäftes sind Einrichtungsrabatte für den Erstauftrag üblich, ebenso wie ein Werbekostenzuschuss bzw. eine Anzeigenkostenbeteiligung für die Eröffnungswerbung. Ferner werden Mitarbeiter der Hersteller für die ersten Tage nach der Eröffnung zur Kundenberatung und Unterstützung der Verkaufsmannschaft angefordert. Kostenlose Bestellung von Gondeln, Haken und Körben sind keine Seltenheit. Große „Brocken" sind ferner die Regalkostenbeteiligung und die geforderten Naturalrabatte. Die Bestückung der Regale hat von seiten der Industrie zu erfolgen. Dies wird auch häufig als „Full Service" bezeichnet. Rückgaberecht bzw. Umtauschrecht werden heute nahezu generell garantiert. Kauf mit einem Zahlungsziel (Valuta) von drei Monaten oder mehr ist gebräuchlich. Bei kurzem Zahlungsziel beträgt der Skonto 5 % bzw. darüber. Bei Anlieferung wird eine möglichst niedere Frankogrenze vereinbart. Die Frachtkosten können so sehr niedrig gehalten werden.

Marktabdeckung

Bei einem gegebenen Absatzmarkt kann von einem bestimmten Baustoff nur eine begrenzte Menge verkauft werden. Wenn sämtliche Neubauten und Renovierungsvorhaben beliefert worden sind, bestehen trotz größter Anstrengungen keine weiteren Absatzchancen. Der Markt ist gesättigt. In einem ländlichen Raum ist diese Marktsättigung verhältnismäßig rasch gegeben. In Ballungszentren dagegen wird sie kaum einmal erreicht. Was besagen diese Zusammenhänge im Hinblick auf die Mengenrabatte des Handels bei der Industrie? Der ländlich geprägte Händler z. B. kann trotz seiner hohen Marktabdeckung die höchsten Rabattstufen überhaupt nicht erreichen. Der Stadthändler dagegen erzielt den mit Höchstrabatten versehenen Umsatz verhältnismäßig leicht, auch wenn seine Marktabdeckung deutlich geringer ist. Aber der Markt gibt insgesamt einfach mehr her. Damit die dadurch entstehenden Wettbewerbsverschiebungen ausgeglichen werden, erhalten kleinere Händler häufig einen gewissen Ausgleich in Form von Zusatzrabatten, die dann auch bei kleineren Mengen gewährt werden.

Innovative Ausstellungskonzepte (= besondere Leistung des Handels) wie beispielsweise das von einer Kooperation entwickelte Konzept für den Produktbereich Saunen, werden von der Industrie gesondert honoriert. *Foto: Eurobaustoff*

1.5 Bessere Einkaufspreise erzielen

Jeder Baustoffhändler möchte billiger einkaufen. Dabei geht es gar nicht so sehr um die Höhe des absoluten Euro-Betrages als vielmehr um den Wunsch, höhere Rabatte oder Boni zu erhalten als der Wettbewerber. Was muss sich ein Baustoffhändler überlegen, wenn er seine Einkaufskonditionen verbessern will?

1. Der Baustoffhändler kann zu der Überzeugung kommen, dass sein Unternehmen im Rahmen der eigenen Möglichkeiten tatsächlich bereits Maximalkonditionen erhält. Alle weiteren Anstrengungen dürften daher umsonst sein. In diesem Zusammenhang muss man an Folgendes denken: „Vertrauen ist gut, Kontrolle ist besser."

An Kontrollinstrumenten stehen zur Verfügung:

- Preisvergleiche aufgrund von Angeboten verschiedener anderer Hersteller,
- das Gespräch mit befreundeten Baustoff-Fachhändlern,
- die genaue Kenntnis über die Verkaufspreise des Mitbewerbers.

2. In Kooperationen und Verbünden (z. B. Einkaufsallianzen) ballt sich die Einkaufskraft. Es liegt deshalb die Vermutung nahe, dass hier Mengenrabatte und Mengenboni kumulativ anfallen. Für Baustoff-Fachhändler, die noch keiner Kooperation bzw. keinem regionalen Verbund angehören, stellt sich deshalb immer die Frage eines Beitritts. Zu beachten ist dabei aber, dass bei Kooperationen und Verbünden meistens ein Einspruchsrecht der Gesellschafter bzw. Mitglieder besteht. Wenn also ein Wettbewerber bereits in einer bestimmten Kooperation organisiert ist, kann er Widerspruch einlegen. Ob er das letztlich tut, hängt von der persönlichen Einstellung ab. Dieselben Zusammenhänge ergeben sich bei regionalen Verbünden. Ein Weiteres kommt hinzu: Gesellschafter bei einer Kooperation zu werden erfordert einen nicht gerade geringen finanziellen Aufwand. Es muss schon

Mit der Vermittlung innovativer Konzepte im Rahmen einer Planungs-Info-Veranstaltung (PIV) bietet die Kooperation ihren Gesellschaftern zusätzliche Nutzen. *Foto: Hagebau*

ein größeres Einkaufsvolumen zur Verfügung stehen, damit durch günstigen Einkauf die Beitrittskosten und die laufenden Umlagen neutralisiert werden können. Zu berücksichtigen ist bei dieser Kosten-/Nutzen-Überlegung allerdings, dass Kooperationen und in zunehmendem Umfang auch Verbünde dem Gesellschafter weitaus mehr bieten als lediglich Einkaufsvorteile.

3. Auch kann sich der Händler mit regionalen Kollegen zusammentun und Schwerpunktläger bilden (vgl. Kap. Schwerpunktlager), um Einkaufsvorteile durch Mengenbündelungen zu erreichen. Die herrschende Wettbewerbssituation, die mancherorts geradezu in Feindschaft ausartet, erschwert dies jedoch.

4. Der Baustoffhändler kann sich auf seine eigene Stärke besinnen und seine Leistungsfähigkeit bündeln. Das Leistungspaket, das er den einzelnen Herstellern im Gegenzug für konditionelle Vorteile anzubieten hat, könnte etwa wie folgt umrissen werden:
Der Bezug erfolgt grundsätzlich nur noch in geschlossenen Ladungen. Eine Vereinbarung von Kontigenten wird für einen festen Zeitraum getroffen. Die Liefertermine werden dabei klar umrissen, Spontankäufe werden nicht mehr getätigt (dies gilt für die normale Ware, bei Sonderartikeln und Spezialitäten ist eine beidseitig tragfähige Übereinkunft zu treffen). Im Lager wird ein möglichst breites und tiefes Sortiment aus dem Gesamtangebot des betreffenden Herstellers geführt. Der betreffende Hersteller erhält Alleinstellungsmerkmale, d. h. es werden keine oder nur sehr wenige Wettbewerbsartikel geführt.
Mit anderen Worten heißt dies: Bei den einzelnen Warengruppen beschränkt man sich auf einen Lieferanten. Wo immer möglich, steht dieser im Vordergrund aller Überlegungen. Dies gilt z. B. bei Tagen der offenen Tür, Informationen für die Kunden, Präsentationen in der Ausstellung.

5. Zur künftigen Marktbearbeitung wird eine gemeinsame Konzeption entwickelt. Das bedeutet Austausch von Marktdaten, Schulung der Mitarbeiter im Werk und ständigen Gedankenaustausch.

6. Regulierung der Rechnungen im Banklastschriftverfahren.

7. Im Hinblick auf die Kunden wird die Ansprache spezieller Zielgruppen garantiert.

8. Objektbearbeitung findet auch vonseiten des eigenen Außendienstes statt.

9. Der eigene Fuhrpark garantiert prompten Service.

10. Die absatzfördernden Maßnahmen des Herstellers werden voll genutzt, z. B.:

- Kataloge, Broschüren, Beilagen,
- Warenpräsentationsmodelle,
- Anzeigenwerbung,
- Außenwerbung,
- Planer-Informationssysteme,
- Handwerkermarketing,
- Öffentlichkeitsarbeit.

11. Zu den vorstehenden, sehr rationalen Überlegungen kommen noch emotionale Gesichtspunkte hinzu: Auch der Lieferant wartet auf Anerkennung und nicht nur auf Kritik. Er ist schließlich stolz auf seine Leistung. Jedes Lob eines Baustoff-Fachhändlers ist ein Orden für ihn. Man sollte sich einfach einmal in die Lage eines Lieferanten versetzen, dann kann man als Baustoff-Fachhändler vieles besser verstehen und in vielen Fällen besser argumentieren.
Man sollte den Lieferanten nicht als „notwendiges Übel" sehen, auch wenn man dem Einen oder Anderen erst näherbringen muss, dass jedes partnerschaftliche Zusammenarbeiten auch ein gemeinsames Risiko und gemein-

same Marktlasten mit sich bringt. Bis zu einer gewissen „Opfergrenze" sind diese von beiden Seiten gleichmäßig zu tragen.

Beispiel

Ein Baustoff-Fachhändler hat aufgrund seiner engen Zusammenarbeit mit einem Hersteller ein besonders breites und tiefes Lager für eine bestimmte Warengruppe eingerichtet. Dafür hat er vor Jahren einen – wie immer auch gearteten – schmalen zusätzlichen Lagerrabatt erhalten. Die Geschäftsabwicklung verlief stets in guter Harmonie. Beim Hersteller gab es nun eine Veränderung in der Geschäftsführung. Der neue Geschäftsführer – neue Besen kehren gut – will diesen Sonderrabatt streichen. Wen wundert es, dass der betreffende Händler mehr als verärgert ist und sich nach anderen Bezugsquellen umsieht.

1.6 Organisation des Einkaufs

Mitarbeiter

Bei der Mehrzahl der Baustoff-Fachhändler wird der Einkauf der Baustoffe nicht in einer separaten Abteilung getätigt. Einkauf und Verkauf werden vielmehr durch die für die einzelnen Warengruppen zuständigen Mitarbeiter vorgenommen. Diese Organisationsform hat einen großen Vorteil. Die Verkäufer kennen ihren Absatzmarkt sehr genau und können deshalb im Einkauf sehr rasch auf Veränderungen reagieren. Der Nachteil: Das oftmals turbulente Tagesgeschäft lässt es häufig nicht zu, optimal einzukaufen. Eine Ausnahme bilden die Konzerne und die mittelständischen Betriebe mit einer größeren Zahl von Filialen. Hier disponiert der Zentraleinkäufer weite Teile des Sortiments für das Gesamtunternehmen. Bei den verschiedenen Baustoffkooperationen bildet der zentrale Einkauf für die Mitglieder heute noch einen Schwerpunkt der Kooperationsleistung, wenn auch in den letzten Jahren viele Funktionen hinzugekommen sind.

Bezugsquellen

Die Märkte werden stetig größer und vielfältiger. Beispiele sind der gemeinsame europäische Binnenmarkt, die Märkte für Baumarktartikel oder baubiologische Baustoffe. Wichtiger denn je ist es deshalb, geeignete Bezugsquellen systematisch zu sammeln, zu ordnen und aufzuarbeiten. An erster Stelle steht das Angebot. Hier wird ein umfassendes Bild der Leistungsfähigkeit des jeweiligen Herstellers wiedergegeben. Im Gespräch mit dem Außendienstmitarbeiter werden offene Fragen ergänzend geklärt. Werksbesichtigungen und Schulungen können das Wissen vervollständigen. Vonseiten der Kooperationen und regionalen Verbünde werden die Baustoffhändler durch entsprechende Informationen auf die passenden und vor allem auf die bevorzugten Bezugsquellen hingewiesen.

Übergeordnet dient die Fachpresse als sehr guter Informationsträger im Hinblick auf Bezugsquellen. Zum Beispiel wird im offiziellen Organ des Bundesverbandes des deutschen Baustoff-Fachhandels (BDB), der Fachzeitschrift *baustoffmarkt*, monatlich über den Markt und die Aktivitäten der Unternehmen berichtet. In der ebenfalls monatlich erscheinenden *baustoffpraxis* werden Informationen über neue Produkte, Verarbeiterhinweise und Erfahrungsberichte veröffentlicht. Umfangreiche Nachschlagewerke sowie Online-Datenbanken stehen dem Baustoff-Fachhandel ebenfalls zur Verfügung. Auch Messen bieten eine gute Chance, sich über Bewährtes und Neues zu informieren. Messebesucher

Mehr als 250 000 Besucher kamen zur Baufachmesse BAU 2015, um sich über bewährte und neue Bauprodukte zu informieren.
Foto: Redaktion

sollten ihre Lieferanten besuchen, darüber hinaus müssen sie sich jedoch auch bei den Herstellern informieren, mit denen noch keine Geschäftsbeziehungen bestehen. Weitere Informationsquellen sind Verbände, Industrie- und Handelskammern oder, bei ausländischen Baustoffen, die Handelsabteilungen der Konsulate. Mittlerweile Standard ist die Beschaffung von Information über das Internet. Hier helfen einerseits Suchmaschinen, wobei andererseits fast alle Baustoffhersteller mit einer Homepage vertreten sind.

Bezugsquellenverzeichnis

Im Bezugsquellenverzeichnis des Baustoffhändlers werden nach Warengruppen geordnet die Hersteller der einzelnen Baustoffe gesammelt (Lieferantenkartei oder -datei). Beim Baustoff-Fachhandel wird dafür in der Regel eine Hängeregistratur verwendet. Wird die Speicherung der Daten per EDV bevorzugt, so werden die Informationen in einer Datei gesammelt. Ein Zugriff per Intranet bzw. Netzwerk garantiert die Verfügbarkeit der Daten für mehrere Anwender. Beim jeweiligen Hersteller sind abgelegt bzw. gespeichert:

- Angebote,
- Kataloge und Prospekte,
- eventuelle Jahresabkommen,
- Preislisten bzw. Sondervereinbarungen,
- Ansprechpartner,
- Statistiken.

Fast alle Hersteller bieten heutzutage ihre Produkte und Leistungen auf CD-ROM oder als Downloads an. Dies spart Platz, ist schneller und vereinfacht die Pflege.

Online-Produktkataloge beschleunigen den Zugriff auf aktuelle Produktinformationen der Hersteller. *Abb.: Braas*

1.7. Durchführung des Einkaufs

Der Einkaufsvorgang umfasst verschiedene Stufen, die im Folgenden dargelegt werden.

Anfrage

Bei Herstellern, mit denen schon lange zusammengearbeitet wird, erübrigt sich eine Anfrage vor der Bestellung. Bei neuen Lieferanten hat die Anfrage den Zweck, Preise, Rabatte und Konditionen kennenzulernen. Mit der Anfrage wird keine rechtliche Bindung eingegangen. Die allgemeine Anfrage ist – wie der Name sagt – allgemein formuliert. Es wird um Preislisten und Kataloge gebeten, um die Liefermöglichkeit zu überprüfen. Bei der bestimmten Anfrage findet die genaue Bezeichnung eines Baustoffs statt. Ferner wird die Menge angegeben, die bezogen werden soll.

Angebot/Angebotsformen

Im Angebot macht der Hersteller dem Händler eine Offerte, Baustoffe an ihn zu verkaufen. Das Angebot ist an keine bestimmte Form gebunden. Es kann mündlich, fernmündlich oder schriftlich per Brief, Telefax oder E-Mail erfolgen. Der Anbieter ist so lange an sein Angebot gebunden, wie er vom Empfänger unter regelmäßigen Umständen eine Antwort erwarten kann. Mündliche Angebote müssen sofort angenommen werden. Bei schriftlichen Angeboten beträgt diese Frist in der Regel eine Woche. Angebote sollen stets schriftlich angefordert bzw. bestätigt werden. Bei mündlichen Angeboten können sich später Auslegungsschwierigkeiten ergeben. Die Angebote unterscheiden sich. Das uneingeschränkte Angebot ist insgesamt verbindlich.

Beispiele

„Unterbreiten wir Ihnen unser Angebot für die im beigefügten Katalog aufgeführten Porenbetonsteine entsprechend unseren Lieferungs- und Zahlungsbedingungen."

Im **befristeten Angebot** wird für die Verbindlichkeit des Angebots eine bestimmte Frist genannt: „Unser Angebot hat bis zum 30.06. d. J. Gültigkeit."

Im **eingeschränkten Angebot** sind bestimmte Teile aus demselben unverbindlich: „Unsere Preise sind freibleibend."
In diesem Falle ist das Angebot mit Ausnahme des Preises verbindlich.

Ein Angebot kann widerrufen werden. Der Widerruf muss spätestens gleichzeitig mit dem Angebot eingehen: Das Angebot wird am 20.07. vom Lieferanten per Brief abgeschickt. Am selben Tag wird ein Rechenfehler bemerkt. Der Widerruf erfolgt am 20.07. per Telefax. Das Angebotsschreiben geht beim Händler am 21.07. ein. Der Widerruf ist somit wirksam.

Angebotsinhalt

Form und Inhalt eines Angebots unterliegen keiner gesetzlichen Regelung. Die Schriftform ist grundsätzlich vorzuziehen. Die Art der Ware wird z. B. durch ihre Bezeichnung festgelegt. Die Bestellung kann unter der Verwendung der Herstellerbestell- oder -artikelnummer oder der Artikelnummer des Baustoff-Fachhändlers geschehen. In der Praxis werden häufig stark vereinfachte Bestell- bzw. Auftragssätze verwendet, die noch Angaben über Abholung, Zufuhr, Baustelle und Menge enthalten.

Angebotspreise

Der Preis bezieht sich auf die Rechnungseinheit. Beim Baustoff-Fachhandel ist dies im Allgemeinen:

- EUR/Paket, Eimer, Dose, Rolle, Sack, Großgebinde,
- EUR/m^2,
- EUR/1 000 Stück bzw. andere Stückzahlen,
- EUR/lfm,
- EUR/m^3.

Frachtkosten und sonstige Beschaffungskosten

Frachtkosten, sogenannte Eingangsfrachten und sonstige Beschaffungskosten, entstehen für den Transport der Baustoffe vom Hersteller zum Händlerlager bzw. zur Baustelle. Eingangsfrachten und sonstige Beschaffungskosten stellen für den Händler Kosten dar. Sie werden zu den Ab-Werk-Preisen addiert. Das Ergebnis ist der Brutto-Einstandspreis.

	Werkpreis
+	Eingangsfracht/sonst. Beschaffungskosten
=	Brutto-Einstandspreis des Handels

Bei Franko-Stationspreisen, also frei Händlerlager bzw. Baustelle, trägt der Hersteller die Frachtkosten. Bei Selbstabholung durch den Händler mit eigenen Fahrzeugen erfolgt von seiten der Industrie eine Frachtvergütung.

Entsorgungskosten

Entsorgungskosten fallen an, wenn der Händler Verpackungsmaterial, wie z. B. Folien, Pappen und Papier, Eisen- und Kunststoffbänder, Styropor sowie Einwegpaletten, entsprechend der Verpackungsverordnung zu entsorgen hat. Die Mehrzahl der in- und auch ausländischen Hersteller, die den Baustoff-Fachhandel beliefern, wird sich dem Interseroh-Entsorgungssystem anschließen und damit wesentliche Teile der Entsorgungskosten übernehmen. Bei Herstellern, die dies unterlassen, muss sich der Baustoffhändler Folgendes überlegen:

- er bevorzugt künftig einen umweltfreundlicheren Lieferanten,
- er vereinbart, dass die Entsorgungskosten, die zwischen 1 % und 2 % des Warenwertes liegen, von der Rechnung abgezogen werden können.

Den zweiten Weg haben beispielsweise die großen Lebensmittelketten und die Baumarktdiscounter beschritten.

Lieferzeit

Wenn nichts über die Lieferzeit vereinbart worden ist, kann der Verkäufer sofort liefern. Der Käufer kann die sofortige Lieferung verlangen (§ 271 Abs.1 BGB). Die Lieferzeit kann ungenau bestimmt werden.

Beispiele

Lieferung Anfang, Mitte, Ende September auf Abruf.

Ein genaues Datum ist ebenfalls möglich: Lieferung am 1.9. dieses Jahres.

Beim Fixkauf muss die Lieferung an einem genau bestimmten Tag erfolgen. Neben dem Datum ist dann der Zusatz „fix" oder „fest" hinzuzufügen: Lieferung am 1.4. dieses Jahres fix.

Erfolgt die Lieferung nicht rechtzeitig, ist der Vertrag hinfällig. Es besteht kein Abnahmezwang mehr. Wird im Angebot nichts anderes vereinbart, muss der Käufer sofort, d. h. Zug um Zug, gegen Übergabe der Ware bezahlen. Beim Baustoff-Fachhandel sind die Zahlungsbedingungen in der Regel vereinbart.

Beispiele

- Bezahlung im Banklastschriftverfahren,
- Zahlung innerhalb von 10 Tagen mit 2 % Skonto,
- zahlbar innerhalb von 30 Tagen ohne Skontoabzug.

Angebotsvergleich

Die recht unterschiedliche Rabattierung und Bonifizierung ebenso wie die verschiedenen Zahlungsbedingungen der einzelnen Lieferanten machen einen Angebotsvergleich unerlässlich. Der jeweilige Baustoff muss auf seinen Netto-Einstandspreis heruntergerechnet werden. Dies geschieht wie folgt:

	Werkspreis
./.	Rabatt
+	Eingangsfracht
+	sonstige Beschaffungskosten
=	Netto-Einstandspreis

Außerdem sind in einer separaten Betrachtung die Rahmenkonditionen zu vergleichen, da Skonti und Boni oftmals erhebliche Unterschiede aufweisen. Nur bei einem parallelen Vergleich der Netto-Einstandspreise und Rahmenkonditionen kann eine definitive Aussage über das preisgünstigste Angebot gemacht werden. Häufig wird in diesem Zusammenhang eine Lieferantenmatrix verwendet.

Lieferant	Netto-Gesamtpreis	Qualitätsberurteilung	Liefermodus	zusätzl. Service	Entscheidung

Beispiel einer Lieferantenmatrix

Bestellung

Auch die Bestellung kann mündlich oder fernmündlich bzw. schriftlich per Brief, E-Mail oder Telefax vorgenommen werden. Beim Baustoff-Fachhandel wird in der Regel telefonisch oder per Fax bestellt und die Bestellung per Telefax bestätigt. Die EDV-Bestellung gewinnt derzeit mehr und mehr an Bedeutung. Dadurch ergeben sich wesentliche Vereinfachungen.

Die Bestellung muss enthalten:

- die Bezugnahme auf das Angebot,
- Menge, Art und Preis der benötigten Menge (Bezeichnung, Bestellnummer, Größen usw.),
- den gewünschten Zeitpunkt der Lieferung.

Die Bestellung ist für den Bestellenden immer verbindlich. Ein Widerruf ist wie beim Angebot nur dann möglich, wenn er spätestens gleichzeitig mit der Bestellung beim Lieferanten eingeht. Der Hersteller kann die Lieferung der Bestellung ablehnen, wenn ihr kein verbindliches Angebot zugrunde liegt oder wenn die Bestellung nicht den Angebotsbedingungen entspricht. Die Bestellung wird terminlich überwacht. Dies kann über EDV erfolgen. Bei kleineren Betrieben genügt auch das Bestellbuch oder der Terminkalender. Auftragsbestätigung durch den Hersteller wird unterschiedlich gehandhabt. Teilweise erfolgt sie, teilweise wird sie unterlassen. In jedem Fall findet sie bei neuen Kunden statt. Das gleiche gilt bei Großbestellungen. Erforderlich ist die Auftragsbestätigung dann, wenn das der Bestellung vorangehende Angebot freibleibend war oder die Bestellung auf ein befristetes Angebot zu spät eintrifft.

Kaufvertrag

Der Kaufvertrag zwischen Hersteller und Händler kommt durch zwei übereinstimmende Willenserklärungen, nämlich Antrag und Annahme, zustande (§§433 ff BGB). Kaufverträge werden beim Baustoff-Fachhandel in der Regel wie folgt abgeschlossen:

- Der Händler nimmt das Angebot rechtzeitig und unverändert an. Der Kaufvertrag ist gültig, sobald der Verkäufer die Bestellung erhalten hat.

- Der Baustoff-Fachhändler bestellt mündlich oder schriftlich. Der Kaufvertrag kommt zustande, indem der Hersteller liefert.

Folgende Ausnahme ist zu beachten:
- Der Baustoff-Fachhändler nimmt das Angebot nur mit Einschränkungen an.

Beispiel

Ein Baustoff-Fachhändler formuliert seine Bestellung wie folgt: „Wir bitten Sie, unter der Voraussetzung zu liefern, dass Sie noch einen Zusatzrabatt von 5 % gewähren."

Diese Bestellung gilt als Ablehnung des Angebots. Der Baustoff-Fachhändler macht durch die Abänderung ein neues Angebot, das der Hersteller annehmen oder ablehnen kann. Bestellt hingegen der Käufer zu spät, so gilt seine Bestellung als neues Angebot, das anzunehmen oder abzulehnen ist.

Erfüllungsort
Erfüllungsort ist der Ort, an dem die Leistung erbracht werden muss. Der Erfüllungsort hat eine dreifache Bedeutung:
1. Am Erfüllungsort geht die Gefahr der Beschädigung oder Vernichtung der Ware – generell ausgedrückt „die Haftung für die Ware" auf den Käufer über.
2. Der Erfüllungsort bestimmt, wer die Kosten der Lieferung zu tragen hat, wenn keine vertragliche Regelung zustande kam.
3. Der Erfüllungsort bestimmt zwischen Vollkaufleuten den Gerichtsstand.

Der vertragliche Erfüllungsort ist in den Lieferungs- und Zahlungsbedingungen der Hersteller genannt. Er ist in der Regel der Firmensitz des Herstellers.

Egal ob der Hersteller im Streckengeschäft direkt die Baustelle oder aber ein Lager des Baustoffhandels beliefert – der Erfüllungsort ist zumeist der Firmensitz des Herstellers. *Foto: Rockwool*

Rechnungsprüfung
Am Ende des Einkaufsvorgangs steht die Rechnungsprüfung. Dafür müssen Unterlagen, wie z. B. Kaufvertrag, Preislisten, Verkehrstarife, Sonderabmachungen, Lieferscheine, Frachtbriefe und Bestellung zur Verfügung stehen. Die Prüfung erfolgt auf rechnerische und sachliche Übereinstimmung.

2 Lagerhaltung

2.1 Funktionen und Bedeutung

Beim Baustoff-Fachhandel gehört das Lager zu den wichtigsten Betriebsteilen. Es umfasst das Hallenlager und das Freilager. Zusätzlich werden auch noch einige Artikel direkt im Baumarkt bevorratet.

Beispiel

Ein Fachmarkt nutzt im Palettenregal drei Stellplätze übereinander. Die beiden unteren Palettenstellplätze 1 und 2 dienen dem direkten Zugriff des Kunden (Verkaufszone) bzw. der Warenpräsentation. Auf dem darüber liegenden Stellplatz wird die entsprechende Ware gelagert.

Palettenregal *Foto: Bauzentrum Brandes, Blankenburg/Harz*

Hauptaufgaben der Lagerhaltung
Dispositive Aufgaben: Die Lagerhaltung bestimmt die optimalen Lagerbestände sowie die optimale Gestaltung der Lagerarten und -gebäude.
Verwaltende Aufgaben: Durch die Lagerhaltung werden die wirtschaftliche Form der Warenbehandlung, der Warenannahme, -manipulation und -ausgabe sowie die Durchführung der Inventur und der Kommissionierung bestimmt.
Räumliche Überbrückung: Baustoffe werden letztlich immer dort benötigt, wo sie zur Verarbeitung gelangen. Für den Baustoffhersteller bedeutet dies: Er liefert an seine Händlerkunden möglichst in vollen Lkw- bzw. Waggonladungen. Die Entfernung zwischen dem Hersteller und dem Händler muss mit großen Einheiten nur einmal überwunden werden. Der Händler nimmt die angelieferte Ware auf sein Lager und verkauft sie dann an seine regionalen Kunden. Auf diese Weise werden die gefahrenen Kilometer pro Tonne bzw. Stück oder laufender Meter auf ein Minimum beschränkt.

Beispiel

Ein Hersteller in Bayern liefert an einen Baustoff-Fachhändler in Rheinland-Pfalz eine Ladung mit 20 t auf das Lager. Von dort aus nimmt der Händler die Distribution (Verteilung) an seine Verarbeiterkunden vor.

Die Lager der Baustoff-Fachhändler sind es also, die es den Herstellern ermöglichen, konzentriert an verhältnismäßig viele Verarbeiter zu liefern. Beim Streckengeschäft liefert der Hersteller von Baustoffen auf Rechnung des Baustoffhändlers direkt auf die Baustelle. Das Lager wird nicht in Anspruch genommen.

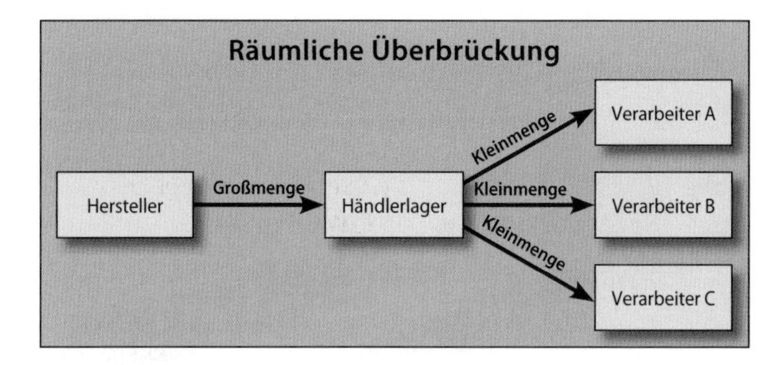

Zeitliche Überbrückung: Zwischen Baustoffproduktion und Baustoffverarbeitung liegen oftmals erhebliche Zeitspannen. Das Lager des Baustoffhändlers dient hier als Zeitpuffer. Eine Lieferung des Herstellers etwa am 1.1. auf Lager des Baustoff-Fachhändlers wird von diesem zu verschiedenen Zeitpunkten an seine Verarbeiterkunden verteilt. Am 1.1. hat beispielsweise Verarbeiter A noch gar nicht gewusst, dass er am 1.2. die entsprechende Ware benötigt. Durch die Lagerhaltung des Händlers ist der Baustoff in der Regel sofort lieferbar.

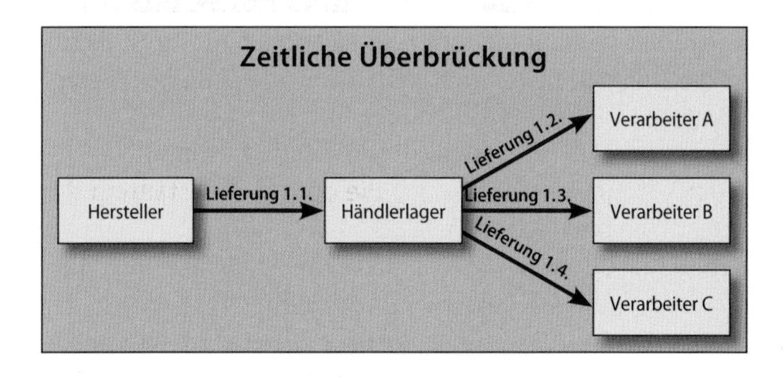

Preisliche Überbrückung: Die Preise für Baustoffe sind erheblichen Schwankungen unterworfen. In der Regel handelt es sich um Preissteigerungen. In der betriebswirtschaftlichen Literatur heißt es: *„Die Lagerhaltung kann dazu dienen, preisstabilisierend zu wirken."* Theoretisch ist dies zwar richtig, doch in der Praxis hat ein solches Vorgehen negative Einflüsse auf die Preisentwicklung. Folgende Beispiele erläutern dies: Ein Baustoff-Fachhändler, der Preiserhöhungen erwartet und vorher noch Ware disponiert, kann mit diesem Vorgehen spekulative Überlegungen verbinden. Er kann jedoch auch die Absicht haben, den Verkaufspreis noch eine gewisse Zeit zu halten, bzw. durch eine Mischkalkulation zwischen altem und neuem Preis die Preiserhöhung abzufedern.

Beispiel

Der Fachhändler vermutet eine Preiserhöhung. Im Regelfall wird diese von dem betreffenden Hersteller auch rechtzeitig angekündigt. Die Lieferung erfolgt am 5.1. zum alten Preis. Die Ware wird auf Lager genommen.
Am 15.1. erhöhen sich die Preise. Verarbeiter A bestellt am 20.1. Da er einem Privatkunden mit Festpreisen angeboten hat, bittet er den Baustoff-Fachhändler um Lieferung zum alten Preis. Da es sich um einen sehr guten Kunden handelt, geht der Baustoff-Fachhändler auf diesen Wunsch ein.

Rein betriebswirtschaftlich betrachtet begeht der Baustoff-Fachhändler einen Fehler. Er hat zwar keinen direkten Verlust, indirekt betrachtet wertet er jedoch sein Lager zum Zeitpunkt 20.1. um die Differenz zwischen dem alten und dem neuen Preis ab. Bei Verarbeiter B, der zu einem Mischpreis bedient wird, gelten in abgeschwächter Form dieselben Vorbehalte. Verarbeiter C wird mit dem neuen Preis korrekt bedient. Der erzielte Verkaufserlös macht es dem Baustoff-Fachhändler möglich, mit dem neuen Preis beim Hersteller die entsprechende Warenmenge erneut zu bestellen.

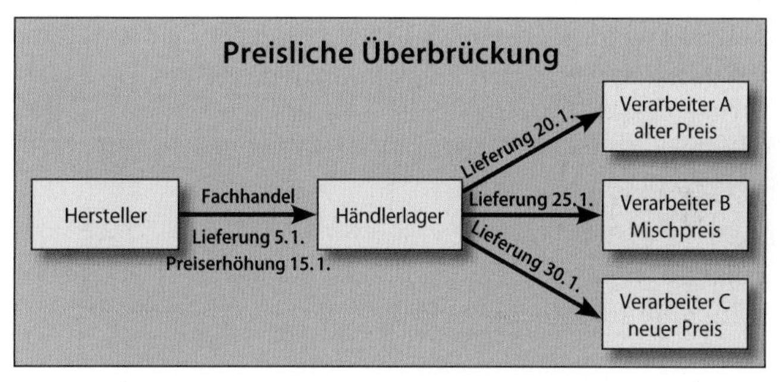

2.2 Lagerarten

Bei den Lagern des Baustoff-Fachhandels lassen sich mehrere Arten unterscheiden, die im Folgenden vorgestellt werden.

Hallenlager

Beim Hallenlager handelt es sich – wie der Name sagt – um eine Halle, in der Baustoffe gelagert werden. Alle Baustoffe, die gegen Witterungseinflüsse, wie z. B. Nässe, empfindlich sind, gehören in das Hallenlager, z. B. Sackware, Holz, Dämm-Material, Gipserzeugnisse. Das Hallenlager insgesamt ist nicht beheizt. In einem kleineren abgetrennten Teil mit Heizung werden frostempfindliche Baustoffe gelagert (z. B. chemische Baustoffe, Flüssigkeiten). In einem separaten, verschließbaren Raum müssen die Baustoffe gelagert werden, die bei unsachgemäßer Behandlung eine Gefahr für die Umwelt darstellen (z. B. Lösungsmittel und leicht brennbare Stoffe). Derzeit werden in verstärktem Umfang Lagerhallen gebaut, die auf der wettergeschützten Seite ganz offen sind.

Freilager

Im Freilager werden witterungsunempfindliche Baustoffe gelagert (z. B. Steine und Röhren, Betonerzeugnisse). Einen gewissen Schutz bietet die Folienummantelung. Immer häufiger werden auch Paletten- oder auch Kragarmregale im Freien genutzt, die zum Schutz für die Ware mit einem kleinen Dach versehen sind. Kragarmregale sind dabei vielseitiger einsetzbar, da sie, im Gegensatz zu Palettenregalen, an der Vorderseite keine senkrechten Träger haben. Dadurch sind keine festen Feldbreiten gegeben und das Kragarmregal kann sowohl mit Paletten wie auch mit Langgütern bestückt werden. Gegenüber Palettenregalen sind Kragarmregale allerdings in der Beschaffung etwas teurer.

Offenes Hallenlager mit Kragarmregalen *Foto: Ohra*

Typische Baustoffe des Hallenlagers sind Sackware, Putze, Bindemittel oder Dämmstoffe usw.

Typische Baustoffe des Freilagers sind Betonwaren, Gartenbaustoffe, Mauersteine, Kunststoffrohre usw.
Fotos: Spilker & Wehmeier/ Baustoffring

Zentrallager

Es handelt sich hierbei um ein Großlager, das von mehreren Händlern gemeinschaftlich unterhalten wird. Insbesondere die großen Kooperationen, wie z. B. Hagebau und Eurobaustoff, unterhalten für ihre Kooperationsmitglieder derartige Zentralläger.

Der Nutzen aus der Inanspruchnahme eines Zentrallagers muss immer von jedem Händler individuell betrachtet werden. Hierbei spielen die Höhe des getätigten Umsatzes, die Entfernung zum Zentrallager und die eigene Sortimentsgestaltung für eine objektive Kosten-/Nutzen-Berechnung die entscheidenden Rollen. Ebenso wie alle großen Handelsverbünde unterhalten die Baustoffkooperationen mehrere Zentralläger in strategisch ausgewählten Standorten. Somit sind die optimalen Entfernungen zum Baustoffhändler gewährleistet.

Zentrallager einer Baustoffhandels-Kooperation *Foto: Eurobaustoff*

Jedoch wird immer nur ein Teil der vor Ort benötigten Baustoffe von einem Zentrallager bezogen. Dies sind im folgenden Beispiel die Produkte A bis H. Die übrigen Produkte werden direkt von der Industrie zum Handel bzw. meist direkt an die Baustelle geliefert, z. B. Baustahl oder Transportbeton.

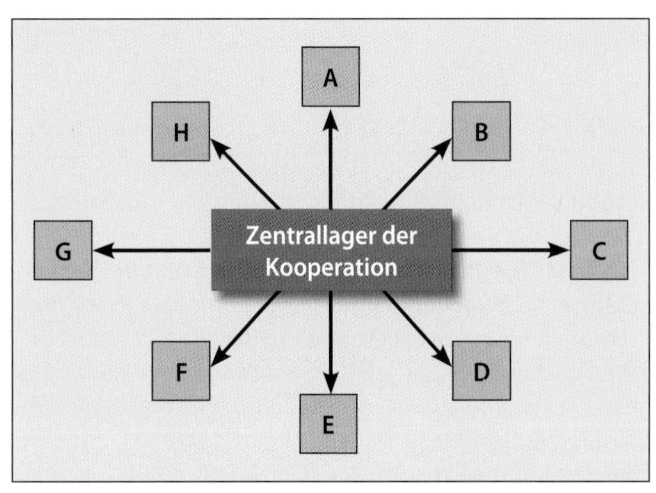

Ein Baustoff-Fachhändler, der ein Zentrallager nutzt, hat den großen Vorteil, dass er seine eigenen Lagerbestände niedrig halten kann und somit weniger Kapital binden muss. Ebenso

erhöht er seinen Lagerumschlag. Ein geringer Einkaufsvorteil bei Direktbezug vom Lieferanten ist häufig durch den sogenannten **Lagerzins** (= Zins für Kapitalbindung der Produkte am Lager) schnell aufgezehrt.
Die meisten Zentralläger erwarten von ihren Kunden die Zahlung einer Gesellschaftereinlage. Der Händler wird somit Miteigentümer des Zentrallagers. Dies ist neben der wirtschaftlichen Kosten-Nutzen-Berechnung ein weiterer Anreiz, das „eigene" Lager zu nutzen und weniger bei anderen Großhändlern zu kaufen.

Schwerpunktlager
Mehrere Händler in der gleichen Region vereinbaren miteinander, bestimmte Sortimente schwerpunktmäßig, d. h. möglichst umfassend, zu führen. Bei denjenigen Sortimentsteilen, die der Kollege in großen Mengen und vielfältigen Abmessungen lagert, beschränkt man sich bei der eigenen Lagerhaltung auf eine Mindestbevorratung. Diese sicherlich recht kostengünstige Lagerhaltung, funktioniert jedoch nur dann, wenn der gegenseitige Umschlag in etwa ausgeglichen ist.

Beispiel

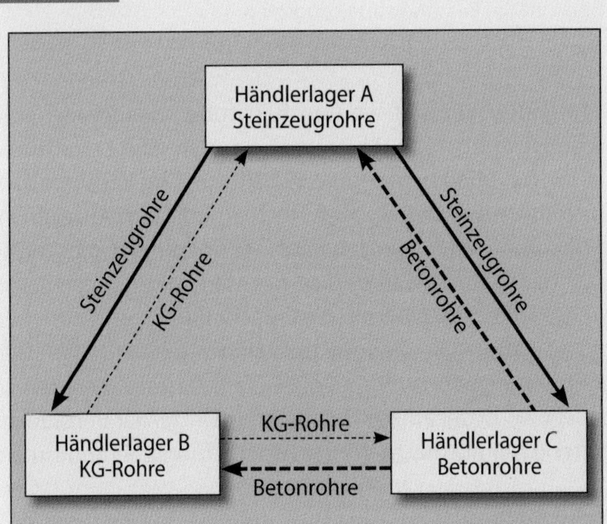

Baustoffhändler A führt schwerpunktmäßig Steinzeugrohre, Abzweige und Zubehörteile. Baustoff-Fachhändler B geht entsprechend bei Kunststoff-Kanalrohren (KG-Rohre) vor. Baustoffhändler C hat sich auf Betonrohre und Betonteile spezialisiert. Händler A hat z. B. das gesamte Steinzeugrohrsortiment auf Lager, Kunststoff-Kanalrohre und Betonrohre dagegen nur in kleinen Mengen und in den gebräuchlichen Abmessungen. Händler A weiß, er kann im Bedarfsfall jederzeit auf das Lager der Kollegen B und C zurückgreifen. Entsprechend verhalten sich Händler B und C.

Beim Baustoff-Fachhandel bietet sich diese Aufsplittung bei der Sortimentslagerhaltung aufgrund immer breiter und tiefer werdender Sortimente an. Aufgrund z. T. schwieriger Wettbewerbssituationen haben sich viele Händler in solchen Schwerpunktlagern zusammengeschlossen, vorrangig bei Spezialsortimenten, wie z. B. Fliesen.

Die Belieferung untereinander muss dann aber ebenso mit marktgerechten Aufschlägen erfolgen, als wenn man die Ware von einem Dritten oder einem Zentrallager beziehen würde.

Konsignationslager
Bei dieser Art der Lagerhaltung sind die Lagerräume und die Einrichtung des Lagers Eigentum des Händlers. Die zu lagernden Produkte gehören jedoch dem Hersteller (Lieferanten). Der Händler kann bei Bedarf vom Lagerbestand Produkte entnehmen. Beim Baustoff-Fachhandel in seinen Beziehungen zum Baustoffhersteller sind Konsignationslager nicht üblich. Anzutreffen ist diese Form bei Werkzeugen, Schraubenbedarf und im Sanitärbereich.

Kommissionslager
In den Lagern des Baustoff-Fachhandels werden für Kunden, die Ware in großen Mengen bereits bestellt und vielfach auch bezahlt haben, sogenannte Kommissionslager geführt. Je nach Baufortschritt wird der Kunde bedient. Beispiel: Ein Verarbeiter fertigt eine größere Granitfassade an. Das gesamte Material lagert beim Baustoff-Fachhändler, der dem Verarbeiter passend zum Baufortschritt die entsprechenden Mengen liefert.

Werkslager
Um den Markt flächendeckend und mit dem gesamten Sortiment bedienen zu können, haben verschiedene Baustoffhersteller Werkslager errichtet. Vom Werkslager aus wird der Baustoff-Fachhandel bedient. Dies ist eine Form der Zwischenlagerung.

Beispiel

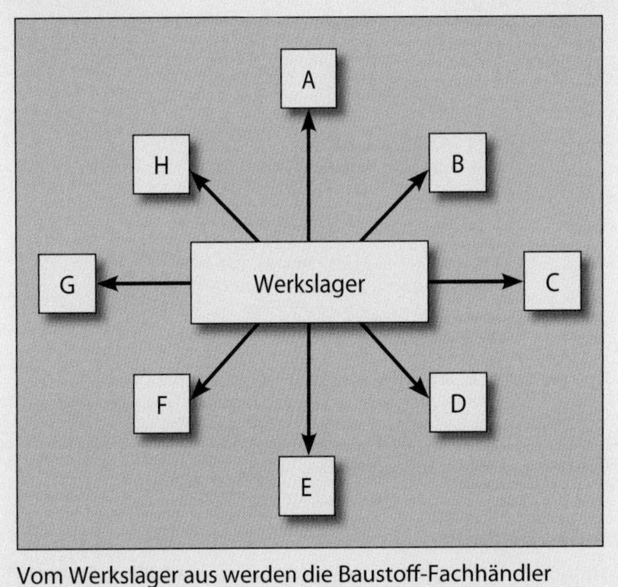

Vom Werkslager aus werden die Baustoff-Fachhändler A bis H beliefert.

Zu den Werkslagern hat der Baustoff-Fachhandel eine generell ablehnende Haltung. Die Lagerhaltung gehört zu den wesentlichen Funktionen jedes einzelnen Händlers. Er kann sie eigentlich nicht an den Hersteller abgeben. Andererseits wird auch gesehen, dass bei sehr umfangreichen und hochspezialisierten Sortimenten kaum ein Händler in der Lage ist, alle Produkte lagerhaltend zu führen.

2.3 Mindestbestand, Höchstbestand

Die Kunden erwarten vom Baustoff-Fachhandel, dass er, zumindest bei den herkömmlichen Baustoffen, sofort lieferfähig ist. Für die Lagerhaltung bedeutet dies:

- das gesamte Sortiment muss verfügbar sein,
- saisonale Schwankungen sind zu berücksichtigen,
- zeitliche Verzögerungen bei der Lieferung sind aufzufangen.

Eine zu geringe Lagerhaltung schränkt die Lieferbereitschaft ein und verursacht darüber hinaus Mehrkosten bei der Beschaffung (sogenannte Fehlmengenkosten). Andererseits bedeutet ein zu hoher Lagerbestand:

- es ist zu viel Kapital gebunden,
- die Kosten für die Lagerhaltung sind überhöht,
- es besteht die Gefahr des Verderbs (Haltbarkeitsdatum!), der Beschädigung und des Veralterns (Design und Farbe sind nicht mehr zeitgemäß).

Zwischen den beiden Polen „zu niedriger Lagerbestand" und „zu hoher Lagerbestand" muss ein Mittelweg gefunden werden. Dieser „richtige" Lagerbestand (auch „optimaler Lagerbestand" genannt) garantiert stetige Lieferbereitschaft, bindet kein zusätzliches Kapital und verursacht keine erhöhten Kosten.

Bestandsführung bei Artikel A / Aufrechterhaltung der Lieferfähigkeit

Datum	Bestand	Abverkauf
10.03.	14 St.	
11.03.		– 2
12.03.		– 2
13.03.	10 St. = **Meldebestand** **Auslösung einer Bestellung über 10 St.**	
14.03.		– 3
15.03.		– 2
17.03.	5 St. = **Mindestbestand / „Eiserner Bestand"** **Anlieferung der 10 bestellten Fenster**	+ 10
18.03.	15 St. **Bestand wieder ausreichend**	

Durch rechtzeitige Bestellung bei Erreichung des Meldebestands wird trotz des weiteren Abverkaufs bis zur Anlieferung der nachbestellten Ware eine ständige Lieferfähigkeit erreicht.

Beispiel einer optimalen Bestandsführung

Mindestbestand

Von jedem Baustoff, der zum Kernsortiment eines Baustoff-Fachhändlers gehört, sollte ein bestimmter Mindestbestand – auch „eiserner Bestand" genannt – vorhanden sein. Damit wird Lieferbereitschaft garantiert. Die Neubestellung ist immer dann vorzunehmen, wenn sich die vorhandene Warenmenge dem Mindestbestand nähert (sogenannter Meldebestand). Lieferzeiten sind zu berücksichtigen. In der Theorie ist diese Problemstellung verhältnismäßig einfach zu lösen. In der Praxis – speziell im Baustoff-Fachhandel – ergeben sich jedoch erhebliche Schwierigkeiten. Bis heute verzichten leider immer noch einige Baustoff-Fachhändler auf eine Lagerbuchhaltung. Der Grund hierfür liegt häufig in den Differenzen zwischen dem rechnerisch ermittelten Lagerbestand und den tatsächlich vorhandenen Mengen. Trotzdem muss die ständige Optimierung das Ziel sein. Von der Verwaltung – mit Hilfe der EDV – muss das Signal für die Neubestellung kommen.

Beispiel

Jeder Wareneingang und -ausgang ist vom Lagerpersonal zu erfassen. Zwischen Lager und Verwaltung muss die Datenübermittlung sehr kurzfristig erfolgen. Fehldispositionen sind sonst nicht zu vermeiden. Der sogenannte „Bruch" ist zu erfassen und der Bestand sofort um die Menge zu korrigieren. In der Praxis haben sich hierfür sogenannte Bruchlisten bewährt, auf denen die Lagermitarbeiter alle Beschädigungen auflisten. Die Listen werden spätestens am Ende der Woche in die Verwaltung gegeben, um die Bestände zu korrigieren.

Fachhändler, die auf wenige Baustoffe spezialisiert sind (Fliesen, Dämmstoffe, Elemente), können eine Lagerbuchhaltung mit Mindestmengen verhältnismäßig leicht realisieren. Vollsortimenter dagegen – mit erheblichen Anteilen im Facheinzelhandel – werden nach wie vor auf das „geschulte Auge" des Lagerverwalters bzw. des Marktleiters angewiesen sein. Sie fällen jeden Abend die Entscheidung: nachbestellen oder abwarten. Die Mengen der Mindestbestände beruhen auf Erfahrungswerte, wobei die Gefahr besteht, sie zu hoch anzusetzen. In der Praxis wird meist ein Drittel des Verbrauchs während der normalen Wiederbeschaffungszeit angesetzt.

Höchstbestand

Höchstbestand ist die Warenmenge, die nicht überschritten werden soll. Die Nachteile überhöhter Lagerhaltung wurden bereits beschrieben (zusätzlicher Platzbedarf und die zusätzliche Kapitalbindung, die dem Unternehmen Liquidität entzieht). Die Baustoffhersteller wollen zwar gerne mehr verkaufen als der Händler vor Ort in nächster Zukunft verkauft. Hierfür setzen die Hersteller auf Rabatt- und Konditionensysteme, die die Lagerhaltung besonders honorieren. Die Zusatzrabatte für Menge bedeuten in vielen Fällen intensivere Lagerhaltung. Die für den Einkauf Verantwortlichen werden so dazu verleitet, überaus großzügig zu disponieren. Aber dennoch hat ein Lager haltender Fachhändler aufgrund dieser ausgeübten Funktionen höhere Kosten als ein Unternehmer, der seine Geschäfte ohne Lager, nur mit Hilfe von Telefon, Fax und E-Mail abwickelt.
Der vermeintliche Wettbewerbsvorteil schrumpft schnell zusammen, wenn mit dem „spitzen Bleistift" nachgerechnet wird. Umschlagshäufigkeit und Kapitalverzinsung sind Faktoren, die es zu berücksichtigen gilt.

2.4 Umschlagshäufigkeit, Lagerdauer

Die Umschlagshäufigkeit – auch „durchschnittlicher Lagerumschlag" genannt – gibt Antwort auf die Frage, wie oft sich das Baustofflager jährlich umschlägt, d. h. wie oft ein Artikel pro Jahr verkauft wird. Zur Berechnung dieser Größe werden die Daten über den durchschnittlichen Lagerbestand und den Lagerumsatz benötigt. Beim Baustoff-Fachhandel liegt die Umschlagshäufigkeit bei knapp 5. Das bedeutet: Der durchschnittliche Lagerbestand wird innerhalb eines Jahres nahezu fünfmal umgeschlagen, wobei die Umschlagshäufigkeit der einzelnen Sortimente recht unterschiedlich ist. Bei keramischen Fliesen liegt sie bei 3, bei Gipskartonplatten, Sackware und Steinen über 5. Die folgende Tabelle zeigt andere Handelsbranchen mit ebenfalls recht unterschiedlichen Ergebnissen (Zirka-Werte):

Branche	Umschlaghäufigkeit
Lebensmittelhandel insgesamt	15
Fischhandel	49
Textilhandel	3
Möbelhandel	3
Schmuckhandel	1

Die Formel zur Berechnung der durchschnittlichen Lagerdauer lautet:

$$\text{ø Lagerdauer} = \frac{360}{\text{Umschlaghäufigkeit}}$$

Beim Baustoff-Fachhandel ergibt sich folgende Rechnung:

$$\text{ø Lagerdauer} = 360:5 = 72$$

Die durchschnittliche Lagerdauer beträgt somit 72 Tage.

Die Umschlagshäufigkeit errechnet sich mit folgender Formel:

$$\text{Umschlagshäufigkeit} = \frac{\text{Umsatz}}{\text{ø Lagerbestand}}$$

Der durchschnittlichen Lagerbestand erhält man durch:

$$\text{ø Lagerbestand} = \frac{\text{Anfangsbest.} + \text{12 Monats-Endbestand}}{13}$$

„Renner und Penner"

Baustoffe, die sich schnell umschlagen, also eine geringe Lagerdauer aufweisen, werden als „Renner" bezeichnet. Artikel, die sich nur sehr langsam umsetzen, heißen „Penner". In jedem Betrieb gibt es immer einen gewissen Anteil solcher „Penner"-Artikel. Rund 10 % werden für die meisten Baustoffhandlungen angenommen. Diese sind dann meistens auch unverkäuflich und müssen bei der jährlichen Inventurbewertung auf 0,00 EUR abgeschrieben werden. Sie müssen dann aus dem Sortiment genommen, die Altbestände als Sonderangebote veräußert oder als Müll entsorgt werden. Damit wird Platz für „Renner" geschaffen und die Bewertung bei der Inventur realistisch gestaltet.

Betriebswirtschaftlich ausgedrückt heißt dies: Durch die Verringerung der durchschnittlichen Lagerdauer und die damit verbundene Erhöhung der Umschlagshäufigkeit werden Kosten gesenkt und damit wird die Rentabilität erhöht. Aus rechtlicher Sicht ist darüber hinaus jeder Gewerbetreibende gehalten, seine Bestände „vorsichtigt" zu bewerten. Es gilt das sogenannte „Niederstwertprinzip".

2.5 Lagerdrehzahl und Spanne

Neben den vorgenannten Punkten muss der Baustoffhändler vor allem auf die Ertragsfähigkeit seiner Produkte achten. D. h. nicht nur die Lagerdrehzahl ist wichtig, sondern auch das Verhältnis zwischen Lagerdrehzahl und Handelsspanne. Dabei geht man von folgender Berechnung aus:

$$\text{Lagerdrehzahl} \times \text{Handelsspanne} \geq 150$$

Diese Kennzahl wird als „Earn and turn" bezeichnet. Frei aus dem Englischen übersetzt bedeutet dies so viel wie „Verdienen und Drehen". Ein Produkt mit der Lagerdrehzahl 8 und einer durchschnittlichen Handelsspanne von 15 % würde damit zwar über der durchschnittlichen Lagerdrehzahl im Baustoff-Fachhandel liegen, aber die Vorgaben von „Earn and turn" nicht erreichen. Anders sieht es da bei einem Produkt mit einer Spanne von 40 % und einer Lagerdrehzahl von nur 4 aus. Beschaffung und Verkauf müssen hier in Abstimmung die richtige Mischung im Lager finden.

2.6 Lagerkosten

„Die Lagerhaltung ist eine recht teure Angelegenheit."

So oder ähnlich lauten die Antworten, wenn man sich beim Baustoff-Fachhandel nach den Kosten der Lagerhaltung erkundigt. Eine generelle Berechnung ist tatsächlich nicht ganz einfach. Schwierigkeiten ergeben sich z. B. durch die regionalen Unterschiede bei den Grundstückspreisen sowie die recht differenzierte Sortimentsgestaltung. Ein Fliesenlager beispielsweise ist mit mehr Kosten belastet als das Lager für Massenbaustoffe im Freien. Zum Thema Lagerkosten können deshalb nur allgemeine Hinweise gegeben werden. Zunächst sind die sogenannte Kapitalwerte der Immobilien zu ermitteln. Hierunter versteht man den Wert der Lagerhalle, des Freilagers, der Verkehrswege und der Be- und Entladezonen. Daraus sind die Kosten der Kapitalwerte zu errechnen. Es sind dies die Abschreibungen für Gebäude und

Freilager zuzüglich der kalkulatorischen Mieten. Entsprechend ist bei den sogenannten „besonderen Betriebseinrichtungen" vorzugehen. Hierunter fallen z. B. Palettenregale, Gabelstapler, Kleinteileregale und Folienschrumpfgeräte. Die Betriebskosten sind ebenfalls in Ansatz zu bringen. Dies sind im Wesentlichen: Beleuchtung, Heizung, Reinigung sowie die Betriebskosten für die Stapler. Die Personalkosten für das Lagerpersonal sind hinzuzuzählen, ebenso die kalkulatorischen Zinsen für die Lagerware.
Die **Gesamtlagerkosten** stellen sich demnach wie folgt dar:

Kosten aus Kapitalwert Immobilien
\+ Kosten aus Kapitalwert „besondere Betriebseinrichtungen"
\+ Betriebskosten
\+ Personalkosten
\+ kalkulatorische Zinsen für Lagerware
= Gesamtlagerkosten

Diese Werte enthalten noch keine anteiligen Verwaltungskosten und keine Kostenanteile für Unternehmerlohn. Insgesamt wird man davon ausgehen können, dass die Lagerkosten bei 12 bis 15 % des Wareneinkaufs liegen. Das bedeutet z. B.: Ein Hersteller, der die Lagerhaltung beim Fachhandel zusätzlich honorieren will, muss sich darüber im Klaren sein, dass eine Kondition von 12 bis 15 Punkten zur Abdeckung der Lagerkosten notwendig ist. Geringere Sätze können deshalb nur Teilkosten erfassen.

2.7 Lagereinrichtung

Die Lagereinrichtung ist vor allem abhängig von der zu lagernden Ware. Die optimale Ausnutzung der Lagerfläche und die Gestaltung der Verkehrswege sind weitere zu beachtende Faktoren.

Gabelstapler

Gabelstapler sind beim Baustoff-Fachhandel in vielen verschiedenen Ausführungen im Einsatz. In geschlossenen Lagerhallen werden hauptsächlich Geräte mit Elektroantrieb eingesetzt, im Freien bevorzugt man Frontstapler mit Dieselantrieb. Die Tragfähigkeit liegt bei Hallenstaplern zwischen 1,5 und 2,5 t, bei Geräten für das Freilager bei 2,5 t. Die zu befördernden Baustoffe, d. h. das vorgegebene Sortiment (Gewicht voller Paletten), sind für die erforderliche Leistungsfähigkeit maßgebend. Von Bedeutung ist ferner die Manövrierfähigkeit (Wenderadius des Staplers). Die Gangbreite zwischen den Regalen ist davon abhängig. Es steht eine Reihe von Spezialstaplern zur Verfügung, wie z. B. Schubmaststapler oder Vierwegestapler. Spezialgeräte, wie z. B. Elektro-Deichsel-Hubwagen, ergänzen den Gerätepark.

Frontstapler im Freilager *Foto: K. Klenk*

Paletten

Aufgrund logistischer Überlegungen ist der Europalette – auch Poolpalette genannt – der Vorzug zu geben. Sie ist frei tauschbar und mehrfach zu verwenden. Das Maß dieser beim Baustoff-Fachhandel gebräuchlichen Europaletten beträgt 120 cm x 80 cm. Von Baustoffherstellern werden leider immer noch viele Baustoffe auf firmenindividuellen Paletten, manchmal sogar als Einwegpaletten verschickt. Dies hat folgende Auswirkungen:

- erschwerte und kostentreibende Tauschverfahren,
- erhöhter Transport- und Lageraufwand,
- teure Beschaffung,
- aufwendige Verwaltung.

Die klassische Europalette aus Holz ist eine Mehrwegpalette. *Foto: GPAL*

Der Baustoff-Fachhandel fordert hier eine Beschränkung der Palettenvielfalt auf höchstens zehn Mehrwegtypen. Die Einwegpaletten werden ganz abgelehnt. Im Bereich Lebensmittelhandel ist es den Handelskonzernen gelungen, die Lebensmittelhersteller dazu zu bringen, auf Europaletten zu liefern. Hersteller, die dies nicht tun, haben keine Chance, den Lebensmittelhandel zu beliefern. Eine geringere Palettenvielfalt im Baustoff-Fachhandel ergibt folgende Vorteile:

- größere Tauschmöglichkeiten,
- geringere Umweltbelastung,
- geringere Kosten,
- größerer wirtschaftlicher Nutzen,
- geringere Verpackungsabfälle.

Es wird davon ausgegangen, dass bereits heute 90 % aller industriell gefertigten und palettierfähigen Baustoffe mit standardisierten Baustoffpaletten

Palettenhandling ist ein Sorgenkind im Baustoffhandel.

Gitterboxpaletten im Freilager *Fotos: K. Klenk*

vertrieben werden können. (Die Arbeitsgruppe Logistik im Gesprächskreis Baustoffindustrie/BDB e. V. beschäftigt sich mit diesem Thema.) Standardisierte Paletten, wie die Euro-Gitterboxpaletten, beinhalten meist bruchempfindliche und verhältnismäßig kleindimensionierte Baustoffe (z. B. Steinzeugformstücke). Spezialpaletten, wie etwa Bügelpaletten, kommen für die Lagerung von Dämmstoffen in Betracht.

Alles Paletti 2.0

Die BDB-Broschüre „Alles Paletti 2.0" bietet Wissenswertes zum Thema Packmittel und Paletten. Download der Broschüre: www.bdb-bfh.de/bdb/downloads/Alles_Paletti_Broschuere.pdf

Platz sparendes Einschubregal als Palettenregal für Dämmstoffe *Foto: Hagebau/Ohra*

Regale

Zur Lagereinrichtung des Baustoff-Fachhandels gehören neben den Staplern vor allem die Regale. Im Hallenlager sind sie so angeordnet, dass übereinander in der Regel vier bis fünf Lagerebenen vorhanden sind. Im Freilager sollten es in der Höhe auch nicht mehr als vier bis fünf Palettenstellplätze sein. Das verhältnismäßig hohe Gewicht der Baustoffe steht Hochregallagern mit mehr Lagerebenen übereinander entgegen. Die Länge der Regalreihen ist abhängig von dem zur Verfügung stehenden Platzangebot. Die Abmessungen der Palettenstellplätze sind vorzugsweise auf die beladene Europalette abgestellt. Für Platten, Röhren und Holz kommen Kragarmregale zum Einsatz. Bei bestimmten Sortimentsteilen, wie z. B. Putz und Bindemittel, verzichtet der Baustoff-Fachhandel auf die Lagerung in Palettenregalen. Die Blocklagerung hat hier Dominanz.

Kragarmregale im Freilager *Foto: Breuer Baubedarf/Baustoffring*

Modernes Hochregallager im Baustoffhandel *Foto: K. Klenk*

2.8 Lagerarbeiten

Warenpflege

Die Ware muss sich stets in einwandfreiem Zustand befinden. Das Lager ist deshalb zu pflegen. Beim Baustoff-Fachhandel ist es vor allem die Feuchtigkeit, die im Hallenlager immer wieder Schäden anrichtet. Regen, der durch ein undichtes Dach eindringt, kann in wenigen Stunden z. B. den ganzen Vorrat an Gipskartonplatten unbrauchbar machen.

Lagerordnung

Das Freilager ist in der Regel von außen her einsehbar. Es dokumentiert jedem Betrachter die Fachkompetenz des betreffenden Unternehmens. Dieser Eindruck ist jedoch nur dann positiv, wenn die gestapelte Ware einen ordentlichen Eindruck hinterlässt. Beschädigte, überlagerte Ware und herumliegendes altes Verpackungsmaterial und alte Paletten wirken negativ. Entsprechendes gilt für das Hallenlager, das immer stärker von Kunden frequentiert wird (offenes Lager).

Ein geordnetes Freilager ist die Visitenkarte jedes Unternehmens. *Foto: Baywa*

Wareneingang

Werden Baustoffe angeliefert, so fallen noch vor der Einlagerung eine Reihe von Prüfungen an. Bei der Mengenprüfung wird die tatsächlich angelieferte Ware mit der Bestellmenge verglichen. Ergeben sich Differenzen, so sind diese vom Überbringer zu bescheinigen. Durch die Qualitätsprüfung wird festgestellt, ob die Beschaffenheit der gelieferten Waren den geforderten Ansprüchen entspricht. Deutsche Baustoffe sind nach DIN-Norm hergestellt und deshalb in der Regel ohne Mängel. Bei Billigimporten empfiehlt es sich jedoch, die Qualitätskontrolle besonders genau durchzuführen, um zu prüfen, ob die gelieferte Ware tatsächlich den vorgelegten Mustern entsprach. Weitere Prüfkriterien sind:

- Einhalten der Liefertermine,
- beschädigte Verpackung oder Bruch.

Festgestellte Mängel sind unverzüglich beim Hersteller zu reklamieren. Sollte die Ware nicht voll umfänglich bei der Annahme kontrolliert werden können, quittiert der Lagerverantwortliche die Lieferung auf dem Anlieferungsschein mit dem Vermerk: *„Ware unter Vorbehalt abgenommen."*

Bei der An- und Auslieferung von Baustoffen sind genaue Prüfungen vorzunehmen. Kontrollen helfen, Diebstähle zu vermeiden.
Foto: Tebart Baustoffe/Baustoffring

Sollte sich später herausstellen, dass Produkte innerhalb der angelieferten Palette Mängel aufweisen, so kann dies nachträglich beim Hersteller reklamiert werden. Im Übrigen sind versteckte Mängel ohnehin sofort nach Bekanntwerden beim Hersteller zu reklamieren. In der Verwaltung erfolgt die Rechnungsprüfung. Hier wird festgestellt, ob der Lieferant die vereinbarten Konditionen eingehalten hat.

Einlagerung

In Palettenregalen wird die „chaotische Lagerhaltung" bevorzugt. Dies bedeutet, die einzelnen Produkte haben keinen festen Lagerplatz wie bei der statischen Lagerordnung. Sie werden vielmehr unter Beachtung wirtschaftlicher Gesichtspunkte auf freien Palettenstellplätzen gelagert. Grundregeln für die Unterbringung sind: schwere Baustoffe nach unten, leichtere auf die oberen Stellplätze; Baustoffe mit hoher Umschlaghäufigkeit nach vorn, dadurch werden kurze Verkehrswege erzielt; seltener benötigte Produkte nach hinten. Die beim Baustoff-Fachhandel gebräuchliche „teilchaotische Lagerhaltung" bedeutet: Innerhalb festgelegter Regalbereiche werden die einzelnen Warengruppen eingelagert. Beispiel: Für Fliesen stehen zwei Regalreihen zur Verfügung, für Gipskartonplatten zwei andere usw.

Warenausgabe

Bei der Warenausgabe hat der Lagermitarbeiter die Baustoffe entsprechend dem Auftrag des Kunden zusammenzustellen. Dieser Vorgang wird mit dem Ausdruck „Kommissionieren" bezeichnet. Beim Baustoff-Fachhandel wird ein Teil der Lagerware vom Kunden selbst abgeholt. Die abzugebenden Baustoffe sind auf dem Lieferschein aufgeführt. Dementsprechend wird das Kundenfahrzeug beladen. Bei *„Lieferung frei Baustelle"*, auch *„Frankolieferung"* genannt, erfolgt der Warenversand mit eigenen Lkws bzw. durch Fuhrunternehmer oder Spediteur. Die bestellten Baustoffe müssen zunächst kommissioniert werden. Beim Baustoff-Fachhandel wird dabei überwiegend das Umlaufverfahren angewandt, d. h. die Lagereinheiten (Paletten) werden vom Stapler zum Kommissionierungsplatz gebracht und – falls weniger als eine volle Palette benötigt wird – nach Entnahme der bestellten Ware auf den Stellplatz zurücktransportiert. Sind die bestellten Baustoffe auf diese Weise (auf Paletten) zusammengestellt, wird die Kommission häufig folienummantelt. Das so fertiggestellte „große Baustoffpaket" steht dann zum Versand

Die vom Kunden bestellte Ware wird kommissioniert. *Foto: K. Klenk*

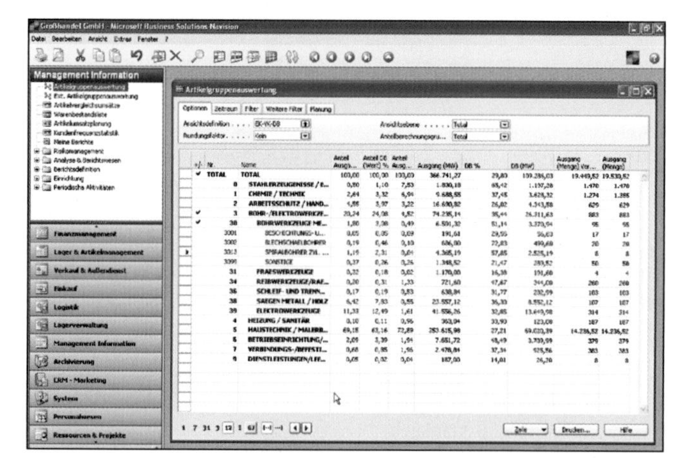

Die entsprechende Abwicklung der Bestellung erfolgt in speziellen Modulen eines Warenwirtschaftssystems. *Abb.: GWS Münster*

bereit. Die beim Wareneingang durchgeführte Überprüfung (Menge, Qualität, Liefertermin) ist beim Warenausgang entsprechend durchzuführen.

2.9 Flächenoptimierung

Auf der zur Verfügung stehenden Fläche muss der Warenumschlag möglichst rationell durchgeführt werden. Das heißt anders ausgedrückt: Der Umschlag pro m² muss möglichst hoch sein. Die Gesamtfläche einer Baustoff-Fachhandlung setzt sich zusammen aus:

- Hallenlager,
- Freilager,
- überdachte Be- und Entladefläche,
- Verwaltung,
- Ausstellung bzw. Fachmarkt,
- Verkehrswegen,
- Parkplätzen.

Die Gesamt**lager**fläche einer Baustoff-Fachhandlung besteht aus Hallenlager und Freilager. Verkehrswege (Ein- und Ausfahrtbereich, Straßen für Kraftfahrzeuge) zählen nicht hinzu. Die Gesamt**verkaufs**fläche setzt sich zusammen aus: Verkaufsbüro, Ausstellung und Fachmarkt. Der jährliche Lagerumsatz bezogen auf die Gesamtfläche (Lager- und Verkaufsfläche) beträgt im Durchschnitt 900 bis 1 000 EUR/m². Dabei ist die Flächenoptimierung ein ständiges Ziel. Das heißt, man versucht, mit Hilfe von optimierter Lagertechnik (Stapler, Regale, usw.) mehr Ware auf dem gleichen Platz einzulagern und umzuschlagen. Fachberatern gelingt es, mit der Flächenoptimierung die aufgeführten Umsatzziffern um ca. 25 bis 35 % zu steigern. Im Hinblick auf die rasch steigenden Kosten für Grundstücke ist dieser Rationalisierungseffekt von besonderer Bedeutung. Frei werdende Flächen können dadurch anders genutzt werden, z. B. zur Erweiterung bestehender Verkaufs- und Ausstellungsflächen.

Flächennutzungsplan eines Bauzentrums *Abb.: Archiv*

Verpackungsmaterial wird getrennt gesammelt und umweltgerecht entsorgt. *Foto: K. Klenk*

Im gleichen Atemzug versucht man, die Fülle von anfallendem Verpackungsabfall platzsparend zwischenzulagern, um ihn anschließend umweltgerecht zu entsorgen. Das getrennte Sammeln von Abfall, Verpackungsmaterial und recyclingfähigem Material ist mittlerweile in jedem Wirtschaftsbetrieb gängige Praxis.

Regionale Entsorgungsbetriebe, bundesweite oder branchenspezifische Dienstleister, wie z. B. Interseroh, geben dem Baustoff-Fachhandel dabei klare Vorgaben und entsorgen den Abfall.

2.10 Unfallverhütung

Unfallverhütungsvorschriften (UVV)

Jeder Unternehmer ist verpflichtet, sich die für sein Unternehmen geltenden Unfallverhütungsvorschriften (UVV) zu beschaffen und diese einzuhalten. Die Vorschriften sind im Betrieb an geeigneter Stelle auszuhängen. Sie sind ferner den mit der Unfallverhütung betrauten Personen auszuhändigen. Die Vorschriften können kostenlos bei der für den Baustoff-Fachhandel zuständigen Berufsgenossenschaft Handel und Warendistribution (BGHW) angefordert werden.

Sicherheit am Arbeitsplatz und Unfallverhütung zählen zu den Schwerpunktthemen der BGHW. *Abb.: BGHW*

Info

Berufsgenossenschaft Handel und Warendistribution

Logo der Berufsgenossenschaft Handel und Warenlogistik (BGHW). Die Berufsgenossenschaft ist eine Körperschaft des öffentlichen Rechts mit Direktionssitzen in Mannheim und Bonn.

Die Berufsgenossenschaft für den Baustoff-Fachhandel ist seit dem Jahr 2008 die Berufsgenossenschaft Handel und Warendistribution (BGHW). Sie betreut ca. 4,1 Mio. Versicherte in rund 410 000 Unternehmen der Branchen Einzelhandel, Großhandel und Warenverteilung. Die BGHW ist Trägerin der gesetzlichen Unfallversicherung für den Baustoffhandel (Pflichtmitgliedschaft). Die gesetzliche Unfallversicherung bildet neben der Kranken-, Pflege-, Renten- und Arbeitslosenversicherung einen selbständigen Zweig des deutschen Sozialversicherungssystems. Sie übernimmt den Versicherungsschutz bei Arbeitsunfällen, Wegeunfällen und Berufskrankheiten für die Mitarbeiter der ihnen angehörenden Unternehmen. Die Berufsgenossenschaft finanziert sich durch Mitgliedsbeiträge der Unternehmen im Umlageverfahren. Die Höhe der Beiträge richtet sich nach dem Bruttoarbeitsentgelt, d. h. die Summe der vom Unternehmer an seine Beschäftigten gezahlten Arbeitsentgelte. Ein weiterer Faktor bei der Beitragsberechnung ist die durchschnittliche Unfallgefahr in der jeweiligen Branche, in der ein Unternehmen den Schwerpunkt seiner Tätigkeit hat. Die Berufsgenossenschaften setzen dazu Gefahrtarife fest, in denen die einzelnen Gewerbezweige sogenannten Gefahrklassen zugeordnet werden. Die Gefahrklassen spiegeln das Versicherungsrisiko wider, das in dem jeweiligen Gewerbezweig besteht. So ordnete die BGHW im Jahre 2007 dem Baustoffhandel (gewerblicher Betriebsteil) die Gefahrklasse 6,6 und dem Büroteil die Gefahrklasse 0,7 zu. Zum Vergleich wurde für den gleichen Zeitraum der Schrottgroßhandel mit Gefahrklasse 11,9, der Textilgroßhandel mit 2,2 und der Mineralölgroßhandel mit 3,5 klassifiziert. Unternehmen mit einer unterdurchschnittlichen Unfallbelastung können auf den Beitrag einen Nachlass von bis zu 10 % erhalten.

Mit Aushängen in Mitgliedsbetrieben macht die BGHW auf sich aufmerksam. *Abb.: BGHW*

Arbeitgeber haben alle Maßnahmen zur Verhütung von Arbeitsunfällen zu treffen. Sie werden dabei durch Betriebsärzte, Fachkräfte für Arbeitssicherheit (Sicherheit am Arbeitsplatz) und den Betriebsrat (Betriebsverfassung) unterstützt.
Neben einer unfallsicheren Gestaltung des Arbeitsplatzes sind geeignete technische Arbeitsmittel und Arbeitsstoffe einzusetzen, erforderliche persönliche Schutzmittel zur Verfügung zu stellen und die Arbeitnehmer in den erforderlichen Sicherheitsvorkehrungen zu unterweisen. Auch wenn die Geschäftsleitung nicht alle Maßnahmen zur Unfallverhütung selbst überwachen kann, haftet der Unternehmer bzw. Geschäftsführer bei Verstößen, die mit einem Unfall verbunden sind. Eine Entlastung ist nur möglich, wenn der Arbeitgeber nachweisen kann, dass er die einschlägigen Vorschriften in regelmäßigem Abstand immer wieder in Erinnerung gebracht und deren Einhaltung kontrolliert hat.

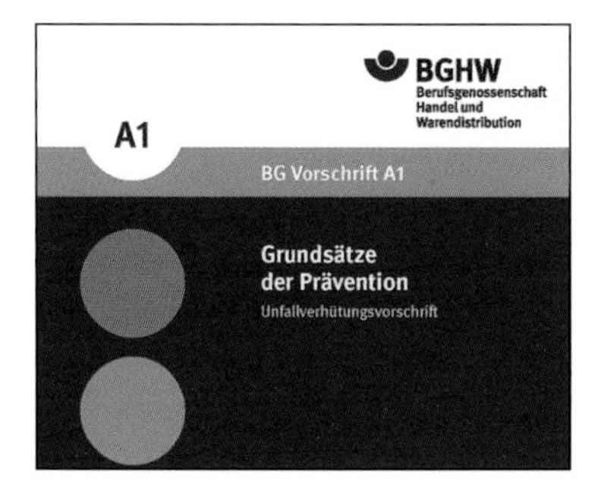

Cover der UVV „Grundsätze der Prävention"

In der UVV „Grundsätze der Prävention", die für das gesamte Unternehmen gilt, sind für den Lagerarbeiter im Baustoff-Fachhandel vor allem die Vorschriften über die persönlichen Schutzausrüstungen von Bedeutung. Danach hat der Unternehmer persönliche Schutzausrüstungen zur Verfügung zu stellen und deren Verwendung zu überwachen. Dazu gehören z. B. Sicherheitsschuhe (Fußschutz), wenn mit Fußverletzungen durch Stoßen, Einklemmen, umfallende, herabfallende oder abrollende Gegenstände, durch Hineintreten in spitze und scharfe Gegenstände zu rechnen ist und unter

Cover der UVV „Flurförderzeuge"

Umständen sogar auch Helme (Kopfschutz), wenn Kopfverletzungen durch Anstoßen, herabfallende, umfallende oder wegfliegende Gegenstände möglich sein könnten. Ist das Lager offen oder müssen sich die Mitarbeiter häufig im Freien bewegen, ist in den Wintermonaten auch an Wetterschutzkleidung (gegen Regen und Kälte) zu denken (§ 23 „Maßnahmen gegen Einflüsse des Wettergeschehens").

Exkurs

Regress durch die Berufsgenossenschaft

Grundsätzlich ist ein Unternehmen aufgrund seiner Beitragszahlungen an die Berufsgenossenschaft von einer Haftung freigestellt, d. h. die Schadenersatzpflicht wird von der Berufsgenossenschaft übernommen. Erleidet ein Mitarbeiter Schäden aus einem Arbeitsunfall, so tritt regelmäßig die zuständige Berufsgenossenschaft ein und leistet Zahlungen an den geschädigten Arbeitnehmer.
Es kann allerdings der Fall eintreten, dass die Berufsgenossenschaft gegenüber dem Unternehmer Regressansprüche geltend macht, d. h. die erbrachte Leistung von ihm zurückfordert.
Diese sogenannte Regressnahme kann jedoch nur dann erfolgen, wenn dem Unternehmer eine besonders schwerwiegende und auch subjektiv unentschuldbare Pflichtverletzung nachgewiesen wird, die als ursächlich für den Arbeitsunfall angesehen werden kann.
Es handelt sich dann um eine sogenannte grobe Fahrlässigkeit (§ 276 Abs. 1 Satz 2, BGB). Dies gilt selbstverständlich erst recht, wenn der Unternehmer vorsätzlich gehandelt hat (z. B. wissentliche Missachtung von Sicherheitsvorschriften).

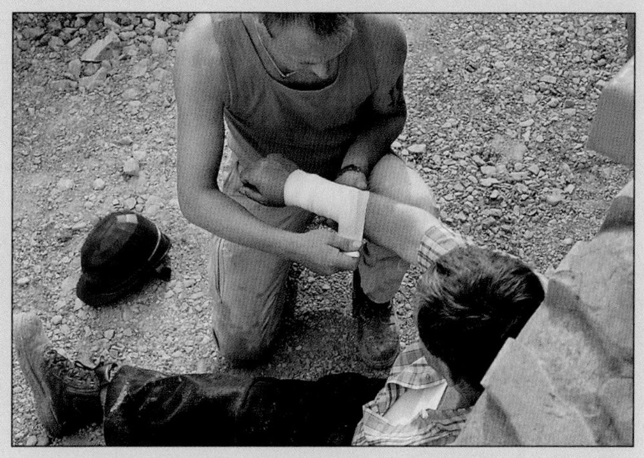

Beispiele für typische Unfallverletzungen am Bau oder im Lager sind Knochenbrüche nach einem Sturz vom Gerüst, Kopfverletzungen durch fallende Gegenstände oder Bänderrisse beim Stolpern. *Foto: BG Bau*

Gerichtsurteile zum Regressanspruch der Berufsgenossenschaft

▶ Der Bundesgerichtshof (BGH) verurteilte ein Bauunternehmen zum Ersatz der Behandlungskosten, des Sterbegeldes und der Witwenrente in Höhe von ca. 17 000 EUR für einen auf der Baustelle tödlich verunglückten Mitarbeiter. Die Richter begründeten den Regressanspruch der Berufsgenossenschaft damit, dass der Unternehmer zwar seine Hilfsarbeiter noch vor dem tragischen Unfall angewiesen hatte, die Gefahrenstelle zu beseitigen, dass er sich aber nicht vergewisserte, ob die ungelernten Arbeiter dem auch tatsächlich Folge geleistet hatten. *(Urteil des BGH vom 30.01.2001, VI ZR 49/00).*

▶ Ein Ausbilder erteilte einem Auszubildenden die Weisung, in einer laufenden Maschine Reinigungsarbeiten auszuführen. Dies führte zu einem Unfall mit einem erheblichen Körperschaden. Dafür musste die Berufsgenossenschaft 98 000 EUR aufwenden. Sie wandte sich gegen den Geschäftsführer des Betriebes und den Ausbildungsleiter und verlangte von ihnen einen Ausgleich für die vorgenommenen Zahlungen.
Vor Gericht wurde der Nachweis geführt, dass der Ausbilder grob fahrlässig die entsprechende Unfallverhütungsvorschrift (UVV) außer Acht gelassen hatte. Aber auch den Geschäftsführer traf eine Mitschuld, weil er nicht ausreichend für die Einhaltung der UVV gesorgt hatte. Er wusste, dass der Ausbilder nicht dazu geeignet war, die Arbeiten sicher durchzuführen, denn ihm war bekannt, dass es ständige Übung war, die Maschine bei laufendem Betrieb zu reinigen. *(Urteil OLG Naumburg vom 12.12.2007 – 6 U 200/06).*

Weitere wichtige UVVen für den Baustoff-Fachhandel sind z. B. die UVV „Fahrzeuge" die UVV „Flurförderzeuge" (z. B. Gabelstapler) und die UVV „Krane", die auch auf Ladekrane Anwendung findet. Konkretisiert und erläutert werden die Unfallverhütungsvorschriften durch die einschlägigen „BG-Regeln", z. B. in der für den Baustoffhandel wichtigen Regel „Lagereinrichtungen und -geräte". In ihr werden Themen wie Standsicherheit der Regale, Sicherungen gegen Heraus- oder Herabfallen sowie Verkehrswege und Gänge geregelt.
Zwar ist ein Unternehmer gegenüber Arbeitnehmern und deren Angehörigen bzw. Hinterbliebenen zum Ersatz des Personenschadens grundsätzlich nicht verpflichtet. Für solche Schäden tritt die zuständige Berufsgenossenschaft ein. Sollte ihm jedoch ein Verschulden (Vorsatz oder grobe Fahrlässigkeit) nachgewiesen werden können, kann ein Unternehmer von der Berufsgenossenschaft in Regress genommen werden (§ 110 Abs. 1 Sozialgesetzbuch VII) (siehe vorheriges Beispiel). Doch auch wenn die Berufsgenossenschaften für den Schaden aufkommen, bezahlen es die Unternehmen spätestens mit ihrem nächsten Beitrag zur Berufsgenossenschaft. Es gilt das Prinzip der nachträglichen Bedarfsdeckung im Umlageverfahren. Das bedeutet: Die Ausgaben des Kalenderjahres werden nach Verrechnung mit den Einnahmen im nächsten Jahr auf die Mitgliedsunternehmen entsprechend den von ihnen gezahlten Arbeitsentgelten verteilt.

2.11 Inventur, Bewertung

Gemäß Handelsgesetzbuch (§ 240 HGB) müssen alle Kaufleute bei Gründung eines Unternehmens ein sogenanntes „Inventar" aufstellen. Es enthält alle Vermögensgegenstände nach Anzahl und Wert und ist auch zum Ende eines jeden

Wirtschaftsjahres aufzustellen und zu bilanzieren. Neben allen anderen Vermögensgegenständen (Grundstücke und Gebäude, Forderungen, Verbindlichkeiten etc.) sind auch die Warenbestände zu erfassen. Im Rahmen der körperlichen Bestandsaufnahme werden alle Bestände gezählt, gemessen und gewogen. Unterschieden werden zwei Inventurverfahren, die Stichtagsinventur und die permanente Inventur.

Stichtagsinventur

In den meisten Fällen wird zu einem festen Stichtag gezählt, dies ist die sogenannte Stichtagsinventur. Die Aufnahme der erfassten Waren erfolgt meist anhand von Zähllisten, die aus dem Warenwirtschaftsprogramm ausgedruckt werden. Hierauf sind alle angelegten Artikel mit Bezeichnung und Artikelnummer aufgeführt und es werden die festgestellten Mengen eingetragen und anschließend bewertet. Vielerorts wird der Bestand auch mit mobilen Erfassungsgeräten erfasst.

Ursprünglich war nur die Stichtagsinventur als gültige Inventur zugelassen. Direkt im Anschluss kann dadurch die Bilanz aufgestellt werden, da sich das Inventar unmittelbar aus einer gerade stattgefundenen körperlichen Bestandsaufnahme (Inventur) ergeben hat. Die Bestandsaufnahme darf dabei bis zu zehn Tage vor oder nach dem Bilanzstichtag stattfinden, wenn die Warenbewegungen in dieser Zeit entsprechend hinzugerechnet oder abgezogen werden.

Permanente Inventur

Unter bestimmten Bedingungen kann die Stichtagsinventur entfallen (§ 241 Abs. 3 HGB). Dies ist möglich, wenn die Bestände und ihre Werte durch andere Verfahren, die den Erfordernissen ordnungsgemäßer Buchführung entsprechen, festgestellt werden. So kann beispielsweise die körperliche Bestandsaufnahme der Waren zum Schluss des Geschäftsjahres entfallen, wenn die Richtigkeit der Inventur durch die ordnungsgemäße Lagerbuchführung sichergestellt ist. Man spricht in diesem Fall von der permanenten Inventur. Erforderlich ist jedoch hier, dass jeder Artikel mindestens einmal pro Wirtschaftsjahr körperlich erfasst und dies entsprechend dokumentiert wird.

Beim Baustoff-Fachhandel wird die Stichtagsinventur zum Schluss eines Kalenderjahres bevorzugt. Die Inventur ergibt, ob die wirklichen Bestände (Ist-Bestände) mengenmäßig mit den in der Lagerbuchführung ausgewiesenen Beständen (Soll-Bestände) übereinstimmen. Sind Abweichungen vorhanden, spricht man von Inventurdifferenzen. Ursachen können sein:

- Fehler bei der Inventur oder in der Lagerbuchführung,
- nicht gemeldeter Bruch oder sonstiger Verderb,
- Diebstahl durch Kunden oder Mitarbeiter,
- falsch ausgegebene Waren.

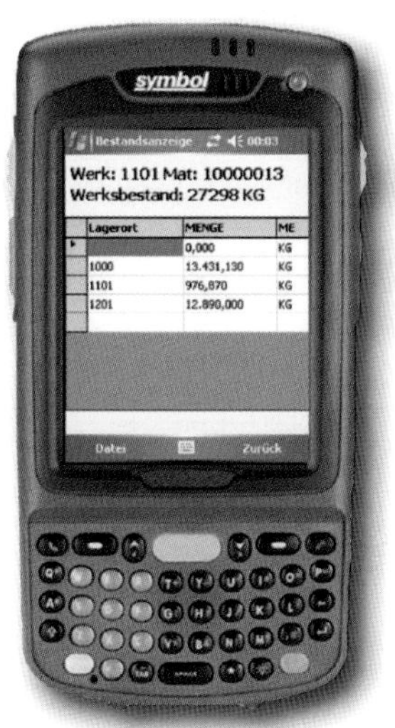

Mobile Datenerfassung für eine Inventur

An die mengenmäßige Aufnahme schließt sich die Bewertung an, die in der Verwaltung vorgenommen wird. Die Bestände sind in der Regel mit ihren Anschaffungskosten (Einkaufspreis abzüglich Rabatt und Skonto zuzüglich Bezugskosten) zu bewerten. Tages- oder Marktpreise sind dagegen anzusetzen, wenn diese am Bilanzstichtag unter den Anschaffungskosten liegen.

Beispiel

Eine Fliese mit einem alten Dekor lässt sich nur noch unterhalb des Einstandspreises (Anschaffungskosten) verkaufen. Der Bewertungsgrundsatz des Niederstwertprinzips schreibt in solchen Fällen vor, dass statt des Einstandspreises der niedrigere Tageswert (Marktwert) einzusetzen ist.

ACO – Global Player mit regionalen Wurzeln

Das Familienunternehmen ACO mit Stammsitz in Rendsburg/Büdelsdorf wurde 1946 auf dem Gelände der Carlshütte, dem ersten Industrieunternehmen Schleswig-Holsteins, gegründet. Heute gehört ACO zu den Weltmarktführern in der Entwässerungstechnik und steht weltweit für Spitzenleistung bei Produkten und Systemlösungen in den Bereichen Hochbau, Tiefbau und der Haustechnik. Mit knapp 4.000 Mitarbeitern ist ACO in über 40 Ländern auf vier Kontinenten präsent und unterhält 30 Fertigungsstandorte insgesamt.

Systemlösungen für Keller und Infrastruktur rund ums Haus
Mit schützenden Bauelementen und Entwässerungssystemen für den privaten und gewerblichen Hochbau unterstützt ACO moderne und nachhaltige Architektur in den Bereichen Haus, Keller und Garten und leistet so einen wichtigen Beitrag im verantwortungsvollen Umgang mit der Ressource Wasser und der Umwelt.

Mit höchsten Ansprüchen an Funktionalität und Design bieten die ACO Hochbau Systeme praxisgerechte Lösungen für verschiedenste Situationen und individuelle Anforderungen: Neben der Kompetenz für Entwässerung rund ums Haus (ACO Self® Rinnensysteme, ACO Fassadenrinnen, ACO Self® Versickerungssysteme) und Energiesparen (ACO Kellerfenstersystem Therm®) bietet ACO Hochbau auch ein 3-fach-sorglos-Paket für trockene Keller bestehend aus dem druckwasserdichten Lichtschacht mit Rückstauverschluss, dem Leibungsfenster ACO Therm® 3.0 und den ACO Rückstausicherungen. Ergänzt wird das ACO Hochbau Programm mit der Badentwässerung ACO ShowerDrain in breiter Material- und Formenvielfalt.

In Kürze: Das Unternehmen

ACO Hochbau Vertrieb GmbH
Neuwirtshauser Straße 14
97723 Oberthulba/Reith

Tel. +49 (0) 97 36 / 41-60
Fax +49 (0) 97 36 / 41-52
hochbau@aco.com
www.aco-hochbau.de

Dächer, die's drauf haben

NELSKAMP

Unser Zuhause ist das Dach

Im Nibra-Werk in Groß Ammensleben bei Magdeburg stellt Nelskamp besonders frostbeständige Großflächen-Ziegel her.

Die Dachziegelwerke Nelskamp (gegr. 1926 in Schermbeck/NRW) sind einer der führenden deutschen Hersteller kleinformatiger, harter Dachbaustoffe. Kurze Entscheidungswege erlauben es dem Familienunternehmen, flexibel auf Marktanforderungen zu reagieren. Teil der Unternehmensphilosophie ist es, ständig Produkte unter ökologischen, technischen oder energetischen Aspekten zu verbessern. Dies brachte immer wieder Innovationen hervor.

Das Kombi-Modul MS 5 2Power integrierte sich ästhetisch in die Dachfläche.

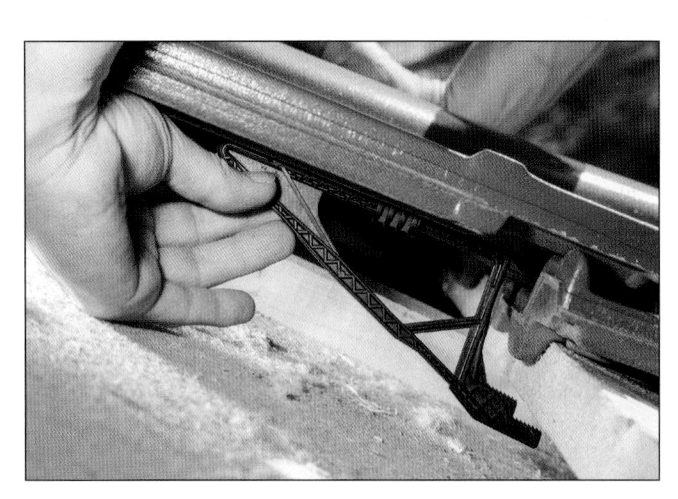

Um die Dachpfanne zu sichern, wird der Dachstick nur aufgeklappt und auf die Lattung geschoben. (Fotos: Dachziegelwerke Nelskamp)

Einige Beispiele:

- **Stets sauber, wie frisch gedeckt:** Mit „Longlife" wurde eine Oberfläche entwickelt, die besonders lange für ein sauberes Dach sorgt.
- **Deutschland atmet auf:** „ClimaLife"-Dachsteine neutralisieren Schadstoffe (NOx) aus der Luft.
- **Großflächenziegel:** Mit innovativen Produktionstechniken im Nibra-Werk (Groß Ammensleben) produziert Nelskamp Dachziegel (z. B. MS 5/DS 5), die mit rund sechs Stück einen Quadratmeter Dachfläche decken.
- **Energiedächer:** Die Module des Heizsystems „SolarPower-Pack" fügen sich harmonisch ins Dachbild ein. Hocheffizient liefern 2Power sowie MS 5 2Power sowohl Strom als auch Wärme. Eine ästhetische, dach-integrierte Photovoltaik-Anlage ist MS 5 PV.
- **Weitergedacht:** Nelskamp fördert sichere, effektive Dacharbeiten. Jüngstes Ergebnis ist der Dachstick: Anstelle der üblichen Sturmsicherung mit Klammern wird der Stick am Dachziegel vormontiert und sichert so jede Pfanne mit wenigen Handgriffen – ohne zusätzliches Werkzeug (verfügbar beim F 12 Ü - Süd).

In Kürze: Das Unternehmen

Dachziegelwerke Nelskamp GmbH
Waldweg 6
46514 Schermbeck

Tel.: +49 (0) 28 53 / 91 30-0
vertrieb@nelskamp.de
www.nelskamp.de

IV Verkauf

1 Verkaufsförderung

Verkaufen kann fast jeder. Richtig zu verkaufen, d. h. mit dem Verkauf den erforderlichen Gewinn zu erzielen, ist die eigentliche Herausforderung für den Fachhandelsverkäufer. Besonders beim Vertrieb von Massenbaustoffen ergeben sich durch die starke Konkurrenzsituation erhebliche Schwierigkeiten. Den Verkaufsförderungsmaßnahmen neben dem eigentlichen Verkauf kommt deshalb eine besondere Bedeutung zu.
Während in der amerikanischen Literatur die Bezeichnung „Sales Promotion“ seit den 1920er Jahren Verwendung findet, taucht der im deutschen Sprachgebrauch analog verwendete Begriff „Verkaufsförderung“ erstmalig um 1960 auf. Verkaufsförderung beinhaltet eine Vielzahl unterschiedlicher, meist kurzfristiger Anreize zur Stimulation schneller bzw. umfangreicherer Käufe bestimmter Produkte durch den Verbraucher. Zu den Instrumenten der Verkaufsförderung zählt man:
- Preisausschreiben,
- Gewinnspiele,
- Verlosungen und Lotterien,
- Verkaufssonderprogramme,
- Zugaben und Werbegeschenke,
- Muster und Kostproben,
- Fachmessen und -veranstaltungen,
- Ausstellungen,
- Vorführungen,
- Gutscheine bzw. Coupons,
- Rabatte,
- günstige Finanzierungsangebote,
- Incentives (kleine Zugaben oder Anreize wie Kugelschreiber, Zollstock usw.),
- Inzahlungnahme,
- Rabatt- und Sammelmarken,
- Verbundangebote.

In diesem Kapitel wird auf ausgesuchte Verkaufsförderungsmittel im Baustoff-Fachhandel eingegangen. Eine umfassende Betrachtung aller Instrumente geschieht nicht.

1.1 Gemeinsame Marktbearbeitung durch Händler und Hersteller

Was leistet die Baustoffe erzeugende Industrie für den Baustoff-Fachhandel? Was unternimmt sie alles, um dem Baustoff-Fachhandel den Verkauf ihrer Produkte zu erleichtern? Mit diesen Fragen sind die Marketingkonzeptionen der einzelnen Hersteller angesprochen. Aufzuzeigen sind Mittel und Methoden, mit denen die Hersteller den Markt bearbeiten, um den Baustoff-Fachhandel zu unterstützen. Industrie und Handel der Baustoffbranche arbeiten in der Regel partnerschaftlich zusammen. Da durch die Marktbearbeitung der Hersteller der Vorverkauf, d. h. die „Unterstützung zum besseren Absatz von Baustoffen“, erheblich vorangetrieben wird, sind dazu einige Ausführungen erforderlich.

Produktangebot
Qualität stellt das Markenzeichen des Fachhandels dar. Ohne gleichbleibend gute Qualität ist kein langfristiger, erfolgreicher Verkauf möglich. Um jedoch marktgerecht zu sein, muss das Produktangebot noch weitere Voraussetzungen erfüllen.

Normen: Produkte sollten in jedem Fall die Anforderungen der DIN erfüllen; eine Sicherheitsreserve ist stets wünschenswert.

Verarbeitbarkeit: Gute und sichere Produkte müssen leicht zu verarbeiten sein. Diese Forderung wird heute vom Handwerker, besonders aber auch vom Endverbraucher immer intensiver gestellt. Je spezieller ein Produkt bzw. ein Produktsystem für eine bestimmte Problemlösung konzipiert wurde, desto sicherer ist der Verarbeiter vor Reklamationen.

Schulung: Neben dem Produkt muss also auch die Schulung stehen. Besonders neue Produkte können erst dann erfolgreich abgesetzt werden, wenn der Verkäufer Eigenschaften, Verwendungszwecke und Verarbeitung kennt und den Nutzen für den Kunden herausstellen kann. Immer mehr Hersteller gehen dazu über – oftmals zusammen mit dem Handel –, Schulungsveranstaltungen für das Handwerk durchzuführen. Die Themen, die hier behandelt werden, sind vielfältig.

Produktseminare eines Herstellers für Handwerker und Fachhändler
Abb.: Velux

Ökologie: Die Produkte müssen ökologisch unbedenklich sein.

Fachkompetenz: Der Fachhandel zeichnet sich mit seiner Fachkompetenz dadurch aus, dass er für alle schwierigen Probleme die richtigen Lösungen anzubieten hat.

Systeme: Mittlerweile geht man immer mehr dazu über, Systeme anzubieten. Z. B. liefert ein Hersteller die Mineralwolle für die Dachdäm-

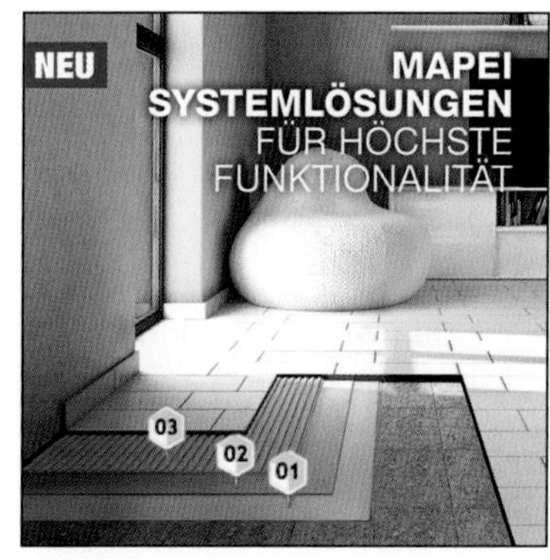

Verlegesystem für Bodenfliesen
Foto: Mapei

mung, die Folie sowie das Klebeband. Dies hat nicht nur den Vorteil, dass bei eventuellen Reklamationen eine Gewährleistung eines Herstellers vorliegt, sondern auch, dass der Verkäufer des Handels aufeinander abgestimmte Produkte verkaufen kann. Zudem nutzt es dem Einkauf, da von einem Produzenten größere Mengen pro Bezug abgenommen werden können.

Zielgruppen

Verkaufsunterstützung muss bei einzelnen Zielgruppen unterschiedlich erfolgen. Der Handwerker will anders angesprochen werden als der private Bauherr. Ein Hersteller von chemischen Baustoffen z. B. hat im gewerblichen Sektor folgende Ansprechpartner:

- Fliesen- und Plattenverleger,
- Baugeschäfte,
- Ausbaubetriebe,
- Estrichleger,
- Bautenschützer,
- Stuckateure,
- Spengler und Installateure,
- Fassadenbauer,
- Dachdecker,
- Fenster- und Glasbauer,
- Fugenfachbetriebe,
- Betonsanierer,
- Renovierer und Sanierer,
- Maler.

Versierte Heimwerker bilden eine interessante Zielgruppe. *Foto: Hornbach*

Neben den Handwerkern hat der echte Heimwerker in den letzten Jahren erheblich an Erfahrung gewonnen. Er will das Produkt verarbeiten, das auch der Handwerker einsetzt. Auch die Verarbeitung der Produkte wurde im Lauf der Zeit immer weiter vereinfacht. Ein Beispiel ist die Verlegung von Fliesen. Wurden diese früher im Dick- und Mittelbettverfahren verlegt, so können heute fast alle Bereiche im Dünnbettverfahren geklebt werden. Hierdurch können viele Heimwerker die Keramik selbst an die Wand oder auf den Boden bringen.

Aufgrund der wachsenden Bedeutung der Zielgruppe „Heimwerker" bemüht sich der Baustoff-Fachhandel zusammen mit den Herstellern verstärkt, diese Kunden anzusprechen, z. B. durch:

- entsprechende Gestaltung der Produkte,
- Abverkaufshilfen, wie Informationstabellen, Regalblenden, Prospekte, Broschüren, Ausstellungsmuster, Preisausschreiben, Gewinnspiele und Gratismuster,
- verkaufswirksame Regalgestaltung und -ausstattung sowie die optimale Warenplatzierung,
- Beteiligung an Tagen der offenen Tür.

Vertriebsweg

Die erfolgreiche Partnerschaft zwischen Herstellern und Händlern basiert auf der klaren Aussage: Vertrieb nur über den Fachhandel. Das bedeutet:

- keine Direktbelieferung an Verarbeiter,
- keine Belieferung von branchenfremden Baumarktdiscountern.

Mit dieser klaren Vertriebskonzeption ist es möglich, ein Preisgefüge zu gewährleisten, das auch dem Handel den notwendigen Gewinn sicherstellt. Hersteller, die „Hinz und Kunz" bedienen, tragen selbst viel zum Preisverfall ihrer eigenen Produkte bei. Sie dürfen sich nicht wundern, wenn der Fachhandel „nein" zu ihnen sagt und Zulieferer bevorzugt, die fachhandelstreu sind. Andererseits ist auch der Fachhandel dazu aufgerufen, „Flagge zu zeigen". Es kann nicht angehen, dass man um jeden Cent feilscht und bei jeder Gelegenheit die Drohung ausspricht, man werde einen anderen Lieferanten suchen. Echte Zusammenarbeit darf sich nicht auf die Ware beschränken. Es sind vielmehr die Konzeptionen der Hersteller mit denen des Fachhandels zu verzahnen. Erst wenn diese Voraussetzung gegeben ist, kann man zu Recht von einer gemeinsamen Marktbearbeitung sprechen.

Druck- und Sogmarketing

Druckmarketing (Push-Strategie) ist eine veraltete Vorgehensweise. Man versuchte noch vor Jahren, auf den Handel „Druck" auszuüben, indem man ihm möglichst viel Ware aufs Lager setzte. Verbunden war dieses Druckmarketing mit der Hoffnung: *„Sind die Produkte erst einmal beim Handel, wird er sich schon um den Abverkauf kümmern."* Sogmarketing (Pull-Strategie) geht von anderen Voraussetzungen aus. Vom Markt her wird ein Sog erzeugt. Handwerker und Verbraucher kommen auf den Fachhandel zu und wollen bei ihm bestimmte Waren kaufen. Der Vorverkauf wird durch Sogmarketing erheblich gefördert. Hersteller, die Sogmarketing betreiben, bieten dem Fachhandel somit

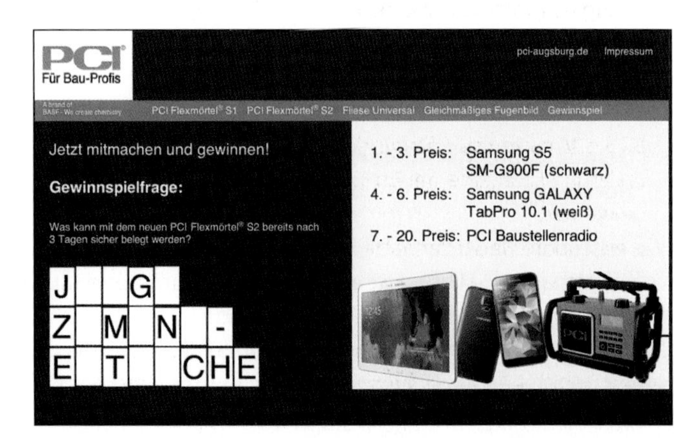

Online-Gewinnspiel eines Herstellers als verkaufsfördernde Maßnahme für neue Produkte im Baustoffhandel *Abb.: PCI*

neben ihren Produkten gleichzeitig den Erfolg an. Der etwas höhere Einkaufspreis sinkt damit zur Bedeutungslosigkeit herab.
Eine weitere Möglichkeit ist, über ausschreibende Stellen oder Bauplaner eine Nachfrage zu erzeugen. Architekten, Ingenieure, Behörden, Ämter u. dgl. werden hierfür laufend von Fachberatern und Anwendungstechnikern der meist überregional arbeitenden Industrie besucht und über bestimmte Systeme informiert. Hierdurch möchte der Hersteller seine Produkte und deren genaue Bezeichnung in Ausschreibungen für Bauvorhaben platzieren. Dies ist die erste Grundvoraussetzung dafür, dass das eigene Material zum Einsatz kommt.
Untergrundanalysen, Schadensanalysen, Baustellenbegutachten mit Problemlösungsvorschlägen sind weitere Tätigkeitsfelder der Industriefachberater.

Exkurs

Direktgeschäfte

In enger werdenden Märkten und vor dem Hintergrund von Überkapazitäten, Konzentration und Verdrängungswettbewerb besteht vermehrt die Gefahr, dass die Baustoffindustrie unter Umgehung des Handels Direktgeschäfte macht. Es wird hierbei unterschieden zwischen Direktvergütung und Direktbelieferung. Bei der Direktvergütung erhält der Kunde des Baustoff-Fachhandels, also der Bauhandwerker oder Endverbraucher, von der Herstellerindustrie direkt eine Vergütung. Diese wird nicht über den Handel abgewickelt. Man bezeichnet dies auch als Direktrabatt. Die Industrie versucht, mit diesem Instrument ihren Absatz direkt beim Endkunden zu sichern. Bei Direktbelieferung handelt es sich um den direkten Absatz. Hier führt der Absatzweg Hersteller-Verbraucher am Handel vorbei.
Von einer gemischten Vertriebspolitik spricht man, wenn ein Hersteller mehrere Unternehmenszweige hat, die einerseits ihre Produkte über den Baustoff-Fachhandel vertreiben und andererseits Direktgeschäfte tätigen. Der Handel erhält seine Daseinsberechtigung über die im ersten Kapitel beschriebene Ausübung seiner Funktionen. Werden diese Funktionen mehr und mehr auf die Industrie abgewälzt, z. B. die Belieferung von Kunden mit Kleinstmengen über die Strecke, untergräbt er selbst seine Funktion am Markt und bewegt Hersteller dazu, andere Wege zu gehen. Die Baustoff-Fachhändler, die aktiv am Markt arbeiten, ständig neue Marketinginstrumente entwickeln und einsetzen, kundenorientiert denken und handeln, werden immer ein wichtiges Absatzorgan im Distributionssystem sein.
In der Arbeitsgruppe „Honorierung" im Gesprächskreis Baustoffindustrie/BDB e. V. hatten sich führende Baustoffhersteller in einer gemeinsamen Erklärung („Heinsberger Erklärung") dazu bekannt, keine Direktrabatte zu gewähren.
Viele andere Hersteller haben daraufhin ihre Konditionspolitik überdacht und geändert. Sie bekennen sich zum Vertrieb über den Handel und werden als hundertprozentige Partner vom Baustoff-Fachhandel anerkannt. Die Kooperationen des Baustoff-Fachhandels spielen in dieser Kette eine sehr wichtige Rolle, da sie gemeinsam mit ihren Gesellschaftern Lieferanten ausfiltern und nicht mehr listen, die Direktbelieferungen und Direktvergütungen vornehmen.

1.2 Image

Die Sortimente des Baustofffachhandels werden ständig umfangreicher, die Preise hingegen – nicht zuletzt durch das Internet – immer transparenter.
Angesichts dieser Entwicklung scheint es besonders in heutiger Zeit immer wichtiger, sich als Baustoffhändler ein positives „Image" zu erarbeiten.
Image (der Begriff wurde aus dem Englischen entnommen) heißt frei übersetzt „Fest umrissenes Vorstellungsbild, das sich ein Einzelner oder eine Gruppe von einem Unternehmen macht".
Das Image basiert auf Wahrnehmungen und Erfahrungen, die ein Kunde von und mit einem Unternehmen hat. Dabei spielen nicht nur logische Überlegungen, sondern auch psychologische Fakten eine Rolle. Wirklichkeit und Vorstellung (Fantasie) verschmelzen zu einem neuen Bild, das vom reinen Verstand nicht mehr allein kontrolliert wird.
Heute hat man erkannt, dass das Marktgeschehen in erheblichem Umfang von Imagefaktoren beeinflusst wird. Nur so lässt es sich erklären, weshalb Verbraucher eine ausgesprochene Zu- oder Abneigung gegenüber Firmen oder Produkten zeigen. Dank eines besseren Images wird z. B. die qualitativ schlechtere Ware einer qualitativ besseren Ware vorgezogen.
Mancher Baustoffhändler stellt sich die Frage, weshalb ein Angebot abgelehnt wurde, obwohl es bei gleichen Produkteigenschaften preisgünstiger als das des Wettbewerbers war. Die Antwort hierauf fällt jetzt leicht: Der Kollege und dessen Firma hatten eben ein besseres Image.
Neben der Fremdwahrnehmung wird das Image eines Unternehmens wesentlich von den Meinungsäußerungen der Mitarbeiter gegenüber anderen geprägt. Fallen diese Aussagen überwiegend positiv aus, baut sich im Laufe der Zeit ein entsprechend gutes Image auf. Imagefaktoren sind beispielsweise:

- Qualität der Produkte,
- Fachkompetenz, die sich etwa in der Ausstellung bzw. dem breiten Sortiment äußert,
- sach- und fachgerechte Beratung,
- Kundendienst,
- Werbestil,
- Pflegen der öffentlichen Meinung, z. B. durch Spenden,
- gelungene Tage der offenen Tür u. a. m.,
- Erscheinungsbild.

Wenn eine Baustoff-Fachhandlung beim Kunden ein positives Image hat, wird dieser fast instinktiv dieses Unternehmen aufsuchen. Damit ist der Verkauf bereits angebahnt.
In der jüngeren Vergangenheit haben einige Baumarkt-Ketten versucht, über aggressive

Im Image verschmelzen zahlreiche Faktoren zum Bild. Ist das Image positiv, trägt der Kunde dieses Bild mit sich und überträgt es auf das gesamte Unternehmen.
Foto: Hagebau-Zentrum Goetz+Moritz, Freibug

Rabattaktionen Marktanteile zu gewinnen. Dadurch wurde auch ein Image aufgebaut, nämlich das des „billigen" Baumarktes mit schlechter Qualität. Ob dies auch für den mittelständischen Fachhandel erstrebenswert ist, darf bezweifelt werden.

1.3 Ausstellung

Das Ausstellungswesen beim bundesdeutschen Baustoff-Fachhandel hat sich in den letzten Jahrzehnten grundlegend gewandelt.
Zu Beginn der 1960er Jahre begannen einzelne Händler damit, die Fliesen ihres Sortiments auf Holzplatten zu kleben und diese dann, praktisch wie Bilder, an die Wand zu hängen. Damit war die erste Fliesenausstellung geboren.
In den 1970er Jahren dominierte die Baumusterschau. In ziemlich kostspieligen Ausstellungsräumen wurde praktisch alles gezeigt, was der Baustoff-Fachhandel zu verkaufen hatte. In der Fliesenausstellung beispielsweise konnte der Kunde eine Vielzahl voll eingerichteter Bäder bestaunen. Roh- und Innenausbaustoffe wurden im „Haus im Haus" ausgestellt. Oftmals benötigte man dazu 100 m^2 und mehr Ausstellungsfläche.
Anfang der 1980er Jahre waren es dann Bildtafeln, auf denen das Produkt und seine Verwendung gezeigt und beschrieben wurden.

Attraktive Fliesenausstellungen unterstützen aktiv den Verkäufer.
Foto: Trauco Fachhandel, Großefehn

Heute gelten für das Ausstellungswesen andere Grundsätze als damals. Die meisten Ausstellungen sind nach Produktgruppen aufgeteilt, z. B.:
- Rohbaustoffe,
- Innenausbaustoffe,
- Garten- und Außenanlagen,
- Fliesen und Platten – soweit im Sortiment,
- Baugeräte / Werkzeuge,
- Naturbaustoffe.

Der aktuelle Trend ist jedoch auch wieder, komplette Themenwelten aus verschiedenen zusammengehörenden Sortimenten zu zeigen, z. B. erleben die kompletten Badezimmer inkl. der Sanitärkeramik und der entsprechenden Dekoration eine Renaissance. Unterstützt wird die moderne Ausstellung durch Multimedia, soll heißen Produktvorführungen auf Flachbildschirmen direkt am Produkt.

Rohbaustoffe

Rohre, Dachsteine, Ziegel, Mauersteine u. ä. haben in den beheizten, teuren Innenräumen des Unternehmens nichts mehr zu suchen. Verschiedene Fassadengestaltungen – am

Anhand von Querschnitts-Modellen lassen sich die verschiedenen Produkte und bauphysikalischen Zusammenhänge gut erklären.
Foto: Geers Baustoffe, Dörpen

Bürogebäude oder an der Lagerhalle gezeigt – können das Thema „Außenhaut" ausreichend beleuchten. Firmen mit breitem Dachsteinangebot haben sich vielfach auf ihrer Ausstellungsfläche im Freien Holzkonstruktionen erstellt, auf denen sie Tondachziegel und Betondachsteine ausstellen.
Die Entscheidung darüber, welche Mauersteine verwendet werden sollen, muss im Allgemeinen wegen der geringen Roherträge im reinen Verkaufsgespräch ohne Produktunterstützung erfolgen. Für den Häuslebauer, Renovierer oder Sanierer ist eine sogenannte „Steinothek" denkbar. Die verschiedenen Steine des Sortiments werden hier auf einem Podest gezeigt. Die Beschriftung gibt Auskunft über Werte zu den Themen Wärmedämmung und Schallschutz. Die zur Verfügung stehenden Formate werden ebenfalls genannt.

Innenausbaustoffe

Die Demonstrationsobjekte für das Anwenden und Verarbeiten von Innenausbaustoffen sind sehr klein geworden. Waren früher noch komplette Ständerwände in der Ausstellung montiert, findet man heute Schaukästen mit variablen Einsätzen, die bei Veränderungen der Produkte schnell und

Demonstration der Verlegung von Akustikplatten auf einer Werktage-Veranstaltung *Foto: Knauf*

Ausstellung von Sortimenten für Garten- und Außenanlagen *Foto: Baustoffe Mollendyk, Rheine*

einfach geändert und modifiziert werden können. Eine weitere Alternative der Präsentation ist die Darstellung der Produkte im Lager mit der entsprechenden Beschriftung. Dem privaten Bauherrn steht das Lager offen. Demonstriert wird an der Ware, am Palettenregal.
Das hat zwei Gründe: Der Profi weiß von vornherein, was er will. Der private Bauherr ist fachlich besser informiert. Eine verbesserte Schulbildung und seine Erfahrungen als „echter Selbermacher" haben dazu beigetragen. Zudem vermitteln Zeitschriften wie *„Das Haus"*, *„Schöner Wohnen"* oder *„Mein Eigenheim"* bereits ein breites Basiswissen für Baustoffe.

Elemente
Türen, Fenster – besonders Dachfenster –, will der Kunde nicht nur im Prospekt, sondern in ihrer Schönheit und Funktionalität betrachten und ausprobieren können. Deshalb gilt: Wer im Elementgeschäft erfolgreich sein will, muss auch zeigen, was er hat. Die Dachfensterhersteller kennen diese Zusammenhänge sehr genau und bieten deshalb dem Baustoff-Fachhandel ausgereifte Ausstellungssysteme an.

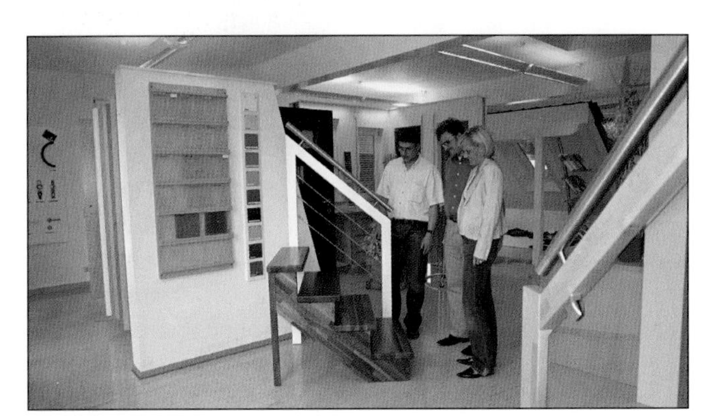

Stilvolle Holzelemente, wie z. B. Innentreppen, werden in Ausstellungen präsentiert. *Foto: Bundesverband Deutscher Fertigbau*

Garten- und Außenanlagen
Die hierfür benötigten Baustoffe werden im Außenbereich verarbeitet und müssen deshalb auch im Freien ausgestellt werden. In zeitgemäßen Ausstellungen werden schwerpunktmäßig gezeigt: Betonsteine, Natursteine und imprägniertes Holz, alles in Verbindung mit viel Grünpflanzen und Blumen. Folgende Produktgruppen und Anwendungsgebiete können Berücksichtigung finden:

- Pflaster und Platten,
- Einfassungen und Begrenzungen,
- Brunnen und Teichanlagen,
- Spielbereich und Freizeit,
- Pflanztröge,
- Böschungssysteme,
- Pergolen,
- Dachbegrünung,
- Garagensysteme,
- Baumschutz, Lärmschutz.

Fliesen
Fliesen und Platten bilden oftmals das Herzstück einer Ausstellung im Baustoff-Fachhandel. In der Ausstellungstechnik sind in den letzten Jahren neue Trends deutlich sichtbar geworden:

Flexibilität: Flexibilität hat Vorrang, d. h., die gezeigten Fliesen und Platten muss man möglichst rasch auswechseln können. Das überaus große Angebot an Farben, Mustern und Formaten macht dies notwendig.

Mode: Dazu kommt: Die Fliese wird mehr und mehr zum Modeartikel. Was vor einem Jahr noch ein „Renner" war, ist

Großzügige Fliesenausstellungen bieten unzählige Kombinationsmöglichkeiten. *Foto: Trauco Fachhandel, Großefehn*

Exkurs

Nachhaltigkeit / EPD (Environmental Product Declaration)

Das Thema Nachhaltigkeit gewinnt im Baubereich an Bedeutung. Die Nachhaltigkeit und die Umweltverträglichkeit von Bauprodukten bilden ein immer stärkeres Entscheidungskriterium für oder gegen ein Bauvorhaben bzw. für oder gegen bestimmte Produkte. Auf diese Entwicklung muss auch der Baustoff-Fachhandel reagieren.
Die Immobilienwirtschaft versucht seit einiger Zeit, durch Gebäudezertifizierungen und Deklarationen die Nachhaltigkeit messbar zu machen. Ein Instrument dafür ist die „Environmental Product Declaration (EPD)".
Sie ist eine Umwelt-Produktdeklaration auf der Basis der Euronorm DIN EN 15804: Nachhaltigkeit von Bauwerken – Umweltproduktdeklarationen – Grundregeln für die Produktkategorie Bauprodukte (2014-07). Es handelt sich um eine sogenannte Typ-III-Deklaration, d. h. die in einer EDP erklärten Produktinformationen können für die Bewertung von Umwelteigenschaften und von Gesundheits- und Behaglichkeitsaspekten von Gebäuden verwendet werden.
Die Entwicklung von EPDs wurde durch den Trend zum „Green Building" vorangetrieben. Es soll der Grad der Nachhaltigkeit von Immobilien bewertet werden. Dieser wiederum beeinflusst die Wertigkeit und den Marktwert einer Immobilie. Im gewerblichen Neubaubereich ist „Green Building" schon fast Standard. Doch auch beim Wohnungsbau sowie beim Gebäudebestand ist die Entwicklung von entsprechenden Bewertungskriterien in vollem Gang.
Ausgehend von der Ökobilanz der Produkte enthalten EPDs Informationen zu ihrer Umweltwirkung. Gemessen werden beispielsweise der Verbrauch von Energie und Ressourcen sowie der Recyclinganteil. Die in der EPD genannten Daten beschreiben Umweltwirkungen wie den Beitrag zum Treibhauseffekt oder zur Versauerung, Überdüngung, Smogbildung und ggfs. zu jeweils spezifischen toxischen Wirkungen auf Mensch und Ökosystem. Die Deklarationen können auch Informationen zu besonders umweltschonenden Produktentwicklungen enthalten sowie Hinweise auf die Nutzungsphase und zur Entsorgung bzw. Verwertung.
In Deutschland spielt das Institut Bauen und Umwelt e. V. (IBU) eine führende Rolle beim Erstellen von Umwelt-Produktdeklarationen.
Das Institut wird von der Baustoffindustrie getragen und arbeitet in Abstimmung mit den zuständigen Bundesministerien. Ziel ist die Anerkennung der EPDs auf dem gesamten europäischen Markt.
Da auch in anderen europäischen Ländern EPD-Programmbetreiber aktiv sind, werden europaweit einheitliche Kern-EPDs angestrebt, die in den verschiedenen Zertifizierungssystemen eingesetzt werden können.

heute oftmals unverkäuflich. Badplanungen im 3D-Format mittels PC sind im gut geführten Fliesenhandel heute keine Seltenheit mehr. Zum Erlebniseinkauf kommt es dann, wenn das geplante Bad auf einer Riesenleinwand in Originalgröße bestaunt werden kann.

Naturbaustoffe

Diese an sich sehr interessante Sortimentsgruppe wird nach wie vor von der überwiegenden Mehrheit des Baustoff-Fachhandels sehr stiefmütterlich behandelt. Zwar vertreten die meisten Baustoffhändler die Auffassung, dass Naturbaustoffe eigentlich nichts Besonderes sind und zum normalen Sortiment gehören. Dennoch erfordert dieses Sortiment auch spezielle Kenntnisse des Fachverkäufers.
Spezialisten und engagierte Händler haben demgegenüber den Naturbaustoffen eine zentrale Funktion in ihren Ausstellungsräumen zugewiesen – und haben damit großen Erfolg. Viele Bauherren interessieren sich heute für ökologische

Mit Aktionstagen informiert ein Fachhändler für Naturbaustoffe interessierte Bauherren.
Foto: Seiler Baustoffe, Thonhausen

Naturbaustoffsortimente für natürliches Bauen
Foto: K. Klenk

Aspekte beim Hausbau. Oftmals können sie sich allerdings das Bauen mit natürlichen Baustoffen nicht vorstellen. Hier kommt der Ausstellung mit Naturbaustoffen eine besondere Bedeutung zu. Interessierte Bauherren können sich die Produkte ansehen und sie anfassen. Erforderlich sind detaillierte Produktbeschreibungen sowie beispielhafte Anwendungsdarstellungen über Muster und Ausstellungsexponate. Wichtig ist die Darstellung der Verwendung und der Verarbeitung anhand von Modellen (Wand- und Dachaufbauten usw.). Nur auf diese Weise können den Kunden die Möglichkeiten natürlicher Baustoffe vor Augen geführt werden.

1.4 Telefonmarketing

Der am häufigsten genannte Grund für die zunehmende Verbreitung des Telefonmarketings sind die hohen Kosten für persönliche Verkaufskontakte. Geht man davon aus, dass im Durchschnitt drei Besuche notwendig sind, um zu einem

Verkaufsabschluss zu gelangen, so hat man – bei 150 EUR pro Besuch –, 450 EUR Abschlusskosten. Wenn man bei steigendem Verkehr noch die Verkaufszeit bezogen auf die Gesamtarbeitszeit eines Außendienstmitarbeiters berechnet, wird das Telefonmarketing immer interessanter.Telefonmarketing soll jedoch keineswegs den Außendienst ersetzen. Es soll vielmehr dem Außendienst mehr Zeit geben, sich um seine A-, B- und Potenzialkunden zu kümmern. Telefonmarketing ist im Telefonverkauf lediglich auf C-Kunden anwendbar.

Exkurs

Marketing im Internet

Das weltumspannende Internet besteht heute aus einem losen Verbund miteinander vernetzter Computer, deren Daten in keiner Art und Weise strukturiert sind. Es wächst sowohl quantitativ wie auch qualitativ rasant. Der Anteil deutscher Internet-Nutzer liegt bei rund 75 %. Dennoch steht es zum heutigen Zeitpunkt als Marketinginstrument im Baustoff-Fachhandel erst am Beginn seiner Entwicklung. Marketing im Internet heißt vor allem: Informationen werden von den Informationsanbietern bereitgestellt, um von tatsächlichen Interessenten selber ausgewählt und abgerufen zu werden, rund um die Uhr, rund um die Welt. Neue Dimensionen für das Marketing im Baustoff-Fachhandel zeichnen sich ab:

▶ **In der Distribution:** Hier bietet speziell die Form des Online-Shops große Möglichkeiten. Der Kunde des Baustoff-Fachhandels kann rund um die Uhr in virtuellen Katalogen blättern, Produkte auswählen und direkt bestellen. Der persönliche Verkauf wird dadurch zwar nicht komplett ersetzt, doch es entsteht eine weitere Absatzform im Distributionssystem. Vor allem entsteht eine enorme Preistransparenz, die zuvor aufgrund räumlicher Entfernungen zwischen den verschiedenen Baustoffhandlungen nicht gegeben war. Es entsteht im Internet ein sogenannter „Punktmarkt", der von völliger Preistransparenz mit der Möglichkeit, alles überall kaufen und überall hinliefern zu können, geprägt ist. Mit Hilfe des Online-Angebotes könnte der Baustoff-Fachhändler sein Einzugsgebiet auf die ganze Welt ausdehnen. Die Beachtung der Versandkosten ist natürlich hierbei von größter Wichtigkeit.

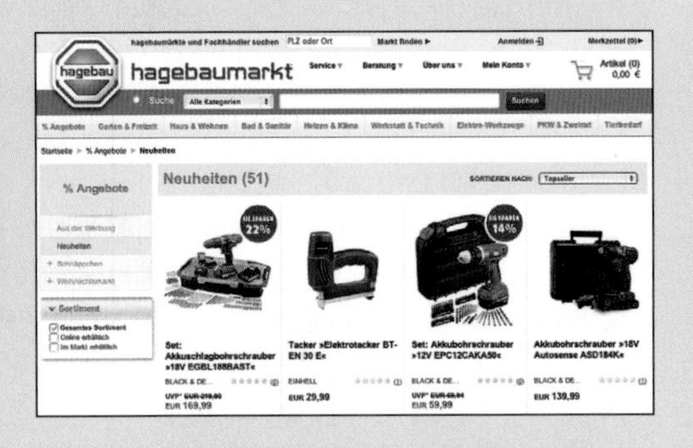

Ein umfassendes Online-Angebot bietet z. B. die Baustoff-Fachhandels-Kooperation Hagebau.

▶ **In der Produkt- und Sortimentspolitik:** Bei der Ausrichtung der Sortimentspolitik auf die Kundenbedürfnisse kann im Internet z. B. eine Diskussionsgruppe eingerichtet werden. Aus den Ergebnissen ihrer Tätigkeit können die Sortimente weiterentwickelt werden. Ebenso eignet sich das Internet für Markttests. Testangebote können angepriesen werden, und aufgrund der Rückmeldung kann auf den zukünftigen Erfolg des Testangebotes geschlossen werden.
Darüber hinaus bieten heute viele verschiedene Anbieter Online-Vergleiche von Baustoffen an, seien es Bausparkassen, Beratungsportale oder aber Herstellervereinigungen.
In der Preispolitik: Im Gegensatz zu gedruckten Preislisten, an welche der Baustoff-Fachhändler schon aus Kostengründen relativ lange gebunden ist, können die im Internet publizierten Preise jederzeit geändert werden. So kann auf Preisbewegungen schnell und flexibel reagiert werden.

▶ **In der Werbung:** Der Auftritt alleine im Internet wird bereits als Werbung bezeichnet. Im Internet kann man ein „digitales Lebensgefühl" vermitteln. Die besondere Ästhetik der Website und der gekonnte Umgang mit multimedialen Elementen machen das Surfen zum Erlebnis.

Werbung und Verkaufsförderung im Internet

▶ **In der Verkaufsförderung:** Hier bieten sich speziell Online-Gewinnspiele oder Preisausschreiben an. Diese locken viele Besucher auf die Website und durch die Verbindung per E-Mail erhält man Adressen.

▶ **In der Öffentlichkeitsarbeit:** Der Baustoff-Fachhändler kann sich hier präsentieren mit allem, was dazu gehört: Firmengeschichte, Umweltschutz, Firmenkultur, Pressemitteilungen, Stellenangebote und auch die Bekanntgabe von Messeteilnahmen oder Events sind wichtige Elemente im Rahmen der PR.

▶ **Im Sponsoring:** Der Hinweis auf Sponsorentätigkeit wird im Internet häufig bewusster wahrgenommen als in den klassischen Medien. Der Baustoff-Fachhändler kann auch als Sponsor anderer Websites auftreten und mit einem Hyperlink (= Verweis, der per Mausklick auf die Sponsoren-Website führt) die Verbindung zu ihm schaffen.

Dies sind nur einige der wichtigsten Möglichkeiten des Baustoffhandelsmarketings im Internet. Beachtung und Einsatz der klassischen Marketinginstrumente geraten durch das Internet nicht in den Hintergrund. Dennoch ist mit dem Internet ein neues, umfassendes Marketinginstrument entstanden, welches bei professioneller Anwendung zu neuen Märkten im Baustoff-Fachhandel führen kann. Die Präsenz im Internet hat sich zu einer digitalen Visitenkarte entwickelt, auf die kein moderner Baustoff-Fachhändler mehr verzichten kann.

Aktives und passives Telefonmarketing
Prinzipiell wird unterschieden zwischen aktivem und passivem Telefonmarketing. Die nachfolgende Übersicht gibt Aufschluss darüber, welche Aktivitäten wo zugeordnet sind. Für das Verhalten am Telefon gibt es gewisse Grundregeln, die jeder Verkäufer beherrschen sollte.

Telefonmarketing

Aktives Telefonmarketing	Passives Telefonmarketing
Wir rufen den Kunden an!	**Der Kunde ruft uns an!**
► Neukundenansprache	► Entgegennehmen von Bestellungen
► Nachhaken auf Mailing-Aktionen	► Informationsabgabe
► Auftragsbestätigung	► Preisabgabe
► Restpostenangebote	
► Anschlussverkäufe	
► Kundenumfragen	
► Terminvereinbarungen	
► Einladungen	
► Vorstellung neuer Produkte	
► Mahnungen	
► Verkauf an Kunden, die nicht besucht werden können	
► Vereinbarung eines Außendienstbesuches	
► Aktivierung ehemaliger Kunden	
► Neukundenbegrüßung	

Natürlich meldet man sich bei der Entgegennahme eines Telefonats (passives Telefonmarketing) mit dem Namen. Telefonprofis melden sich z. B. so: *„Guten Tag, Baustoffzentrum XY, Sie sprechen mit Herrn Michael Meier, was kann ich für Sie tun?“* In dieser Begrüßung ist alles drin. Der Gruß kommt am Anfang, da der Beginn eines Telefonats manchmal etwas ins Leere geht, danach die Firma, dann der Name mit Vorname, das macht das Gespräch persönlicher, und dann sofort die Frage nach dem Wunsch des Kunden. Dies soll Freundlichkeit, Aufmerksamkeit und Kundenorientierung ausdrücken. Welcher Kunde könnte dagegen etwas haben? Weitere Grundregeln sind:

- schnell abnehmen, den Kunden nicht warten lassen (5 x klingeln ist bereits zu viel!),
- den Namen des Kunden merken und ihn damit ansprechen. Es ist sein Lieblingswort,
- beim aktiven Gespräch gut vorbereitet sein, 80 % des Erfolges sind Vorbereitung,
- auf eine klare Sprechtechnik achten,
- freundlich und höflich sein,
- positive Formulierungen verwenden,
- versprochene Rückrufe schnell durchführen,
- beim Weiterverbinden: den Kollegen über den Inhalts des Telefonats kurz informieren usw.

Es könnten noch eine Menge Regeln aufgestellt werden, wobei man versuchen sollte, sich auf das Wichtigste zu konzentrieren. Und noch eins: Lachen Sie am Telefon, ein Lächeln kann man am anderen Ende der Leitung hören.

Telefonaktionen
Mögliche Telefonaktionen können zu allen Punkten des aktiven Telefonmarketings durchgeführt werden. Wichtig hierbei ist die Vorbereitung eines Gesprächsleitfadens, der Folgendes beinhaltet:

- gewünschter Gesprächspartner,
- Grund des Anrufs,
- das Angebot,
- den Nutzen für den Kunden,
- weitere Argumente,
- vorbereitete Reaktionen auf Ein- und Vorwände,
- Festhalten und Erzielen von möglichen Ergebnissen.

Im Telefonmarketing im Baustoff-Fachhandel stecken noch viele Möglichkeiten, sich Vorteile auf dem Absatzmarkt zu erkämpfen und Kosten in der Vertriebsstruktur zu sparen.

2 Verkaufen im Baustoff-Fachhandel

Literatur zum Thema „Verkaufsgespräch und Verkaufspsychologie“ füllt Regale. Jeder Verkäufer hat wohl schon einmal eine Verkäuferschulung mitgemacht und wurde in die Geheimnisse der Verkaufspsychologie eingeweiht. Für den Arbeitsalltag wird jedoch von vielen Verkäufern die fehlende Praxisnähe und der mangelnde Branchenbezug von Literatur oder Seminaren bemängelt. Und dann gibt es da noch die Floskel: „Im Baustoff-Fachhandel ist alles ganz anders!“ Wer sich darauf als Generalausrede ausruht, neigt schnell dazu, im Verkaufsgespräch anstatt der Produkteigenschaften den Preis in den Vordergrund zu stellen. Dadurch wird der Verkäufer anfällig für zwei wesentliche Sätze: *„Was kostet das bei Ihnen?“ und „Sie sind zu teuer!“*
Sicherlich muss der Preis eines Produktes marktgerecht sein.
Es muss dem Verkäufer aber bewusst sein, dass Verkaufen mehr ist als nur den Preis zu nennen.
Bei vielen Verkaufsgesprächen im Baustoff-Fachhandel spielt der Preis eine untergeordnete Rolle. Immer mehr Endkunden erwarten Problemlösungen und kreative Ideen. Beispiele sind Fliesen, Elemente und auch klassische Baustoffe, zu denen der Kunde Beratung erwartet. In allen diesen Fällen zählen Optik, Produktnutzen und Wertvorstellungen des Kunden. Zwar muss auch der Preis stimmen, doch kommt ihm nicht die entscheidende Bedeutung zu.
Dann gibt es die vielen Fälle, in denen der Kunde zwar gezielt einen bestimmten Artikel nennt, im Grunde aber noch einer Beratung zugänglich ist. Für die meisten Verkäufer im Baustoff-Fachhandel erschöpft sich in dieser Situation das Verkaufsgespräch mit der Nennung des Verkaufspreises. Die wenigsten denken daran, dass hier

noch ein Beratungsbedarf bestehen könnte. Folgendes einfache Beispiel mag das grundsätzliche Problem beleuchten:

Beispiel

Ein Privatkunde verlangt nach einem Sack Zement. Der Verkäufer nennt den Preis. Anschließend fragt der Kunde nach Sand. Worauf der Verkäufer ablehnt, da der Betrieb keinen Sand führt. Er schickt den Kunden zu einem Spezialhändler. Das war's! Der Verkäufer hat weder Zement noch Sand verkauft!

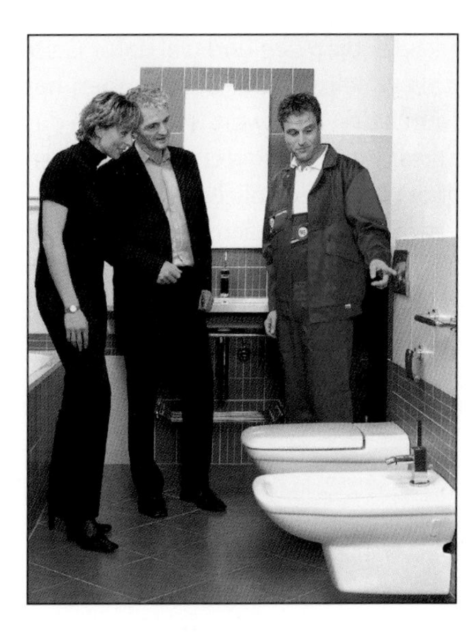

Der Privatkunde erwartet in den häufigsten Fällen mehr als nur eine knappe Auskunft. *Foto: ZVSHK*

Zur Rede gestellt, wird der Verkäufer wahrscheinlich darauf hinweisen, dass er ja gar keine Möglichkeit zur Beratung gehabt habe, der Kunde wollte ja nur den Preis für Zement wissen. Diese Reaktion macht deutlich, dass der Verkäufer nicht über die Wünsche und Motive seines Kunden nachgedacht hat. Er hat damit eine Chance vergeben, den Kunden qualifiziert zu beraten und darüber hinaus höherwertige Baustoffe – mit besserer Umsatzrendite – zu verkaufen. Möglicherweise war dem Kunden in unserem Beispiel gar nicht bekannt, dass es auch Fertigmörtel gibt. Als Laie wusste er nur, dass man zum Betonieren eines Zaunpfostens Zement, Wasser und Sand braucht. Ein qualifizierter Verkäufer hätte nachfassen müssen. In den meisten Fällen hätte er mit Fertigmörtel den Kunden besser bedient.

Und wenn dieser dann erst später erfährt, dass es genau für dieses Problem eine fertige Problemlösung gegeben hätte, kommt zu dem unnötigen Mehraufwand dann noch der Ärger über den Verkäufer, der einen hätte aufklären können. Und nicht immer geht es einem Kunden nur um den Preis. Vielleicht weiß er nur einfach nicht, was er an Material wirklich benötigt.

Natürlich gibt es im Baustoff-Fachhandel Fälle, bei denen es tatsächlich nur um den Preis der Ware geht. Dann werden vom Kunden konkrete Angebote eingeholt. In diesen Fällen geht es nicht mehr um die Ware, sondern scheinbar ausschließlich um den Preis.

Auch in dieser schwierigen Situation wird ein qualifizierter Verkäufer die Chance zum Verkaufsgespräch nutzen. Er weiß, dass über das Produkt selbst nicht mehr zu sprechen ist. Jetzt wird er die Handelsleistung seines Unternehmens ins Spiel bringen. In der Argumentation wird der Nutzen des Produkts durch die Leistung des Baustoffhändlers ersetzt. Eine entscheidende Fragestellung im Verkaufsgespräch lautet: *„Warum soll der Kunde diesen Artikel gerade bei uns kaufen?"* Einem guten Verkäufer eröffnen sich hier mit Hilfe moderner Verkaufspsychologie viele Chancen. Die folgenden Ausführungen sollen dies verdeutlichen.

2.1 Der Verkäufer im Baustoff-Fachhandel

Auch wenn der Kunde heute gelernt hat, sich selbst zu bedienen und nur noch in Ausnahmefällen mit einem Verkäufer Kontakt aufnimmt, ist im Baustoff-Fachhandel der Verkäufer der wichtigste Repräsentant des Unternehmens. Im Fachhandel wird immer noch die persönliche Betreuung durch qualifiziertes Personal erwartet.

Problematisch ist die in der Öffentlichkeit weit verbreitete Meinung, dass der Handel letztendlich überflüssig sei und durch überzogene Handelsspannen die Preise der Waren nur unnötig verteuere. Entsprechend verunsichert reagieren Verkäufer auf Aussagen wie: *„Ihr seid ja viel zu teuer!"* Das führt dann dazu, dass Verkäufer nicht hinter den Preisen stehen und diese auch nicht beim Kunden durchsetzen können. So demotivierte Verkäufer bekommen Angst vor dem Kunden und empfinden das Verkaufsgespräch als Spießrutenlauf, den sie möglichst vermeiden möchten. Verkäufer betrachten in solchen Fällen ihre Aufgabe einseitig aus der Perspektive des „Verkaufen-Müssens". Sie sehen nicht, dass sie ihrem Kunden die Möglichkeit verschaffen, eine bestimmte Ware „kaufen zu können". Eine solch einseitige Betrachtungsweise führt zu defensivemVerhalten gegenüber dem Kunden. Aber aus einer schwachen Position heraus lassen sich nur schwer eigene Leistung, Ware und vor allem der Preis verkaufen. Auf die Funktion des Handels soll an dieser Stelle nicht weiter eingegangen werden. Sie wurde bereits an anderer Stelle detailliert behandelt.

Die Rolle des Verkäufers im Verkaufsgespräch

Blicken wir zurück auf die Anfänge des Wirtschaftens, den Tauschhandel. Damals standen sich zwei gleichberechtigte Partner gegenüber, von denen jeder vom anderen etwas wollte. Der Bauer hatte Obst und Gemüse und wollte dafür vom Jäger Wild. Umgekehrt hatte der Jäger das Fleisch. Er wollte dafür vom Bauern Ackerfrüchte. In diesem früheren Stadium des Handels waren die Geschäftspartner einander ebenbürtig. Heute ist die Situation im Grunde nicht anders. Auch in unserem Wirtschaftssystem will der Käufer etwas vom Verkäufer. Der Käufer hat Geld, das er in Ware umsetzen möchte.

Diese ist für ihn offensichtlich „wertvoller" als Geld – sonst würde er dieses ja nicht eintauschen wollen. Geld ist, von Ausnahmen abgesehen, „wertlos"! Erst durch die Kaufkraft erhält es seinen Wert.

Umgekehrt hat der Verkäufer die Ware und will dafür Geld. Er möchte aber mehr als er selbst dafür ausgegeben hat (Handelsspanne). Erst durch den Mehrwert wird für ihn das Geschäft („Tausch") interessant. Beide Parteien versprechen sich also durch den Handel ganz persönliche Vorteile.
Zu Störungen kommt es in diesem zunächst einmal gleichwertigen Partnerschaftsverhältnis insbesondere dann, wenn Angebot und Nachfrage in einem Missverhältnis zueinander stehen (Verkäufermarkt / Käufermarkt).

Beispiel

Ist das Angebot knapp, wie es z. B. in der Aufbauphase nach dem Zweiten Weltkrieg war, oder gibt es nur wenige Baustoffhändler, so ist der Verkäufer in einer starken Position. Der Kunde muss schließlich bei ihm kaufen (Verkäufermarkt). Demgegenüber erstarkt die Stellung des Kunden in gesättigten Märkten. Der Verkäufer muss sich um seine Kunden bemühen (Käufermarkt).
In beiden Fällen haben jedoch Verkäufer wie auch Käufer ein gemeinsames Interesse. Sie wollen, dass Geld und Ware den Besitzer wechseln. Dabei sind beide aufeinander angewiesen.

Der Verkäufer, ein „hilfsbereiter Gegenspieler"
Auch wenn die Beteiligten an einem Kauf gemeinsame Interessen haben, so möchte doch jeder das Geschäft für sich möglichst vorteilhaft gestalten. Das heißt, der Verkäufer hat Interesse an einem hohen Preis, der Käufer möchte möglichst billig einkaufen. In diesem Konflikt zwischen Partnerschaft auf der einen und „Kampf" um persönliche Vorteile auf der anderen Seite kommt der Verkaufspsychologie große Bedeutung zu.
Ein geschulter Verkäufer wird sich dem Kunden trotz gegensätzlichen Interesses immer als fairer Partner anbieten. Der Kunde muss das Gefühl haben, dass sein Gegenüber ihm beim Kaufen helfen möchte. Er muss während des gesamten Verkaufsgesprächs davon überzeugt sein, dass er als „Sieger" die Verkaufsräume verlassen wird. Fatal wäre es, wenn er sich als „Verlierer" vorkäme. Als solcher würde er die Stätte seiner Niederlage zukünftig meiden. Dieser Kunde wäre für das Unternehmen verloren!

Verkäufer und Käufer sollten sich als Partner begreifen.
Foto: Baustoffhandel Spilker & Wehmeier/Baustoffring

Der Verkäufer erfüllt Wünsche
Ein Verkäufer hilft dem Käufer, dessen Wünsche zu erfüllen. An dieser Stelle sprechen wir die Überbrückungsfunktion des Handels an, indem er es dem Kunden ermöglicht, Waren zu kaufen, die dieser direkt beim Hersteller gar nicht oder nur unter erschwerten Bedingungen beziehen könnte. Hinzu kommt, dass der Verkäufer dem Kunden beim Einkauf behilflich ist und ihn dabei berät. Gemeinsam wird der Bedarf ermittelt und die Ware ausgesucht. Kunde und Verkäufer ziehen quasi am selben Strang!
Schon die Gestaltung der Verkaufsräume bringt rein optisch das veränderte Verhältnis zwischen Verkäufer und Kunde zum Ausdruck. In der traditionellen Form des Bedienungshandels steht der Verkäufer zwischen Kunde und Ware. Der Kunde wird „bedient" und fühlt sich nicht selten als „Bittsteller", der um Ware bittet. Im modernen SB-Handel stehen demgegenüber Kunde und Verkäufer gemeinsam vor der Ware. Der Käufer selbst hat freien Zugriff, der Verkäufer steht ihm lediglich beratend bei. Moderne SB-Vertriebsformen sind Ausdruck des veränderten Selbstverständnisses im Käuferverhalten. Nur noch dort, wo die Ware vor dem Kunden „geschützt" werden muss, wird ihm der direkte Zugriff verwehrt (Pflanzen- und Insektenschutzmittel, Bauchemie wie Bauschäume u. ä.).

Zum Verkaufen gehört die partnerschaftliche Beratung.
Foto: Trauco Fachhandel, Großefehn

So betrachtet, braucht der Verkäufer vor einem Kunden keine Scheu zu haben. Schließlich ist der Kunde aus eigenem Antrieb in die Verkaufsräume gekommen. Er hat ein Interesse daran, bedient zu werden, und es ist auch in seinem Sinne, dass ihm etwas verkauft wird. Ein qualifizierter Verkäufer muss sich als Partner und Berater des Kunden verstehen. *„Womit kann ich Ihnen weiterhelfen?"* oder noch besser: *„Was kann ich für Sie tun?"*

Das Unternehmen lebt vom Kunden und nicht umgekehrt
Ob der Kunde heutzutage der sprichwörtliche König oder der gleichberechtigte Partner ist, darüber gehen die Philosophien weit auseinander. Wichtig ist aber auf jeden Fall

ein partnerschaftliches Verhältnis zwischen Käufer und Verkäufer, da der Käufer die gleiche Ware auch bei einem Wettbewerber kaufen kann. Und die Folgeaufträge gehen auch dorthin!
Wer den Kunden heute als Störenfried sieht, der den Betriebsablauf empfindlich stört, sollte sich überlegen, ob er den richtigen Beruf gewählt hat. Schließlich hängt der Baustoff-Fachhandelsbetrieb und somit sein Arbeitsplatz vom Kunden ab.
Der Heimwerker, der den Verkaufsraum betritt, hat vielleicht einfach gerade Lust, sich eine Bohrmaschine zu kaufen. Er muss es aber in der Regel nicht. Seine Existenz hängt nicht davon ab. Die Zeiten der Deckung des Grundbedarfs sind vorbei. Was heute gekauft wird, zählt, abgesehen von den Grundnahrungsmitteln, im weitesten Sinne zum Luxusbedarf. Selbst wenn der Heimwerker unbedingt eine Bohrmaschine möchte, so müsste er diese nicht in einem bestimmten Geschäft kaufen. Heute hat der Kunde die Auswahl unter

Der Heimwerker hat zahlreiche Alternativen und möchte umworben werden.
Foto: Janssen & Kruse, Emden

den verschiedensten Einkaufsstätten, welche miteinander im Wettbewerb stehen. Aufgabe des Verkäufers ist es deshalb, den Kunden in den eigenen Verkaufsräumen zu halten und dessen Wunsch nach einer Bohrmaschine soweit zu vertiefen, dass es schließlich zum Kauf kommt.

Verkäuferisches Fehlverhalten

Die Realität sieht leider manchmal anders aus. In einigen Baustoffhandlungen und Baumärkten bekommt der Kunde das Gefühl, unerwünscht zu sein.
Da gibt es dann die „Regalauffüller", die den Kunden, der suchend vor der Bohrerwand steht, zur Seite drängen, um mit großem Eifer leere Haken aufzufüllen. Sie kommen gar nicht auf den Gedanken, den Kunden anzusprechen mit: *„Kann ich Ihnen behilflich sein?"*. Verkäufer, die ihre Arbeit als Regalauffüllen und nicht als Verkaufen sehen, haben ihren Beruf falsch verstanden. Die amerikanische Baumarktkette Home Depot ist dazu übergegangen, Waren nur noch über Nacht in den Regalen aufzufüllen. Den Verkäufern ist diese Aufgabe verboten, sie sind zur Beratung und zum Verkaufen da. Verbreitet im Baustoff-Fachhandel sind die „Angebotsschreiber". Sie sind plötzlich so in ein Angebot vertieft, dass sie einen Kunden im Verkaufsraum gar nicht zur Kenntnis nehmen. Auch den versteckten Kopf hinter dem Bildschirm findet man hier und da.
Ärgerlich sind auch die „Ordnungsfanatiker". Sobald ein Kunde Ware zur Ansicht aus dem Regal nimmt und diese dann nicht wieder präzise zurücklegt, schießt dieser Verkäufertyp herbei, um demonstrativ vorzuführen, wie die Ware richtig ins Regal kommt. Blick und Gestik zeigen deutlich: *„So gehört sich das!"* Es versteht sich dabei schon von selbst, dass man so einen Kunden nicht auch noch nach seinen Wünschen fragt.

Ursachen verkäuferischen Fehlverhaltens

Man sollte jedoch nicht alle Schuld bei den Mitarbeitern suchen. Viele Betriebe – dies gilt im Besonderen bei Baumärkten – setzen ihre Mitarbeiter zu einfachsten Hilfsarbeiten ein. Zwangsläufig kommen in diesen Fällen der Verkauf und die Beratung der Kunden zu kurz. Es muss nicht immer an einer negativen Arbeitseinstellung der Verkäufer liegen, wenn Erfolge im Verkauf ausbleiben. Mögliche Ursachen können auch in der betriebsinternen Organisation oder im Selbstverständnis des Verkaufspersonals zu suchen sein. In einer Untersuchung „Inventurdifferenzen im Baustoff-Fachhandel", bei der das Verhalten von Verkäufern in Baufachmärkten im Großraum Stuttgart gegenüber Ladendieben getestet wurde, stellten die Tester fest: *„Offensichtlich haben viele Mitarbeiter Berührungsängste zu Kunden, ein Umstand, der die Arbeit von Ladendieben sehr erleichtert."*
Erfolg versprechende Verkäuferschulung muss daher als Erstes bei der Person des Verkäufers, bei seinem inneren Selbstverständnis, ansetzen. Sie muss ihn motivieren, ihm das Rückgrat stärken und ihm darüber hinaus das Rüstzeug geben, um aktiv und selbstbewusst im Verkaufsgespräch bestehen zu können. Ein Teil des Fehlverhaltens von Verkäufern lässt sich jedoch einfach auf Gedankenlosigkeit oder schlichtweg fehlende Kinderstube zurückführen.
Für Mitarbeiter, die sich in ihrer privaten Unterhaltung nicht durch Kunden stören und sich bei ihrer Brotzeit hinter der Theke vom Kunden „Guten Appetit" wünschen lassen, wäre zunächst einmal ein einfacher Benimmkurs angebracht.

Gruppenbild am Ende eines Lehrgangs: Auf speziellen Fachverkäuferlehrgängen erhalten Mitarbeiter des Baustoff-Fachhandels das notwendige Rüstzeug, wie hier die Teilnehmer einer Baustoffring-Schulung.
Foto: Baustoffring

Verkaufen im Baustoff-Fachhandel

Verkäuferpersönlichkeit

Der Begriff „Verkaufen" ist im allgemeinen Sprachgebrauch die Abgabe einer Ware gegen Geld. Guten Verkäufern schreibt der Volksmund Selbstvertrauen, Überzeugungskraft und Überredungskunst, ja vielleicht auch die Fähigkeit zur Manipulation zu.

Auch wenn ein guter Verkäufer seine Kunden nicht überreden und schon gar nicht manipulieren sollte, benötigt er doch Selbstvertrauen und eine positive Einstellung zu sich selbst und seinem Beruf, um auf seine Kunden überzeugend wirken zu können.

Positive Einstellung zum Beruf: Verkaufen ist Dienst am Kunden, schließlich stammt „verdienen" auch von „dienen". Wer in einem Dienstleistungsberuf tätig ist, sollte mit Freude und Überzeugung bei seiner Arbeit sein. Ein unzufriedener, missmutiger Verkäufer braucht sich nicht zu wundern, wenn auch seine Kunden mürrisch reagieren.

Der erfolgreiche Verkäufer kommuniziert entspannt und souverän mit seinen Kunden. *Foto: Tebart Baustoffe/ Baustoffring*

Beispiel

Außendienstmitarbeiter eines Handelsbetriebes wurden aufgefordert, ihre Kunden zu beurteilen. Das Ergebnis war aufschlussreich: Die meisten unangenehmen Kunden hatte ausgerechnet der Verkäufer, der selbst von seinen Kollegen als ausgesprochen unfreundlich beurteilt wurde.

Misslaunige Mitarbeiter mögen in einem Produktionsbetrieb noch zu tolerieren sein, sie beeinträchtigen allenfalls das Betriebsklima. Für einen Handelsbetrieb sind solche Arbeitnehmer jedoch geschäftsschädigend. Kunden brauchen sich unfreundliche Verkäufer heute nicht mehr gefallen zu lassen. Ein verärgerter Kunde kommt so schnell nicht wieder. Schlimmer noch: Er erzählt vielleicht überall herum, wie schlecht er beim Baustoff-Fachhandel XY bedient worden ist.

Freude am Verkaufen: Ein erfolgreicher Verkäufer muss in erster Linie mit Begeisterung verkaufen. Um welche Ware es sich dabei handelt, wird für ihn – von Ausnahmen abgesehen – zunächst einmal nebensächlich sein. Er wird Erfolg haben, ob er nun Oberbekleidung, Automobile oder auch Baustoffe verkauft.

Die Praxis zeigt: Warenkenntnisse lassen sich relativ schnell erlernen, eine gewisse Begeisterung für den Beruf des Verkäufers sollte man aber mitbringen.

Beispiel

Der Baustoff-Großhandel wollte in der Vergangenheit seinen Kunden ein Maximum an Sachkunde bieten. Gerne wurden deshalb ehemalige Handwerker im Verkauf eingesetzt. Nicht immer mit Erfolg. Besonders gegenüber Privatkunden waren diese zwar ausgezeichnete Berater, scheiterten jedoch, wenn es um den eigentlichen Verkaufsabschluss ging. Umgekehrt waren Einzelhandelsverkäufer aus anderen Branchen schon nach kurzer Einarbeitungszeit auch im Baustoff-Fachhandel überaus erfolgreich.

Selbstvertrauen: Um Erfolg zu haben, sollte ein guter Verkäufer Selbstvertrauen besitzen, kontaktfreudig sein und Freude am Umgang mit der Ware haben.

In gewissem Umfang kann man diese persönlichen Eigenschaften auch erlernen. Schließlich sind es Attribute, die, von der Freude am Umgang mit der Ware einmal abgesehen, für jeden Menschen auch im Privatleben erstrebenswert sind. Das Wichtigste ist ein gesundes Selbstvertrauen. Wer dies hat, öffnet sich seinen Mitmenschen, ist in der Lage, auf diese zuzugehen, sie anzusprechen. Selbstvertrauen kann man gewinnen durch Äußerlichkeiten (Aussehen, Kleidung, Auftreten u. a.), Qualifikation (Ausbildung, Fachkompetenz u. a.) und Erfolg (privat und im Beruf). Ein Mitarbeiter, der als Verkäufer im Baustoff-Fachhandel Erfolge haben will, wird zunächst einmal bestrebt sein, alle Erfolgsfaktoren, welche er selbst beeinflussen kann, in seinem Sinne zu gestalten.

Körperpflege: Eigentlich ist ein Minimum an körperlicher Hygiene eine Selbstverständlichkeit, nicht nur gegenüber Kunden, sondern auch gegenüber den Mitarbeitern. Nicht von ungefähr sagt man zu einem Menschen, den man nicht mag: *„Den kann ich nicht riechen."* Dies gilt für Körpergeruch genauso wie für penetrante Duftwässerchen. Auch Alkoholfahnen, insbesondere von Bier und sogenannten Magenbittern, lassen nicht nur Anti-Alkoholiker auf Distanz gehen – oder aber die „Knoblauch-Fahne" nach dem letzten Restaurantbesuch.

Zur Körperpflege gehören auch die Haare, d. h. in der angemessenen Länge mit einer entsprechenden Frisur.

Die Freude am Verkaufen sieht man beiden Damen an. Hier kauft der Kunde gern. *Foto: K. Klenk*

Kleidung: *„Kleider machen Leute"*, das heißt, eine gepflegte und solide äußere Erscheinung hebt nicht nur das persönliche Selbstwertgefühl des Verkäufers, sie sorgt auch für Sympathie und Achtung des Kunden.
Grundsätzlich sollte sich ein Verkäufer in seiner äußeren Erscheinung an seinen Kunden orientieren. Durchaus modisch, aber nicht auffällig!
Leider wird in vielen Betrieben des Baustoff-Fachhandels noch heute zu wenig auf „solche Äußerlichkeiten" wie Kleidung geachtet. Noch immer sehen sich manche Mitarbeiter dem Bauhauptgewerbe zugeordnet und kleiden sich entsprechend: wie auf der Baustelle! Der moderne Baustoff-Fachhandelsbetrieb von heute ist ein Dienstleistungsunternehmen, das sich u. a. über sein Erscheinungsbild profilieren muss. Dazu gehört auch die Kleidung der Mitarbeiter. Ein guter Verkäufer wird sich angemessen kleiden, d. h. er wird sich mit seiner Kleidung orientieren:

- am Durchschnitt seiner Kunden (immer eine Idee besser!),
- am Unternehmen (Betriebsform, z. B. Baustoff-Fachhandel, Baumarkt, Corporate Identity),
- an der Ware (z. B. Schwerbaustoffe, Fliesen),
- am Arbeitsplatz (z. B. Lager, Baumarkt, Fliesenausstellung).

Beispiel

Ein Verkäufer im Baustoff-Fachhandel, der vorwiegend mit dem Bauhandwerk in Kontakt kommt, wäre im dunkelblauen Anzug mit Seidenkrawatte nicht angemessen angezogen: Er wäre „overdressed". Umgekehrt wären in einer anspruchsvollen Fliesenausstellung fleckige, abgenutzte Kordhosen mit entsprechendem Arbeitshemd deplatziert (underdressed).

Viele Baustoff-Fachhändler stellen ihrem Verkaufstetam Kleidungsstücke wie Polo-Shirts, Pullover, Pullunder, modische Hemden bis hin zur firmeneigenen Krawatte zur Verfügung. Für den Kunden wirkt das übersichtlich, da er den Verkäufer sofort identifizieren kann, und verstärkt zusätzlich die „Corporate Identity" (CI).
Dabei versteht sich von selbst, dass die Kleidung aller Mitarbeiter, nicht nur die der Verkäufer, ordentlich und vor allen Dingen sauber ist. So mancher Verkäufer im Baustoff-Fachhandel wird die Kleiderfrage nicht so „eng" sehen. Damit gibt es jedoch ein wichtiges Instrument für den beruflichen Erfolg aus der Hand. Ein Spitzenverkäufer wird schon bei der Kleidung beginnen, sich gegenüber seinen Kollegen im eigenen Betrieb und erst recht der Konkurrenz abzugrenzen. Schon mit seiner äußeren Erscheinung wird er seinen Kunden signalisieren, dass er genau „auf ihrer Wellenlänge sendet". Damit hat er schon vor Beginn des Gesprächs eine gemeinsame Verständigungsbasis für das Verkaufsgespräch geschaffen.

Der firmeneigene Pullover z. B. erleichtert den Kunden die Kontaktaufnahme mit dem Verkäufer. *Foto: Hornbach*

Sach- und Fachkenntnis: Der klassische Baustoff-Fachhandel stellt sich dem Kunden als Fachhandel dar. Der Werbeslogan einer deutschen Baumarktkette bringt es auf den Punkt: *„Kaufen, wo der Profi kauft."* Im Gegensatz zu den Baumärkten, die sich selbst als reine Einzelhandelsvertriebsformen verstehen, ist der Baustoff-Fachhandel der Ort, an dem Handwerk und Bauunternehmer kaufen. Entsprechend ist die Erwartungshaltung der Kunden: Der Profi kauft, weil er professionelle Ware erwartet; der private Bauherr kauft, weil er profihaft die gleichen Produkte wie der Handwerker verarbeiten möchte.
Alle Kunden erwarten darüber hinaus Fachkompetenz des Verkaufspersonals:

- der Profi den gleichwertigen Gesprächspartner,
- der Privatkunde den qualifizierten Berater.

Fehlt es einem Verkäufer an dem erwarteten Sach- und Fachwissen, so leidet darunter seine Kompetenz. Er ist dann für den Kunden, Profi wie Privatmann, kein ernstzunehmender Gesprächspartner mehr. Schlimmer noch, das fehlende Wissen schlägt unmittelbar auf das Image des Unternehmens zurück. Fachlich nicht qualifizierte Verkäufer bringen einen Fachhandelsbetrieb in Misskredit. Erste Voraussetzung für einen guten Verkäufer ist es daher, dass er die Ware, die er verkauft, auch kennt. Er muss auf die wichtigsten Fragen seiner Kunden Antwort geben können.

Beispiel

Ein Bauherr steht an der Theke und weiß nicht so richtig, welches Material er für die Außenwände seines Einfamilienhauses verwenden soll. Er möchte deshalb von dem Verkäufer die Unterschiede zwischen „Porenbeton" und „Poroton" erläutert bekommen. Der Verkäufer nimmt zwei Prospekte aus dem Prospektständer und liest dem Kunden die technischen Eigenschaften vor. Die Reaktion des Kunden ist verständlich: „Lesen kann ich selber!"

Der Verkäufer in unserem Beispiel hat mit seinem Verhalten seine Kompetenz verspielt. Selbst wenn er bei anderen Baustoffen durchaus ein fundiertes Fachwissen haben sollte, würde es der Kunde ihm nicht mehr abnehmen.

Kriterien der Fachkompetenz
Die Kompetenz eines qualifizierten Verkäufers im Baustoff-Fachhandel lässt sich anhand zahlreicher Kriterien dokumentieren.

Präzise Aussagen: Der Verkäufer muss sein Fachwissen mit präzisen Aussagen zum Ausdruck bringen. Schwammige

Aussagen oder ein unnötiges Drum-Herumreden decken Wissenslücken sehr schnell auf.

Mehr wissen als der Kunde: Heute informieren sich eine Vielzahl von Bauherren und Heimwerkern online ober aber über Zeitschriften. Dadurch haben sie meistens alle wichtigen Grund-Informationen, wenn sie den Fachhandel aufsuchen. Dieser Wissensstand ist dann auch für einen Verkäufer im Baustoff-Fachhandel das absolute Minimum. Sonst besteht die Gefahr, dass es heißt: „Kunde berät Verkäufer."

Wissensgrenzen erkennen: Es kann bei der Vielzahl moderner Baustoffe immer vorkommen, dass ein Verkäufer nicht zu allen Fragen eine Antwort weiß. Kein Kunde wird es ihm dann verübeln, wenn er einen Kollegen zu Hilfe ruft. Schon die Tatsache, dass ein Verkäufer die Grenzen seines Wissens kennt und dies auch zugibt, lässt ihn in den Augen des Kunden kompetent und glaubwürdig erscheinen. Ein Verkäufer, der um seine Wissensgrenzen nicht weiß, macht sich dagegen nur lächerlich.

Im Team kennt jeder Verkäufer die besonderen Fachkompetenzen der Kollegen und kann einen Kollegen um Unterstützung bitten.
Foto: EBM, Emsdetten

Ware im Zusammenhang sehen: Neben der unmittelbaren Warenkenntnis sollte der Verkäufer im Baustoff-Fachhandel die wichtigsten Materialien auch in ihren Zusammenhängen sehen. So sollte er z. B. beim Verkauf von Dämmstoffen wissen, dass es eine Wärmeschutzverordnung gibt, in der Art und Umfang der Dämmung im Hochbau definiert sind. Er sollte wissen, dass es im Baubereich eine Reihe von DIN-Normen gibt, die zu beachten sind. Um Privatkunden richtig beraten zu können, sollte er darüber hinaus in Ansätzen auch Verarbeitungshinweise geben können.

Merkblätter und Dokumentationen der Fachverbände und Hersteller bieten genauere Informationen zu Bausystemen, bautechnischen und baurechtlichen Zusammenhängen.
Abb.: Bundesverband Gipsindustrie

Kenntnis des Wettbewerbs: Es versteht sich von selbst, dass ein Verkäufer die Waren kennt, die er verkaufen möchte. Von einem guten Verkäufer muss man darüber hinaus erwarten können, dass er auch über die Erzeugnisse informiert ist, die mit „seinen" Materialien in Wettbewerb stehen. Auch ein noch so überzeugter Verkäufer von Mineralwolle sollte wissen, dass es auch andere Dämmstoffe gibt (z. B. Polystyrol (EPS), Schafwolle u. a.). Er sollte über die Produktpalette und die wichtigsten Eigenschaften des Wettbewerbs informiert sein.

Ware im Markt sehen: Ein guter Verkäufer sollte auch den Markt der von ihm verkauften Waren im Auge behalten. Grundkenntnisse über Produktion, Vertrieb und Verbrauch können erwartet werden. Speziell im Verkauf an den Profi spielen das Vertriebssystem und die Bedeutung eines Artikels am Markt eine große Rolle. Wichtig kann hier auch die weitere Entwicklung des Marktes sein. So erwartet der Kunde von einem qualifizierten Verkäufer Hinweise zur Marktentwicklung. *„Baue ich mit diesem Material noch zeitgemäß?"*, so wird ein Bauherr fragen. *„Kann ich meinen Kunden für dieses Ziegelmodell auch noch in zehn Jahren Ersatz bieten?"*, fragt ein Dachdecker.

Problemorientiert beraten: Auch über die typischen Probleme seiner Kunden sollte der Verkäufer Bescheid wissen. So sollte der Fliesenverkäufer um die Problematik der Verlegung von keramischen Fliesen im Freien wissen. Er muss die Frage der Frostsicherheit von Platten bei der Verlegung im Außenbereich berücksichtigen und seine Kunden gegebenenfalls auf mögliche Gefahren hinweisen. Fragen zur Umweltverträglichkeit einzelner Materialien sollte er ernst nehmen und qualifiziert beantworten können. Bei Privatkunden wird er im Auge behalten, dass diese erfahrungsgemäß Schwierigkeiten bei der Verarbeitung mancher Baustoffe haben.

All diese verschiedenen Aufgaben sind insgesamt eine enorme Herausforderung. Ein moderner Baustoff-Fachhandelsbetrieb führt als Vollsortimenter zwischen 3 000 und 5 000 verschiedene Artikel. Ist ein Baumarkt angeschlossen, so kann das Sortiment schnell auf 30 000 und mehr Artikel anwachsen. Detailkenntnisse über das gesamte Sortiment hinweg können da nicht mehr erwartet werden. Jeder Verkäufer muss sich aber spezialisieren, d. h. sich in Teilbereichen ein vertieftes Fachwissen aneignen.
In allen übrigen Bereichen sollte er zumindest einen groben Überblick haben.

In der betrieblichen Ausbildung lernen die angehenden Baustoff-Fachhändler den Umgang mit den Produktinformationen der Hersteller, um als kompetente Berater ihrer Kunden erfolgreich zu sein.
Foto: Gebr. Ott/K. Klenk

Wichtige Informationsmittel: Das Wissen kann sich der Verkäufer auf die unterschiedlichsten Arten aneignen:

- Prospekte und technische Merkblätter der Hersteller,
- Informationen aus dem Internet,
- Fachzeitschriften (z. B. *baustoffmarkt, baustoffpraxis* u. a.),
- Fachbücher wie (z. B. *Baustoffkunde für den Praktiker* u. a.),

Einen fundierten Überblick über Baustoffe, Bausysteme und Anwendungen gibt das regelmäßig aktualisierte Fachbuch *Baustoffkunde für den Praktiker.*

Aktuelle Informationen zu Produkten und Bautechnik bietet die Fachzeitschrift *baustoffpraxis.*

- DIN-Normblätter und -Taschenbücher,
- Merkblätter der Fachverbände,
- spezielle Verkaufshilfen der Hersteller für den Handel (z. B. Argumentationshilfen für Verkäufer),
- Schulungsveranstaltungen der Hersteller,
- Warenkundeschulungen durch Verbände und Kooperationen (z. B. Zertifizierungskurs „Modernisierungs-Fachberater/in im Baustoff-Fachhandel" BDB).

Fachliche Qualifikation im Bereich Modernisierung *Abb.: BDB*

Objektive Informationsquellen: Die objektive Informationsquelle für den Verkäufer im Baustoff-Fachhandel gibt es nicht. Aufgrund der ungeheuren Vielfalt eines modernen Baustoff-Fachhandelssortiments ist zwangsläufig jede um Objektivität bemühte umfassende Warenkundeschulung schon im Ansatz zum Scheitern verurteilt. Neutrale, herstellerübergreifende Warenkundeseminare bewegen sich deshalb mehr im Allgemeinen, ohne allzu sehr in die Details gehen zu können. Anfänger erhalten durch solche Schulungen den notwendigen Überblick. Alte „Verkaufshasen" sehen sich häufig in ihren Erwartungen getäuscht. Ihnen fehlen die Tiefe der Informationen und vor allem der Praxisbezug.

Herstellerschulungen: Informationsveranstaltungen bei Herstellern können, wenn sie gut gemacht sind, relativ schnell umfassende Warenkenntnisse vermitteln. Meistens werden neben rein technischen Informationen auch die notwendigen Marktkenntnisse vermittelt. Die Besichtigung der Produktionsanlagen weckt das Verständnis der Schulungsteilnehmer für das Material („Wissen, wie es hergestellt wird"). Ausführungen zur Marktposition des Produkts und zur Marketingkonzeption runden das Bild ab.

Ein besonderes Informationsangebot an die Auszubildenden des Baustoff-Fachhandels sind die „Azubi-Tage", die vom Aus- und Weiterbildungsportal baustoffwissen.de mit verschiedenen Baustoffherstellern durchgeführt werden, beispielsweise am Sitz der Isover Akademie in Ladenburg. *Foto: baustoffwissen.de/Isover*

Skepsis ist gegenüber guten Herstellerseminaren nicht angebracht. Auch wenn ein Hersteller bestrebt sein wird, zunächst einmal sein eigenes Produkt darzustellen, vermittelt er darüber hinaus wichtige Produktinformationen für die gesamte Warengruppe.

Hinzu kommt, dass kein Kunde von einem Verkäufer völlige Objektivität erwarten wird. Er ist sich durchaus darüber im Klaren, dass ein Verkäufer zunächst die Ware empfehlen wird, die sein Unternehmen führt. Es liegt nahe, dass sich der Verkäufer dabei die Argumente „seines" Lieferanten zu eigen macht.

Moderne Herstellerschulungen werden als Verbundschulungen durchgeführt. Es wird z. B. nicht nur über Dachdämmung referiert, sondern das Thema könnte „Dachausbau" lauten. Ebenso ist es heute normal, dass zum Thema Dämmung Hersteller verschiedener Produkte gleichzeitig eingeladen werden und diese ihre Möglichkeiten präsentieren. Hierbei ist darauf zu achten, dass sich die Referenten nicht schlecht über das Wettbewerbsprodukt äußern.

Ein guter Verkäufer wird sich bei allen Schulungen seine eigenen Gedanken machen. Er wird versuchen, alle ihm zugänglichen Informationsquellen auszuschöpfen, um sich selbst ein eigenes Urteil zu bilden.

Hintergrundinformationen: Besonders praxisnahe Hintergrundinformationen erhalten aufmerksame Verkäufer durch das Gespräch mit Anwendungstechnikern der Lieferanten, Verarbeitern und Kunden. Hilfreich sind in diesem Zusammenhang persönliche Aufzeichnungen, mit denen die allgemein zugänglichen Informationen vertieft und abgerundet werden können.

Fachhandelsschulung bei einem Hersteller *Foto: Nowebau*

Allgemeinbildung

Über die reine Warenkenntnis hinaus sollte sich ein Verkäufer seinen Kunden als intelligenter, ernstzunehmender Gesprächspartner empfehlen. Die Ansprüche der Kunden an Verkäufer werden größer. Fachwissen wird zwar erwartet, doch genügt es allein nicht mehr für ein erfolgreiches Verkaufsgespräch. Das ernsthafte Verkaufsgespräch besteht nicht nur aus dem Austausch von Fachinformationen. Je nach Art der Ware, Umfang der Auftragssumme und Bedeutung des Kunden kommen auch persönliche Erlebnisse oder aktuelle Tagesthemen zur Sprache. Dann sollte der Verkäufer mithalten können. Ein „kluger Kopf" genießt zunächst Vertrauensvorschuss.

Beeindruckt von dem Wissen des Verkäufers, wird der Kunde auch bereit sein, dem fachlichen Rat zu vertrauen. Hier scheitern sogenannte „Fachidioten". Häufig fehlt ihnen der notwendige Überblick. Mangels Allgemeinbildung können sie sich nicht mit ihrem Gegenüber austauschen. Verunsichert flüchten sie sich in ihr Fachwissen. Der Kunde wird mit Fachausdrücken „erschlagen", aber sein Problem wird nicht erkannt, eine Problemlösung nicht angeboten.

Exkurs

Grundlagen der Kommunikation

Kommunikation findet immer dann statt, wenn ein Mensch das Verhalten eines anderen beeinflusst – und zwar auch, wenn nicht gesprochen wird. Kommunikation ist also umfassender als nur die Sprache. Das gesprochene Wort ist lediglich ein Teil der Kommunikation – wenn auch der wesentliche. Die anderen sind Bereiche aus der Körpersprache wie Gestik und Mimik.

Um die Kommunikation im Verkaufsgespräch besser verstehen zu können, muss man sich die Grundsätze der Kommunikation, die überall und nicht nur im Baustoff-Fachhandel gelten, einmal näher vor Augen führen. Diese erleichtern es allgemein, Verhalten und Reaktion von Kunden besser zu verstehen. Der österreichische Kommunikationswissenschaftler Paul Watzlawick hat diese Regeln der Kommunikation aufgestellt und sie als „pragmatische Axiome", sogenannte wissenschaftliche Wahrheiten, bezeichnet.

► Das erste Axiom lautet:

„Man kann nicht nicht kommunizieren!"

Anders ausgedrückt: Auch wenn der Verkäufer schweigt, steht oder sitzt, kommuniziert er etwas. Der Verkäufer, der sich hinter seinem Bildschirm versteckt, kommuniziert, ohne dass er etwas gesagt hat: „Ich habe kein Interesse am Kunden."

► Das zweite Axiom lautet:

„Jede Kommunikation hat einen Inhalts- und Beziehungsaspekt, derart, dass letzterer den ersten bestimmt!"

Mit anderen Worten ausgedrückt heißt dies, dass jede zwischenmenschliche Beziehung auf zwei Ebenen gleichzeitig stattfindet: auf der Verstandesebene (hier geht es um die sachliche Argumentation) und auf der Gefühlsebene (hier geht es um die Gefühle, um das Empfinden, also die menschliche Beziehung der Gesprächspartner). Schafft es der Verkäufer nicht, die Sympathie oder zumindest die Akzeptanz des Kunden zu gewinnen, so kann er die tollsten Verkaufsargumente auftischen, er wird nicht zum Abschluss kommen.

► Das dritte Axiom lautet:

„Die Natur einer Beziehung ist durch die Interpunktion der Kommunikationsabläufe seitens der Partner bedingt!"

Dies bedeutet, dass sowohl Verkäufer als auch Käufer Beziehungen zueinander aufbauen, die von ihrem Standpunkt und von ihrer jeweiligen Auffassung auf die Kommunikationsabläufe übertragen werden. Der Verkäufer versteht nicht, wenn der Käufer nicht einsieht, dass er durch den Kauf Vorteile erzielen kann. Der Käufer kann das seinerseits nicht einsehen, weil er der Auffassung ist, dass der Verkäufer und dieser Baustoff-Fachhandel ihm keine Vorteile bringen können. Derartige Interpunktionsfehler lassen sich nur durch die Änderung der Gesamtsituation beseitigen (z. B. neuer Verkäufer).

► Das vierte Axiom ist ebenfalls wichtig für den Verkauf. Es lautet:

„Menschliche Kommunikation bedient sich digitaler und analoger Modalitäten!"

Objekte lassen sich entweder durch eine bildliche Darstellung (Analogie) oder durch Nennung eines Namens darstellen. D. h., ein Verkäufer kann mit Worten einen Verkaufsgegenstand darstellen, oder auch ein Bild vorlegen oder aufzeichnen, das den Gegenstand darstellt. Was in Hinblick auf den Verkaufs-

Ein Verkäufer mit guter Allgemeinbildung wird auch sein Fachwissen richtig einsetzen können. Er wird sich aber davor hüten, seinen Kunden wie ein Schulmeister zu belehren. Und dabei kommt es letztlich auch nicht auf die Vorbildung des Verkäufers an.

2.2 Das Verkaufsgespräch

Um einen guten Verkaufsabschluss zu erreichen, ist das Verkaufsgespräch im Baustoffhandel immens wichtig.
Ein Verkäufer muss es so führen, seine Verkaufsargumente so geschickt vorbringen und im Umgang mit Kunden so sicher sein, dass er am Ende „den Sack zumachen kann".
Jedes Verkaufsgespräch verläuft dabei anders. So sind im Baustoff-Fachhandel die Ausgangslagen sehr unterschiedlich:

Baumarkt

Im Baumarkt hat der Verkäufer in der Regel nur wenige Möglichkeiten für ein „richtiges" Verkaufsgespräch. Diese Verkaufsform ist schon vom System her nicht auf Beratung, sondern auf Selbstbedienung (SB) ausgelegt. Auch der Personalstand lässt in den meisten Betrieben eine qualifizierte Beratung der Kunden nicht zu. In der Praxis wird daher der Kunde auf den Verkäufer zukommen und ihn um Beratung bitten. Diese wird sich auf einige Produkthinweise beschränken.

Im Baumarkt muss der Kunde Beratung anfordern. *Foto: Toom Baumarkt*

Baustoff-Facheinzelhandel

Dieser nimmt im Baustoff-Fachhandel eine Zwitterstellung zwischen dem reinen SB-Handel und dem qualifizierten Beratungshandel ein. Diese Verkaufsform trägt dem gewandelten Einkaufsverhalten Rechnung, ohne dabei die positiven Elemente des Fachhandels – die qualifizierte Beratung – aufzugeben.
Die Grundidee lässt sich mit einem Satz zusammenfassen: *„So viel Selbstbedienung wie möglich – so viel Beratung wie nötig!"*
Auch in einem SB-Markt gibt es viele Kunden, die gerne beraten werden möchten. Dem Verkäufer im Baustoff-Facheinzelhandel bietet sich somit immer wieder die Chance zu einem qualifizierten Verkaufsgespräch. Diese Chance birgt jedoch auch ein Problem des Fachmarktes in sich. Der Verkäufer benötigt sehr viel Sensibilität, um zu erkennen, ob ein Kunde allein gelassen werden möchte oder ob er Beratung wünscht. Bequeme oder kontaktscheue Mitarbeiter werden in einem Fachmarkt nur selten zu einer Beratung kommen. Engagierte Verkäufer haben demgegenüber ständig Gelegenheit zu einem gewinnbringenden Verkaufsgespräch.

Kommunikation „pur": Gesprächsszenen auf dem Messestand eines Baustoff-Herstellers *Foto: BAU2015/Isover*

abschluss erfolgreicher ist, ist im Einzelfall abzuwägen. Allgemein ist zu sagen, dass ein Verkaufsgespräch beide Modalitäten in einer gesunden Mischung beinhalten sollte. In der Gehirnforschung spricht man dann davon, dass beide Gehirnhälften des Menschen angesprochen werden: die linke Gehirnhälfte, die die digitalen Argumente wie Zahlen, Preise, Normen, Maße etc. verarbeitet und die rechte Gehirnhälfte, die die analogen Punkte wie eine schöne Fliese, das junge frische Bad oder die Wärme eines Parkettbodens aufnimmt. Hier spricht man auch von gehirngerechter Argumentation im Verkaufsgespräch. Dies sind nur einige Grundüberlegung aus der Psychologie, die für die Verkaufspsychologie sehr wichtig sind und die in den folgenden Kapiteln immer wieder als Grundlagen und Gesetze zu finden sind.

Auch im Bau-Fachmarkt besteht die Chance zu einem qualifizierten Verkaufsgespräch. *Foto: Stark Baustoffe, Furtwangen*

Traditioneller Baustoff-Fachhandel
Diese Verkaufsform lebt von der qualifizierten Beratung. Sie ist das richtige Tätigkeitsfeld für den besonders motivierten und qualifizierten Fachverkäufer. Speziell der private Bauherr erwartet das Beratungsgespräch und ist bereit, den Verkaufsargumenten des Fachmannes zu folgen.
Auch der Profikunde, Handwerker oder Planer ist einer Beratung durch gute Fachverkäufer zugänglich. Die schnelle Entwicklung im Baustoffbereich macht den Markt auch für den Verarbeiter immer undurchschaubarer. Er kennt zwar die herkömmlichen Produkte, mit denen er regelmäßig arbeitet, hat aber selten die Zeit, sich über neue Materialien so zu informieren, dass er diese ohne Weiteres in der Praxis einsetzen könnte. Hier ist die Beratung durch den guten Verkäufer gefragt. Hier liegen die Chancen für das klassische Verkaufsgespräch an der Theke.

Fachverkäufer und GaLaBauerin: Fachberatung auf hohem Niveau
Foto: Schmeisser Baustoffe/Baustoffring

Baustoffverkäufer im Außendienst
Mit dieser Verkaufsform kennt sich der Verkaufsprofi aus. Beim Verkaufen in den Geschäftsräumen weiß der Verkäufer nie, welcher Kunde in den nächsten Minuten auf ihn zukommen wird. Im Außendienst kann er sich auf die zukünftigen Verkaufsgespräche vorbereiten.
Seine Profikunden kennt er in den allermeisten Fällen. Besucht er private Bauherrn, so kann er auch zu diesen Vorinformationen einholen. Auf jeden Fall hat er die Chance, sich auf die Verkaufsgespräche optimal vorzubereiten. Darüber hinaus haben sich auch die Kunden, soweit Termine vorher vereinbart wurden, auf den Besuch eingestellt, sodass in der Regel mehr Zeit für das Verkaufsgespräch zur Verfügung steht als in den Verkaufsräumen des Betriebes.
Die unterschiedlichen Verkaufsformen im Baustoff-Fachhandel zeigen, wie vielfältig die Verkaufssituation für einen Verkäufer in dieser Branche ist. Hinzu kommt, dass kein Käufer dem anderen gleicht. Für den Verkäufer heißt dies, dass er mit den verschiedensten Charakteren zurechtkommen muss. Die Stimmungslage eines Kunden kann einem Verkaufsgespräch eine eigene Richtung geben. Ein Käufer, der sich gestern noch als angenehmer Gesprächspartner dargestellt hatte, kann heute schon ein wahres Ekel sein, nur weil er möglicherweise Ärger am Arbeitsplatz hatte.
Es liegt am Verkäufer, sich auf die Stimmungen seines Kunden einzustellen. Das Trainieren von Verkaufsgesprächen hilft dem Verkäufer dabei, seinem Kunden in den verschiedenen Situationen mithilfe der richtigen Verkaufstechnik zu begegnen.
Diese erlernten Techniken, Menschenkenntnis – auch die ist in gewissem Umfang lernbar – und Freude am Umgang mit Menschen gewähren, dass sich der gute Verkäufer in allen Situationen zurechtfindet und erfolgreiche Verkaufsabschlüsse tätigt.

2.3 Die Sprache – das Werkzeug des Verkäufers

Sprache ist mehr als reine Informationsvermittlung. Sie ist Ausdruck der Persönlichkeit des Sprechenden. Das Eingeständnis „Der spricht nicht meine Sprache." hat nichts mit Fremdsprachen zu tun. Es bedeutet vielmehr die Feststellung, dass man menschlich nicht zueinander passt. Ein solcher Mensch wird sagen können, was er will, er wird bei seinem Zuhörer kein Verständnis finden. Es fehlt an einer Verständigungsmöglichkeit, der gemeinsamen Sprache. Aus diesem Grunde ist es für einen Verkäufer wichtig, dass er „die Sprache seines Kunden spricht". Das heißt, er muss sich dem Kunden gegenüber nicht nur verständlich machen, er muss ihn auch menschlich richtig ansprechen können. Ein Verkäufer sollte natürlich und einfach sprechen, damit ihn der Kunde verstehen kann. Ein Verkäufer, der glaubt, seine Überlegenheit durch eine gestelzte Ausdrucksweise mit vielen technischen Fachausdrücken und Fremdwörtern dokumentieren zu müssen, entlarvt nur eines, nämlich das Unvermögen, sein Fachwissen praxisnah umzusetzen. Negativ wirken auch unschöne Angewohnheiten wie „Äh", „Woll", der ständige Gebrauch von Modewörtern sowie nichtssagende Phrasen. Der Kunde erwartet von einem Verkäufer anfangs ein wenig „Smalltalk", dann aber erwartet er Informationen.
Ein Verkäufer sollte auch die deutsche Hochsprache beherrschen. Dialekte sind etwas Schönes und mögen unter Einheimischen auch angebracht sein. Unbekannten Kunden gegenüber oder Kunden, von denen der Verkäufer weiß, dass sie keinen Dialekt sprechen, sollte er sich in Hochdeutsch verständlich machen können. Jeder Verkäufer sollte hin und wieder sein Sprechverhalten kontrollieren. Dabei genügt es nicht, sich selbst beim Sprechen zuzuhören. Am besten ist die Kontrolle durch die Aufnahme des eigenen Gesagten.

Rhetorik
Rhetorik ist die Kunst der Rede. So wie in der Politik auch, ist die Rhetorik auch im „einfachen" Verkaufsgespräch ein ganz besonders wichtiges Instrument des Verkäufers.
Für viele Verkäufer spielt bei der Argumentation im Verkaufsgespräch in erster Linie der Preis, dann die Ware und vielleicht auch noch der Kundendienst eine Rolle. Dabei übersehen sie, dass es nicht nur darauf ankommt, was gesagt wird, sondern dass das „Wie", also Inhalt und Formulierung sowie

die Sprechtechnik, in vielen Fällen über Erfolg oder Misserfolg eines Verkaufsgesprächs entscheiden können. Es gibt Politiker, die brillante Rhetoriker sind. Die Zuhörer sind begeistert. Alle Aussagen überzeugen, sind scheinbar logisch, und man kann nur zustimmen. Erst beim Überdenken der Rede wird dem Zuhörer bewusst, wie wenig Gehalt die Rede dieses Politikers hatte. Das Beispiel zeigt, dass es auch bei einer Rede nicht nur auf den Inhalt, sondern auch auf die „Verpackung" ankommt.

Im normalen Verkaufsgespräch wird überzogene Rhetorik beim Kunden auf Unverständnis stoßen, ja lächerlich wirken. Was ein Verkäufer sagt, muss stimmen. Falsche Versprechungen, rhetorische Tricks, mit deren Hilfe der Kunde übertölpelt wird, bringen nur kurzfristigen Erfolg. Ein seriöser Verkäufer wird solche Verkaufspraktiken nicht einsetzen. Daher kann es nur darum gehen, wahre Verkaufsargumente rhetorisch wirkungsvoll im Verkaufsgespräch zu formulieren.

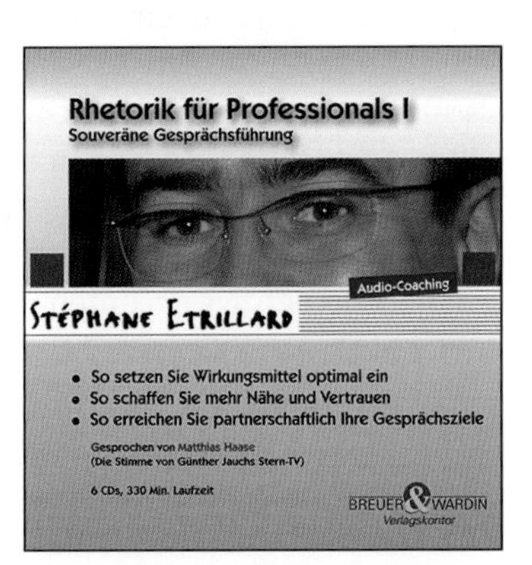

Verkaufsprofis wissen: Soll das Verkaufsgespräch erfolgreich sein, müssen Argumente nicht nur inhaltlich gut, sondern auch rhetorisch wirkungsvoll formuliert sein.

Gesprächstechniken
Die Kunst der Rhetorik ist nicht jedem in die Wiege gelegt. Richtige Gesprächstechnik versetzt den Verkäufer in die Lage, das Verkaufsgespräch zu „kontrollieren". Einige formale Gesprächstechniken – quasi das Handwerkszeug einer guten Rede – lassen sich jedoch erlernen.

Aussprache: Die Aussprache des Verkäufers muss deutlich sein. Er will dem Kunden etwas sagen, und dies sollte dieser auch ohne Probleme verstehen können. Nuscheln oder das Verschlucken von Silben ermüdet den Zuhörer und lässt ihn geistig „abschalten".

Lautstärke: Ein Verkäufer sollte weder zu laut noch zu leise sprechen. Die richtige Lautstärke hängt von der Situation ab. In einer ruhigen Fliesenabteilung wird man nicht so laut sprechen müssen wie im Freilager, wo vielleicht gerade der Dieselstapler einen Lkw entlädt. Ein Wechsel der Lautstärke lässt die Rede lebendig wirken.

Sprechtempo: Auch hier ist das goldene Mittelmaß unerlässlich. Langsame Sprechweise betont wichtige Aussagen. Unbequeme Themen können durch schnelle Passagen „übergangen" werden. Wechselndes Sprechtempo erhöht allgemein den Aufmerksamkeitsgrad.

Sprechpausen: Ein wichtiges Instrument der Rhetorik ist der gezielte Einsatz von Sprechpausen. Mit einer kurzen Pause wird ein unkonzentriert zuhörender Gesprächspartner „geweckt" und zum Thema zurückgeholt.

Mit einer Sprechpause kann der Verkäufer auch nach überraschenden Fragen des Kunden Zeit zum Nachdenken gewinnen.

Beispiel

Der Kunde: „Das ist ja alles schön und gut, was Sie da erzählen, aber erklären Sie mir mal, warum Sie dieses Dachflächenfenster so teuer verkaufen? Im Baumarkt ABC kostet es 50 Euro weniger."
Der Verkäufer: „Ihre Frage ist berechtigt." Kleine Pause. (Auf diese Weise antwortet er sofort, gewinnt jedoch Zeit zum Überlegen!) „Natürlich könnten wir Ihnen ein anderes Fenster genauso billig anbieten. Doch wäre das für Sie nicht unbedingt von Vorteil.
Sehen Sie, wir bieten Ihnen ein Markenfenster, in unserer Ausstellung können Sie verschiedene Fenster vergleichen, wir haben einen Kundendienst usw. ..."

Das Beispiel macht deutlich, dass geschickte Gesprächstechnik vor Überraschungen schützt. Dadurch gewinnt der Verkäufer an Sicherheit im Gespräch und kann Berührungsängste zum Kunden abbauen.

Rhetorische Fragen: Viele Menschen fangen an zu stammeln, wenn sie überraschend angesprochen werden. Entsprechend reagieren sie mit „Also ...", „Äh ..." u. a. Auf einen Kunden wirkt solch eine Antwort nicht gerade vertrauenerweckend.
Durch einen kleinen Trick kann man sich diesem Überraschungseffekt entziehen: Man antwortet auf der Stelle, zunächst aber mit einer rhetorischen Frage oder einer allgemeinen Einleitung – solche kann man sich antrainieren –, erst dann beantwortet man die konkrete Frage des Kunden.

Beispiel

Wutentbrannt steht ein Kunde an der Theke und fährt den Verkäufer an: „Der Fliesenkleber, den Sie mir gestern verkauft haben, ist der größte Mist!"
Antwort des Verkäufers: „Verstehe ich richtig, Sie waren mit dem Kleber nicht zufrieden? Können Sie mir das bitte genauer erklären?"

Natürlich hat der Verkäufer den Kunden gleich richtig verstanden. Doch durch dieses Nachfragen und die Bitte um weitere Erklärung hat der Verkäufer zunächst einmal Zeit gewonnen.
Nun ist der Kunde wieder an der Reihe und muss sich erklären. Er muss nun seinerseits nachdenken und seine Gedanken ordnen. Darüber hinaus fühlt er sich vom Verkäufer ernst genommen. Der Verkäufer kann sicher sein, dass nach der Erklärung der erste Zorn des Kunden verraucht sein wird. Damit wird er jetzt sachlichen Argumenten zugänglicher sein als zu Beginn seiner Schimpfkanonade. Gleichzeitig

kann der Verkäufer im Gespräch feststellen, warum sein Gegenüber Probleme mit dem Fliesenkleber hatte. Er kann sich schon eine Lösung überlegen und auf diese Weise dem Kunden demonstrieren, welche Bedeutung „Dienst am Kunden" bei ihm hat.

Grundregeln der Gesprächstechnik
(Nach: Stangl, Anton, *Verkaufen muss man können*)
Bei der Gesprächstechnik geht es darum, den Kunden mit der richtigen Gesprächsführung „abzuholen", z. B.:

- lebendig sprechen (nicht monoton): in Lautstärke, Geschwindigkeit und Tonhöhe dem Inhalt gemäß wechseln,
- einen besonders wichtigen Punkt als solchen ankündigen (Spannungserregung),
- Argumentationshöhepunkte: langsam und leise, Technik des Silbe-für-Silbe-Sprechens,
- mit Pausen arbeiten: Zeit geben für volles Aufnehmen und Verarbeiten, aber nur da, wo sie für uns arbeitet,
- wenn der Kunde nicht zuhört: überraschende kurze Pause oder kleiner „Zwischenfall",
- die Sprache des Kunden sprechen,
- ganz anschaulich aus dem Alltagserleben des Kunden heraus beschreiben,
- durch richtige Wortwahl die richtigen Gedankenverbindungen wecken,
- klare und überzeugende, wirkungsvolle Formulierungen (sammeln), aber keine Routinephrasen und Einheitsformulierungen,
- Vorsicht vor Superlativen.

Argumentationstechnik
Bei der Argumentationstechnik hingegen geht es darum, Kundeneinwände so umzugestalten, dass sie in ihrer Aussage relativiert werden oder sogar die Argumentation des Verkäufers unterstützen. Darüber hinaus muss der Verkäufer lernen, seine positiven Verkaufsargumente möglichst wirksam im Verkaufsgespräch einzusetzen.

Bedeutung von Kundeneinwänden
Wie schon im Kapitel Gesprächstechniken erwähnt, ist die Einwandbehandlung ein wichtiger Teil des Verkaufsgesprächs. Doch gerade hier werden die meisten Fehler gemacht. Viele Verkäufer erkennen nicht, was hinter Kundeneinwänden steht.
Die nachfolgenden Beispiele machen eines deutlich: Für eine erfolgreiche Einwandbehandlung ist neben guter Argumentationstechnik auch solides Fachwissen unabdingbar. Oberflächliches Geschwätz wird vom Kunden sehr schnell als solches erkannt, und die beste Argumentationstechnik hilft dann dem Verkäufer nicht mehr weiter.

Der Kunde ist interessiert: Kundeneinwände müssen positiv gesehen werden. Einem guten Verkäufer zeigen sie an, dass Interesse an der Ware besteht.

Beispiel

Eine Kundin sucht bei einem Baustoffhändler Fliesen für ihr Bad. Nach einiger Zeit des Suchens stellt sie fest: „Diese Fliesen gefallen mir gut, aber sie sind sehr teuer!" Der Verkäufer antwortet: „Sie haben recht. Aber wir haben da noch eine Mindersorte, die sieht fast gleich aus, ist aber viel billiger."

Dieser Verkäufer hat den Einwand der Kundin falsch verstanden. Die Kundin wollte den Preis nicht kritisieren, sie wollte nur eine Bestätigung dafür, dass diese schönen Fliesen ihr Geld wert sind. Mit dem Hinweis auf die billigere Mindersortierung hat er die teuren Fliesen entwertet. Für Einmaliges sind Kunden gerne bereit, etwas mehr auszugeben.
Hätte der Verkäufer argumentiert: *„Sie haben recht, diese Fliesen sind nicht billig, dafür haben sie jedoch ein exklusives Dekor, das Sie in dieser Qualität und zu diesem Preis kaum mehr finden werden!"*, wäre der Preis kein Thema mehr. Selbst

Exkurs

Argumentations-Kette

Es ist eine psychologische Erkenntnis, dass sich bei einer Kette von Argumenten das letzte beim Zuhörer am tiefsten einprägt. Viele Verkäufer argumentieren aus dieser Sicht falsch. Sie tragen das stichhaltigste Argument zuerst vor. Die schwachen Argumente folgen. Auf diese Weise „verschießen sie unnötigerweise ihr Pulver" zu einem Zeitpunkt, wo es kaum Wirkung entfaltet. Dann, wenn es darauf ankommt, bleiben nur noch schwache Argumente übrig. Das führt dazu, dass am Ende dem Preis eine Bedeutung zukommt, die dieser bei richtiger Argumentation gar nicht hätte. Diese Gesetzmäßigkeit wird von Verkaufspsychologen in der sogenannten Stufenregel festgehalten (Rüde-Wissmann, Wolf; Super-Selling, München 1989, S. 31).

Um die Aufmerksamkeit des Kunden zu erregen, wird zunächst einmal das zweitbeste Argument vorgetragen. Dann wird eine Argumentstreppe aufgebaut, bei der quasi vom schwächsten Argument (als niedrigster Stufe) nach und nach jeweils stärkere Argumente vorgetragen werden, bis der höchste Punkt der Treppe mit dem stärksten Argument als Höhepunkt erreicht wird. Dieses letzte Argument bleibt dann im Gedächtnis des Kunden haften.

Wenn einem Verkäufer im Baustoff-Fachhandel als letztes Argument nur der Preis einfällt, braucht er sich über das Preisbewusstsein seiner Kunden nicht wundern.

wenn die Kundin von sich aus vergleichbare Fliesen als Mindersortierung findet und feststellt: *„Aber diese Fliesen sind ja viel billiger!"*, kann der Verkäufer immer noch argumentieren: *„Ja, aber hier handelt es sich um eine Mindersortierung. Das heißt, das Material ist mit Fehlern behaftet und entspricht nicht der DIN."*
Im Ergebnis wird die Kundin die teuren, aber höherwertigen Fliesen kaufen.

Der Kunde wünscht mehr Informationen: Nicht selten scheinen Kunden einer Ware im Verkaufsgespräch ablehnend gegenüberzustehen. Sie äußern sich negativ. Ein geschickter Verkäufer wird sich nicht irritieren lassen. Er wird zu klären versuchen, warum der Kunde diese ablehnende Haltung einnimmt.

Beispiel

Ein Ehepaar lässt sich in einem Baufachmarkt über die Deckenverkleidung in seinem Wohnzimmer beraten. Dem Ehemann würden Holzpaneele gefallen. Die Ehefrau lehnt Holzdecken ab. Sie wendet ein: „Holzdecken müssen behandelt werden. Ich mag aber kein Gift in meiner Wohnung!"

Zum Verkaufsgespräch gehört auch der richtige Umgang mit Kundeneinwänden.
Foto: Hornbach

Der Verkäufer muss die Bedenken der Frau ernst nehmen. Die Frau hat grundsätzlich nichts gegen Holzdecken. Sie ist nur verunsichert durch die öffentliche Diskussion über die Schädlichkeit von Holzschutzmitteln. Was sie wünscht, ist eine kompetente Beratung durch den Verkäufer.
Der Verkäufer: „Meine Dame, Sie brauchen sich da keine Sorgen zu machen. Im Innenbereich ist eine Imprägnierung der Holzdecken nicht notwendig. Sie können das Holz mit Bienenwachs versiegeln oder wasserlösliche Lasuren verwenden, die keine Lösungsmittel enthalten, dem Holz aber eine schöne Oberfläche geben."

Der Kunde sucht Entscheidungshilfe: Häufig können sich Kunden auch nicht entscheiden. Durch Einwände versuchen sie den Verkäufer aus der Reserve zu locken und ihm die Entscheidung für eine bestimmte Ware zuzuschieben. Vorsicht! Ein Verkäufer, der sich an dieser Stelle ungeduldig und vorschnell festlegt, könnte sehr leicht in Argumentationsnöte kommen, wenn der Kunde dann doch zu etwas anderem tendiert. Vernünftigerweise wird ein Verkäufer mit seinem unsicheren Kunden das Für und Wider der einzelnen Waren durchsprechen. Er wird dann bald erkennen, auf was es dem Kunden ankommt und seine Argumentation entsprechend ausrichten. Die Entscheidung bleibt jedoch beim Kunden.

Der Kunde sucht einen kompetenten Gesprächspartner: Verkäufer müssen sich darüber im Klaren sein: Moderne Kunden sind in hohem Maße vorinformiert, und das heute dank Internet mehr denn je.
Je größer die Anschaffungen – dies ist ja im Baustoff-Fachhandel häufig der Fall – desto länger die Vorinformationsphase. Abhängig von der Informationsquelle kann sich der Kunde eine andere Meinung gebildet haben als sie im Verkaufsgespräch vom Verkäufer vertreten wird. Der Verkäufer darf sich jetzt auf kein Streitgespräch einlassen. Falsch ist es aber auch, auf die Meinung des Kunden umzuschwenken. Angebracht ist es jetzt, den Hintergrund, vor dem sich der Kunde seine Meinung gebildet hat, zu beleuchten. Erst wenn er die Motive kennt, kann der Verkäufer sachlich argumentieren.

Beispiel

Ein Bauherr lässt sich über den idealen Wandbaustoff beraten. Der Verkäufer empfiehlt ihm den Baustoff X. Der Kunde wendet ein: „Aber das Material X hat keine so gute Schalldämmung, weil es leichter ist. Außerdem habe ich viel Negatives darüber gehört." Ein guter Verkäufer wird auf die Einwände des Kunden eingehen. Er wird zusammen mit dem Kunden die Vor- und Nachteile der jeweiligen Wandbaustoffe beleuchten. Nach und nach wird er feststellen, auf welche Eigenschaften der Kunde Wert legt. Er kann dann argumentieren: „Sie haben recht, wenn Sie auf diese Eigenschaften Wert legen, ist tatsächlich der Baustoff Y für Sie besser geeignet." Oder aber: „Auch wenn der Baustoff X in diesen Punkten nicht so gut abschneidet, ist er jedoch unter dem Aspekt, auf den Sie Wert legen, ein ausgezeichnetes Material. Sie sollten es sich deshalb doch noch mal überlegen, ob Sie nicht den Baustoff X verwenden möchten."

Gemeinsame Lösungssuche vermitteln dem Kunden das Gefühl kompetenter Beratung.
Foto: Baywa

Exkurs

Grundregeln zur Beantwortung von Kundeneinwänden

Aufmerksam zuhören: Der gute Verkäufer hört genau auf die Einwände des Kunden. Er wird den Kunden nicht unterbrechen und Verständnis zeigen. Grundsätzlich werden die Einwände des Kunden positiv gesehen. Der Verkäufer zeigt dies dem Kunden, indem er mit dem Kopf nickt oder ihn bestätigt: *„Das versteh' ich gut!"* u. ä.

Sachliche Argumentation: Der Verkäufer nimmt die Kundeneinwände ernst und argumentiert entsprechend. Auch wenn der Kunde unsachlich redet, lässt sich der Verkäufer nicht zu unsachlichen Reaktionen hinreißen.

Rechthaberei vermeiden: Selbst wenn der Verkäufer überzeugt ist, dass er recht hat, behält er seine Meinung für sich. Behauptungen helfen nicht weiter, im Gegenteil, sie führen dazu, dass es der Kunde leid ist herumzustreiten und auf einen Kauf verzichtet. Geschickte Verkäufer führen durch Fragen: „Glauben Sie nicht auch, dass diese Tür gut zum Stile Ihres Hauses passen würde?" Der Kunde bekommt durch diese Technik die Chance, sich die Meinung des Verkäufers zu eigen zu machen. Und zudem ist zu bedenken: Ein gewonnener Streit mit dem Kunden ist ein verlorener Kaufabschluss!

Sprachübungen

Viele Menschen haben Hemmungen, wenn sie sich vor fremden Personen äußern müssen. Sie kommen dann in eine Art Stress, können ihre Gedanken nicht mehr ordnen und bringen kein vernünftiges Wort mehr über die Lippen. Bemerkenswert ist, dass diese Art von Sprechblockaden bei den meisten Menschen nur zu Beginn des Gesprächs entsteht. Nach wenigen Sätzen wird die Rede immer flüssiger, und schon bald geht der Redner voll aus sich heraus.
Gerade hier liegt jedoch das besondere Problem des Verkäufers. Da er ständig seine Gesprächspartner wechselt, steht er immer wieder am Anfang einer Rede. Bei jedem neuen Kunden entsteht die Sprechblockade neu. Die Gespräche sind häufig so kurz, dass der Verkäufer gar nicht richtig in „Fahrt" kommen kann. Ein Verkäufer muss lernen, die Anfangsphase bei Kundengesprächen so in den Griff zu bekommen, dass Redehemmungen erst gar nicht auftreten. Er muss lernen, durch Routine-Gesprächseröffnungen die anfängliche Unsicherheit zu überspielen. Was besonders wichtig ist, er darf sich von Kunden nicht überraschen lassen. Er muss auf jede noch so überraschende Frage eine Antwort parat haben, die ihm Zeit zur Sammlung gibt.
Hier hilft auch der Austausch mit erfahrenen Kollegen, die Tipps geben können. So kann man sich eine kleine Liste von Gesprächseröffnungen erstellen, um auf die meisten Situationen vorbereitet zu sein.

2.4 Körpersprache

Ein wichtiges Ausdrucksmittel des Menschen ist die Körpersprache. Man könnte sie sogar als die erste Sprache des Menschen bezeichnen. Auch der moderne, ausgesprochen verstandesgemäß orientierte Mensch kommuniziert noch heute sehr stark mit seinem Körper. Verhaltensforscher schätzen, dass wir Menschen ca. 50 % der Informationen über uns selbst durch Körpersprache mitteilen.

„Merkel-Raute": Die Gestik der Hände ist Teil unserer Körpersprache.
Foto: Cfalk/pixelio

Bemerkenswert ist, dass die Körpersprache nicht lügen kann. D. h., dass der Körper nicht, wie die Sprache, programmiert werden kann. Eine dem Gesagten entgegengesetzte Körpersprache signalisiert sofort, dass das, was behauptet wird, nicht die Meinung desjenigen ist, der sie ausgesprochen hat. Unsere Zivilisation hat bewirkt, dass wir gelernt haben, unser Sprechen zu kontrollieren. Nur in Stresssituationen darf einmal ein Fluch oder ein Aufschrei über unsere Lippen kommen.
Viel verräterischer ist demgegenüber unser Verhalten. Die wenigsten Menschen haben ihren Körper so unter Kontrolle, dass ein aufmerksamer Beobachter nicht innere Erregungszustände erkennen könnte.

Körperbeherrschung beim Verkäufer

Jede Veränderung des Bewusstseins führt zu einer Reaktion in der Körperhaltung.
Falsch wäre es, wenn ein Verkäufer versuchen würde, sich die „richtige" Körpersprache anzutrainieren. Theatralische, überzogene Gestik und eine aufgesetzte, unnatürliche Mimik wirken lächerlich und schaffen kein Vertrauen zum Kunden. Vorteilhafter ist eine natürliche, entspannte Haltung, die sich auf den Kunden überträgt und ihm das Gefühl ruhiger, offener und sachlicher Atmosphäre vermittelt. Natürliches Verhalten heißt nicht, dass ein Verkäufer seine Gefühle ausleben sollte. Er muss seinen Körper so weit unter Kontrolle haben, dass ihm auch bei den sonderbarsten Reaktionen seiner Kunden nicht die „Gesichtszüge entgleisen". Im Verkaufsgespräch sind fehl am Platze:

- Reaktionen, die Kunden verunsichern oder verärgern,
- ein gelangweilter Gesichtsausdruck,
- desinteressiertes Wegsehen (Tagträumen),
- dezentes Aufstöhnen,
- lautes Lachen oder verhaltenes Prusten,
- arrogantes Anheben der Augenlider u. a.

INTRAKUSTIK – ein starker Partner für das Trockenbau-Handwerk mit einem bundesweiten Händlernetz

Getragen von der Idee durch Zusammenarbeit mittelständischer Trockenbau-Fachhändler in einem Verbund das vorhandene Know-how und die Einkaufskraft zum Nutzen der Kunden zu bündeln wurde 1983 die INTRAKUSTIK gegründet.

Heute ist die Intrakustik ein starker und erfolgreicher Handelspartner an über 100 Standorten in Deutschland, Österreich und weiteren europäischen Ländern.

Das Ziel der Gründung – der verbesserte Informationsaustausch unter den Mitgliedern und die Nutzung von Synergieeffekten – wird heute auf vielen verschiedenen Ebenen erreicht. Neben dem Vertrieb von Spezialprodukten ist das überregionale Serviceangebot für alle Kunden eine wesentliche Leistung der Intrakustik. Schulungsprogramme zur fachlichen Weiterbildung, ein tiefgreifendes und ausgereiftes Produkt- und Serviceangebot sowie entsprechende Logistik und flächendeckende Auslieferung sind Basis der erfolgsorientierten Konzeption.

Die Mitglieder der Intrakustik setzen auf zukunftsorientierte Entwicklungen und sind in stetem Wachstum begriffen.

Damit sind sie kompetente Partner für den Fachunternehmer im Trockenbau und können ihm die tatkräftige Unterstützung bieten, die er als Handwerker für seine erfolgreiche Arbeit benötigt.

Unter www.intrakustik.de finden die Kunden aktuelle Informationen über die Branche, zur Intrakustik und zu den Mitgliedern sowie den Standorten.

In Kürze: Das Unternehmen

Intrakustik Baustoffhandel GmbH & Co. KG
Fanny-Zobel-Straße 11
12435 Berlin

Tel.: +49 (0) 30 / 68 89 08-0
Fax: +49 (0) 30 / 68 89 08-32
info@intrakustik.de
www.intrakustik.de

Die Haltung des Verkäufers muss dem Kunden das Gefühl geben, dass
- sich sein Gegenüber für seine Probleme interessiert,
- er seine ungeteilte Aufmerksamkeit hat,
- der Verkäufer ihm helfen möchte.

Blickkontakt

Eine alte Verkaufsregel ist: Blickkontakt mit dem Kunden aufnehmen. Der Blick in die Augen zeigt Interesse. Es ist eine sehr intensive Form der Kontaktaufnahme. Blickkontakt bedeutet: Ich bin für Sie da; Sie können mir vertrauen, ich habe nichts zu verbergen. Von Menschen, die ein schlechtes Gewissen haben oder die etwas verstecken möchten, heißt es: Der kann mir nicht in die Augen sehen.
Umgekehrt gibt ein Blick in die Pupillen Aufschluss über den Gefühlszustand des Gesprächspartners. Je weiter die Pupillen geöffnet sind, umso wohler fühlt sich ein Mensch. Enge Pupillen deuten auf höchste Konzentration bzw. Anspannung hin. In dieser Situation ist Vorsicht geboten. Es ist mit „Flucht" (Abbruch des Gesprächs) oder Angriff zu rechnen.
Doch auch der Blickkontakt sollte maßvoll gesucht werden. Es wäre falsch, wenn der Verkäufer starr am Blick des Kunden festhielte. Kunden, die unsicher sind, die sich vielleicht beim Lügen ertappt fühlen, kommen durch intensiven Augenkontakt in Verlegenheit. Sie fühlen sich entblößt und schauen weg. So weit darf es ein Verkäufer nicht kommen lassen. Es ist nicht seine Aufgabe, im „Zweikampf" der Blicke zu siegen. Das gute Verhältnis zum Kunden könnte auf diese Weise Schaden leiden. Deshalb gilt auch hier die Ausnahme von der Regel: Manchmal sollte ein guter Verkäufer auch wegschauen. Nämlich dann, wenn er erkennt, dass der unmittelbare Blickkontakt dem Kunden unangenehm ist.

Ein guter Blickkontakt ist im Lehrgespräch ebenso wie im Verkaufsgespräch wichtig. *Foto: DEAK*

Körpersprache des Kunden

Ein guter Verkäufer muss nicht nur zuhören können, er muss auch „sehen" können. Das bedeutet, er sollte seine Kunden, hier insbesondere deren körperliche Reaktionen, beobachten, registrieren und daraus die richtigen Schlüsse ziehen. Die wenigsten Kunden teilen dem Verkäufer unmittelbar mit, was sie denken, ob sie ein Verkaufsargument akzeptieren oder ob ihnen eine Ware zusagt.
Ein Verkäufer mit guter Beobachtungsgabe kann jedoch das Verhalten der Kunden entschlüsseln und aus ihren Reaktionen ablesen, welche Empfindungen sie in den einzelnen Phasen des Verkaufsgesprächs durchmachen. Er kann erkennen, in welchen Punkten er beim Kunden auf Ablehnung stößt, welchen Argumenten dieser zustimmt, was dem Kunden angenehm ist und was ihn stört. Entsprechend kann er das weitere Verkaufsgespräch gestalten. Auf diese Weise führt er das Gespräch, vermeidet aber die Konfrontation und kann sich seinem Gegenüber als fachkundiger Berater darstellen.
Es gibt Verkaufstrainer, die die Auffassung vertreten, dass ein routinierter, gut ausgebildeter Verkäufer in der Lage ist, durch exakte Beobachtung der Körpersprache die Gedanken seiner Kunden zu lesen. Die Vertreter des sogenannten „neuro-linguistischen Programmierens (NLP)" sehen in der Kunst des Gedankenlesens nichts anderes als die Fähigkeit, aus dem Verhalten des Gegenübers die richtigen Schlüsse in Bezug auf dessen Gefühlsleben zu ziehen.

2.5 Benehmen im Gespräch

Von einem guten Verkäufer kann erwartet werden, dass er sich im Verkaufsgespräch auf sein Gegenüber konzentriert, auch wenn das im betrieblichen Alltag nicht immer leicht ist. Jeder Kunde hat ein Anrecht auf die ungeteilte Aufmerksamkeit des Verkäufers. Über diese Selbstverständlichkeit hinaus sollte ein Verkäufer folgende Fehler vermeiden:

Aufdringlichkeit: Bei allen Versuchen, einen möglichst positiven Kontakt zum Kunden herzustellen, muss ein Verkäufer immer die notwendige Distanz wahren. Für den Kunden ist er ein Fremder, der sich nicht in seine Privatsphäre (z. B. Entscheidungsprozess in einer Familie) einmischen sollte.

Gleichgültigkeit: Mancher Verkäufer zeigt seinen Kunden, wie gleichgültig sie ihm sind. Er lässt sich durch einen Kunden von seiner Tätigkeit (z. B. Angebot schreiben oder Ware ins Regal einräumen) nicht unterbrechen. Er bedient den Kunden nebenher. Der Kunde muss um jede Antwort ringen. Eine Beratung erfolgt erst recht nicht.
Noch schlimmer ist, wenn sich ein Verkäufer bei seiner Unterhaltung mit anderen Verkäufern oder Bekannten nicht stören lässt. Die Fragen des Kunden werden zwar beantwortet, doch wendet sich der Verkäufer sofort wieder seinem privaten Gespräch zu. In solch einem Fall wird sich der Kunde als „Störenfried" empfinden. Er wird sich zukünftig bemühen, bei diesem Verkäufer in dieser Verkaufsstätte nicht mehr zu „stören".

Unfreundlichkeit: Eine Frage des Benehmens ist auch die Art und Weise, wie im Verkaufsgespräch mit dem Kunden umgegangen wird. Jeder Gesprächspartner, und dazu zählt natürlich auch der Kunde, hat Anspruch darauf, dass man ihm freundlich begegnet. Die Volksweisheit „Wie man in den

Wald hineinruft, so schallt es heraus." gilt ganz besonders im Verkaufsgespräch. Unfreundliche Verkäufer werden wahrscheinlich auch unfreundliche Kunden haben.

Beispiel

Ein Ehepaar kann sich einfach nicht entscheiden, welche Tapete es für sein Wohnzimmer haben möchte. Zum zehnten Mal lässt es sich immer wieder dieselben Tapeten vorlegen. Zum Schluss sagt die Frau: „Eigentlich hätte ich ja gerne eine Vinyltapete gehabt!" Der Verkäufer, der seit einer Stunde nur Stofftapeten vorgelegt hat, entgleist: „Das hätten Sie ja auch gleich sagen können!" Der Verkäufer hat seinem Ärger Luft gemacht. Die Kundin fühlt sich jedoch gemaßregelt. Sie wird sich zukünftig überlegen, nochmals diesen Verkäufer zu bemühen.

Auch wenn das Tagesgeschäft einmal Hektik und Stress mit sich bringt, so lässt sich der gute Verkäufer dem Kunden gegenüber nichts davon anmerken.
Foto: K. Klenk

Überheblichkeit: Sachkunde wird von einem Verkäufer erwartet. Diese Sachkunde sollte er zur qualifizierten Beratung der Kunden einsetzen. Der Wissensvorsprung sollte nicht benutzt werden, um sein eigenes Selbstwertgefühl aufzubauen und dem Kunden zu zeigen, wie „dumm" er eigentlich ist. Kunden wollen ernst genommen werden. Kein Mensch ist bereit, sich immer wieder zeigen zu lassen, wie gering das eigene Wissen ist.
Völlig falsch ist auch die Reaktion von Fachverkäufern, einen Kunden, der z. B. in einem Baumarkt nicht den richtigen Fliesenkleber eingekauft hat, zu belehren: *„Wären Sie gleich zu mir gekommen, hätten Sie einen gescheiten Kleber gehabt. So etwas kauft man eben in einem Fachgeschäft und nicht im Baumarkt!"*
Merke: Auch wenn hier der Verkäufer grundsätzlich recht hat, so darf er aber eine Fehlentscheidung des Käufers nicht bloßstellen.
Die Aufzählung schlechten Benehmens könnte man noch beliebig fortsetzen. Auch Verkäufer sind Menschen, die ihre persönlichen Probleme haben und Stimmungsschwankungen unterliegen. Doch von jedem Verkäufer kann man erwarten, dass er für seine Kunden einige freundliche, verbindliche Worte findet – auch wenn er gerade einen persönlichen Tiefpunkt hat.

Amerikanische Verkäufer sollten uns hier Vorbild sein. Auch wenn wir es als Europäer manchmal etwas übertrieben finden, amerikanische Verkäufer geben ihren Kunden zumindest das Gefühl, gerne gesehen zu sein.
Der Geschäftsführer einer amerikanischen Fastfood-Kette in Deutschland hat die Unternehmensphilosophie zum Benehmen seiner Mitarbeiter auf einen kurzen Nenner gebracht: *„Freundlichkeit ist bei uns kein Thema, wer nicht freundlich ist, fliegt!"*

2.6 Positive Atmosphäre schaffen

Ein Verkaufsgespräch muss in möglichst positiver Atmosphäre stattfinden. Der Kunde sollte sich in den Verkaufsräumen wohlfühlen. Er sollte zum Verkäufer Vertrauen haben und das Gefühl bekommen, dass zwischen ihm und dem Verkäufer Gemeinsamkeiten bestehen.

Angenehme Umgebung
Es ist ein Idealfall, wenn sich der Verkäufer für ein Verkaufsgespräch Zeit nehmen kann und er in den Verkaufsräumen die Möglichkeit hat, mit seinen Kunden in angenehmer Umgebung ungestört das Verkaufsgespräch zu führen.

Atmosphäre in der Ausstellung: Diesem Ideal kommt der Baustoff-Fachhandel mit guten Ausstellungen für Fliesen und Bauelemente am nächsten. In Zonen mit Atmosphäre, mitten in den Exponaten, aber doch etwas von der allgemeinen Verkaufshektik abgegrenzt, werden auch längere Beratungsgespräche nicht zur Qual werden.

Die Möglichkeit, dem Kunden Getränke anzubieten, lockert die Atmosphäre und ist Indiz dafür, dass der Verkäufer nicht nur an den Verkaufsabschluss, sondern auch an das persönliche Wohlergehen seiner Kunden denkt. Zum Standard zeit-

Beratungsgespräch in einer Ausstellung für Bodenbeläge
Foto: Stark Baustoffe, Villingen-Schwenningen

gemäßer Ausstellungen gehören auch Spielecken, in denen die Kleinen sich selbst beschäftigen können, damit die Eltern Zeit und Ruhe zum Beratungsgespräch haben.
Gute Verkäufer nutzen die räumlichen Möglichkeiten. Sie werden darauf achten, dass Beratungszonen ihrem Anspruch gerecht werden und Atmosphäre ausstrahlen. Der

Baustoff-Fachhandel sollte bedenken, dass seine Kunden, und dies gilt ganz besonders für den Verkauf von Fliesen und Bauelementen, häufig über teure und vor allen Dingen auch langfristige Investitionen entscheiden müssen. Die Kunden erwarten zu Recht, dass der Baustoff-Fachhandel mit seinem Verkaufspersonal und den Räumlichkeiten dieser Bedeutung Rechnung trägt.

Beratung nach Vereinbarung: Besonders kleine Betriebe sind häufig in ihren Räumlichkeiten nicht optimal eingerichtet. Ein engagierter Verkäufer kann aber auch hier mit Fantasie und Kreativität das Verkaufsklima verbessern. Geht es um größere Aufträge, so wird er versuchen, mit seinen Kunden Termine zu vereinbaren. Er wird Zeiten wählen, in denen erfahrungsgemäß wenig Kundenfrequenz besteht und er ungestört ein Verkaufsgespräch führen kann. Nebenbei bekommt er die Möglichkeit, das Gespräch vorzubereiten. Mit einfachen Mitteln, z. B. Kaffee, Keksen, sonstigen Getränken, kann er den Kunden aufwerten und ihm den außerordentlichen Service des Hauses von Anfang an belegen. Auch wenn viele Verkäufer es nicht wahrhaben wollen: In vielen Fällen wird der Kunde, der größere Anschaffungen tätigen will und deshalb Wert auf gute Beratung legt, bereit zu einer Terminvereinbarung sein.

Beispiel

Für erfolgreiche Verkäufer ist dies längst zur Routine geworden. Gegenüber Kunden argumentieren sie: „Natürlich kann ich Ihnen in unserer Ausstellung Haustüren zeigen, doch heute ist sehr viel los, da kann ich mich Ihnen nicht so widmen, wie ich es gerne täte. Wäre es nicht möglich, dass wir einen Termin vereinbaren? Ich würde mir diesen Termin nur für Sie freihalten. Ich hätte dann genügend Zeit für Sie. Wenn ich mir notieren darf, was Sie ungefähr haben möchten, so kann ich für Sie schon die Kataloge mit den schönsten Haustüren heraussuchen."

Stressbewältigung an der Theke: Das bisher Gesagte galt für den beratungsintensiven Verkauf im Zusammenhang mit einer Ausstellung. Anders gelagert ist die Situation an der Baustofftheke oder im SB-Facheinzelhandel. Hier wird es normalerweise schon an der Zeit für ein „atmosphärisches" Verkaufsgespräch fehlen, von den Räumlichkeiten ganz abgesehen. Auch die Erwartungshaltung des Kunden ist hier eine andere. Er möchte im Regelfall gut und vor allem schnell bedient werden. Dies gilt ganz besonders für den Profi an der Theke. Gute Verkäufer werden jedoch auch bei diesem Kunden Möglichkeiten finden, eine positive Verkaufsatmosphäre zu schaffen. Insbesondere in Stoßzeiten ist eine schnelle Bedienung nicht immer zu realisieren. Wartezeiten lassen sich z. B. durch Getränke oder ausliegende Zeitungen „verkürzen". Wichtig ist, dass man den Kunden den „Wartestress" nimmt. Es muss dabei aber gewährleistet sein, dass auch der Kunde, der seinen Kaffee trinkt, bedient wird, wenn er an der Reihe ist.

Moderne Baustofftheken sind für die schnelle Bedienung des Kunden konzipiert und ausgestattet.
Foto: Hauff Kreative Shopsysteme, Bad Schwartau/Renner Baustoffe, Weilheim

Erlebniskauf beim Fachhandel

An dieser Stelle ist auch auf den modernen Begriff „Erlebniskauf" hinzuweisen. Schon der Besuch bei seinem Baustoff-Fachhändler muss für den Kunden zum Erlebnis werden. Ansprechende Räumlichkeiten, angenehme Atmosphäre, freundliche Verkäufer versetzen den Kunden in eine positive Stimmung, in der er sich wohlfühlt, in der er Vertrauen hat, in der er sich aufgehoben fühlt. Fantasievoll inszenierte Produkte sprechen die Gefühle des Kunden an, bringen geistige Anregungen und motivieren so zum Kauf. Der Kunde soll die Ware als Mittel zur Befriedigung seiner Wünsche und Bedürfnisse erleben.

Fantasievoll angedeutete Wohlfühlatmosphäre in einer Bäderausstellung
Foto: Mobau Dörr & Reiff, Eschweiler

Gemeinsamkeiten finden

Ein guter Verkäufer wird eine gemeinsame Beziehungsebene zum Kunden schaffen. Es wurde schon angesprochen, dass sich der Verkäufer an der Kleidung seiner Kunden orientieren soll. Entsprechendes gilt auch für die persönliche Beziehung. Ein Verkäufer, der selbst begeisterter Heimwerker ist, wird sich leichter mit einem Selbstbauer verständigen können als ein Verkäufer mit „zwei linken Händen". Nicht ganz so einfach ist das Überbrücken von Altersunterschieden. Im Baustoff-Fachhandel stellt sich dieses Problem aber nicht so gravierend dar. Wichtig ist, dass sich der Verkäufer in die Vorstellungswelt seines Kunden versetzt.

Beispiel

Ein Fliesenverkäufer wird einem älteren Ehepaar, das sein Ferienhaus mit Fliesen ausstatten möchte, weder poppige Fliesen der „jungen Linie" (das dürfte in der Regel nicht den Geschmack treffen) noch altbackene Ladenhüter (das wäre eine Beleidigung) präsentieren. Er wird zunächst einmal eine konservative Fliese im gehobenen Preisniveau anbieten. Doch Vorsicht, ein Verkäufer sollte sich davor hüten, seine Kunden vorschnell und allzu pauschal zu bewerten. Auch ältere Menschen können sich modern einrichten. Besser ist es, durch gezieltes Fragen, etwa nach der Einrichtung, den Geschmack der Käufer zu erkunden.

Tabuthemen

Auch wenn es richtig und notwendig ist, im Verkaufsgespräch über den Austausch von reinen Fachinformationen hinaus auch den persönlichen Kontakt zu pflegen, gibt es für einen Verkäufer einige Tabuthemen, die er bei Gesprächen mit Kunden unbedingt meiden sollte. Neben Themen, von denen er weiß, dass sie bei einem bestimmten Kunden problematisch sind, sollten in Verkaufsgesprächen folgende Bereiche absolut tabu sein:

- Politik,
- Religion,
- zweideutige Witze.

An diese Tabus sollte sich ein Verkäufer vor allem bei Kunden, die er noch nicht oder nicht ausreichend gut kennt, streng halten. Erst wenn er sich absolut sicher ist, dass ein Kunde über Politik oder Religion diskutieren möchte oder dass er schon auf den neuesten Herrenwitz wartet, darf sich ein Verkäufer auch in diese Bereiche vorwagen. Doch selbst dann sind sehr viel Takt und Feingefühl notwendig, um den Kunden nicht zu brüskieren.

2.7 Verkaufspsychologie

Der Verkaufsprozess wird in sechs Phasen untergliedert. Die folgende Abbildung zeigt diese Phasen und gibt an, welche Phasen direkt zum Verkaufsgespräch gehören. Wie aus der Abbildung ersichtlich ist, werden im Allgemeinen drei Phasen zum Verkaufsgespräch gerechnet:

- Eröffnungsphase,
- Argumentationsphase,
- Abschlussphase.

Die Eröffnungsphase umfasst den ersten Kontakt zum Kunden mit Begrüßung bzw. erster Ansprache sowie das Bilden einer Beziehungsebene zum Gesprächspartner. In der zweiten, der Argumentationsphase (auch: Durchführungsphase oder Angebotsphase) geht es um das Beratungsgespräch. Der Bedarf wird ermittelt, die Ware kommt ins Gespräch, und der Kunde wird beraten. Anschließend wird das Angebot unterbreitet.

Die dritte Stufe ist die Abschlussphase, in welcher der Verkauf (Abschluss) getätigt wird. Obwohl der Verkauf das eigentliche Ziel eines jeden Verkaufsgesprächs ist, wird der Abschlussphase häufig zu wenig Beachtung geschenkt. Viele Verkäufer bringen sich selbst um den Erfolg, weil sie nicht erkennen, wann der Kunde für den Abschluss „reif" ist. Sie zerreden den Kaufabschluss, der Kunde verlässt die Geschäftsräume, ohne zu kaufen.

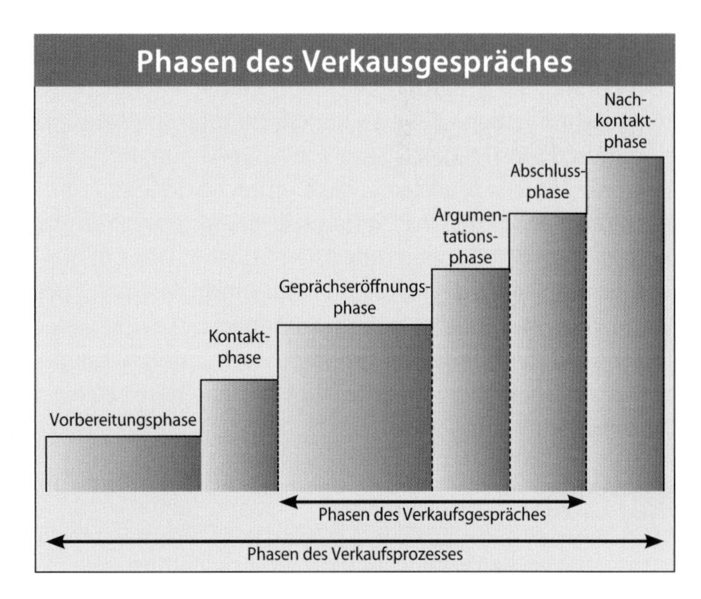

2.8 Vorbereitung auf das Verkaufsgespräch

Im Idealfall kann ein Verkäufer mit dem Kunden einen Termin vereinbaren. Er weiß so, wann das Verkaufsgespräch stattfindet und welcher Kunde ihm gegenübersitzen wird. Auch wenn diese Situation in der täglichen Praxis die Ausnahme ist, so werden gerade in solchen Verkaufsgesprächen verhältnismäßig große und ertragsstarke Umsätze getätigt. Im Baustoff-Fachhandel können hauptsächlich die Außendienstmitarbeiter, aber auch Verkäufer in den Ausstellungen Termine mit Kunden vereinbaren. Erfolgreiche Verkäufer nutzen solche Chancen und bereiten sich auf ihre Kunden so weit wie möglich vor.

„Wer den Weg zum Ziel nicht plant, der braucht sich nicht zu wundern, wenn er ganz woanders ankommt."

Horst Rückle, Verkaufstrainer, Böblingen

Einstellen auf den Kunden: Wichtig ist, dass sich ein Verkäufer auch um persönliche Daten seiner Kunden bemüht. Dabei macht es keinen Unterschied, ob es sich um einen privaten Bauherrn, den Einkäufer einer Bauunternehmung oder um einen Unternehmer handelt. Selbst bei „beinharten" Verhandlungen spielt die emotionale Ebene eine wichtige Rolle. Sympathie oder Antipathie können in Grenzfällen Zünglein an der Waage sein.

Persönliche Gesten: Was vergibt sich ein Verkäufer, wenn er in seinem Gegenüber nicht nur den knallharten Geschäftspartner, sondern auch den Menschen mit Gefühlen und Empfindungen sieht? Was beim Profikunden gilt, gilt erst recht beim privaten Bauherrn. Kleine menschliche Gesten machen den Kunden wohlgesonnen und zugänglich für die Argumente des Verkäufers. Gelegenheiten gibt es viele, dem Kunden zu zeigen, wie sehr wir ihn als Menschen schätzen. Entdeckt zum Beispiel ein Verkäufer bei der Vorbereitung eines Gesprächs, dass der Stammkunde am vereinbarten Termin Geburtstag hat, so sollte er ihn mit einem kleinen persönlichen Geschenk überraschen. Ein in Geschenkpapier verpackter Meterstab wird einen Handwerker, der im Laufe des Jahres ein Dutzend Zollstöcke geschenkt bekommt, kaum besonders begeistern. Der Verkäufer sollte sich hier schon ein wenig den Kopf zerbrechen: Welche Hobbys hat der Kunde, nascht er gern, hat er sonstige Vorlieben? Wichtig ist, dass es gar nicht so sehr auf den Wert, sondern auf die persönliche Geste ankommt.

Emotional Selling: Der erfolgreiche Verkäufer ist ein Gefühls- und Beziehungsmanager, er verkauft mit Herz und Verstand.

Investitionen in die Zukunft: Für solche nicht vorhersehbare Anlässe sollte ein Unternehmen immer einen Vorrat passender Kleinigkeiten parat haben. Ein kleines „Dankeschön" nach einem umfangreichen Fliesenauftrag kann beim Kunden, seiner Ehefrau oder auch seinen Kindern einen positiven Eindruck hinterlassen, der sich mittel- und langfristig auszahlen wird.
Vor allem kleine Geschenke oder Aufmerksamkeiten für Kundenkinder haben enorm positive Effekte auf die Eltern und somit auf die Verkaufsebene.
Auch ein Verkäufer muss in seine Kunden investieren. Speziell im Fachhandel ist es interessanter, einen Stammkunden aufzubauen, als das „schnelle Geld" mit einem Kunden zu machen, der dann nie wieder kommt.

Kundendaten: Die Kundendatenverwaltung wird im Baustoff-Fachhandel immer wichtiger.
Es darf nicht sein, dass ein Kunde, der das Material für seinen Rohbau bestellt hat, nach der Lieferung im weiteren Baufortschritt „vergessen wird". Denn gerade erst nach Fertigstellung des Rohbaus wird ein Kunde ertragsmäßig interessant. Jetzt benötigt er die Materialien, die wertvoller sind und die dem Unternehmen einen besseren Rohertrag versprechen. Mit einer exakten Kundendatenbank kann dem Kunden bereits vor Eintreten seines Bedarfs ein kompetentes Angebot erstellt werden.
Der Verkäufer muss beim Beratungsgespräch für die Rohbaustoffe bereits die Fliesen, Türen, Fenster usw. im Auge haben.

Wenn er sich diesen Kunden nicht vormerkt, wenn er nicht nachfasst, dann „verschläft" er zumindest die Chance zu wirklich lukrativen Verkaufsabschlüssen. Das Argument *„Wenn der Kunde was braucht, wird er schon wieder zu mir kommen!"* gilt heute nicht mehr. In unserem Wirtschaftssystem hat der Kunde die Auswahl. Für jeden Verkäufer muss daher oberster Grundsatz sein, den Kontakt zum Kunden zu festigen und, soweit möglich, noch auszubauen.
Andere Branchen machen es dem Baustoff-Fachhandel schon seit Jahren vor. So ist Stammdatenverwaltung, wie die Kundendatenverwaltung auch genannt wird, zum Beispiel für Versicherungen, das Automobilgewerbe und auch für Optiker nichts Besonderes mehr.

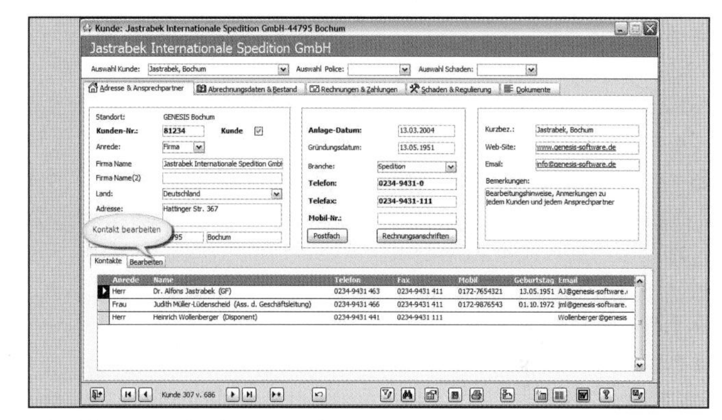

Beispiel einer Kundendaten-Verwaltung *Abb.: Genesis Software*

Erfolgskonzept Kundendatei: Professionelle Verkäufer überlassen es nicht dem Unternehmen, Kundendaten zu erfassen und zu verarbeiten. Eine gute Kundendatei mit wichtigen persönlichen Daten wird jeder Verkäufer hüten wie seinen Augapfel. Die besten Daten sind jedoch wertlos, wenn sie nicht richtig verwendet werden. Wichtig ist, dass der Kunde persönlich angesprochen werden kann. Dafür sind Informationen aus dem privaten Umfeld (Familienstand, Kinderzahl, Hobbys, Alter, Vereinstätigkeit, sonstige Interessen) erforderlich. Als nächstes kommen die eigentlichen geschäftlichen Daten über das Bauvorhaben des Kunden (Neubau, Sanierung, Renovierung, Gartengestaltung, Swimmingpool usw.). Ein Spitzenverkäufer wird sich noch weitere Informationen notieren: Wie ist die Einstellung des Kunden zur Baubiologie? Was für ein Typ ist mein Kunde? Auf was legt er Wert? Welche Eigenheiten und Marotten hat er?

Beispiel

Ein sehr erfolgreicher Autoverkäufer hatte jahrelang die Hitlisten der Spitzenverkäufer in dem Unternehmen angeführt. Sein Erfolgsrezept war die intensive Vorbereitung auf das Verkaufsgespräch mit Hilfe einer ausgefeilten Kundendatei. Nach jedem Kundenkontakt machte sich dieser Verkäufer Notizen über alles, was er erfahren hatte, sowohl aus dem persönlichen als auch dem beruflichen Umfeld des Kunden. Auf diese Weise hatte er zu jedem Kunden eine umfangreiche Datensammlung, auf die er zur Gesprächsvorbereitung zurückgreifen konnte.

„Kundencheck": Vor jedem Verkaufsgespräch kann sich ein Verkäufer mithilfe seiner Kundendatei in einer Art „Kundencheck" optimal auf das Gespräch vorbereiten. Eine solche Checkliste könnte folgende Punkte umfassen:

- Wer ist der Gesprächspartner (Name)? Bei Geschäftskunden: Wie heißt die Firma und was ist der Geschäftszweck?
- Um welche Branche handelt es sich?
- Informationen über die Branche (allgemein, speziell und aktuell)?
- Hat der Kunde besondere Probleme? Welchen Argumenten ist er zugänglich?
- Welches ist der günstigste Besuchstermin? Oder bei privaten Kunden in der Ausstellung: Wann ist die günstigste Zeit für ein ungestörtes Verkaufsgespräch?
- Was wünscht der Kunde bzw. was will ich dem Kunden anbieten?
- Bei Firmenbesuchen: Welche Unterlagen nehme ich am besten mit?
- Wie weit ist mir der Kunde persönlich bekannt? (An dieser Stelle kommen die Daten aus dem persönlichen Bereich des Kunden zum Einsatz.)
- Wie kann ich das Vertrauen des Kunden gewinnen?
- Wo kann ich Gemeinsamkeiten finden?
- Sind mir evtl. Einwände bekannt?
- In welchen Bereichen reagiert der Kunde besonders kritisch?

Bei dem Besuch eines Profikunden sind darüber hinaus folgende Unterlagen vorzubereiten:

- Umsatz- und Ertragsstatistik aktuell,
- Umsatz- und Ertragszahlen des Vorjahres,
- Abnahmestatistik über die Sortimentsbereiche,
- Zahlungsverhalten,
- Potenziale suchen für auszubauende Sortimentsbereiche,
- aktuelle Angebote mitnehmen (z. B. aus dem Werkzeugbereich).

Ein gut vorbereiteter Besuch bei einem Kunden hilft einem nicht nur selbst bei der Gesprächsführung, sondern hinterlässt auch einen professionellen Eindruck.

2.9 Der moderne Kunde

Soweit ein Verkäufer seine Kunden persönlich kennt, kann er sich auf sie einstellen. Heutzutage lassen sich die wichtigsten Informationen über gewerbliche Kunden online abrufen. Zumindest über die jeweilige Homepage. Im Falle eines Erstgespräches kann man sich damit schon ganz gut vorbereiten.
Zum Verkauf an unbekannte Kunden muss der Verkäufer sich zunächst einmal am Verhalten eines durchschnittlichen Käufers orientieren. Marktforschungsinstitute veröffentlichen ständig die neuesten Trends im Käuferverhalten.

Der Mensch im Mittelpunkt

Der Kunde von heute wird zunehmend kritischer. Er ist vorinformiert. Damit wachsen auch die Anforderungen an eine qualifizierte Beratung. Er weiß einiges, doch nicht alles. Der Verkäufer soll ihm weiterhelfen und ihm die fachliche Orientierung für die Kaufentscheidung bieten.
Der Kunde möchte individuell bedient werden. Er erwartet vom Verkäufer, dass dieser auf ihn eingeht, seine Bedürfnisse berücksichtigt und ihm das Gefühl gibt, dass er Mittelpunkt des Beratungsgesprächs ist und nicht der Verkaufsabschluss. Je mehr der Verkäufer von seinen Kunden weiß, desto leichter wird es für ihn sein, diese Bedürfnisse des Kunden zu befriedigen. Der Verkäufer muss also zuhören, er muss den Kunden beobachten, und er muss sich dann merken, was er auf diese Weise erfahren hat, sodass er sein Wissen nicht nur im aktuellen Verkaufsgespräch, sondern auch bei späteren Gesprächen einsetzen kann (Kundendatei). Standardisiertes „Verkaufs-Blabla" kommt heute nicht mehr an. Auch Kunden haben schon etwas von Verkaufspsychologie gehört und reagieren empfindlich auf abgedroschene psychologische Phrasen und Tricks.

Jedes Verkaufsgespräch ist letztlich individuell und hat seinen eigenen Ablauf.
Foto: Mobau Dörr & Reiff, Eschweiler

Die Kunst des guten Verkäufers liegt darin, Verkaufsgespräche soweit wie möglich zu trainieren (und das führt naturgemäß zu einer gewissen Standardisierung) und dabei dem Kunden das Gefühl zu geben, es handele sich um ein ganz persönliches, individuelles Verkaufsgespräch.
Ziel ist es, den Kunden auf jeden Fall zufriedenzustellen, um ihn für das Unternehmen zu gewinnen bzw. ihn an das Unternehmen zu binden. Interessant ist in diesem Zusammenhang eine Untersuchung eines Konsumgutherstellers, der festgestellt hat, dass von 50 unzufriedenen Kunden nur einer reklamierte und die schweigende Mehrheit einfach die Marke wechselte. Dies bedeutet, dass unzufriedene Kunden nicht reklamieren, sondern Marke bzw. Handelsunternehmen einfach wechseln.

Kundentypen

Um die Kunden mit ihren jeweils verschiedenen Eigenschaften in den Griff zu bekommen, begann man mit der Bildung von Kundentypen. In der Literatur findet man eine Unmenge von Kundentypenbildungen, welche nach unterschiedlichen Kriterien aufgegliedert sind. So gibt es z. B. den gesprächigen, den kritischen und selbstbewussten und den zaghaften, unentschlossenen Kunden. Weitere Typen sind der „Feilscher" (akzeptiert nie den ersten genannten Preis), der „Misstrauische" (er bezweifelt erst einmal alles, was der Verkäufer sagt), der „Fragensteller" (er fragt dem Verkäufer das sprichwörtliche Loch in den Bauch) und der „Eilige" (er vermittelt den Eindruck, als hätte er eigentlich gar keine Zeit für ein Beratungsgespräch). Passend für diese Einteilung findet man dann entsprechende Behandlungsweisen für den Kunden.

Für den Verkäufer wäre es nun eine beträchtliche Hilfe, wenn er bei Beginn des Verkaufsgespräches den Kundentyp sofort erkennen und ihn gemäß Behandlungsvorschrift bedienen könnte. Diese Typenbildung ist für die Praxis im Baustoff-Fachhandel aber nur von sehr begrenztem Wert. Menschen lassen sich nicht in ein Typenprofil pressen und verhalten sich beim Kauf häufig anders, als es ihrer persönlichen Veranlagung entspricht.

Bei einer Typisierung der Kunden ist zunächst die Unterscheidung nach Sinnestypen wichtig. Wir nehmen unsere Umwelt vorwiegend über drei Sinne wahr: mit den Augen (sehen), mit den Ohren (hören) oder mit den Händen (fühlen).

Obwohl in unserem Kulturkreis dem Sehen das größte Gewicht zukommt (Ich glaube nur, was ich mit meinen eigenen Augen sehe!), kommt bei verschiedenen Menschen den einzelnen Sinnen eine unterschiedliche Bedeutung zu. So kann man immer wieder hören: *„Das muss ich mir erst mal genau ansehen!"* oder *„Da muss ich erst noch mehr darüber hören!"* oder *„Das muss ich erst mal ausprobieren."*

Ein Verkäufer muss einen Kunden mit dem Sinn ansprechen, über den er am zugänglichsten ist. So bringt es nicht viel, einem gefühlsorientierten Typ ausführlich die Vorteile einer elektrischen Bohrmaschine zu erläutern, wenn man ihm nicht die Möglichkeit gibt, diese in die Hand zu nehmen. Umgekehrt nützt es wenig, einer Frau ein Fliesenmuster in die Hand zu drücken, wenn diese sich die Wirkung des Dekors in ihrem Bad nicht vorstellen kann. Dieser Kundin muss, soweit möglich, die Fliese an der Wand, in einer Koje oder möglicherweise auch anhand eines guten Fotos gezeigt werden. Ein Verkäufer, der überzeugen will, wird alle drei Sinne ansprechen. Hier liegt ein Vorteil der SB-Konzeption im Bau- und Heimwerkerbereich. Im Baumarkt kann der Kunde die Ware sehen und befühlen. Im Falle einer Beratung kommt dann auch noch der Gehörsinn hinzu. Aus dieser Sicht ist deshalb das Konzept des Baustoff-Fachmarktes optimal. Alle drei Sinne der Kunden werden angesprochen.

Konsumverhalten

Im Folgenden einige Aspekte des Konsumverhaltens, die sich ein Verkäufer im Gespräch mit Kunden vor Augen halten sollte:

„Schizophrenie" beim Kauf: Der Kunde von heute ist in seinem Konsumverhalten gespalten. Auf der einen Seite ist er stark preisorientiert, das heißt, er ist mündig, informiert, beachtet die Sonderangebote in der Tagespresse. Auf der anderen Seite spielen Erlebnis- und Prestigewert beim Kaufverhalten eine wichtige Rolle, und das Preisargument ist völlig nebensächlich.

Beispiel

Eine Frau fährt im Golf-Cabrio bei einem Lebensmittel-Discounter vor, kauft Lebensmittel, weil die dort wirklich billig sind, um dann in einer exklusiven Boutique für eine leichte Baumwollbluse ohne Weiteres 150 EUR auf den Tisch zu legen. Wo bleibt die Logik? Es gibt keine! Ein erstaunliches Phänomen.

Ein Verkäufer muss sich auf diese Verhaltensweise einstellen. Das heißt, er muss zunächst entscheiden, welchen „Teil" des Kunden er ansprechen möchte. Entsprechend muss er das Verkaufsgespräch gestalten, entweder als Verkäufer in einem billigen Baustoffdiscounter – konsequent und wirklich billig – oder als Repräsentant eines Baustoff-Fachhandelsunternehmens, das Erlebniswert und Befriedigung des Prestigebedarfs verspricht.

Der Slogan „Mit allen Sinnen erleben" wird in dieser Ausstellung überzeugend umgesetzt.
Foto: ter Hürne, Südlohn

Kunden sind mobil: Der Kunde von heute ist mobil. Haushalte mit zwei und mehr Kraftfahrzeugen sind keine Seltenheit. Diese Entwicklung wird sich in den nächsten Jahren weiter fortsetzen. So haben Untersuchungen ergeben, dass Fliesenkäufer ohne weiteres bis zu 100 km entfernte Fliesenausstellungen aufsuchen, bevor sie sich entscheiden.

Der Verkäufer kann heute nicht damit rechnen, dass er einen Kunden sicher hat, selbst wenn sein Unternehmen „Platzhirsch" ist.

Kunden informieren sich online: Mehr als 75 % aller deutschen Bürger sind online, verfügen also über einen Internet-Zugang, sei es stationär über einen Computer oder mobil per

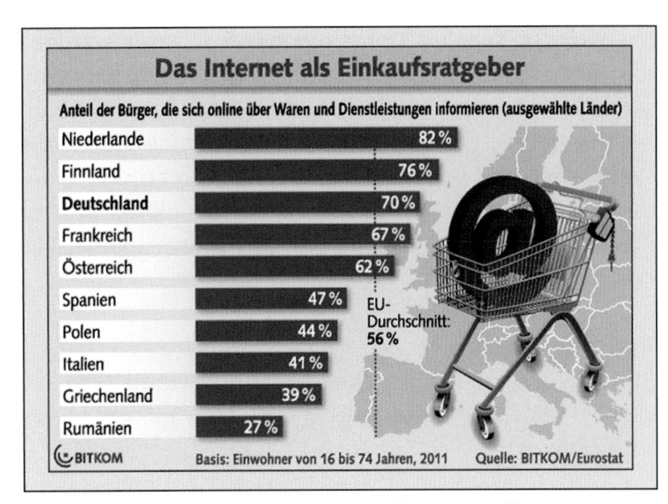

Verbraucher nutzen das Internet verstärkt als Informationsquelle.
Grafik:Bitkom/Eurostat

Smartphone oder Tablet. Online hat der Kunde schier unbegrenzte Möglichkeiten, um sich über alle möglichen Produkte zu informieren. Darüber hinaus kann er sich bereits fast jedes beliebige Produkt nach Hause schicken lassen. Die Entfernung spielt heute nur noch eine untergeordnete Rolle.

Kunden sind kritisch: Das Preis- und Qualitätsbewusstsein des Käufers nimmt ständig zu. Der Vorinformationsgrad des Kunden war noch nie so hoch wie heute. Vom Verkäufer erwartet er nur noch den letzten Impuls für den Kaufentscheid.
Dazu kommt noch die Tendenz, dass sich der Kunde über soziale Netzwerke (Facebook, Twitter etc.) und Beratungsportale sehr genau über Produkteigenschaften informieren und Erfahrungen mit anderen Verbrauchern austauschen kann.

Kunden sind emanzipiert: Marktforscher sprechen heute von einer neuen Zeit der Aufklärung. Der Kunde weiß um seine Rechte und er scheut sich nicht mehr, diese Rechte auch durchzusetzen.
Vor allen Dingen reagieren Kunden heute sensibel auf die Umweltverträglichkeit von Baustoffen. Eine einzige kritische „Report"-Sendung kann ein Produkt, eine ganze Branche in Verruf bringen (Beispiele: Asbest, Holzschutzmittel, Diskussion über Mineralfasern oder Wärmedämmverbundsysteme). Wollen Verkäufer als kompetente Gesprächspartner ernst genommen werden, so müssen sie sich heute mit den Einwänden der Kunden sachlich auseinandersetzen.

Kunden wollen Professionalität: So ist heute auch die Ausstattung der Heimwerker professionell. Mancher Handwerker würde angesichts des High-Tech-Maschinenparks im Hobbykeller vor Neid erblassen. Dabei benutzt der durchschnittliche deutsche Heimwerker seine Schlagbohrmaschine – so haben Untersuchungen ergeben – nur zwischen zweieinhalb und drei Minuten im Jahr.
Ein Verkäufer im Baustoff-Fachhandel wird deshalb einfache „Heimwerkerlösungen" nur mit Vorsicht anbieten. Heimwerker möchten zunehmend als „Profi" angesprochen werden. Profihaftes Werkzeug, profihafte Baustoffe, profihafte Lösungen sollten verkauft werden. Beratung soll trotzdem sein, aber quasi von „Profi" zu „Profi"! Der Kunde wird auch dadurch in seinem Selbstwertgefühl aufgewertet.

Kunden sind erlebnisorientiert: Unsere Gesellschaft befindet sich in der glücklichen Situation, dass die Zeit der reinen Bedarfsdeckung vorbei ist. Die Grundbedürfnisse sind befriedigt. Dies zeigt sich auch oder gerade im Einkaufsverhalten. „Erlebniskauf" ist das Stichwort.
Für den Verkäufer im Baustoff-Fachhandel bedeutet das: nicht Ware verkaufen, sondern Erlebniswerte. Nicht die Kalksandsteine werden verkauft, sondern die Grillparty um den Grill aus den Kalksandsteinen, nicht die Fliesen und die Badewanne, sondern das entspannende Bad am Abend, also Wellness. Die Argumentation mit Druckfestigkeit, Maßhaltigkeit und sonstigen Produktqualitäten ist an dieser Stelle eher verkaufshemmend. Erlebnisorientierung heißt auch Demonstration von „Lifestyle": Man ist anders, man hat ein höherwertiges Lebensgefühl, man kann sich etwas leisten!

Erlebnisorientiert präsentiert sich dieser Baustoff-Fachhändler.

Kunden sind prestigeorientiert: Während im Food-Bereich das Markenbewusstsein zurückgeht, erhalten im Non-Food-Bereich Marken einen hohen Stellenwert. Design ist Trumpf bei Möbeln, Lampen, Fliesen und Tapeten. Kaum ein Fliesenhersteller, der nicht einen bekannten Designer für seine Fliesenkollektion bemüht. Der Preis spielt nur eine untergeordnete Rolle. Man wohnt nicht mehr, man hat Wohnkultur. Der Verkäufer muss deshalb Prestige und Kultur verkaufen und nicht billige Steine oder banale Fliesen. Natürlich wird er diese exklusive Ware auch nur in einem Unternehmen verkaufen, das sich im Niveau positiv von den Mitbewerbern abhebt. Das muss er dem Kunden sagen und ihm das Gefühl wirklicher Exklusivität geben.

Jugendliche Senioren: Die Lebenserwartung der Menschen steigt ständig. Das führt dazu, dass der Anteil der über 65-Jährigen an der Gesamtbevölkerung ständig zunimmt. Deshalb sind ältere Menschen eine interessante Kundengruppe, nicht nur wegen der Anzahl, sondern auch aufgrund eines veränderten Altersbewusstseins. Man spricht von den „jugendlichen Sechzigern" und den „aktiven Siebzigern". Unter dem Motto „In unserem Alter wollen wir uns noch mal was Anständiges leisten." sind diese Menschen für Qualität besonders empfänglich. Entsprechend sollte der Verkäufer argumentieren. Interessant ist in diesem Zusammenhang, dass der durchschnittliche Erbe in Deutschland 57 Jahre und älter ist. Diese Erbengenerationen erben Häuser und Wohnungen, die sie so nicht wollen. Ein großes Renovierungs- und Sanierungspotential ist in diesem Sektor zu erwarten. Hier gilt es auch, sich auf diese Kundenzielgruppe einzustellen.

Kaufmotive
Aus den Trends im Kundenverhalten sollte ein Verkäufer auch ein Bild der wichtigsten Kaufmotive seiner Kunden gewinnen. Bei geschickter Beobachtung und mit entsprechender Fragetechnik wird er recht schnell erkennen können, was für ein Kundentyp sein Gegenüber ist und welche Kaufmotive für diesen von Bedeutung sind. Entsprechend kann er im Verkaufsgespräch argumentieren.
Fliesen beispielsweise und auch sonstige Baustoffe stehen heute im Wettbewerb zu hochwertigen Prestigegütern wie Unterhaltungselektronik, Designertextilien, zu Genusswerten wie exklusiven Speisen in teuren Lokalen und Erlebniswerten wie Urlaub und Fernreisen. Entsprechend muss sich auch die Argumentation eines Verkäufers an diesen neuen Werten orientieren. Nicht das Produkt wird verkauft, sondern der Produktnutzen, die Bedürfnisbefriedigung. Der Privatkunde wird Baustoffe nach anderen Kriterien beurteilen als der Profi, der diese Materialien in seinem Unternehmen verarbeiten möchte. Während für den Profi eher die verstandesmäßigen Kaufmotive von Bedeutung sind, spielen beim Privatkunden die gefühlsmäßigen Motive die größere Rolle.

Beispiel

Ein Bauunternehmer wird Wandbaustoffe, die er für ein Objekt benötigt, in erster Linie aus Gründen der Wirtschaftlichkeit, der Zeitersparnis und der Kapitalersparnis kaufen. Sucht er jedoch Material für sein Privathaus, so werden neben der Zuverlässigkeit die Motive aus dem Gefühlsbereich wie Luxus und Besitzstand, Geborgenheit und Sicherheit, Individualität und Schönheit eine größere Rolle spielen.

2.10 Persönliche Einstimmung des Verkäufers

Neben der Einstellung auf den Kunden gehört zur Vorbereitung eines Verkaufsgesprächs auch, dass sich der Verkäufer selbst für das Verkaufsgespräch geistig und körperlich fit macht.

Fachliche Vorbereitung: Das Fachwissen muss vorausgesetzt werden. Darüber hinaus sollte sich ein Verkäufer jedoch fachlich individuell auf das bevorstehende Gespräch mit dem Kunden vorbereiten, soweit dies möglich ist.

Beispiel

Ein Verkäufer in der Bauelementeabteilung eines mittleren Baustoffhändlers bereitet sich auf das Gespräch mit einem Kunden vor, der sowohl Türen wie auch Fenster und Rollläden für sein Haus bestellen möchte. Auch wenn der Verkäufer ein alter Hase ist, wird er sich nochmals die wichtigsten Prospekte über Fenster, Türen und Rollläden durchblättern. Er wird sich darüber hinaus über Einbruchsicherheit und die Pflegebedürftigkeit der Materialien (Holz, Metall, Kunststoff) informieren. Soweit vorhanden, wird er auch schon verschiedene Material- und Farbmuster heraussuchen. So fachlich gerüstet, hat er die notwendige Sicherheit und kann beruhigt den Fragen des Kunden entgegensehen.

Körperliche Einstimmung: Neben fachlicher Vorbereitung ist auch die körperliche Einstimmung auf das Gespräch mit dem Kunden notwendig. Ein gestresster Verkäufer kann kein anspruchsvolles Verkaufsgespräch führen. Er kann sich nicht auf das Gespräch mit dem Kunden konzentrieren. Das hat zur Folge, dass man aneinander vorbeiredet. Der Kunde wird die notwendige Aufmerksamkeit vermissen, er fühlt sich missverstanden und glaubt seine Interessen nicht richtig vertreten. Deshalb sollte sich ein Verkäufer vor einem wichtigen Verkaufsgespräch einige Minuten konzentrieren. Er sollte sich in einem geeigneten Raum entspannen können, um dann ausschließlich für den Kunden da zu sein.
Auch hier sieht die Realität im Alltag des Baustoff-Fachhandels häufig ganz anders aus. Vielfach haben die Verkäufer gar nicht die Zeit dazu, da sie auch noch im Betrieb zu tun haben. Doch ein Unternehmen, das von seinen Verkäufern Hochleistung erwartet, sollte diesen auch die Möglichkeiten verschaffen, sich auf das Gespräch mit dem Kunden vorzubereiten.
Den hoch qualifizierten Verkaufsspezialisten gibt es im Baustoff-Fachhandel nur in größeren Betrieben. Der traditionelle Baustoff-Fachhandel hat den „Allrounder", d. h. den Verkäufer, der qualifiziert beraten kann, der aber auch mal nur Ware in der Hektik eines SB-Marktes verkauft, der auch einmal Ware einräumt, Angebote schreibt und in gewissem Umfang auch allgemeine kaufmännische Verwaltungstätigkeiten übernimmt. Aber auch dieser Verkäufer wird sich auf solche Verkaufsgespräche vorbereiten, bei denen es um größere Summen geht, oder von denen er weiß, dass ein neuer Kunde gewonnen werden kann.

Schon die Ausstellung signalisiert, dass die Beratung auf die Kaufmotive designorientierter Kunden eingestellt ist.
Foto: Köbig Baustoffe, Wiesbaden

2.11 Durchführung des Verkaufsgesprächs

Schon am Anfang dieses Kapitels wurde darauf hingewiesen, dass es das typische Verkaufsgespräch nicht gibt. Dennoch lässt sich jedes Gespräch in ein Grundmuster einordnen. So lassen sich die vier Momente der klassischen AIDA-Formel sicherlich auch auf die Situation des Verkaufsgesprächs übertragen:

A – Get ATTENTION – Aufmerksamkeit erregen
I – Arouse INTEREST – Interesse wecken
D – Stimulate DESIRE – Kaufwunsch herbeiführen
A – Get buying ACTION – Auftrag provozieren

Der Vorteil solcher Formeln ist, dass sie sich relativ leicht einprägen lassen, und dass der gute Verkäufer sie als innerliche Checkliste verwenden kann, um sein Verkaufsgespräch systematisch aufzubauen. Dazu muss er jedoch die einzelnen Bestandteile so verinnerlicht haben, dass er in der Lage ist, das Verkaufsgespräch „frei" und flexibel zu führen.

Gesprächseröffnung

Die richtige Kontaktaufnahme mit dem Kunden bei der Gesprächseröffnung entscheidet darüber, ob der Verkäufer ihm sympathisch ist. Treten schon bei der Gesprächseröffnung Dissonanzen auf, so hat es ein Verkäufer schwer, den Kunden im weiteren Verkaufsgespräch zu gewinnen. Es ist die Aufgabe des Verkäufers, Kontakt zum Kunden herzustellen. Das ist nicht immer leicht, denn es geht darum, sich an den Erwartungen und Wünschen des Kunden zu orientieren. Insbesondere muss der erste Kontakt so aufgenommen werden, wie es der Kunde erwartet. Speziell im SB-Handel ist das nicht einfach, da dort eine Kontaktaufnahme zwischen Kunde und Verkäufer nur ausnahmsweise vorgesehen ist. Viele Kunden suchen gerade die Anonymität im Baumarkt und empfinden möglicherweise das Auftreten eines Verkäufers als unangenehm. Ein Verkäufer benötigt deshalb sehr viel psychologisches Geschick und Feingefühl, wenn er mit dem Kunden ins Gespräch kommen will.

Begrüßung: Ein erster Schritt zur Kontaktaufnahme ist die Begrüßung des Kunden beim Betreten der Geschäftsräume. Ein einfaches *„Grüß Gott"*, weiter im Norden ein *„Guten Tag"* zeigt dem Kunden, dass man sein Eintreten bemerkt hat. Auch wenn sich der Kunde selbst bedienen soll, so heißt dies nicht, dass er gar nicht existiert. Jeder Mensch möchte als Person beachtet werden. Verkäufer, die auf eintretende Kunden nicht reagieren, bringen diesen gegenüber ihre Missachtung zum Ausdruck.

Formen der Kontaktaufnahme: Um zu einem Verkaufsgespräch zu kommen, muss der Verkäufer auf den Kunden „zugehen" und mit ihm Kontakt aufnehmen. Je nach Verkaufsform wird sich die Vorgehensweise unterscheiden:

An der **Baustofftheke** zeigt ein Kunde, der an die Theke tritt: Ich möchte angesprochen werden. Da ist eine Gesprächseröffnung dann ganz einfach: *„Grüß Gott"*, *„Was kann ich für Sie tun?"* u. ä. So angesprochen, wird der Kunde ohne weiteres seine Wünsche vorbringen.

Im **Baustoff-Fachmarkt** ist die Ansprache des Kunden schwieriger. Auch hier gibt es zwar in den meisten Fällen eine Theke, doch sieht diese Verkaufsform zunächst die Selbstbedienung durch den Kunden vor. Der Verkäufer bleibt daher im Hintergrund und lässt den Kunden in Ruhe alleine wählen. Im Idealfall sollte er aber sofort in Erscheinung treten, wenn Beratung erwünscht oder notwendig ist.
Vom Verkäufer wird hier viel Einfühlungsvermögen und große Aufmerksamkeit erwartet. Er sollte den Kunden im Auge behalten und rechtzeitig erkennen, wann der Kunde eine Ansprache durch den Verkäufer wünscht.

Im Baustoff-Fachmarkt steht die Selbstbedienung des Kunden im Vordergrund. Der Verkäufer sollte ein Auge dafür haben, wann ein Kunde Beratung wünscht.
Foto: Hagebaumarkt Ettlingen

Aggressive Verkäufer tun hier zuviel des Guten, wenn sie sich auf jeden Kunden stürzen, der den Fachmarkt betritt, und nicht mehr von seiner Seite weichen. Aber auch eine durchaus wohlgemeinte „Betreuung" kann als lästig empfunden werden, wenn sich der Kunde beobachtet, kontrolliert und unter einen psychologischen Kaufzwang gesetzt fühlt. Trotzdem darf, ja sollte ein Verkäufer den Kunden schon beim Betreten des Marktes persönlich begrüßen. Ist Beratung zunächst nicht erwünscht, sollte sich der Verkäufer jetzt zurückziehen, allerdings nicht ohne den Hinweis, dass er zur Beratung jederzeit in der Nähe sei. Der Kunde soll das Gefühl bekommen, auch dann willkommen zu sein, wenn er sich nur umschauen möchte. *„Schauen Sie sich in aller Ruhe alles an. Wenn Sie Fragen haben oder Hilfe benötigen, bin ich jederzeit in Ihrer Nähe."* An dieser Stelle ist „Nähe" nicht räumlich zu verstehen. „Nähe" bedeutet in diesem Zusammenhang: *„Ich bin für Sie da!"* Der Verkäufer sollte sich deshalb zwar entfernen, aber den Kunden im Auge behalten. Falsch wäre es, sich hinter die Verkaufstheke zurückzuziehen und sich so in andere Arbeiten zu vertiefen, dass der Kunde vergessen ist. Natürlich kann der Verkäufer nun etwas anderes tun, doch

sollte er den Kunden im Auge behalten. Aus dem Verhalten des Kunden kann er auf den richtigen Zeitpunkt für eine weitere Kontaktaufnahme schließen:
Bummelt der Kunde durch die Regale, schaut sich hier etwas an, nimmt dort etwas aus dem Regal, so will er sich nur unverbindlich informieren. Er möchte zunächst nicht angesprochen werden. Kehrt er aber beispielsweise zu dem Regal mit den Bohrmaschinen zurück, nimmt dort verschiedene in die Hand und studiert intensiv die Verpackung, so wird jetzt ein aufmerksamer Verkäufer den Kunden erneut ansprechen. Gedankenlos wäre jetzt die Phrase: *„Suchen Sie etwas Bestimmtes?"* Der Kunde hat ja sein Interesse an den Bohrmaschinen bereits gezeigt. Der Verkäufer kann darauf aufbauen: *„Die Bohrmaschine, die Sie gerade in der Hand halten, ist die stärkste Maschine, die wir im Sortiment haben!"*

Exkurs

Freundlichkeit macht sich doppelt bezahlt

Nur bestimmte Kunden freuen sich, wenn sie vom Verkaufspersonal nicht beachtet werden: Ladendiebe! Schon eine Begrüßung an der Ladentür signalisiert einem potenziellen Dieb, dass er bemerkt wurde. Verkäufer demonstrieren auf diese Weise Aufmerksamkeit. Aufmerksames Verkaufspersonal lieben Ladendiebe jedoch überhaupt nicht. Freundlichkeit macht sich also doppelt bezahlt.

Im **Baumarkt** ist die Situation eindeutig SB-orientiert. Konzeption, Größe und Personalausstattung erwarten vom Kunden weitestgehend Selbstbedienung. Durch die Einrichtung von „Beratungszentren" u. ä. wird dem Kunden die Möglichkeit einer Beratung angedeutet, der Kunde muss sich jedoch selbst um eine solche bemühen. Er muss den Verkäufer ansprechen und um Beratung bitten. Der Verkäufer wartet, im Gegensatz zum Baustoff-Fachmarkt, passiv auf die Ansprache durch den Kunden. Gute Verkäufer werden aber auch hier, soweit sie die Zeit dazu haben, Kunden, die sie ratlos vor einem Regal beobachten, ansprechen, um so zu einem Verkaufsgespräch zu kommen.

Im Baumarkt muss sich der Kunde zumeist selbst um Beratung bemühen. *Foto: Archiv*

In der **Ausstellung** des Baustoff-Fachhandels bewegt sich der Verkauf zwischen dem Verkauf an der Theke und dem im Fachmarkt. So können sich die Kunden z. B. in einer Fliesenausstellung zwanglos umsehen, können sich einen Eindruck von Türen und Fenstern machen; die endgültige Kaufentscheidung erfolgt erst nach einer qualifizierten Beratung. Ohne Verkäufer geht es hier nicht.
Verkäufer sollten Kunden, welche die Ausstellung betreten, soweit möglich, begrüßen und sich nach ihren Wünschen erkundigen. Ein erster Kontakt wird hergestellt, um den Kunden eine Orientierungshilfe in der Ausstellung zu bieten: *„Bodenfliesen finden Sie hier ..."* oder *„Haustürelemente haben wir im Nebenraum! ..."* Je nach Reaktion des Kunden und nach Kundenandrang in der Ausstellung kann der Verkäufer den Kunden weiter beraten oder erklären: *„Ich habe gerade noch einen anderen Kunden. Doch schauen Sie sich in aller Ruhe hier ein wenig um. Sobald ich frei bin, werde ich Sie ganz persönlich beraten."* Oder: *„Sie können sich in aller Ruhe die Bodenfliesen anschauen. Wenn Sie Beratung wünschen, stehe ich Ihnen gerne zur Verfügung!"*

Im **Außendienst** ist die Situation des Verkäufers grundsätzlich anders. Im Regelfall müssen die Aktivitäten vom Verkäufer ausgehen. Er besucht den Kunden, er spricht ihn an und versucht, mit ihm in ein Verkaufsgespräch zu kommen.
Er besucht seine Kunden in der Praxis „auf Verdacht", d. h., er weiß zunächst einmal nicht, ob beim Kunden Bedarf besteht. Erst im Gespräch muss er erforschen, ob die Möglichkeit besteht, zu einem Verkaufsabschluss zu kommen. Deshalb muss für den Außendienstmitarbeiter als Grund für den Besuch die Person des Kunden im Vordergrund stehen. Er wird das Gespräch mit einigen persönlichen Worten beginnen: *„Grüß Gott Herr Maier, ich freue mich, Sie wiederzusehen. Seit unserem letzten Gespräch hat sich hier ja einiges verändert. Ich habe schon viel von Ihrem neuen Fachmarkt gehört. Sie wissen ja, wenn die Gerüchteküche brodelt. Aber das, was ich hier sehe, ist ja fantastisch. Da kann man Sie nur beglückwünschen!"* Wie langweilig und für den Kunden abwertend klingt da folgende Begrüßung: *„Grüß Gott Herr Maier. Ich war gerade in der Gegend und da wollte ich mal bei Ihnen vorbeischauen. Können wir was miteinander machen oder brauchen Sie gerade nichts? ..."* Oder völlig unmöglich: *„Was kann ich Ihnen verkaufen? ..."* Ein Verkäufer, der sich so einführt, braucht sich nicht zu wundern, wenn er zur Antwort bekommt: *„Nein, im Augenblick brauche ich nichts. Sie können ja bei Gelegenheit mal wieder vorbeischauen. Auf Wiedersehen!"*
Falls der Außendienstmitarbeiter die Möglichkeit hat, vereinbart er kurz vorher telefonisch einen Termin. Dadurch wird die Gesprächseröffnung etwas einfacher. Darüber hinaus erscheint ein vorab vereinbarter Termin dem Kunden auch etwas wertiger. In der Praxis lässt sich dies jedoch nur selten umsetzen.

Die Anrede des Kunden

Es gibt keine allgemein geltenden Regeln für Verkäufer zur richtigen Anrede vom Kunden. Wie in vielen Bereichen des Verkaufsgesprächs muss der Verkäufer sich auch hier auf sein Gespür für die Situation und den Kunden verlassen können. Einfach ist es, wenn Kunden bekannt sind. Der Verkäufer sollte sie dann mit Namen ansprechen. Dies gilt insbesondere für Stammkunden und Kunden, bei denen eine umfangreiche Beratung zu erwarten ist. Am schnellsten erfährt ein Verkäufer den Namen, wenn er sich selbst vorstellt. Kunden, die an einer persönlichen Ansprache interessiert sind – das sind die meisten –, werden sich dann ebenfalls vorstellen. Auch beim Anlegen eines Datenblattes für die Kundendatei wird der Kunde seinen Namen nennen. Jetzt sollte der Verkäufer den Kunden grundsätzlich und möglichst oft mit seinem Namen anreden.

Der Name ist eine Kontaktbrücke. Kunden freuen sich, wenn sie mit Namen angesprochen werden. Die meisten legen Wert darauf, denn das hebt sie aus der Anonymität der Vielzahl von Kunden heraus und steigert ihr Selbstwertgefühl.

Manche Verkäufer scheuen sich, einen Kunden mit Namen anzureden, weil sie nicht mehr genau wissen, wie der Kunde heißt. Sie wollen nichts falsch machen und reden darum herum. Dabei macht es nichts, wenn sie den Kunden höflich nach seinem Namen fragen. Der Kunde sieht, wie wichtig sein Name, und damit auch seine Person, für seinen Gesprächspartner ist.

Exkurs

„Frau oder Fräulein"

Unsicherheit besteht manchmal noch bei der Anrede junger Frauen. Insbesondere ältere Verkäufer schwanken zwischen „Frau" und „Fräulein". Dabei hat sich heute eine klare Regel durchgesetzt. Alle Frauen, auch sehr junge, werden grundsätzlich mit „Frau" angesprochen. Die Anrede „Fräulein" sollte nur noch auf ausdrücklichen Wunsch der Frau verwendet werden.

Berufsbezeichnungen gehören grundsätzlich nicht zur Anrede. Heute wirkt es schon aufdringlich, zumindest aber peinlich, wenn ein Kunde mit „Herr Architekt", „Herr Prokurist" usw. angesprochen wird. Weiß ein Verkäufer jedoch, dass sein Kunde Wert auf eine Anrede mit Berufsbezeichnung legt, so sollte er diese auch verwenden. In diesem Fall ist der Kunde König. Etwas anderes ist es mit akademischen Titeln wie „Doktor" und „Professor". Diese müssen selbstverständlich in der Anrede verwendet werden.

Ein schlechtes Namensgedächtnis gibt es nicht, sondern nur ein untrainiertes. Profiverkäufer bilden sich sogenannte „Eselsbrücken", indem sie mit dem Namen des Kunden ein Bild, Wörter oder einen prägnanten Satz verbinden. Dies gelingt z. B. mit dem großen mega memory® Gedächtnistraining (siehe www.gregorstaub.com)

Bedarfsanalyse

Sobald das Gespräch eröffnet worden ist, muss der Verkäufer feststellen, was der Kunde wünscht. Unerfahrene Verkäufer werden glauben: Nichts leichter als das. Ich frage den Kunden einfach, was er will!

So einfach geht das aber leider nur sehr selten!

Natürlich muss er im Verkaufsgespräch nach den Wünschen des Kunden fragen. Kunden sagen zwar, was sie wollen, doch sehen sie die Ware aus einer anderen Perspektive als ein Verkäufer. Für sie stehen Nutzen und Vorteile des Angebotes im Vordergrund. Schon deshalb wissen Kunden häufig selbst nicht genau, was sie eigentlich wollen. Hinzu kommt, dass sie häufig nicht die notwendige Warenkenntnis besitzen und sich zudem noch untechnisch ausdrücken bzw. den Verkäufer mit gefährlichem Halbwissen konfrontieren, z. B. Informationen aus dem Internet.

„Was möchten Sie machen?": Der Kunde hat ein Problem, dieses Problem will er lösen und dazu erwartet er vom Verkäufer die richtige Beratung und die richtige Ware.

Beispiel

Ein Kunde kommt im Baustoff-Fachhandel an die Theke und verlangt einen Sack Zement. Der Verkäufer denkt nicht viel, der Kunde hat ja gesagt, was er will, kassiert den Kaufpreis und schickt den Kunden ins Lager, um den Zement einladen zu lassen.

Wusste der Verkäufer im genannten Beispiel wirklich, was der Kunde wollte? Aus Unwissenheit oder Bequemlichkeit ist er von sich ausgegangen. Er hat sich nicht in den Kunden hineinversetzt und darüber nachgedacht, was dieser mit dem Zement machen wollte. Insbesondere von Privatkunden kann ein Verkäufer im Baustoff-Fachhandel nicht die Fach- und Sachkenntnis erwarten, dass sie immer ihre Wünsche richtig zum Ausdruck bringen können. Der Verkäufer muss ihnen helfen.

Geschulte Verkäufer hätten sich deshalb im obigen Beispiel nicht damit begnügt, den Sack Zement zu verkaufen. Sie hätten nachgefasst: *„Darf ich fragen, was Sie mit dem Zement machen wollen?"* Der Kunde hätte möglicherweise erklärt: *„Wissen Sie, ich möchte beschädigte Stufen meiner Kellertreppe ausbessern!"* Jetzt hätte der Verkäufer mehr gewusst und hätte dem Kunden das verkaufen können, was dieser wirklich benötigt hätte: einen Reparaturmörtel!

Der Reparaturmörtel wäre für beide Parteien der bessere Kauf gewesen. Für den Kunden, weil er Sicherheit und Bequemlichkeit gekauft hätte, da ein solcher Mörtel bereits fertig mit der richtigen Menge Zuschlagstoffe angemischt ist. Für den Verkäufer, weil er mit dem Fertigmörtel eine bessere Gewinnmarge erzielt hätte.

Je spezialisierter Baustoffe sind, desto wichtiger wird die Bedarfsanalyse. Ein typisches Beispiel sind chemische Baustoffe. In der Regel handelt es sich um Materialien, deren Anwendungsbereiche relativ eng sind. Ein qualifizierter

und verantwortungsvoller Verkäufer sollte ohne Nachfrage nicht einfach einen Fliesenkleber verkaufen. Er sollte klären, zu welchem Zweck der Kunde diesen verwenden möchte.
In dem Maße, in dem sich der Baustoff-Fachhandel vom reinen Großhandel zum Groß- und Einzelhandel mit Baufachmarkt oder Baumarkt entwickelt hat, kann der Verkäufer nicht mehr davon ausgehen, dass seine Kunden wissen, was sie benötigen. Während man von einem Handwerker erwarten kann, dass er selbst die notwendige Sach- und Fachkenntnis besitzt, um das richtige Material zu kaufen, muss ein Verkäufer beim Do-it-yourselfer davon ausgehen, dass dieser nur laienhaft seine Bedürfnisse äußern kann.
Aber keine Regel ohne Ausnahme. Auch Heimwerker können in Teilbereichen große Sachkunde besitzen. Umgekehrt kommt so mancher Handwerker mit modernen Baustoffen nicht zurecht. Das bedeutet, dass die Ansprüche an die Bedarfsanalyse im Verkaufsgespräch wachsen – nicht nur beim Heimwerker, auch beim Profi.
Im Vordergrund eines jeden Verkaufsgesprächs steht der Kunde mit seinen Problemen und Wünschen. Das Interesse des Verkäufers am Verkauf ist zweitrangig. Primär geht es darum, im Interesse des Kunden zu handeln; nicht die Ware ist vorrangig, sondern die Problemlösung, nicht die Vorstellung des Verkäufers zählt, sondern die Vorstellung des Kunden. Wer als Verkäufer ungeduldig sich selbst und sein Ziel, den Auftrag, in den Mittelpunkt stellt, wird ihn nur schwer bekommen. Deshalb lautet die Kernfrage nicht: *„Was kann ich Ihnen verkaufen?"* sondern: *„Welches Problem haben Sie?"* oder: *„Was möchten Sie machen?"*

Beim Heimwerker, aber auch in besonderen Fällen beim Handwerker, ist eine Bedarfsanalyse erforderlich. *Foto: OBI*

Motive ermitteln

Zu den Wünschen des Kunden gehören auch seine Kaufmotive. Um ein erfolgreiches Verkaufsgespräch führen zu können, ist es für einen Verkäufer unabdingbar, die Kaufmotive des Kunden zu erforschen. Erst wenn er die Motive kennt, die den Kunden bewegen, eine bestimmte Ware zu kaufen, kann er diesen richtig beraten.

Beispiel

In der Elektrowerkzeugabteilung steht ein Kunde unschlüssig vor den Bohrmaschinen. Dem Verkäufer gegenüber äußert er den Wunsch, eine Bohrmaschine zu kaufen. Durch geschicktes Fragen sucht der Verkäufer die Kaufmotive zu erforschen:
Kunde 1: Der Verkäufer erfährt, dass der Kunde keine handwerklichen Ambitionen hat. Er möchte nur ein Bücherregal an die Wand hängen und muss dazu einige Dübel setzen. Darüber hinaus möchte er die Bohrmaschine haben, um hin und wieder mal ein Loch bohren zu können.
Kunde 2: Im Gespräch erfährt der Verkäufer, dass sein Kunde ein fortgeschrittener Heimwerker ist, der schon diverse Elektrowerkzeuge besitzt. Natürlich hat er auch bereits eine Bohrmaschine. Er ist jedoch mit deren Leistungen nicht mehr zufrieden und möchte deshalb eine neue.

Wie sind die Kundenbedürfnisse im genannten Beispiel zu bewerten?
Kunde 1 wird mit einer einfachen Schlagbohrmaschine gut beraten sein. Er stellt keine hohen Ansprüche an die Technik, es genügt ihm, wenn er einen Dübel in die Wand setzen kann. Für Kunde 2 wäre eine einfache Bohrmaschine, wie sie für Kunde 1 das Richtige war, ein Fehlkauf. Bei ihm muss das Gerät dem neuesten Stand der Technik entsprechen, leistungsfähig sein und die Bedürfnisse eines fortgeschrittenen Heimwerkers befriedigen.
Das Beispiel zeigt, wie unterschiedlich die Bedürfnisse bei Kunden sein können, die beide den gleichen Wunsch äußern: Ich möchte eine Bohrmaschine kaufen.

Fragetechniken

„Wer fragt, der führt." Durch Fragen kann man seinen Gegenüber erforschen. Man erfährt seine Meinungen, seine Ansichten und seine Probleme. Durch Fragen zeigt man an seinem Gegenüber aber auch Interesse. Dieser fühlt sich aufgewertet, denn man fragt nur, wen man ernst nimmt. Fragen – gezielt eingesetzt – können auch ein Instrument der Rhetorik sein.
Sie haben dann nicht nur das Ziel, Informationen zu ermitteln, sondern bringen dem Verkäufer auch in kritischen Situationen „Luft" zum Nachdenken, zur Sammlung, und können ein Schutz vor überraschenden Fragen sein. In der Phase der Bedarfsermittlung haben die Fragen überwiegend das Ziel, sich über die Wünsche des Käufers, seine Motive zum Kauf, zu informieren. Die Fragen müssen deshalb so formuliert werden, dass die Antworten möglichst umfassende Informationen bringen. Ziel aller Fragen ist es, umfassende Informationen über Wünsche und Kaufmotive des Kunden zu erhalten, um dann in der Angebotsphase die Vorteile einer Ware motivbezogen darlegen zu können.

Die folgende Tabelle zeigt vier grundlegende Fragetypen, die im Gespräch zum Einsatz gelangen. Die Kunst des Verkaufsgesprächs besteht darin, diese Typen angemessen zu verwenden und zu variieren, um den Gesprächsfortschritt zu sichern und einen Abschluss herbeizuführen.

Fragentyp	Anmerkung	Beispiel
Geschlossene Frage	Bei Fragen dieses Typs besteht die Gefahr, dass der Kunde mit Ja oder Nein antwortet	Der Verkäufer fragt: „Möchten Sie Fliesen kaufen?" – Der Kunde wird mit Sicherheit antworten: „Ja." Viel hat der Verkäufer damit nicht erfahren. Geschlossene Fragen sind in zwei Situationen angebracht: **1.** Der Kunde ist ein Vielredner und die Gefahr besteht, dass das Gespräch zu keinem Ergebnis kommt. **2.** Man muss dem Kunden alles „aus der Nase ziehen", um seinen Bedarf zu ermitteln.
Offene Frage	Auf offene Fragen kann der Kunde nicht mit Ja oder Nein antworten. Er muss weitere Informationen geben.	„Was für eine Tür haben Sie sich vorgestellt?" – Der Kunde muss nun weiter erklären. Durch diese Frageform erhält der Verkäufer sehr schnell sehr viele Informationen vom Kunden.
Alternativfrage	Fragen dieses Typs geben dem Kunden zwei Möglichkeiten zur Antwort vor. Die mögliche Manipulation besteht darin, dass die Antworten auf zwei gewünschte Alternativen reduziert werden.	**1.** Ein Baustoffhändler führt in seinem Sortiment Kunststoff-, Aluminium- und Holztüren. Da er gerade einen größeren Posten Holztüren auf Lager hat, fragt der Verkäufer seinen Kunden, der nach Innentüren verlangt: „Suchen Sie Meranti- oder Kieferntüren?" Man sieht, dass der Verkäufer durch die Fragestellung eine Vorauswahl getroffen hat. Mit dieser Frageart kann der Kunde noch weiter manipuliert werden: **2.** „Sollen die Türen aus einfachem Limba oder repräsentativer Eiche sein?" – Natürlich wird ein Kunde repräsentative Türen bevorzugen
Suggestivfrage	Mit Suggestivfragen versucht man, die eigene Meinung seinem Gegenüber in den Mund zu legen.	„Sind Sie nicht auch meiner Meinung, dass für Ihr elegantes Wohnzimmer nur repräsentative Bodenfliesen in Betracht kommen?" – Seriöse Verkäufer werden diese Fragetechnik nur dann einsetzen, wenn sie der ehrlichen Überzeugung sind, dass dies zum Wohl des Kunden geschieht. Unseriöse Verkäufer versuchen damit, den Kunden zu manipulieren und ihm Waren aufzuschwatzen, die dieser gar nicht benötigt. Ein solcher Verkaufserfolg ist in der Regel nur von kurzfristiger Dauer. Der Kunde fühlt sich übertölpelt. Er wird den Verkäufer und wahrscheinlich auch das Geschäft zukünftig meiden.

Testangebote

So wichtig die Bedarfsanalyse ist – das Verkaufsgespräch darf nicht zu einem „Verhör" ausarten. Eine recht elegante Methode, Kundenwünsche zu ermitteln, sind „Testangebote". Ein geschickter Verkäufer wird möglichst früh zur Produktdemonstration übergehen, um auf diese Weise die Vorstellungen des Kunden zur Ware zu testen.
Hat der Kunde die Ware vor sich, so wird nachgefasst (hier am Beispiel Türelement):

- *Wie gefällt Ihnen diese Tür?*
- *Was halten Sie von diesem Element?*
- *Was würden Sie zu dieser Sicherheitstür sagen?*
- *Wie würde dieses Türelement zu Ihrem Haus passen?*
- *Gefällt Ihnen dieses rustikale Dekor?*

Aus den Antworten der Kunden kann der Verkäufer auf die konkreten Käuferwünsche schließen und ein entsprechendes Türelement anbieten.
Falsch ist es, sich zu früh auf ein bestimmtes Produkt festzulegen. Liegt man daneben, so fällt es schwer, ohne Gesichtsverlust andere Waren zu empfehlen, die den Vorstellungen des Kunden näherkommen.
Wird zu viel gezeigt, werden unentschlossene Kunden nur verunsichert und wissen letztendlich nicht mehr, was sie wollen.

Orientierungshilfe für unschlüssige Kunden: Die Methode der Bedarfsermittlung mit Hilfe von Testangeboten bietet sich immer dort an, wo der Kunde seine Vorstellungen selbst nicht artikulieren kann.
Das folgende Beispiel zeigt einen Fall, bei dem die Kundenvorstellung auf ein Design orientiert werden sollte.

Beispiel

Ein Ehepaar in der Fliesenausstellung weiß zunächst nur, dass es Badezimmerfliesen passend zur Sanitärfarbe Bahamabeige sucht. Der Ehefrau gefallen florale Dekore nicht. Konkretere Vorstellungen hat das Paar noch nicht. Es möchte „mal schauen, was es gibt" und sich beraten lassen.

Speziell bei Fliesen, Türelementen, Lampen u. ä., wo vorrangig die Optik den Ausschlag gibt, können die wenigsten Bauherren ihre Wünsche klar formulieren. Da sie über die Warenpalette nicht im Bilde sind, erwarten sie in den Ausstellungen Orientierung und Inspiration.
In solchen Verkaufssituationen ist eine Bedarfsermittlung nur über eine Warendemonstration möglich. Im Verkaufsgespräch gehen dann Bedarfsanalyse und Angebot fließend ineinander über. Ist die Ware konkretisiert, liegt auch schon das Angebot vor.

Test der Preisvorstellungen: Gibt es in einer Kollektion relativ große Preisunterschiede, so empfiehlt es sich, bei den Testangeboten zunächst einmal mit Produkten der mittleren Preislage anzufangen. An der Reaktion des Kunden erkennt der Verkäufer, ob der Kunde mit seinen Preisvorstellungen nach oben oder nach unten tendiert. Liegt die Warenpalette preislich sehr dicht beieinander, so beginnt der Verkäufer am besten mit dem teuersten Produkt. Er hat immer noch die Chance, nach unten auszuweichen. Hinzu kommt, dass sich in der Gegenüberstellung unterschiedlicher Preiskategorien höhere Preise überzeugend vertreten lassen.

Kundenreaktion auf Testangebote: Es gibt drei Möglichkeiten, wie Kunden reagieren können:

- zustimmend,
- ablehnend,
- unschlüssig.

Bei verbalen Äußerungen ist Vorsicht angezeigt! Sprachliche Reaktionen können nicht ohne Weiteres als Zeichen der Zustimmung oder Ablehnung gedeutet werden. Verkäufer und Kunden verstehen sich im Verkaufsgespräch als Gegenspieler, die ihre Gefühle nicht so ohne weiteres preisgeben wollen. Viele Kunden äußern sich zunächst kritisch über ein Produkt, selbst wenn es ihnen zusagt. Verkaufsprofis werden deshalb auf die körperlichen Reaktionen des Kunden (Körperhaltung, Gestik, Mimik usw.) achten.

Kundenreaktion	Formen der Reaktion
Zustimmung	Kunde nickt, Kunde beschäftigt sich intensiv mit der Ware, Gesichtsausdruck ist zufrieden oder begeistert.
Ablehnung	Kunde schüttelt spontan den Kopf, wiegt mit dem Kopf, überfliegt die Ware und wendet sich dann schnell ab, äußert sich eindeutig negativ.
Unschlüssigkeit	Kunde zuckt mit den Achseln, wiegt mit dem Kopf, macht ein nachdenkliches Gesicht, greift sich an Kinn, Nase oder Ohr.

Sagt dem Kunden das Angebot zu, so muss mit gezielten Verkaufsargumenten der Kunde in seiner Zustimmung bekräftigt werden. Lehnt der Kunde die Ware ab, so ist es in der Regel sinnlos, sich weiter mit dieser Ware zu beschäftigen. Ist der Kunde unschlüssig, so wird ein guter Verkäufer dem Kunden Zeit zum Nachdenken lassen. Erst nach einer gewissen Pause wird er versuchen, mit gezielten Fragen den Kunden zu einer Entscheidung hinzuführen.

Das Angebot

Der Verkäufer hat den Kundenbedarf ermittelt. Jetzt kann er dem Kunden die Ware anbieten, die dessen Vorstellungen entspricht bzw. eine Problemlösung in Aussicht stellt.
Die Angebotsphase im Verkaufsgespräch ist nicht zu verwechseln mit einem schriftlichen Angebot, das rechtsgestaltenden Charakter besitzt. Kündigt ein Verkäufer seinem Kunden am Ende eines Verkaufsgesprächs an: *„Ich mache Ihnen ein Angebot“*, so meint er damit, dass er auf der Basis des vorhergegangenen Gesprächs die Ware nach Art und Menge zusammenstellt und dafür einen verbindlichen Preis nennt. Dies ist ein Angebot im Sinne des Vertragsrechts. Der Verkäufer ist an dieses Angebot gebunden. Nimmt der Kunde das Angebot an und bestellt, ist ein rechtswirksamer Kaufvertrag zustande gekommen.

Kundenorientiert anbieten: Bei der Wahl des Angebotes muss sich der Verkäufer in die Lage des Kunden hineinversetzen. Das heißt, er muss kundenorientiert anbieten. Nach der Bedarfsanalyse sollten dem Verkäufer die Kaufmotive des Kunden bekannt sein. Er sollte in seine Überlegungen auch das Konsumverhalten der Kunden von heute mit einbeziehen. Die Kernfragen sind:

- Wozu benötigt ein Kunde die Ware? (Problemlösung!)
- Welche Vorstellungen verbindet der Kunde mit der Ware? (Erlebniswert)

Nur wenn der Verkäufer diese Fragen aus der Sicht des Kunden beantworten kann, hat er die Gewähr, dass er nicht an den Vorstellungen des Kunden vorbeiargumentiert. Es ist die Aufgabe des Verkäufers, bei seiner Argumentation Produktmerkmale in Kundennutzen umzusetzen.

Kundenorientiert argumentieren: In der Argumentation muss unterschieden werden zwischen:

- einem privatem Bauherrn, der für den Eigenbedarf baut,
- einem Vermieter, der eine Kapitalanlage erstellt,
- einem Handwerker, der das Material verarbeitet.

Beim privaten Bauherren stehen neben Vorteilen und Nutzen die emotionalen Erlebniswerte im Vordergrund. Für den Vermieter werden sie nur insoweit von Bedeutung sein, als sie den Mietwert der Immobilie beeinflussen. Der Handwerker wird sich nur von solchen Vorteilen beeindrucken lassen, welche die Verarbeitung des Materials beeinflussen.
Schon bei den Kaufmotiven wurde darauf hingewiesen, dass auch Kaufmotive einem Wandel unterliegen. Der Verkäufer muss in seiner Argumentation zeitgemäß sein. Durchaus objektiv richtige Argumente zur falschen Zeit, beim falschen Kunden oder an der falschen Stelle vorgetragen, haben schon manches Verkaufsgespräch zu einem vorzeitigen Ende gebracht.

Die Beratung muss in jedem Fall kundenorientiert erfolgen. *Foto: OBI*

Besonders schwierig sind Argumente, mit denen die emotionale Vorstellungswelt des Kunden angesprochen werden soll. Keramik als Wand- und Bodenbelag ist hierfür ein gutes Beispiel, da sie wie kaum ein anderes Material Käufer in zwei emotionale Lager spaltet. Die einen schätzen die nüchterne, durchaus etwas kühle Ästhetik eines modernen keramischen Belages. Diese Gruppe ist designorientiert, neigt der modernen Klassik zu und könnte sich Fliesen in allen Räumen (inklusive Schlafzimmer) vorstellen.
Das andere Extrem hält Fliesen für kalt und steril und akzeptiert keramische Beläge nur, wo unbedingt notwendig (z. B. Bad, evtl. Küche). Diese Gruppe würde am liebsten auch im Bad Holz und Kork verwenden. Die erste Gruppe kann über gutes Fliesendesign angesprochen werden. Pfle-

geleichtigkeit, Abriebfestigkeit und Maßhaltigkeit sind Eigenschaften, die hier akzeptiert werden. Auch mit Hygiene kann argumentiert werden, ohne dass ein keramischer Belag als zu steril empfunden wird. Die zweite Gruppe spricht auf „Wohnlichkeit" an. Keramik soll hier warm, rustikal und heimelig wirken. Sinnbild dieser Gefühlswelt ist der behagliche Kachelofen, Inbegriff der guten alten Zeit, des gesunden Wohnens und der familiären Geborgenheit. Alle Argumente, die den keramischen Belag kalt, steril und nüchtern erscheinen lassen, müssen vermieden werden.
Seit einiger Zeit bieten sich dem Verkäufer allerdings neue Möglichkeiten, da sowohl keramische Bodenbeläge in nahezu allen Dekoren (z. B. auch in Holzoptik) zu haben sind. Daneben bieten viele Hersteller mittlerweile auch Vinyl-Oberflächen an, die täuschend echt einer Holz- oder Parkettdiele nachempfunden sind bzw. wie eine Keramikoberfläche aussehen. Dadurch kann der Verkäufer noch umfangreicher anbieten.

Reden ist Silber, Zeigen ist Gold: Gehörtes wird relativ schnell vergessen. Was der Mensch sieht oder selbst in die Hand nehmen kann, schreibt sich wesentlich länger in sein Gedächtnis ein.

Ein Mensch behält noch nach zwei Tagen von dem, was er

liest	ca. 10 %
sieht	ca. 30 %
selber sagt	ca. 80 %
hört	ca. 20 %
hört und sieht	ca. 70 %
selber tut	ca. 90 %

Umgekehrt ist schon nach drei Stunden vergessen, von dem was man

hört	ca. 30 %
hört und sieht	ca. 25 %

Nach drei Tagen ist vergessen von dem, was man

hört	ca. 90 %
hört und sieht	ca. 35 %

(nach Heinzjürgen Reich, Verkaufstrainer, Weiterbildungszentrum Bodensee)

Die Zahlen sprechen für sich. Der Mensch ist ein Augen- und Erlebniswesen. Mit welchen Worten kann man beispielsweise das Gefühl beschreiben, den schweren, polierten Griff eines Türbeschlags aus massivem Messing in der Hand zu halten. Die Form kann man beschreiben, man kann Fotos zeigen, doch den Unterschied zwischen einem massiv gegossenem Beschlag und einem Blechgriff, den muss man fühlen. Aus diesem Grunde sollte jeder Verkäufer, soweit nur irgend möglich, direkten Kontakt zwischen Kunde und Ware herstellen. Warum dem Kunden nicht einmal einen „Poroton"-Stein in die Hand geben? Der U-Wert, die Druckfestigkeit und weitere technische Daten sind zwar Argumente, doch eine Identifikation mit einem Material lässt sich am besten durch Sehen und Erfühlen herbeiführen. Gute Verkäufer werden von den Waren, die sie verkaufen, immer ein Muster bereitlegen, um dieses dem Kunden in die Hand zu geben.
Der Außendienstverkäufer kann sich nicht der Ausstellung des Unternehmens bedienen. Soweit möglich, wird er Waren, die er verkaufen möchte, zu seinen Kunden mitnehmen. Muster, Proben und gute Kataloge gehören – noch vor einer Preisliste – zum wichtigsten Handwerkszeug des Außendienstverkäufers.

Vorteile visualisieren: Beim gewerblichen Abnehmer spielt das Material in der Argumentation nur insoweit eine Rolle, als es für den Kunden betriebswirtschaftliche Vorteile bietet. Solche Vorteile können z. B. in der leichteren Verarbeitung, der größeren Sicherheit, in der Zeitersparnis oder im höheren Verkaufswert liegen. Der Profi wird Ware hauptsächlich unter rein betriebswirtschaftlichen Aspekten beurteilen. Natürlich können auch emotionale Gründe für eine Ware sprechen. So hängen manche Verarbeiter an einem Material, das sie schon lange kennen und mit dem sie immer zufrieden waren. Auf diese Motive muss sich ein Verkäufer einstellen, wenn er ein neues Produkt verkaufen möchte. Der Kunde hat sich mit dem bisherigen Material seiner Wahl über Jahre hinweg identifiziert. Eine Abqualifizierung dieses Materials würde er unmittelbar auf die eigene Person beziehen. In diesen Fällen wird der geschickte Verkäufer die positiven Seiten der bekannten Ware anerkennen (er bestätigt damit auch den Kunden in seiner bisherigen Wahl), um darauf mit den Vorteilen des neuen Produktes aufzubauen.
Um einem gewerblichen Kunden wirtschaftliche Vorteile augenfällig darzustellen, müssen sie visualisiert werden.

Beispiel

Ein Mauerstein lässt sich aufgrund seiner besonderen Form außergewöhnlich leicht und schnell verarbeiten. Der Zeitgewinn soll gegenüber herkömmlichen Steinen bei rund 30 % liegen. Ein Verkäufer wird seinem Kunden auf einem Blatt Papier vorrechnen, welche Zeitersparnis dies für ihn als Bauunternehmer beim Bau eines Einfamilienhauses bedeutet. Da Zeit für jeden Unternehmer Geld ist, wird der Verkäufer die ersparten Stunden in eingesparte Lohnkosten umrechnen: „Wenn Sie diesen Stein verwenden, sparen Sie bei einem Einfamilienhaus rund 2 500 EUR Lohnkosten!" Ein Argument, das jeden Unternehmer überzeugen muss.

Produktdemonstration: *„Fasse Dich kurz!"* gilt nicht nur am Telefon, sondern auch für das Zeigen von Ware im Verkaufsgespräch. Je kürzer die Demonstration ausfällt, umso einprägsamer wird sie. Der Verkäufer sollte die Produktbeschreibung im Kopf haben. Prospekte oder Bedienungsan-

leitungen gehören nicht zur Produktdemonstration. Lesen kann der Kunde selber. Bei der Beratung durch den Fachverkäufer erwartet er, dass dieser die Ware kennt. Nur in schwierigen Detailfragen sollte er auf das Informationsmaterial des Herstellers zurückgreifen. Ein findiger Verkäufer wird die Ware für sich sprechen lassen. Bei umfangreichem Sortiment sollte der Verkäufer eine Vorauswahl treffen. Auch hier gilt die Stufenregel!
In den Augen des Kunden stehen der Wert einer Ware und deren Kaufpreis in engem Zusammenhang. Schon die Art und Weise, wie ein Verkäufer mit der Ware umgeht, beeinflusst seine spätere Position im Preisgespräch. Behandelt er einen Artikel behutsam, so erscheint dieser dem Kunden wertvoll, geht er dagegen mit ihm nachlässig oder geringschätzig um, so wird dieser auch in der Vorstellung des Kunden abgewertet.
Rohbaustoffe können in den Verkaufs- oder Lagerräumen, z. B. auf einer Art „Steintheke", umsatzfördernd präsentiert werden. Auf diese Weise wird ein Massenprodukt individualisiert und für den Kunden „begreifbar". Er kann Steine in die Hand nehmen und das Material „erfühlen". Natürlich wird er dies nicht tun, wenn er dabei schmutzige Hände riskiert. Sauberes Material ist hier eine Selbstverständlichkeit! Kunden wollen vergleichen und auswählen können. Unterschiedliche Materialien in verschiedenen Ausführungen, Qualitäten und Preisklassen sollten nebeneinander liegen.

In einer Indoor-Ausstellung kann der Verkäufer witterungsunabhängig auch die Roh- und Außenbaustoffe zeigen und erklären. *Foto: Siebels Baustoffcenter, Norden*

Dem Verkäufer wird durch diese Art der Warenpräsentation die Argumentation im Verkaufsgespräch erleichtert. Er kann Waren miteinander vergleichen und anhand der unterschiedlichen Eigenschaften die Vor- und Nachteile einander gegenüberstellen. Preisunterschiede können auf diese Weise relativiert werden. Auch höhere Preise lassen sich so argumentativ leichter begründen und durchsetzen.
Warendemonstration ist ein wichtiger Bestandteil der Argumentationstechnik. Das Zeigen der Waren und die Argumentation mit deren Vor- und Nachteilen sind Instrumente des erfolgreichen Verkäufers im Verkaufsgespräch.

Beratung: Es zeichnet den Fachhandel aus, dass er Verkäufer besitzt, die in der Lage sind, Kunden qualifiziert zu beraten. Auf die Sach- und Fachkompetenz des Verkäufers, Voraussetzung für gute Beratung, wurde bereits ausführlich eingegangen. Im Verkaufsgespräch bedeutet Beratung: den Kunden zum richtigen Kauf hinführen! Die Angebotsphase ist somit auch die Phase der Beratung.

Die Produktpräsentation sollte kurz und einprägsam sein. *Foto: Dämmkauf, Brühl*

Behandlung von Kundeneinwänden

Zur Bedeutung von Kundeneinwänden sei auf die Ausführungen zu Beginn des Kapitels hingewiesen. Trägt ein Kunde Einwände vor, so zeigt dies sein Interesse an der Ware. Im Verkaufsgespräch werden Einwände nicht widerlegt, sie werden beantwortet. Für einen Verkäufer geht es nicht darum, recht zu behalten, sondern einen Kunden zu gewinnen. Deshalb den Kunden ausreden lassen und echte Einwände nicht übergehen. Kundeneinwände müssen ernst genommen werden!

Reaktion auf Kundeneinwand	Begründung
Bewusstes Überhören	Der Verkäufer überhört den Einwand, um herauszufinden, ob es sich um einen Scheineinwand oder Realeinwand handelt: Beharrt der Kunde auf dem Einwand, handelt es sich wahrscheinlich um einen Realeinwand. Kommt der Kunde nicht mehr auf den Einwand zurück, kann von einem Scheineinwand ausgegangen werden.
Bedingte Zustimmung	Den Einwand anerkennen, dann aber sofort zu den weiteren Kundenvorteilen übergehen (Ja-aber-Methode). Bei Realeinwänden sich entschuldigen und sich beim Kunden für seinen guten Hinweis bedanken.
Plus-Minus-Methode	Muss ein Mangel eingestanden werden, so kann der Verkäufer durch Gegenüberstellen von Vorteilen diesen relativieren: „Ich muss Ihnen zustimmen, dass ..., aber bedenken Sie, dafür haben Sie folgende Vorteile ..." Bei der Argumentation müssen die Vorteile so ausgewählt werden, dass sie gezielt auf die Wünsche des Kunden ausgerichtet sind.
Einwandumkehrung	Ein vom Kunden vorgetragener Nachteil wird zu einem Vorteil des Kunden umgekehrt.
Abschwächen	Der Einwand des Kunden wird abgeschwächt oder bagatellisiert. Doch sollte der Kunde in seinem Selbstwertgefühl nicht verletzt werden.
Abwimmelversuche	Außendienstverkäufer sehen sich täglich mit der Situation konfrontiert, dass Kunden versuchen, sie abzuwimmeln. Der Verkäufer sollte sich nicht abschrecken lassen und den vermeintlichen Einwand als Aufhänger benutzen, um den Kunden für ein Gespräch zu interessieren.

Sind alle Kundeneinwände beantwortet, so kann der Verkäufer dem Kunden das Angebot unterbreiten. Das Verkaufsgespräch kommt nun in die Abschlussphase.

Abschluss

Der Übergang von der Angebots- in die Abschlussphase erfordert vom Verkäufer Fingerspitzengefühl. Zunächst sollte er eine positive Abschlussatmosphäre schaffen.
Für ein Verkaufsgespräch, das kurz vor dem Abschluss steht, gilt:

- nicht abschweifen,
- keine neuen Argumente einbringen,
- nicht drauflosreden, sondern Abschlussfragen stellen,
- den Kunden nicht mit der Abschlussfrage übertölpeln,
- behutsam vorgehen.

Er kann nicht einfach fragen: „Nehmen Sie jetzt die Tür?" Er muss abwarten, bis der Kunde durch Kaufsignale zeigt, dass er zum Verkaufsabschluss bereit ist.

Kaufsignale: Durch Kaufsignale zeigt uns der Kunde, dass er zum Verkaufsabschluss bereit ist. Für den Verkäufer heißt es, den Abschluss nicht zu zerreden. Verkäufer, die vor Fachwissen geradezu „überlaufen", merken in der Begeisterung der Kundenberatung manchmal nicht, dass es keiner Beratung mehr bedarf.
Reden sie jetzt weiter, so kann der Kunde wieder unschlüssig werden und es sich anders überlegen. Kaufsignale des Kunden sind:

- stumme Signale (Gesten der Zustimmung, Kunde nimmt die Ware in die Hand),
- sprachliche Signale (die Fragen des Kunden kreisen nicht mehr um das Produkt selbst, sondern befassen sich bereits mit Dingen, die zeitlich nach dem Kauf liegen: *„Ich sehe die neue Eingangstür schon vor Augen." – „Wie lange wird der Einbau dauern?" – „Kann ich die Tür gleich mitnehmen?"*
- *„Welche Pflegemittel werden benötigt?"* u. ä.

Bleiben Kaufsignale aus, so sollte der Verkäufer von sich aus versuchen, den Abschluss einzuleiten.

Hinführen zum Kauf: Falsch wäre es, den Kunden plump zum Kauf zu nötigen. Er sollte das Gefühl haben, dass der Kaufentschluss von ihm selbst ausgeht. Schlechte Verkäufer werden, wenn Kaufsignale ausbleiben, ungeduldig. Sie wenden sich neuen Kunden zu, drehen sich weg oder spielen demonstrativ mit dem Kugelschreiber nach dem Motto: Willst du nun endlich?
Unentschlossene, zögernde Kunden erwarten Beratung und Entscheidungshilfe. Sie sind von Zweifeln geplagt: *„Soll ich die Tür bestellen oder soll ich nicht?"*
Lässt der Verkäufer den Kunden hier im Stich, bringt er sich selbst um den Erfolg eines an sich positiv verlaufenen Verkaufsgesprächs. Auch wenn andere Kunden bereits ungeduldig warten: Der Verkäufer darf in dieser Situation keine Ungeduld zeigen. Mit viel Einfühlungsvermögen kann er zögernde Kunden zum Kaufentschluss hinführen durch:

- Zusammenfassen der Vorteile für den Kunden,
- Aussprechen einer Empfehlung: *„Ich rate Ihnen…",*
- Darstellen von Unternehmensvorteilen (z. B. Kundendienst u. a.),
- über engen Kontakt zur Ware den Kunden gewinnen,
- Begeistern zögernder Kunden,
- Einsetzen von Reserveargumenten,
- Klären von Auftragsdetails: *„Welche Beschläge wünschen Sie für Ihre Haustür?"* oder *„Verlegen Sie die Fliesen selbst?"*

Mit der Alternativfrage-Methode umgeht der Verkäufer eine direkte Frage nach dem Kaufwunsch durch Alternativfragen. Er fragt also nicht: *„Wollen Sie diese Türe kaufen?",* sondern er stellt den Kunden nur noch vor die Alternative: *„Wollen Sie das Türelement mit Drahtglas- oder Sicherheitsglaseinsatz?"* Die Frage Kauf oder Nichtkauf stellt sich nicht mehr, der Kunde entscheidet nur noch über Alternativen des Kaufs.
Ein weiteres Mittel, einen Abschluss herbeizuführen, ist die sogenannte „Ja-Frage-Straße". Dem Kunden wird eine Reihe von Fragen gestellt, die so formuliert sind, dass eine Antwort nur „Ja" lauten kann. Die Abschlussfrage wird der Kunde, wenn er grundsätzlich zum Kauf bereit ist, dann ebenfalls mit einem „Ja" beantworten. Der Verkäufer bestätigt abschließend: *„Ich freue mich, dass Sie sich für diese hochwertige Tür entschieden haben."*
Auch wenn die Zeit eines Verkäufers im Verkaufsalltag kostbar ist, sollte er auf die Bedürfnisse seiner Kunden Rücksicht nehmen. Bei manchen Verkaufsgesprächen findet der „Smalltalk" erst am Ende statt.
Nach dem Verkaufsabschluss sind Kunden für freundliche Worte des Verkäufers ganz besonders empfänglich. Nur die wenigsten Käufer sind, wenn sie sich für eine Ware entschieden haben, frei von Zweifel. Je teurer die Anschaffung ist, desto größer die verbleibende Unsicherheit: *„Habe ich es richtig gemacht? Hätte ich nicht doch die andere Fliese nehmen sollen?"* In diesem Fall spricht man von sogenannten kognitiven Dissonanzen beim Kunden. Wird er jetzt in seiner Entscheidung bestätigt, so hilft ihm das, den eigenen Kaufentschluss zu akzeptieren. Je überzeugter ein Käufer beim Verlassen der Verkaufsräume ist, die richtige Wahl getroffen zu haben, desto zufriedener wird er sein. Zufriedene Kunden kommen wieder.

Zusatzverkäufe

Ist der Verkaufsabschluss perfekt, sei es, dass der Kunde den Auftrag unterschrieben oder er die Ware in seinen Einkaufswagen gelegt hat, wird ein guter Verkäufer die Möglichkeit nach Zusatzverkäufen erforschen: Was könnte der Kunde noch benötigen?
Die Frage nach Zusatzverkäufen wird vom Kunden als „Mitdenken" empfunden. Ein Kunde hat vorrangig die Problemlösung im Auge. Dazu gehört aber häufig nicht nur der gewünschte Artikel, sondern ein ganzes Paket. Vom Verkäufer wird erwartet, dass er dies erkennt und den Kunden ent-

sprechend berät. Der Kunde möchte nicht im Nachhinein enttäuscht feststellen, dass ihn der Verkäufer nicht auf eine vorteilhaftere Lösung aufmerksam gemacht hat.

Beispiele

1. Hat der Kunde eine Bohrmaschine gekauft, so wird der Verkäufer nachfassen: „Haben Sie auch die richtigen Bohrer?" Beim Verkauf von Fliesen wird er den Käufer fragen, ob er die Fliesen selbst verlegt oder sie verlegen lässt. Dem Do-it-yourselfer wird er z. B. Fliesenkleber und geeignetes Werkzeug anbieten. Die Frage nach Zusatzverkäufen darf nicht ausschließlich unter dem Gesichtspunkt des größeren Umsatzes gesehen werden. Für den Kunden kann sie sich als vollkommene Beratung durch den Verkäufer darstellen.

2. Ein Unternehmen in den Vereinigten Staaten mit mehreren hundert Drogeriefilialen wollte seine Verkäufer testen.
Ein Testkäufer erschien in den Filialen mit folgendem Wunsch: *„Ich bin auf der Durchreise und habe meinen Kulturbeutel vergessen, bitte geben Sie mir eine Zahnbürste!"* Das Ergebnis des Tests war niederschmetternd. 70 % der Verkäufer verkauften lediglich die gewünschte Zahnbürste. Immerhin 20 % erkundigten sich: *„Darf es sonst noch etwas sein?"* Nur 10 % versetzten sich in die Situation des Kunden: *„Das ist aber unangenehm für Sie, dass Sie Ihren Kulturbeutel vergessen haben. Da brauchen Sie ja noch …"*

Ende des Verkaufsgesprächs

Besteht beim Kunden kein weiterer Bedarf, so sollte der Verkäufer für den Auftrag danken und den Kunden zu seiner Anschaffung beglückwünschen. Denkbar ist noch ein kurzes allgemeines Gespräch zum Ausklang. Soweit möglich, sollte er den Kunden zur Tür begleiten und ihm bei größeren Einkäufen im Baustoff-Fachhandel beim Einladen behilflich sein.

Betreuung bis in den Kofferraum: Muss der Kunde die Ware im Lager abholen, sollte er eingewiesen und ihm der genaue Ablauf erklärt werden. Ideal wäre es, wenn der Verkäufer den Kunden mit ins Lager begleiten könnte.
Leider ist so etwas im betrieblichen Alltag nur selten zu realisieren. Denkbar wäre aber, dem Kunden in dieser Situation das Gefühl der umfassenden Betreuung bis ins Lager zu geben: *„Darf ich Sie jetzt bitten, mit Ihrem Pkw ins Lager zu fahren. Dort wartet schon Herr Maier auf Sie, der wird Ihnen den Sack in den Kofferraum laden."* Toll wäre es jetzt, wenn der Herr Maier vom Lager den Kunden begrüßen könnte: *„Grüß Gott, Herr Müller, ich habe Ihnen Ihren Sack Fertigmörtel schon bereitgelegt. Wohin darf ich ihn einladen?"*
Hilflos im Lager herumirrende Kunden auf der Suche nach einem Lagerarbeiter, der gerade Zeit hat, darf es im qualifizierten Baustoff-Fachhandel nicht geben. Es gehört zum

Selbstverständlich wird im Lager das Verladen der Ware übernommen.
Foto: Hornbach

„Ausbedienen" eines Kunden, dass er sich im Lager als Kunde fühlt und nicht als Bittsteller.

Kunde bleibt Kunde – auch nach der Bezahlung: Auch nach der Bezahlung hat ein Kunde Anspruch auf die ungeteilte Aufmerksamkeit des Verkäufers. Für jeden Käufer ist es frustrierend, wenn der Verkäufer, nachdem er das Geld in den Händen hat, jegliches Interesse am Kunden verliert. Warum soll sich ein Kunde bei späteren Einkäufen an eine Verkaufsstätte erinnern, in der er schon nach der Kasse vergessen ist? Genauso wie der Kunde beim Betreten des Geschäftes begrüßt wurde, sollte er auch beim Verlassen verabschiedet werden. Es versteht sich von selbst, dass sich ein Verkäufer beim Kunden für seinen Besuch bedankt. Auch wenn der Kunde nichts gekauft hat, sollte der Verkäufer zeigen, dass er als Person willkommen war. Kauft ein bisher unbekannter Kunde auf Lieferschein, bezahlt er mit Scheck, wird ein Garantieschein ausgefüllt oder die Lieferanschrift notiert, erfährt der Verkäufer spätestens bei dieser Gelegenheit den Namen. Dieses Wissen sollte er nutzen und den Kunden mit Namen verabschieden.

3 Der Preis im Verkaufsgespräch

In einem Verkaufsgespräch kommt dem Preis große Bedeutung zu. Verkäufer empfinden die Nennung des Preises „als Stunde der Wahrheit". Nicht wenige fürchten diese kritische Phase des Verkaufsgesprächs. Die Bedeutung des Preises für den Kunden wird allgemein überschätzt. Auch wenn Käufer prinzipiell preiswert kaufen möchten, kommt dem Preis bei der Kaufentscheidung nicht die alles entscheidende Bedeutung zu, wie sie von Verkäufern immer wieder behauptet wird. Oftmals stehen Problemlösungen oder Komplett-Pakete „aus einer Hand" im Vordergrund. Speziell bei älteren Kundenschichten ab ca. 50 – 60 Jahren. Sie gehören oft der sogenannten „Erbengeneration" am, die vielleicht zum zweiten Mal neu baut bzw. noch einmal komplett renovieren will. Hier hat dann sehr oft die kompetente Beratung und das Anbieten des gesamten Paketes inklusive Handwerkervermittlung etc. Vorrang vor dem günstigsten Preis.

Der Preis im Verkaufsgespräch

3.1 Die Situation im Baustoff-Fachhandel

Wie in anderen Branchen auch, ist der Kunde im Baustoffhandel „König". Er kann „seinen" Baustoffhändler frei wählen und es steht ihm frei, mit der Konkurrenz „zu winken". Eine Situation, die Verkäufer im Baustoff-Fachhandel verunsichert. Darüber hinaus weist die typische Verkaufssituation im Baustoff-Fachhandel einige Besonderheiten auf, die auch Konsequenzen für das Verkaufsgespräch haben:

Preistransparenz: Weite Sortimentsbereiche des Baustoff-Fachhandels sind vergleichbar. Das heißt, es besteht nahezu vollkommene Preistransparenz.

Beispiel

Ein Kunde verlangt für sein Dach „Frankfurter Pfannen", ziegelrot. Über das Material ist er informiert. Vom Verkäufer will er nur noch den Preis wissen. Ein Verkaufsgespräch im üblichen Sinne kommt hier nicht zustande.

Hat der Kunde eindeutig seine Wahl getroffen, stehen Preis, Konditionen und Service zur Debatte. *Foto: Braas*

Wenig Beratungsspielraum: Bauherren beschäftigen sich lange mit ihrem Bauvorhaben. Sie sind vorinformiert und kommen meistens mit festen Vorstellungen zum Baustoff-Fachhandel. Ein Verkäufer hat in dieser Situation nur die Möglichkeit, seinen Preis und seine Lieferbedingungen zu nennen. Ein Verkaufsgespräch mit Beratung und ein eventuelles Ausweichen auf Alternativprodukte sind von diesen Kunden nicht erwünscht.

Kein Prestigewert: Erschwerend kommt zur Preisargumentation im Verkaufsgespräch hinzu, dass Baustoffe – von exklusiven Fliesen, wertvollen Bauelementen u. ä. abgesehen – kaum Prestigewert besitzen. Baustoffe werden eingegraben, verputzt oder verkleidet. Ist das Haus erst fertig, sieht niemand, welches Material in den Wänden, auf den Böden oder in den Decken verarbeitet wurde. Ein Appell an das Geltungsbedürfnis des Kunden ist bei solchen Produkten selten möglich.

Innendämmelemente haben keinen Prestigewert, deshalb muss der Gebrauchswert im Mittelpunkt der Argumentation stehen. *Foto: Xella*

Hohes Preisbewusstsein: Bauvorhaben sind teuer. Nicht selten gehen Bauherren bis an die Grenze des Finanzierbaren. Spontankäufe kommen beim Hausbau nicht vor. Bauherren nehmen sich bei Planung und Abwicklung des Bauvorhabens Zeit. Alle Möglichkeiten zu umfangreichen Preisvergleichen werden genutzt. Der Verkäufer kann davon ausgehen, dass sein Preis mit dem des Mitbewerbers verglichen wird. So wird für so manchen das Schielen nach der Konkurrenz zur einzigen Kalkulationsgrundlage: *„Liege ich richtig im Preis?" „Bin ich zu teuer?" „Was der kann, kann ich auch!"* usw. Etwas anders ist die Situation in den Bereichen Sanitär, Fliesen und Türelemente. Bei diesen Warengruppen stehen meistens Qualität und Optik im Vordergrund der Kaufentscheidungen. Hersteller und „Marken" sind, von Ausnahmen abgesehen, von untergeordneter Bedeutung. Da der Kunde hier noch nicht auf ein bestimmtes Produkt festgelegt ist, hat der Verkäufer Gelegenheit zu Beratung und Argumentation mit dem Produktnutzen.
Die Darstellung der Situation im Baustoff-Fachhandel macht deutlich, dass ein Verkäufer seinen Preis in vielen Fällen nicht mit Vorteilen der Ware rechtfertigen kann. Die Konkurrenz verkauft die gleiche Ware mit den gleichen Vorzügen. Unterschiede liegen jetzt nur im Preis und der unternehmenseigenen Leistung.

3.2 Psychologie des Preisgesprächs

Im heutigen Verständnis heißt Verkaufen, Wünsche und Bedürfnisse des Kunden zu befriedigen. Alle Verkaufsbemühungen laufen letztendlich darauf hinaus, den Kunden emotional anzusprechen und in ihm das Bedürfnis nach dem Besitz einer bestimmten Ware zu wecken. Verkauft werden:

- Vorteile,
- Vorstellungen,
- Wünsche,
- Erlebniswerte,
- Statussymbole,

um nur einige zu nennen. Demgegenüber steht als rationaler Bestandteil des Verkaufsgesprächs, neben technischen Merkmalen, der Preis. Ist der Preis erst genannt, setzt beim Käufer das verstandesgemäße Kosten-Nutzen-Abwägen ein: *„Rechtfertigt der Nutzen den Preis?"*

Preisschock vermeiden

Bevor der Preis genannt wird, müssen dem Kunden zunächst die Vorteile der Ware, die diese für ihn persönlich hat, dargestellt werden. Je vorteilhafter die Ware dem Kunden erscheint, desto „billiger" wird sie für ihn. Je intensiver das Bedürfnis wird, eine Ware zu besitzen, desto größer wird die Bereitschaft, den geforderten Preis zu akzeptieren. Drängt ein Kunde schon zu Beginn des Verkaufsgesprächs auf den Preis, muss der Verkäufer versuchen, die Nennung des Preises zurückzustellen: *„Der Preis hängt von der Ausstattung, der Größe, der Ausführung, vom Zubehör ab. Welche Vorstellungen haben Sie da?"* Doch Vorsicht! Ständiges Ausweichen macht den Kunden ungeduldig und misstrauisch: *„Warum will der nicht mit dem Preis herausrücken?"* Auch hier ist das richtige

Gespür des Verkäufers für die jeweilige Situation gefragt. Die Preisrückstellungstaktik bringt nichts, wenn der Kunde
- das Produkt bereits kennt,
- nur den Preis für das Produkt wissen möchte,
- hartnäckig jedem Versuch des Verkäufers, den Preis zurückzustellen, widerstrebt und immer wieder nachfasst.

Ware – Leistung – Sicherheit
Eine Ware ist so billig oder so teuer, wie der Kunde sie einschätzt. Es ist Aufgabe des Verkäufers, das Produkt im Bewusstsein des Kunden aufzuwerten.

Qualität verkaufen: Dem Kunden ist Qualität zu verkaufen. Qualität bedeutet Sicherheit! Für den privaten Bauherrn bedeutet Qualität Wertbeständigkeit auf Jahre hinaus.
Für den Verarbeiter mindert Qualität sein Haftungsrisiko. Qualität bedeutet für ihn häufig auch vereinfachte Verarbeitung, d. h. Zeitgewinn und Kostenersparnis. Der höhere Materialpreis wird dann durch reduzierte Lohnkosten ausgeglichen. Langfristig macht sich Qualität bezahlt, erweist sich teure Ware als preiswert. Teure Ware soll billiger gegenübergestellt werden. Dabei sind Vor- und Nachteile herauszuarbeiten und der Preis zu relativieren: *„Wenn Sie all diese Vorteile sehen, dann ist die Preisdifferenz doch wirklich minimal."*

Dienstleistung verkaufen: Neben der Ware stellt der Service eines Unternehmens einen wichtigen preisbildenden Faktor dar. Dienstleistungen, die dem Kunden neben der Ware geboten werden, können sein:
- Beratung,
- Lieferservice,
- Service für Selbstabholer,
- Steuervorteile (gewerbliche Abnehmer),
- Vermittlung von Handwerkern,
- Zahlungsbedingungen u. a.

Weitere Argumente, die insbesondere gewerbliche Abnehmer ansprechen:
- Zufuhr zur Baustelle,
- Kranentladung,
- bedarfsgerechte Kommissionierung,
- Rücknahmeservice,
- Nachlieferungsgarantie,
- Übernahme des Transports zum Kunden, u. a.

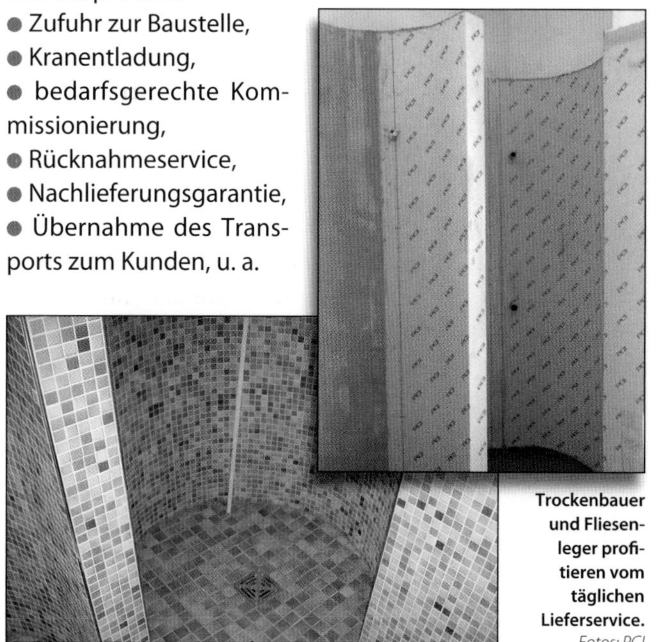

Trockenbauer und Fliesenleger profitieren vom täglichen Lieferservice.
Fotos: PCI

3.3 Preisoffensive anstatt Preisverteidigung

Wer überzeugen will, muss selbst überzeugt sein. Ein Verkäufer, der nicht hinter seinem Preis steht, wird seine Kunden nie von dem Preis überzeugen können. Die kleinste kritische Äußerung des Käufers wird den Verkäufer in die Verteidigung drängen, eine Position, die diesen zum sicheren Verlierer des Preisgesprächs macht.

Beispiel

Ein Kunde hat ein wertvolles Haustürelement in die engere Wahl gezogen. Nachdem er den Preis erfahren hat, murmelt er: „Nicht gerade billig!" Darauf der Verkäufer: „Tut mir leid, dass diese Tür so teuer ist!" Der Käufer ist verunsichert: Wenn schon der Verkäufer sagt, dass die Tür teuer ist? Paradox wird die Situation, wenn der Käufer, der an der Tür interessiert ist, sich zu einer Entschuldigung für seinen exklusiven Kaufwunsch genötigt fühlt: „Ach wissen Sie, wir bauen nur einmal im Leben, da möchten wir etwas Anständiges." Nicht der Verkäufer verteidigt den Preis, sondern der Kunde.

Um sich im Verkaufsgespräch nicht auf den reinen Produktpreis festnageln zu lassen, muss der Verkäufer einige zusätzliche Faktoren der Verkaufspreis-Bildung berücksichtigen. Neben dem nackten Preis der Ware muss er auch die anderen anfallenden Kosten seines Unternehmens im Hinterkopf haben.
Das Wissen um die betriebswirtschaftlich notwendige Kalkulation wird ihm zu einer überzeugenden Preisargumentation verhelfen. Daneben wird er auch seine eigene Leistung und die des Unternehmens bei den Preisen einbauen. Ist er davon überzeugt, dass er seinem Kunden etwas zu bieten hat, wird es ihm leicht fallen, sich diese Leistung bezahlen zu lassen. So gerüstet, sollte ein Verkäufer genügend Selbstvertrauen besitzen, um in die Preisoffensive zu treten. Er wird sich nicht gegenüber der „billigeren" Konkurrenz in eine Preisdefensive drängen lassen.

Preisdramaturgie
Ziel des Preisgespräches ist es, die Überzeugung des Verkäufers von der Preiswürdigkeit seines Angebotes auf den Käufer zu übertragen.
Hilfsmittel dafür sind:
- überzeugtes Auftreten,
- den Preis mit sicherer Stimme nennen,
- in den Preis Vorteile für den Kunden einpacken,
- Reizworte wie *„Das kostet …"* oder *„Dafür müssen Sie … bezahlen"* vermeiden,
- nach der Preisnennung dem Kunden keine Zeit lassen, über den Preis nachzudenken,
- psychologische Preissenkung (große Zahlen kleiner darstellen. Der Preis ist nicht 4 200 EUR, sondern nur „vierzwei", statt 1 500 EUR nur „fünfzehnhundert"),
- „runde Zahlen" vermeiden, also nicht mit 2 000 EUR verkaufen, sondern mit 1 998 EUR,

- die Ware abspecken, das heißt, Zubehör, soweit möglich, gesondert berechnen,
- Preise, soweit rechtlich zulässig, aufspalten,
- den Preis auf die (vergleichsweise lange) Nutzungsdauer umlegen,
- den Preis durch Vergleich mit anderen täglichen Ausgaben relativieren,
- Produkt- und Preisvergleiche anstellen.

„Runde Zahlen" werden grundsätzlich vermieden.

Solides Preisgebaren

Ein Verkäufer sollte seinen Preis ohne Wenn und Aber konsequent vertreten. Davon ausgehend, dass ein Preis betriebswirtschaftlich vernünftig kalkuliert ist, gibt es keinen Grund, von diesem Preis abzuweichen. Nachgeben im Preis verrät Schwäche und erzeugt Misstrauen. Kunden, und leider auch viele Mitarbeiter, haben falsche Vorstellungen von der Ertragslage im Baustoff-Fachhandel. Lässt ein Verkäufer mit sich handeln oder gibt von sich im Preis nach, sieht sich der Kunde in seinen falschen Vorstellungen bestätigt. Ein Verkäufer widerspricht sich selbst, wenn er zunächst darauf hinweist, dass seine Preise äußerst knapp kalkuliert sind, dann aber aufgrund eines Konkurrenzangebots noch einen Rabatt nachschieben kann. Entweder sind die Preise solide kalkuliert, dann sind sie notwendig für den Ertrag des Unternehmens, oder sie beinhalten so viel Luft, dass Rabatte immer drin sind. Ein Verkäufer, der sich Rabatte abringen lässt, hat gegenüber seinem Kunden an Glaubwürdigkeit verloren. Er wird es zukünftig schwer haben, seine Preise, und seien sie noch so knapp kalkuliert, bei diesem Kunden durchzusetzen.

Glaubwürdiger Preisnachlass

Wenn es in Einzelfällen unvermeidlich wird, im Preis nachzugeben, so sollte ein Verkäufer, um glaubwürdig zu bleiben, auch die Leistung verändern durch:

- Erhöhung der Bestellmenge (Mengenrabatt),
- Zahlung bei Lieferung (Barzahlungsrabatt),
- Selbstabholung (Ab-Lager-Preis),
- Lieferung in der Strecke (entsprechende Bestellmenge).

Wichtig ist, dass der Preissenkung auch eine darstellbare Änderung des Leistungsumfanges gegenübergestellt wird. Vom Kunden wird dies dann nicht als Preisnachlass, sondern als verändertes Angebot empfunden, mit dem der Verkäufer seinen Preisvorstellungen entgegenzukommen sucht.

3.4 Preisvorwände, Preiseinwände

Die Feststellung eines Kunden, „Zu teuer!", ist kein Grund zur Panik. Es entspricht der Interessenlage eines Käufers, die Ware möglichst preiswert zu erwerben. Der Verkäufer muss herausfinden, was hinter der Aussage des Kunden steht.

Preisvorwand

Der Kunde nimmt den Preis zum Vorwand, um das Verkaufsgespräch zu beenden, weil er:

- keine Lust hat,
- die Firma nicht mag,
- mit dem Verkäufer nicht klarkommt.

Häufig schiebt er dann andere Gründe vor, nachdem er den Preis erfahren hat:

- er mäkelt an der Ware herum,
- er will sich den Kauf nochmals überlegen,
- er wollte sich nur informieren,
- er hat plötzlich keine Zeit mehr.

Der Verkäufer sollte nachfassen: *„Ist es wirklich der Preis oder haben Sie andere Gründe?"* Der Verkäufer muss die Preisvorwände erkennen und sensibel darauf reagieren. Er darf den Kunden nicht erpressen, sondern:

- dezent auf ein anderes, billigeres Produkt überwechseln,
- „Bedenkzeit" geben,
- ihn zu einem erneuten Besuch einladen.

Preiseinwand

Im Gegensatz zum Preisvorwand ist der Preiseinwand sachlich und produktbezogen: Die Ware ist zu teuer im Verhältnis

- zum Nutzen,
- zur Qualität,
- zum Wettbewerber,
- zum Kunden-Budget.

Auf echte Preiseinwände kann der Verkäufer mit der Preisverteidigung reagieren. Er wiederholt die Antwort des Kunden kurz: *„Sie glauben, dass bei dieser Ware die Qualität nicht dem Preis gerecht wird?"* Der Kunde bekommt das Gefühl, dass der Verkäufer ihn versteht und seine Argumente ernst nimmt. Der Verkäufer kann gleichzeitig die realen Hintergründe für die Kundeneinwände erfahren.

Der Kunde lügt: Der Hinweis des Kunden auf einen niedrigeren Preis des Mitbewerbers kann falsch sein. Abgebrühte Kunden, die um den extremen Wettbewerb im Baustoff-Fachhandel wissen, versuchen, Wettbewerber gegeneinander auszuspielen. Die „Superpreise" der Konkurrenz existieren meistens nur in der Fantasie des Kunden. Schlecht, wenn ein Verkäufer darauf hereinfällt.

Der Kunde pokert: Möglicherweise meint der Kunde den Hinweis *„Das ist mir zu teuer"* gar nicht ernst:

- Er versucht, den Verkäufer zu verunsichern, um ihn zu einem Preisnachlass zu bewegen,
- es bestehen Missverständnisse, die einer Klärung bedürfen,
- der Kunde kann den Preis aus finanziellen Gründen nicht bezahlen.

Dann kann der erfahrene Verkäufer im Verkaufsgespräch preiswertere Alternativlösungen anbieten.

Preise vergleichen

Liegt das Angebot eines Mitbewerbers vor, so muss zunächst einmal der Leistungsumfang verglichen werden. Sehr häufig unterscheiden sich Angebote in Details:

- unterschiedliche Bestell- und Liefermengen (Lastzug – Palette – Stück),
- Preise frei Baustelle oder ab Lager,
- Inklusivpreise oder gesonderte Berechnung von Zufuhr- und Kranentladung,
- Material nach DIN oder zweite Wahl (Fliesen – Mindersortierung),
- Zusatzleistungen inklusive oder gesonderte Berechnung,
- Preise inklusive Mehrwertsteuer oder netto plus Mehrwertsteuer,
- unterschiedliche Zahlungsziele bzw. Skontovereinbarungen (z. B. Banklastschrift).

Solche Faktoren können Verkaufspreise relativieren. Erst wenn hier, am besten gemeinsam mit dem Kunden, eine einheitliche Berechnungsbasis geschaffen wurde, sind Preisvergleiche möglich.

Unternehmensleistung verkaufen

Ist eine Ware mit der des Mitbewerbers identisch (Preistransparenz), hat sie bei der Preisargumentation keine Bedeutung. Der Verkäufer sollte sich nun überlegen, welche Gründe es für den Kunden geben könnte, gerade bei ihm zu kaufen. Da es sich um die gleiche Ware handelt, können es nur noch Gründe sein, die in der Verkaufsstätte, in der Leistungsfähigkeit des Unternehmens, in seinem guten Ruf oder in der Qualität der Mitarbeiter liegen. Besondere unternehmensindividuelle Leistungen können im Baustoff-Fachhandel beispielsweise sein:

Individuelle Leistung	Beispiel
Umfassendes Sortiment	Sortimentstiefe, Sortimentsbreite, umfassende Lagerhaltung,
Servicevorteile	Schnelle Lieferung, Kundenschulungen, Fachkompetenz des Personals, Kulanz bei Reklamationsfällen, Lieferservice in Spezialfahrzeugen, Beratung auf der Baustelle durch den Außendienst,
Unternehmensimage	guter Ruf innerhalb der Branche, Renommee bei den Kunden, zentraler Standort, positives Arbeitsklima, sympathische Größe (Achtung, die Größe eines Unternehmens, z. B. als Marktführer, kann ein positives Argument sein, sie kann jedoch auch in ein Negativimage umschlagen, wenn Kunden die persönliche Betreuung vermissen.), Bekanntheitsgrad, positives Erscheinungsbild in der Öffentlichkeit usw.

Dies waren beispielhaft nur einige Argumente, die für ein Unternehmen sprechen können. Es bleibt dem Geschick des Verkäufers überlassen, speziell die Vorteile darzustellen, die für den Käufer besonders wertvoll sind. Mit besonderen Leistungen des Unternehmens kann ein Verkaufpreis relativiert werden. Dem Kunden kann dargestellt werden, dass mit dem möglicherweise höheren Preis auch eine Reihe von Vorteilen mitgekauft werden.

Exkurs

Sachkundepflichtige Produkte im Baustoff-Fachhandel

Neben der geschickten Argumentation in Bezug auf die Qualität und den Preis hat der Verkäufer bei einigen Produkten weitere Pflichtangaben zu machen.
Es handelt sich dann um sogenannte sachkundepflichtige Produkte. Dies sind zum einen Insekten- und Pflanzenschutzprodukte oder zum anderen Artikel aus dem Bereich der Bauchemie.
Sie müssen laut gesetzlicher Regelung vor dem direkten Zugriff durch den Endkunden geschützt werden. Es muss sichergestellt sein, dass eine qualifizierte Beratung stattfindet, in der auf alle Risiken und Gefahren des entsprechenden Produktes hingewiesen wird. Erst danach darf dem Kunden der sachkundepflichtige Artikel ausgehändigt werden.
Die Beratung darf nur von fach- und sachkundigen Mitarbeitern durchgeführt werden. Die Sachkunde kann mit einem entsprechenden Berufsabschluss bzw. einer Berufsausbildung erworben werden. Dies trifft jedoch auf die wenigsten Mitarbeiter im Baustoff-Fachhandel zu, es sei denn, der Betrieb beschäftigt in einem eigenen Gartencenter ausgebildete Gärtner oder Floristen. Diese sind dann zumindest berechtigt, entsprechende Pflanzenschutzprodukte zu verkaufen. Für bauchemische Produkte, wie z. B. PU- und Montageschaum, reicht die Sachkunde dann allerdings auch nicht aus.

Auch Handelsmarken können unter die erweiterte Sachkundepflicht fallen.
Foto: Eurobaustoff

In den meisten Fällen nutzen die Baustoff-Fachhändler deshalb nachträgliche Schulungen und Lehrgänge, um die eigenen Mitarbeiter weiterzubilden. Im Bereich der Pflanzenschutzprodukte bieten meistens die entsprechenden Industrien die Schulungen für den Handel an.
Bei der Bauchemie sind vor allem MDI-haltige Produkte betroffen. Der Stoff MDI (Methylendiphenyldiisocyanat) ist z. B. in einer Reaktionskomponente von PU-Schäumen und in verschiedenen Klebern enthalten. Träger der Sachkundeschulungen sind hier vornehmlich unabhängige Institute. Alle Sachkundelehrgänge schließen mit einer Sachkundeprüfung ab. Durch die Sachkundeprüfung weist der Mitarbeiter dann seine Fachkunde gegenüber seinem Kunden nach.

4 Kaufrecht

Das Bürgerliche Gesetzbuch (BGB) ist, abgeleitet aus dem römischen Recht, in fünf Bücher unterteilt (Allgemeiner Teil, Schuldrecht, Sachenrecht, Familienrecht und Erbrecht). Der Allgemeine Teil regelt allgemeine Fragen wie z. B. wann jemand Träger von Rechten und Pflichten sein kann (Rechtsfähigkeit), wann jemand alleine Verträge abschließen kann (Geschäftsfähigkeit) etc. – also grundsätzliche Fragen des Zivilrechts.
Das Schuldrecht ist das Recht der Verträge: wie die Beteiligten durch Vereinbarungen/Verträge ihre besondere Rechtsbeziehung regeln können, die sie mit dem Abschluss des Vertrages eingehen. Der Vertrag regelt, wie sie sich miteinander vertragen wollen. Das Sachenrecht ist das Recht der Beziehung zwischen Menschen und Sachen, also Fragen wie Eigentum, Besitz, Übertragung von Eigentum, Grundschulden etc. Familien- und Erbrecht erklären sich von selbst.

4.1 Vertragsfreiheit

Wesentlicher Bestandteil des Schuldrechts ist, dass die Beteiligten dem Grunde nach ihre wechselseitigen Rechte und Pflichten völlig frei bestimmen und regeln können (Vertragsfreiheit). Das BGB bietet jedoch einige Vertragstypen mit entsprechenden Regelungen an, wie z. B.

- Kaufvertrag,
- Werkvertrag,
- Mietvertrag,
- Darlehensvertrag,
- Leihe.

Wenn die Vertragsschließenden also zu einigen Punkten keine Regelungen treffen, dann bietet das Gesetz in den Vertragstypen zusätzliche Regelungen an. Da aber Vertragsfreiheit besteht, können die Beteiligten auch neue Verträge schaffen, wie z. B. den Leasingvertrag oder den Bauträgervertrag, die als solche nicht geregelt sind. Vertragsfreiheit umfasst die Freiheit, Verträge mit einem anderen abzuschließen (Abschlussfreiheit) als auch die Freiheit der inhaltlichen Gestaltung (Gestaltungsfreiheit). Vertrag kommt von vertragen. Es wird geregelt, wie man sich hinsichtlich eines bestimmten Umstandes gemeinsam verhalten will. Der Vertrag ist gleichsam eine Art von Normsetzung für den Einzelfall zwischen den unmittelbar Beteiligten.
Die Vertragsfreiheit hat aber auch Grenzen, wie beispielsweise die Sittenwidrigkeit, Verstoß gegen ein gesetzliches Verbot etc. Verträgen, die also z. B. die Begehung einer Straftat beinhalten, versagt die Rechtsordnung den Schutz.

4.2 Kaufvertrag

Anhand des Kaufvertrages werden auch die allgemeinen Themen behandelt wie: Wer kann einen Vertrag abschließen, wie geschieht dies, gibt es Formvorschriften etc. Die entsprechenden Grundregeln sind auch auf die anderen Vertragstypen uneingeschränkt übertragbar.

Im Sinne der obigen Einordnung ist der Verkauf von Baustoffen dem Kaufrecht zuzuordnen als ein Vertragstyp, der im BGB geregelt ist. Ziel des Kaufvertrages ist, dass das Eigentum an einem Gegenstand (Kalksandstein, Brötchen, Zeitung, Grundstück) von dem Verkäufer auf den Käufer übergeht.
Bei den Geschäften des täglichen Lebens (Brötchen, Zeitung etc.) macht sich niemand Gedanken über das, was alles geschieht, weil es eben gleichzeitig geschieht.

Alltägliches Grundgeschäft: Ware gegen Geld
Foto: K. Klenk

BGB
Bürgerliches Gesetzbuch
Allgemeines GleichbehandlungsG
ProdukthaftungsG
WohnungseigentumsG
ErbbauRG
75. Auflage 2015
Beck-Texte im dtv

Das Kaufrecht ist im BGB geregelt.

Juristisch sind jedoch zu trennen:

- Abschluss des Kaufvertrages,
- Erfüllung durch Übereignung des Gegenstandes und des Geldes (im Einzelnen geregelt im Sachenrecht, weil es um die Übertragung des Eigentums an Sachen geht),
- was geschieht, wenn die Ware mangelhaft ist.

Im Kaufvertrag verpflichtet sich der Verkäufer, dem Käufer eine bestimmte Ware zu übergeben und ihm daran Eigentum zu verschaffen. Umgekehrt verpflichtet sich der Käufer, die gekaufte Ware abzunehmen und den Kaufpreis zu bezahlen. Durch das Verpflichtungsgeschäft werden die Eigentumsverhältnisse an der Ware nicht berührt. Der Käufer erhält lediglich das Recht (den Anspruch) auf Übergabe und Übereignung der Ware zu klagen, wenn der Verkäufer dem nicht freiwillig nachkommt.

Beispiel

Ein Bauherr kauft bei einem Verkäufer im Baustoff-Fachhandel montags ein Türelement aus der Ausstellung. Das Türelement soll am Samstag geliefert werden. Der Kaufvertrag (Verpflichtungsgeschäft) ist rechtswirksam zustande gekommen. Einen Tag später verkauft ein anderer Verkäufer eben dieses Türelement an einen anderen Kunden, der das Türelement bezahlt und gleich mitnimmt.

...wedi®

wedi: Innovativer Systemanbieter für die Gestaltung schöner und sicherer Bäder

Alles begann 1983 als Fliesenlegermeister und Firmengründer Helmut Wedi eine zu 100 % wasserdichte Bauplatte entwickelte, die sich direkt verfliesen und darüber hinaus exakt und schnell in die gewünschte Form bringen ließ. Bei aller Leichtigkeit zeigte sie sich verfliest so stabil, dass damit sogar freistehende Elemente konstruiert werden konnten. Das erste Fliesenträgerelement war geboren. Es revolutionierte die Vorgehensweise von Planern und Fliesenlegern grundlegend.

Das Familienunternehmen, das heute von Stephan Wedi in der zweiten Generation geleitet wird, beschäftigt ca. 400 Mitarbeiter und ist in 36 Ländern aktiv. Kurze Entscheidungswege, die Aus- und Weiterbildung der Mitarbeiter, das kritische Hinterfragen der eigenen Leistungen und Produkte sowie eine ständige Nähe zum Kunden und zu Märkten beschreiben dabei das Prinzip und die Philosophie von wedi.

Vor allem durch die Nähe zum Markt hat sich die wedi GmbH vom Hersteller von Fliesenträgerelementen zum Systemanbieter für innovative Bauprodukte entwickelt. Bauen, Sanieren und Gestalten im wedi System bedeutet daher heute weit mehr als die bekannte wedi Bauplatte. Es steht für komplette Lösungen im anspruchsvollen Nassraum sowie zahlreiche Serviceleistungen in den Bereichen Verkaufsunterstützung und Anwendungstechnik, die wedi zu der Premiummarke für die Umsetzung von Bad- und Wellnessbereichen gemacht haben.

In Kürze: Das Unternehmen

wedi GmbH
Hollefeldstraße 51
48282 Emsdetten

Tel.: +49 (0) 25 72 / 15 60-0
Fax: +49 (0) 25 72 / 1 56-133
info@wedi.de
www.wedi.de

Mit Schiedel sicher in die Zukunft!

Als europäischer Marktführer bei Schornsteinen und mit fast 70 Jahren Markterfahrung bietet Schiedel zukunftssichere Komplettlösungen für moderne, hoch energieeffiziente Häuser, die den Anforderungen von EnEV 2016/2020 schon heute mehr als gerecht werden.

Nur Schiedel bietet allen Baubeteiligten umfassende System- und Service-Kompetenz – von Schornsteinsystemen aus Keramik und Edelstahl bis hin zu Ofen- und Lüftungssystemen – für Eigenheime, Mehrfamilien-Häuser und Großobjekte. Und mit Top-Serviceleistungen liefert Schiedel zusätzlich einen echten Mehrwert für den Profi und den Bauherren.

Dies spiegelt den aktuellen Trend am Markt für Schornstein, Heizungs- und Lüftungstechnik wider – einzelne Produkte treten in den Hintergrund zugunsten kompletter Systemlösungen mit aufeinander abgestimmten Komponenten, die wiederum individuell auf das jeweilige Bauvorhaben ausgerichtet sind.

Schiedel ist Europas größter Anbieter von Schornsteinsystemen und Tochter der Braas Monier Building Group. Mit rund 1.200 Mitarbeitern in 25 Ländern an 19 Produktionsstätten schaffen wir Komfort und Lebensqualität durch innovative Produkte und umweltfreundliche Technologien. Wir stehen für Marktführerschaft durch höchste Qualität in Technik, Materialien und Service. Unsere Produkte – Schornsteine, Feuerstätten oder Wohnraumlüftungen – geben unseren Kunden Sicherheit, Behaglichkeit und Unabhängigkeit und ermöglichen energiebewusstes Heizen und Lüften.

Mit Schiedel wird Zukunft gebaut. Auch Ihre?
Weitere Infos unter: www.schiedel.de

In Kürze: Das Unternehmen

Schiedel GmbH & Co. KG
Lerchenstraße 9
80995 München
Germany

Tel.: +49 (0) 89 / 3 54 09-0
Fax: +49 (0) 89 / 3 51 57 77
info@schiedel.de
www.schiedel.de

Handelt es sich bei den ausgestellten Tür- und Fensterelementen um Einzelstücke, sollte der Verkäufer dies kenntlich machen und verkaufte Elemente mit dem Hinweis „verkauft" versehen. *Foto: Hagebaucentrum Bolay, Rutesheim*

In unserem Beispiel hat nur der zweite Käufer Eigentum an der Tür erworben. Durch Bezahlung und Übergabe der Ware wurden die Verpflichtungen aus dem Kaufvertrag erfüllt (Erfüllungsgeschäft, sachenrechtliche Übereignung der Tür). Der erste Käufer behält zwar aus dem Verpflichtungsgeschäft einen Anspruch gegen den Baustoff-Fachhändler auf Übergabe und Übereignung, mehr jedoch nicht. Da dieser jedoch nicht mehr Eigentümer des Türelements aus der Ausstellung ist, kann er seine Verpflichtung nicht mehr erfüllen. Gegen den neuen Käufer hat er keinen Anspruch auf Herausgabe des Türelements. Tatsächlich wird dieser Fall nicht relevant werden, wenn das Türelement in gleicher Art und Weise noch geliefert werden kann. Handelt es sich jedoch um ein Einzelstück (Räumungsverkauf, Restposten etc.), ergeben sich für den Verkäufer Probleme (dazu unten).

4.3 Vertragsabschluss

Die Fragen zum Vertragsabschluss gelten für den Abschluss aller Verträge. Sie werden hier anhand des Abschlusses des Kaufvertrages verdeutlicht.

Angebot und Annahme

Damit ein Kaufvertrag wirksam zustande kommen kann, braucht es zunächst zwei übereinstimmende Willenserklärungen. Verkäufer: *„Ich verkaufe Ihnen 1 000 Kalksandsteine für 1 000 Euro."* (rechtlich: Angebot). Käufer: *„Ja."* (rechtlich: Annahme).

Damit wäre der Kaufvertrag zustande gekommen. Für den Abschluss des Vertrages kommt es allein darauf an, dass die Vertragsparteien sich über die wesentlichen Umstände einigen. Das Angebot muss in diesen wesentlichen Umständen alles enthalten, sodass der andere eben nur noch „Ja" sagen muss.

Natürlich werden die Beteiligten im normalen Fall noch weitere Regelungen treffen wie: Wann erfolgt die Anlieferung? Bis wann muss gezahlt werden? Was kostet die Anlieferung etc. ? Wenn aber keine weiteren Regelungen getroffen werden, dann hilft das Gesetz mit den ergänzenden Regelungen im Schuldrecht, oder aber es wird auf Allgemeine Geschäftsbedingungen (AGB) zurückgegriffen.

Um künftigen Streit zu vermeiden, sollte das Angebot jedoch so konkret wie möglich gefasst werden und auch offene Punkte, beispielsweise den Liefertermin, ausweisen. Also z. B.: *Lieferung voraussichtlich in der 49. Kalenderwoche.* Wenn der Käufer dieses Angebot annimmt, dann eben auch mit dem offenen Lieferzeitpunkt. Oder aber es wird deutlich, dass es auf einen genauen Zeitpunkt ankommt. Antwort des Käufers: *„Ja, aber die Lieferung muss am 7.12. um 14.00 Uhr erfolgen."*

Ein Vertrag ist noch nicht zustande gekommen, weil über einen von den Beteiligten als wesentlichen eingestuften Punkt, nämlich den Zeitpunkt, noch keine Einigung erzielt worden ist. In diesem Fall wird die geänderte Annahme selbst zu einem Antrag. Wenn der Verkäufer nun antwortet *„Ja"*, kommt damit der Kaufvertrag zustande.

Beispiel

Ein Baustoffhändler bietet einem Bauherrn ein Türelement an: *„Türelement, Röhrenspanplatte, Limba furniert, links angeschlagen, 50 EUR."* Der Kunde antwortet: *„Ich nehme Ihr Angebot wie folgt an: Türelement, Röhrenspanplatte, Eiche hell furniert, rechts angeschlagen, Lieferung frei Baustelle, 50 EUR."*

Da der Kunde im genannten Beispiel das Angebot in seiner Annahmeerklärung modifiziert hat, hat er das Angebot abgelehnt. Seine „Annahme" stellt in Wahrheit ein neues eigenes Angebot dar. Der Baustoffhändler kann dieses neue Angebot annehmen oder ablehnen.

Im Hinblick auf Beweiszwecke im Rahmen eines ggf. folgenden Prozesses ist jedoch dringend davor zu warnen, auf die Annahmeerklärung im Baustoff–Fachhandel zu verzichten. Was ist, wenn der Kunde, weil er nichts gehört hat, sich seine Ware bei einem anderen Händler besorgt hat?

Ein Angebot kann aber auch durch tatsächliches Verhalten abgegeben werden. So stellt das Aufstellen eines Zigarettenautomaten ein Angebot im Sinne des Kaufrechts dar. Mit der Bedienung des Automaten nimmt der Kunde das Angebot an.

Kaufrechtlich stellen Warenautomaten ein Angebot dar. *Foto: chw/pixelio*

Bindung an das abgegebene Angebot

Im Baustoff-Fachhandel werden täglich Angebote gemacht. Häufig vergehen dann zwischen Abgabe des Angebots und der Annahme durch den Kunden Tage, Wochen, nicht selten aber auch Monate. Zwischenzeitlich kann es dann zu Preiserhöhungen eines Lieferanten kommen. Für den Baustoffhändler stellt sich die Frage, ob er an sein Angebot gebunden ist oder ob er seine Vertragsbedingungen, wie z. B. die Preise, nachkalkulieren kann.

Befristetes Angebot
Hat der Baustoffhändler für die Annahme des Angebots eine Frist bestimmt, so kann die Annahme durch den Kunden nur innerhalb dieser Frist erfolgen, wobei die Annahme dann auch innerhalb dieser Frist beim Antragenden eingegangen sein muss. Erfolgte jedoch die Absendung rechtzeitig und hätte daher die Annahme bei regelmäßigen Umständen beim Antragenden ankommen müssen, dann hat er den Annehmenden über das Nichtzustandekommen des Vertrages zu informieren, anderenfalls kommt der Vertrag zustande. Eine solche Fristbestimmung ist im Baustoffhandel selten und dürfte nur bei größeren Bauvorhaben in Betracht kommen, bei denen sich der Händler selbst entsprechend eindecken muss.

Unbefristetes Angebot
Bei unbefristeten Angeboten unterscheidet das Gesetz zwischen dem Angebot unter Anwesenden oder Abwesenden.

Mündliches Angebot unter Anwesenden: Ein mündliches Angebot gegenüber Anwesenden oder per Telefon kann nur sofort angenommen werden. Der Kunde muss noch während des Gesprächs das Angebot annehmen. Ein Bauherr lässt sich am Telefon den Preis für eine bestimmte Duschwanne nennen. Nach fünf Minuten ruft er wieder an und möchte nun die Duschwanne bestellen. Zwischenzeitlich hat der Verkäufer festgestellt, dass der Preis, den er dem Kunden mitgeteilt hatte, falsch, weil zu niedrig war. Da der Kunde das Angebot aus dem ersten Telefonat nicht sofort angenommen hatte, ist der Verkäufer an den ursprünglich genannten, falschen Preis nicht gebunden. Das „Spiel" beginnt rechtlich von vorne.

Schriftliches Angebot unter Abwesenden: Ein schriftliches Angebot, das einem Abwesenden gegenüber gemacht wird, kann nur *„bis zu dem Zeitpunkt, in welchem der Anbietende unter regelmäßigen Umständen mit einer Antwort rechnen konnte"*, angenommen werden. Als Frist wird man hier die normale Postlaufzeit von Angebot und Rückantwort sowie eine gewisse Überlegungsfrist einrechnen müssen. Dies macht deutlich, dass es für die Fristberechnung auf den Kommunikationsweg ankommt. Per Post dauert länger als per E-Mail. Es besteht keine Pflicht des Annehmenden, den gleichen Kommunikationsweg zu benutzen, den der Antragende verwendet hat. Er kann also z. B. einen E-Mail-Antrag ausdrucken, annehmen und per Post zurückschicken. Der Antragende sollte daher deutlich machen, auf welchem Weg er mit der Antwort rechnet. Dazu kann er entweder eine Fristsetzung wählen oder aber auf „prompt", „sofort" etc. bestehen. Macht er auf diese oder andere Weise die Dringlichkeit deutlich, so muss der Annehmende sich darauf einstellen.
Eine verspätete Annahme gilt als neues Angebot. Dem Baustoffhändler steht es dann frei, dieses Angebot zu seinen ursprünglichen Bedingungen anzunehmen oder nicht, dann also in neue Verhandlungen einzutreten. Bloßes Schweigen auf die verspätete Angebotsannahme bedeutet nach aktueller Rechtsprechung des BGHs keine Annahme. Im Rahmen einer guten Kundenpflege sollte man den anderen aber hierauf hinweisen, wenn deutlich ist, dass dieser von einem Vertragsabschluss ausgeht.

Kein Angebot
Bei unserem Beispiel „Ablehnung des Angebots ist ein neues Angebot" ist deutlich geworden, dass das Angebot im rechtlichen Sinne nicht immer vom Verkäufer ausgehen muss. Es kann auch vom Käufer ausgehen. Ähnlich verhält es sich bei der Aufforderung zur Abgabe eines Angebots. Es sind die Fälle, in denen z. B. in Baumärkten Waren im SB–Bereich angeboten werden. Wann und wo wird der Kaufvertrag durch Angebot und Annahme abgeschlossen? Wenn der Käufer die Bohrmaschine aus dem Regal nimmt und in seinen Wagen packt oder erst an der Kasse beim Bezahlen? Ähnliche Fragen stellen sich, wenn Waren in einem Katalog angeboten werden. Ist schon die Verteilung des Kataloges das Angebot?
Bei dem Katalog wird jeder sagen: „Nein." Das Angebot ist immer die dann folgende Bestellung beim dem Verkäufer, der das Angebot dann durch die Übersendung der Ware oder eine Bestätigung annimmt. Anderenfalls wäre der Verkäufer einem großen Risiko ausgesetzt, wenn er nämlich nicht genug Ware für die Bestellung hat. Wenn der Kaufvertrag abgeschlossen wäre, würde er sich schadenersatzpflichtig machen. Wie aber ist die Situation im SB–Fall?

Wann ist im SB-Markt eines Baustoffhändlers der Kaufvertrag abgeschlossen?
Foto: Löcken Baumarkt, Spelle

Beispiel

Statt mit dem tatsächlichen Verkaufspreis von 150 EUR wurde die Schlagbohrmaschine versehentlich mit 80 EUR falsch ausgezeichnet. An der Kasse wird der Fehler entdeckt.

Wäre in diesem Beispiel das Auslegen der Bohrmaschine im Regal bereits ein Angebot des Baustoffhändlers, so könnte der Käufer durch die Vorlage der Bohrmaschine an der Kasse dieses Angebot annehmen.

Der Baustoffhändler wäre an sein Angebot (80 EUR) gebunden. Er könnte allenfalls diesen rechtsverbindlichen Kaufvertrag anfechten. Da jedoch der Käufer erst an der Kasse das Angebot macht, steht es dem Baustoffhändler in der Person der Kassiererin frei, das Angebot abzulehnen: *„Der Preis an der Ware ist falsch. Diese Bohrmaschine kostet 150 EUR! Für 80 EUR verkaufen wir sie nicht."*
Der Kunde kann, entgegen einer weit verbreiteten Auffassung, von der Kassiererin nicht verlangen, dass diese ihm die Bohrmaschine zu dem falsch ausgezeichneten Preis verkauft.

Erst an der Kasse (Point of Sale = Verkaufspunkt) macht der Käufer das Angebot, die von ihm dem Regal entnommene Ware zu kaufen. *Foto: Hagebau*

Ähnlich verhält es sich, wenn die Bohrmaschine vor dem Erreichen der Kasse dem Käufer versehentlich aus der Hand fällt und beschädigt ist. Wäre der Kaufvertrag schon abgeschlossen, dann müsste er den Kaufpreis bezahlen, weil der Gefahrenübergang bereits stattgefunden hätte. Da aber der Kaufvertrag noch nicht abgeschlossen worden ist, hat der Gefahrenübergang noch nicht stattgefunden und der Käufer ist nur dann zum Schadenersatz verpflichtet, wenn er die Bohrmaschine schuldhaft beschädigt hat.
Der Verkäufer kann sich sein Angebot z. B. hinsichtlich des Kaufpreises auch dadurch offenhalten, dass er es entsprechend kennzeichnet mit *„freibleibend"*, *„ohne Obligo"* etc. In diesen Fällen gibt immer der Käufer das Angebot ab, welches der Verkäufer annimmt. Dabei muss diese Annahme nicht ausdrücklich erfolgen, sie kann auch z. B. durch die Belieferung oder Absprachen über die Lieferzeitpunkt erfolgen.

Angebote in Zeitungsanzeigen

Da die Preiswerbung in Zeitungsanzeigen kein Angebot darstellt, können Kunden aus den falschen Preisangaben nicht den Anspruch ableiten, die so beworbene Ware zu dem in der Anzeige genannten „Lockpreis" zu kaufen. Das wettbewerbsrechtliche Risiko besteht also, mit falschem Preis die Kunden in den Laden zu locken. Zu den wettbewerbsrechtlichen Problemen siehe Kapitel „Wettbewerbsrecht".

Preiswerbungen in Zeitungsanzeigen sind als solche kein Angebot. *Abb.: Mobau*

4.4 Zustandekommen des Kaufvertrags

Der Abschluss eines normalen Kaufvertrages über Baustoffe bedarf grundsätzlich keiner besonderen Form. Eine solche Form ist nur dann notwendig, wenn sie gesetzlich vorgeschrieben ist (z. B. in § 311b BGB) oder die Parteien in einer Vereinbarung eine Form entsprechend für künftige Geschäfte vereinbaren. Kaufverträge können mit allen Folgen auch per E-Mail, Fax, am Telefon oder auch mündlich am Tresen des Handels zustande kommen.
Unabhängig hiervon empfiehlt es sich nachdrücklich, bei Verträgen mit einer entsprechenden rechtlichen Relevanz (z. B. wegen der Höhe des Kaufpreises oder den damit verbundenen Risiken, beispielsweise bei Versäumung der Lieferfrist) einen schriftlichen Vertrag abzuschließen, damit die wechselseitigen Rechte und Pflichten dokumentiert sind und ggf. in einem Prozess als Beweismittel verwendet werden können (Wer schreibt, der bleibt.). Dies empfiehlt sich insbesondere bei Geschäften, die nicht sofort wie im Baumarkt abgewickelt werden, sondern wo Baustoffe von Herstellern gesondert angefordert werden müssen.
Die Bestellungen werden im Baustoff–Fachhandel oft per Telefon vorgenommen. Wenn der Händler dann z. B. 1 000 Kalksandsteine liefert und der Käufer aber meint, nur 100 bestellt zu haben, dann muss der Händler/Verkäufer dies beweisen. Er wird dies meist nicht können und bleibt dann auf 900 Kalksandsteinen sitzen. Bei Standardprodukten mag dies noch zu vertreten sein, aber bei Sonderanfertigungen (z. B. zugeschnittene Fassadenteile oder Flachdächer) entstehen erhebliche wirtschaftliche Schäden. Es empfiehlt sich daher, stets nach einer telefonischen Auftragsannahme eine schriftliche Bestätigung per Fax zu versenden, sodass dem anderen deutlich wird, was vereinbart worden ist. Im kaufmännischen Verkehr ist dies dann ein kaufmännisches Bestätigungsschreiben (s. weiter unten).

Kassenbelege bei Barverkäufen können bei Reklamationen als Nachweis dienen. *Foto: Alexander Klaus/pixelio*

Der einfache Kassenzettel bei Barverkäufen dokumentiert zumindest Kaufdatum und Kaufpreis einer Ware, was unter anderem für Umtausch und Reklamation von Bedeutung sein kann. Zur Bearbeitung von Reklamationen kann man jedoch nicht die Vorlage des Kassenbons als Nachweis dafür verlangen, dass die Ware auch bei dem Händler gekauft worden ist. Wenn dem Käufer der Nachweis durch andere Beweismittel gelingt, dann genügt dies. Die Klausel „Umtausch nur bei Vorlage des Kassenbons" ist unwirksam.

Schweigen als Willenserklärung

Sowohl Angebot als auch Annahme sind Willenserklärungen. Eine Willenserklärung ist
eine private Willensäußerung, gerichtet auf die Hervorbringung eines rechtlichen Erfolges, der nach der Rechtsordnung deswegen eintritt, weil er gewollt ist.
Dem Begriff der Willensäußerung ist zu entnehmen, dass im Prinzip der innere Wille nach außen kundgetan werden muss. In reinem Nichtstun/Schweigen liegt keine Willenserklärung, weil die Person nicht den Eintritt eines rechtlichen Erfolges will. Hiervon gibt es jedoch auch Ausnahmen, auf die im Folgenden hingewiesen werden soll:
Grundsätzlich gilt im Kaufrecht das Schweigen auf ein Angebot als Ablehnung, weil keine Annahmeerklärung, die für den Vertragsabschluss notwendig ist, abgegeben wird. Nach Abgabe des Angebots kommt ein Vertrag nur zustande, wenn das Angebot vom Vertragspartner ausdrücklich angenommen wird. Nur ausnahmsweise wird ein Schweigen als Zustimmung gewertet:
a) Wenn eine solche Erklärung nach der Verkehrssitte nicht zu erwarten ist oder der Angebotsabgebende auf die ausdrückliche Annahme des Angebots verzichtet.
b) In längeren Geschäftsbeziehungen, in denen sich bestimmte Verhaltensmuster über einen längeren Zeitraum herausgebildet haben, kann bloßes Stillschweigen Annahme eines Angebotes bedeuten.

Beispiel

Ein Bauunternehmer bestellt schon seit Jahren bei seinem Baustoff-Fachhändler Kleinmengen per Telefax. Eine besondere Bestätigung ist nie erfolgt. Dennoch wurde das bestellte Material immer pünktlich und fristgerecht an die Baustellen ausgeliefert.

In diesem Fall kann der Unternehmer darauf vertrauen, dass der Kaufvertrag auch ohne ausdrückliche Annahme des Angebots zustande kommt. Er darf nach Treu und Glauben davon ausgehen, dass ihm der Baustoff-Fachhändler unverzüglich mitteilen wird, wenn dieser das Angebot nicht annehmen, das heißt der Bestellung des Kunden nicht entsprechen kann. Dies macht aber auch die Risiken für den Bauunternehmer deutlich. Der Vertragsabschluss setzt voraus, dass sein Angebot beim Händler auch tatsächlich ankommt. Geschieht dies nicht, dann trägt er das Risiko. Verzichtet wird nicht auf die Annahme des Händlers, sondern nur darauf, dass diese Annahmeerklärung der Baufirma auch zugeht.

Beispiel

Ein Baustoffhändler wird auf die verspätete Annahme (= neues Angebot) mit der stillschweigenden Auslieferung der Ware reagieren. Einer ausdrücklichen Auftragsbestätigung bedarf es nicht.

Nur in den Fällen, in denen der Baustoffhändler zu einer Nachkalkulation gezwungen ist oder eine Belieferung wegen zwischenzeitlichen Zwischenverkaufs nicht möglich ist, wird er seinen Kunden schriftlich darüber informieren, dass es ihm unmöglich ist, das neue Angebot unter den alten Bedingungen zu akzeptieren.
Im kaufmännischen Bereich gibt es Sondervorschriften, nach denen auch bei einem Schweigen ein Vertrag zustande kommt:

Annahme durch Schweigen: Die Annahme eines Geschäftsbesorgungsauftrages besteht, wenn der Kaufmann ein solches Angebot von einem Antragenden bekommen hat, mit dem er in ständiger Geschäftsbeziehung steht. Lehnt unter diesen Voraussetzungen ein Kaufmann einen Antrag seines Geschäftspartners nicht unverzüglich ab, so kommt durch sein Schweigen der Vertrag mit dem Inhalt des Antrags zustande. Unverzüglich bedeutet hier, dass eine Antwort noch am Tage des Antragszugangs gegeben werden muss.

Kaufmännisches Bestätigungsschreiben: Haben Kaufleute miteinander über den Abschluss eines Kaufvertrages verhandelt und soll nach beider Auffassung der Vertrag zustande gekommen sein und fasst einer der Beteiligten anschließend die Vereinbarung zusammen und sendet diese an den anderen Vertragspartner, dann kommt ein Vertrag zu diesen Bedingungen zustande, wenn der andere nicht unverzüglich widerspricht. Dies dient der Beweissicherung und soll Unklarheiten im kaufmännischen Verkehr vermeiden. Voraussetzung ist, dass auf beiden Seiten des Vertrages Kaufleute sind.

Grundregel für die kaufmännische Praxis: Wenn irgendwelche Zweifel bestehen – immer widersprechen! Ein Vertrag kommt auch dann nicht zustande, wenn sich zwei Bestätigungsschreiben mit unterschiedlichem Inhalt kreuzen oder der Inhalt von dem vereinbarten so stark abweicht, dass redlich nicht mit einem Einverständnis gerechnet werden konnte. Man sollte sich hierauf jedoch nie verlassen und lieber widersprechen.

Auftragsbestätigung

Vom kaufmännischen Bestätigungsschreiben zu unterscheiden ist die Auftragsbestätigung. Sie stellt die schriftliche Annahme eines Angebotes dar. Erst durch sie wird der

Auftragsbestätigung

Auftrags-Nr.: **1009**
Angebots-Nr.: 0012
Kunden-Nr.: 1068
Bestell-Nr.: 369852

Datum: 28.05.15
Bearbeiter: Dorothea Schäfer
Telefon: 030 2121359
E-Mail: dschaefer@baustoff.de

Lieferadresse: **Röster Bau GmbH, Grüner Weg 81, 14482 Potsdam**

Pos.	Art-Nr.	Bezeichnung	Menge	Einheit	Preis/Einh. (€)	Gesamt (€)
1	B-3025-078	**B-3025, Farbe Grün** Musterartikel	1,00	Stk.	47,00	47,00
2	B-0050-050	**B-0050, Farbe Blau** Musterartikel ABC	2,00	Stk.	36,00	72,00
3	A-0086-007	**A-0086, Antik-Look** Musterartikel	1,00	Stk.	56,00	56,00
3	V-13kg	**Versand und Verpackung**	1,00	Stk.	11,99	11,99
					Summe Netto	€ 186,99
					19,00% USt. auf 186,99 €	€ 35,52
					Endsumme	**€ 222,51**

Beispiel einer Auftragsbestätigung

Vertrag geschlossen. Die fälschlicherweise im Baustoffhandel so genannte Auftragsbestätigung hat dagegen nur ausnahmsweise die Funktion einer schriftlichen Annahme des Angebots. In den meisten Fällen dient sie der schriftlichen Fixierung eines bereits vorher mündlich oder handschriftlich abgeschlossenen Kaufvertrages. Es besteht daher eine gewisse Ähnlichkeit zu dem kaufmännischen Bestätigungsschreiben, wobei die Rechtsfolgen so nicht eintreten, wenn keine Kaufleute beteiligt sind.

Beispiel

Ein Ehepaar hat sich in der Fliesenausstellung Fliesen ausgesucht. Die Fliesen wurden vom Verkäufer nach Art und Menge notiert, der Preis wurde ausgemacht, das Ehepaar hat den handschriftlichen Auftrag unterschrieben. Wenige Tage später erhält es dann vom Baustoff-Fachhändler die schriftliche Auftragsbestätigung.

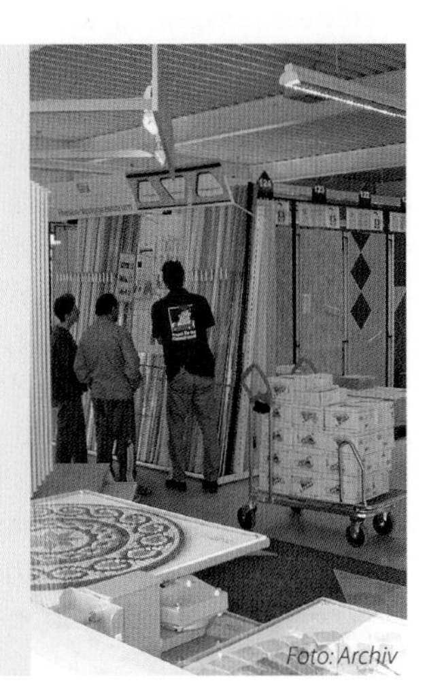

Foto: Archiv

Mit der schriftlichen Auftragsbestätigung bekommt das Ehepaar nochmals die Möglichkeit, Art und Umfang der bestellten Fliesen zu überprüfen.
In dieser Phase wird es meistens noch möglich sein, die Bestellung zu korrigieren. Kommt keine Korrektur, so kann der Verkäufer davon ausgehen, dass die Bestellung in allen Positionen den Vorstellungen der Kunden entspricht. Dabei ist der Vertrag schon mit der Unterzeichnung der handschriftlichen Notizen zustande gekommen.

Inhalt des Kaufvertrages

Von den formalen Fragen des Abschlusses des Kaufvertrages sind die Fragen zu trennen, die inhaltliche Regelungen eines Kaufvertrages betreffen:

- Kaufgegenstand (kann alles sein, bewegliche Gegenstände (Baustoffe), Grundstücke, Forderungen, Gesellschaftsanteile etc; entscheidend im Sinne des Kaufrechts ist allein, dass das Eigentum an diesen Gegenständen auf eine andere Person übergehen soll),
- Menge,
- Art und Beschaffenheit (Farben bei Fliesen),
- Preis,
- Liefertermin und -art,
- Zahlungsbedingungen (wann und wie), Rabatte, Skonti,
- Vereinbarung von Nebenleistungen (Paletten, Verpackungsmaterial, Krangebühren etc.),
- Erfüllungsort,
- Gerichtsstand (kann nur unter Vollkaufleuten vereinbart werden).

Unvollständige Vereinbarungen und mündliche Verträge, an die sich die Parteien im Nachhinein dann nicht mehr erinnern können oder wollen, sind die wichtigsten Ursachen für den vielfach überflüssigen täglichen Ärger mit Kunden.

4.5 Die Vertragspartner

Wer kann Vertragspartner werden? Mit wem und wie kann ich Verträge abschließen? Dies sind Fragen, die sich für alle Verträge einheitlich stellen. Im Folgenden sollen diese Fragen jedoch vor allen Dingen am Kaufvertrag dargestellt werden. Rechtlich ist dies die Frage nach der Rechtsfähigkeit: Wer kann Träger von Rechten und Pflichten sein? Davon zu unterscheiden ist die Frage, wie ggf. der rechtsfähige Vertragspartner vertreten wird, also wie er nach außen Dritten gegenüber tatsächlich handelt (= Geschäftsfähigkeit). Eine GmbH ist sicherlich rechtsfähig, kann aber nicht als solche handeln. Sie wird nach außen durch den Geschäftsführer vertreten. Ein Minderjähriger ist rechtsfähig, kann aber alleine ohne seine Eltern (und ggf. das Familiengericht) keine Geschäfte alleine abschließen.

Rechtsfähigkeit

Rechtsfähig ist jeder Mensch mit Vollendung der Geburt (§ 1 BGB) bis zu seinem Tode. Rechtsfähig sind darüber hinaus auch:

- juristische Personen des öffentlichen Rechts (Gemeinden, Kreise, Universitäten usw.),
- juristische Personen des Privatrechts (Aktiengesellschaften, GmbHs, eingetragene Genossenschaften und rechtsfähige Vereine usw.).

Keine Rechtsfähigkeit haben:

- die Firma des Einzelkaufmanns (Das bedeutet, dass ein Kaufmann zwar unter seiner Firma einen Kaufvertrag schließen kann, Vertragspartei bleibt jedoch der Kaufmann selbst; Firma ist der Name unter dem ein Kaufmann im Geschäftsverkehr tätig ist und der im Handelsregister entsprechend eingetragen ist.),
- der nichtrechtsfähige Verein,
- die stille Gesellschaft (eine besondere Form der Darlehensgewährung).

Rechtlich dazwischen stehen die oHG und die Kommanditgesellschaft. Diese sind selbst keine juristischen Personen, genießen aber eine Teilrechtsfähigkeit. Dies bedeutet, dass diese Gesellschaften als solche Rechte und Pflichten eingehen, also direkt z. B. Kaufverträge abschließen können. Sie haften also für die Schulden (z. B. Kaufpreisforderung) selbst. Aufgrund der rechtlichen Bestimmungen haften aber auch die Gesellschafter dieser Personenhandelsgesellschaften (Einzelheiten dazu im Kapitel VII, 2.2).

Geschäftsfähigkeit

Von der Frage, wer aus einem Vertrag verpflichtet und berechtigt wird (Rechtsfähigkeit), ist die Frage zu unterscheiden, ob jemand sich selbst durch eigene Willenserklärungen verpflichten kann oder nicht (Geschäftsfähigkeit). Uneingeschränkt geschäftsfähig ist der volljährige geistig gesunde

Mensch. Er kann für sich Verträge beliebigen Inhalts abschließen.
Um Minderjährige zu schützen und sie an die Geschäftsfähigkeit heranzuführen, sieht das Gesetz mehrere Stufen vor:

- Geschäftsunfähig sind Kinder unter sieben Jahren und dauernd Geisteskranke (§ 104 BGB),
- beschränkt geschäftsfähig sind Minderjährige (7 bis unter 18 Jahre), Entmündigte und unter Vormundschaft Gestellte.

Geschäftsunfähige: Die von Geschäftsunfähigen abgegebenen Erklärungen sind absolut unwirksam. Dabei gibt es auch keinen Schutz des guten Glaubens. Wenn der Vertragspartner sich also über das Alter irrt, dann ist das ausschließlich sein Risiko. Die Willenserklärungen können im Nachhinein auch nicht „geheilt" werden, z. B. durch die Genehmigung der Eltern.

Beschränkt Geschäftsfähige: Die von beschränkt Geschäftsfähigen abgegebenen Erklärungen sind zunächst nur wirksam, wenn die Vertreter (in der Regel die Eltern) vorher zugestimmt haben. Haben diese nicht zugestimmt, dann können sie die Erklärungen im Nachhinein noch genehmigen. Damit der Vertragspartner Klarheit hat, kann er die Vertretungsberechtigten auffordern, sich zu erklären. Sie müssen dies dann innerhalb von zwei Wochen gegenüber dem Vertragspartner tun, sonst gilt die Genehmigung als verweigert und der Vertrag kommt nicht zustande, weil die Willenserklärung des Minderjährigen unwirksam ist.

Beispiel

Ein Minderjähriger kauft bei einem Baustoff-Fachhändler für sein Hobby eine elektrische Bandsäge zum Preis von 600 EUR.

In aller Regel wird ein Kaufvertrag wie im genannten Beispiel schwebend unwirksam sein. Sind in unserem Beispiel die Eltern nicht mit dem Kauf einverstanden, so ist der Vertrag von Anfang an nichtig. Der Baustoff-Fachhändler muss dem Minderjährigen den Kaufpreis zurückerstatten und die Bandsäge – selbst wenn sie schon benutzt worden wäre – wieder zurücknehmen. Er erhält für die Nutzung auch keine Entschädigung.
Ferner können beschränkt Geschäftsfähige wirksam Willenserklärungen abgeben, die für sie ausschließlich rechtlich vorteilhaft sind. Entscheidend ist hier nicht eine wirtschaftliche, sondern ausschließlich die rechtliche Betrachtungsweise. Der Abschluss eines Kaufvertrages ist stets rechtlich nachteilig, weil der minderjährige Käufer den Kaufpreis zahlen muss oder als Verkäufer einen Gegenstand übereignen muss. Da alleine auf die rechtliche Einordnung abgestellt wird, ist es auch egal, ob das Geschäft wirtschaftlich sinnvoll ist oder nicht. Die Schenkung einer Eigentumswohnung mag als ausschließlich rechtlich vorteilhaft erscheinen. Ist es aber nicht, wenn diese vermietet ist, weil der Minderjährige dann in den Mietvertrag eintritt und damit zugleich und zwangsweise in die entsprechenden Rechte und Pflichten aus dem Mietvertrag.
Eine Schenkung ohne Auflage ist für einen Minderjährigen rechtlich vorteilhaft, da eine solche ihm nur Rechte verschafft. Wäre sie mit einer Auflage verbunden, würde sie ihn aber verpflichten. Diese Verpflichtung wäre nachteilig, also nicht vorteilhaft im rechtlichen Sinne.

Taschengeldparagraf

Hinzuweisen ist noch auf den sogenannten Taschengeldparagrafen. Gem. § 110 BGB sind Verträge von beschränkt Geschäftsfähigen dann wirksam, wenn diese mit Mitteln bewirkt worden sind, die diese von ihren Eltern zur freien Verfügung bekommen haben. Dies dürfte aber nur für die üblichen Leistungen gelten und umfasst z. B. nicht den Abschluss von Ratenzahlungsverträgen. Erwirbt ein beschränkt Geschäftsfähiger mit dem Taschengeld ein Los, dann ist dieses Geschäft wirksam. Er hat den Hauptpreis gewonnen und kauft sich von dem Geld einen Ferrari. Dieser Kauf ist unwirksam, solange die Eltern nicht zugestimmt haben, weil das mit dem Taschengeld Erworbene (der Gewinn) nicht der Vorschrift unterfällt.
Merke: Der Minderjährigenschutz genießt im BGB absolute Priorität.

Stellvertretung bei Vertragsabschluss

Während es eben darum ging, wann sich quasi jemand selber vertreten kann, geht es bei dem Handeln in fremden Namen darum, wann jemand einen anderen vertreten kann (Stellvertretung). Das BGB kennt zwei Formen von Stellvertretung, nämlich die gesetzliche (z. B. Eltern für ihre nicht geschäftsfähigen Kinder) und die gewillkürte, also die von einer Person einer anderen eingeräumte Vollmacht, für diese zu handeln.

Gesetzliche Vertretung: Die gesetzliche Vertretung der Kinder ist im BGB geregelt. Die aktive Vertretung, also die Abgabe einer Willenserklärung für das Kind, müssen beide Eltern gemeinsam ausüben.

Gewillkürte Vertretung: Hier bevollmächtigt eine (geschäftsfähige) Person einen Dritten mit dem Abschluss eines Vertrages, der ausschließlich zu Lasten des Vertretenen geht. Schließt eine Vertragspartei (Käufer oder Verkäufer) den Kaufvertrag im Namen eines anderen ab, von dem er hierzu bevollmächtigt wurde, so kommt ein Kaufvertrag unmittelbar mit dem Vollmachtgeber zustande. Der Vollmachtgeber muss also den Kaufpreis zahlen oder den Kaufgegenstand liefern.

Beispiel

Der Einkäufer einer Bauunternehmung kauft für das Unternehmen ein. Ein Verkäufer im Baustoff-Fachhandel verkauft im Namen des Baustoffhändlers die Baustoffe. In beiden Fällen werden die vertretenen Unternehmen, bei denen Käufer und Verkäufer angestellt sind, unmittelbar Vertragsparteien.

Die Vollmacht
Die Vollmacht selbst kann gegenüber dem Bevollmächtigten oder dem Dritten abgegeben werden. Sie bedarf auch nicht der Form, die für das Geschäft selbst notwendig ist. Die Vollmacht zum Kauf eines Grundstückes bedarf also keiner Form, auch wenn der Abschluss des Grundstückskaufvertrages der notariellen Beurkundung bedarf.
Der Umfang der Vollmacht, also welche Geschäfte der Vertreter für den Vertretenen abschließen kann, bestimmt sich ausschließlich nach dem konkreten Inhalt der Vollmacht.

Beispiel

Wenn die Vollmacht lautet, einen VW Golf grün, Baujahr 2014, mit 11 897 Kilometer Laufleistung für 22 456 EUR zu kaufen, dann kann der Bevollmächtigte auch nur einen solchen Wagen kaufen.
Kauft er einen Golf Baujahr 2015 mit 10 000 Kilometer, grün, für 23 000 EUR, so mag dieses Geschäft für den Vollmachtgeber günstiger sein, es ist aber durch die Vollmacht nicht gedeckt.

Der vermeintliche Vertreter handelt in diesem Falle als Vertreter ohne Vertretungsmacht. Der Vertretene wird durch den Vertrag nicht verpflichtet und muss den Kaufpreis nicht zahlen.
Dies verdeutlicht die Risiken für den Verkäufer. Dies mag in Einzelfällen noch hinnehmbar sein. Im kaufmännischen Verkehr, in dem eine Vielzahl von Geschäften abgeschlossen werden müssen, geht dies nicht. Denn um sicherzugehen, müsste der jeweiliger Vertragspartner sich immer die Originalvollmacht des Vertreters zeigen lassen, um zu wissen, welche Geschäfte er denn abschließen darf.

Vertretungen nach HGB
Im Handelsrecht (HGB) gibt es gesetzlich normierte Vertretungsumfänge:
- Prokura (§ 49 HGB),
- Handlungsvollmacht (§ 54 HGB),
- Handelsvertreter (§ 84 HGB).

Eine besondere Form der Handlungsvollmacht gilt für Angestellte in einem Laden (Baustoff-Fachhandel). Diese gelten als bevollmächtigt für Verkäufe, die hier üblicherweise geschehen.
Der Sinn dieser Normierung ist, dass im kaufmännischen Verkehr keiner der Beteiligten sich über den Umfang der Vollmacht Gedanken machen soll. Es geht alleine um die Frage, ob die entsprechende Vollmacht auch erteilt worden ist. Dazu dient im Handelsrecht das Handelsregister, in dem entsprechend nachgesehen werden kann, ob die gesetzlich normierte Vollmacht erteilt worden ist.
Die umfassendste Vollmacht ist die sogenannte Generalvollmacht, mit der der Vertretene den Vertreter bevollmächtigt, alle Geschäfte abzuschließen, bei denen Vertretung gesetzlich zugelassen ist. Diese wird in den meisten Fällen notariell beurkundet, damit diese auch für Grundstücksgeschäfte verwendet werden kann. Oft geschieht dies auch im Rahmen von Patientenverfügungen und Vorsorgevollmachten.

Fehlende Offenlegung
Macht der Vertreter nicht ausreichend deutlich, dass er für einen anderen handelt, dann gilt das Geschäft als von ihm im eigenen Namen abgeschlossen. Anders ist es bei den Barverkäufen des täglichen Lebens. Hier ist für den Verkäufer die Person des Käufers ohne Bedeutung. Deshalb kommt auch dann, wenn der Verkäufer nicht erkennt, dass sein Gegenüber in Vertretung handelt, der Kaufvertrag mit dem Vertretenen zustande („Vertrag für wen es angeht").

Beispiel

Einige Arbeiter beauftragen einen Kollegen, für sie in einem Baumarkt von einem Sonderangebot vier Schlagbohrmaschinen zu kaufen. Die Kaufverträge kommen hier unmittelbar zwischen dem Baumarkt und den jeweiligen Geschäftskollegen zustande. Ist eine der Bohrmaschinen fehlerhaft, kann der betroffene Kollege unmittelbar als Käufer reklamieren.

Im Baustoff-Fachhandel kann diese Unterscheidung wichtig werden. Während bei Barverkäufen die Person des Käufers den Baustoffhändler in der Regel wenig interessieren wird, kommt der Bonität (Zahlungsfähigkeit) des Käufers beim Verkauf auf Lieferschein und damit auf Kredit große Bedeutung zu. Auch eine Bank hat ein großes Interesse daran zu wissen, wem sie denn den Kredit gibt. Deshalb sind dies grundsätzlich keine Geschäfte „für wen es angeht".

Handeln ohne Vertretungsmacht
Handeln Verkäufer oder Käufer ohne Vertretungsmacht im Namen eines anderen, so hängt die Wirksamkeit des Kaufvertrages von der nachträglichen Genehmigung durch den Vertretenen ab. Wird die Genehmigung verweigert, so ist der Vertrag von Anfang an unwirksam. Mit der Genehmigung wird er rückwirkend voll wirksam.

Beispiel

Ein Verkäufer ist ausschließlich für den Verkauf in der Fliesenausstellung eingestellt. Einem Kegelbruder verkauft er zu einem „Freundschaftspreis" zwei Lastzüge Kalksandsteine. Da der Verkäufer aufgrund seines Anstellungsvertrages nur in der Fliesenausstellung verkaufen darf, handelte er hier ohne Vertretungsmacht. Der Baustoffhändler kann den Verkauf nachträglich genehmigen oder die Genehmigung verweigern.

Handelt der Vertragspartner ohne Vertretungsmacht und erhält er nicht die nachträgliche Genehmigung des „Vertretenen", so haftet der Vertreter ohne Vertretungsmacht dem

Vertragspartner auf Erfüllung des Kaufvertrages oder auf Schadenersatz. Da es sich hier um eine Vertrauenshaftung handelt, nämlich das Vertrauen in die bestehende Vollmacht, entfällt die Haftung, wenn der Vertragspartner wusste, dass der Vertreter keine Vollmacht hat. Diese Haftung hat jedoch keinen wirtschaftlichen Wert, wenn nur der vermeintlich Vertretene über die notwendigen finanziellen Mittel für das Geschäft verfügt und der „Vertreter" kein Geld hat.

4.6 Vertragspartner des Baustoffhändlers

Bisher wurden die Fragen rund um den Abschluss eines Vertrages besprochen, also sein formales Zustandekommen. Die Hauptleistungspflichten in einem Kaufvertrag werden in § 433 BGB geregelt. Der Verkäufer hat eine Sache zu liefern (also die tatsächliche Sachherrschaft zu übertragen), das Eigentum an der Sache zu verschaffen und dies ohne Sach– oder Rechtsmängel. Der Käufer hat den Kaufpreis zu zahlen und die Sache abzunehmen. Darüber hinaus sind oft noch eine Reihe weiterer Punkte zu regeln, die in einem Vertrag geregelt werden.
Was soll also gelten? Im Rahmen der Erörterung der Fragen zur Geschäftsfähigkeit wurde schon deutlich, dass das BGB z. B. dem Minderjährigenschutz einen sehr hohen Rang einräumt. Aber auch unterhalb dieses Schutzes unterscheidet das Gesetz Gruppen von Vertragspartnern, die in unterschiedlicher Form geschützt werden. Dies geschieht meist dadurch, dass in einem gewissen gesetzlichen Umfang Regelungen durch Vertrag nicht geändert werden können.

Verbraucher
Verbraucher ist jede natürliche Person, die ein Rechtsgeschäft zu einem Zwecke abschließt, der weder ihrer gewerblichen noch ihrer selbständigen beruflichen Tätigkeit zugerechnet werden kann. Der Verbraucher wird z. B. im Recht des Verbrauchsgüterkaufs (s. S. 146) besonders geschützt.

Unternehmer
Unternehmer ist eine natürliche oder juristische Person oder eine rechtsfähige Personengesellschaft, die bei Abschluss eines Rechtsgeschäfts in Ausübung ihrer gewerblichen oder selbständigen beruflichen Tätigkeit handelt. Das bedeutet, dass Kaufleute immer auch Unternehmer sind. Aber nicht jeder Unternehmer ist Kaufmann. Z. B. ist ein Rechtsanwalt Unternehmer, aber nicht Kaufmann, weil er kein Gewerbe betreibt, sondern eine freiberufliche Tätigkeit.

Kaufmann
Kaufmann ist jeder, der ein Gewerbe betreibt, das einen in kaufmännischer Weise eingerichteten Geschäftsbetrieb erfordert, oder sich in das Handelsregister hat eintragen lassen. Für den Stand der Kaufleute regelt das HGB eine Reihe von besonderen Vorschriften. So besteht z. B. im Gewährleistungsrecht eine besondere Untersuchungs- und Rügepflicht. Der Begriff des Kaufmanns hat also eine gesetzliche Definition, die von dem allgemeinen Sprachgebrauch abweicht.

4.7 Pflichten des Verkäufers

Übergabe der Kaufsache
Grundpflicht des Verkäufers aus dem Kaufvertrag ist es, dem Käufer die verkaufte Ware zu übergeben und ihm das Eigentum an der Kaufsache zu verschaffen.
Bei der Frage der Übergabe, also der Verschaffung des Besitzes, geht es um das Verhältnis einer Person zu einer Sache. Diese Fragen sind nicht im Schuldrecht geregelt (zur Erinnerung: hier geht es um die Regelungen zwischen zwei Personen), sondern im Sachenrecht.
Unter Übergabe wird die Verschaffung des unmittelbaren Besitzes verstanden. Besitzer ist, wer die tatsächliche Gewalt über eine Sache besitzt. (Besitz kommt von Besitzen im Sinne von „Darauf sitzen können"). Der Regelfall ist die körperliche Übergabe der Kaufsache. Zulässig sind aber u. U. auch sogenannte Übergabesurrogate, bei denen die körperliche Übergabe durch Verschaffung von Besitzmittlungsverhältnissen ersetzt wird. Dies könnte z. B. die Abtretung eines Herausgabeanspruchs sein, wenn die Sache sich in der Verwahrung eines Dritten befindet (z. B. Lagerist).

Beispiel

Körperliche Übergabe
Ein Käufer kauft im Baustoff-Fachhandel zwei Sack Zement. Die Übergabe erfolgt durch das Einladen der Säcke in den Kofferraum des Kundenfahrzeugs.

Die körperliche Übergabe der Ware erfolgt beim Einladen in das Kundenfahrzeug. *Foto: Hornbach*

Beispiel

Übergabesurrogat
Ein Baumaschinenverkäufer verkauft eine Baumaschine. Da sich das Gerät z. Z. noch bei einem anderen Kunden zum Test befindet, kann der Baumaschinenverkäufer die Maschine nicht unmittelbar übergeben. Besitzer ist der Kunde, der die Maschine gerade testet, dieser hat die tatsächliche Sachherrschaft. Der Baumaschinenhändler ist, obwohl Eigentümer, nur mittelbarer Besitzer. Da eine körperliche Übergabe nicht möglich ist, wird als Übergabeersatz (Übergabesurrogat, § 930, § 931 BGB) vereinbart, dass der Käufer die Maschine unmittelbar bei dem anderen Kunden abholt. Anstelle des unmittelbaren Besitzes an der Kaufsache hat der Käufer einen Herausgabeanspruch gegen den augenblicklichen Besitzer erhalten.

Bei der Frage des Vertragsabschlusses im Baumarkt wird deutlich, dass der Vertragsabschluss erst an der Kasse erfolgt. Daher kann die Übergabe der Ware an den Käufer hier auch erst danach erfolgen. Die Verschaffung der tatsächlichen Sachherrschaft durch den Verkäufer erfolgt also erst nach dem Bezahlen der Ware an der Kasse mit dem Einpacken durch den Käufer.

Leistungsort

Der Ort, an dem der Verkäufer seine Pflicht zur Übergabe aus dem Kaufvertrag zu erfüllen hat, ist der Leistungsort. In der Regel werden die Parteien den Leistungsort aber selbst bestimmen, meistens in ihren AGB. Geschieht dies nicht, entscheiden Umstände und Natur des Vertrages. Ist ein Leistungsort nicht zu ermitteln, so ist nach dem Gesetz eine Leistung dort zu erbringen, wo der Verkäufer bei Vertragsschluss seinen Wohnsitz (bei Privatpersonen) oder seine gewerbliche Niederlassung (bei Gewerbebetrieben) hat. Unterschieden wird:

Holschuld (Leistungsort ist beim Verkäufer): Der Käufer muss die Sache beim Verkäufer abholen (z. B. Kauf im Baumarkt). Dies ist ohne abweichende Regelung der gesetzliche Normalfall. Der Verkäufer muss die Kaufsache lediglich bereitstellen, der Käufer muss sie abholen. Alleine daraus, dass der Verkäufer die Kosten für den Transport zu dem Käufer übernimmt, folgt nicht, dass aus der Holschuld eine Bringschuld wird.

Auch beim sogenannten Drive-in eines Baumarktes ist der Firmensitz der Leistungsort.
Foto: Hornbach

Bringschuld (Leistungsort ist beim Käufer): Der Verkäufer muss die gekaufte Ware dem Käufer zuschicken, z. B. Lieferung von Heizöl, „Kauf frei Baustelle“ u. a.).

Schickschuld (Leistungsort liegt beim Verkäufer): Der Verkäufer muss die Ware dem Käufer zuschicken (z. B. „Versendungskauf“, Geldschulden).

Preisgefahr

Die Frage, wo der Leistungsort liegt, hat für die Frage der Preisgefahr Bedeutung. Preisgefahr umschreibt das Risiko, dass die Sache vor Erreichen des Käufers untergeht, und die Frage, ob dieser dann noch den Kaufpreis bezahlen muss. Liegt eine Holschuld vor, dann muss der Käufer dem Verkäufer auch alle Kosten ersetzen, die für den Transport der Ware an einen anderen Ort entstehen. Dazu zählen insbesondere die Transportkosten (Zufuhrkosten, Krangebühren, Verpackungskosten, Kosten für Wartezeiten der Lkws etc.). Im Sinne einer Preistransparenz sollte der Händler dafür Sorge tragen, dass diese entstehenden Kosten dem Käufer auch bekannt sind. Bei gewerblichen Kunden bietet es sich an, die Kosten im Rahmen der Kontoeröffnung festzuschreiben oder auf die regelmäßigen Aushänge im Betrieb des Verkäufers zu verweisen. Liegt hingegen eine Bringschuld vor, dann trägt der Verkäufer diese Kosten.

Eigentumsübertragung

Die Regelungen zum Eigentumsübergang bei beweglichen Sachen finden sich ebenfalls im BGB. Danach sind drei Voraussetzungen für den Eigentumsübergang notwendig:

- Einigung,
- Übergabe,
- Berechtigung (regelt den Eigentumsübergang bei fehlender Berechtigung).

Die **Einigung** ist eine weitere Erklärung, die nach dem deutschen Recht neben die Erklärungen zum Abschluss des Kaufvertrages treten: *„Wir sind uns einig darüber, dass das Eigentum an den 1 000 Kalksandsteinen auf den Käufer übergehen soll.“* Alleine diese Einigung genügt, wenn sich der Käufer bereits im Besitz der Sache befindet. Dies könnte z. B. der Fall sein, wenn er sie bereits zum Testen mitgenommen hat.

Die **Übergabe** meint die Verschaffung der tatsächlichen Sachherrschaft. Hierzu sei auf die obigen Ausführungen verwiesen. Statt der Übergabe gibt es aber auch sogenannte Surrogate. Das ist z. B. die Abtretung eines Herausgabeanspruches gegen den tatsächlichen Besitzer.

Beispiel

Ein Auto ist vermietet. Der Vermieter/Verkäufer verkauft es an den Käufer und tritt an diesen den Herausgabeanspruch gegen den Mieter ab, den er entsprechend informiert.

Damit ist der Eigentumsübergang vollzogen, wobei streng genommen eine Information des Mieters nicht notwendig ist und nur der Absicherung des Käufers dient, dass er den Wagen dann auch bekommt.
Denkbar ist ferner die Vereinbarung der Sicherungsübereignung von Gegenständen, die beim Verkäufer/Sicherungsgeber verbleiben.

Beispiel

Für einen Kredit einer Bank wird der Lkw der Baufirma an diese sicherungsübereignet. Darlehensnehmer/Sicherungsgeber/Baufirma sind sich mit dem Darlehensgeber/Sicherungsnehmer/Bank einig, dass das Eigentum an dem Lkw auf die Bank übergehen soll. Wenn nun die Besitzübergabe stattfinden würde, dann könnte die Baufirma den Wagen nicht mehr nutzen, also wird ein Leihverhältnis vereinbart.

Berechtigung bedeutet, dass der Verkäufer zur Übertragung des Eigentums befugt ist. Dies ist er, wenn er Eigentümer der

Ware ist. Er hat die Verfügungsbefugnis aber auch, wenn er dazu in den Verkaufsbedingungen des Vorverkäufers bevollmächtigt wird und er den Kaufpreis aus der Weiterveräußerung an den Vorlieferanten zahlt.

Frei von Rechts- und Sachmängeln
Der Verkäufer muss dem Käufer die Ware rechts- und sachmängelfrei verschaffen. Das heißt, der Käufer hat Anspruch darauf, dass die Ware nicht mit Rechten Dritter belastet ist und die Soll-Beschaffenheit mit der Ist-Beschaffenheit übereinstimmt. Hierbei handelt es sich um Fragen der Gewährleistung, die daher auch gesondert erörtert werden.

4.8 Nebenpflichten des Verkäufers

Neben den Hauptpflichten des Verkäufers, der Übergabe und Übereignung der Kaufsache frei von Rechts- und Sachmängeln, treffen ihn auch Nebenpflichten. Diese ergeben sich selten aus dem Vertrag selbst, sondern aus der Interessenlage der Kaufvertragsparteien unter dem Gesichtspunkt von Treu und Glauben. Wird z. B. „Lieferung frei Baustelle" vereinbart, so ist es Nebenpflicht des Verkäufers, den Transport der Baustoffe zu veranlassen. Er hat dabei die Ware so zu verpacken, dass sie durch den Transport nicht beschädigt wird. Wird die Ware nicht ordnungsgemäß verpackt und deshalb beschädigt, so macht er sich u. U. schadenersatzpflichtig. Verletzt der Verkäufer Nebenpflichten, so macht er sich immer schadenersatzpflichtig.

Nebenpflichten des Verkäufers bestehen sowohl vor dem Abschluss eines Vertrages als auch danach:

- Beratung des Käufers während des Verkaufsgesprächs (auch schon vor Verkaufsabschluss!). Hat die Beratung für den Käufer aber eine herausragende Bedeutung, so kann aus der Nebenpflicht eine Hauptpflicht werden und neben den Kaufvertrag ein selbständiger Beratungsvertrag treten.
- Hinweise zur Benutzung und Pflege der Kaufsache,
- Schutz des Vertragspartners vor Schäden,
- Aufklärung über besondere Gefahren im Zusammenhang mit der Benutzung,
- Pflicht zu sorgsamem Transport und fachgerechter Verpackung (z. B. Schutz von Porenbeton vor Nässe) u. a.,
- Pflicht zu Hinweisen zur Ladungssicherung.

Fachgerechte Verpackung und Transportsicherheit der Waren, wie diese Türelemente, zählen zu den Nebenpflichten des Verkäufers.
Foto: Archiv

Beispiel

Beide Vertragspartner haben die Pflicht, sich gegenseitig vor Schaden zu bewahren. So muss ein Lagerist, der eine Palette Fliesen in den Kombi des Bauherrn laden soll, diesen vor dem Gewicht der Fliesen warnen. Geht der PKW mit Achsenbruch in die Knie, haftet der Baustoff-Fachhändler für seinen Lageristen.

Transportiert ein Kunde schwere Baustoffe mit Fahrzeug oder Anhänger, muss der Lagerist ihn auf das Gewicht aufmerksam machen.
Foto: Bauzentrum Brandes, Peine

Die Nebenpflichten enden aber nicht mit der Abwicklung des Kaufvertrags. Sollte z. B. der Verkäufer von Mörtel nachträglich erfahren, dass der verkaufte Mörtel fehlerhaft ist, wäre er verpflichtet, den Käufer, wenn dieser ihm bekannt ist (Stammkunde), zu warnen. Die Schadenshaftung umfasst alle mittel- und unmittelbaren Schäden, die über den eigentlichen Sachmangel hinausgehen. Auch hier kommt ein Mitverschulden des Vertragspartners in Betracht.

Exkurs

Erweiterung der Pflichten

Viele Händler überlegen, ob über den oben skizzierten Rahmen der Pflichten hinaus noch weitere Zusagen, Garantien etc. den Haftungsrahmen erweitern. Hier gibt es grundsätzlich folgende Punkte zu beachten:

1. Finanzierbarkeit
Kann ein Baustoff-Fachhändler mit den gegenwärtig kalkulierten Spannen diese umfassende Haftung überhaupt noch finanzieren? Oder sollte er sich für einzelne Zusagen diese nicht zusätzlich vergüten lassen?

2. Lieferantenqualität
Der Händler sollte bei der Auswahl seiner Lieferanten kritisch sein. Unseriöse Lieferanten erhöhen das Haftungsrisiko beträchtlich. Was nützt ein vermeintlich günstiger Einkaufspreis, wenn der Händler am Ende auf der Gewährleistung sitzen

4.9 Pflichten des Käufers

Zahlung des Kaufpreises

Der Kaufpreis ist die Gegenleistung, die ein Verkäufer für seine Ware erhält. Bestandteile des Kaufpreises sind Preisnachlässe wie Rabatte und Skonti. Diese können vom Käufer nicht ohne Weiteres in Anspruch genommen werden. Hierzu bedarf es einer besonderen Vereinbarung. Im Baustoff-Fachhandel wird oft noch die Auffassung vertreten, dass bei Barzahlung der Abzug von Skonti allgemein üblich sei. Diese Auffassung ist falsch. Ohne besondere Vereinbarung ist auch im Baustoff-Fachhandel der Kaufpreis bar, sofort und ohne jeglichen Abzug zu bezahlen. Die Fälligkeit der Kaufpreisforderung des Handels tritt also ohne anderslautende Vereinbarung sofort ein. Durch die Angabe einer Kontoverbindung auf den Rechnungen und dem Firmenpapier macht der Handel aber deutlich, dass er Zahlung durch Überweisung grundsätzlich akzeptiert. Wird vom Baustoffhandel Ware „auf Rechnung" verkauft, so bedeutet dies, dass der Rechnungsbetrag spätestens bei Erhalt der Rechnung fällig ist. Ein gesonderter Hinweis *„Zahlbar sofort rein netto"* ist nicht erforderlich. Auch wenn häufig eine gegenteilige Auffassung besteht, ist es in unserer Branche nicht handelsüblich, dass der Käufer ein Zahlungsziel ohne vorherige Vereinbarung in Anspruch nehmen kann.
Anderslautende Regelungen können im Einzelfall (also individuell im Rahmen des Abschlusses des einzelnen Kaufvertrages) oder aber generell in den Lieferungs- und Zahlungsbedingungen geregelt werden. Oft werden die Zahlungsbedingen auch im Rahmen der sogenannten Kontoeröffnung geregelt. Dies bedeutet, dass der zumeist gewerbliche Käufer bei dem Baustoffhändler einen Kreditrahmen eingeräumt erhält, innerhalb dessen er auf Kredit kaufen kann. Dann aber ist auch zu regeln, in welchem Rahmen Zahlungen auf die Lieferungen zu erfolgen haben. Die generelle und kundenunabhängige Gewährung von Skonto etc. ist die Ausnahme. Die Musterlieferungs- und Zahlungsbedingungen, wie sie der BDB empfiehlt, sehen keine Skontoabzüge vor.

Geldschulden sind Bringschulden: Die Bezahlung des Kaufpreises hat beim Verkäufer zu erfolgen. Erfüllt ist erst, wenn das Geld beim Verkäufer eingegangen ist. Die Transportgefahr liegt also beim Käufer. Versendet dieser Geld oder einen Scheck per Post und geht die Post verloren, so muss er noch einmal zahlen. Gleiches gilt für Überweisungen.

Geldschulden sind Bringschulden und grundsätzlich am Wohnsitz oder an der Niederlassung des Gläubigers zu bezahlen. *Abb.: bschpic/pixelio*

Wenn der Käufer aber rechtzeitig die Leistungshandlung vornimmt (z. B. die Überweisung veranlasst) und er bei normalem Lauf der Dinge davon ausgehen kann, dass das Geld rechtzeitig beim Verkäufer ankommt, dann kommt er nicht in Verzug. Dies ist dann auch der Zeitpunkt für die Frage, ob der Käufer Skonti in Anspruch nehmen kann. Veranlasst er die Überweisung innerhalb der Skontofrist und konnte er davon ausgehen, dass die Gelder rechtzeitig beim Verkäufer eingehen, dann hat er Anspruch auf Skonti.

Stundung: Baustoffhändler übersehen häufig, dass mit dem Zahlungsziel dem Kunden der Kaufpreis bis zu dem vorgegebenen Datum kreditiert wird. Ohne eine Zielangabe hätte der Kunde sofort bezahlen müssen. Durch die Angabe eines Ziels wird die Zahlung erst nach Ablauf dieses Ziels fällig. Steht also auf einer Rechnung: *„Der Rechnungsbetrag ist zahlbar innerhalb von 8 Tagen rein netto"*, wird damit dem Kunden der Kaufpreis auf 8 Tage gestundet.

Vergütung zusätzlicher Leistungen: Im Rahmen der Belieferung durch den Baustoff-Fachhandel erbringt dieser auch eine Reihe von zusätzlichen Leistungen, wie z. B. Anlieferung, Verbringung auf die Etage mittels besonderer Kräne, Kommissionierung pro Baustelle etc. Die Vergütung dieser Leistungen hat der Baustoffhandel klar zu regeln, damit es keinen Streit mit dem Käufer gibt. Es bietet sich an, auch diese Fragen im Rahmen der Kontoeröffnung mit dem Kunden verbindlich zu klä-

Die Vergütung zusätzlicher Leistungen, wie z. B. die Verbringung der Baustoffe auf die Etage mit Hilfe eines Hochkrans, muss im Vertrag klar geregelt werden. *Foto: Bauking*

bleibt? Der Händler haftet auch für die Werbeaussagen der Hersteller. Hersteller, die es hier mit der Wahrheit nicht so genau nehmen, können für den Händler sehr teuer werden. Die Risiken folgen den Verträgen. Also wird sich der Kunde an den Händler halten, der dann seinerseits u. U. einen Rückgriffsanspruch gegen den Hersteller oder Vorlieferanten hat, wenn dieser denn in der Lage ist, die Risiken auszugleichen. Geht er in Insolvenz, dann bleibt der Handel auf dem Schaden sitzen.

3. Gewährleistungsrisiko

Der Händler sollte überprüfen, ob er für jeden Hersteller als „Rechnungsschreiber" fungieren möchte. Mit der Rechnungserstellung tritt der Händler bei solchen Geschäften in die Position des Verkäufers mit vollem Gewährleistungsrisiko ein! Er haftet damit, ohne die vorhergegangenen Verkaufsverhandlungen zu kennen, und muss sich die dortigen Zusagen als eigene zurechnen lassen.

ren. Die hier im Baustoff-Fachhandel entstehenden Kosten dürfen nicht unterschätzt werden. Ein besonderes Ärgernis ist es, wenn die Anlieferung durch den Handel vereinbart war, aber die Baustelle z. B. nicht besetzt ist oder nicht angefahren werden kann, der Lkw des Handels dann mehrere Stunden stehen muss, andere Baustellen nicht pünktlich beliefert werden können. Hier gibt es Abrechnungsmodelle z. B. über die Wartezeit, nach Ablauf einer Karenzzeit, Abrechnungen nach Frachtzonen oder Hub mit dem Kran etc.

Abnahme der Ware

In der Regel ist die Abnahmepflicht des Käufers nur eine Nebenpflicht. Denn wenn ein Baustoff-Fachhändler eine Ware lagermäßig führt, wird es ihm relativ gleichgültig sein, wann der Kunde, der bereits den Kaufpreis bezahlt hat, diese abholt. Nur in Ausnahmefällen wird die Abnahmepflicht des Käufers für den Verkäufer so eine große Bedeutung haben, dass sie zur Hauptpflicht aus dem Kaufvertrag wird. Denkbar ist, dass der Händler speziell hergestellte Baustoffe hat, die nur für dieses Bauvorhaben verwendet werden können (z. B. zurechtgeschnittene Fassade, Flachdach mit gesondert geformtem Gefälle etc.). Der Händler kann diese dann nicht für andere Baustellen verwenden. Ist die Abnahme eine Hauptpflicht und nimmt der Verkäufer nach Fristsetzung die Ware nicht ab, so hat der Verkäufer ein Wahlrecht. Er kann

- vom Kaufvertrag zurücktreten, die Ware anderweitig verkaufen und Schadensersatz verlangen oder
- Schadenersatz verlangen.

Beispiel

Ein Baustoff-Fachhändler verkauft seinen alten Kranzug. Da die Platzverhältnisse beengt sind, ist es dem Verkäufer besonders wichtig, dass das Fahrzeug vom Käufer möglichst schnell abgeholt wird. Ist dies beim Verkaufsgespräch besprochen worden, ist die Abnahme des Lastzugs Hauptpflicht. Ist die Abnahme durch den Käufer eine Nebenpflicht, so bleibt bei Annahmeverzug des Käufers der Kaufvertrag bestehen. Der Verkäufer hat jedoch das Recht, die Ware im Selbsthilfeverkauf anderweitig zu veräußern.

4.10 Nebenpflichten des Käufers

Nebenpflichten des Käufers können sich sowohl aus dem Vertrag als auch aus dem Gesetz ergeben. Verletzt der Käufer Nebenpflichten, macht er sich schadenersatzpflichtig. Eine Pflichtverletzung liegt z. B. vor, wenn der Käufer dem Verkäufer die Erfüllung des Vertrages erschwert oder unmöglich macht.

Mögliche Nebenpflichten des Käufers:

- Verzinsung des Kaufpreises ab Übergabe der Kaufsache, nicht jedoch wenn der Kaufpreis gestundet ist (Zahlungsziel),
- Übernahme der Versand- und Verpackungskosten bei Versendung der Kaufsache an einen anderen als den Leistungsort,
- Untersuchungs- und Rügepflicht bei Kaufleuten,
- Rückgabe des Verpackungs- und Transportmaterials (Flaschen, Paletten u.a.), wenn dafür Pfand erhoben wurde (Verpackungsverordnung),
- Abstimmung über den Zeitpunkt der Anlieferung der Ware.

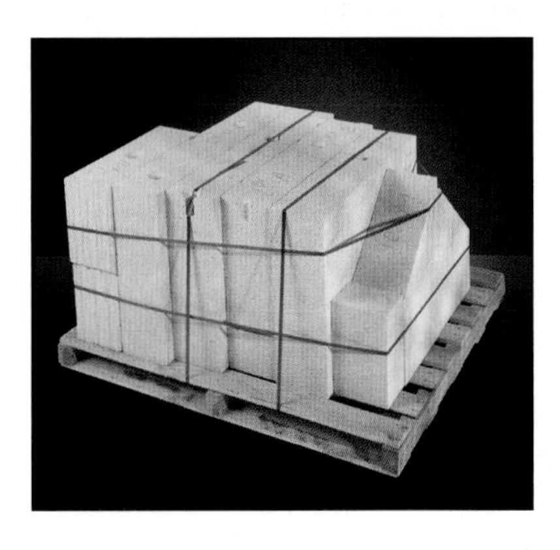

Die Rückgabe von Paletten kann zu den Nebenpflichten des Käufers zählen.
Foto: Xella

4.11 Kaufpreisbindung

Will der Verkäufer sich schon bei seinem Angebot, also zeitlich vor dem Vertragsabschluss, nicht binden, dann muss er dies nach außen deutlich machen, wie z. B. durch *„freibleibend"*, *„ohne Obligo"* etc. Hierauf hat der Verkäufer insbesondere auch dann zu achten, wenn er sich selbst erst noch mit der notwendigen Ware zu einem entsprechenden Preis eindecken muss. Rechtlich liegt dann noch kein verbindliches Angebot vor, sondern nur die sogenannte invitatio ad offerendum, (kein Angebot im Sinne des Kaufrechts), die oben besprochen wurde.

Verkäufer-Bindung nach Vertragsabschluss

In Zusammenhang mit der Bindungswirkung eines Angebotes wird häufig die Bindung des Verkäufers an den im Kaufvertrag vereinbarten Verkaufspreis diskutiert. Zunächst ist davon auszugehen, dass alle Vereinbarungen des Kaufvertrags für beide Parteien bindend sind. Es kann aber vorkommen, insbesondere wenn zwischen Bestell- und Liefertermin ein längerer Zeitraum liegt, dass sich zwischenzeitlich die Herstellerpreise erhöhen. Der Baustoff-Fachhändler steht dann vor der Frage, ob er solche Preiserhöhungen bei bereits bestehenden Kaufverträgen an den Käufer weitergeben kann. Hier muss zwischen Verbrauchern und Unternehmern/Kaufleuten (gewerblichen Abnehmern) unterschieden werden.

Gegenüber Verbrauchern besteht grundsätzlich die oben aufgezeigte Bindung. Von dieser Bindung kann sich der Handel durch individuelle Vereinbarungen in den Verträgen lösen bzw. Öffnungsklauseln einbauen, indem z. B. die jeweils gültige Umsatzsteuer zugrunde gelegt werden soll. Gegenüber privaten Abnehmern ist der Baustoff-Fachhändler vier Monate ab Vertragsschluss (Kaufvertrag) an die vereinbarten Preise und Konditionen gebunden. Erhöht sich in diesem Zeitraum der Abgabepreis des Vorlieferanten oder tritt z. B. eine Erhöhung der Mehrwertsteuer ein, so geht diese Erhöhung grundsätzlich zulasten des Baustoff-Fachhändlers. Erst wenn diese Bindungsfrist überschritten ist, kann in Allgemeinen Geschäftsbedingungen eine Anpassung des Preises

vorgesehen werden, wobei der Verbraucher dann ein Kündigungsrecht hat, sich also von dem Vertrag lossagen kann. Anderslautende Klauseln sind gegenüber Verbrauchern nichtig.
Gegenüber Unternehmern besteht hier eher die Möglichkeit der Anpassung. Es ist der jeweilige Einzelfall zu beurteilen. Sofern der eigene Kunde zum Vorsteuerabzug berechtigt ist, kann stets um die Umsatzsteuererhöhung eine Anpassung vorgenommen werden.

4.12 Gefahrübergang

Der Gefahrübergang beschreibt den Zeitpunkt, zu dem der Käufer den Kaufpreis auch dann zahlen muss, wenn die Ware sich verschlechtert oder vernichtet wird. Es wird daher auch von der sogenannten Preisgefahr gesprochen. Vor diesem Zeitpunkt muss der Verkäufer noch einmal liefern, will er den Kaufpreis erhalten. Haben Verkäufer und Käufer beispielsweise vereinbart, dass eine Tür am 1. Juni vom Käufer abgeholt werden soll, und wird diese Tür eine Woche vorher im Lager zerstört, weil ein Gabelstapler dagegen fährt, muss der Käufer nicht zahlen und der Verkäufer muss eine Tür am 1. Juni liefern. Hat der Käufer die Tür jedoch abgeholt und wird diese auf dem Weg zu seiner Wohnung zerstört, weil er in einen Unfall verwickelt wird, muss er die Tür dennoch bezahlen.
Es gilt der Grundsatz, dass mit der Übergabe der verkauften Sache auch die Gefahr des zufälligen Untergangs und der zufälligen Verschlechterung auf den Käufer übergeht. Wenn Abschluss des Kaufvertrages und Abwicklung (Übergabe und Eigentumsverschaffung) zeitlich zusammenfallen, dann entsteht meist kein Problem. Im Baustoff-Fachhandel fallen aber häufig Kaufvertrag und seine Erfüllung (Übergabe und Eigentumsübertragung) zeitlich und räumlich auseinander. Große Bedeutung gewinnt in diesem Zusammenhang der Leistungsort. Im Kaufrecht geht die Gefahr des zufälligen Untergangs der Kaufsache mit der Übergabe am Leistungsort auf den Käufer über. Liegt eine Bringschuld vor, dann erfolgt der Gefahrenübergang erst beim Käufer mit der Anlieferung. Alle vorherigen Risiken (insbesondere die Transportgefahr) trägt der Verkäufer. Liegt eine Holschuld vor, ist es genau umgekehrt.

Beispiel

Holt ein Kunde Fliesen direkt im Lager des Baustoff-Fachhändlers ab, ist der Firmensitz Leistungsort. Werden die Fliesen während des Transports ohne Einwirkung Dritter beschädigt, so geht der Schaden zu Lasten des Käufers.

4.13 Versendungskauf

Der Versendungskauf ist ein normaler Kauf, bei dem der Verkäufer als Nebenpflicht übernommen hat, die Kaufsache an einen anderen als den Leistungsort zu versenden. Es liegt also ein Fall der Holschuld des Käufers vor. Im Gegensatz zu einer Bringschuld, bei welcher der Transport zum Leistungsort Vertragspflicht des Verkäufers ist, schuldet der Verkäufer beim Versendungskauf in der Regel nur, die Versendung der Ware zum Kunden zu veranlassen. Es genügt, wenn er die Kaufsache in ordnungsgemäßem Zustand einem Spediteur übergibt. Die Gefahr geht also bereits bei Übergabe der Ware an den Spediteur auf den Käufer über. Auch wenn der Spediteur vom Verkäufer ausgewählt und beauftragt ist, bleibt doch der Firmensitz des Verkäufers Leistungsort. Der Spediteur nimmt wirtschaftlich (es liegt kein Fall einer Stellvertretung vor!) für den Käufer die Ware in Empfang. Dies gilt selbst dann, wenn der Verkäufer den Transport zu dem anderen Ort als dem Erfüllungsorte selbst oder mit einem eigenen Fuhrpark durchführen lässt oder die Kosten für die Versendung übernommen hat. Dies macht deutlich, dass der Versendungskauf (Platzkauf) eigentlich der normale Fall im Baustoff–Fachhandel ist.
Das gilt jedoch nicht bei einem Verbrauchsgüterkauf. Ein solcher liegt vor, wenn der Verkäufer ein Unternehmer und der Käufer ein Verbraucher ist. Denn hier enthält § 474 II BGB eine Erleichterung der Haftung und Gefahrtragung zugunsten der Verbraucher. Die Anwendung des § 447 BGB ist bei Verbraucherverträgen ausgeschlossen.

Der Spediteur nimmt für den Empfänger die Ware entgegen. *Foto: SHT/Sputnik*

4.14 Verkauf „frei Baustelle"

Verkauf „frei Baustelle" oder „franko" bedeutet nur, dass der Verkaufspreis bereits die Zufuhrkosten beinhaltet. Fehlen weitere Vereinbarungen, muss hinsichtlich des Leistungsortes differenziert werden. Die Zufuhr von Baustoffen an einen anderen Ort als das Lager des Baustoff-Fachhandels ist in der Regel immer ein Versendungskauf. Gleiches gilt, wenn der Versand zwar am gleichen Ort, aber mit Post, Paketservice oder Spedition erfolgt. Wird die Kaufsache am gleichen Ort, aber mit eigenen Fahrzeugen zugefahren, handelt es sich um die übliche Zufuhr. Wird hier auf Wunsch des Käufers zugefahren, so geschieht es nach wie vor auf Risiko des gewerblichen Käufers, da bei diesem die Selbstabholung nichts Besonderes ist. Bei dieser Kundengruppe wird man deshalb grundsätzlich von einem Versendungskauf ausgehen. Das Lager des Händlers bleibt Leistungsort. Weitere Kriterien für einen Versendungskauf sind auch hier „Ab-Lager-Preise",

Kauf „frei Baustelle": Zufuhr oder Versendungskauf? *Foto: Archiv*

Berechnung gesonderter Zufuhrkosten und die Vereinbarung des Leistungsortes (Betriebsstätte des Händlers!). Auch hier zeigt sich deutlich, wie wichtig in Zweifelsfällen eindeutige Vereinbarungen in Kaufverträgen (oder den AGBs) sind.

4.15 Streckengeschäfte

Ein Sonderfall des Versendungskaufs ist das Streckengeschäft. Während beim normalen Versendungskauf die Ware vom Lager des Baustoff-Fachhändlers zur Baustelle des Kunden transportiert wird, erfolgt beim Streckengeschäft der Transport von einem anderen Ort als dem Leistungsort (dies wäre die Betriebsstätte des Händlers), nämlich z. B. dem Herstellerwerk, unmittelbar auf die Baustelle. Die Ware wird also abweichend von dem Vertragsverhältnissen (Hersteller – Händler, Händler – Käufer) direkt transportiert.
Wer hier das Transportrisiko trägt, ist bei gewerblichen Kunden umstritten. Die überwiegende Meinung geht davon aus, dass die Gefahr erst bei Erreichen des Erfüllungsortes übergeht. Der Käufer hat nur die Gefahr übernommen, die sich aus dem Transport von diesem konkreten Erfüllungsort zu ihm ergibt. Er hat nicht das Risiko übernommen, dass die

Im Streckengeschäft ist besondere Aufmerksamkeit auf die Frage des Transportrisikos zu richten. *Foto: Saint-Gobain Rigips*

Ware von einem beliebigen Punkt aus zu ihm transportiert wird. Erfolgt auf Weisung des Verkäufers der Transport von einem anderen Orte aus, dann geht die Gefahr gleichsam auf den Käufer über, wenn der Transport die konkrete Fahrtstrecke zwischen Erfüllungsort und Lieferort erreicht. Erfolgt die Anlieferung von einem Herstellerwerk aus der entgegengesetzten Richtung, dann ist dies erst bei Erreichen des Lieferortes der Fall.

Beispiel

Der Verkäufer verkauft Straßenkantensteine, die aus einem Steinbruch in China kommen. Es wird eine Schickschuld vereinbart, die Anlieferung soll direkt vom Hafen an den Käufer erfolgen. Geht das Schiff auf dem Weg nach Europa unter, dann muss der Käufer den Kaufpreis nicht bezahlen, obwohl eine Schickschuld vereinbart war.

4.16 Allgemeine Geschäftsbedingungen

Bisher ist deutlich gemacht worden, was alles in einem Kaufvertrag geregelt werden kann. Deutlich wird aber auch, dass es eine Vielzahl von Regelungen gibt, die bei jedem Vertrag identisch sind, weil sie den Besonderheiten einer Branche oder den Wünschen einer Vertragspartei entsprechen. Es wäre aufwendig, diese ganzen Regelungen dann jeweils individuell zu formulieren. Daher gibt es allgemeine Geschäftsbedingungen (AGB), die solche Fragen quasi vor die Klammer ziehen. Sie werden oft von einer Seite dann gestellt, wenn sie die Punkte in ihrem Sinne geregelt hat.

Einbeziehung

Wenn Allgemeine Geschäftsbedingungen also Regelungen enthalten, die Inhalt eines Vertrages werden sollen, ist deutlich, dass diese Regelungen bei Vertragsabschluss vereinbart werden müssen. Es ist also unzureichend, wenn diese erst bei der Rechnung oder Lieferung übermittelt werden und man dann hofft, dass das dort geregelt noch Geltung erlangen kann. Tut es in der Regel nicht!
Es bleibt also nur der Weg, die Allgemeinen Geschäftsbedingungen bei jedem Vertrag zum Vertragsbestandteil zu machen. Dies wäre jedoch bei einer laufenden Geschäftsbeziehung zu einem gewerblichen Verarbeiter kaum darstellbar. Wie einbeziehen, wenn von der Baustelle per Handy bestellt wird? Also ist zu empfehlen, dass bei der Kontoeröffnung mit dem unternehmerischen Kunden die Geltung der Allgemeinen Geschäftsbedingungen auch für alle künftigen Geschäfte vereinbart wird. Dann ist alles geklärt. Es ist dann diesen Kunden gegenüber nicht notwendig, die Allgemeinen Geschäftsbedingungen auf den Rückseiten von Rechnungen und Lieferscheinen aufzudrucken.
Sofern der Kunde am Tresen des Baustoff-Fachhandels die Produkte kauft, werden die Allgemeinen Geschäftsbedingungen einbezogen, wenn sie am Ort des Verkaufes aushängen und so vom Käufer jederzeit eingesehen werden können.

Problematisch mag dann noch die Einbeziehung der Allgemeinen Geschäftsbedingungen gegenüber einmaligen Kunden sein, die nicht vor Ort, sondern über das Internet, per E-Mail, per Fax oder telefonisch etc. die Bestellung abgeben. Hier wird jeder Verkäufer schon zur Absicherung seiner eigenen Forderungen und um die Bestellung beweisen zu können, entsprechende Unterlagen (Angebot) an den Käufer versenden. Es muss dann nur organisatorisch gewährleistet sein, dass diese Angebotsunterlagen stets mit den Allgemeinen Geschäftsbedingungen gemeinsam versendet werden. Im Angebot sollte auf die Gültigkeit der beigefügten Allgemeinen Geschäftsbedingungen ausdrücklich hingewiesen werden.
Kommt es zu Änderungen der Allgemeinen Geschäftsbedingungen, so müssen diese Änderungen wie jede Vertragsänderung für den künftigen Abschluss von Verträgen neu einbezogen werden. Bei der Kontoeröffnung sollte man sich daher schriftlich von seinem Kunden die künftige Geltung der neuen geänderten Allgemeinen Geschäftsbedingungen bestätigen lassen.

Allgemeine Geschäftsbedingungen der Firma BAUEN+LEBEN GmbH & Co. KG gegenüber Unternehmern

§ 1 Geltung

Alle Lieferungen, Leistungen und Angebot des Verkäufers erfolgen ausschließlich aufgrund dieser Allgemeinen Geschäftsbedingungen. Diese sind Bestandteil aller Verträge, die der Verkäufer mit seinen Vertragspartnern über die von ihm angebotenen Lieferungen oder Leistungen abschließt. Sie gelten auch für alle zukünftigen Lieferungen, Leistungen oder Angebote, selbst wenn hierauf nicht nochmals gesondert hingewiesen wird.

AGB (Auszug) eines Baustoff-Fachhändlers für gewerbliche Kunden
Quelle: Bauen+Leben

Klauselkontrolle
Die vorformulierte Stellung von teilweise umfangreichen Allgemeinen Geschäftsbedingungen birgt für den Vertragspartner nicht unerhebliche Risiken, weil er im Einzelnen die Rechtsfolgen nicht überschauen kann. In vielen Fällen wird er auch nicht in der Lage sein, gegebenenfalls einzelne dieser Klauseln mit seinem Vertragspartner zu diskutieren und Änderungen durchzusetzen. Der Gesetzgeber hat daher schon recht früh unter den Gesichtspunkten des Verbraucherschutzes erkannt, dass einzelne Klauseln als solche nicht anerkannt werden dürfen. Zunächst erfolgten die entsprechenden Regelungen im Gesetz über Allgemeine Geschäftsbedingungen (AGB-Gesetz). Mit der Schuldrechtsreform wurde dieses gesonderte Gesetz jedoch aufgehoben, inhaltlich aber überführt in die Regelungen der §§ 305 ff. BGB.
Grundsätzlich finden diese Regelungen nur Anwendung auf Verträge zwischen Unternehmer und Verbraucher. Das Gesetz enthält jedoch in § 307 BGB eine Art Generalklausel, nach der Bestimmungen in Allgemeinen Geschäftsbedingungen nichtig sind, wenn sie den Vertragspartner entgegen dem Gebot von Treu und Glauben unangemessen benachteiligen. Dabei gilt als Vergleichsmaßstab die gesetzliche Regelung. Diese Generalklausel findet auch Anwendung auf Verträge zwischen Unternehmern.
Die Frage nach dem Umfang der allgemeinen Geschäftsbedingungen, die man als Verkäufer verwendet, ist letztlich eine individuelle. Die Verwendung von umfangreichen Allgemeinen Geschäftsbedingungen birgt das Risiko, dass die Rechtsprechung gegebenenfalls einzelne Klauseln für unwirksam erklärt. Dann müssen jeweils die Allgemeinen Geschäftsbedingungen inhaltlich neu angepasst und erneut einbezogen werden in die Kundenbeziehung. Dies verursacht jeweils nicht unerhebliche Kosten. Die Allgemeinen Geschäftsbedingungen, die vom BDB vorgeschlagen werden, reduzieren sich inhaltlich auf das Wesentliche und für die gesamte Branche Relevante.

4.17 Abgrenzung zu anderen Vertragstypen

Das Bürgerliche Gesetzbuch kennt neben dem Kaufvertrag noch andere Vertragsformen wie Tausch- und Werkvertrag, Mietvertrag u. a. Die Erfordernisse moderner Wirtschaftsbeziehungen haben zu einer Vielzahl von neuen Vertragstypen geführt.

Tauschvertrag
Die ursprünglichste Form des Warenverkehrs ist der Tausch. Vom Kauf unterscheidet sich der Tausch durch die Art der vereinbarten Gegenleistung. Werden beim Kauf die Waren mit Geld bezahlt, so stellt beim Tausch eine andere Ware die Gegenleistung dar. Aus diesem Grunde finden auf den Tauschvertrag die Vorschriften des Kaufvertrags entsprechend Anwendung.

Werkvertrag
Vertragsinhalt ist hier nicht die Übereignung einer fertigen Ware (= Kaufgegenstand), sondern die Herstellung eines fertigen Werks. Dieses Werk kann jeder Leistungserfolg sein. So ist z. B. der Architektenvertrag ein Werkvertrag. Der Behandlungsvertrag eines Arztes wird jedoch nicht als Werkvertrag eingeordnet, weil der Arzt wegen der vielen medizinischen Variablen für den Erfolg nicht einstehen können soll.
Beauftragt ein Bauherr beispielsweise einen Fliesenleger, das Bad zu fliesen, handelt es sich um einen Werkvertrag. Ziel des Vertrages ist das fertig geflieste Bad. Für die Einordnung kommt es zunächst nicht darauf an, ob der Fliesenleger die Fliesen selber kauft und im Bad verarbeitet oder der Bauherr die Fliesen kauft und dem Fliesenleger beistellt.
Im Baustoff-Fachhandel kann der Abgrenzung zwischen Werk- und Kaufvertrag große Bedeutung zukommen. Verkauft ein Baustoff-Fachhändler ein fertiges Haustürelement, so handelt es sich um einen Kaufvertrag. Fertigt jedoch die Elemente-Abteilung ein Türelement nach den Vorstellungen des Bauherrn und baut dieses auch ein, so ist dies ein Werkvertrag. Konsequenzen hat diese Abgrenzung insbesondere für etwaige Gewährleistungsansprüche und die Fälligkeit der Vergütung.

Miete / Leasing / Mietkauf

Während der Kaufvertrag auf eine Eigentumsübertragung ausgerichtet ist, dienen Miet- und Pachtverträge lediglich der Gebrauchsüberlassung. Die Eigentumsverhältnisse ändern sich also nicht. Lediglich die tatsächliche Sachherrschaft (der Besitz) wechselt.

Eine Mischform ist der sogenannte Mietkauf. Hier kann der Mieter zunächst die Sache als Mieter nutzen und später unter Anrechnung der bis dahin gezahlten Miete (oder eines Teils der Miete) auf den Kaufpreis eine Sache käuflich erwerben. Beispiel hierfür ist der Mietkauf von Fernseh- und Videogeräten.

Im Fuhrpark der Unternehmen befinden sich zahlreiche Leasingfahrzeuge. *Foto: Thorben Wengert/pixelio*

Eine besondere Form des Mietvertrages ist auch der Leasingvertrag. Der Leasingnehmer mietet eine Sache und erhält regelmäßig ein Ankaufsrecht. Anders als beim echten Mietvertrag trägt der Leasingnehmer die Gefahr für Untergang, Beschädigung und die Kosten für die Instandhaltung der Mietsache. Die Besonderheiten des Leasings sind insbesondere durch steuerrechtliche Vorschriften geprägt, die auf eine Reduzierung der Gewerbesteuerbelastung hinzielen.

Pacht

Während bei der Miete nur das Recht zum Besitz übertragen wird, hat der Pächter auch noch das Recht der Fruchtziehung, also das Recht, aus der gepachteten Sache Erträge zu erwirtschaften. Daher wird beispielsweise eine Gaststätte nicht vermietet, sondern verpachtet.

Leihe

Eine Leihe ist eine Miete, ohne dass der Nutzer ein Entgelt dafür zu entrichten hat. Leiht der Baustoff-Fachhandel also seinem Kunden z. B. einen Anhänger, um die gekauften Baustoffe abzutransportieren, dann handelt es sich um eine Leihe. Verlangt der Händler dafür aber ein Entgelt, dann handelt es sich um eine Miete.

Juristisch gesehen handelt es sich bei dem Service-Angebot „Leihgeräte“ um ein Miet-Angebot. *Foto: Bauhaus*

5 Moderne Verkaufsformen im Baustoff-Fachhandel

In diesem Kapitel werden besondere Arten und Weisen der Vertragsabschlüsse behandelt, bei denen nach der Auffassung des Gesetzgebers Sonderregelungen notwendige waren, um den Verbraucher in besonderer Weise zu schützen. Viele dieser Vorschriften kommen aus der Europäischen Gesetzgebung.

5.1 Verkauf im Internet

Wenn ein Baustoffhändler im Internet verkaufen möchte, muss er sich zunächst eine geeignete Domain (Internetadresse, z. B. www.bauking.de) sichern. Diese sollte aussagefähig und für Kunden leicht zu finden sein. Es gibt im Internet Domainabfragedienste (z. B. www.denic.de), bei denen sich jeder kostenlos über noch freie Internetadressen informieren kann. Doch selbst wenn eine Adresse frei sein sollte, kann es unter Umständen noch rechtliche Probleme mit Mitbewerbern (Namensüberschneidungen u. ä.) geben.

Kundenansprache

Ist eine Domain gefunden, muss der Baustoffhändler darüber nachdenken, welchen Kundenkreis er über das Internet ansprechen möchte. Möchte er nur gewerbliche Abnehmer bewerben (B2B = Business to Business) oder will er sich auch an Verbraucher wenden (B2C = Business to Consumer)? Diese Entscheidung ist nicht nur aus wettbewerbsrechtlicher Sicht von großer Bedeutung. Für Internet-Shops, die sich an Verbraucher wenden, sind die Auflagen des Gesetzgebers deutlich höher. Dabei kommt es nicht darauf an, welcher Kundenanteil überwiegt. Es genügt schon, wenn sich auch nur ein Endverbraucher auf die Internetseite des Baustoffhändlers verirrt und er nicht erkennen kann, dass nur gewerbliche Kunden bedient werden sollen.

B2C-Onlineshop eines Baustoff-Fachhändlers

Verkaufsradius

Ebenso muss die Frage geklärt werden, welche Kunden geografisch angesprochen werden sollen. Das Internet ist weltweit zugänglich. Somit werden zumindest theoretisch auch weltweit Kunden angesprochen. Für den Baustoff-Fachhandel kann es hier Probleme geben, da der Versand bzw. der Transport der meisten Artikel nur in relativ geringem Radius sinnvoll möglich ist. Ein Baustoffhändler sollte deshalb eindeutig festlegen und dies auch auf seiner Internetseite zum Ausdruck bringen, ob er nur innerhalb einer bestimmten Region, innerhalb Deutschlands, europaweit oder weltweit anbieten möchte. Abgesehen von der Praktikabilität hat dies beim Verkauf an Verbraucher erhebliche Konsequenzen hinsichtlich der Angabe von Frachtkosten.

Anbieterkennzeichnung

Ein weiterer kritischer Punkt ist die gesetzlich vorgeschriebene „Anbieterkennzeichnung". Einschlägig ist hier § 5 TMG (Telemediengesetz), in dem im Wesentlichen alle Anforderungen an eine Information über den Internethändler aufgelistet sind. Üblicherweise wird die Anbieterkennzeichnung auf einer Unterseite (Raster) unter dem sogenannten Impressum erfüllt. Wer seinen Informationspflichten nach dem TMG nicht nachkommt, begeht eine Ordnungswidrigkeit und kann mit einer Geldbuße von bis zu 50 000 EUR belangt werden.

Darüber hinaus begeht er einen Wettbewerbsverstoß, der von Wettbewerbern abgemahnt werden kann. Dies hat der Bundesgerichtshof wie folgt begründet:

„Nach § 4 Nr. 11 UWG handelt derjenige unlauter i. S. des § 3 UWG, der einer gesetzlichen Vorschrift zuwider handelt, die auch dazu bestimmt ist, im Interesse der Marktteilnehmer das Marktverhalten zu regeln."

Die Anbieterkennzeichnung dient dem Verbraucherschutz und soll die Lauterkeit des Wettbewerbs schützen. Praktisch hat jeder, der ein Online-Angebot bereithält, diese Informationspflichten zu erfüllen. Etwas anderes gilt nur bei Angeboten, die ausschließlich privaten oder familiären Zwecken dienen und die keine Auswirkung auf den Markt haben. Im Zweifel muss daher auch ein Baustoffhändler davon ausgehen, dass für seine Internetseiten eine Anbieterkennzeichnungspflicht besteht. Nach § 5 Abs. 1 TMG sollte ein „Impressum" folgende Angaben enthalten:

- Firma und Rechtsform des Unternehmens,
- vollständige Adresse (kein Postfach),
- Kontaktmöglichkeiten (Telefon, Telefax, E-Mail-Adresse),
- Vertretungsberechtigter (z. B. Geschäftsführer),
- Handelsregistergericht und Registernummer,
- Umsatzsteueridentifikationsnummer.

Herausgeber

EUROBAUSTOFF Handelsgesellschaft mbH & Co. KG
Daimlerstraße 5d
76185 Karlsruhe

Postfach 21 04 65
76154 Karlsruhe

Handelsreg. Amtsgericht Mannheim HRA 105050

Telefon: +49 721 9728-0
Telefax: +49 721 9728-292
E-Mail: info@eurobaustoff.de
Internet: www.eurobaustoff.de

Persönlich haftende Gesellschafterin:
EUROBAUSTOFF Verwaltungsgesellschaft mbH, Bad Nauheim
Handelsreg. Friedberg / Hessen HRB 1087

Geschäftsführer: Ulrich Wolf (Vorsitzender), Jörg Hoffmann, Hartmut Möller
Aufsichtsratsvorsitzender: Boy Meesenburg

USt-IDNr.: DE235236577
ILN: 4014792000007

Impressum der Kooperation Eurobaustoff

Abb.: Screenshot

Das Impressum muss leicht erkennbar, unmittelbar erreichbar und ständig verfügbar gehalten werden (§ 5 Abs. 1 TMG). Natürlich sollten auch bei Internetverkäufen die Allgemeinen Geschäftsbedingungen (AGB) Vertragsbestandteil werden. Dazu müssen diese auch bei einem Internetauftritt ohne großen Aufwand zugänglich und mit jeder Schriftgröße leicht leserlich sein. Üblicherweise wird vom Internetkäufer vor Abschluss des Bestellvorgangs durch Anklicken eine Einverständniserklärung zu den AGB gefordert.

Die bisher dargestellten Voraussetzungen gelten grundsätzlich gegenüber allen Kundengruppen – Verbraucher wie gewerbliche Kunden. Zusätzliche Anforderungen gibt es, wenn ein Baustoffhändler auch Verbraucher ansprechen möchte. So gilt auch im Internet gegenüber Verbrauchern die Preisangabenverordnung. Hier sind, wie bei Preisangaben üblich, die Grundsätze der Preisklarheit und Preiswahrheit zu beachten. Daher gehört hierunter auch die Angabe der Versandkosten, die dem Käufer zusätzlich zum Warenpreis entstehen. Die Rechtsprechung stellt an die Angabe der Versandkosten hohe Anforderungen. Ein allgemeiner Hinweis *„zuzüglich Versandkosten"* genügt nicht. Es muss je nach Land aufgelistet werden, was der Käufer an Versandkosten zu bezahlen hat, z. B. *„innerhalb Deutschlands gilt eine Versandpauschale in Höhe von x … EUR", „innerhalb des europäischen Auslands gilt die Versandpauschale von y … EUR".* Will der Händler auch in andere Länder versenden, muss er pro Land den genauen Betrag der in Rechnung gestellten Versandkosten auflisten.

Widerrufs- und Rückgaberecht

Ein absolutes Muss ist auch die Belehrung über Widerrufs- und Rückgaberechte. Diese Belehrung soll allgemein erkennbar und verständlich formuliert werden. Der Verbraucher muss ausdrücklich auf diese Möglichkeit hingewiesen werden. Wird ein solcher Hinweis unterlassen, hat der Verbraucher ein nahezu unbegrenztes Widerrufsrecht, auch wenn er die Ware bereits benutzt hat. Die rechtlich einwandfreie Formulierung dieser Belehrung ist sehr schwierig. Dies hat den Gesetzgeber bewogen, ein Muster zu schaffen. Das aktuelle findet sich immer bei den Anlagen zum EGBGB (Einführungsgesetz zum Bürgerlichen Gesetzbuch).

Der E-Commerce-Leitfaden informiert umfassend über den elektronischen Handel.

Der Besteller muss jederzeit erkennen können, in welcher Phase des Bestellvorgangs er sich befindet. Er muss auch jederzeit Korrekturmöglichkeiten seiner Angaben bekommen. Kurz vor Abschluss des Bestellvorgangs muss er seine Angaben überprüfen und notfalls ergänzen bzw. korrigieren können. Ist die Bestellung vonseiten des Käufers abgeschlossen, muss er unverzüglich eine Bestellbestätigung mit allen wichtigen Daten erhalten.

Der E-Commerce-Leitfaden ist kostenlos beziehbar und informiert über alle Aspekte des elektronischen Handels (www.ecommerce-leitfaden.de).

5.2 Haustürgeschäfte

Wenn von Haustürgeschäften die Rede ist, denkt man zunächst einmal an das Reisegewerbe und den typischen Vertreter. Die wenigsten denken daran, dass es auch im Baustoffhandel Haustürgeschäfte im Sinne von § 312 BGB geben könnte. Besucht ein Baustoffverkäufer im Außendienst einen Bauherrn auf der Baustelle und kommt es zu einem Auftrag, so ist dies dem Grunde nach ein Haustürgeschäft. Kaum ein Verkäufer im Baustoff-Fachhandel ist sich über die weitreichenden Konsequenzen solch eines Haustürgeschäftes im Klaren.
Merkmal eines Haustürgeschäfts ist, dass der Kaufvertrag an einem Ort zustande kommt, an dem normalerweise solche Geschäfte wie das vereinbarte nicht abgeschlossen werden. Solche Orte können insbesondere sein:

- der Arbeitsplatz,
- die Privatwohnung des Käufers,
- Verkaufsveranstaltungen, bei denen für Waren geworben wird (z. B. Tupperpartys),
- Kaffeefahrten,
- öffentliche Straßen und Plätze.

Orte für Haustürgeschäfte sind aber auch Baustellen, an denen Bauherrn von Außendienstverkäufern des Baustoff-Fachhandels besucht werden. Auf die Art des Geschäftes kommt es dabei nicht an. Kauf-, Werk- und Werklieferungsverträge fallen jedenfalls darunter.

Beide nebenstehend aufgeführten Beispiele sind durchaus typisch für aktive Außendienstmitarbeiter im Baustoff-Fachhandel. In beiden Fällen werden Haustürgeschäfte getätigt. Kommen nicht besondere Umstände hinzu, so haben die Käufer nach (§§ 312, 355 BGB) ein Widerrufsrecht, das sie innerhalb von zwei Wochen ausüben können.

Auch auf Baustellen können Haustürgeschäfte getätigt werden. *Foto: Baywa*

Pflicht zur Belehrung

Bei Haustürgeschäften besteht eine Pflicht zur Belehrung. Die Widerrufsfrist beträgt grundsätzlich zwei Wochen. Wichtig ist, dass der Käufer bei einem Haustürgeschäft über sein Widerrufsrecht schriftlich belehrt werden muss. Der Käufer muss diese Belehrung unterschreiben. Erst nach Aushändigung dieser schriftlichen Belehrung beginnt die Widerrufsfrist. Genaue Formvorschriften finden sich in § 355 II BGB. Wurde der Käufer nicht belehrt, so erlischt das Widerrufsrecht des Käufers erst sechs Monate nach Erhalt der Ware und Zahlung des Kaufpreises. Für den Außendienstmitarbeiter im Baustoff-Fachhandel liegt hier eine große Gefahr. Unterlässt er die Belehrung, kann es für ihn eine böse Überraschung geben.
Liegen die Voraussetzungen für ein Haustürgeschäft mit Widerrufsrecht vor, so könnte ein Kunde unter Umständen die Abnahme einer bestellten Ware – selbst wenn es sich um eine Sonderanfertigung handelt – verweigern. Für Außendienstmitarbeiter im Baustoff-Fachhandel ist es daher wichtig, sich die Problematik von Haustürgeschäften klarzumachen. Das Risiko, dass Kunden ihren Kaufvertrag noch nach Wochen widerrufen, ist nicht unerheblich.

Ausnahmen vom Widerrufsrecht

Das Widerrufsrecht bei Haustürgeschäften ist in folgenden Fällen ausdrücklich ausgeschlossen:

- die Ware ist nicht teurer als 40 EUR,
- der Vertrag wird von einem Notar beurkundet,
- es handelt sich um Versicherungen,
- der Käufer hat den Vertreter ausdrücklich zu sich in die Wohnung, auf die Baustelle u. ä. eingeladen.

Für den Baustoff-Fachhandel ist vor allem der letzte Ausnahmetatbestand von Bedeutung. Wünscht ein Bauherr eine intensive Beratung, werden Außendienstmitarbeiter oft in die Wohnung des Bauherrn oder auch auf die Baustelle bestellt. Trickreiche Verkäufer werden ihren Besuch telefonisch ankündigen und sich einladen lassen, um so das Widerrufsrecht des Käufers auszuhebeln. Um hier Missbrauch auszuschließen, stellt die Rechtsprechung verhältnismäßig strenge Anforderungen an eine „Einladung" durch den Käufer.

Beispiel 1

Ein Außendienstmitarbeiter fährt immer samstags die Neubaugebiete der umliegenden Gemeinden an. In der Regel trifft er auf den Baustellen die privaten Bauherren. Anhand von Mustern, die er in seinem Kombi mitführt, kann er immer wieder Bestellungen über Fliesen, Fenster, Haustürelemente u. a. aufnehmen.

Beispiel 2

Ein anderer Außendienstmitarbeiter informiert sich über die aktuellen Bauanträge seiner Gemeinde. Er setzt sich mit den Bauherren in Verbindung und vereinbart eine unverbindliche Beratung zu Hause.

In beiden Fällen liegt keine Einladung i. S. von § 312 Abs. 3 Nr. 1 BGB vor. Kommt es bei diesem Gespräch zu Verkaufsabschlüssen, behält der Kunde sein Widerrufsrecht. Wird er nicht über sein Widerrufsrecht belehrt, kann er darüber hinaus noch innerhalb von sechs Monaten nach Lieferung und Bezahlung widerrufen.

Beispiel

Bei einem „Tag der offenen Tür" legt ein Baustoffhändler Werbeantwort-Karten aus. Die Besucher können darin ihre Adressen und Telefonnummern eintragen, um Prospektmaterial für bestimmte Warengruppen zu bestellen. Einige Tage später meldet sich dann ein Außendienstmitarbeiter des Baustoff-Fachhändlers und vereinbart mit den Kunden einen Besuchstermin, um das gewünschte Prospektmaterial persönlich vorbeizubringen.

Auch in diesem Beispiel hätte der Kunde nach Vertragsabschluss ein Widerrufsrecht. Der Hausbesuch des Außendienstmitarbeiters war dem Kunden zwar angekündigt worden, doch hatte der Kunde nur ein allgemeines Interesse an bestimmten Warengruppen geäußert. In erster Linie ging es um entsprechendes Prospektmaterial. Von konkreten Verkaufsgesprächen war nicht die Rede, deshalb geht bei einem Vertragsabschluss die Rechtsprechung in einem solchen Fall von einer Überrumpelung des Käufers aus. Es handelt sich um ein Haustürgeschäft mit Widerrufsrecht und allen daraus entstehenden Konsequenzen.

Beispiel

Ein Bauherr bestellt den Verkäufer zu einer Beratung über den optimalen Grundmauerschutz an die Baustelle. Während der Besichtigung des Rohbaus gelingt es dem Verkäufer, neben dem Grundmauerschutz auch noch eine Wärme- und Schallschutzverglasung für die Straßenfront zu verkaufen.

In diesem Beispiel muss unterschieden werden: Zwar hat der Bauherr den Baustoffverkäufer ausdrücklich bestellt. Allerdings ging es ihm nur um den Grundmauerschutz. Diese Bestellung ist rechtswirksam hinsichtlich des Grundmauerschutzes. Ein Widerrufsrecht besteht diesbezüglich nicht. Anders ist die Rechtslage bei der Spezialverglasung. Auf dieses Verkaufsgespräch war der Bauherr nicht vorbereitet. Hier könnte ihn der Verkäufer möglicherweise überrumpelt haben, so die Betrachtungsweise der Rechtsprechung. Deshalb wird sich der Käufer hinsichtlich der Spezialverglasung auf ein Widerrufsrecht bei Haustürgeschäften berufen können.
Die Beispiele machen deutlich, worauf es bei Haustürgeschäften ankommt. Voraussetzung für eine rechtswirksame Bestellung bei Haustürgeschäften ist die eigene freie Entscheidung des Kunden. Diese liegt dann nicht vor, wenn die Bestellung durch den Verkäufer „provoziert" wurde, das heißt, wenn die Initiative vom Verkäufer ausgegangen ist und der Kunde dadurch in seiner Entscheidungsfreiheit beeinträchtigt wurde. Von einer vorhergehenden Bestellung im Sinne von § 312 III Nr. 1 BGB kann schon dann nicht mehr gesprochen werden, wenn sie im Rahmen einer unverlangten oder zu anderen Zwecken erbetenen telefonischen Kontaktaufnahme zustande gekommen ist. Dabei ist nicht entscheidend, wer bei solch einem Telefongespräch die Einladung zu einem Besuch ausgesprochen hat. Nimmt der Verkäufer unverlangt telefonisch mit dem Kunden Kontakt auf, schließt dies in der Regel eine „vorhergehende Bestellung" im Sinne von § 312 III Nr. 1 BGB aus.

5.3 Fernabsatzverträge im Baustoff-Fachhandel

Unter Fernabsatzverträgen versteht man Kauf- oder Dienstleistungsverträge, die zwischen Verbrauchern und Unternehmern per Telefon, per Internet oder über andere Fernkommunikationsmittel abgeschlossen werden. In den §§ 312b ff. BGB und in der BGB-Informationspflichten-Verordnung (BGB-InfoV) finden sich Sondervorschriften.
Eindeutig ist die Rechtslage, wenn ein Baustoffhändler Waren über das Internet anbietet und verkauft, also einen Internetshop betreibt: In diesem Fall unterliegt er der BGB-InfoV. Handelt es sich aber auch schon um einen Fernabsatzvertrag, wenn ein Kunde die Ware ausschließlich telefonisch bestellt?
Die Regelungen zu den Fernabsatzverträgen dienen dem Verbraucherschutz. Sie gelten daher auch im Baustoff-Fachhandel nur bei Geschäften mit Verbrauchern (Einzelhandel). Der Großhandel mit den Profikunden wird nicht berührt. Entscheidendes Merkmal eines Fernabsatzvertrages ist, dass der persönliche Kontakt zwischen Händler und Verbraucher in der Vertragsabwicklung fehlt. Daher sind nur Unternehmen betroffen, die regelmäßig Bestellungen über Telefon, Internet usw. abwickeln. Verpflichtet sind also nur Unternehmen, die Waren und Dienstleistungen unter „ausschließlicher Verwendung von Fernkommunikationsmitteln" vertreiben, sprich Online-, Fax-, Telefon-, Katalog- oder Briefbestellungen.
Ausgeschlossen sind darüber hinaus Verträge über Fernunterricht, Finanzgeschäfte, Grundstücksgeschäfte sowie Verträge über Getränke und Lebensmittel, z. B. der Pizzaservice. Weitgehend ausgeschlossen ist auch die Tourismusbranche, etwa Flugbuchungen via Internet.

Allgemeine Informationspflichten

Wenn ein Baustoffhändler zum Vertragsschluss Fernkommunikationsmittel einsetzt, ist er gemäß § 312c BGB verpflichtet, dem Verbraucher bestimmte Informationen zur Verfügung zu stellen. So muss er dem Verbraucher u. a. seine Identität und eine ladungsfähige Anschrift nennen und ihn über die wesentlichen Merkmale der angebotenen Ware informieren.

Belehrung über das Recht zu Widerruf und Rückgabe

Der Verbraucher muss über sein besonderes Widerrufs- oder Rückgaberecht belehrt werden. Bei Fernabsatzverträgen hat der Verbraucher ein mindestens 14-tägiges Widerrufsrecht bzw. Rückgaberecht. Der Widerruf muss nicht begründet werden. Er kann schriftlich erfolgen oder einfach durch die Rücksendung der Sache. Zur Fristwahrung genügt die rechtzeitige Absendung. Aus Sicht des Unternehmers ist die ordnungsgemäße Widerrufsbelehrung von großer Bedeutung, da die Widerrufsfrist erst beginnt, wenn der Unternehmer

seine oben genannten Informationspflichten in Textform erfüllt hat. Die Textform gemäß § 126 b BGB ist zwar im Internet bereits dann gewahrt, wenn der Unternehmer die Belehrung zum Herunterladen und Ausdrucken bereitstellt. Wird Ware geliefert, beginnt die Frist frühestens, wenn der Verbraucher die Ware erhalten hat.
Der Text der Widerrufsbelehrung findet sich im EGBGB in der Anlage. Man sollte hier den Text unverändert übernehmen, weil jeder Fehler zu einer falschen Belehrung führt.
Das Recht des Verbrauchers auf Widerruf (bzw. Rückgabe) ist nicht abdingbar, es kann also nicht vertraglich ausgeschlossen werden.

Widerrufsbelehrung

Widerrufsrecht
Sie haben das Recht, binnen vierzehn Tagen ohne Angabe von Gründen diesen Vertrag zu widerrufen.
Die Widerrufsfrist beträgt vierzehn Tage ab dem Tag an dem Sie oder ein von Ihnen benannter Dritter, der nicht der Beförderer ist, die letzte Ware in Besitz genommen haben bzw. hat. Die Frist beginnt jedoch nicht, bevor der Kaufvertrag durch Ihre Billigung des gekauften Gegenstandes für Sie bindend geworden ist.

Widerrufsbelehrung des Hagebau-Online-Shops (Auszug)

Kosten für die Rücksendung

Wenn nichts anderes vereinbart wurde, trägt der Unternehmer die Kosten für die Rücksendung der Ware! Unter einem Bestellwert von 40 EUR kann aber in den AGB festgehalten werden, dass der Verbraucher die Portokosten übernehmen muss.

6 Vertragsmängel

Viele Verträge werden problemlos abgewickelt, manche weisen Probleme auf, die die Beteiligten gemeinsam klären, ohne sich über den rechtlichen Rahmen Gedanken zu machen, weil es darum geht, letztlich gemeinsam etwas zu erreichen. Im Folgenden sollen einige denkbare Mängel und ihre rechtliche Einordnung aufgezeigt werden.
Dabei gibt es Mängel, die dazu führen, dass der Vertrag als von Anfang an unwirksam gilt oder später unwirksam wird, wobei in beiden Fällen nachträglich beim Hinzutreten von bestimmten Umständen Wirksamkeit eintreten kann. Davon sind gedanklich die Mängel zu unterscheiden, die sich aus der Abwicklung des wirksamen Vertrages ergeben, wenn z. B. der gelieferte Baustoff mangelhaft ist oder der Kunde nicht wie vereinbart zahlt. Dies sind keine Vertragsmängel in diesem Sinne, sondern hier geht es um die Abwicklung und Durchsetzung bestehender Ansprüche aus dem Vertrag, z. B. das Gewährleistungsrecht für die Rechte des Käufers bei Lieferung einer mangelhaften Ware durch den Verkäufer.

6.1 Unwirksamkeit des Vertrages

Verstoß gegen ein gesetzliches Verbot (§ 134 BGB)

Ein Vertrag, der darauf gerichtet ist, Steuern zu hinterziehen, wäre danach nichtig. Gleiches gilt für einen Vertrag, in dem sich eine Seite, die dazu nicht befugt ist (Rechtsanwalt, Steuerberater etc.), zur Rechtsberatung verpflichtet.

Sittenwidrigkeit (§ 138 BGB)

Verträge, die gegen die guten Sitten verstoßen, sind gleichfalls nichtig. Sittenwidrig können z. B. Kaufverträge sein, die unter unangemessener Ausnutzung einer wirtschaftlichen Machtstellung zustande gekommen sind (z. B. „Knebelungsverträge" u. ä.). Auch Kaufverträge zu Wucherpreisen fallen hierunter. Aber nicht jeder hoher Verkaufspreis ist ohne weiteres wucherisch! Wucher im Sinne des Gesetzes setzt ein auffälliges Missverhältnis von Leistung und Gegenleistung voraus.

Nichteinhaltung einer Form (§ 125 BGB)

Jeder weiß, dass er zum Abschluss eines Grundstückskaufvertrages einen notariellen Kaufvertrag braucht. Ohne Einhaltung dieser im Gesetz vorgeschriebenen Form (§ 311 b BGB) ist der Grundstückskaufvertrag nichtig. Dies gilt gem. § 125 BGB für alle Formvorschriften, die in einem Gesetz geregelt sind. Im Zweifel gilt dies aber auch für Formvorschriften, die von den Parteien vereinbart werden. Dies sind die üblichen Schriftformklauseln in Verträgen. Wird diese Form nicht gewahrt, dann besteht das Risiko, dass die z. B. nur mündlich getroffenen abweichenden Vereinbarungen nicht wirksam sind.

Anfängliche Unmöglichkeit

Vor der Schuldrechtsreform war ein Vertrag unwirksam, der auf eine Leistung gerichtet war, die von niemandem erbracht werden konnte. Der Käufer hatte dann nur Schadenersatzansprüche. Hingegen war ein Vertrag wirksam, der nur vom Verkäufer, nicht aber von einem anderen erbracht werden konnte. Diese Unterscheidung wurde jedoch aufgegeben.
Heute gilt, dass der Vertrag wirksam ist, aber wie bei anderen Fällen der Nichtleistung Schadenersatzansprüche auslöst. Diese Problematik wird hier aber nicht behandelt, weil eben der Vertrag wirksam ist.

Fehlende Geschäftsfähigkeit / beschränkte Geschäftsfähigkeit

Fehlt die Geschäftsfähigkeit, so ist der Vertrag zunächst unwirksam. Denkbar ist jedoch z. B. eine nachträgliche Genehmigung durch die Erziehungsberechtigten.

Scheingeschäft (§ 117 BGB)

Eine Willenserklärung (z. B. Angebot oder Annahme) ist unwirksam, wenn sie in Übereinstimmung mit dem anderen Vertragspartner nur zum Schein abgegeben wird. Kommt das vor? Ja. Ein Interessent will ein Grundstück kaufen. Um die Kosten bei Notar, Grundbuchamt und Finanzamt (Grunderwerbsteuer) niedrig zu halten, vereinbart er mit dem Verkäufer, dass der Kaufpreis um 20 % zu niedrig in dem beurkundeten Kaufvertrag angegeben wird. Dieser beurkundete Kaufvertrag ist dann nach § 117 BGB nichtig. Der eigentliche Vertrag ist zunächst unwirksam, weil er nicht der Form entspricht, die das Gesetz fordert (§§ 311 b, 125 BGB). Es gibt also zunächst keinen wirksamen Vertrag. Wenn jedoch die Eigentumsumschreibung im Grundbuch erfolgt ist, wird der mündliche Vertrag nachträglich wirksam (§ 311 b I 2 BGB). Der beurkundete Vertrag bleibt weiter unwirksam. Was dann noch bleibt, ist die Straftat der Steuerhinterziehung.

6.2 Anfechtung von Willenserklärungen

War bei den bisherigen Vertragsmängeln ein Kaufvertrag nichtig oder zumindest schwebend unwirksam, so kann bei Vorliegen von Anfechtungsgründen ein zunächst voll wirksamer Kaufvertrag rückwirkend beseitigt werden. Nach erfolgreicher Anfechtung ist die Rechtslage so, als wäre der Vertrag niemals geschlossen worden (§ 142 BGB). Gründe für eine Anfechtung können sein:
- Irrtum oder falsche Übermittlung,
- Täuschung oder Drohung (§ 123 BGB).

Anfechtung wegen Erklärungsirrtums

Das Recht zur Anfechtung der eigenen Willenserklärung wegen Erklärungsirrtums ist auf drei Anfechtungsgründe beschränkt. Allen Gründen ist gemeinsam, dass der Erklärende irrtümlich etwas anderes gesagt hat, als er eigentlich sagen wollte (Erklärungswille und Erklärung decken sich nicht):
- Verschreiben,
- Versprechen,
- Vergreifen.

Beispiel

Ein Baustoff-Fachhändler will z. B. ein Türelement für 63,95 EUR anbieten. Die Sekretärin verschreibt sich und bietet für 6,95 EUR an. Entsprechendes gilt auch, wenn die Erklärung durch einen Dritten falsch übermittelt wird (§ 120 BGB).

Daneben ist eine Willenserklärung anfechtbar wegen Inhaltsirrtums, wenn der Erklärende zwar erklärt, was er erklären will, dem aber einen anderen Inhalt beimisst.

Beispiel

Der Käufer kauft 10 Pfund einer Ware und meint damit 10 x 500 g. Demgegenüber versteht der Verkäufer Pfund = pound = 453,60 g. Hier sind die Erklärungen von beiden Seiten anfechtbar, weil sie über den Inhalt der Erklärung irren. 1 Pfund = 500 g oder 453,60 g?

Irrtum über wesentliche Eigenschaft

Ein Verkäufer räumt zum Beispiel einem Handwerkerkunden bei einer größeren Bestellung ein Zahlungsziel von vier Wochen ein. Mit Erschrecken stellt er noch vor Auslieferung der Ware fest, dass der betreffende Kunde auf der hausinternen „schwarzen Liste" für „Pleitekunden" steht. Auch in diesem Fall kann der Verkäufer den Kaufvertrag anfechten.

Kalkulationsirrtum

Grundsätzlich keinen Anfechtungsgrund stellt der sogenannte „Kalkulationsirrtum" dar, wenn sich ein Baustoff-Fachhändler bei einem Angebot verrechnet. Er setzt z. B. die Zufuhrkosten zu niedrig an und vergisst auch die Kranentladung. Eine nachträgliche Anfechtung ist hier nicht möglich, weil es sich um einen Moment der Willensbildung und nicht der Äußerung des gebildeten Willens handelt. So berechtigen grundsätzlich Motivirrtümer nicht zur Anfechtung. Dabei kommt es für die Frage einer Anfechtung auch nicht darauf an, ob der andere Vertragspartner diesen Fehler erkennen konnte oder auch erkannt hat. Die Anfechtung bleibt ausgeschlossen.

Rechtsfolgen der Anfechtung

Der Kaufvertrag wird rückwirkend unwirksam. Der Anfechtende hat jedoch dem Vertragspartner Schadenersatz zu leisten. Der sogenannte Vertrauensschaden ist zu ersetzen. Er ist so zu stellen, als wäre der Vertrag nie abgeschlossen worden. Der Schadenersatz umfasst z. B. Aufwendungen und Vertragskosten, die durch den Vertragsschluss entstanden sind. Der Höhe nach ist der Schadenersatz auf das begrenzt, was der andere Vertragspartner bei einer Abwicklung des Vertrages erhalten hätte.

7 Leistungsstörungen bei der Vertragsabwicklung

Mit der Schuldrechtsmodernisierung wurden die ehemaligen besonderen Vorschriften des kaufrechtlichen Gewährleistungsrechts in weiten Teilen aufgehoben und in die allgemeinen Regelungen des Schuldrechts eingefügt. So haftet der Verkäufer nun prinzipiell nach den ganz normalen Regeln für Mängel, also eine Nichterfüllung seiner Pflichten. Insofern könnte von Mängelhaftung gesprochen werden. Auch der Käufer haftet seinerseits für die Nichterfüllung seiner vertraglichen Pflichten.
Im Folgenden einige Erläuterungen zu Pflichtverletzungen der Vertragspartner an Beispielen aus dem Kaufrecht.

7.1 Anfängliche Unmöglichkeit

Vor der Schuldrechtsreform war ein Vertrag im Falle einer auf anfängliche, objektive Unmöglichkeit gerichteten Leistung nichtig.
Seit der Reform führt gem. § 311 a BGB eine von Anfang an bestehende Unmöglichkeit nicht zu einer Unwirksamkeit des Vertrages. Dieser bleibt wirksam und löst ggf. Sekundäransprüche aus, d. h. der Verkäufer ist zwar von der Leistungspflicht frei, dem Käufer steht jedoch ein Schadensersatzanspruch zu, wenn der Verkäufer das Leistungshindernis zu vertreten hat.

Beispiel

Ein Baustoff-Fachhändler bietet jungen Künstlern die Möglichkeit, Bilder und Plastiken zum Verkauf auszustellen.
Ein Kunde möchte eine Plastik, die er bei einer Vernissage gesehen hat, kaufen. Er findet die Plastik zwar nicht mehr in der Ausstellung, doch versichert ihm der Verkäufer, dass sie noch im Lager sei. Der Kunde schließt einen Kaufvertrag über die Plastik ab. Was der Verkäufer nicht wusste: Am Vortage hatte ein Lagerarbeiter versehentlich die Plastik zerstört.

Da es sich bei der Plastik um ein Unikat handelt, war der Kaufvertrag auf eine unmögliche Leistung gerichtet, denn die Plastik war schon zum Zeitpunkt, als der Kaufvertrag geschlossen wurde, zerstört. Nach § 275 Abs. 1 BGB wird der Verkäufer von seiner Leistungspflicht frei. Da er nichts von der Zerstörung der Plastik wusste, hat der interessierte Käufer auch keinen Anspruch auf Schadenersatz. Schadenersatz setzt stets ein Verschulden voraus.

7.2 Pflichtverletzung

Nach Abschluss des Kaufvertrages haften die Vertragsparteien im Rahmen ihrer Vertragspflichten zunächst einmal nach den kaufrechtlichen Mängelhaftungsvorschriften für Mängel an der Kaufsache. Die Mängelansprüche des Käufers aus §§ 434 ff. BGB (Sach- und Rechtsmangel) werden an anderer Stelle behandelt.
Wer eine Vertragspflicht schuldhaft (Vorsatz oder Fahrlässigkeit) verletzt, also diese zu vertreten hat, ist zu Schadenersatz verpflichtet. Eine Unterscheidung zwischen Haupt- und Nebenpflichten findet nicht statt. Verletzt der Schuldner eine Pflicht aus dem Schuldverhältnis, so kann der Gläubiger Ersatz des hierdurch entstehenden Schadens verlangen. Die Pflichtverletzung besteht darin, dass die vertraglich geschuldete Leistung nicht, verzögert oder schlecht erbracht wird.
Die Pflichten beginnen aber nicht erst mit dem Abschluss eines Vertrages, sondern auch schon vorher. Der Eintritt in Vertragsverhandlungen begründet zwischen den beteiligten Personen ein vertragsähnliches Vertrauensverhältnis. Dabei ist es ohne Bedeutung, ob später ein Kaufvertrag geschlossen wird. Ausreichend ist ein erster geschäftlicher Kontakt (z. B. Betreten des Betriebsgeländes usw.) – selbst wenn es zu keinem Verkaufsgespräch kommt. Aus diesem vorvertraglichen Vertrauensverhältnis erwachsen zwischen Verkäufer und Kunden gegenseitige Schutz-, Fürsorge- und Aufklärungspflichten (c.i.c. = culpa in contrahendo = Verschulden bei der Vertragsanbahnung). Kommt später der Kaufvertrag zustande, können Ansprüche aus c.i.c. neben eventuellen Mängelansprüchen bestehen, wenn die Schäden aus der vorvertraglichen Haftung über die der Mängelhaftung hinausgehen und der Verkäufer eine besondere Sorgfaltspflicht gegenüber dem Käufer zur Vermeidung dieser Schäden hatte. Bereits wenn ein Kunde die Verkaufsräume betritt, treffen den Verkäufer (Geschäftsinhaber) Schutz- und Fürsorgepflichten für Körper, Leben und Eigentum des Kunden (z. B. Verkehrssicherungspflicht).

Beispiel

Beim Auffüllen des Regals für Kfz-Bedarf ist etwas Motorenöl verschüttet worden. Ein Kunde rutscht auf solch einem Ölfleck aus und bricht sich das Handgelenk.

Der Betriebsinhaber haftet. Die Haftung aus c.i.c. kann auch Personen umfassen, die selbst nicht die Absicht haben, etwas zu kaufen.

Aber auch ein Kunde haftet, der schuldhaft (vorsätzlich oder fahrlässig) Ware in den Verkaufsräumen beschädigt.

Beispiel

In der Lampenabteilung öffnet ein Kunde einen originalverpackten Karton. Dabei fällt ihm der Glasschirm einer Lampe aus den Händen. Der Schirm wird zerstört.

Hier haftet der Kunde. Er hätte den Karton, der die Ware schützen soll, nicht öffnen dürfen.

7.3 Aufklärungs- und Offenbarungspflichten

Schon im Verkaufsgespräch vor Abschluss des Kaufvertrages haben beide Gesprächspartner die Pflicht, den anderen über alle Umstände aufzuklären, die geeignet sind, den Vertragszweck zu beeinträchtigen. Dies gilt insbesondere dann, wenn ein Gesprächspartner erkennen konnte, dass seinem Gegenüber bestimmte Umstände besonders wichtig sind.

Beispiel

Ein Handwerker möchte bei einem Baustoffhändler, der eine eigene Kundendienstwerkstatt führt, einen Betonmischer kaufen. Im Verkaufsgespräch bringt er deutlich zum Ausdruck, dass er besonderen Wert auf eine schnelle Reparatur in dieser Werkstatt legt. Der Verkäufer verschweigt, dass Betonmischer grundsätzlich zur Reparatur an den Hersteller geschickt werden. Das führt regelmäßig zu Reparaturzeiten von mindestens 14 Tagen.

Bei Maschinen, wie beispielsweise einem Betonmischer, kann die Frage nach Reparaturzeiten eine wichtige Rolle spielen. *Foto: Archiv*

Hier hätte der Verkäufer den Kunden über dessen falsche Vorstellung aufklären müssen. Tut er dies nicht und hätte der Kunde durch die längere Reparaturzeit einen Schaden, so wäre der Verkäufer schadenersatzpflichtig.

Keine Aufklärungspflicht besteht dagegen, wenn ein Händler seine Waren mit eigenen, von den Herstellerangaben abweichenden Artikelnummern verwendet (z. B. bei Fliesen, Betonpflaster u. a.). Die Rechtsprechung hat hier eine Aufklärungspflicht abgelehnt. Es sei üblich und nichts Besonderes, wenn ein Händler mit eigenen Artikelnummern auszeichne. Eine besondere Beratungspflicht trifft den Verkäufer dann, wenn ein offensichtlich sachunkundiger Käufer sich bewusst an den Fachmann wendet, um von diesem fachlich beraten zu werden.

Beispiel

Ein privater Bauherr lässt sich von dem Verkäufer im Baustoff-Fachhandel über die richtige Verarbeitung von Hartschaumdeckenplatten beraten. In diesem Zusammenhang empfiehlt ihm der Verkäufer auch einen speziellen Kleber, mit dem Hartschaumplatten verklebt werden könnten. Bei der Verarbeitung stellt sich heraus, dass der Kleber ungeeignet war, weil er ein Lösungsmittel enthielt, welches die Hartschaumplatten auflöste.

Der Kleber muss für die geplante Verarbeitung geeignet sein.
Foto: Decotric

In diesem Falle haftet der Verkäufer aus falscher Beratung. Dabei kommt es nicht darauf an, ob sich die Haftung aus der Verletzung der Nebenpflicht „richtige Aufklärung" oder der Verletzung eines gesondert (konkludent) abgeschlossenen Beratungsvertrages ergibt. Diese Haftung des Verkäufers aus c.i.c. geht aber noch weiter: Auch wenn der Kunde den Kleber dann später in einem anderen Geschäft kauft, wird man eine Haftung des Verkäufers aus Verschulden vor Vertragsschluss annehmen können. Der Verkäufer haftet aufgrund des Vertrauens, das der Kunde in dessen Fachwissen gesetzt hat. Doch die Beratungs- und Aufklärungspflicht des Verkäufers darf auch im Fachhandel nicht überspannt werden. Der Verkäufer ist nicht verpflichtet, den Kunden über bekannte oder allgemein zugängliche Erfahrungssätze zu belehren. Dies gilt natürlich in verstärktem Umfange, wenn ein Profi (Handwerker) eine Ware kauft. Der Verkäufer im Baustoffhandel darf grundsätzlich davon ausgehen, dass ein Handwerkerkunde die für sein Gewerk notwendige Fach- und Sachkompetenz besitzt, sodass besondere Hinweise zur Verarbeitung nicht notwendig sind. Anders wäre die Situation, wenn der Verkäufer einem gewerblichen Kunden ein neues, diesem erkennbar noch unbekanntes Material empfiehlt. Dann könnte er unter Umständen verpflichtet sein, auf besondere, vom Üblichen abweichende Verarbeitungstechniken hinzuweisen.

Verschulden

Im Rahmen des Verschuldens haftet der Baustoff-Fachhändler auch für das Verschulden seiner Gehilfen (Angestellten, Verkäufer usw.). Ein Mitverschulden ist bei der Höhe des zu ersetzenden Schadens zu berücksichtigen.
Der Bauherr, der in unserem Beispiel oben die Hartschaumplatten verlegt hat, konnte schon bei den ersten Platten feststellen, dass der Kleber das Material angreift. Trotzdem klebt er weiter, mit der Folge, dass am Ende rund 30 m² Hartschaumdeckenplatten beschädigt sind. Hier muss sich der Käufer ein Mitverschulden anrechnen lassen. Er hätte sofort die Verarbeitung abbrechen müssen, als er die Unverträglichkeit des Klebers entdeckte.

Die Beweislast für das Nichtverschulden trägt der Verkäufer.

Beispiel

Ein Baustoff-Fachhändler verkauft einen mangelhaften Innenmörtel mit noch nicht gelöschten Kalkteilchen. Der darauf aufgebrachte Feinputz wird durch Blasen und Löcher zerstört, die infolge der Verbindung mit dem noch nicht gelöschten Kalk des Unterputzes entstehen.

Dies ist ein klassischer Mangelfolgeschaden, denn der Schaden umfasst nicht nur den mangelhaften Putz selbst, sondern er beeinträchtigt darüber hinaus den an sich mangelfreien Feinputz, der nicht Gegenstand des Kaufvertrages war. Die Frage ist hier jedoch, ob der Baustoff-Fachhändler, der den mangelhaften Putz verkauft hat, auch den Mangelfolgeschaden verschuldet hat.
Um zu einer Haftung zu kommen, muss man dem Verkäufer ein Verschulden vorwerfen können. Der Baustoff-Fachhändler ist nur Zwischenhändler. Unter normalen Umständen kann er sich darauf verlassen, dass fabrikneue Ware mangelfrei ist. Man wird daher nicht verlangen können, dass er jede Charge auf Mangelfreiheit überprüft. Anders wäre es, wenn es mit Mörteln dieses Herstellers schon mehrmals Probleme gegeben hätte. Dann müssten an den Baustoff-Fachhändler höhere Anforderungen bezüglich der Untersuchungspflicht der Ware gestellt werden. Sind aber solch besondere Umstände nicht gegeben, wird man einem Händler mangelhaften Mörtel nicht vorwerfen können.

Produkthaftung / Produkthaftungsgesetz

Anders als Garantie und Gewährleistung regelt die Produkthaftung nicht Mängel an der Sache selbst, sondern Folgeschäden, die durch ein fehlerhaftes Produkt oder die Verletzung sonstiger Rechtsgüter entstanden sind. Es handelt sich hierbei nicht um vertragliche Ansprüche, sondern um solche aus Delikt. Sie werden daher detailliert an gesonderter Stelle besprochen (s. S. 172 ff.).

7.4 Lieferverzug des Verkäufers

Die verspätete Lieferung ist jetzt ebenfalls als vertragliche Pflichtverletzung im Sinne von § 280 I BGB geregelt. Allerdings ist ein Schadenersatzanspruch nur unter bestimmten Voraussetzungen des Verzugs begründet.

Leistungsstörungen bei der Vertragsabwicklung

Liefert ein Baustoff-Fachhändler zu spät, so kann ihn der Käufer mit einer Mahnung in Verzug setzen (§ 286 I BGB). Wann eine Lieferung verspätet ist, richtet sich nach der Vereinbarung im Kaufvertrag. In der Regel werden die Parteien einen Liefertermin bestimmen, z. B. erklärt der Bauunternehmer bei seiner Bestellung: *„Ich brauche das Material morgen um 8.00 Uhr auf der Baustelle."* Oder der Bauherr bestellt: *„Lieferung in der 14. KW."* Nach Ablauf dieser so vereinbarten Lieferfristen werden beide Käufer den Baustoff-Fachhändler mahnen.

Nicht eingehaltene Liefertermine führen auf Baustellen immer wieder zu viel Ärger. *Foto: IWM*

Mahnung

Die Mahnung ist eine formlose Aufforderung des Gläubigers an den Schuldner zur Leistung. Mit der Mahnung kommt der Schuldner in Verzug. Verzug setzt grundsätzlich Verschulden voraus, d. h. der Verkäufer muss die verspätete Lieferung vorsätzlich oder fahrlässig herbeigeführt haben.
Ohne Mahnung gerät der Verkäufer in Verzug, wenn im Kaufvertrag ein fester Liefertermin (Datum) ausgemacht war. In diesem Fall tritt der Verzug automatisch mit Verstreichen des Datums ein. Feste Liefertermine sind:

- „Mitte des Monats",
- „Liefertermin 1.11.2002".

Eine Mahnung ist auch entbehrlich, wenn der Leistung ein Ereignis vorauszugehen hat und eine angemessene Zeit für die Leistung in der Weise bestimmt ist, dass sie sich von dem Ereignis an nach dem Kalender berechnen lässt. Solche Vereinbarungen sind:

- „Zwei Wochen nach Lieferung",
- „6 Tage nach Abruf".

Verweigert der Verkäufer die Lieferung ernsthaft und endgültig, kommt er ebenfalls ohne Mahnung in Verzug. Aber auch hier entsteht eine Schadenersatzpflicht nur, wenn ihn ein Verschulden trifft.
Liefert der Verkäufer trotz Mahnung nicht, kann er auf Erfüllung verklagt werden. Daneben kann Schadenersatz (Verzugsschaden) gefordert werden. Ist der Schuldner in Verzug, so hat er dem Käufer den Schaden zu ersetzen, der diesem durch die verspätete Lieferung entstanden ist. Aber Achtung! Das Mahnschreiben, das den Schuldner erst in Verzug setzt, gehört nicht zum Verzugsschaden. Wird also für diese erste Mahnung z. B. von der Baufirma ein Anwalt beauftragt, dann braucht der Verkäufer dessen Rechnung nicht auszugleichen.
Bei Kaufverträgen kann der Käufer seinem Lieferanten eine Nachfrist setzen und nach Ablauf der Frist anstelle der Ware vollen Schadenersatz verlangen. Die Nachfrist muss angemessen sein und der Interessenlage beider Vertragsparteien gerecht werden. Durch diesen Schadenersatz ist der Käufer so zu stellen, wie er stünde, wenn der Verkäufer rechtzeitig und ordnungsgemäß erfüllt und alles geliefert hätte. Dies kann die Mehrkosten für die teurere Ersatzbeschaffung, Stillstand der Baustelle etc. umfassen.

Begründete Leistungsverweigerung

Grundsätzlich sind die Vertragsparteien zur Leistung verpflichtet. Die grundlose Verweigerung, seinen Teil der vertraglichen Verpflichtungen zu erfüllen, stellt eine Vertragsverletzung dar. Unter bestimmten Umständen kann aber eine Vertragspartei durch ein Leistungsverweigerungsrecht zur Verweigerung seiner vertraglich vereinbarten Leistung berechtigt zu sein. Kommt z. B. der Käufer seiner Verpflichtung zur Zahlung des Kaufpreises nicht nach, so kann der Verkäufer, falls er noch nicht geliefert hat, die Lieferung bis zur Bezahlung verweigern.
Erfährt der Verkäufer nach Abschluss des Vertrages davon, dass der Käufer auch andere Händler nicht bezahlt hat und hat er daher Zweifel an der Zahlungsfähigkeit des Käufers, kann er die Belieferung zurückhalten. Er hat dann den Käufer zur Vorleistung (Bezahlung) oder Sicherheit aufzufordern. Sicherheit in diesem Sinne ist z. B. die Hinterlegung des Kaufpreises bei dritter Stelle.

Fixgeschäft

Ein Sonderfall ist das sogenannte Fixgeschäft. Wird die Lieferung mit einem festen Datum vereinbart und ist die Einhaltung dieser Lieferfrist für den Käufer so wesentlich, dass das Geschäft mit dem Datum steht und fällt, so kann der Käufer bei verspäteter Lieferung auch ohne Fristsetzung vom Vertrag zurücktreten.

Beispiel

Ein Baustoff-Fachhändler veranstaltet im Rahmen eines Stadtfestes am 24. Juni einen „Tag der offenen Tür". Zum Frühschoppen um 10.00 Uhr soll eine Blaskapelle spielen. Die Blaskapelle erscheint am 25. Juni um 10.00 Uhr, als das Fest bereits vorüber ist. Der „Tag der offenen Tür" ist vorbei.

Die Kapelle kann ihren Vertrag nicht mehr erfüllen. Der Baustoff-Fachhändler kann deshalb, ohne eine Nachfrist zu setzen, sofort Schadenersatz verlangen.

Rigips. Der Ausbau-Profi – Innovation und Nachhaltigkeit

Heutige Bauweisen überzeugen durch ein Höchstmaß an Funktionalität und Wirtschaftlichkeit. Wie der trockene Innenausbau, den Rigips als Pionier und Wegbereiter in Deutschland etabliert hat. Heute steht der Name Rigips als Synonym für den modernen Trockenbau sowie die hohe Qualität der Marke. Rigips hat diese Bauweise durch vielfältige Innovationen weiterentwickelt und bietet dem professionellen Anwender hochwertige Systemlösungen inklusive aller benötigten Komponenten. Dabei leitet das Unternehmen der verantwortungsvolle Umgang mit natürlichen, menschlichen und wirtschaftlichen Werten und Ressourcen. Deshalb fühlen sich die Mitarbeiterinnen und Mitarbeiter von Rigips dem nachhaltigen Bauen in besonderer Weise verpflichtet.

Im Mittelpunkt stehen zuverlässige, sichere Systeme, die den ständig wachsenden Forderungen aller am Bau Beteiligten gerecht werden. Anspruch ist es, die vielseitigen Wünsche der Kunden nicht nur nach aktuellen Anforderungen zu erfüllen, sondern schon heute an die Herausforderungen von morgen zu denken. Rigips entwickelt Lösungen, die auf höchsten Nutzerkomfort ausgerichtet sind, um Gebäude und Räume zukunftsorientiert gestalten zu können. Mit den über den geltenden Mindeststandards liegenden Multi-Komfort-Lösungen und mit geprüften Systemen leistet Rigips einen wichtigen Beitrag zu höherer Planungs- und Verarbeitungssicherheit sowie Wertschöpfung im Trockenbau. Damit verbunden sind auch die nachhaltige Verbesserung von Wohnkomfort und Lebensqualität für die Menschen sowie die Werthaltigkeit ihrer Lebensräume.

In Kürze: Das Unternehmen

Saint-Gobain Rigips GmbH
Schanzenstraße 84
40549 Düsseldorf
Germany

Tel.: +49 (0) 2 11 / 55 03-0
Fax: +49 (0) 2 11 / 55 03-208
info@rigips.de
www.rigips.de

BAU KING

Wir sind die BAUKING's

Die BAUKING ist ein wachstumorientiertes und marktführendes Unternehmen mit Kompetenz im Baustoff-, Holz- und Fliesenhandel sowie im Einzelhandel über die eigenen hagebaumärkte.

Die BAUKING liefert alle Arten von Baustoffe für den Neubau und zur Sanierung, Renovierung und Modernisierung bestehender Objekte über die Vertriebswege Fachhandel und Einzelhandel.

Die BAUKING wurde durch einen Zusammenschluss von hagebau-Gesellschaftern in 2002 gegründet und gehört heute zur weltweit tätigen Baustoffgruppe CRH plc mit Hauptsitz in Dublin.

Damit BAUKING auch zukünftig mit qualifizierten und motivierten Fachkräften erfolgreich am Markt agieren kann, bildet das Unternehmen in den folgenden Berufen aus:

- Kaufmann/-frau im Groß- und Außenhandel
- Kaufmann/-frau im Einzelhandel
- Verkäufer/in
- Fachkraft für Lagerlogistik
- Fachlagerist/in
- Mediengestalter/in für Digital und Print
- Kaufmann/-frau für Büromanagement
- Informatikkaufmann/-frau
- Bauzeichner/in

Über eine fundierte Ausbildung mit optimaler Prüfungsvorbereitung hinaus, bietet BAUKING Auszubildenden einen zentralen Begrüßungstag mit den Führungskräften, diverse Schulungsmaßnahmen, die speziell auf das jeweilige Berufsbild abgestimmt sind sowie ein mehrtägiges Azubi-Camp, in dem fachliche und soziale Kompetenzen trainiert werden, an. Die durch die IHK anerkannten Ausbilder in jedem Standort begleiten ihre Azubis nicht nur gemäß des Ausbildungsplanes, sondern erkennen und fördern auch die Talente der jungen Menschen.

In Kürze: Das Unternehmen

BAUKING AG
Buchholzer Straße 98
30655 Hannover

Tel.: +49 (0) 5 11 / 12 32 06-0
Fax: +49 (0) 5 11 / 12 32 06-55
info@bauking.de
www.bauking.de

7.5 Zahlungsverzug des Käufers

Hat der Verkäufer vorgeleistet, das heißt, die Ware übereignet und dem Käufer ein Zahlungsziel gesetzt (Kaufpreis gestundet), so ist das Rücktrittsrecht ausgeschlossen. Vorleistung bedeutet aber, dass der Verkäufer die Ware nicht nur übergeben, sondern auch das Eigentum daran verschafft hat. Diese Einschränkung ist für den Baustoff-Fachhandel wichtig, denn zumindest im Großhandel tritt er bei einem Rechnungsverkauf regelmäßig in Vorleistung. Er übergibt dem Käufer die Ware und stundet den Kaufpreis. Da er grundsätzlich unter Eigentumsvorbehalt verkauft, hat er mit der Übergabe der Baustoffe seine Verpflichtung aus dem Kaufvertrag noch nicht voll erfüllt, denn dazu gehört auch der Eigentumsübergang. Das hat zur Folge, dass er auch noch nach Lieferung von seinem Rücktrittsrecht Gebrauch machen kann, wenn der Käufer in Zahlungsverzug kommt.
Entscheidet sich der Verkäufer, Schadenersatz wegen Nichterfüllung geltend zu machen, hat der Baustoff-Fachhändler als Vertreiber einer Ware im Handelsgeschäft die Möglichkeit, die volle Differenz zwischen seinen Selbstkosten und dem vertraglich vereinbarten Kaufpreis zu fordern.
Wann aber tritt Verzug ein?
Gemäß § 286 I BGB wird ein Schuldner nach Eintritt der Fälligkeit durch eine Mahnung, die bestimmt und eindeutig ist, in Verzug gesetzt. Ein Zahlungsverzug beim Käufer hat weitreichende rechtliche Konsequenzen. Ab diesem Zeitpunkt hat der Käufer dem Verkäufer jeden Schaden, der durch den Verzug entstanden ist (Verzugsschaden), zu ersetzen. Aber auch ohne eine solche Mahnung kann der Käufer in Verzug kommen. Spätestens 30 Tage nach Fälligkeit kommt der Schuldner auch ohne Mahnung in Verzug, wenn folgende Voraussetzungen gegeben sind:

- Die Zahlungsfrist ist nach dem Kalender bestimmt (§ 286 II Ziff. 1 BGB),
- die Leistung ist nach dem Kalender bestimmbar (§ 286 II Ziff. 2 BGB),
- der Schuldner verweigert die Leistung ernsthaft und endgültig (§ 286 II Ziff. 3 BGB),
- der Schuldner hat 30 Tage nach Fälligkeit und Zugang einer Rechnung noch nicht bezahlt (§ 286 III BGB),
- der Schuldner hat auf eine Mahnung verzichtet.

Um die erstgenannte Alternative „Zahlungsfrist ist nach dem Kalender bestimmt" wirksam werden zu lassen, müsste der Zahlungstermin bereits bei Vertragsschluss vereinbart werden. Das ist im Baustofffachhandel praxisfremd.

Beispiel

„Der Kaufpreis beträgt 5 000 EUR. Er ist am 15. Juni 2015 zur Zahlung fällig."

Die meisten Geschäfte im Baustoffhandel werden eine solche Vereinbarung nicht zulassen, weil entweder die Verträge unter Umständen zustande kommen, bei denen die Vereinbarung eines festen Zahlungstermins schwer möglich ist (telefonische Bestellungen, schriftliche Bestellungen, Bezugnahme auf Angebote usw.), oder es ist bei Vertragsschluss der genaue Liefertermin noch nicht bekannt, sodass auch kein fester Zahlungstermin fixiert werden kann.
Jedoch genügt es, wenn ausgehend von einem Ereignis der Termin nach dem Kalender errechnet werden kann. Vertragliche Abreden wie *„Der Kaufpreis ist fällig zwei Wochen nach Lieferung/zwei Wochen nach Abruf/30 Tage nach Rechnungsdatum o. ä."* sind zwar nicht nach dem Kalender bestimmt und somit nicht ausreichend, um den Käufer auch ohne Mahnung in Verzug zu setzen, aber bestimmbar. Auch in diesen Fällen ist also eine gesonderte Mahnung überflüssig.
Die größte praktische Bedeutung hat folgende Variante: Danach kommt ein Käufer spätestens 30 Tage nach Fälligkeit der Kaufpreiszahlung automatisch in Verzug. Aber Achtung: Verbraucher müssen in der Rechnung auf den automatischen Eintritt der Fälligkeit ausdrücklich hingewiesen werden. Nur dann treten die Rechtsfolgen ein. Deshalb sollte heute jede Rechnung einen entsprechenden Hinweis enthalten.

Beispiel

„Sollten Sie den obigen Rechnungsbetrag nicht innerhalb von 30 Tagen nach Rechnungserhalt bezahlen, kommen Sie gem. § 286 Abs. 3 BGB auch ohne besondere Mahnung spätestens ab diesem Zeitpunkt in Verzug!"

Manche Kunden versuchen mit dem Trick „Keine Rechnung erhalten" eine Zahlung zu verzögern. Dieser Trick funktioniert heute nicht mehr, im Gegenteil. Der neue § 286 III S. 2 BGB stellt unmissverständlich klar: *„Wenn der Zeitpunkt des Zugangs der Rechnung oder Zahlungsaufstellung unsicher ist, kommt der Schuldner, der nicht Verbraucher ist, spätestens 30 Tage nach Fälligkeit und Empfang der Gegenleistung in Verzug."*
Für Unternehmer (den gewerblichen Kunden) tritt daher ein Verzug spätestens ein, wenn die Anlieferung der Ware 30 Tage zurückliegt.

Beispiel

Auf der Rechnung wurde dem Kunden ein „Zahlungsziel von 30 Tagen nach Rechnungserhalt" gewährt. Damit hätte der gesetzliche Verzug erst nach 60 Tagen eingesetzt (30 Tage Ziel plus 30 Tage Verzug). Geht die Rechnung nun „nicht zu", treten die Verzugsfolgen bereits 30 Tage nach Fälligkeit und Erhalt der Ware ein. Da im Kaufvertrag im Normalfall Zug um Zug zu leisten ist, fallen ohne besondere Vereinbarung Warenübergabe und Fälligkeit zusammen. Der Baustoffhändler gewinnt bei „verloren gegangenen" Rechnungen auf diese Weise 30 Tage, ohne dass er den Zugang der Rechnung nachweisen muss.

Verzugsfolgen
Ab dem Zeitpunkt des Verzugseintritts hat der Schuldner dem Gläubiger den gesamten Verzugsschaden zu ersetzen. Dieser umfasst alle Kosten, die dem Verkäufer durch den Schuldnerverzug des Käufers entstehen.

Verzugszinsen: Ab dem Zeitpunkt des Verzugseintritts hat der Käufer den fälligen Kaufpreis zu verzinsen. Ohne besondere Vereinbarung sieht das Gesetz Verzugszinsen vor in Höhe von:
- bei Privatkunden 5 % (§ 288 I BGB),
- bei Kaufleuten 8 % (§ 288 II BGB)

über dem jeweiligen Basiszinssatz nach § 247 BGB vor. Der Basiszinssatz wird von der Deutschen Bundesbank jeweils zum 1. Januar und 1. Juli eines jeden Jahres festgelegt und im Internet auf der Homepage der Bundesbank unter www.bundesbank.de veröffentlicht.
Diese Zinssätze können ohne besonderen Nachweis gefordert werden. Höhere Zinssätze sind möglich, wenn der Verkäufer selbst höhere Zinsen für einen Kredit zahlt. In diesem Falle muss er unter Umständen, bei Geschäften mit Nichtkaufleuten, Notwendigkeit und Höhe eines Bankkredites konkret darlegen. Im Einzelfall können bei Vertragsschluss höhere Verzugszinsen vereinbart werden. Da die Verzugszinsen hier Vertragsbestandteil geworden sind, braucht der Verkäufer in diesem Falle keinen Nachweis.

Basiszinssatz nach § 247 BGB

Gemäß § 247 Abs. 2 BGB ist die Deutsche Bundesbank verpflichtet, den aktuellen Stand des Basiszinssatzes im Bundesanzeiger zu veröffentlichen. Der jeweils relevante Stand des Basiszinssatzes lässt sich nachstehender Tabelle entnehmen.

Aktueller Stand	Gültig ab
-0,83 %	01.01.2015
-0,73 %	01.07.2014
-0,63 %	01.01.2014
-0,38 %	01.07.2013
-0,13 %	01.01.2013
0,12 %	01.07.2012
0,12 %	01.01.2012
0,37 %	01.07.2011

Seit dem 1.1.2013 ist der Basiszinssatz nach § 247 BGB negativ.

Verzugsschaden: Als Verzugsschaden können auch weitere Mahnkosten in Rechnung gestellt werden (§ 288 IV BGB). Solche Kosten können sein:
- Porto und Schreibkosten weiterer Mahnungen,
- Rechtsanwaltskosten.

Die Kosten der Beauftragung eines Inkassodienstes gelten bei den meisten Gerichten nicht als angemessene Kosten der Rechtsverfolgung, weil sie zusätzlich entstehen, wenn hinterher doch noch ein Anwalt beauftragt werden muss. Daher erheben die Inkassodienste meist auch ihre Gebühren aus den Zinsen etc.
Nicht zum Verzugsschaden gehören die Kosten der ersten Mahnung, die den Verzug erst begründet. Die Kosten können jedoch geltend gemacht werden, wenn schon auf der Grundlage eines anderen Umstandes Verzug eingetreten ist.

Beispiel

„Der Verkäufer behält sich vor, für jede Mahnung eine Pauschalgebühr von 10 EUR zu erheben."

Auch in den Lieferungs- und Zahlungsbedingungen kann eine Mahnkostenpauschale vereinbart werden, z. B.: *„Die erste Mahnung ist kostenlos. Für jede weitere Mahnung wird eine pauschale Gebühr von 5 EUR erhoben."*

7.6 Abnahmeverzug des Käufers

Die Abnahme der gekauften Ware ist in der Regel eine Nebenpflicht aus dem Kaufvertrag. Aus diesem Grunde darf der Verkäufer bei Verstoß nicht ohne weiteres vom Vertrag zurücktreten.
Ein Rücktritt ist nur möglich, wenn dem Verkäufer ein weiteres Festhalten an dem Vertrag nicht zugemutet werden kann. Der Verkäufer kann die Ware behalten und Schadenersatz verlangen.

Abnahme ist Nebenpflicht: Im Baustoff-Fachhandel wird die Abnahme als Hauptpflicht eine Ausnahme sein. In der täglichen Praxis wird man meistens nur von einer Nebenpflicht ausgehen können. Kommt der Käufer hier in Verzug, kann der Verkäufer neben dem Anspruch auf Abnahme nur den Verzugsschaden geltend machen (z. B. Lagerkosten u. a.). Als Kaufmann im Sinne des HGB kann er aber auch auf Kosten des Käufers die verkaufte Sache mit befreiender Wirkung hinterlegen oder einen „Selbsthilfeverkauf" tätigen.

Abnahme ist Hauptpflicht: Nur wenn die Abnahme der Ware Hauptpflicht war, kommen Rücktritt und Schadenersatz in Betracht.
Zwar entspricht es kaufmännischen Gepflogenheiten, mehrmals zu mahnen, obwohl dies rechtlich unnötig ist. Unter anderem aus Gründen der insolvenzrechtlichen Anfechtung sollte dies auch unterlassen werden. Eine einmalige Mahnung, ob denn auch die Rechnung angekommen ist, ist völlig ausreichend.

7.7 Unmöglichkeit

Verzug liegt nur vor, wenn eine vertraglich geschuldete Leistung grundsätzlich noch möglich ist. Ist einer Partei aber die Leistung nicht mehr möglich, dann ist Unmöglichkeit gegeben. Zu unterscheiden ist zwischen objektiver Unmöglichkeit (die Leistung ist schlechthin jedermann unmöglich) und subjektiver Unmöglichkeit (die Leistung ist nur dem Schuldner unmöglich, während ein anderer Händler z. B. noch über die Kalksandsteine verfügt). Darüber hinaus wird unterschieden zwischen anfänglicher Unmöglichkeit (die Leistung war bereits bei Abschluss des Vertrages unmöglich, s. Kap 7.1) und nachträglicher Unmöglichkeit.

Unmöglichkeit der Warenlieferung
Nachträglich ist Unmöglichkeit dann, wenn dem Verkäufer bei Vertragsschluss die Leistung noch möglich war, sie jedoch anschließend unmöglich wurde. So z. B., wenn einem Baustoffhändler beim Verladen eines Fliesenrestpostens die Fliesen von der Palette rutschen und zerstört werden. Haben weder Verkäufer noch Käufer die Unmöglichkeit zu vertreten (zufälliger Untergang durch höhere Gewalt u. ä.), so wird der Verkäufer von seiner Leistungspflicht frei, verliert aber auch den Anspruch auf den Kaufpreis.
Hat der Verkäufer die Unmöglichkeit der Lieferung zu vertreten, so kann der Käufer Schadenersatz wegen Nichterfüllung verlangen oder vom Vertrag zurücktreten (§ 325 BGB). Schadenersatz wegen Nichterfüllung bedeutet hier, dass der Käufer so zu stellen ist, als wenn der Verkäufer den Vertrag ordnungsgemäß erfüllt hätte. Der Schaden wird regelmäßig in der Differenz zwischen Kaufpreis und dem Wert der Kaufsache, zuzüglich etwaiger Folgeschäden (z. B. entgangener Gewinn), bestehen. Liegt das Verschulden an der Unmöglichkeit der Leistung beim Käufer, so braucht der Verkäufer nicht zu leisten, der Käufer muss aber trotzdem bezahlen.

Unmöglichkeit beim Gattungskauf
Besonderheiten gelten beim Gattungskauf. Im Gegensatz zum Spezieskauf, bei dem der Verkäufer einen konkreten Gegenstand verkauft hat, schuldet er beim Gattungskauf lediglich eine bestimmte Sache von mittlerer Art und Güte. Solange der Verkäufer solche Ware nachbestellen kann, wird eine nachträgliche Unmöglichkeit nicht gegeben sein. Hat der Verkäufer allerdings schon ausgesondert, das heißt, von den übrigen gleichartigen Waren getrennt (kommissioniert), wird die Gattungsschuld zur Stückschuld. Geht eine bereits ausgesonderte Sache unter, wird nach dem Gesetz die Erfüllung des Kaufvertrages objektiv unmöglich und der Verkäufer ist nicht verpflichtet, Ersatz zu liefern. Hat der Verkäufer die nachträgliche Unmöglichkeit zu vertreten, so kann der Käufer Schadenersatz wegen Nichterfüllung verlangen oder vom Kaufvertrag zurücktreten. Schadenersatz wegen Nichterfüllung bedeutet hier, dass der Käufer so zu stellen ist, als wenn der Verkäufer den Vertrag ordnungsgemäß erfüllt hätte. Der Schaden wird regelmäßig in der Differenz zwischen Kaufpreis und dem Wert der Kaufsache, zuzüglich etwaiger Folgeschäden (z. B. entgangener Gewinn), bestehen.

Unmöglichkeit der Kaufpreiszahlung

„Geld hat man zu haben."

Dieser Grundsatz des Zivilrechts führt dazu, dass ein Käufer seine Zahlungsunfähigkeit immer zu vertreten hat. Bezahlt der Käufer nicht, kann der Verkäufer die Lieferung bis zur Kaufpreiszahlung verweigern. Ist der Käufer in Verzug, kann er ihm eine Nachfrist setzen und nach Ablauf der Frist vom Vertrag zurücktreten oder Schadenersatz wegen Nichterfüllung verlangen.

8 Reklamationen – eine Chance für jedes Unternehmen

Reklamationen gehören zum Verkaufsalltag, auch wenn für einen Verkäufer schönere Situationen denkbar sind. Beschwerden von Kunden sind also nichts Besonderes, entsprechend „normal" sollten sie deshalb behandelt werden. Leider fehlt Verkäufern manchmal diese Einsicht. Sie fühlen sich persönlich angegriffen, reagieren emotional und unsachlich. Durch ihr falsches Verhalten vergrößern sie am Ende noch den Schaden.

8.1 Die Reklamation – eine verkaufspsychologische Herausforderung

Für den Reklamierenden ist die Reklamation selbst in der Regel kein sachliches Problem. Die meisten Fehler lassen sich ohne Weiteres korrigieren. Schwerwiegender ist der Ärger, der mit einer Reklamation einhergeht.
Deshalb stellt sich für den Verkäufer ein reklamierender Kunde weniger als sachliches Problem, sondern vielmehr als emotionale verkaufspsychologische Herausforderung dar. Reklamationen werden von Verkäufern als lästiges Übel empfunden. Ohne auf die Hintergründe der Reklamation einzugehen, wird der Versuch gemacht, reklamierende Kunden zunächst einmal abzuwimmeln. Mit der Folge, dass ein solcher Kunde noch ärgerlicher wird und sich die Situation zuspitzt. Richtige Reklamationsbehandlung bedeutet zunächst einmal Schadensbegrenzung. Darüber hinaus ist sie eine Chance, zufriedene Kunden zu gewinnen.
Von Querulanten einmal abgesehen, reklamiert kein Kunde zum Spaß. Entweder besteht ein begründeter Anspruch, oder er hofft auf ein Entgegenkommen seines Verkäufers. In beiden Fällen leistet er dem Verkäufer einen Vertrauensvorschuss, den dieser nicht leichtfertig verspielen sollte. Bequemer, aber gefährlicher für ein Unternehmen sind die Kunden, die nicht reklamieren und den Ärger in sich „hineinfressen". Sie werden nicht wiederkommen und, schlimmer noch, überall ihre schlechten Erfahrungen mit dem Unternehmen verbreiten.

8.2 Ursachen der Kundenreklamation

Die Gründe für Kundenreklamationen sind vielfältig. In den meisten Fällen sind sie objektiv sachlich begründet, nicht selten liegen sie aber ausschließlich im subjektiv emotionalen Bereich.
Objektive Gründe können sein:
- Die Ware ist fehlerhaft,
- sie ist für den vorgesehenen Verwendungszweck nicht geeignet,
- sie passt nicht,
- die Lieferung erfolgte falsch oder verspätet u. a. m.

Als subjektive Gründe sind denkbar:
- Die Ware gefällt dem Kunden nicht,
- er fühlt sich von den Mitarbeitern nicht richtig behandelt oder beraten,

- er möchte den Preis nachträglich drücken,
- der Kunde ist ein Nörgler.

Der reklamierende Kunde unterscheidet zunächst einmal nicht nach den Gründen. Aus seiner Sicht sind alle Ursachen für seine Verärgerung schwerwiegend und begründet. Dennoch sollte der Verkäufer die eigentlichen Motive der Reklamation erforschen, um auf die Vorhaltungen des Kunden richtig reagieren zu können.

8.3 Verhaltensregeln bei Reklamationen

Ruhe bewahren: Reklamiert ein Kunde, muss der Verkäufer Ruhe bewahren. Der Kunde ist aufgeregt und wird auf jede Gegenreaktion des Verkäufers noch aggressiver reagieren.

Zuhören: Der Verkäufer sollte sich Zeit nehmen und dem Kunden zuhören. Nur wenn der Kunde „Dampf ablassen" kann, wird sich sein Ärger abbauen. Gleichzeitig erfährt der Verkäufer den Grund für die Beschwerde und kann sich schon erste Reaktionen überlegen.

Notizen machen: Wichtige Daten über den Kunden, den Zeitpunkt des Kaufs, die Baustelle und den Schaden notieren. Der Kunde sieht so, dass er ernst genommen wird. Der Verkäufer erhält wichtige Informationen zum Schadensfall. Die Reklamation ist protokolliert.

Verständnis zeigen: Hat sich der Kunde beruhigt, sollte der Verkäufer besonnen und verständnisvoll auf die Beanstandungen des Kunden eingehen. Unbedingt zu vermeiden ist eine Diskussion darüber, ob die Reklamation des Kunden berechtigt ist oder nicht. Der Kunde ist verärgert. Dafür muss der Verkäufer Verständnis zeigen.

Den Kunden ernst nehmen: Am besten geht das, wenn sich der Verkäufer in die Situation des Kunden hineinversetzt. Objektiv kann es sich bei der Reklamation um eine Lappalie handeln. Subjektiv kann sie für den Kunden ein echtes Ärgernis darstellen.

Beispiel

Für einen Verkäufer mag eine defekte Bohrmaschine während der Garantiezeit Routine, allenfalls etwas Mehrarbeit darstellen. Sie wird eingeschickt und der Kunde erhält sie kostenlos repariert wieder zurück. Warum sich also deshalb aufregen? Für den Kunden kann es überaus ärgerlich sein. Er hat viel Geld ausgegeben und kann nun die Maschine doch nicht einsetzen. Vielleicht hat er zu Hause ein halbfertiges Regal herumstehen und soll nun noch einige Wochen auf die Reparatur der dringend benötigten Bohrmaschine warten.

Ein Verkäufer, der sich in die Situation des Kunden hineinversetzt, könnte an dieser Stelle darüber nachdenken, ob er diesem Kunden in seiner Zwangslage kostenlos mit einer Vorführmaschine oder einem Leihwerkzeug aushilft. Dieser Service wäre für den Kunden bestimmt ein gewichtiges Argument, beim späteren Kauf von weiteren Werkzeugen wieder an unseren Verkäufer zu denken.
Leider sind die Reklamationen im Baustoff-Fachhandel nicht immer so einfach zu bewältigen. Doch mit dem notwendigen Einfühlungsvermögen bieten sich auch bei einem defekten Fliesenbelag, dem undichten Flachdach, der falsch gelieferten Tür Gelegenheiten, dem Kunden Verständnis für seine missliche Situation zu dokumentieren.

Bei Reklamationen sind Ruhe und Übersicht gefragt.
Foto: Archiv

Exkurs

Praktische Verhaltenstipps bei Kundenreklamationen

Vielen Unternehmen haben bereits Verhaltensregeln für Mitarbeiter bei Kundenreklamationen entwickelt. Die Mitarbeiter am Baustofftresen, im Außendienst, aber auch in den Verwaltungen werden oftmals im Bereich Kundenreklamationen oder Beschwerdemanagement geschult. Durch Testkäufe (Mystery shopping) analysieren Unternehmen unter Berücksichtigung von Datenschutzgesetz und Betriebsverfassungsgesetz das Reaktionsverhalten von Mitarbeitern bei Kundenreklamationen.
Die Ergebnisse werden dann ausgewertet und mit den Mitarbeitern individuell besprochen. Gleichzeitig werden die gewonnenen Erkenntnisse in die Unternehmensabläufe integriert.

Als Beispiel seien im Folgenden die Reklamationsgrundsätze für Mitarbeiter der Bauking AG genannt:

- Gehen Sie entspannt an Reklamationsgespräche heran.
- Bringen Sie dem Kunden Verständnis entgegen.
- Hören Sie aktiv zu.
- Zeigen Sie Interesse und Betroffenheit.
- Zeigen Sie Anerkennung.
- Stellen Sie die Glaubwürdigkeit des Kunden nicht infrage.
- Schaffen Sie Vertrauen, indem Sie sich Notizen machen.
- Bleiben Sie Ihren Kollegen gegenüber loyal.
- Schrecken Sie nicht vor dem Wort „Entschuldigung" zurück.
- Behandeln Sie Reklamationen lösungsorientiert.
- Hinterlassen Sie einen positiven Eindruck.

8.4 Reklamationsabwicklung

Der Verkäufer hat dem Kunden zugehört. Er hat Verständnis für den Ärger gezeigt, nun wird er sich überlegen, wie die Reklamation abgewickelt werden kann:

- Was muss ich tun?
- Ist die Reklamation berechtigt oder unberechtigt?
- Wie sieht die Rechtslage aus?
- Was darf ich tun?
- Wie verhält sich unsere Firma in solchen Fällen?
- Welcher Handlungsspielraum besteht?
- Könnten wir uns Kulanz leisten?
- Was sollte ich tun?
- Was erwartet der Kunde von mir?
- Wie könnte man die unerfreuliche Situation für alle Beteiligten zufriedenstellend bereinigen?

Rechtslage
Zunächst einmal sollte ein Verkäufer die gesetzlichen Grundlagen beherrschen. Er sollte wissen, zu was er verpflichtet ist und wo Raum für Kulanzregelungen besteht. Im Unternehmen sollte es klare Richtlinien geben, unter welchen Umständen Ware zurückgenommen bzw. umgetauscht wird. Liegen diese Rahmenbedingungen fest, so kann sich ein Verkäufer auf Reklamationsgespräche mit Kunden vorbereiten. Reklamationen haben in den meisten Fällen einen Sachmangel der gelieferten Ware zum Gegenstand. Grundsätzlich ist zu klären, ob der Mangel die Gewährleistung oder eine mögliche Garantie betrifft:

Gewährleistung: Die Gewährleistung umschreibt die gesetzlichen Pflichten, die den Verkäufer/Händler bei Rechts- und Sachmängeln betreffen. Im Gewährleistungsrecht geht es um die Abwicklung von Problemen, wenn der Verkäufer – zumindest nach Vorstellung des Käufers – nicht frei von Rechts- und Sachmängeln geliefert hat. Häufig muss sich der Handel mit Reklamationen der Kunden auseinandersetzen, für die er als bloßer Mittler zwischen Hersteller und Kunde gar nicht verantwortlich ist (fehlerhafte Waren).
Reklamationen, welche ausschließlich vom Verkäufer (Händler) zu vertreten sind (Falschlieferungen, Falschberatung u. ä.), sind relativ selten. Er steht aber dennoch in der eigenen Verantwortung. Wenn er also die Folgen der Gewährleistung nicht an den Hersteller weiterreichen kann, weil dieser z. B. insolvent gegangen ist, dann ist dies sein wirtschaftliches Problem.

Garantie: Die Garantie umschreibt einen gesonderten weiteren Vertrag, der zwischen Hersteller und Kunden (vermittelt durch den Verkäufer) abgeschlossen wird und genau beschriebene zusätzliche Ansprüche gewährt, die aber auch nur zwischen den Partnern des Garantievertrages bestehen (s. weiter unten, Kapitel 8.11, S. 170 f.).

Kulanz: Ist der Händler an diesem Vertrag nicht beteiligt, dann kann der Käufer gegenüber dem Verkäufer hieraus keine Ansprüche geltend machen. Dann wird oft von Kulanz geredet, was meint, dass der Verkäufer/Hersteller Leistungen erbringt, die er rechtlich nicht erbringen muss, die er aber im Hinblick auf künftige Geschäfte erbringt (s. weiter unten, Kapitel 8.12, S. 171 f.).

Beispiel

Ein Autohaus haftet nach dem Kaufrecht für die von ihm verkauften Automobile gemäß § 438 I Ziff. 3 BGB zwei Jahre uneingeschränkt (Gewährleistung). Die Haftung umfasst nicht nur den Ersatz defekter Teile, sondern alle damit zusammenhängenden Reparaturkosten. Ein Haftungsausschluss ist nur für ausgesprochene Verschleißteile möglich. Gewährt ein Automobilhersteller, wie heute nicht selten, drei Jahre „Garantie", so erweitert er freiwillig die gesetzliche Gewährleistungsfrist über die zwei Jahre hinaus. Da es sich jetzt um eine freiwillige Leistung handelt, kann der Hersteller aber den Haftungsumfang für das weitere Jahr einschränken (z. B. nur Materialersatz oder Begrenzung auf bestimmte Teile).

Beispiel

Ein Ziegelhersteller sagt beispielsweise dem Bauunternehmer eine bestimmte Druckfestigkeit der zu liefernden Ziegelsteine zu. Da der Hersteller weiß, dass die Druckfestigkeit entscheidend für die Statik des Mauerwerks ist, handelt es sich um die Vereinbarung einer Beschaffenheit.

Beispiel

Der Verkäufer verkauft Gipskartonplatten mit Rissen und weist den Käufer darauf hin. Dann ist dies die Soll-Beschaffenheit. Wenn die Platten dann die Risse haben, weicht die Ist-Beschaffenheit von der Soll-Beschaffenheit nicht ab und es liegen keine Mängel vor. Über die klare Beschreibung des Kaufgegenstandes können daher Mängelrechte vermieden werden, weil kein Mangel vorliegt. Dabei zählen zu diesen Beschaffenheitsangaben auch die öffentlichen Äußerungen des Verkäufers und ggf. des Herstellers der Ware, die dieser z. B. in der Werbung (Prospekten) kundtut. Dies sind u. U. für den Händler, der nicht alle Verlautbarungen des Herstellers kennt, Probleme.

Beispiel

Eine billige Bohrmaschine aus Fernost wird in Anzeigen als „Profiwerkzeug" angekündigt. Diese Bezeichnung weist auf eine besonders robuste Maschine hin, die sich auch für den harten Dauereinsatz eignet. Fällt diese Maschine bei normalem Einsatz eines Handwerkers aus, ist sie mangelhaft in Bezug auf die Produktbeschreibung.

Dies gilt auch für Montageanweisungen (IKEA-Klausel). Kommt es hier aufgrund der entsprechenden Montage zu Schäden, dann haftet hierfür der Verkäufer.

Beispiel

Ein Kunde kauft in einem Fachmarkt eine Werkbank. Diese muss noch zusammengebaut werden. Durch eine fehlerhafte Anleitung verwechselt der Kunde bei der Montage zwei Schrauben. Dadurch bricht die Werkbank bei Belastung zusammen. Die Werkbank wird beschädigt. Der Händler haftet als Verkäufer.

Soweit die Beschaffenheit von den Vertragsschließenden nicht vereinbart ist, ist die Sache frei von Sachmängeln, wenn sie sich für die nach dem Vertrag vorausgesetzte Verwendung eignet (§ 434 I 2 Ziff 1 BGB).

Beispiel

1. Ein Kunde will mit dem Lack, den er in einem Baumarkt gekauft hat, Holztreppen streichen. In diesem Fall kann er die Tauglichkeit des Lacks für diesen Verwendungszweck nur dann erwarten, wenn dies auf dem Etikett, in der Bedienungsanleitung steht oder wenn der Verkäufer ihm den Lack für diesen Verwendungszweck empfohlen hat.

2. Wenn sie sich für die gewöhnliche Verwendung eignet und eine Beschaffenheit aufweist, die bei Sachen der gleichen Art üblich ist und die der Käufer nach der Art der Sache erwarten kann.

Kritische Warengruppen für mögliche Reklamationen sind im Baustoff-Fachhandel u. a.:

- Fliesen, die zu bestimmten Farben passen müssen (Sanitärobjekte, vorhandene Einrichtungsgegenstände u. ä.),
- Naturholztüren, die unmittelbar nebeneinander versetzt werden sollen (Abweichungen in der Maserung),
- Betonformteile aus verschiedenen Produktionschargen (unterschiedliche Zementfarben),
- Kalksandsteine zur Verwendung in einem Sichtmauerwerk (kleinere Beschädigungen) u.a.

Zu beachten ist, dass ein Sachmangel auch bei falscher Ware oder bei der Lieferung einer zu geringen Menge vorliegt.

Bei Sichtmauerwerk, wie z. B. Keramik-Riemchen, werden höchste Anforderungen an Steine (und Fugen) gestellt.
Foto: Röben

Rechtsmangel

Ein Rechtsmangel liegt vor, wenn ein Dritter in Bezug auf die Ware Rechte gegen den Käufer geltend machen kann, die dieser in dem Kaufvertrag nicht übernommen hat. Schließt also ein Käufer mit einem Zwischenhändler einen Kaufvertrag ab und erfährt er dann, dass die Ware noch unter dem Eigentumsvorbehalt des Vorlieferanten steht, dann liegt ein Rechtsmangel vor, denn der Verkäufer kann dem Käufer den Gegenstand nicht übereignen, weil das Eigentum beim Vorlieferanten liegt.

Sonderfall Mindersortierung: Wegen der Möglichkeit, die Soll-Beschaffenheit zu vereinbaren, kommt bei Fliesen und Platten in Mindersortierung und Waren 2. Wahl den Begriffen eine besondere Bedeutung zu. Die Frage ist, ob für solche Ware naturgemäß jegliche Gewährleistung ausgeschlossen ist oder ob der Kunde auch hier eine Mindestqualität erwarten darf.
Nach den Allgemeinen Geschäftsbedingungen der deutschen Fliesenindustrie werden für Mindersortierungen die Anforderungen der DIN praktisch ausgeschlossen. Fliesen können erhebliche Farbabweichungen aufweisen, dürfen Maßtoleranzen überschreiten, müssen nicht eben sein und brauchen (bei nach DIN frostsicherem Material) nicht frostsicher zu sein, um nur einige Beispiele zu nennen. Nach der Rechtsprechung müssen Fliesen jedoch auch als Mindersortierung noch „verlegbar" sein. Es muss also noch möglich sein, mit ihnen einen keramischen Belag herzustellen.
Der Verkauf von Mindersortierungen oder 2. Wahl stellt somit keinen Freibrief für „Schrott" dar. Dem Grunde nach haftet auch hier der Verkäufer aus Gewährleistung, wenn auch auf niedrigerem Niveau. Um jegliches Risiko im Rahmen des Gewährleistungsrechts auszuschließen, empfiehlt es sich, bei Waren 2. Wahl konkret darzulegen, wo die Einschränkungen liegen, die eine 2. Wahl begründen. Auf diese Weise wird der Käufer von den vorhandenen Mängeln in Kenntnis gesetzt und diese damit zur Soll-Beschaffenheit. Mit dem Kauf hat er diese anerkannt und kann daraus keine Mängelhaftung beanspruchen. Beschönigende Ankündigungen für minderwertige Ware wie „Schnäppchen", „Sonderposten", „Ofenbrand" u. ä. sind ohne Hinweis auf irgendwelche Mängel gefährlich, da sie zur vollen Sachmängelhaftung führen können.

Mindersortierungen sind eine preiswerte Alternative beispielsweise für die Verlegung in Kellerräumen. Der Käufer muss allerdings die Chance haben, aus den Fliesen einen keramischen Belag herzustellen.
Foto: Archiv

Zeitpunkt

Der Mangel muss im Zeitpunkt des Gefahrenüberganges gegeben sein. Vorher bestehen keine Gewährleistungsansprüche, weil der Erfüllungsanspruch gegeben ist. Für Verschlechterungen danach haftet der Verkäufer nicht.

Beispiel 1

Ein Fliesenleger kauft Fliesenkleber. Zum Zeitpunkt des Kaufs lag der Kleber noch innerhalb der vom Hersteller angegebenen Verarbeitungsfrist. Der Kleber war damit noch mangelfrei. Der Käufer verarbeitet das Material erst nach einem Jahr. Durch die Überlagerung lassen die Klebeeigenschaften nach. Für diesen Mangel hat der Verkäufer nicht mehr einzustehen, da er erst nach Übergabe eingetreten ist.

Beispiel 2

Im Sommer wird eine Terrasse mit „frostsicheren" Fliesen belegt. Der keramische Belag ist einwandfrei. Erst bei strengem Frost im Januar stellt sich heraus, dass die Platten nicht frostsicher sind. Die fehlende Frostsicherheit war bereits beim Verkauf der Fliesen gegeben, der Mangel hat sich allerdings erst später gezeigt. Der Verkäufer haftet und muss Schadensersatz leisten.

Beispiel 3

Die verkaufte Bohrmaschine arbeitet zum Zeitpunkt des Kaufs einwandfrei. Zwei Monate lang gibt es keinen Grund zur Beanstandung. Erst im dritten Monat fällt die Steuerungselektronik aus. Hier könnte man daran denken, dass es sich jetzt um einen nachträglich entstandenen Fehler handelt, für den der Verkäufer nicht haftet. Die Rechtsprechung geht in so einem Falle jedoch davon aus, dass der Fehler bereits bei der Produktion vorhanden war. Die elektronische Regelung war bereits „schadensgeneigt". Erst im täglichen Einsatz ist der Fehler in der Konstruktion dann zutage getreten. Deshalb haftet der Verkäufer auch hier, wenn der Käufer entsprechendes beweisen kann.

Nacherfüllung

Liegt ein Sach- oder Rechtsmangel vor, dann muss der Käufer zunächst dem Verkäufer die Möglichkeit einer Nacherfüllung geben (§§ 437 I 1, 439 BGB). Die Rechte aus der Gewährleistung entstehen unabhängig davon, ob die Gebrauchstauglichkeit gemindert wird oder nicht oder Bagatellmängel vorliegen. Dabei hat zwar zunächst der Käufer das Recht zu wählen, ob er Ersatzlieferung (also Anlieferung eines neuen Gegenstandes) oder Nachbesserung (Reparatur der mangelhaften Ware) will, der Verkäufer ist aber an diese Entscheidung nicht gebunden, wenn diese zu unverhältnismäßigen Aufwendungen führt. Der Verkäufer hat alle dabei entstehenden Kosten zu tragen.

Sind mangelhafte Bauteile bereits fest mit dem Baukörper verbunden, wird sich die Frage der Ausbaukosten stellen. *Foto: PCI*

Beispiel

Der Baustoffhändler verkaufte Fliesen, deren Mangelhaftigkeit sich nach der Verlegung herausstellte. Dass im Rahmen der Nacherfüllung neue mangelfreie Fliesen zu liefern waren, war unstreitig. Es wurde darum gestritten, ob neben den Ausbaukosten für die bereits verlegten mangelhaften Fliesen auch die Einbaukosten für die neuen mangelfreien Fliesen vom Verkäufer zu tragen waren.

Letztlich hat der Europäische Gerichtshof hierüber am 16. Juni 2011 entschieden. Es wird klargestellt, dass der Verkäufer sowohl die Einbaukosten als auch die Ausbaukosten zu tragen hat auch für den Fall, dass der Einbau nicht zu seinen Pflichten gehört hat. Er hat jedoch auch entschieden, dass die von dem Verkäufer zu tragenden Kosten auf einen angemessenen Betrag beschränkt werden.
Gemäß § 440 S. 2 BGB gilt eine Nachbesserung grundsätzlich nach dem zweiten Versuch als gescheitert. Das Ziel ist es immer, einen vertragsgemäßen Zustand zu erreichen.

Beispiel

Ein Bauherr hat für sein Treppenhaus Natursteinstufen geliefert bekommen. Eine der Stufen weist auf der Vorderkante eine deutliche Abplatzung auf. Eine Reparatur dieser Stufe bleibt ein Kompromiss. Die Ausbesserung wird immer zu sehen sein. Aus diesem Grunde braucht der Käufer hier eine Nachbesserung nicht hinzunehmen.

Gescheiterte Nacherfüllung: Erst wenn eine Nacherfüllung scheitert, kann der Käufer seine weiteren Rechte durch folgende Maßnahmen geltend machen:
- Umtausch (Rücktritt),
- Minderung ,
- Schadenersatz,
- Erstattung der Aufwendungen.

Ein Käufer kann Minderung und Rücktritt stets geltend machen. Es kommt auf ein Verschulden des Verkäufers ausdrücklich nicht an. Es kommt auch nicht darauf an, ob es sich um wesentliche Mängel handelt oder eher um Bagatellmängel. Mangel ist Mangel.
Anders dagegen bei Schadenersatz oder Erstattung der Aufwendungen. Hier ist ein Verschulden des Verkäufers notwendig (dies ergibt sich aus der Verweisung auf § 280 BGB) und es muss sich um einen nicht unwesentlichen Mangel handeln (§ 281 I 3 BGB).

8.5 Umtausch (Rücktritt)

In der Praxis verwenden die Parteien im Kaufvertrag selten die juristisch korrekten Bezeichnungen. Umtausch ist im täglichen Geschäftsleben das Synonym für „Rücktritt" oder „Nacherfüllung". Unabhängig davon, was das eigentliche Ziel des Kunden ist – Rückgabe der Ware für eine neue Ware, eine andere Ware (Nacherfüllung in der Wahl der Neulieferung) oder Rückerstattung des Kaufpreises (Rücktritt) –, er wird „umtauschen" wollen.

Unter Rücktritt versteht man die Rückabwicklung eines Kaufs. Die maßgebliche Vorschrift für die Abwicklung ist § 323 BGB. Erbringt bei einem gegenseitigen Vertrag (Kaufvertrag) der Verkäufer eine fällige Leistung nicht oder nicht vertragsgemäß, so kann der Käufer, wenn er dem Verkäufer erfolglos eine angemessene Frist zur Leistung oder Nacherfüllung bestimmt hat, vom Vertrag zurücktreten. Eine Fristsetzung ist nicht notwendig, wenn dem Verkäufer die Nachbesserung unmöglich ist (z. B. Einzelstücke, Sonderanfertigungen usw.). Verweigert der Verkäufer den Rücktritt, so muss der Käufer ihn hierauf verklagen.

UMTAUSCH-GARANTIE
„Bei Umtausch Geld zurück!"
Wir nehmen nicht benutzte Ware innerhalb von 30 Tagen gegen Vorlage des Kassenbons zurück und erstatten Ihnen den vollen Kaufpreis.
globus BAUMARKT
WER BAUT BRAUCHT GLOBUS!

Der Umtausch, d. h. der Rücktritt vom Kauf, ist heute ein selbstverständliches Serviceangebot Privatkunden gegenüber.
Abb.: Globus

Rückgabegebühren: Leider hat die Kulanz des Baustoff-Fachhandels heute dazu geführt, dass manche Kunden sich schon gar nicht mehr die Mühe machen, ein einigermaßen ordentliches Aufmaß zu machen. Es wird einfach auf Verdacht (Vorrat) bestellt. Der Baustoffhandel soll dann das zuviel bestellte Material zurücknehmen. Diese Vorgehensweise der Kunden bereitet nicht nur dem Handel, sondern zunehmend auch der Industrie Probleme. Der Aufwand, der für die Rückabwicklung getrieben werden muss, wird nicht selten durch den Ertrag, der durch das eigentliche Geschäft erwirtschaftet wird, nicht mehr gedeckt. Deshalb verlangen die meisten Baustoff-Fachhändler heute sogenannte Rückgabegebühren. Diese orientieren sich prozentual an dem zurückgegebenen Warenwert.

Sonderanfertigungen, Einzelstücke: Hier ist ein Umtausch einwandfreier Ware in der Regel nicht möglich, da der Händler dieses Material überhaupt nicht oder zumindest nur mit extremen Nachlässen weiterverkaufen könnte.

Umtausch nur gegen Gutschrift: In der Praxis kommt es beim Rücktritt vor, dass Verkäufer sich weigern, den Kaufpreis zurückzuerstatten, und stattdessen dem Kunden eine Gutschrift anbieten. Soweit es sich um einen „echten" Rücktritt aus Gewährleistung handelt, braucht der Kunde diese Form der „Kaufpreiserstattung" nicht zu akzeptieren. Wird z. B. der Kauf wegen Mängeln an der Kaufsache rückgängig gemacht, so kann der Käufer den Kaufpreis in bar zurückverlangen.

Umtausch wegen Nichtgefallen: Gibt der Kunde eine Ware nur deshalb zurück, weil er es sich anders überlegt hat, so steht es dem Verkäufer frei, den „Rücktrittswunsch" des Kunden zu akzeptieren. Weil es sich aber um eine freiwillige Kulanzregelung handelt, kann der Verkäufer auch frei bestimmen, ob er dem Kunden den Kaufpreis in vollem Umfange zurückgibt, ob er einen Teilbetrag quasi als „Tauschgebühr" einbehält oder ob er den Kaufpreis in Form eines Warengutscheins erstattet.

Umtausch ausgeschlossen: Reduzierte Ware wird gerne mit dem Vermerk „Umtausch ausgeschlossen" verkauft. Manchmal erklärt der Verkäufer: *„Die Ware war ja herabgesetzt, da können Sie nicht umtauschen."* Manche Käufer lassen sich durch solche Hinweise täuschen. Der Hinweis, dass bei reduzierter Ware der Umtausch ausgeschlossen sein soll, darf die gesetzlichen Gewährleistungsrechte des Käufers nicht einschränken. Selbstverständlich stehen ihm die Möglichkeiten des Gewährleistungsrechtes zu.
Lediglich das Recht zum „Umtausch bei Nichtgefallen" kann durch solch eine Klausel ausgeschlossen werden. „Umtausch" ist eben nicht gleich „Umtausch".
Das Gesetz macht Unterschiede. Auch für Waren, die als „2. Wahl" verkauft wurden, hat der Käufer grundsätzlich Gewährleistungsrechte. Zwar kann auch hier der „Umtausch bei Nichtgefallen" oder wegen kleinerer Fehler, welche die Funktion der Ware nur unwesentlich beeinträchtigen, ausgeschlossen werden. Wenn aber die Ware so mangelhaft ist, dass sie für den vorgesehenen Gebrauch nicht tauglich ist, darf der Käufer Gewährleistungsansprüche geltend machen.

8.6 Minderung / Nachlass

Die Höhe der Minderung errechnet sich nach § 441 Abs. 3 BGB. Die Minderung ist die Differenz zwischen dem Wert der Ware in mangelhaftem und mangelfreiem Zustand.

8.7 Schadenersatz / Erstattung der Aufwendungen

Dem Käufer steht der Schadenersatz nur dann zu, wenn der Mangel von dem Verkäufer zu vertreten ist.

Beispiel

Ein Baustoffhändler verkauft eine hochwertige originalverpackte Schlagbohrmaschine. Der Kunde möchte die Maschine in seinem Urlaub bei der Renovierung seines Ferienhauses einsetzen. Am Urlaubsort angekommen, stellt der Kunde fest, dass die Maschine defekt ist. Der Kunde reklamiert nach seiner Rückkehr aus dem Urlaub. Er fordert für den Zeitverlust Schadenersatz.

Im Beispiel hätte der Händler nur dann Schadenersatz leisten müssen, wenn ihm die Störanfälligkeit der Maschine bekannt gewesen wäre oder wenn er diese hätte kennen müssen. Soweit jedoch keine negativen Erfahrungen bestehen, gibt es keine Pflicht für den Händler. Ein Schadenersatzanspruch besteht daher nicht.
Dies ist auch der Grund, warum der Handel in den meisten Fällen nicht zu einem Schadenersatz verpflichtet ist; er reicht ggf. die Forderung des Kunden an den Hersteller weiter.

8.8 Gewährleistungsausschluss

Vereinbarung
Gegenüber gewerblichen Abnehmern (Handwerker/Profikunde) ist eine Einschränkung der Mängelhaftung nur in geringem Umfang möglich (§ 310 BGB). So ist gegenüber gewerblichen Abnehmern ein Haftungsausschluss bei gebrauchten Sachen zulässig (§ 307 BGB). Bei neuen Waren darf die Gewährleistungsfrist auf zwölf Monate verkürzt werden.

Gesetzlicher Ausschluss
Kennt der Käufer bei Vertragsschluss den Mangel, so entfällt die Haftung des Verkäufers. Hätte der Käufer einen Mangel erkennen können, dies aber aus grober Fahrlässigkeit nicht erkannt, haftet der Verkäufer nur, wenn er den Mangel arglistig verschwiegen hat oder eine Garantie für eine bestimmte Beschaffenheit übernommen hat (§ 442 I BGB). In der Praxis wird man einem Käufer nur selten die Kenntnis des Mangels bzw. eine grobfahrlässige Unkenntnis vorwerfen können. Grundsätzlich wird der Käufer im Vertrauen auf die Redlichkeit des Verkäufers auf eine Untersuchung des Kaufgegenstandes verzichten dürfen.

8.9 Verjährung

Im Kaufrecht beträgt die Regelverjährung von Gewährleistungsansprüchen zwei Jahre. Drei Jahre, wenn der Verkäufer den Mangel arglistig verschwiegen hat. Die Verjährung beginnt bereits mit Übergabe der Kaufsache (§ 438 II BGB). Dabei läuft die Verjährungsfrist auf den Tag genau ab.
Der Baustoff-Fachhandel verkauft überwiegend Produkte, die entsprechend ihrer üblichen Verwendungsweise für ein Bauwerk verwendet werden. Das bedeutet, dass er für die meisten Produkte fünf Jahre einstehen muss. Dies gilt jedoch nicht automatisch für alle Produkte, die als Baumaterialien im weitesten Sinne verkauft werden.
Waren, „mit denen ein Bauwerk erstellt wird", müssen für die erstmalige Verwendung zur Errichtung eines Bauwerkes (Neubau) bestimmt sein oder bei Erneuerungs- bzw. Umbauarbeiten eines Gebäudes, für Konstruktion, Bestand, Erhaltung oder Benutzbarkeit des Gebäudes von maßgeblicher Bedeutung sein (Renovierung, Sanierung). Hinzu kommt, dass die Waren mit dem Bauwerk fest verbunden werden müssen.

Werden Baustoffe in einen Neubau fest eingebaut, beträgt die Gewährleistung in der Regel fünf Jahre. Beispiele:
- Eine Garage wird mit Kalksandsteinen gemauert. Die Gewährleistung beträgt für die Steine fünf Jahre.
- Ein Teppichboden wird in einem Neubau verlegt. Der Teppichboden wird vollflächig verklebt. Er wird mit einem neuen Gebäude verbunden. Also fünf Jahre Gewährleistung.
- Wird der Teppichboden jedoch nur lose verlegt, wird er nicht mit dem Gebäude verbunden. Die Gewährleistung beträgt deshalb nur zwei Jahre

Werden Baumaterialien zur Renovierung und Sanierung verwendet, kommt es darauf an, ob die einzubauenden Materialien für Konstruktion, Erhalt oder Benutzbarkeit des Gebäudes von wesentlicher Bedeutung sind. Beispiele:
- Eine Außenwand ist durch Hausschwamm geschwächt. Sie wird durch Bimssteine ersetzt. Gewährleistung für die Bimssteine: fünf Jahre.
- Eine alte Badewanne wird ausgetauscht. Hier handelt es sich nur um eine Erneuerung. Die Gewährleistung beträgt nur zwei Jahre.
- Ein verschlissener Teppichboden wird ausgewechselt. Auch wenn dieser vollflächig verklebt wird, beträgt die Gewährleistung nur zwei Jahre, da der Teppichboden nicht dem Erhalt bzw. der Benutzbarkeit des Hauses dient.
- Eine Waschtischarmatur für einen Neubau unterliegt der fünfjährigen Gewährleistung. Die gleiche Armatur, als Ersatz für eine vorhandene im Altbau, erhält nur zwei Jahre Gewährleistung.

Diese fünfjährige Verjährung kann bei langen Lagerzeiten zu Problemen für den Baustoff-Fachhandel führen, wenn er an einen Verbraucher verkauft. Die Verlängerung der Gewährleistungsfrist gegenüber seinem Vorlieferanten oder dem Hersteller kann dann nicht ausreichen, weil die maximale Frist überschritten ist (§ 479 II BGB).

Bei den Verjährungsfristen für Gewährleistungsansprüche kann es eine Rolle spielen, ob Baumaterialien beim Neubau oder in der Altbausanierung/Renovierung eingesetzt werden.
Foto: K. Klenk

Beispiel

Ein Wohndachfenster liegt bei einem Baustoffhändler vier Monate auf Lager. Dann wird das Fenster von einem Bauherrn gekauft und eingebaut. Noch innerhalb von fünf Jahren – eine Woche vor Ablauf der Gewährleistungsfrist – tritt ein Mangel auf. Der Kunde reklamiert sofort. Der Baustoffhändler ist noch in der Haftung (fünf Jahre ab Verkauf an den Bauherrn), der Hersteller nicht mehr. Die fünf Jahre (ab Lieferung durch Hersteller) nach § 479 BGB sind abgelaufen.

Für den Baustoffhändler beginnt die Gewährleistungspflicht mit dem Verkaufsdatum des Wohndachfensters. *Abb.: Fakro*

8.10 Verbrauchsgüterkauf

Unter den Verbrauchsgüterkauf (§ 474 BGB) fallen alle Geschäfte, in denen Unternehmer an Verbraucher bewegliche Sachen verkaufen. Während beim normalen Kauf der Käufer die Vorlage des Mangels bei Gefahrenübergang beweisen muss, gibt es im Verbrauchsgüterkauf eine Vereinfachung: Während der ersten sechs Monate der grundsätzlich zwei Jahre laufenden Gewährleistungsfrist wird von Gesetzes wegen vermutet, dass der Mangel bereits bei Übergabe vorhanden war, es sei denn, der Mangel ist offensichtlich später aufgetreten (§ 476 BGB). Zwar hat der Verkäufer die Möglichkeit, diese gesetzliche Vermutung zu widerlegen. Allerdings wird ihm dies meistens nicht gelingen.
Gegenüber Verbrauchern beträgt die allgemeine Gewährleistungsfrist zwei Jahre (§ 438 Abs. 1 Ziff. 1 BGB). Für Baumaterialien, mit denen ein Bauwerk erstellt wird haftet der Verkäufer sogar fünf Jahre (§ 438 Abs. 1 Ziff. 2 BGB). Sie kann für gebrauchte Waren auch in AGB auf ein Jahr und für neue (auch in Gebäuden verarbeiteten, für die die fünfjährige Verjährung gilt) auf zwei Jahre verkürzt werden. Weitere Einschränkungen der Gewährleistungsrechte der Verbraucher sind nicht möglich.

In einem Baumarkt ist der Verbrauchsgüterkauf Alltag: Schuldrechtlich kauft ein Verbraucher (§ 13 BGB) eine bewegliche Sache von einem Unternehmer (§ 14 BGB). *Foto: Hornbach*

Die deutlich verlängerte Gewährleistungshaftung erfordert zwangsläufig eine entsprechend verlängerte Haftung des Herstellers. Die Möglichkeit, unter Unternehmern (Vorlieferant gegenüber dem Verkäufer) über AGB die Gewährleistung auf ein Jahr zu beschränken, würde den Handel unangemessen benachteiligen, da er diese Möglichkeit im Verhältnis zu seinen Kunden, den Verbrauchern, nicht hat. Deshalb ist in § 478 BGB ein Rückgriffsrecht des Handels auf den Hersteller vorgesehen. Das bietet, zumindest bei solventen Lieferanten und einer zweijährigen Gewährleistung des Händlers, ausreichend Sicherheit.

Beispiel

Ein Händler kauft Elektrobohrmaschinen. Der Hersteller der Geräte verkürzt in seinen AGB die Gewährleistung gegenüber gewerblichen Abnehmern auf ein Jahr. Eine dieser Maschinen wird für die eigene Werkstatt verwendet, eine Maschine privat verkauft. Die anderen Geräte werden an Handwerker weiterverkauft.

Die Konsequenz im genannten Beispiel ist nun, dass für die privat genutzte Maschine die zweijährige Gewährleistung und für die in der Werkstatt eingesetzte Maschine eine verkürzte Gewährleistung von einem Jahr gilt. Für die weiterverkauften Maschinen gilt zwar grundsätzlich auch die verkürzte einjährigen Gewährleistungsfrist, doch hat der Händler da ein Rückgriffsrecht gegen den Hersteller von zwei bzw. maximal fünf Jahren.

Der Rückgriffsanspruch entsteht jedoch nur, wenn der Verbraucher einen gesetzlichen Anspruch auf Gewährleistung gegenüber dem Baustoffhändler geltend macht. Leistet der Händler nur aus Kulanz, also ohne Rechtsgrundlage, hat er keinen Rückgriffsanspruch gegen den Hersteller.

Beispiel

Die Tondachziegel des insolventen Herstellers werden von dem Baustoff-Fachhändler als 2. Wahl (mit reduziertem Preis) verkauft unter ausdrücklichem Hinweis auf mögliche Kalkausblühungen. Sollten nun innerhalb der Gewährleistungsfrist Kalkausblühungen auftreten, wären Gewährleistungsansprüche des Käufers aus diesem Grunde ausgeschlossen. Sollten die Ziegel jedoch auf dem Dach zerbrechen, so müsste der Händler dafür haften.

8.11 Garantie

Bei der Garantie handelt es sich um einen selbständigen Garantievertrag. Die Garantie stellt eine selbständige Anspruchsgrundlage dar (§ 443 BGB), die neben den Rechten des Käufers aus Gewährleistung bestehen kann. Die Garantiezusagen von einzelnen Herstellern sind dabei oft auch unter Marketing-Gesichtspunkten interessant.

Beispiele hierfür gibt es auch in der Baustoffindustrie. Z. B. machen einige Dachziegelhersteller Garantiezusagen über 30 Jahre, die deutlich über die gesetzliche Gewährleistung hinausgehen. Meistens werden diese Garantien, soweit sie über die gesetzliche Gewährleistung hinausgehen, mit Auflagen an die Käufer bzw. Verarbeiter verbunden.
Während bei der gesetzlichen Gewährleistung der Verkäufer dem Käufer gegenüber unmittelbar haftet, ist Vertragspartner des Garantievertrages der Hersteller. Nur an diesen kann sich der Käufer wenden. Fällt der Hersteller aber aus (Insolvenz), so ist solch eine Garantie wertlos. Der Baustoffhändler haftet dafür nicht. Deshalb kommt der Unterscheidung Gewährleistung – Garantie in der Praxis, besonders bei langjährigen Garantiezusagen, große Bedeutung zu. Auch wenn es entsprechende Garantien der Industrie gibt, sollte der Händler sich davor hüten, beim Verkauf oder bei der Abwicklung einer Gewährleistung Zusagen zu machen im Hinblick auf eine – vermeintlich – vorhandene Garantie. Zum einen kann die Garantie inhaltlich frei gestaltet werden (weiß der Verkäufer wirklich genau, was Inhalt der Garantiezusage des Hersteller ist?), zum anderen hilft die beste Garantie bei der Insolvenz des Herstellers nichts und der Verkäufer bleibt auf seiner Zusage sitzen.
Beim täglichen Verbrauchsgüterkauf muss eine Garantieerklärung einfach und verständlich abgefasst sein (§ 477 BGB – Transparenzgebot). Die Garantieerklärung muss folgende Informationen enthalten:

- den Hinweis auf die gesetzlichen Rechte des Verbrauchers sowie darauf, dass sie durch die Garantie nicht eingeschränkt werden und
- den Inhalt der Garantie und alle wesentlichen Angaben, die für die Geltendmachung der Garantie erforderlich sind, insbesondere die Dauer und der räumliche Geltungsbereich des Garantieschutzes sowie Namen und Anschrift des Garantiegebers.

Der Verbraucher kann verlangen, dass ihm die Garantieerklärung in Textform mitgeteilt wird.

Garantieabwicklung

Auch wenn bei Herstellergarantien Zurückhaltung geboten ist, sollte ein Verkäufer den Kunden bei der Garantieabwicklung „nicht im Regen stehen lassen". Zwar sollte man den Kunden über die Rechtslage aufklären, ihm aber gleichzeitig die vollste Unterstützung zusagen. Von Ausnahmen abgesehen, wird jeder Kunde Verständnis dafür haben, dass der Verkäufer nicht von sich aus Garantieleistungen übernehmen kann.
Für den Kunden ist der Hersteller aber eine anonyme Institution. Unmittelbarer Kontakt besteht nur zum Verkäufer. Deshalb erwartet er von diesem Hilfe und Unterstützung. Im Baustoff-Fachhandel kann hier im Verhältnis Kunde/Verkäufer viel Porzellan zerschlagen werden.
Einem Hersteller könnte es relativ gleichgültig sein, wenn sich ein Kunde über seine Produkte ärgert. In der Regel kauft der Bauherr seine Baustoffe für das Haus nur einmal. Im Falle einer Reklamation ist das Geschäft für den Hersteller bereits gelaufen. Anders die Situation für den Händler. Der Kunde wohnt am Ort, er renoviert, saniert, kauft noch Werkzeug. Hier soll ein Vertrauensverhältnis auf Dauer zustande kommen. Im Baustoff-Fachhandel kann es für einen Hersteller nicht ohne Bedeutung sein, wie zufrieden der Handwerker mit dem verarbeiteten Material ist. Dennoch ist auch hier der Händler als Kontaktmann vor Ort in einem viel größeren Abhängigkeitsverhältnis. Gewerbliche Kunden hat er im Gegensatz zu Privatkunden nur relativ wenige. Der Profi wird seinen Baustoffhändler ganz besonders an der Abwicklung von Reklamationen messen.

8.12 Kulanz

Bestehen keine Gewährleistungsansprüche, z. B. weil keine Abweichung der Ist- von der Sollbeschaffenheit gegeben ist oder diese verjährt sind etc., steht es dem Verkäufer dennoch frei, aus Kulanz dem Käufer entgegenzukommen. Der Händler hat sich ggf. vorher mit seinem Vorlieferanten abzustimmen, ob dieser sich an der Kulanz beteiligen will. Eine

Exkurs

Garantie – ein Marketinginstrument

Bei Kunden werden nicht selten Erwartungen gegenüber dem Handel geweckt, die dieser nicht erfüllen kann. Gebaut wird, das gilt zumindest für Deutschland, „für ein Leben". Bauen ist zudem sehr teuer. Deshalb reagieren Bauherren sehr sensibel auf Materialschäden, auch wenn diese erst nach einigen Jahren auftreten. Typische Beispiele wurden bereits erläutert. Der Kunde pocht in solchen Fällen nicht selten auf eine Garantie für das Material.
Verkäufer sollten in so einer Situation überaus vorsichtig sein. Leider ist für so manchen Hersteller die Garantie vorwiegend ein Marketinginstrument. Was ist z. B. von einer Garantie zu halten, die im Schadensfall zwar kostenlosen Materialersatz verspricht, der eigentliche Schaden aber durch Umweltverschmutzung oder Um- und Einbaukosten ein Vielfaches des Materialwertes betragen kann? Verkäufer, die hier dem Kunden im Vertrauen auf eine Herstellergarantie vorschnell Zusagen machen, laufen Gefahr, böse hereinzufallen.

VELUX

VELUX Herstellergarantie

Anwendungsbereich/ Garantieschutz
Die VELUX Deutschland GmbH (VELUX) übernimmt gegenüber Endkunden folgende Garantie:

VELUX Garantie	Garantiezeitraum
VELUX Dachfenster und Anschlussprodukte	
VELUX Dachfenster inkl. Verglasung VELUX Eindeckrahmen Anschlussprodukte wie: VELUX Innenfutter, VELUX Dämm- und Anschluss Set, VELUX Dampfsperrschürze, VELUX Anschlussschürze, VELUX Hilfssparren, VELUX Adapterkranz	10 Jahre

Garantiezusage (Auszug) eines Wohndachfenster-Herstellers

solche Kulanz sollte immer ausdrücklich unter Ausschluss der Anerkennung von Rechten des Käufers („ohne Anerkennung einer Rechtspflicht") und Aufrechterhaltung der eigenen Rechtsposition erfolgen, damit hieraus nicht ein Anerkenntnis wird, das dann zu weiteren Pflichten führt. Kulanz bedeutet, freiwillig eine Leistung zu erbringen, zu der man eigentlich nicht verpflichtet ist. Dies sollte dann auch gegenüber dem Kunden deutlich gemacht werden.
In größeren Unternehmen bietet es sich an, für die Behandlung von Kulanz Richtlinien zu erstellen, die dann von dem einzelnen Verkäufer zu beachten sind.

Scheinreklamationen
Kulanz ist verfehlt bei Scheinreklamationen, bei denen es dem Käufer nur darum geht, im Nachhinein durch „Mängel" Preisnachlässe zu ergattern, weil z. B. die Finanzierung eng wird.
Die Ware ist zwar in Ordnung, aber für die beabsichtigte Verwendung nicht geeignet. Die gekaufte Maschine wurde von dem Kunden falsch bedient. Mit einer „Scheinreklamation" wird versucht, vom eigenen Verschulden abzulenken. In verstärktem Maße versuchen auch Bauherren, die sich finanziell übernommen haben, auf diese Weise Zahlungen hinauszuzögern oder nachträglich Preisnachlässe „herauszuschinden". Kurz vor der Fertigstellung manches Hauses zeichnet es sich ab, dass es mit der Finanzierung knapp wird. Um die Baukosten zu senken, werden Kleinigkeiten mit dem Ziel reklamiert, Restzahlungen zu verweigern oder deutliche Preisnachlässe auszuhandeln. Da werden dann bei handgefertigten Platten zu große Farbabweichungen reklamiert, bei Naturholztüren gibt es zu große Unterschiede im Furnier, Profilhölzer haben zu viele Äste u. a. m.
Erkennt ein Verkäufer, dass der Kunde versucht, auf diese Weise Preisnachlässe zu „schinden", so sollte er freundlich, sachlich aber bestimmt den Reklamationen entgegentreten. Diese Art von Kunden werden Preisnachlässe nicht als besondere Leistung, sondern als Schwäche des Verkäufers werten. Haben sie einmal Erfolg, werden sie es immer wieder versuchen.

9 Produkthaftung

9.1 Gesetzliche Ansprüche / Produzentenhaftung

In Zusammenhang mit der Haftung des Baustoff-Fachhändlers fällt häufig das Stichwort „Produkt- oder Produzentenhaftung". In der Regel wird dieser Begriff falsch verwendet, da hier die Haftung des Herstellers für fehlerhafte Produkte nach § 823 Abs. 1 BGB verstanden wird. Von Produzentenhaftung spricht man, wenn durch ein fehlerhaftes Produkt schuldhaft und rechtswidrig in die Rechtsgüter, Leben, körperliche Unversehrtheit, Gesundheit, Freiheit und Eigentum eines Menschen eingegriffen wird, also der Schaden gerade nicht an dem Kaufgegenstand eintritt. Geht es um einen Schaden an dem Kaufgegenstand selbst, dann geht es um kaufrechtliche Gewährleistung.

Beispiel

Durch einen Mischfehler verliert ein an sich hochbelastbarer Fliesenkleber seine Haftfähigkeit. Eine große Marmorplatte, die mit diesem Kleber an der Wand verklebt wurde, löst sich und verletzt beim Herabstürzen ein Kind.

Der Hersteller des Fliesenklebers haftet aus § 823 BGB, wenn ihn ein Verschulden an der fehlerhaften Mischung trifft. Der Baustoff-Fachhändler haftet nur im Rahmen der Sachmängelhaftung für den mangelhaften Kleber, nicht jedoch für den Personenschaden.

Beispiel

Eine Fassade wird mit großflächigen Fliesenelementen verkleidet. Die Elemente werden nicht verklebt, sondern mit Haltesystemen aus Metall vor die Fassade gehängt. Die Metallträger sind zu schwach ausgelegt. Sie brechen, und die Fliesenelemente fallen von der Wand. Ein Passant wird verletzt.

Mögliche Haftungsgrundlagen können für die unterschiedlichen Schäden sein:
- mangelhafte Befestigungsteile = Ersatz durch Verkäufer aus Gewährleistung (Sachmangel),
- zerstörte Fliesenelemente = Schadenersatz aus Produkthaftung (Schadenersatz an anderen Sachen),
- verletzter Passant = Schadenersatz aus Produkthaftung (Körperverletzung).

Der Händler haftet im Rahmen der Gewährleistung nur für die mangelhafte Kaufsache, wenn diese denn mangelhaft war. Die Haftung erweitert sich aber, wenn er von den Materialproblemen des Herstellers wusste und den Käufer hierauf nicht hingewiesen hat und auch selbst keine Kontrollen durchführte. Dabei kann jedoch der Verkäufer auf die Angaben seines Lieferanten/Herstellers vertrauen.

Beispiel

Ein Baustoff-Fachhändler lagert frostempfindlichen Fliesenkleber auch im Winter im Freien. Mit diesem Kleber verflieste Treppenplatten lösen sich und ein Passant stürzt schwer. Auch hier haftet der Händler aus eigenem Verschulden.

9.2 Vergleich: Produkthaftung nach § 823 BGB und ProdHaftG

Merkmale der Produkthaftung nach § 823 BGB
Zwischen der verschuldensabhängigen Produzentenhaftung (deliktische Haftung nach § 823 BGB) und der verschuldensunabhängigen Haftung des Herstellers nach dem

Produkthaftungsgesetz (ProdHaftG) ist streng zu trennen. Zu den Haftungsvoraussetzungen der verschuldensabhängigen Haftung (deliktische Haftung) gem. § 823 BGB zählen:

- Produktfehler,
- Ursächlichkeit zwischen Fehler und Schaden,
- Rechtswidrigkeit der Schädigung,
- Vorsatz oder Fahrlässigkeit beim Schädiger.

Entscheidend für die verschuldensabhängige Haftung gem. § 823 BGB ist jedoch, dass Schadenersatz nach § 823 BGB nur dann zu leisten ist, wenn der Hersteller oder der Händler die Schadensursache verschuldet hat. Die Konsequenz ist, dass nach den geltenden Beweislastregeln im Zivilrecht der Geschädigte dem Hersteller bzw. Händler das Verschulden (Vorsatz oder Fahrlässigkeit) nachweisen muss. Abgesehen von so relativ einfachen Fällen wie Falschberatung oder der Lieferung einer falschen Ware ist dies in vielen Fällen für den Geschädigten sehr schwierig.
Der Bundesgerichtshof hatte die Problematik gesehen und versucht, durch **Beweislastumkehr** die Geschädigten besser zu stellen. Beweislastumkehr bedeutet, dass der Geschädigte nur nachweisen muss, dass eine Ware fehlerhaft war und dass der Schaden durch diese fehlerhafte Ware verursacht wurde. Es liegt dann an dem Hersteller seinerseits nachzuweisen, dass er für das fehlerhafte Produkt nicht verantwortlich ist. In der Praxis zeigte sich, dass dieser Entlastungsbeweis relativ leicht zu führen war. Das führte häufig dazu, dass Schadenersatzansprüche gegen Hersteller ins Leere liefen.

Merkmale der Produkthaftung nach ProdHaftG
Die Haftung aus dem ProdHaftG unterscheidet sich von der deliktischen Haftung vor allem in zwei Punkten: Das Gesetz geht grundsätzlich von einer **Gefährdungshaftung des Herstellers** aus. Das heißt, dieser haftet für Fehler seiner Produkte auch ohne Verschulden. Eine Entlastung ist nicht möglich. Um Geschädigten die Durchsetzung von Schadenersatzansprüchen zu erleichtern, wurde die Haftung des sogenannten „Quasi-Herstellers" eingeführt. Neben dem eigentlichen Hersteller haften auch der Importeur (aus nicht EU-Ländern), das Handelsunternehmen, welches Handelsmarken vertreibt, und der Händler, wenn dieser bei von ihm verkauften Waren nicht innerhalb eines Monats dem Käufer den Hersteller nachweisen kann.
Das ProdHaftG bringt für die Geschädigten erhebliche Vorteile. Neben der verschuldensunabhängigen Haftung der Hersteller führt insbesondere die Haftung inländischer „Quasi-Hersteller", als Ersatz für häufig nur schwer erreichbare Produzenten im Ausland, zu einer deutlichen Erleichterung der Rechtsverfolgung.
Zu beachten ist, dass die bisherige verschuldensabhängige Haftung des Herstellers auch weiterhin besteht. Dies ist für den Geschädigten deshalb wichtig, weil das ProdHaftG Schmerzensgeldansprüche bei Körperverletzungen nicht vorsieht. Solche Ansprüche können nur über die verschuldensabhängige Produkthaftpflichtregelung geltend gemacht werden.

9.3 Das Produkthaftungsgesetz (ProdHaftG)

Wird durch den Fehler eines Produktes ein Mensch getötet oder verletzt oder eine Sache beschädigt, so ist der Hersteller verpflichtet, den daraus entstehenden Schaden zu ersetzen. Bei der beschädigten Sache muss es sich um eine andere Sache als das fehlerhafte Produkt selbst handeln (Schäden an dem Produkt selbst unterliegen der kaufrechtlichen Haftung aus Gewährleistung!).
Schadenersatz gibt es nur für Sachen, die dem privaten Geoder Verbrauch dienen. Beruflich genutzte Waren fallen nicht darunter.
Für Sachschäden wird unbegrenzt gehaftet. Der Geschädigte muss jedoch einen Eigenanteil (Selbstbeteiligung) von 500 EUR tragen. Die Haftung für Personenschäden ist auf 85 Mio. EUR begrenzt (pro Schadensfall).

Hinweis: Bei der Haftung nach § 823 BGB haftet der Schädiger grundsätzlich unbegrenzt mit seinem gesamten Vermögen. Nicht unter das ProdHaftG fallen Entwicklungsrisiken (Produktfehler, die nach dem Stand von Wissenschaft und Technik nicht erkannt werden konnten) und privat hergestellte und weitergegebene Waren.
Produkte im Sinne des ProdHaftG sind alle beweglichen Sachen, auch wenn sie nur Teil einer anderen beweglichen Sache oder einer unbeweglichen Sache sind sowie Elektrizität.

Fehlerbegriff im Produkthaftungsgesetz
Ein Produkt hat dann einen Fehler im Sinne des ProdHaftG, wenn es nicht die Sicherheit bietet, die unter Berücksichtigung aller Umstände, insbesondere seiner Darbietung, des Gebrauchs, mit dem normalerweise gerechnet werden kann, und des Zeitpunkts, in dem es in den Verkehr gebracht wurde, berechtigterweise erwartet werden kann. Somit ist ein Mangel in der Gebrauchstauglichkeit kein Fehler im Sinne des ProdHaftG.
Im Vordergrund der Produkthaftung steht die objektive Produktsicherheit. Entscheidend kommt es dabei auf den Erwartungshorizont der Allgemeinheit an. In der Praxis bedeutet dies, dass der Hersteller nicht nur für technische Fehler haftet, sondern auch für unklare Gebrauchsanweisung und eine übertriebene Werbung, welche zu dem schädigenden Ereignis geführt hat. Hier hat auch eine Erweiterung des Sachmangelbegriffs im Kaufrecht stattgefunden, sodass dann auch Fehler an dem Kaufgegenstand selbst geltend gemacht werden können.

Unklare Gebrauchsanweisung
Ein Hersteller vertreibt als Zusatzgerät für Bohrmaschinen ein Rührwerk zum Anrühren von Fliesenkleber und Fertigmörtel. Da sich in der Gebrauchsanweisung kein Hinweis auf die maximale Drehzahl der Bohrmaschine findet, besteht die Gefahr bei Maschinen ohne Drehzahlregelung, dass vom Rührwerk Teile wegfliegen und den Verarbeiter verletzen. Hier wäre ein Warnhinweis in der Gebrauchsanweisung notwendig.

Übertriebene Werbung
In Werbespots demonstriert ein Hersteller von Allradfahrzeugen die Leistungsfähigkeit des Allradantriebs auf einer winterlich verschneiten Skischanze. Diese Werbung könnte, würde ein Autofahrer zum Nachahmen verleitet, zu einer Haftung des Herstellers führen.

Risiken für den Handel
Das ProdHaftG unterscheidet:
- Hersteller im eigentlichen Sinne (§ 4 Abs. 1 ProdHaftG) ist der Produzent des Endproduktes, eines Grundstoffs oder eines Teilproduktes.
- Quasi-Hersteller (§ 4 Abs. 2 ProdHaftG) sind dagegen Personen, die sich als Hersteller ausgeben, indem sie ihren Namen, ihr Warenzeichen oder ein anderes Erkennungszeichen auf dem Produkt anbringen.

Aufgrund dieser Definition kann nicht nur der eigentliche Hersteller in Anspruch genommen werden, sondern auch der Verkäufer von Handelsmarken.

Handelsmarken
Der Händler, der No-Name-Produkte einkauft (z. B. Fliesen, Fliesenkleber und Werkzeuge) und diese dann mit eigenen Verpackungen als Handelsmarke vertreibt, wird zum Hersteller im Sinne des ProdHaftG. Schon das Aufkleben eines Firmenetiketts auf an sich neutrale Werkzeuge (Hammer u. ä.) kann zur Haftung als Quasi-Hersteller führen.

Importeure
Als Hersteller im Sinne des Gesetzes gilt jede Person, die ein Produkt zum Zwecke des Verkaufs, der Vermietung, des Mietkaufs oder einer anderen Form des Vertriebs im Rahmen ihrer geschäftlichen Tätigkeit in die EU einführt. Das bedeutet, dass ein Baustoff-Fachhändler, der selbst Waren aus Nicht-EU-Ländern einführt, unmittelbar aufgrund des ProdHaftG in Anspruch genommen werden kann. Die Folge ist, dass sich der Geschädigte nicht mit der Haftung des Herstellers (im Ausland) zufriedenzugeben braucht. Er kann sich unmittelbar an den Importeur in der Bundesrepublik halten. Hier kann es sich anbieten, nicht selbst zu importieren, sondern von einer Gesellschaft mit Sitz in der EU, die von dem Hersteller betrieben wird, oder für den Import selbst eine eigene GmbH vorzuschalten.

Händler anonymer Produkte
Kann der Hersteller eines Produkts nicht festgestellt werden, so wird jeder Händler als Hersteller behandelt, wenn er dem Geschädigten nicht innerhalb eines Monats den Hersteller oder diejenige Person benennt, die ihm das Produkt geliefert hat.

Genaue Ermittlung des jeweiligen Lieferanten
Im Baustoff- und Fliesenfachhandel werden häufig Kleinteile (z. B. Kleineisenwaren, Schrauben, Werkzeuge, Dichtungskappen usw.) von den verschiedensten Herstellern bezogen. Innerhalb des Betriebes kommen diese Teile, soweit sie lose verkauft werden, in Behältnisse, die immer wieder aufgefüllt werden. Da in den meisten Fällen an den Artikeln selbst keine Herstellerkennzeichnung zu finden ist, läuft der Händler in Schadensfällen Gefahr, den Hersteller für die schadhaften Teile nicht benennen zu können.

Produkthaftpflicht-Versicherung
In der Regel wird beim Baustoff-Fachhandel das Produkthaftungsrisiko durch die Betriebshaftpflichtversicherung (erweiterte Produkthaftpflicht) abgedeckt sein. Eine Erweiterung des Versicherungsschutzes oder gar der Abschluss einer neuen Versicherung ist in der Regel nicht notwendig; dennoch empfiehlt es sich, den Versicherungsschutz im Hinblick auf das ProdHaftG mit dem Versicherer abzusprechen.

Gesamtschuldnerische Haftung
Soweit die Voraussetzungen für eine Haftung gegeben sind, haften alle Beteiligten (Hersteller, Importeur und Quasi-Hersteller) nebeneinander als Gesamtschuldner. Das heißt, der Geschädigte kann sich heraussuchen, wen er zur Haftung in Anspruch nehmen möchte. In der Regel wird er sich denjenigen herausgreifen, bei dem er seine Ansprüche am leichtesten realisieren kann. Kommt eine Haftung des Baustoff-Fachhändlers in Betracht, so wird der Geschädigte sich zunächst wahrscheinlich an diesen wenden, da er für ihn am leichtesten zu erreichen ist. Im Rahmen der gesamtschuldnerischen Haftung kann der Händler dann versuchen, bei seinen Vorlieferanten Regress zu nehmen. Im Rahmen dieses Regresses gibt es jedoch keine gesamtschuldnerische Haftung mehr. Der Händler muss also die Haftung der anderen genau nachweisen.
Zur Absicherung des Haftungsrisikos hat die Betriebsberatungsstelle für den Deutschen Groß- und Außenhandel GmbH für Importeure einen Mustervertrag für Regressvereinbarungen deutscher Importeure mit Drittlandlieferanten über Produkthaftungsansprüche erarbeitet. Doch das ist nur eine Notlösung. Für den Baustoff-Fachhandel ist es wichtig, sich seriöser und leistungsfähiger Vorlieferanten zu bedienen. Nur dann hat er eine Chance, bei einer Inanspruchnahme aus Produkthaftung beim Vorlieferanten Rückgriff zu nehmen. Bei unseriösen Lieferanten, die möglicherweise auch noch schwer erreichbar im Ausland sitzen und die vielleicht sogar noch in Zahlungsschwierigkeiten sind, kann unter Umständen die Haftung an dem Händler allein hängen bleiben.

Haftungsrisiken (Verjährung)
Ansprüche aus dem ProdHaftG verjähren
- nach drei Jahren von dem Zeitpunkt an, an dem der Geschädigte von dem Schaden, dem Fehler und von der Person des Schadenersatzpflichtigen Kenntnis bekommen hat (§ 12 ProdHaftG),
- nach zehn Jahren vom Zeitpunkt der Produkteinführung auf dem Markt an (§13 ProdHaftG).

Im Übrigen gelten die allgemeinen Vorschriften über die Verjährung.

DÖRKEN

DELTA®: Markenqualität für Dach und Keller

Die Dörken GmbH & Co. KG gehört zu den führenden Herstellern von Bauverbundfolien in Europa. Planer, Architekten, Handel und Handwerk vertrauen auf die einzigartige Kombination aus Jahrzehnte langer Erfahrung und hoher Innovationsfreudigkeit, die das Unternehmen schon immer auszeichnet.

Die enge Verbundenheit und der stetige Austausch mit Baufachleuten aller Gewerke sorgen dafür, dass Dörken stets am Puls der Zeit ist und frühzeitig erkennt, welche Produkte am Markt nachgefragt werden.

Das Unternehmen ist eine selbständige Tochtergesellschaft der Ewald Dörken AG – gegründet 1892 im westfälischen Herdecke – deren vier operative Tochtergesellschaften über 900 Mitarbeiter beschäftigen. Damit kommt es aus bestem Hause: 2008, 2010, 2012 und 2014 wurde die Ewald Dörken AG als eines der 100 innovativsten Unternehmen im deutschen Mittelstand ausgezeichnet.

Die Dörken GmbH & Co. KG begann mit Dachdichtungsbahnen für Eisenbahnwaggons; sie bildeten die Basis der heutigen DELTA®-Bauverbundfolien, mit deren Produktion Dörken 1961 begann. So ist die Marke DELTA® schon seit über 50 Jahren ein professioneller Maßstab für Zuverlässigkeit, Langlebigkeit und Energieeinsparung rund ums Haus. Zur Angebotspalette gehören heute Steildachbahnen mit Systemzubehör, Grundmauerschutz-, Dränage- und Abdichtungssysteme, Abdeck- und Gerüstplanen sowie Garten- und Teichfolien.

Wie schnell und kompetent Dörken auf neue Kundenwünsche und -bedürfnisse reagiert, stellt das Unternehmen jetzt wieder unter Beweis: mit dem hochleistungsstarken Steildach-Dämmsystem DELTA®-MAXX-POLAR, das schon mit geringen Dämmstoffdicken für hervorragende Wärmedämmwerte sorgt.

DELTA®-MAXX-POLAR, DELTA®-FOXX PLUS, DELTA®-MAXX PLUS, DELTA®-ALPINA

In Kürze: Das Unternehmen

Doerken GmbH & Co.KG
Wetterstraße 48
58313 Herdecke

Tel.: +49 (0) 23 30 / 63-0
Fax: +49 (0) 23 30 / 63-355
bvf@doerken.de
www.doerken.de
Ein Unternehmen der Dörken-Gruppe

hagebau Gruppe: Leistungsstarke, innovative Kooperation – attraktiver Arbeitgeber

Die hagebau Handelsgesellschaft für Baustoffe mbH & Co. KG, gegründet 1964, ist mit über 360 Gesellschaftern und rund 1.700 Standorten in sieben europäischen Ländern (Deutschland, Österreich, Schweiz, Luxemburg, Frankreich, Belgien und Spanien) aktiv.

Die hagebau Gesellschafter bezogen 2014 über die Kooperationszentrale Waren und Dienstleistungen in Höhe von 6,1 Milliarden Euro. Damit nimmt die hagebau Gruppe einen Spitzenplatz in der Branche ein. Alle Gesellschafter des Fach- und Einzelhandels der hagebau Gruppe erzielten ein Jahr zuvor (2013) einen Netto-Verkaufsumsatz von 13,8 Milliarden Euro. Die hagebaumärkte in Deutschland und Österreich erzielten im Geschäftsjahr 2014 einen kumulierten Netto-Verkaufsumsatz von 2,04 Milliarden Euro.

Der Fachhandel bedient unter der (Kann-)Marke hagebau die Bereiche Baustoffe, Fliese/Naturstein und Holz (primär B2B). Der Einzelhandel ist mit den Marken hagebaumarkt, Floraland und Werkers Welt im Do-it-yourself-Markt aktiv. Mit dem Joint Venture baumarkt direkt der hagebau mit der Otto Group Hamburg deckt die Verbundgruppe auch den Endverbraucher-Onlinehandel ab.

Die Zentrale der hagebau Kooperation hat ihren Hauptsitz in Soltau, Niedersachsen, und betreut ihre österreichischen Gesellschafter aus der Zweigniederlassung in Brunn am Gebirge nahe Wien. Mit etwa 800 Mitarbeitern erbringt die hagebau Zentrale zahlreiche Dienstleistungen für die angeschlossenen mittelständischen Handelshäuser, insbesondere in den Bereichen Einkauf, Vertrieb, Systeme, Logistik, Marketing und Finanzberatung. Damit wird das Tagesgeschäft der selbstständigen mittelständischen Handelshäuser umfassend und kostenoptimiert unterstützt.

Im Bereich der Nachwuchsförderung bildet die hagebau in mehreren kaufmännischen Berufen aus. Azubis steigen nach ihrer Ausbildung in der Regel als kaufmännische Angestellte in verschiedenen Abteilungen ein. Mögliche Betätigungsfelder sind beispielsweise Einkauf, Category Management, Vertrieb, Marketing, Versicherungsdienst oder der IT-Bereich. Bei sehr guten Leistungen ist es auch möglich, z.B. als Junior-Einkäufer zu beginnen. In der hagebau Logistik ist der Einstieg als Fachkraft für Lagerlogistik möglich. Zudem gibt es Einstiegsmöglichkeiten nach einem dualen BWL-Studium, etwa als Assistenz/Projektkoordinator oder Junior in verschiedenen Richtungen wie Personal oder Category Management/Einkauf.

Neugierig geworden?
Erfahren Sie mehr unter www.hagebau.com

In Kürze: Das Unternehmen

hagebau – Handelsgesellschaft für Baustoffe mbH & Co. KG
Celler Straße 47
29614 Soltau

Tel.: +49 (0) 51 91 / 8 02-0
Fax: +49 (0) 51 91 / 8 02-554
pr.kommunikation@hagebau.com
www.hagebau.com/karriere

V Verwaltung und Kosten

1 Kostenrechnung

In jeder Baustoffhandlung laufen täglich eine Vielzahl von Vorgängen ab: Ware wird angeliefert, auf Lager genommen oder im Fachmarkt in die Regale eingeordnet. Die Mitarbeiter erbringen Leistungen der verschiedensten Art. Die Ware wird gegen Rechnung ausgeliefert oder gegen bar verkauft. Kredite sind aufzunehmen und zurückzubezahlen. Eine Lagerhalle ist in der Planung. Ein neuer Lkw soll angeschafft werden. Die Unternehmensleitung hat zusammen mit den Mitarbeitern die Aufgabe, diese vielen Prozesse möglichst vorteilhaft abzuwickeln. Für Planung, Durchführung und Kontrolle gibt es ein gemeinsames Verständigungsmittel.

Das Rechnungswesen erfasst systematisch alle Geschäftsvorgänge der Baustoffhandlung.
Foto: Alexander Stein/ pixabay

Es heißt: Geld bzw. Wert. Im Rechnungswesen werden diese Vorgänge in Geldeinheiten erfasst, geordnet, aufbereitet und geplant. Dementsprechend kann das Rechnungswesen in vier Gebiete eingeteilt werden:

- Buchhaltung,
- Kostenrechnung und Kalkulation,
- Statistik,
- Planungsrechnung.

1.1 Grundlagen

Begriffe und Relationen

Bei der Kostenrechnung sind folgende drei Begriffspaare von Bedeutung:

Ausgaben und Einnahmen sind Zahlungsvorgänge, die in bar, per Scheck, Wechsel oder Überweisungsträger vorgenommen werden. Sie verändern die Zahlungsmittelkonten, wie z. B. Bank oder Kasse. Z. T. wird in der Literatur auch noch der Postscheck bzw. Postbarscheck aufgeführt. Das Postscheckverfahren hat heute jedoch fast keine Bedeutung mehr.

Ausgaben
Einnahmen
Aufwand
Ertrag
Kosten
Leistung

Aufwand und Ertrag stellen Begriffe aus der Gewinn- und Verlustrechnung dar. Beim Aufwand handelt es sich um eine Wertminderung (nicht um eine GELD-Minderung!), beim Ertrag um einen Wertzuwachs (nicht: GELD-Zuwachs!). Aufwand und Ertrag werden für eine bestimmte Periode festgehalten. Dabei ist es unerheblich, ob der Aufwand zum Erstellen der betrieblichen Leistung dient bzw. der Ertrag aus einer betrieblichen Leistung resultiert. So stellen z. B. Wechselkursverluste einen Aufwand dar, Wechselkursgewinne einen Ertrag. Mit der betrieblichen Leistung – dem Verkauf von Baustoffen – hat dieser Aufwand bzw. Ertrag jedoch nichts zu tun.

Kosten und Leistung sind die eigentlichen Begriffe der Kostenrechnung. Unter Kosten versteht man den Wertverzehr an Gütern und Dienstleistungen zur Erstellung der betrieblichen Leistung.
Die Begriffe Ausgaben, Aufwand und Kosten sind also nicht gleichbedeutend. Dasselbe gilt für Einnahmen, Ertrag und Leistung. In der Skizze links wird dargestellt, dass in einzelnen Teilen die Begriffe sich zwar überlappen, also ein gemeinsames Mittelstück gegeben ist, andererseits auch erhebliche Unterschiede bestehen. Die bezahlten Reparaturrechnungen, etwa für einen Firmen-Lkw, sind gleichzeitig Ausgaben, Aufwand und Kosten. Sie sind betrieblich veranlasst.
Ausgaben und Aufwand, nicht aber Kosten, sind Reparaturen eines dem Unternehmen gehörenden Pkw, der nicht betrieblich genutzt wird. Weder Ausgaben noch Aufwendungen, sondern ausschließlich Kosten stellt z. B. die Position „kalkulatorische Wagnisse" dar. Darauf wird später eingegangen.

In der Kostenrechnung müssen zahlreiche Werte rechnerisch ermittelt werden.
Foto: M. Jahreis/pixelio

Einteilung der Kosten

Fixe und variable Kosten: Fixe Kosten fallen ohne Rücksicht auf den Beschäftigungsgrad an (unter Beschäftigungsgrad sind z. B. die Stunden zu verstehen, die im Betrieb gearbeitet werden). Hohe fixe Kosten lasten z. B. auf dem Fuhrpark. So müssen Kfz-Versicherung und Kfz-Steuer bezahlt wer-

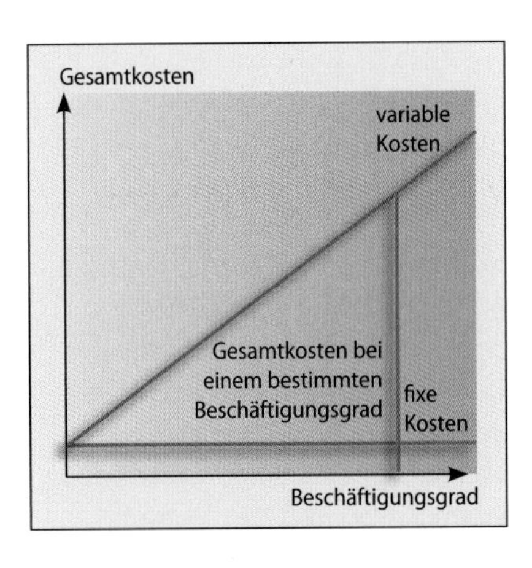

den, egal ob der Wagen fährt oder nicht. Variable Kosten dagegen verändern sich mit dem Beschäftigungsgrad. Je mehr Kilometer der Lkw fährt, desto höher sind die Kosten für Dieselkraftstoff.
Die Addition der fixen und variablen Kosten ergibt die Gesamtkosten bei einem bestimmten Beschäftigungsgrad. Des Weiteren sind für jedes Unternehmen wichtig zu unterscheiden:

- proportionale Kosten,
- progressive Kosten,
- degressive Kosten.

Die **proportionalen Kosten** steigen bei gleichmäßigem Beschäftigungsgrad gleichmäßig an. Ein Lkw-Fahrer wird im Durchschnitt folgenden Dieselverbrauch nachweisen:

100 km 40 l,
200 km 80 l,
300 km 120 l.

Progressive Kosten sind z. B. Überstundenzuschläge. Müssen diese bezahlt werden, steigen die Kosten pro Arbeitsstunde überdurchschnittlich an.

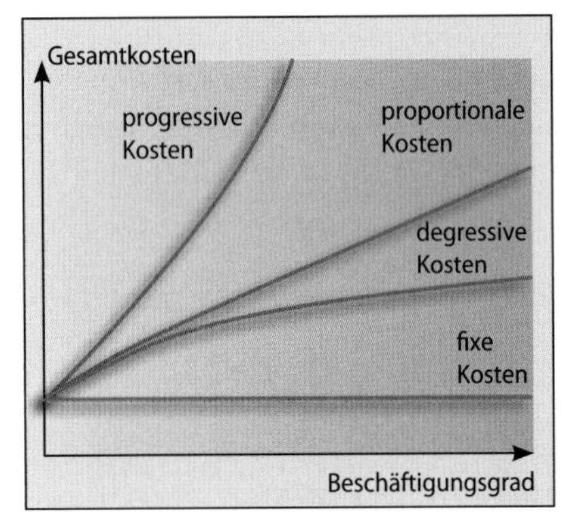

Degressive Kosten entstehen z. B., wenn bei wachsender Beschäftigung eine Kostenminderung auftritt. Typische Beispiele sind Kosten für Verwaltung oder für Transporte.

1.2 Kostenarten / Kostenartenrechnung

Die Kostenrechnung unterscheidet grundsätzlich zwischen Einzel- und Gemeinkosten.

Einzelkosten (direkte Kosten) lassen sich unmittelbar der Produktgruppe zurechnen, die diese verursacht hat (z. B. die Transportkosten für Zement).

Gemeinkosten (indirekte Kosten) sind keiner Produktgruppe unmittelbar zurechenbar (z. B. Ausstellung und Verwaltung). Beide Zahlenwerte werden in der Buchhaltung ermittelt.

Ferner muss der Begriff der **kalkulatorischen Kosten** erklärt werden. Diese Kosten werden bei der betrieblichen Kostenrechnung immer dann erfasst, wenn Kosten und Aufwand differieren. Kalkulatorische Kosten sind also Rechnungsgrößen, die dem Betrieb nicht als reale Ausgaben entstehen. Sie werden im Rahmen der Kostenrechnung entsprechend dem tatsächlichen Wertverzehr angesetzt. Ein Beispiel ist nachfolgend der sogenannte „kalkulatorische Unternehmerlohn".

Die **Kostenartenrechnung** gibt Antwort auf die Frage: Welche Kosten sind angefallen? Sie dient somit der vollständigen Erfassung der Kosten nach ihrer Art. Zugrunde gelegt wird eine bestimmte Abrechnungsperiode, in der Regel das Kalenderjahr. Die in späteren Kapiteln zu behandelnde Kostenstellen- und Kostenträgerrechnung sowie die kurzfristige Erfolgsrechnung bauen auf der Kostenartenrechnung auf. Bei den Kostenarten trennt man grob wie folgt:

Personalkosten
Hierunter fallen Gehälter, Löhne und Sozialabgaben wie die gesetzlichen Sozialabgaben (Arbeitgeberanteil an der Sozialversicherung) und die freiwilligen Sozialabgaben (z. B. Fahrtkostenzuschüsse). Zu den Personalkosten zählt ferner der kalkulatorische Unternehmerlohn. Einzelunternehmer, auch geschäftsführende Gesellschafter, stellen ihre Arbeitskraft dem Betrieb unentgeltlich zur Verfügung. Ihre Privatentnahmen sind nicht mit Gehältern gleichzusetzen. Es handelt sich vielmehr um eine vorweggenommene Gewinnauszahlung. Fällt ein Einzelunternehmer aus, so müsste für ihn ein vergleichbarer Geschäftsführer eingestellt werden. Er würde dann Gehalt und Sozialabgaben erhalten. Für den Inhaber sind deshalb die Kosten zu verrechnen, die der neue Geschäftsführer verursachen würde. Bei der Steuerbilanz gelten die steuerrechtlichen Vorschriften. Die Personalkosten im Baustoff-Fachhandel setzen sich aus den Personalkosten für die Mitarbeiter und dem kalkulatorischen Unternehmerlohn zusammen. Ihr Anteil ist gemessen an den Gesamtkosten des Unternehmens mit rund 30 – 40 % sehr hoch.

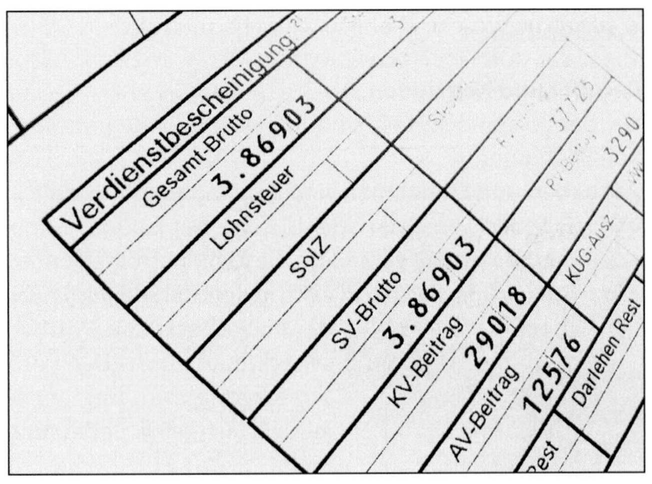

Löhne und Gehälter sind bedeutende Personalkosten. *Foto: C. Hautumm/pixelio*

Fuhrparkkosten, Lkw/Pkw/Stapler (ohne Abschreibung)
Die Kosten für die Firmen-Lkw und die Firmen-Pkw sind hier zu erfassen. Dazu kommen die Kosten für Gabelstapler, auch

Lkw, Ladekran, Anhänger und Gabelstapler gehören zum Kostenblock Fuhrpark.
Foto: Baywa

für Portalkrane oder sonstige Geräte, die für den Transport von Baustoffen eingesetzt werden. Die Fuhrparkkosten bilden nach den Personalkosten einen weiteren wichtigen Kostenblock in der Kostenrechnung eines Unternehmens. Gemessen am Umsatz scheinen sie verhältnismäßig gering zu sein. Diese Feststellung ist jedoch wenig aussagefähig. Um die Bedeutung der Fuhrparkkosten genauer definieren zu können, müssten sowohl die Abschreibungen als auch die Löhne und Sozialabgaben für das Fahrpersonal hinzugerechnet werden. Der Bezug auf den Gesamtumsatz führt ebenfalls zu Missverständnissen. So gibt es z. B. Umsatzanteile, bei denen keine Fuhrparkkosten entstehen, da der Kunde die Ware mit eigenem Fahrzeug beim Hersteller abholt. Diese Anteile sollten neutralisiert werden.

Raumkosten, Miete

Büro, Ausstellung, Lagerhalle und Freigelände gehören nicht immer dem Unternehmer. In so einem Fall ist deshalb dem Eigentümer, genauso wie bei einer Mietwohnung, Miete zu bezahlen.

Im anderen Fall, wenn der Baustoffhändler Eigentümer ist, muss kalkulatorische Miete Berücksichtigung finden. Eigentümer-Baustoffhändler stellen dem Unternehmen ihr Sachkapital – ihren Betrieb – zur Verfügung. Müsste die Firma in fremde Baulichkeiten umziehen, würden Mieten anfallen. Sie sind in dieser Höhe zu verrechnen. Zu den Mieten werden in den Kostenrechnungen des Baustoff-Fachhandels die Raumkosten addiert. Diese fallen z. B. an für Gebäudeversicherung, Instandsetzung, Heizung, Licht und Wasser.

Ob Mieter oder Eigentümer – Miete oder kalkulatorische Miete gehen in die Kostenrechnung ein.
Foto: Baucenter Fey, Kirn

Zinsen

Zu den Zinsen zählen:

- bezahlte Zinsen für kurzfristiges und langfristiges Fremdkapital sowie Zinsen und Gebühren für Schuldwechsel,
- kalkulatorische Zinsen für das Eigenkapital.

In der Buchhaltung werden nur die bezahlten Zinsen für das Fremdkapital festgehalten. Da jedoch für das eingesetzte Eigenkapital eine angemessene Verzinsung erwirtschaftet werden soll, sind hierfür kalkulatorische Zinsen in Ansatz zu bringen. Die Verzinsung der Gebäude und Grundstücke, also der Immobilien, fand bereits in der kalkulatorischen Miete Berücksichtigung, hier entfallen daher die entsprechenden Beträge. Die Addition der bezahlten und kalkulatorischen Zinsen ergibt die Gesamtkosten für Zinsen.

Werbungskosten, Reisekosten, Provisionen

Hierunter fallen die Werbekosten (siehe Ausführungen zum Thema „Werbeetat“), die Kosten für Geschäftsreisen der Mitarbeiter sowie z. B. die für die Vermittlung eines Auftrags gezahlten Provisionen. Die Spesen für den Außendienst zählen nicht dazu. Sie sind bei den Personalkosten zu erfassen.

Sonstige Kosten

Unter diesem Begriff werden alle Kostenarten zusammengefasst, die nicht besonders erwähnt werden. Hierzu gehören die Kosten für: Geringwertige Wirtschaftsgüter (GWG), Telefon und Post, Versicherungen, Beiträge und Rechtsbetreuung.

Wagniskosten

Jede unternehmerische und betriebliche Tätigkeit ist mit Risiken verbunden und kann daher zu Verlusten führen. Diese Risiken werden als sogenannte Wagnisse bezeichnet und erfasst. Das allgemeine unternehmerische Risiko (Konjunkturrückgang, Inflation, verändertes Käuferverhalten) findet hier jedoch keine Berücksichtigung. Es ist kein Kostenbestandteil und wird durch entsprechende Gewinnchancen abgedeckt. Anders bei den speziellen Wagnissen: Diese entstehen z. B. durch Diebstahl, Transportschäden und Ausfall von Forderungen. Sie werden als kalkulatorische Wagnisse erfasst. Sind einzelne Risiken, wie z. B. der Ausfall von Forderungen, durch eine Versicherung (Kreditversicherung) abgedeckt, so sind die hierfür entstehenden Kosten in Ansatz zu bringen.

Abschreibungen

Die im Betrieb eingesetzten Mittel, wie z. B. Gebäude, Maschinen und die Einrichtungen, nutzen sich ab und veralten. Sie unterliegen somit einem Wertverzehr. Dieser wird kostenmäßig in Form der Abschreibung erfasst. Die Lebensdauer der Betriebsmittel reicht in der Regel über mehrere

Abrechnungsperioden hinweg. Für die einzelnen Arbeitszeiträume muss daher der Wertverzehr, also die Kostenbelastung, geschätzt werden.

Beispiele

- **Abschreibung:** Ein Lkw kostet 60 000 EUR. Seine Betriebsdauer wird auf vier Jahre geschätzt. Der jährliche Wertverzehr, d. h. die Abschreibung, beträgt somit 12 500 EUR. Dies entspricht nicht der derzeitigen rechtlichen Vorgabe, wonach Lkw über neun Jahre abgeschrieben werden müssen. In der nach betriebswirtschaftlichen Belangen ausgerichteten Abschreibung werden aber häufig andere Abschreibungszeiträume angenommen, als dies steuerrechtlich möglich ist. Man spricht dann von kalkulatorischer Abschreibung.
- **Kürzere kalkulatorische Abschreibung:** Ein Lkw wird vom Baustoffhandel schwerpunktmäßig zum Kiestransport eingesetzt. Sein Verschleiß ist beträchtlich. Er muss deshalb in einem kürzeren Zeitraum, als dies steuerrechtlich möglich ist, abgeschrieben werden.

Gerade bei Lkws ist der betriebliche Abschreibungszeitraum wesentlich kürzer als der steuerliche Abschreibungszeitraum. *Foto: Bauking*

- **Längere kalkulatorische Abschreibung:** Ein Spezialgabelstapler wird verhältnismäßig wenig genutzt. Steuerrechtlich ist er bereits abgeschrieben, tatsächlich jedoch noch voll im Einsatz. Bei der kalkulatorischen Abschreibung wird deshalb ein längerer Abschreibungszeitraum angenommen.

Seit dem Jahr 2008 erlaubt der Gesetzgeber nur noch die lineare Abschreibungsmethode. D. h. Jahr für Jahr wird der jeweils gleich hohe prozentuale Satz abgeschrieben. Die geometrisch-degressive Abschreibungsmethode ist nach den derzeit geltenden Steuergesetzen nicht mehr möglich.

Restwert
10 000, 9 000, 8 000, 7 000, 6 000, 5 000, 4 000, 3 000, 2 000, 1 000, 0
Lineare Afa
2 4 6 8 10 12 14 16 18 20 t

Prinzip der linearen Abschreibung (AfA = Absetzung für Abnutzung)

Betriebliche Gebäude werden linear abgeschrieben. *Foto: Janssen + Kruse, Emden*

Gesamtkosten
Die Addition der aufgeführten Kostenarten ergibt als Endsumme die Position Gesamtkosten (Kosten gesamt). Die einzelnen Kostenarten und damit die Gesamtkosten sind in ihrer Höhe auch bei gleichartigen Betrieben etwas unterschiedlich. Sie differieren erheblich bei verschiedenen Strukturen einzelner Unternehmen. Ein Baustoffhändler, der nahezu alle seine Geschäfte in der Strecke abwickelt, hat verhältnismäßig geringe Kosten für Personal und Lager. Bei einem anderen Baustoffhändler dagegen, der vorwiegend Privatkunden über Lager bedient, schlagen diese Kostenarten ganz erheblich zu Buche. Im Durchschnitt wird man davon ausgehen können, dass beim Baustoff-Fachhandel rund die Hälfte des Geschäftes in der Strecke und die andere Hälfte über Lager abgewickelt wird.

1.3 Kontenrahmen

Der Kontenrahmen für den Baustoff-Fachhandel enthält die in der Branche übliche Gliederung der Kostenarten. Je weiter das Rechnungswesen ausgebaut wird, umso wichtiger wird die Untergliederung der einzelnen Kostenkonten. Hiermit werden bereits wesentliche Vorarbeiten für die Kostenrechnung geleistet. Als Beispiel seien die Personalkosten genannt. Hier kann z. B. folgende Gruppierung gewählt werden:

Personalkosten
- Gehälter,
- Aushilfsgehälter,
- Provisionen,
- Reisekosten,
- Löhne für Fuhrpark,
- Löhne für Lager,
- sonstige Löhne,
- Aushilfslöhne,
- Lohnnebenkosten,
- Mitarbeiterhonorare,
- Beratungshonorare,
- Provisionen an Fremde,
- kalkulatorische Unternehmerlöhne.

Personalkosten gesamt
Diese getrennte Erfassung erleichtert die weitere Verrechnung. Die Addition zu den Gesamtpersonalkosten ist jederzeit möglich.
Eine Verfeinerung der Kostenartenrechnung ist durch eine zeitliche Abgrenzung nach Monaten bzw. Quartalen möglich. Hierdurch entstehen abgegrenzte Daten, die einen detaillierten Vergleich ermöglichen.

2 Kalkulation und Preisgefüge

2.1. Rohertrag und Betriebsergebnis

Mit der Auflistung der Kostenarten über den Zeitraum von einem Jahr hinweg ist über das Betriebsergebnis noch keine Aussage zu treffen.
Um dies zu erreichen, hat eine Gegenüberstellung der Kosten mit der Leistung der Baustoffhandlung zu erfolgen. Die Leistung des Unternehmens dokumentiert sich im Verkaufserlös und im Rohertrag.

Wareneinsatz: Kosten für die Waren (Baustoffe) inklusive Warenbezugskosten (Frachten).

Verkaufserlös (Umsatz): Summe des Entgeltes, das beim Verkauf von Baustoffen und Dienstleistungen (z. B. Kranentladegebühren) erzielt wird.

Rohertrag: Vom Verkaufserlös (Umsatz) wird der Wareneinsatz (Warenkosten, Einkauf) abgezogen. Indem man vom Verkaufserlös den Wareneinsatz abzieht, erhält man den im Unternehmen erzielten Rohertrag:

	Verkaufserlös (Umsatz)
./.	Wareneinsatz (Warenkosten, Einkauf)
=	Rohertrag

Der Rohertrag aus dem Strecken- und Lagergeschäft wird in der Praxis getrennt ermittet. Die Addition ergibt den **Gesamtrohertrag**. Aus Gründen der Vereinfachung soll auf diese Differenzierung verzichtet werden. Werden vom Gesamtrohertrag die **Gesamtkosten** abgezogen, erhält man das **Betriebsergebnis**:

	Gesamtrohertrag
./.	Gesamtkosten
=	Betriebsergebnis (vor Steuern)

Im folgenden Beispiel sind der Gesamtrohertrag und die Kosten einer Baustoffhandlung festgehalten. Die prozentuale Berechnung bezieht sich auf den Verkaufserlös = 100 %.

Verkaufserlös	=		100 %
Gesamtrohertrag			ca. 22 %
(Lager und Strecke)			
Personalkosten		...... %	
Unternehmerlohn, kalkulatorisch		...... %	
Personalkosten gesamt			...... %
Miete, Raumkosten		...... %	
bezahlte Miete, kalkulatorisch		...... %	
Miete gesamt			...... %
Zinsen, bezahlte		...... %	
Zinsen, kalkulatorisch		...... %	
Zinsen gesamt			...... %
Werbung, Reise, Provision			...... %
Fuhr- u. Wagenpark, Stapler (ohne Abschreibung)			...... %
Sonstige Kosten			...... %
Wagnis, kalkulatorisch			...... %
Abschreibung gesamt			...... %
./. Gesamtkosten			**ca. 18 %**
= Betriebsergebnis (vor Steuern)			**4 %**

Vom Betriebsergebnis vor Steuern ist die Gewerbesteuer, die Kostencharakter hat, in Abzug zu bringen. Sie ist regional unterschiedlich und beträgt im Durchschnitt rund 1 % des Verkaufserlöses. Das Betriebsergebnis (betriebswirtschaftliches Ergebnis) unter Berücksichtigung der Gewerbesteuer beläuft sich somit auf 3 %. Dies sind die effektiven Zahlen einer Baustoffhandlung mit ca. 5 Mio. Verkaufserlös (ca. 50 % Strecke, ca. 50 % Lager).

2.2 Kalkulation

Aufgaben und Ziele
Die Kalkulation ist ein wichtiger Teil der Kostenrechnung. Beim Baustoff-Fachhandel hat die Kalkulation vorwiegend die Aufgabe, den Verkaufspreis von Baustoffen zu ermitteln. Dabei handelt es sich um ein Herantasten an den erzielbaren Marktpreis.
Basis für diese Vorgehensweise sind die eigenen Kosten zuzüglich des erforderlichen Gewinns. Vor der Kalkulation des Verkaufspreises steht die Kalkulation des **Einstandspreises**. Dieser wird wie folgt errechnet:

	Warenwert
./.	Nachlässe
+	Bezugskosten
=	Einstandspreis

Beim **Einkaufswert** handelt es sich lediglich um den Warenwert abzüglich der Nachlässe. Die Bezugskosten bleiben unberücksichtigt.

Kalkulation und Preisgefüge

Kalkulationsschema

Der Berechnung zur Ermittlung des Verkaufspreises von Baustoffen liegt folgendes vereinfachtes Schema zugrunde:

	Einkaufspreis der Baustoffe
./.	Nachlässe (ohne Sondernachlässe und Boni)
+	Bezugskosten (Frachten)
=	Einstandspreis (Wareneinsatz)
+	Betriebskosten (Gesamtkosten)
=	Selbstkosten der Baustoffe
+	Gewinn
=	Nettoverkaufspreis der Baustoffe
+	Mehrwertsteuer
=	Bruttoverkaufspreis der Baustoffe

Um nicht jeden einzelnen Artikel einer Artikelgruppe kalkulieren zu müssen, verfügen heute alle gängigen EDV-Systeme über Programme für Kalkulationsreihen. Dies erleichtert dem Händler die Preispflege ganz enorm. Von vielen Kooperationen und Verbünden wird mittlerweile auch die Artikelpreispflege als Dienstleistung angeboten. Dort werden dann u. a. auch Verkaufspreise vorgeschlagen, die der Baustoffhändler übernehmen kann, wenn er der Meinung ist, dass der Rohertrag ausreichend hoch kalkuliert ist. Die Tabelle unten zeigt ein Beispiel für eine Bruttopreiskalkulation.

Handelsspanne und Kalkulationsaufschlag

Unter Handelsspanne versteht man die Differenz zwischen Verkaufserlös (Warenumsatz) und Wareneinsatz (Wareneinkauf) in Prozent ausgedrückt.

	Verkaufserlös	= 100 %
./.	Wareneinsatz	= 75 %
=	Handelsspanne	= 25 %

Wird die Handelsspanne in EUR angegeben, so spricht man beim Baustoff-Fachhandel vom Rohertrag (Warenverkauf ./. Wareneinsatz). Der Rohertrag muss einerseits die Kosten des Unternehmens decken und andererseits einen angemessenen Gewinn erwirtschaften. Der Kalkulationsaufschlag bezieht sich auf den Wareneinsatz (Wareneinkauf) = 100 %. Er gibt an, um wie viel Prozent der Wareneinsatz zu erhöhen ist, um zu dem gewünschten Verkaufserlös zu kommen.

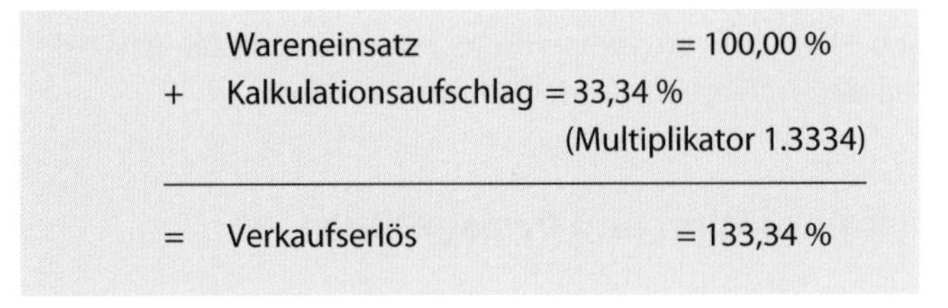

	Wareneinsatz	= 100,00 %
+	Kalkulationsaufschlag	= 33,34 % (Multiplikator 1.3334)
=	Verkaufserlös	= 133,34 %

Den Multiplikator nennt man auch Kalkulationsfaktor, er errechnet sich folgenermaßen: Verkaufspreis dividiert durch den Einstandspreis. Der Kalkulationsaufschlag von 33,34 % entspricht einer Handelsspanne von 25 %. Für die Umrechnung der Handelsspanne in den Kalkulationsaufschlag und umgekehrt sind folgende Formeln anzuwenden:

$$\frac{\text{Handelsspanne} \times 100}{100 - \text{Handelsspanne}} = \text{Kalkulationsaufschlag}$$

$$\frac{\text{Handelsspanne} \times 100}{100 + \text{Kalkulationsaufschlag}} = \text{Handelsspanne}$$

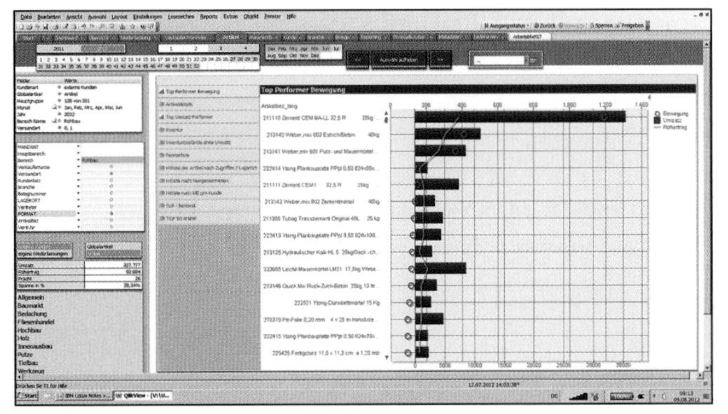

Analysesoftware „Quickview" für die Preiskalkulation *Abb.: Hagebau*

Kalkulationsdeckblatt Mörtel gültig ab: 01.02.15

Artikel	Waren-gruppe	Basis alt	Basis neu	EK-Fracht	Rechn.-Rabatte	Sonder-Nettopreise alt	Sonder-Nettopreise neu	Aufschlag alt	Aufschlag neu	Kunden-Rab. % A	B	C
Mörtel, Sackware	214	WL 98	WL 99	Fracht Zone 3	20 %			185	185	25	15	10
Putz- und Mauermörtel	214	WL 98	WL 99		20 %			185	185	25	15	10
Zementmörtel	214	WL 98	WL 99		20 %			185	185	25	15	10
Dämmmörtel	214	WL 98	WL 99		20 %			195	195	20	15	10
Spezialmörtel	214	WL 98	WL 99		25 % + 5 %			225	225	20	15	10

Um im täglichen Geschäft rasch arbeiten zu können, hat sich ein entsprechender Spickzettel bewährt:

Handelsspanne – Kalkulationsaufschlag

Ausgangsgröße: Handelsspanne Berechnungsgrundlage der Handelsspanne: Verkaufspreis (100 %)				Ausgangsgröße: Kalkulationsaufschlag Berechnungsgrundlage des Kalkulationsaufschlages: Einstandspreis (100 %)			
Handelsspanne in %	Kalkulationsaufschlag in %	Handelsspanne in %	Kalkulationsaufschlag in %	Kalkulationsaufschlag in %	Handelsspanne in %	Kalkulationsaufschlag in %	Handelsspanne in %
1	1,01	38	61,3	1	0,99	38	27,5
2	2,04	39	63,9	2	1,96	39	28,1
3	3,1	40	66,7	3	2,9	40	28,6
4	4,2	41	69,5	4	3,8	41	29,1
5	5,3	42	72,4	5	4,8	42	29,6
6	6,4	43	75,4	6	5,7	43	30,1
7	7,5	44	78,6	7	6,5	44	30,6
8	8,7	45	81,8	8	7,4	45	31,0
9	9,9	46	85,2	9	8,3	46	31,5
10	11,1	47	88,7	10	9,1	47	32,0
11	12,3	48	92,3	11	9,9	48	32,4
12	13,6	49	96,1	12	10,7	49	32,9
13	14,9	50	100,0	13	11,5	50	33,3
14	16,3	51	104,1	14	12,3	55	35,5
15	17,6	52	108,3	15	13,0	60	37,5
16	19,0	53	112,8	16	13,8	65	39,4
17	20,5	54	117,4	17	14,5	66 ⅔	40,0
18	21,9	55	122,2	18	15,2	70	41,2
19	23,4	56	127,3	19	16,0	75	42,9
20	25,0	57	132,6	20	16,7	80	44,4

Es kommt darauf an, wie man rechnet: von oben nach unten oder von unten nach oben!

Kalkulation im Einzelhandel

In den vorangegangenen Kapiteln wurde bereits auf das Spannendenken beim Einzelhandel eingegangen.

Da in der Praxis diese Art der Kalkulation immer noch auf großes Unverständnis stößt, sollen in einem weiteren ausführlichen Beispiel die Zusammenhänge erläutert werden: Ein Baustoffmarkt mit 4000 m² Verkaufsfläche und einem Jahresumsatz von 5 Mio. EUR (Quadratmeter – Umsatz 2 500 x Verkaufsfläche 4 000 = 5 Mio. EUR) muss, um auf den gewünschten Gewinn zu kommen, mit einer Handelsspanne von 38 % kalkulieren. Im Durchschnitt werden 10 % des Umsatzes als Sonderangebot verkauft. Für die Sonderangebote, die zu einem Teil sogar unter Einstandspreis angeboten werden, ergibt sich im Durchschnitt lediglich eine Spanne von 10 %. 90 % des Umsatzes werden mit normaler, 10 % des Umsatzes mit stark verringerter Spanne verkauft.

Der Flächenumsatz ist eine wichtige Kennzahl großer Baumärkte.
Foto: Hornbach

Im Einzelhandel stellt sich jetzt die Frage, wie die normale Spanne anzuheben ist, damit der Verlust bei der verringerten Spanne ausgeglichen wird. Es ergibt sich folgende Rechnung: Der Jahresumsatz von 5 Mio. EUR mit einer Spanne von 38 % ergibt einen Rohertrag von 1,9 Mio. EUR. Die Sonderangebote mit einer Spanne von nur 10 % ergeben einen Rohertrag von lediglich 50 000 EUR. 4,5 Mio. EUR müssen also einen Rohertrag von 1,85 Mio. EUR erbringen (1,9 Mio. EUR ./. 0,05 Mio. EUR = 1,85, Mio. EUR). Die dafür erforderliche Spanne errechnet sich nach einem einfachen Dreisatz:

4,5 Mio. EUR = 100 %
1,85 Mio. EUR = x

$$\frac{100 \times 1{,}85}{4{,}5} = 41{,}1\ \%$$

Die erforderliche Spanne für das Normalangebot von 4,5 Mio. EUR beträgt somit 41,1 %. In der Praxis bedeutet dies: Der Spannenverlust bei den Sonderangeboten wird durch die Spannenerhöhung beim Normalangebot ausgeglichen, sodass kein Verlust entsteht. Wenn also ein Baumarkt z. B. Zement weit unter Einstandspreis anbietet, so erleidet er keinen Verlust, da die nicht vorhandene Spanne – meist für eine geringe Menge – bereits im Vorhinein einkalkuliert wurde.

Schwierigkeiten im Baustoff-Fachhandel

Beim Baustoff-Fachhandel ergeben sich im Hinblick auf eine streng nach betriebswirtschaftlichen Gesichtspunkten aufgebaute Kalkulation ganz erhebliche Schwierigkeiten. Diese lassen sich wie folgt umreißen: Die Kapazität einer Baustoff-Fachhandlung ist in gewissem Umfang nicht beschränkt. Wenn der durchschnittliche jährliche Umsatzzuwachs z. B. 5 % beträgt, kann dies von nahezu jedem Unternehmen ohne Aufstockung der Kapazitäten bewältigt werden. Dies trifft aber auch zu – besonders im Streckengeschäft –, wenn der Umsatz um 10 % oder gar um 20 % steigt. In der Praxis bedeutet dies: Auf dem Weg zum Erfolg will eben jeder den umstrittenen Auftrag machen. Vergessen werden dabei häufig die Kosten und die notwendigen Erträge. Die „Prügel des emotionalen Wettbewerbs" werden in der „Schlacht um den Auftrag" völlig unkontrolliert ausgeteilt. Die Mitarbeiter sind über die im Betrieb vorhandenen Kosten und Ertragsrelationen zu wenig informiert. Es fehlt an der erforderlichen Unterweisung durch die Unternehmensführung. Dieser Mangel verstärkt sich, wenn bei der Entlohnung leistungsbezogene Elemente fehlen. Im Rechnungswesen wird zu wenig investiert. Die so notwendige „kurzfristige Erfolgsrechnung" im Zusammenhang mit der Kostenstellenrechnung ist häufig noch nicht vorhanden. Die Mitarbeiter im Verkauf sind zu wenig geschult. Sie praktizieren deshalb, was am leichtesten fällt: Verkauf über den Preis. Wichtige betriebliche Kennzahlen sind nicht bekannt, es fehlen z. B. die Ergebnisse von Betriebsvergleichen und die Kosten- und Leistungserfassung des Lkw-Fuhrparks. Dienstleistungen, wie etwa Anfuhr mit eigenen Fahrzeugen oder Kranentladung, werden mit nicht kostendeckenden Sätzen in Rechnung gestellt.

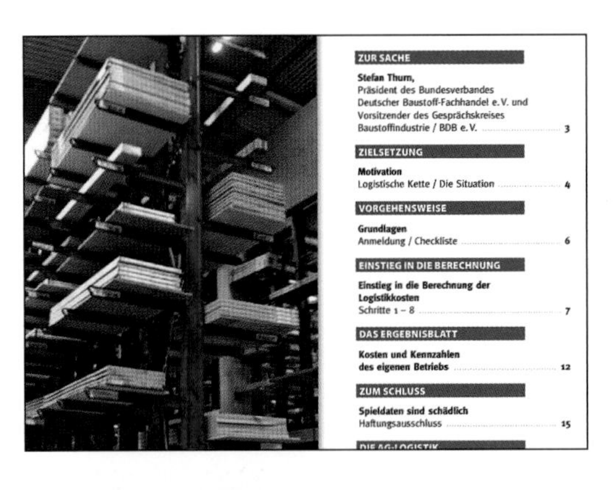

Mit der Broschüre „Logistikkosten im Baustoffhandel" gibt der Gesprächskreis Baustoffindustrie/ BDB dem Baustoff-Fachhändler ein Arbeitsmittel an die Hand, um seine Logistikkosten genauer zu ermitteln. (www.bdb-bfh.de)

Risiko: Preissenkungen

Die notwendigen Mehrmengen nach Preissenkungen sind dramatisch und in aller Regel bei Konkurrenzreaktionen im Baustoffmarkt völlig irreal!

Preissenkung in %	Bruttomarge in %							
	5	10	15	20	25	30	35	40
	Absatzsteigerung in % für gleichen Deckungsbeitrag							
2,0	67	25	15	11	9	7	6	5
3,0	150	43	25	18	14	11	9	8
4,0	400	67	36	25	19	15	13	11
5,0		100	50	33	25	20	17	14
7,5		300	100	60	43	33	27	23
10,0			200	100	67	50	40	33
15,0				300	150	100	75	60
30,0							600	300

Eigentlich kann sich der Baustoff-Fachhandel in der gegenwärtigen Wirtschaftslage keine Rabatte leisten.

2.3 Kalkulatorische Überlegungen beim Lager- und Streckengeschäft

Die hier zu behandelnden Zusammenhänge sollen an einem Beispiel dargestellt werden. Es wurde festgestellt: Die Gesamtkosten incl. der kalkulatorischen Kosten liegen bei 20 % (bezogen auf den Verkaufserlös = 100 %). Gewinn wird also erst dann erzielt, wenn die Spanne höher als 20 % liegt. Mit anderen Worten ausgedrückt, die Mindestspanne von 20 % kann als Schwellenspanne bezeichnet werden. Folgende Daten sind fix:

(a) Der Gesamtumsatz teilt sich auf in:
  50 % Lagergeschäft,
  50 % Streckengeschäft.

Diese Halbierung entspricht ziemlich genau dem Bundesdurchschnitt.

(b) Die Spanne im Streckengeschäft soll beispielsweise 7 % betragen.

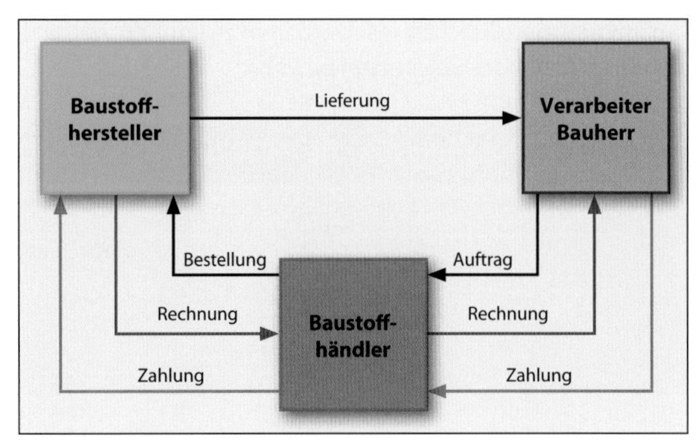

Im Streckengeschäft entfallen für den Baustoffhändler die Lagerkosten.

Die Frage lautet: Wie sind im Durchschnitt die Baustoffe zu kalkulieren, die über Lager verkauft werden, damit für den Gesamtumsatz eine Spanne von 20 % erzielt wird?

Die Antwort: Da die Spanne Strecke lediglich 7 % ausmacht, muss die Spanne Lager erhöht werden. Ein Ausgleich, der zur Mindestspanne von 20 % führt, ist dann zu erreichen, wenn die Spanne Lager mit 33 % angesetzt wird (Spanne Stecke 7 % zuzüglich Spanne Lager 33 % : 2 = Gesamtspanne 20 %). Die Spanne Lager 33 % entspricht einem Aufschlag von 50 %. Gewinn wurde bei dieser Rechnung nicht erzielt. Die Spanne bzw. der Aufschlag muss deshalb um den Gewinnbedarf erhöht werden. Liegt der durchschnittliche Verkaufserlös im Streckengeschäft unter 7 %, muss im Lagergeschäft entsprechend der durchgeführten Berechnung die Spanne bzw. der Aufschlag erhöht werden.

2.4 Preisgefüge

Preise sind der geldliche Ausdruck für den Wert der Ware oder der Dienstleistungen, die der Unternehmer dem Markt zur Verfügung stellt. Unter dem Begriff Preisgefüge versteht man die Gesamtheit des Preisangebotes und die Beziehung der Preise untereinander. Wenn die Preise nach einheitlichen Gesichtspunkten kalkuliert wurden, ergibt sich ein auf den Kalkulationsdaten basierendes homogenes Preisgefüge. Die Preisliste für das gesamte Baustoffangebot ist der sichtbare Ausdruck des Preisgefüges. Die vom Baustoff-

Weisszement CEM I 42,5 R (dw)
Dyckerhoff Weiss Face, 25kg/Sack
8,61 EUR zzgl. 19 % MwSt. zzgl. Lieferkosten
DETAILS | ANFRAGEN

Portlandzement CEM-I 32.5 R
DEUTSCHER ZEMENT, 25kg/Sack-56/Pal
2,54 EUR zzgl. 19 % MwSt. zzgl. Lieferkosten
DETAILS | ANFRAGEN

Portlandzement CEM-II/B-S 32.5R
EN 197-1, 25kg/Sack-56/Pal
2,42 EUR zzgl. 19 % MwSt. zzgl. Lieferkosten
DETAILS | ANFRAGEN

Trasszement TZ-o,
25 kg/Sack - 54 Sack/Pal
5,14 EUR zzgl. 19 % MwSt. zzgl. Lieferkosten
DETAILS | ANFRAGEN

Im Internet: Nettopreisliste einer Baustoffhandlung (Auszug)

Fachhandel erstellten Preislisten beziehen sich überwiegend auf den Verkauf ab Lager. Kommt es zu größeren Mengenanfragen oder handelt es sich um Streckengeschäfte, sind vorherrschend Angebote zu Tagespreisen auf dem Markt zu finden. Bei der Kalkulation dieser Tagespreise spielen viele Faktoren eine Rolle. Wettbewerb, Position beim Hersteller, Kunde, Baustellenort und Unternehmensstrategie sind einige harte Faktoren für die Entscheidung, aber auch emotionale Überlegungen können hinzukommen. Folgende Preislisten finden sich im Baustoff-Fachhandel:

- Bruttopreisliste,
- Nettopreisliste,
- Werkspreisliste.

3 Kennzahlen als Entscheidungsträger im Unternehmen

Kennzahlen sind ein hervorragendes und unentbehrliches Instrument, um erforderliche Entscheidungen im Unternehmen zu erkennen, durchzuführen und zu kontrollieren. Dazu sind Vergleiche notwendig. Dies kann geschehen durch

- einen innerbetrieblichen Vergleich,
- einen zwischenbetrieblichen Vergleich (Betriebsvergleich).

Beim innerbetrieblichen Kennzahlenvergleich werden z. B. Kennzahlen einzelner Filialen oder bestimmter Abteilungen zueinander in Relation gestellt, z. B.: Lagerumschlag Rohbaustoffe im Verhältnis zu Lagerumschlag Fliesen. Darüber hinaus ist der innerbetriebliche Kennzahlenvergleich als reiner Zeitvergleich über bestimmte Zeitperioden – in der Regel von Jahr zu Jahr – möglich. Neben dem Zeitvergleich gibt es dann noch den Soll-Ist-Vergleich, bei dem tatsächliche Werte (Ist-Werte) mit geplanten Werten (Soll-Werte) verglichen werden, z. B. Umsatz pro Beschäftigtem:

Ist:	275 000 EUR
Soll:	265 000 EUR

Die Mitarbeiter haben also mehr als in der Planung vorgesehen geleistet.
Der **zwischenbetriebliche** Kennzahlenvergleich stellt eine Gegenüberstellung von Kennzahlen aus mehreren Betrieben dar. Hierzu bieten z. B. die Kooperationen des Baustoff-Fachhandels Betriebsvergleiche an.

3.1 Betriebliche Kennzahlen

Kennzahlen machen Aussagen zu Kontrolle, Führung und Planung im Unternehmen. Es kann sich dabei um absolute Zahlen oder um Verhältniszahlen (Relativzahlen) handeln. Absolute Zahlen sind z. B. der Umsatz einer Abteilung oder eines Verkaufsbezirks. Summen, wie etwa die Bilanzsumme oder die Summe der Auftragseingänge, oder Differenzen, wie z. B. der Gewinn, sind ebenfalls betriebswirtschaftliche Kennzahlen in Form von absoluten Zahlen. Das gleiche gilt auch für Mittelwerte.

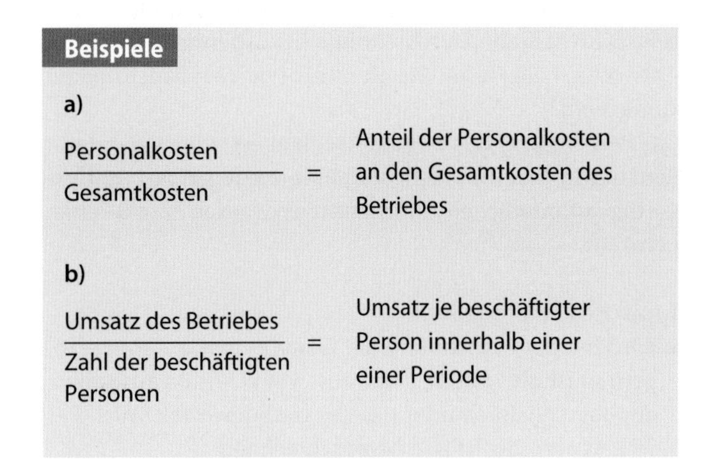

Beispiele

a)

$$\frac{\text{Personalkosten}}{\text{Gesamtkosten}} = \text{Anteil der Personalkosten an den Gesamtkosten des Betriebes}$$

b)

$$\frac{\text{Umsatz des Betriebes}}{\text{Zahl der beschäftigten Personen}} = \text{Umsatz je beschäftigter Person innerhalb einer einer Periode}$$

Gliederung der betrieblichen Kennzahlen
In einer Baustoffhandlung wird menschliche Arbeitskraft eingesetzt, werden Baustoffe gekauft, gelagert und verkauft, Büro- und Lagerräume genutzt sowie im Rechnungswesen Kosten und Leistung zahlenmäßig erfasst, um nur die wichtigsten Positionen zu nennen. Dementsprechend kann die Gliederung der betrieblichen Kennzahlen vorgenommen werden.

Menschliche Arbeitskraft: Der Umsatz je beschäftigter Person (Auszubildende sind dabei mit einem Drittel eines ganztägig beschäftigten Mitarbeiters zu veranschlagen) wird durch folgende Relation ermittelt:

$$\frac{\text{Gesamtumsatz des Unternehmens}}{\text{Zahl der beschäftigten Personen}}$$

In einer durchschnittlichen Baustoffhandlung, bei welcher der Gesamtumsatz in etwa zur einen Hälfte im Lagergeschäft und zur anderen im Streckengeschäft getätigt wird, entfällt auf jeden Mitarbeiter ein Umsatzanteil von rund 350 000 EUR. Bei höherem Lageranteil als 50 % (das Lagergeschäft ist personalintensiver als das Streckengeschäft) fällt diese Kennziffer, bei mehr Streckengeschäft als 50 % erhöht sie sich. Allein mit diesen Kennzahlen kann ein Unternehmer feststellen, ob sein Betrieb personell über- oder unterbesetzt ist.

Weitere betriebliche Mitarbeiter-Kennzahlen:

- Umsatz je Verkaufskraft,
- Umsatz je Außendienstmitarbeiter,
- Lagerumsatz pro Beschäftigtem,
- Barumsatz je Verkäufer im Innendienst,
- Personalkosten in % der Gesamtkosten,
- Personalkosten in % des Rohertrags,
- Verkaufserlös pro Beschäftigtem,
- Rohertrag pro Beschäftigtem.

Ware (Baustoffe): Die Lagerhaltung von Baustoffen gehört zu den Aufgaben und Leistungen eines Baustoff-Fachhandelsbetriebs. Damit die entstehenden Kosten niedrig gehalten werden, muss der Lagerumschlag möglichst hoch sein. Die Kennzahl „Durchschnittlicher Lagerumschlag" gibt Antwort auf die Frage: Wie oft schlägt sich ein Baustofflager jährlich um?
Die Berechnung des Lagerumschlags ist von besonderer Bedeutung, hier muss sehr sorgfältig vorgegangen werden. Bei den erforderlichen Zahlenansätzen werden häufig Fehler gemacht.

Typische Fehlerquellen:

- Wird bei der Berechnung der Gesamtumsatz herangezogen, so ist dies falsch. Man muss vom Umsatz ausgehen, der ausschließlich über das Lager abgewickelt wird. Der Streckenumsatz ist also herauszurechnen.
- Bei der Erfassung des Lagerbestands wird in aller Regel vom Inventurwert am Ende bzw. Anfang eines Jahres ausgegangen. Das ist problematisch. In dieser „toten" Zeit sind die Lagerwerte erfahrungsgemäß niedriger als im Durchschnitt. Wer eine Lagerfortschreibung durchführt, hat Vorteile. Er erhält verlässliche Werte und kann seinen Lagerumschlag für jeden Monat oder quartalsweise feststellen.
- Es muss mit vergleichbaren Werten gerechnet werden. Man vergleicht Äpfel mit Birnen, wenn man Einkaufswerte in Relation zu Verkaufswerten setzt.

Nimmt man etwa den Lagerumsatz zu Verkaufspreisen und den Lagerbestand zu Einkaufspreisen, bekommt man eine viel zu hohe Umschlagshäufigkeit und „lügt sich damit in die eigene Tasche".
Um diese Fehlerquelle auszuschalten, d. h. vergleichbare Werte zu erhalten, muss der gegebene Lagerbestand zu Einkaufspreisen mit einem Multiplikator hochgerechnet werden. Dann erhält man den für die Berechnung notwendigen rein theoretischen Wert für „Lagerbestand zu Verkaufspreisen". Die Vergleichbarkeit zum „Lagerumsatz zu Verkaufspreisen" ist damit gegeben.

Berechnung: Wird keine Lagerfortschreibung durchgeführt, geht man vom Inventurwert aus, rechnet ihn mit Multiplikator zwischen 1,30 und 1,40 hoch und erhält so den durchschnittlichen Lagerbestand zum Verkaufspreis. Die möglichen Fehlerquellen wurden bereits aufgezeigt. Findet eine Lagerfortschreibung statt, bekommt man präzisere Werte. Die Lagerbestände am Anfang eines Quartals werden ebenfalls mit Multiplikator hochgerechnet. Man erhält so die Werte „Lagerbestand zu Verkaufspreisen" jeweils zu Beginn eines Quartals.

$$\frac{\text{Lagerbestände (VK) am } 1.1. + 1.4. + 1.7. + 1.10.}{4} = \text{durchschnittlicher Lagerbestand (VK)}$$

Aus dem Lagerumsatz pro Jahr und dem durchschnittlichen Lagerbestand lässt sich die **Umschlagshäufigkeit** errechnen: Sie ergibt sich durch folgende Relation:

$$\frac{\text{Lagerumsatz pro Jahr (VK)}}{\text{durchschnittlicher Lagerbestand (VK)}} = \text{Umschlagshäufigkeit}$$

Beispiel

Ein Händler setzt jährlich 3 Mio. EUR um (VK). Sein durchschnittlicher Lagerbestand beträgt 0,75 Mio. EUR (EK). Mit Multiplikator 1,35 hochgerechnet ergibt sich ein durchschnittlicher Lagerbestand zu VK von 1,0125 Mio. EUR.
Lagerumsatz pro Jahr:

$$\frac{\text{(VK) 3 Mio. EUR}}{\text{durchschnittlicher Lagerbestand (VK) 1,0125 Mio. EUR}} = \text{2,96 Umschlagshäufigkeit}$$

Eine entsprechende Berechnung mit Einkaufspreisen (EK) ist ebenfalls möglich. Die durchschnittliche Umschlagshäufigkeit im Baustoff-Fachhandel beträgt ca. 5. Bei Keramik wird dieser Wert bei Weitem nicht erreicht. Hier kann man sagen: Die Umschlaghäufigkeit liegt bei ca. dreimal pro Jahr. In der Praxis heißt dies: Wer einen Lagerumschlag von 2 erreicht, liegt unter dem Schnitt und muss sich Konsequenzen überlegen. Wer sich bei oder über 4 bewegt, hat moderne logistische Überlegungen realisiert und bestimmt wenig Ladenhüter in den Regalen.

Die betriebliche Kennzahl des Lagerumschlags ist für den Baustoffhandel von großer Bedeutung. *Foto: Wehling+Busert/Baustoffring*

3.2 Raum und Rechnungswesen

Raum

Besonders im Facheinzelhandel mit seinen überdachten und beheizten, also sehr teuren Flächen wird genau geprüft. Berechnet wird vor allem:

- Umsatz je m² Verkaufsfläche,
- Rohertrag je m² Verkaufsfläche,

- Umschlagshäufigkeit einzelner Warengruppen wie z. B.: Werkzeuge, Farben + Lacke, Chemische Baustoffe, Holz und Holzwaren, Keramik, Isoliermatten usw.,
- Lagerbestand pro m² Verkaufsfläche,
- Zahl der m² Verkaufsfläche je beschäftigte Person.

Angesichts der sehr teuren Flächen müssen im Baufachmarkt bestimmte Kennzahlen genau geprüft werden. *Foto: Baumarkt Löcken, Schüttdorf*

Rechnungswesen
Aus dem Rechnungswesen, also aus Buchhaltung, Kostenrechnung, Kalkulation, Statistik und Planungsrechnung einer Baustoffhandlung kommt eine derartig große Fülle von Kennzahlen, dass nur die wichtigsten aufgeführt werden können:

- Verkaufserlöse (Umsatz) insgesamt und aufgeteilt in Lager und Strecke,
- Umsatz mit dem Gewerbe oder dem Endverbraucher,
- Barverkäufe in % des Endverbraucher-Umsatzes,
- Skonti und Boni von Lieferanten in % des Einkaufes,
- Skonti an Kunden in % der Verkaufserlöse,
- Rohertrag Lager in % der Verkaufserlöse Lager,
- Rohertrag Strecke in % der Verkaufserlöse Strecke,
- Rohertrag in % der Verkaufserlöse gesamt,
- Forderungen aufgrund von Warenlieferungen und Leistungen in % des Gesamtumsatzes,
- die einzelnen Kostenarten in % des Verkaufserlöses.

Cashflow: Eine weitere, überaus wichtige Kennzahl ist der Cashflow. Der Begriff kommt aus der amerikanischen Investitionsstatistik und heißt vereinfacht ausgedrückt „Kassenfluss" und gibt Aufschluss über die Investitions- und Selbstfinanzierungskraft des Unternehmens. Cashflow ist der Betrag, den das Unternehmen selbst erwirtschaftet und der zur Finanzierung von Ersatzinvestitionen sowie von Erweiterungsinvestitionen eingesetzt werden kann. Er ist so ein Maßstab für die Bewältigung von Zukunftsaufgaben.

	Jahresüberschuss
+	Erhöhung der langfristigen Rückstellungen
+	Abschreibungen auf Sachanlagen und Beteiligungen
=	Cashflow

Ein hoher Cashflow weist eine starke Investitionskraft aus. Ein niedriger Cashflow macht auf Schwachstellen aufmerksam. Besonders bei Banken ist der Cashflow oftmals die entscheidende Richtgröße für Gewährung von Krediten.

4 Kostenstellenrechnung

4.1 Grundlagen

Die Kostenartenrechnung aus dem vorherigen Kapitel gibt Antworten auf die Frage: Welche Kosten sind angefallen? Die Kostenstellenrechnung ermittelt: Wo sind die Kosten entstanden? Die Kostenstellenrechnung fixiert also, welcher Stelle des Betriebs die in der Kostenartenrechnung erfassten Kosten zuzurechnen sind. Um dies zu ermöglichen, wird der Betrieb in Teilbereiche – die sogenannten Kostenstellen – zerlegt. Die Kosten und Leistungen jeweils nur einer Kostenstelle werden miteinander verglichen. Erst mit dieser Vorgehensweise können wirtschaftliche und unwirtschaftliche Teilbereiche im Betrieb erkannt werden.

Beispiel

Eine Baustoffhandlung weist einen Gewinn von 100 000 EUR aus. Verkauft wird in drei Abteilungen:

- Rohbaustoffe,
- Fliesen,
- Elemente.

In jeder Abteilung werden jetzt die Kosten und Leistungen getrennt erfasst. Jede Abteilung wird damit zur Kostenstelle. Das Ergebnis der Auswertung ist überraschend:

Rohbaustoffe:	Gewinn	50 000
Fliesen:	Gewinn	60 000
Elemente:	Verlust	–10 000
Gesamtgewinn		**100 000**

Erst mit der Kostenstellenrechnung wird es möglich, den unwirtschaftlichen Betriebsteil „Elemente" zu ermitteln. Die Kostenstellenrechnung hat zwei wichtige Aufgaben: die Kontrolle der Wirtschaftlichkeit und die Bereitstellung von Kalkulationsdaten. Die im Beispiel angeführte Elementeabteilung wird nur dann in die Gewinnzone geführt werden können, wenn bestmöglich rationalisiert wird und zudem die Preise für die erbrachten Leistungen angehoben werden. Gezielte Wirtschaftlichkeitsprogramme sind ohne Kostenstellenrechnung überhaupt nicht durchführbar. Das Gleiche gilt für eine nach betriebswirtschaftlichen Gesichtspunkten durchgeführte Angebots-Preis-Politik. Wenn man nicht weiß, wo die Kosten entstehen, muss die Preisfindung für die entsprechenden Produkte dem Zufall oder der Konkurrenz überlassen bleiben. Diese sehr passive Haltung führt früher oder später in den Verlustbereich, vor

allem, wenn die Konkurrenz ebenfalls zufallsorientiert verkauft.
Die moderne Unterteilung nach Abteilungen oder, anders gesagt, nach Bereichen, wird differenzierter durchgeführt. Unterschieden wird in Hauptkostenstellen und Hilfskostenstellen. Die sogenannten Hauptkostenstellen dienen dem direkten Betriebszweck.
Hauptkostenstellen sind mit Eigenverantwortung ausgestattete Unternehmensbereiche, die Umsatzerlöse erwirtschaften.

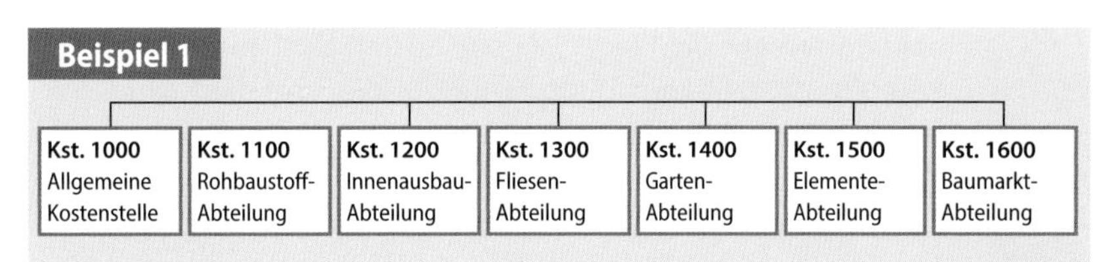

Es kann sicherlich noch weiter unterteilt werden. Der Übersichtlichkeit halber fahren wir mit unserem oben aufgeführten Beispiel fort.
Hilfskostenstellen, auch Nebenkostenstellen genannt, erbringen für die Hauptkostenstellen unterstützende Leistungen.

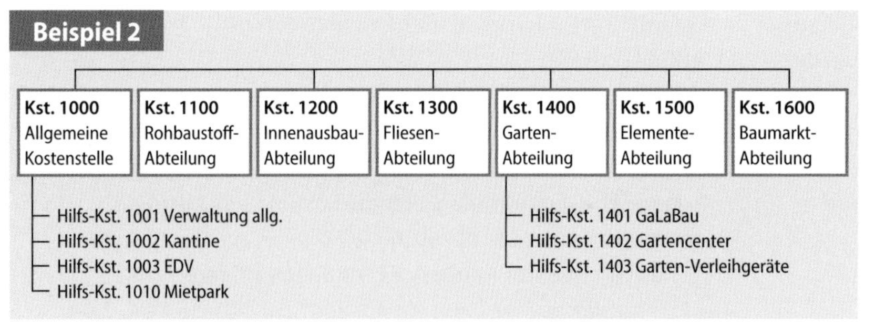

Die EDV-Abteilung und die Kantine dienen allen Abteilungen, und in der allgemeinen Verwaltung werden z. B. die Rechnungen für alle Verantwortungsbereiche (Abteilungen) fakturiert und gebucht. In der Abteilung Gartenbau unterteilt man

Der Bereich Gartencenter zählt zu den Hauptkostenstellen.
Foto: Holz und Bau Baustoffe, Weener

nach GaLaBau, Gartencenter und den zu verleihenden Gartengeräten. Hilfskostenstellen verfügen über keinen eigenen Umsatz. Sie stellen jedoch so große Betriebsteile dar, dass ihre Kosten getrennt zu erfassen sind. Nur so ist z. B. die Antwort auf folgende Fragen möglich: Was kostet das Baustofflager oder auch der Fuhrpark? Die Kosten der Hilfskostenstellen werden später auf die Hauptkostenstellen übertragen.

4.2 Kostenstellen

Bei der Festlegung der Kostenstellen ist zuerst einmal grundsätzlich zu klären, welche Kostenstellen zu bilden sind und wie sie gegeneinander abgegrenzt werden. Hierfür können verschiedene Gesichtspunkte maßgebend sein:

Räumlich: abgegrenzte Betriebsteile werden als Kostenstelle gewählt, z. B. Lager, Niederlassungen, Ausstellungen.

Funktionsorientiert: Gleichartige Tätigkeiten werden zusammengefasst, z. B. Lagerhaltung, Vertrieb, Fuhrpark.

Verantwortungsorientiert: Hier sind es die einzelnen Abteilungen, die zu Kostenstellen gemacht werden.

Für den Baustoffhandel findet in der Regel eine gewisse Mischung von funktionsorientierter Abgrenzung und der Einteilung nach Abteilungen bzw. Verantwortungsbereichen statt. Bei größeren Unternehmen sind dabei weitere Untergliederungen angebracht, anders als bei kleineren Betrieben. Auch räumliche Gesichtspunkte finden Berücksichtigung, wenn z. B. mehrere Filialen miteinander verglichen werden.

4.3 Verteilung der Kosten auf die Kostenstellen

Ist die Abgrenzung gelungen, müssen im nächsten Schritt die passenden Verteilungsschlüssel gefunden werden, um die Gesamtkosten auf die einzelnen Kostenstellen zu verteilen.
Das Grundprinzip der Verteilung von Kosten auf Kostenstellen lautet: Jeder Kostenstelle sind die Kosten anzulasten, die dort verursacht wurden (Verursacherprinzip). Dabei soll die Belastung möglichst direkt erfolgen. Je mehr Kosten direkt verrechnet werden, desto größer wird die Genauigkeit. Wo eine direkte Verrechnung nicht möglich ist, muss eine Aufteilung über Verteilungsschlüssel durchgeführt werden. Der Verteilungsschlüssel gibt die Relationen wieder, in denen Gesamtkosten auf die Kostenstellen zu verteilen sind. Er ist ebenfalls nach dem Verursacherprinzip auszurichten. Das heißt: Es muss ein Schlüssel gefunden werden, mit dem Kosten dort zugerechnet werden, wo sie angefallen sind.

Beispiele

- **1. Personal:** Es ist zu ermitteln, in welchen Bereichen die Mitarbeiter tätig sind. Dieser Kostenstelle sind die betreffenden Gehälter, Löhne, gesetzlichen und freiwilligen sozialen Leistungen zuzurechnen. Personalkosten für Mitarbeiter, die in mehreren Abteilungen arbeiten, sind entsprechend der jeweiligen zeitlichen Inanspruchnahme aufzuteilen. Dies gilt z. B. für einen Lagerarbeiter, der regelmäßig auch als Fahrer eingesetzt wird.
- **2. Miete und Raum:** Basis für die Aufteilung ist die Quadratmeterzahl der von den einzelnen Kostenstellen beanspruchten Nutzfläche.
- **3. Zinsen:** Die Zinsen gehören in einer Baustoffhandlung zu den großen Kostenblöcken. Ihre Erfassung – insbesondere der kalkulatorischen Zinsen – und ihre Verteilung auf einzelne Kostenstellen sind nicht gerade einfach. Entscheidend sind Gesichtspunkte der Kapitalbindung in den einzelnen Abteilungen. Eine Verteilungsform geht nach der Höhe des Lagerbestandes in Verbindung mit der Höhe der Außenstände.
- **4. Werbung, Reise, Provision:** Sie sind nach dem Verursacherprinzip auf die Abteilungen umzulegen.
- **5. Fuhr- und Wagenpark, Stapler:** Die Kosten der Fahrzeuge (Lkw, innerbetriebliche Transportmittel) sind der Hilfskostenstelle Fuhrpark zuzurechnen.

Der Fuhrpark ist eine bedeutende Nebenkostenstelle. *Foto: Bauzentrum Büscher*

Das Finden möglichst genauer Kostenschlüssel erscheint zunächst schwierig. Gemachte Erfahrungen, auch die von Kollegenfirmen, und im Zweifelsfalle der Rat eines im Baustoffhandel erfahrenen Betriebsberaters vereinfachen die Probleme erheblich. Insgesamt gesehen muss als Leitsatz gelten: Lieber eine etwas ungenaue Kostenverteilung als überhaupt keine.

4.4 Umlage von Hilfskostenstellen auf die Hauptkostenstellen

Die Ausstellung, das Lager, der Lkw-Fuhrpark und die Verwaltung werden beim Baustoffhandel als Hilfskostenstellen geführt. Die hier ausgewiesenen Kosten müssen auf die Hauptkostenstellen umgelegt werden. Dies geschieht mithilfe eines Verteilungsschlüssels. In einer Ausstellung werden z. B. Fliesen und Elemente gezeigt. Die jeweiligen Abteilungen (Hauptkostenstellen) werden mit den Ausstellungskosten entsprechend belastet. Dabei kommt es weniger auf wissenschaftliche Exaktheit als vielmehr auf betriebswirtschaftlich vernünftige Lösungen an.

Beispiel

Umlageschlüssel

- **1. Ausstellung:** Relation des Umsatzes. In den erwähnten Beispielen beträgt der Umsatz mit Fliesen 1 Mio. EUR, der mit Elementen 0,5 Mio. EUR. Die Kosten der Ausstellung (Nebenkostenstelle) sind demnach im Verhältnis 2:1 auf die Abteilungen Fliesen und Elemente (Hauptkostenstellen) zu verteilen. Auch eine Aufteilung nach der beanspruchten Fläche ist möglich. Oftmals ist dies auch der genauere Schlüssel.
- **2. Lager:** Nach beanspruchten Quadratmetern oder benützten Palettenstellplätzen.

4.5 Leistung

Streng betriebswirtschaftlich betrachtet findet im Rahmen der Kostenstellenrechnung lediglich eine Aufschlüsselung der Kosten statt. Mit der Verteilung der Kosten auf Haupt- und Hilfskostenstellen und der anschließenden Umlage der Hilfskostenstellen auf die Hauptkostenstellen ist über das Ergebnis der einzelnen Abteilungen (Hauptkostenstellen) noch keine Aussage zu treffen. Um dies zu erreichen, findet im Baustoffhandel – wie bei der Kostenartenrechnung – eine Gegenüberstellung von Kosten und Leistung statt. Dies geschieht nach folgendem Grundschema:

	Verkaufserlös (Umsatz) netto
./.	Wareneinsatz
=	Rohertrag
./.	Kosten
=	Ergebnis vor Gewerbesteuer
./.	Gewerbesteuer
=	Ergebnis vor Steuern *)

*) Die Steuern sind von der Rechtsform abhängig.

Verkaufserlös (Umsatz)

Der Verkaufserlös (Umsatz) wird wie folgt definiert: *Summe des Entgelts, das beim Verkauf von Baustoffen und Erbringen von Dienstleistungen, z. B. Kranentladungen, erzielt wird.*
Diese eher allgemeine Formulierung muss noch weiter aufgeschlüsselt werden.
Im Baustoffhandel wird unterschieden nach Lager- und Streckengeschäft. Beim **Lagergeschäft** handelt es sich um

Verkaufserlöse (ohne Mehrwertsteuer) von Baustoffen, die vom Lager abgeholt werden (Lagerabholung), zuzüglich Verkaufserlöse von Baustoffen, die mit eigenem Fuhrpark oder von Fuhrunternehmen vom Lager weg dem Kunden zugefahren werden (inkl. Zufuhrkosten). Die Addition dieser beiden Posten ergibt die Verkaufserlöse aus dem Lagergeschäft insgesamt.

Beim Lagergeschäft ist mancher Kunde Selbstabholer.

Foto: Winter Baustoffhandel/Baustoffring

Beim **Streckengeschäft** handelt es sich um Verkaufserlöse von Baustoffen, die durch Fuhrunternehmer oder auch vom eigenen Fuhrpark direkt vom Hersteller zum Kunden gefahren werden. Das Lager wird also nicht berührt.
Verkaufserlöse aus Lager- und Streckengeschäft zusammen ergeben den Gesamt-Verkaufserlös brutto. Brutto heißt in diesem Zusammenhang: Retouren, Nachlässe, Gutschriften, Kundenskonti und Boni sind noch nicht berücksichtigt. Werden sie in Abzug gebracht, erhält man den Verkaufserlös netto (Nettoumsatz). Er wird aufgeteilt in Lageranteil und Streckenanteil.

	Lagerabholer
+	ab Lager beim Kunden angeliefert
=	Lager, gesamt
+	Strecke
=	Verkaufserlöse brutto
./.	Retouren, Nachlässe + Gutschriften; Kundenskonti und -boni
=	Verkaufserlöse (Umsatz) netto davon Lager .... EUR ...... % davon Strecke ...... EUR ...... %

Wareneinsatz (Einkauf)

Beim Wareneinsatz (Einkauf) wird entsprechend wie bei den Verkaufserlösen (Umsatz) vorgegangen. Zunächst wird die Einkaufssumme aller aufs Lager gebuchten Waren (ohne Mehrwertsteuer, aber zuzüglich fremder Bezugskosten wie z. B. Frachten) erfasst und dazu die Einkaufssumme im Streckengeschäft addiert. Das Ergebnis stellt den Wareneinsatz brutto dar. In Abzug kommen Lieferantenskonti und -boni; dann erhält man den Wareneinsatz netto (Einkauf netto). Da die meisten Lieferanten die Boni nur jährlich abrechnen, sind diese Beträge zur Verrechnung ungeeignet. Deshalb werden zweckmäßigerweise auf Erfahrung beruhende Durchschnittswerte herangezogen (geschätzt). Hin und wieder trifft man auch die Meinung an: *„Lieferantenboni haben in der Kostenrechnung nichts zu suchen."* Auch diese Auffassung kann vertreten werden.

	Wareneinsatz (Einkauf) Lager
+	Wareneinsatz (Einkauf) Strecke
=	Wareneinsatz brutto
./.	Lieferantenskonti und -boni
=	Wareneinsatz, geschätzt, netto davon Lager ...... EUR ...... % davon Strecke EUR ...... %

Rohertrag je Hauptkostenstelle

Der Verkaufserlös netto und der Wareneinsatz netto werden jetzt auf die Hauptkostenstellen entsprechend den angefallenen EUR-Beträgen verteilt.

Beispiel

Der Gesamt-Nettoverkaufserlös (Umsatz) wird z. B. erzielt zu:

50 % durch Verkauf von Rohbaustoffen und Baustoffen für den Innenausbau,
30 % durch den Fliesenverkauf,
10 % im Elementehandel,
10 % im Baumarktgeschäft.

Auf die entsprechenden Kostenstellen

- Roh- und Innenausbaustoffe,
- Fliesen,
- Elemente Baumarkt

ist der Gesamt-Verkaufserlös im Verhältnis der Umsatzanteile zu verteilen.
Entsprechendes gilt für den Wareneinsatz. Die Differenz zwischen Verkaufserlösen (netto) und Wareneinsatz (netto) ergibt den Rohertrag, in diesem Fall aufgeschlüsselt nach Abteilungen.

	Verkaufserlöse netto
./.	Wareneinsatz netto
=	Rohertrag (insgesamt und aufgeschlüsselt nach Abteilungen)

Bildet man die Differenz zwischen dem Lager-Verkaufserlös netto und dem Lager-Wareneinsatz netto, so erhält man den Rohertrag des Lagergeschäfts:

	Lager-Verkaufserlös netto
./.	Lager-Wareneinsatz netto
=	Rohertrag des Lagergeschäfts

Entsprechendes gilt für die Strecke:

	Strecke-Verkaufserlös netto
./.	Strecke-Wareneinsatz netto
=	Rohertrag des Streckengeschäfts

Eine modernere Form der Verteilung der Verkaufserlöse und Roherträge ist die „zielgruppenorientierte" Abrechnung. Hier werden die angeführten Umsätze und Erträge nicht nach Sortimenten in die verschiedenen Abteilungen oder Bereiche verteilt, sondern nach Zielgruppen. So gehen z. B. alle Umsätze mit Produkten und Dienstleistungen, die ein Hochbauunternehmen mit dem Baustoff-Fachhändler tätigt, in den Bereich Hochbau, egal ob der Kunde Rohbaustoffe, Fliesen, Bauelemente oder Werkzeuge benötigt. Hierdurch wird erreicht, dass ein Bereich für gewisse Kunden vollständig verantwortlich ist und das sortimentsbezogene Abteilungsdenken (*„Für Werkzeuge bin ich nicht zuständig, dies macht mein Kollege."*) wird weitestgehend ausgeklammert. Eine bessere Ausschöpfung des Kundenpotenzials ist möglich. Dieses Vorgehen erfordert allerdings ein enorm breites Fachwissen der jeweiligen Verkäufer, auch über Sortimentsgrenzen hinweg.

4.6 Betriebsabrechnungsbogen

Die Umlage der Kostenarten auf die Kostenstellen und die Umlage der Hilfskostenstellen auf die Hauptkostenstellen erfolgen auf dem Betriebsabrechnungsbogen. Da beim Baustoffhandel die Leistungsdaten ebenfalls Berücksichtigung finden, wird hier entsprechend aufgegliedert. Horizontal sind auf dem Betriebsabrechnungsbogen aufgeführt: die Hauptkostenstellen, z. B.:
Abteilung 1: Roh- und Innenausbaustoffe,
Abteilung 2: Fliesen,
Abteilung 3: Elemente,
Abteilung 4: Baumarkt.

Eine Trennung der Rohbaustoffe von den Innenausbaustoffen ist wünschenswert. Erst dann wird richtig sichtbar, mit welchen Sortimentsteilen Gewinn und mit welchen Verlust erwirtschaftet wird. Neben den Hauptkostenstellen sind die Hilfskostenstellen aufgeführt, z. B.:

- Ausstellung,
- Lager,
- Lkw-Fuhrpark,
- Gemeinschaftsanlagen,
- allgemeine Verwaltung.

In der Praxis ist jede Spalte zweigeteilt. Zu dem „Euro-Betrag" wird der „Prozentsatz zur Gesamtsumme" ermittelt, z. B.:

	Verkaufserlös netto
./.	Wareneinsatz netto
	= Rohertrag
	Personalkosten
+	Unternehmerlohn kalkulatorisch
=	Personalkosten gesamt
	Miete und Raumkosten bezahlt
+	Miete kalkulatorisch
=	Miete und Raumkosten gesamt
+	Zinsen bezahlt
+	Zinsen kalkulatorisch
=	Zinsen gesamt
+	Werbung, Reise, Provision
+	Fuhr- und Wagenpark, Stapler
+	Sonstige Kosten
+	Wagnisse kalkulatorisch
+	Abschreibung gesamt
	= Kosten der Haupt- und Nebenkostenstellen
	Hauptkostenstellen (z. B. Abteilungen 1 bis 4)
+	Umlage Ausstellung
+	Umlage Lager
+	Umlage Fuhrpark
+	Umlage Gemeinschaftsanlagen und Verwaltung
=	Umlagen gesamt
	Summe von „Kosten der Hauptkostenstelle" zzgl. „Umlagen gesamt"
	= Kosten je Abteilung
Ergebnis I = Rohertrag je Abteilung ./. Kosten je Abteilung	
./.	Gewerbesteuer
= Ergebnis II (vor übrigen Steuern) ist gleichbedeutend mit Gewinn	

Die vertikale Gliederung des Betriebsabrechnungsbogens erfolgt nach folgenden Grundsätzen (vgl. den Abrechnungsbogen weiter unten): Vom „Verkaufserlös netto" wird – wie bereits besprochen – der „Wareneinsatz netto" abgezogen. Das Ergebnis ist der Rohertrag. Dann folgen die Kostenarten:

- Personalkosten,
- Miete und Raumkosten,
- Zinsen usw.

Die Summe der Kostenarten wird in der Rubrik „Kosten der Haupt- und Nebenkostenstellen" festgehalten. Die Hilfskostenstellen Ausstellung, Lager, Fuhrpark, Gemeinschaftsanlagen und Verwaltung werden auf die Hauptkostenstellen, d. h., z. B. auf die Abteilungen 1 bis 4 umgelegt. Die Addition ergibt die „Umlage gesamt". Jetzt werden die Kosten der Hauptkostenstellen mit den „Umlagen gesamt" addiert. Das Ergebnis sind die „Kosten je Abteilung". Dieser Spalte kann dann entnommen werden, welche Kosten in den Abteilungen 1 bis 4 entstanden sind. Jetzt wird das Ergebnis I

Beispiel eines Betriebsabrechnungsbogens

		Abteilung 1		Abteilung 2		Abteilung 3		Abteilung 4	
		in EUR	*in %*	*in EUR*	*in %*	*in EUR*	*in %*	*in EUR*	*in %*
	Verkaufserlös netto	1.000	100,00%	1.500	100,00%	1.700	100,00%	2.000	100,00%
./.	Wareneinsatz netto	600	60,00%	900	60,00%	1360	80,00%	1700	85,00%
	= Rohertrag	**400**	**40,00%**	**600**	**40,00%**	**340**	**20,00%**	**300**	**15,00%**
	Personalkosten	120	12,00%	100	6,67%	130	7,65%	143	7,15%
+	Unternehmerlohn kalkulatorisch	15	1,50%	15	1,00%	15	0,88%	15	0,75%
=	Personalkosten gesamt	**135**	**13,50%**	**115**	**7,67%**	**145**	**8,53%**	**158**	**7,90%**
	Miete und Raumkosten bezahlt	10	1,00%	12	0,80%	9	0,53%	11	0,55%
+	Miete kalkulatorisch	5	0,50%	5	0,33%	5	0,29%	5	0,25%
=	Miete und Raumkosten gesamt	**15**	**1,50%**	**17**	**1,13%**	**14**	**0,82%**	**16**	**0,80%**
+	Zinsen bezahlt	3	0,30%	2,5	0,17%	4	0,24%	3,5	0,18%
+	Zinsen kalkulatorisch	5	0,50%	5	0,33%	5	0,29%	5	0,25%
=	Zinsen gesamt	**8**	**0,80%**	**7,5**	**0,50%**	**9**	**0,53%**	**8,5**	**0,43%**
+	Werbung, Reise, Provision	9	0,90%	12,5	0,83%	11	0,65%	3	0,15%
+	Fuhr- und Wagenpark, Stapler	32	3,20%	32	2,13%	33	1,94%	54	2,70%
+	Sonstige Kosten	3	0,30%	6	0,40%	4,5	0,26%	7,5	0,38%
+	Wagnisse kalkulatorisch	5	0,50%	5	0,33%	5	0,29%	5	0,25%
+	Abschreibung gesamt	12	1,20%	3	0,20%	11	0,65%	7	0,35%
	= Kosten der Haupt- und Hilfskostenstellen	**61**	**6,10%**	**58,5**	**3,90%**	**64,5**	**3,79%**	**76,5**	**3,83%**
	Hauptkostenstellen (z. B. Abteilungen 1 bis 4)								
+	Umlage Ausstellung	3	0,30%	3	0,20%	2	0,12%	5,5	0,28%
+	Umlage Lager	1,5	0,15%	2	0,13%	4	0,24%	9	0,45%
+	Umlage Fuhrpark	5	0,50%	5	0,33%	5	0,29%	24	1,20%
+	Umlage Gemeinschaftsanlagen und Verwaltung	5	0,50%	5	0,33%	5	0,29%	5	0,25%
=	Umlagen gesamt	**14,5**	**1,45%**	**15**	**1,00%**	**16**	**0,94%**	**43,5**	**2,18%**
	Summe von „Kosten der Hauptkostenstelle"								
	= Kosten je Abteilung	233,5	23,35%	213	14,20%	248,5	14,62%	302,5	15,13%
	= **Ergebnis I** = Rohertrag ./. Kosten je Abteilung	**166,5**	**16,65%**	**387**	**25,80%**	**91,5**	**5,38%**	**-2,5**	**-0,13%**
./.	Gewerbesteuer	2,5	0,25%	2,5	0,17%	2,5	0,15%	2,5	0,13%
	= **Ergebnis II** (vor übrigen Steuern)	**164**	**16,40%**	**384,5**	**25,63%**	**89**	**5,24%**	**-5**	**-0,25%**

berechnet. Es ergibt sich aus dem „Rohertrag je Abteilung" abzüglich der „Kosten je Abteilung". Mit diesen Zahlen ist festzustellen, welche Abteilung mit Gewinn oder auch mit Verlust gearbeitet hat. Der eingangs als Aufgabe der Kostenstellenrechnung festgehaltene Hauptpunkt „Kontrolle der Wirtschaftlichkeit" ist jetzt möglich. Bei der Gewerbesteuer handelt es sich um eine Steuer mit Kostencharakter. Sie ist vom Ergebnis I in Abzug zu bringen. Man erhält dann das „Ergebnis II" (= Gewinn vor den übrigen Steuern). Diese Steuern sind von der Rechtsform des Unternehmens abhängig. Im nächsten Kapitel wird die „kurzfristige Erfolgsrechnung" behandelt. Dort ist ein mit effektiven Zahlen versehener, vereinfachter Betriebsabrechnungsbogen wiedergegeben. Die Grundüberlegungen bei der Kostenstellenrechnung und der kurzfristigen Erfolgsrechnung sind dieselben. Deshalb kann an dieser Stelle auf Zahlen verzichtet werden. Die vertikale, schematische Gliederung des Betriebsabrechnungsbogens erfolgt hier ausführlich. In der Praxis, ebenso wie im Zahlenbeispiel des nächsten Kapitels, wird dann mit einer stark gekürzten Ausdrucksweise gearbeitet.

5 Kurzfristige Erfolgsrechnung (KER)

5.1 Grundlagen

Da die Abschlussdaten aus dem Rechnungswesen in der Regel erst spät im Folgejahr vorliegen, sind sie für die laufende Geschäftspolitik meist ohne großen Aussagewert. Aktuelle, kurzfristig anfallende Zwischenergebnisse sind notwendig, wenn zu entscheiden ist:

- ob der erwirtschaftete Rohertrag ausreicht, um die Kosten zu decken,
- wo gespart werden muss, wenn Kosten überproportional steigen,
- welche Faktoren dafür verantwortlich sind, dass nicht genügend „unter dem Strich" verbleibt,
- welcher Bereich kurzfristig weiter ausgebaut werden soll.

5.2 Leitlinien

Die Daten für die kurzfristige Erfolgsrechnung – genauso wie für die Jahresergebnisrechnung – liefert die Buchhaltung. Es genügt, in vollen tausend Euro, evtl. mit einer Kommastelle, zu rechnen. Die einzelnen Rechnungsperioden sind voneinander abzugrenzen. Kalkulatorische Kosten sind zu berücksichtigen.
Die kurzfristige Erfolgsrechnung kann quartalsmäßig durchgeführt werden. Eine monatliche Erhebung ist jedoch vorzuziehen. Baut die kurzfristige Erfolgsrechnung auf der Kostenartenrechnung – also nicht nach Kostenstellen unterteilt – auf, so ergibt sich der Gesamtüberblick für das Unternehmen. Basiert die kurzfristige Erfolgsrechnung auf der Kostenstellenrechnung – also für einzelne Betriebsteile –, so ergibt sich ein detaillierter Überblick. Unternehmen, in denen Teile der Entlohnung leistungsbezogen ausgeschüttet werden, müssen diesen Weg gehen. Neben den folgenden Grundsätzen sind die individuellen Eigenheiten des Betriebes zu beachten.

Leitlinien der kurzfristigen Erfolgsrechnung

Leitlinien	Erläuterungen
Wirtschaftlichkeit	Die Durchführung der Rechnung muss wirtschaftlich sein, sie darf nicht aufwendiger und komplizierter sein, als der Betrieb es erfordert.
Genauigkeit	Wichtig ist die mengen- und wertmäßig richtige Erfassung der angefallenen Kosten und die Weiterverrechnung nach ihrer Verursachung. Außerordentliche und betriebsfremde Aufwendungen und Erträge sind auszugliedern.
Vollständigkeit	Alle anfallenden Kosten sowie die innerbetrieblich zu verrechnenden Leistungen müssen berücksichtigt werden.
Einmaligkeit (der Verrechnung)	Eine Doppelverrechnung angefallener Kosten darf auf keinen Fall erfolgen.
Kontinuierlichkeit	Die einmal gewählten Verfahren der Bewertung sollen möglichst beibehalten werden, um die Zahlen vergleichbar zu machen.
Kostenverteilung	Die Kosten sollen möglichst direkt verteilt werden.

5.3 Korrekturen

Damit ein möglichst genaues Bild der Leistungs- und Kostensituation entsteht, werden in der Praxis Korrekturen vorgenommen.

Eigenfrachten: Wird Ware mit dem eigenen Fuhrpark abgeholt, werden hierdurch Frachtvergütungen erwirtschaftet. Dies ist entsprechend zu berücksichtigen.

Warenbestand: Die kurzfristige Erfolgsabrechnung setzt voraus, dass zum Stichtag des Monats- bzw. Quartalsabschlusses der Warenbestand ermittelt wird. Die körperliche Inventur, mehr als einmal jährlich durchgeführt, scheidet wegen

Beispiel Elemente

Anfangsbestand (Einstandspreis)	5 000 EUR
zuzüglich Einkauf (Einstandspreis)	1 500 EUR
	= 6 500 EUR
abzüglich Verkaufserlös zu Einstandspreis (1 000 EUR abzgl. geschätzte Spanne von 20 % = 200 EUR)	800 EUR
Anfangsbestand (Einstandspreis)	5 000 EUR
zuzüglich Einkauf (Einstandspreis)	1 500 EUR
	= 6 500 EUR
abzüglich Verkaufserlös zu Einstandspreis (1 000 EUR abzgl. geschätzte Spanne von 20 % = 200 EUR)	800 EUR
Endbestand	= 5 700 EUR

der damit verbundenen Belastung aus. Bei der Lagerfortschreibung, wie sie im Rahmen der EDV erstellt werden kann, stehen die erforderlichen Zahlen zur Verfügung. Liegen diese Werte nicht vor, behilft man sich mit der statistischen Fortschreibung. Zu dem Anfangsbestand einer jeden Warengruppe (zu Einstandspreisen) werden die Zugänge addiert (ebenfalls zu Einstandspreisen). Von dieser Summe zieht man die Verkaufserlöse ab und erhält so den Endbestand der Warengruppe. Zu beachten ist: Bei den Verkaufserlösen ist die erzielte Spanne in Abzug zu bringen. Erst dann werden die Zahlen vergleichbar, wenn auch beim Verkaufserlös mit Einstandspreisen gerechnet wird.

Zuordnung innerbetrieblicher Leistungen: Innerbetriebliche Leistungen entstehen z. B.:

- wenn die Fliesenhandelsabteilung der Fliesenverlegeabteilung Material (Fliesen, Kleber usw.) liefert,
- wenn ein Mitarbeiter des Hauptbetriebs eine Urlaubsvertretung im Nebenbetrieb macht.

In diesen und ähnlichen Fällen müssen die jeweiligen Kosten innerbetrieblich den entsprechenden Kostenstellen zugeordnet werden. Auf das Thema Korrekturen im Detail einzugehen, ist im Rahmen dieser Ausführungen nicht möglich. In der Broschüre „Modell einer kurzfristigen Erfolgsrechnung KER für den Baustoffhandel in der Bundesrepublik" wird dies ausführlich behandelt.

5.4 Auswertung einer KER

Bei dem zahlenmäßig dargestellten Unternehmen handelt es sich um eine mittelständische Baustoffhandlung im ländlichen Raum. Das Lagergeschäft dominiert. Vom Massenbaustoffhandel im Streckengeschäft hat man sich schon früher weitgehend getrennt. Es wird ein Verkaufserlös netto von 10 Mio. EUR erzielt. Der Gewinn vor Steuern, jedoch nach Gewerbesteuer, beträgt 2,3 % = 230000 EUR.

In Abteilung 1 werden Rohbaustoffe, schwerpunktmäßig jedoch Innenausbaustoffe und -systeme, geführt. Dazu kommen noch Gartenbaustoffe. Das Verhältnis von Kosten und Leistung ist zufriedenstellend. Abteilung 2, Fliesen, bringt zwar ebenfalls Gewinn, dieser ist jedoch verhältnismäßig niedrig. Rationalisierungsmaßnahmen sind deshalb angesagt. Die Preispolitik muss neu überdacht werden. Abteilung 3, Elemente, ist das Sorgenkind des Unternehmens. Hier ist sehr rasch ein Neuanfang zu machen. Eine Planung für die kommenden zwei Jahre ist aufzustellen. Gelingt es hier nicht, die Leistung zu steigern und die Kosten zu senken, muss überlegt werden, diesen Betriebszweig zu schließen. Abteilung 4, Baumarkt, oder besser formuliert „Einzelhandelsabteilung für Baustoffe", erwirtschaftet schon im 2. Jahr nach der Eröffnung einen beachtlichen Gewinn. Ein Baumarktdiscounter befindet sich nicht in unmittelbarer Nähe und ist auch nicht zu erwarten. Eine baldige Erweiterung der Verkaufsfläche bietet sich somit an.

Kurzfristige Erfolgsrechnung (KER) – vereinfachte Darstellung

Kosten in Tausend EUR	Hauptkostenstellen						Nebenkostenstellen			
	Gesamtsumme EUR = 100 %		Abteilung 1 EUR	Abteilung 2 EUR	Abteilung 3 EUR	Abteilung 4 EUR	Ausstellung	Lager	Fuhrpark	Gemeinschaftsanl. u. Verw.
	%	EUR								
Verkaufserlös netto	100,0	10 000	5 000	3 000	1 000	1 000	—	—	—	—
./. Wareneinsatz netto	80,0	8 000	4 000	2 500	800	700	—	—	—	—
= Rohertrag	20,0	2 000	1 000	500	200	300	—	—	—	—
Personalkosten	9,0	900	200	120	80	50	50	100	100	200
+ Unternehmerlohn kalk.	0,3	30	10	5	3	2	—	—	—	10
= Personalkosten gesamt	9,3	930	210	125	83	52	50	100	100	210
Miete, Raumk. bezahlt	1,1	116	20	10	30	—	3	3	10	40
+ Miete kalk.	0,4	34	5	4	3	2	—	—	—	20
= Miete u. Raumk. gesamt	1,5	150	25	14	33	2	3	3	10	60
Zinsen bezahlt	0,7	70	10	5	5	5	10	15	10	10
+ Zinsen kalk.	0,7	70	7	3	5	5	10	10	20	10
= Zinsen gesamt	1,4	140	17	8	10	10	20	25	30	20
+ Werbung, Reise, Prov.	0,7	70	10	5	5	5	10	15	10	10
+ Fuhr- u. Wagenpark, Stapler	1,5	150	—	—	—	—	—	30	110	10
+ Sonstige Kosten	1,5	150	10	5	3	2	10	10	20	90
+ Wagnisse kalk.	0,4	40	—	—	—	—	—	—	—	40
+ Abschreibung gesamt	0,8	80	10	5	3	2	5	5	30	20
= Kosten der Haupt- und Nebenkostenstellen	17.1	1 710	282	172	147	88	98	173	300	450
+ Umlage Ausstellung			18	40	30	10	—	—	—	—
+ Umlage Lager			80	40	40	13	—	—	—	—
+ Umlage Fuhrpark			150	70	70	10	—	—	—	—
+ Umlage Gemeinschaftsanlagen und Verwaltung			200	100	100	50	—	—	—	—
= Umlagen gesamt		1 021	448	250	240	83	—	—	—	—
Kosten der Hauptkostenstellen		689	282	172	147	88	—	—	—	—
+ Umlagen gesamt		1 021	448	250	240	83				
= Kosten je Abteilung		1 710	730	422	387	171	—	—	—	—
Ergebnis I = Rohertrag ./. Kosten je Abteilung	2,9	290	270	78	-187	129	—	—	—	—
./. Gewerbesteuer	0,6	60	30	10	—	20	—	—	—	—
Gewinn = Ergebnis II (vor übrigen Steuern)	2,3	230	240	68	-187	109	—	—	—	—

5.5 Gewinn (Jahresüberschuss)

Der Gewinn, auch Jahresüberschuss genannt, stellt den in einem Geschäftsjahr errechneten Überschuss der Leistungen über die Kosten dar. Er ist für jedes Unternehmen von großer Bedeutung und stellt den Maßstab für den Erfolg am Markt dar. Beim Baustoffhandel ergibt sich der Gewinn aus der Differenz zwischen Gesamtrohertrag und Gesamtkosten:

	Gesamtrohertrag
./.	Gesamtkosten
=	Gewinn (vor Steuern)

Ein Unternehmen, das keine Gewinne erwirtschaftet, kann nicht existieren. Im ersten Schritt werden Verluste mit dem Eigen- bzw. Grundkapital der Gesellschaft ausgeglichen. Bei Kapitalgesellschaften führen Verluste dann zum Konkurs, wenn das Grundkapital aufgezehrt ist. Es ist daher eine zwingende Notwendigkeit, dass man sich über das zu erwartende Jahresergebnis, im Normalfall über die erwartende Gewinnhöhe, Gedanken macht, also eine Gewinnplanung durchführt. Jedes Unternehmen muss deshalb zu Beginn eines Jahres seinen Gewinnbedarf feststellen. Nur so ist die Existenz der Firma mittel- und langfristig abzusichern. Genauso wie für die Durchführung bestimmter Investitionen ein fixierbarer Finanzbedarf besteht, hat das Unternehmen zur Abdeckung seiner Risiken für das Investitionskapital einen bestimmten Gewinnbedarf. Diese Gewinnvorgabe ist keine geheime Größe. Sie ist zumindest mit den leitenden Mitarbeitern zu diskutieren. Nur so lässt sich eine auf Gewinnerzielung abgestellte Motivation im Unternehmen durchsetzen. Alle Mitarbeiter wissen dann, dass ohne einen bestimmten Gewinn die Existenz des Unternehmens gefährdet ist. Sie werden also auf höhere Roherträge hinarbeiten.

Ermittlung des Gewinnbedarfs

Auf der Aktivseite der Bilanz stehen die Vermögensteile. Im Wesentlichen sind dies Grundstücke, Gebäude, Vorräte, Forderungen und die sonstigen Positionen.
In einem fiktiven Zahlenbeispiel ergeben sich z. B. folgende Werte:

Anlagevermögen	50 000 EUR
Vorräte	25 000 EUR
Forderungen	30 000 EUR
Sonstiges	20 000 EUR
(evtl. einschließlich stille Reserven)	
Bilanzsumme	125 000 EUR

Würde dieses im Unternehmen investierte Kapital langfristig angelegt werden, und setzt man einen üblichen Zinssatz von derzeit 4 % voraus, so käme man auf einen Zinsertrag von 5 000 EUR. Legt man Geld im Unternehmen an, so hat jeder Inhaber zunächst einen Anspruch auf eine vierprozentige Verzinsung seines eingesetzten Kapitals. Da das im Unternehmen angelegte Kapital jedoch größeren Risiken – Zahlungsausfall, Substanzverlust usw. – ausgesetzt ist, muss ein weiterer Zuschlag angesetzt werden. Dieses Unternehmerrisiko wird in der Praxis und der betriebswirtschaftlichen Theorie durchschnittlich mit 5 % veranschlagt. Ferner muss der Unternehmer einen Zuschlag dafür bekommen, dass er mit seinem Kapital langfristig gebunden ist. Hierfür wird z. B. bei den Kundenbilanzanalysen der Banken ein Satz von 2 % berechnet. Fasst man diese Renditeforderungen zusammen, so ist das investierte Kapital wie folgt zu verzinsen:

	Landesüblicher Zinssatz	4 %
+	Unternehmerrisiko	5 %
+	Kapitalbindung	2 %
=	Kapitalverzinsung	11 %

Bei einem Investitionsvolumen von 125 000 EUR würde die 11-prozentige Kapitalverzinsung somit einen Gewinnbedarf von 13 750 EUR bedeuten. Diese Kapitalverzinsung wird in der Fachliteratur mit „Return on Investment" – ROI – bezeichnet.

6 Kostenträgerrechnung

Der Weg von der Kostenartenrechnung über die Kostenstellenrechnung und die kurzfristige Erfolgsrechnung führt zur Kostenträgerrechnung. Die Kostenträgerrechnung gibt Antwort auf die Frage, welche Produkte bzw. Produktgruppen die Kosten zu tragen haben. Die Kostenträgerrechnung kann als Stückrechnung oder als Periodenrechnung gestaltet sein.

Beispiele

Stückrechnung
Bei der Produktion wird die hergestellte Ware zum Träger der Kosten. Ein Betonrohrhersteller, der 10 000 Rohre fertigt und Kosten von 50 000 EUR aufweist, kann sich leicht ausrechnen, dass jedes Rohr mit 5 EUR an Kosten belastet ist.

Periodenrechnung
Zum Träger der Kosten werden hier ebenfalls die Produkte, jedoch wird nicht je Stück abgerechnet, sondern je Abrechnungsperiode. Der Betonrohrhersteller fertigt fünf verschiedene Rohrsorten. Es wird festgehalten, wie viel Kosten in der Abrechnungsperiode auf die Sorten 1 bis 5 entfallen.

Beim Baustoffhandel wird ausschließlich die Periodenrechnung angewandt. Die Zurechnung auf einzelne Artikel ist zwar möglich, der Aufwand dafür wäre jedoch aufgrund des breiten und tiefen Sortimentes von mehreren tausend Artikeln viel zu groß. Deshalb wird die verkaufte Ware insgesamt

als Kostenträger angesehen und in der Mehrzahl der Fälle lediglich zwischen Strecken- und Lagergeschäft unterschieden. Ein Betriebsberater dazu: *„Eine entsprechende Aufteilung der Kosten stößt bei Vorhandensein einer Kostenstellenrechnung auf keine großen Schwierigkeiten. Hier sind die für das Lagergeschäft typischen Kostenarten bereits auf den Kostenstellen ‚Lager' und ‚Fuhrpark' gesondert erfasst. Die Kosten der restlichen Kostenstellen müssen über einen Schlüssel aufgeteilt werden."*
Über die Einfachgliederung Strecken- und Lagergeschäft hinaus ist eine Unterteilung nach verhältnismäßig schmalen Sortimentsteilen möglich. Die Warengruppe „Elemente" z. B. wird aufgegliedert in Dachfenster, Wohnraumfenster, Haustüren, Zimmertüren, Trennwände. Diese, rein betriebswirtschaftlich gesehen, sicherlich richtige Methode dürfte für die Mehrzahl der mittelständischen Baustoffhandlungen immer noch zu aufwendig sein. Man weicht deshalb auf den Soll-Ist-Vergleich aus. Hier wird gegenübergestellt, was beim Verkauf einer bestimmten Warengruppe erzielt werden soll und was tatsächlich erzielt worden ist.

7 Statistik

In jeder Baustoffhandlung werden in erheblichem Umfang Daten erarbeitet und fixiert. In der betrieblichen Statistik werden diese Zahlenangaben erfasst und ausgewertet. Die betriebliche Statistik hat folgende Aufgaben zu erfüllen:

Betriebskontrolle: Es wird z. B. festgehalten, wie sich über einen längeren Zeitraum hinweg die Lohnkosten im Vergleich zur Beschäftigtenzahl entwickeln.

Zahlenmaterial für Unternehmerentscheidungen: Ein Vergleich z. B. der Fuhrparkkostenkann signalisieren, dass ein neues, kostengünstigeres Fahrzeug angeschafft werden muss.

Langfristige Unternehmensplanung: Die veränderte Kundenstruktur z. B. erfordert neue Maßnahmen. Es müsste vielleicht eine Fachabteilung für den Baustoff-Einzelhandel ins Leben gerufen werden. Das Zahlenmaterial für die Betriebsstatistik kommt vorwiegend aus der Buchhaltung und dem Rechnungswesen. Zum größten Teil handelt es sich also um Zahlenmaterial, das aus anderen Gründen zusammengetragen wurde. Es dient z. B. primär der Kostenrechnung und erst in zweiter Linie der Statistik. Man nennt diese Zahlen deshalb **sekundärstatistisches Zahlenmaterial.**

Vergleichsmöglichkeiten von Betriebsstatistiken	
Zeitlich	Umsatzzahlen über mehrere Jahre hinweg u. a.
Strukturell	Veränderung der Kundenstruktur, Privat und Handwerk u. a
Kontrollmäßig	Vergleich von Soll- mit Ist-Werten u. a.
Zwischenbetrieblich	Vergleich der eigenen Zahlen mit den Zahlen der übrigen Kooperationsmitglieder u. a.

Beim Baustoffhandel werden folgende Statistiken geführt:
- Absatzstatistik,
- Lagerstatistik,
- Einkaufsstatistik,
- Personalstatistik,
- Kostenstatistik,
- Finanzstatistik.

Ein für die Unternehmensführung wichtiger statistischer Vergleich wird durch das Gegenüberstellen von betrieblichen Kennzahlen über einen längeren Zeitraum erreicht. Hier wird sichtbar, wo die Stärken und Schwächen des Betriebes liegen. Ergänzt werden die herkömmlichen Erfassungen durch folgende Statistiken:
- Kundenfrequenzstatistik,
- Auftragsgrößenstatistik,
- Retourwarenstatistik.

Bei der **Kundenfrequenzstatistik** wird festgehalten, an welchen Tagen der Woche und zu welchen Stunden die Kunden das Unternehmen besuchen. Endverbraucher kommen schwerpunktmäßig am Freitag und Samstag zum Baustoffhandel. Hohe Kundenfrequenz weisen auch die sogenannten „Brückentage" zwischen zwei Feiertagen auf. Frequenzschwächer ist z. B. der Dienstag.

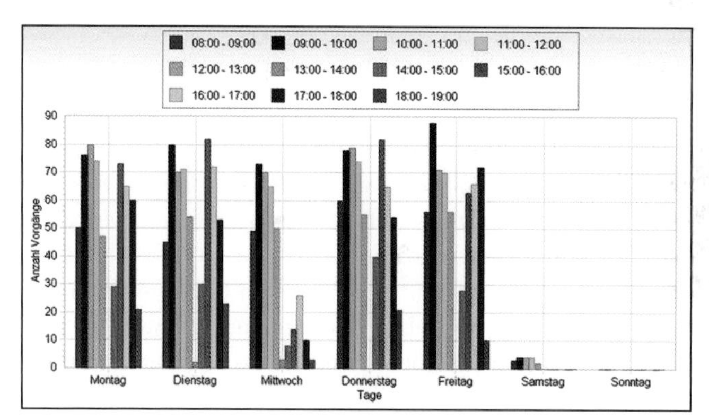

Beispiel einer Kundenfrequenzstatistik in Diagrammform *Abb.: CIDA*

In der **Auftragsgrößenstatistik** wird ermittelt, wie hoch z. B. der Warenwert privater Kunden pro Einkauf ist.
Die **Retourenstatistik** gibt Auskunft darüber, wie viel Ware zurückgegeben wird. Steigen die Zahlen der Retourenstatistik, muss bei jeder Führungskraft ein Alarmsignal ausgelöst werden. Oftmals ist das Verkaufspersonal für Fehlleistungen verantwortlich.

Personalstatistik					
Jahr	Lohn- und Gehaltssumme in Mio EUR	Arbeiter Anzahl	Angestellte Anzahl	Auszubildende Anzahl	Gesamt Anzahl
2003	1,43	15	33	1	49
2004	1,63	17	32	1	50
2005	1,73	17	33	1	51
2006	1,89	18	33	2	53
2007	2,09	19	35	1	55
2008	2,19	20	34	3	57
2009	2,35	21	34	4	59
2010	2,35	22	33	5	60
2011	2,40	25	33	4	62
2012	2,70	27	35	2	64
2013	2,80	24	41	4	69
2014	2,90	25	40	3	68

Beispiel einer einfachen Personalstatistik über einen längeren Zeitraum

8 Planung

Planung im Unternehmen heißt, künftige Unternehmensziele und die dafür erforderlichen Mittel gewissermaßen vorausschauend zu bestimmen. Man unterscheidet langfristige und kurzfristige Unternehmensplanung. Bei der langfristigen Planung – auch strategische Planung genannt – werden Ziele fixiert, welche sich mit der Struktur des Unternehmens in künftigen Jahren befassen. Dazu gehören z. B. die Sortimentsplanung, die Personalbedarfsplanung, die Finanzplanung, die Raumplanung, die Investitionsplanung und die Werbeplanung. Die kurzfristige Planung, auch als Operationsplanung bezeichnet, hat die Aufgabe, über einen kürzeren Zeitraum hinweg Einkauf, Lagerung, Verkauf, Unternehmenspolitik und Finanzierung vorausschauend zu regeln. Die kurzfristige Planung umfasst in der Praxis einen Zeitraum von etwa einem Jahr. Insbesondere Konzernbetriebe bedienen sich umfangreicher Planung.

Die Planung der Kosten: Diese Art der Planung wird auch als Plankostenrechnung bezeichnet. Die Planung der Kosten dient dem Ziel, höchstmögliche Wirtschaftlichkeit von Anfang der Periode an zu erreichen. Beim Soll-/Ist-Vergleich nach Abschluss der Abrechnungsperiode kann eine Analyse wertvolle Aufschlüsse über notwendigen Handlungsbedarf ergeben.

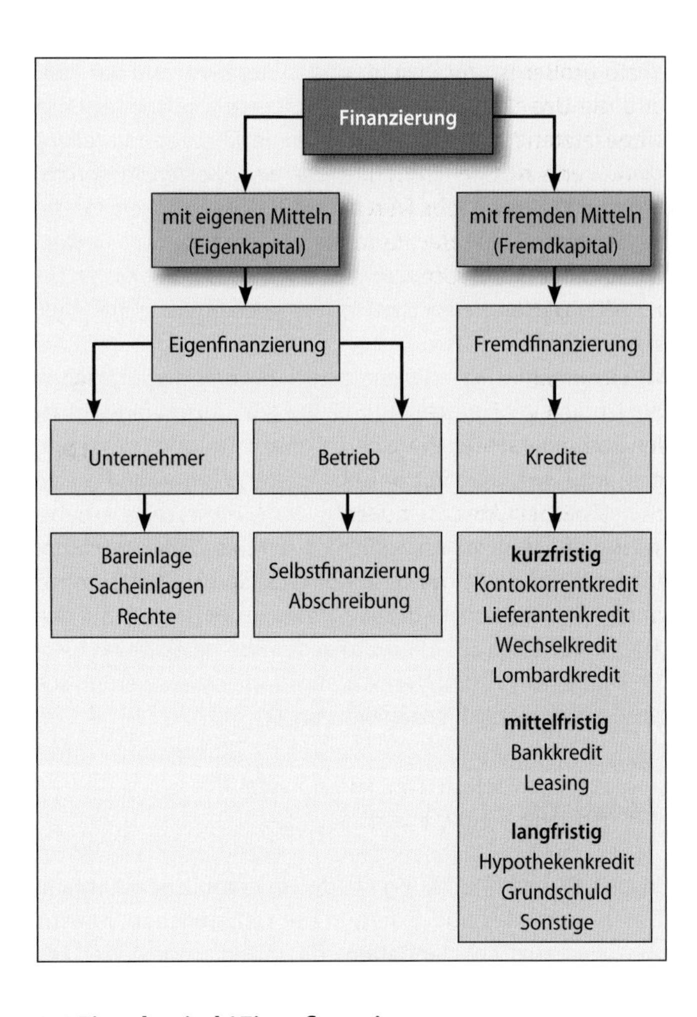

9 Finanzierung

Laut Definition der Betriebswirtschaftslehre besteht die Aufgabe der Finanzierung – umfassender auch Finanzwirtschaft genannt – im Ausgleich der Finanzströme. Gelder fließen in das Unternehmen hinein bzw. aus dem Unternehmen hinaus. Ziel der Finanzierung ist die Aufrechterhaltung der Zahlungsfähigkeit. Mit anderen Worten ausgedrückt heißt dies: Das Unternehmen muss jederzeit in der Lage sein, seinen Zahlungsverpflichtungen nachzukommen. Fällt diese Fähigkeit weg, ist das Unternehmen zahlungsunfähig (illiquide). Zahlungsunfähigkeit (Illiquidität) führt letztlich zur Insolvenz und damit zum Ende des Unternehmens.

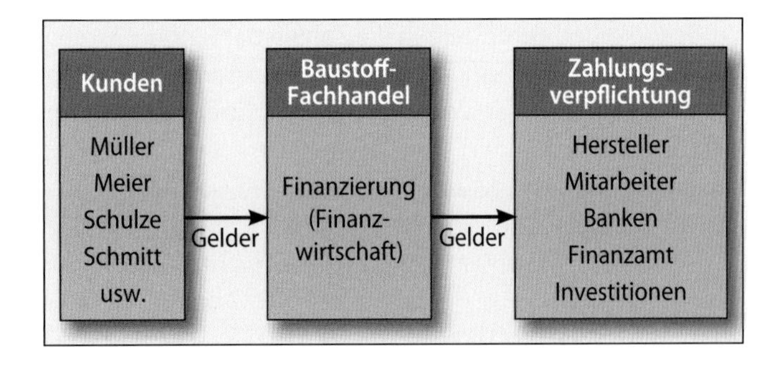

Die Beschaffung von Eigen- und Fremdkapital für das Unternehmen ist das Zentralthema von Finanzierungsüberlegungen. Das Eigenkapital wird selbst aufgebracht (Eigenfinanzierung), das Fremdkapital von außen in Form von Krediten zur Verfügung gestellt (Fremdfinanzierung).

9.1 Eigenkapital / Eigenfinanzierung

Der Begriff Eigenkapital wird in der betriebswirtschaftlichen Literatur recht unterschiedlich definiert. Vereinfacht ausgedrückt, kann gesagt werden: Eigenkapital sind Gelder, Güter oder Rechte, die der Unternehmer oder die Gesellschafter selbst zur Verfügung stellen. Zum Eigenkapital gehören z. B.:

- Bareinlagen,
- Sacheinlagen (z. B. in Form von Grundstücken, Gebäuden, Fahrzeugen),
- Rechte (z. B. in Form von Patenten und Firmenbeteiligungen).

In der Bilanz errechnet sich das Eigenkapital als Differenz zwischen dem Vermögen und den Verbindlichkeiten (jeweils zum Tageswert). Der Einzelkaufmann kann sein Kapital erhöhen durch Übertragungen aus seinem Privatvermögen oder durch Aufnahme stiller Gesellschafter. Die Offene Handelsgesellschaft (OHG) kann sich darüber hinaus zusätzliches Eigenkapital durch die Aufnahme neuer Gesellschafter beschaffen. Für die Gesellschaft mit beschränkter Haftung (GmbH) und die Kommanditgesellschaft (KG) gilt dasselbe. Die Aktiengesellschaft (AG) beschafft sich ihr Eigenkapital über die Börse oder durch Vermittlung von Banken. Im letzteren Falle können die Aktionäre auch anonym bleiben. Finanzierung mit Eigenkapital liegt ferner vor, wenn Teile des erwirtschafteten Gewinns im Unternehmen verbleiben. In diesem Zusammenhang wird von Selbstfinanzierung gesprochen. Je höher der Eigenkapitalanteil im Unternehmen, desto größer ist die Krisenfestigkeit, die Kreditwürdigkeit und die Unabhängigkeit von Geldgebern. Die im Betrieb eingesetzten Mittel, wie z. B. Gebäude, Maschinen und die Einrichtung, nutzen sich ab und veralten. Sie unterliegen somit einem Wertverzehr. Durch die Abschreibung werden die Wertminderungen der Vermögensteile registriert. Enthält die Kapitalbedarfsrechnung einer Baustoff-Fachhandlung z. B. die Position „Gabelstapler" (Anschaffungskosten 40 000 EUR) und unterstellt man, dass die Nutzungsdauer dieses Wirtschaftsgutes vier Jahre beträgt, dann dient die Summe der jährlichen Abschreibungen (4 x 10 000 EUR) zur Beschaffung des neuen Staplers (ohne Kostensteigerungen). Der eigentliche Finanzierungseffekt liegt erst dann vor, wenn über den jährlichen Abschreibungsbetrag hinaus Kapital freigesetzt wird, das auch für andere als Ersatzbeschaffungszwecke zur Verfügung steht. Diese Methode der Finanzierung durch Abschreibung wird mit „Lohmann-Ruchti-Effekt" bezeichnet.

Beispiel

Ein Baustoffhändler errichtet in vier aufeinanderfolgenden Jahren (2006 – 2009) je eine Filiale, die er mit jeweils einem Gabelstapler ausstattet. Die Nutzungsdauer beträgt jeweils vier Jahre, der Anschaffungspreis jeweils 40 000 EUR.

Abschreibung	2006 1	2007 2	2008 3	2009 4	2010 5	2011 6	2012 7	2013 8
Filiale A	10 000	10 000	10 000	10 000	10 000	10 000	10 000	10 000
Filiale B		10 000	10 000	10 000	10 000	10 000	10 000	10 000
Filiale C			10 000	10 000	10 000	10 000	10 000	10 000
Filiale D				10 000	10 000	10 000	10 000	10 000
jährl. Abschreibung	10 000	20 000	30 000	40 000	40 000	10 000	40 000	40 000
Ersatzbeschaffung					40 000	40 000	40 000	40 000
freigesetztes Kapital	10 000	30 000	60 000	100 000	100 000	100 000	100 000	100 000

Der Abschreibungsverlauf (jährlich 10 000 EUR je Stapler) stellt sich wie folgt dar: Die jährliche Abschreibung beginnt in 2006 bei der Filiale A mit 10 000 EUR. Von 2007 bis 2009 kommt jeweils ein jährlicher Abschreibungsbetrag für die Filialen B, C und D von jeweils 10 000 EUR dazu. Nach Ablauf von vier Jahren, also zu Beginn des Jahres 2010, muss bereits der erste Stapler, nämlich der in der Filiale A, ersetzt werden. Die Summe der Abschreibungen für den Stapler der Filiale A (2006 bis 2009) beträgt 4 x 10 000 EUR, somit 40 000 EUR. Dies entspricht dem Ersatzbeschaffungsbetrag. 2010 wird der „Lohmann-Ruchti-Effekt" deutlich. Für die Ersatzbeschaffung (Filiale A) werden 40 000 EUR benötigt. Diese Summe ist bereits mit der Abschreibung 2006 bis 2009 für den ersten Stapler gedeckt. Durch die Abschreibung für die drei weiteren Stapler im gleichen Zeitraum ist jedoch zusätzlich Kapital freigesetzt worden. Insgesamt sind dies im Beispiel 60 000 EUR (100 000 EUR minus 40 000 EUR). Diese Summe wird nicht zur Ersatzbeschaffung von weiteren Staplern benötigt. Der Baustoff-Fachhändler kann darüber frei disponieren. In den Folgejahren (2011 bis 2014) ergibt sich der Effekt entsprechend.

9.2 Fremdkapital / Fremdfinanzierung

Bei der Fremdfinanzierung werden die erforderlichen Mittel von fremden Kapitalgebern beschafft. Zum Fremdkapital (Kreditkapital) gehören alle Verbindlichkeiten. Je nach Fälligkeit wird von kurz-, mittel- oder langfristigen Krediten gesprochen. Sollen mit Kreditinstituten Kreditverhandlungen geführt werden, sind zunächst folgende Fragen zu klären:

- Für welchen Zweck ist der Kredit vorgesehen?
- Welche Kreditart kommt in Frage?
- Wie hoch soll der Kredit sein?
- Für welche Zeitspanne soll der Kredit aufgenommen werden?
- Welche Sicherheiten können angeboten werden?

Wichtig ist es, sich von verschiedenen Banken Kreditangebote unterbreiten zu lassen.

Kurzfristige Kredite (unter 12 Monate Laufzeit)
Kontokorrentkredit: Der Kontokorrentkredit zählt beim Baustoff-Fachhandel zu den wichtigsten Kreditarten. Die Bank benennt dem Unternehmer einen bestimmten Betrag, bis zu dessen Höhe das Konto überzogen werden darf (Kreditrahmen). Ein gesondertes Kreditkonto besteht nicht. Der gesamte Zahlungsverkehr des Unternehmens wird über das Kontokorrentkonto abgewickelt. Der Vorteil des Kontokorrentkredits besteht vor allem darin, dass die effektive Kreditinanspruchnahme den kurzfristigen Schwankungen des Kapitalbedarfs, verursacht durch Ein- und Auszahlungen auf diesem Bankkonto, schnell und leicht angepasst werden kann.

Kundenkredit: Der Kundenkredit sei nur noch der Vollständigkeit halber erwähnt! In der Praxis ist dieser Kredit nicht mehr anzutreffen. Der Kunde leistet eine Vorauszahlung auf Ware, die vom Händler erst noch bestellt werden muss.

Lieferantenkredit: Im Kaufvertrag mit den Lieferanten wird ein Zahlungsziel vereinbart.

Beispiel

Zahlungsziel 30 Tage, bei Zahlung innerhalb 10 Tagen 3 % Skonto. Wird der Skonto nicht in Anspruch genommen, reduziert sich nicht nur der jährliche Skontoertrag. In der Regel ist die Ausschöpfung des Skontos, selbst bei Inanspruchnahme von Bankkrediten, auch deutlich günstiger als die zeitliche Ausnutzung des Lieferantenkredits. Lässt man den 3-%igen Skonto (innerhalb von 10 Tagen) verfallen, ergeben sich aufs Jahr gerechnet ganz erhebliche Kreditkosten. Diese berechnen sich nach folgender Formel:

$$\text{Kreditkosten} = \frac{\text{Skontosatz in \%}}{\text{Ziel in Tagen ./. Skontofrist in Tagen}} \times 360$$

Im erwähnten Beispiel ergibt sich somit folgende Rechnung:

$$\text{Kreditkosten} = \frac{3}{30 - 10} \times 360 = 54$$

Die Kreditkosten belaufen sich somit auf 54 %. Daraus resultiert die bekannte Tatsache: Ein Baustoff-Fachhändler, der nicht in der Lage ist, die Lieferantenskonti voll auszunutzen, ist entweder völlig unterfinanziert, oder er macht bei seiner Finanzierung existenzgefährdende Fehler.

Wechseldiskontkredit: Die Gewährung von Wechseln durch Lieferanten spielt heute nur noch eine sehr untergeordnete Rolle. Der Vollständigkeit halber, und da die Baustoffkooperationen ihren Gesellschaftern zum Teil noch Wechselfinanzierungen anbieten, wird das Thema hier beschrieben: Wenn ein Hersteller (Lieferant) eine bestimmte Warenlieferung an einen Baustoff-Fachhändler tätigt, ohne dass dieser seine Schuld innerhalb des Zahlungsziels bezahlen kann, so wird er einen Wechsel auf den Baustoff-Fachhändler ausstellen (Gegen diesen Wechsel zahlen Sie am ... EUR ...). Der Hersteller gewährt dem Baustoff-Fachhändler somit einen Kredit bis zu einer bestimmten Frist. Diese beträgt im Allgemeinen drei Monate. Kreditgeber ist der Hersteller, Kreditnehmer der bezogene Baustoff-Fachhändler. Will der Hersteller nicht drei Monate warten, um zu seinem Geld zu kommen, „verkauft" er den Wechsel an die Bank, die ihm von der Wechselsumme einen „Diskont" (Zinssatz für Laufzeit des Wechsels) abzieht. Jetzt ist die Bank Wechselgläubiger und wird bei Fälligkeit vom Baustoff-Fachhändler Bezahlung verlangen.

Akzeptkredit: Ein Akzeptkredit ist eine Form der kurzfristigen Unternehmensfinanzierung, bei der die Bank als Bezogene einen Wechsel ihres Kunden akzeptiert. Es handelt sich somit um einen Wechselkredit. Als Bezogene des Wechsels wird die Bank zum Schuldner. Sie verpflichtet sich damit, dem Wechselinhaber den Kreditbetrag bei Fälligkeit auszuzahlen.

Mittelfristige Kredite (bis vier Jahre Laufzeit)

Bankkredit: Zur Finanzierung von Einrichtungen, Büromaschinen, Kraftfahrzeugen, Gabelstaplern, Regalanlagen und Ähnlichem gewähren die Banken Darlehen. Der Zinssatz liegt niedriger als beim Kontokorrentkredit. Meist wird jährliche oder halbjährliche Tilgung vereinbart. Die Laufzeit des Darlehens sollte sich nach der Nutzungsdauer des angeschafften Wirtschaftsgutes richten.

Leasing: Mit „Leasing" wird eine besondere Form der Miete bezeichnet. Im Finanzierungs-Leasing-Vertrag verpflichtet sich eine Leasinggesellschaft (Leasing-Geber), ein vom Baustoff-Fachhändler (Leasing-Nehmer) gewünschtes Wirtschaftsgut (Maschine, Kraftfahrzeug, Grundstück) vorzufinanzieren. Der Baustoff-Fachhändler verpflichtet sich, die festgelegte Leasingrate für jede Periode der Nutzung zu bezahlen. **Vorteile des Leasing-Systems:** Es wird kein zusätzliches Kapital gebunden, da das Wirtschaftsgut nur gemietet und nicht gekauft wird. Mietkosten sind als Betriebsausgaben voll absetzbar. Das zur Verfügung stehende Kapital kann rentabler angelegt werden, etwa zum Skontieren von Lieferantenrechnungen. **Nachteile des Leasing-Systems:** Beim Leasing sind die Kosten in der Regel höher als bei der Eigenfinanzierung. Leasing ist nur dann günstiger als Kauf, wenn mit dem „flüssigen Kapital" ein höherer Gewinn erzielt wird als die Mehrkosten ausmachen. Der Leasingnehmer trägt die Gefahr des Untergangs und muss beispielsweise bei einem Lkw eine Vollkaskoversicherung abschließen.

Baumaschinen-Mietpark eines Leasing-Unternehmens *Foto: HKL Baumaschinen*

Langfristige Kredite (mehr als vier Jahre Laufzeit)

Hypothekenkredit: Die Hypothek ist eine im Grundbuch eingetragene Belastung eines Grundstücks, um die Forderung eines Gläubigers zu sichern. Es besteht also ein Schuldverhältnis zwischen Gläubiger und Schuldner. Die Sicherung besteht in der „dinglichen" Haftung (das Grundstück ist das Pfand) und in der persönlichen Haftung des Schuldners. Will ein Baustoff-Fachhändler Grundstücke bzw. Gebäude finanzieren, wird er sich in der Regel dieser Finanzierungsform – des Hypothekenkredits – bedienen. Hypothekenbanken und Versicherungen sind die Kreditgeber. Der Kreditgeber wird durch die Hypothek berechtigt, seine Forderungen, falls nicht anders möglich, durch den Verkauf des Grundstücks einzutreiben. Die Belastung eines Grundstücks mit einer Hypothek ist mit der Belastung einer beweglichen Sache, mit einem Pfandrecht, zu vergleichen. Deshalb wird die Hypothek auch als Grundrecht bezeichnet. Durch Vertrag wird die Hypothek zwischen Kreditgeber und Eigentümer des zu belastenden Grundstücks bestellt. Der Vertrag muss vom Notar (Gericht) beurkundet werden. Anschließend erfolgt die Eintragung ins Grundbuch.

Grundschuld: Wird im Grundbuch die Belastung eines Grundstückes mit einer Geldsumme eingetragen, so spricht man von einer Grundschuld. Dabei muss keine Forderung eines Gläubigers vorliegen, die es abzusichern gilt. Dazu kommt: Für die Grundschuld haftet nur das Grundstück, nicht die Person des Grundstückseigentümers.

Sonstige: Bei Klein- und Mittelbetrieben des Handels besteht häufig das Problem des zunehmenden Kapitalbedarfs, ohne dass günstige Finanzierungsmöglichkeiten zur Verfügung stehen. Deshalb wird auch beim Baustoff-Fachhandel, wenn möglich, auf Förderprogramme der öffentlichen Hand zurückgegriffen. In der Regel kann damit die Zinsbelastung verringert werden. Um den mittelständischen Handelsfirmen, die nicht in ausreichendem Umfange über Sicherheiten verfügen, die Kreditaufnahme zu ermöglichen, wurden Kreditgarantiegemeinschaften für den Handel gegründet. Sie übernehmen gegenüber den Banken die Ausfallbürgschaft für die aufgenommenen Kredite.

9.3 Rating / Basel II

Der Begriff „Rating" steht im allgemeinen Sprachgebrauch für die „Bewertung von Unternehmen". Eine Definition lautet: „Rating ist ein mathematisch-statisches Beschreibungsmodell, welches die ausfallrelevanten Merkmalsausprägungen eines Kreditnehmers in eine Bonitätsaussage (Ratingquote, Ausfallwahrscheinlichkeit) transformiert." Neben den rein mathematischen Merkmalen werden von den Banken immer stärker auch die „weichen" Faktoren berücksichtigt. Sie werden im Folgenden beschrieben.

Entstehung des modernen Ratings

Grundlage dazu ist, ein umfassendes Bild hinsichtlich Zahlungsmoral, Geschäftsgebaren, Management, Personalführung und anderen Kriterien über das Unternehmen zu bekommen. Grundlage für die Beurteilung ist das „Basel II"-Abkommen. Die Basler Beschlüsse wurden gefasst, um Zusammenbrüche der Finanzmärkte, wie sie im Jahre 1997 und 1998 in Südostasien und Russland vorgekommen waren, zukünftig zu verhindern. Hier wurden Kredite mit hohen Ausfallwahrscheinlichkeiten an Unternehmen ohne Prüfung der Bonität vergeben.
Vornehmlich wird das Rating von Banken zur Beurteilung der Kreditwürdigkeit ihrer Kunden durchgeführt. Die Notwendigkeit für das Bankenrating ergibt sich aus den „Mindestanforderungen an die Kreditvergabe". Zusammengetragen wurden sie im „Basler Eigenkapitalakkord II" (kurz Basel II). Danach sollen Kredite an Baustoff-Fachhandlungen zukünftig abhängig von deren Bonität gegeben werden. Derzeit ist man in der Umsetzungsphase von „Basel III", der wiederum etwas modifizierten Vorgabe für Kreditvergaben.
Neben den Banken nutzen auch verschiedene Kreditversicherer und Agenturen das Instrument Rating. Namhafte Rating-Agenturen sind z. B. „Standard and Poor's", „Fitch" oder „Moodys" oder aber auch die Creditreform.
Interessieren soll uns aber nur das Rating durch die Banken, um möglichst günstig an eine gute Betriebsmittelfinanzierung zu gelangen.

Was wird bei einem Rating untersucht?

Wie bereits beschrieben, trifft das Rating eines Unternehmens Aussagen über dessen Bonität. Diese wiederum wird von sehr vielen betrieblichen, aber auch externen Faktoren beeinflusst. Erst die Bewertung aller maßgeblichen Faktoren ermöglicht es, eine verlässliche Aussage zu treffen. Es werden deshalb mehrere Komponenten in eine Ratinganalyse einbezogen.
Welche Faktoren und Komponenten spielen nun bei einem Rating bzw. bei der Unternehmensbewertung eine Rolle? Man unterscheidet zwischen zwei Gruppen von Faktoren.

Quantitative (harte) Faktoren für ein sogenanntes Bilanz-Rating: Dazu zählen:

- Bewertung der Eigenkapitalquote,
- Bewertung der genutzten Finanzierungsformen, wie z. B. Gesellschafterdarlehen oder stille Beteiligungen (egal ob typisch oder atypisch),
- Höhe des Forderungsbestands, damit verbunden die Frage nach dem Forderungs-Management,
- Einsatz eines Mahnwesens, das keinerlei Ausnahmen zulässt,
- Bewertung der Kapitalbindung für Anlage- und Umlaufvermögen.

Verbesserungen in der Bewertung sind hier z. B. durch Leasing im Anlagevermögensbereich oder ein straffes Bestandsmanagement im Warenbereich zu erreichen.
Zusammenfassend heißt das, dass bei den quantitativen Faktoren heute nicht mehr nur die Jahresabschlussunterlagen genügen. Kapitalgeber interessieren sich auch für die Auswertungen, Planrechnungen und Investitionspläne.

Qualitative (weiche) Faktoren: Die sind genauso wichtig.

- Optimierung des Rechnungswesens,
- Kommunikation mit den (potenziellen) Fremdkapitalgebern, allen voran mit den Banken. Dieser Punkt erscheint mit am wichtigsten zu sein. Halten Sie Ihre Banken auf dem Laufenden. Schicken Sie ihnen die notwendigen Unterlagen unaufgefordert zu. Ein gutes Verhältnis zur Bank wird Ihr Lohn dafür sein.
- Weitere qualitative Faktoren sind das Branchenumfeld und Erwartungen der Bank an die Branche.
- Wettbewerbssituation.
- Auch die Absicherung der eigenen Forderungen wirkt sich positiv aus, z. B. durch eine abgeschlossene Warenkreditversicherung.

Weitere weiche Faktoren können sein:

- strategische Überlegungen des Unternehmens,
- die Fähigkeiten des Managements,
- die Personalqualität und die Personalplanung.
- Ebenso werden die Marktstellung und das Produkt-Portfolio unter Berücksichtigung der Branche bewertet.
- Weiterhin werden die Betriebsabläufe, die Organisation und die Arbeitsweise in die Bewertung mit einbezogen, um sich ein umfassendes Bild des Unternehmens zu verschaffen.
- Letzten Endes gehört zur umfassenden Betrachtung dann noch der Bereich Planung und Controlling.

Die zuletzt genannten qualitativen Faktoren haben in den letzten Jahren enorm an Bedeutung gewonnen. Neben den „nackten" Zahlen machen diese weichen Faktoren bis zu 40 % der Gesamt-Rating-Note aus. Die Anforderungen an Information und Transparenz steigen.

Beurteilung, Bewertung, Kriterien
Ziel des neuen Bewertungsverfahrens durch die Banken ist eine Klassifizierung auf künftige und bestehende Kreditentscheidungen bzw. neue Geschäftsverbindungen zu prüfen und zu erhalten. Insbesondere in den heutigen Zeiten ist es von erheblicher Bedeutung für die Fremdkapitalgeber, eine klare und strukturierte Übersicht über die KMU (kleinere und mittlere Unternehmen) zu bekommen, um auch langfristig Kredite sicherzustellen und bei eventuell auftretenden Zahlungsstörungen nicht sofort in Unruhe zu geraten. Zweck des Ratings ist also die Betrachtung der Zukunft unter Ermittlung der Ausfallwahrscheinlichkeit für den Bereich KMU. Die vorgenannte Einstufung zur Bonifizierung und für Ratingkriterien hat erhöhten Einfluss auf das Maß der Kreditentscheidung für die Banken. Für ein erstklassig eingestuftes Unternehmen müssen für die Kredite deutlich weniger der Kredite mit Eigenkapital abgesichert werden als bei einem schlechter bewerteten Unternehmen.

Fragen und Antworten zum Rating
Das Wichtigste in aller Kürze

Hier finden Sie häufig gestellte Fragen und Antworten zu den Themen Rating, Basel II und Basel III.

Was bedeuten Basel II und Basel III für mein Unternehmen?

Die aktuelle Eigenkapitalvereinbarung des Baseler Bankenausschusses (Basel II bzw. Basel III) besagt: Je besser die Bonität Ihres Unternehmens, desto weniger Eigenkapital muss die Sparkasse für Ihre Kredite zurücklegen. Diesen Vorteil gibt sie über günstigere Konditionen an Sie weiter.

Basel II (und Basel III) betrifft nicht nur das Eigenkapital der Unternehmen (Kreditnehmer), sondern auch das Eigenkapital der Kreditinstitute (Kreditgeber).

Die Kriterien	
1. Qualität der Geschäftsführung	4. Wirtschaftliche Verhältnisse
1.1. Persönliche Kreditwürdigkeit und Unternehmereigenschaften	4.1. Ertragslage
1.2. Kaufmännische Qualifikation	4.2. Vermögenslage
1.3. Technische Qualifikation	4.3. Finanzierung und Liquidität
1.4. Risikofaktoren (z. B. ungelöste Nachfolgeregelung)	4.4. Kapitaldienstfähigkeit
	4.5. Gegenwärtige wirtschaftliche Situation
	4.6. Künftig erwartete Unternehmensentwicklung
	4.7. Gesamtvermögensverhältnisse
2. Betriebliche Verhältnisse	5. Bisherige Geschäftsbeziehungen und Zahlungsverhalten
2.1. Unternehmensplanung und -steuerung	5.1. Bisherige Geschäftsbeziehung
2.2. Organisation	5.2. Kundentransparenz und Informationsverhalten
2.3. Personalwesen	5.3. Kontoführung
2.4. Einkauf, Lagerhaltung, Transport	5.4. Zahlungsverhalten
2.5. Produktion	
2.6. Marketing, Vertrieb	
2.7. Rechnungswesen	
2.8. Finanzwesen	
2.9. Unternehmensrisiken	
2.10. Anzeichen für Unternehmensgefährdung	
3. Branchen-, Markt- und Wettbewerbssituation	6. Sicherheitsklasse
3.1. Absatzmarkt und Branchensituation	Ermittlung des prozentualen Anteils des sogenannten Blankoanteils*) im Verhältnis zum Gesamtanteil
3.2. Konkurrenzintensität	*) Der Blankoanteil ist der Teil des Kredits, der nicht durch Sicherheiten abgedeckt ist.
3.3. Wettbewerbsposition	

9.4 Sicherung von Krediten

Die Kreditgeber schützen sich vor Verlusten, wenn Kreditnehmer ihre Schulden nicht mehr zurückzahlen wollen oder können. Nach der Art der Kreditsicherung wird unterschieden in Personal- oder Realkredit. Der Personalkredit wird im Vertrauen auf die Person des Kreditnehmers gegeben. Der Überziehungskredit des Gehaltskontos ist ein treffendes Beispiel dafür. Die Kreditgewährung des Baustoff-Fachhandels an seine Kunden zählt vielfach auch zum Personalkredit. Dieser reine Personalkredit ist in der Höhe begrenzt. Einzige Kreditsicherung ist vielfach die Auskunfteinholung bei Banken oder Auskunfteien (z. B. Schufa, Creditreform o. ä.). Bei den größeren Personalkrediten werden durch den Kreditgeber vom Kreditnehmer zusätzliche Sicherheiten verlangt:

Ratingergebnisse werden häufig in Form von Buchstaben und/oder Buchstaben-Zahlenkombinationen dargestellt (s. Rating-Tabelle rechts).
Die meisten Banken und Agenturen nutzen ähnliche Darstellungsweisen und Beurteilungen bei ihren Ratings. An der Spitze steht die Bewertung AAA, oder „Triple A" genannt, für Unternehmen mit einer sehr guten Bonität und einem Ausfallrisiko von annähernd Null. Von diesen Unternehmen existieren an den meisten Märkten nur eine Handvoll.
Die Bewertung geht dann, mal mehr, mal weniger fein abgestuft, bis zur Bewertung „D". Hier ist dann meist schon der Insolvenzantrag gestellt, und das Unternehmen braucht sich über eine Betriebsmittelfinanzierungen keine Gedanken mehr zu machen!

Beurteilungsstufen	Risikoeinstufung	Bonitätsindex
AAA Erstklassige Beurteilung	Geringstes Risiko	150a
AA+		
AA Sehr gute Beurteilung	Sehr geringes Risiko	200
AA-		
A+		
A Gute Beurteilung	Geringes Risiko	250
A-		
BBB+		
BBB Mittlere Beurteilung	Mittleres Risiko	300
BBB-		
BB+		
BB Schwache Beurteilung	Höheres Risiko	350
BB+		
B+		
B Schlechte Beurteilung	Hohes Risiko	420
B-		
CCC+		
CCC		
CCC-Sehr schlechte Beurteilung	Sehr hohes Risiko	600
CC		
C		
CI, D Insolvenz		

Bürgschaft
Hier verpflichtet sich ein Dritter, die Forderung des Kreditgebers zu bezahlen, falls der Kreditnehmer dazu nicht in der Lage ist. Bei

der Ausfallbürgschaft muss der Bürge erst dann bezahlen, wenn die Bank den Schuldner erfolglos verklagt hat, d. h. die Zwangsvollstreckung ohne Erfolg war. Bei der selbstschuldnerischen Bürgschaft ist eine erfolglose Klage nicht notwendig. Der Bürge kann sofort in Anspruch genommen werden, wenn der Schuldner nicht bezahlt.

Wechsel
Der Wechsel ist ein Wertpapier, das ein besonderes Zahlungsversprechen enthält und sehr schnell in einen Vollstreckungstitel umgewandelt werden kann, Stichwort Wechselstrenge. Der Wechselkreditnehmer bezahlt seinen Lieferanten mit einem Wechsel.

Forderungszession
Durch die Abtretung von Forderungen wird der Bank das Recht eingeräumt, diese beim Schuldner direkt einzufordern.

Factoring
Die vorhandenen Forderungen werden an eine Factoring-Gesellschaft (Factoring-Bank) verkauft. Diese zahlt den Forderungsbeitrag sofort aus, jedoch abzüglich Zinsen und Provision, und treibt die Forderung selbst ein. Sowohl Forderungszession als auch Factoring sind beim Baustoff-Fachhandel verhältnismäßig selten. Beim Realkredit sind dingliche Sicherheiten vorhanden.

Sicherungsübereignung
Der Schuldner übereignet eine Sache, z. B. Lkw oder Warenlager, dem Kreditgeber (Bank). Der Schuldner bleibt Besitzer. Er kann den Lkw also weiter fahren oder das Geschäft mit dem Warenlager auch künftig betreiben. Der Kreditgeber wird dagegen Eigentümer. Als Ausdruck des Eigentumsübergangs erhält die Bank den Lkw-Brief (Übergabesurrogat).

Eigentumsvorbehalt
Der Lieferant (Baustoff-Fachhändler) verkauft an seine Rechnungskunden unter dem Vorbehalt, dass der Schuldner (Kunde) Eigentum erst nach Bezahlung erwirbt (Eigentumsvorbehalt). Will der Kunde die Ware zwischenzeitlich weiterveräußern, so muss er sich gegenüber dem Baustoffhändler verpflichten, diesem alle Rechte aus der Weiterveräußerung abzutreten (verlängerter Eigentumsvorbehalt). Will der Kunde die Ware be- oder verarbeiten, wird eine sogenannte Verarbeitungsklausel vereinbart. Dadurch bleibt das Eigentum auch an der verarbeiteten Ware beim Baustoffhändler (ebenfalls verlängerter Eigentumsvorbehalt). Von einem erweiterten Eigentumsvorbehalt spricht man, wenn das Eigentum erst dann übergehen soll, wenn alle aus der Geschäftsverbindung geschuldeten Zahlungen erfüllt worden sind. Weitere Einzelheiten dazu in Kapitel „Kaufrecht im Baustoffhandel".

Der Eigentumsvorbehalt bezieht sich auf bewegliche Sachen und dient der Sicherung der kaufrechtlichen Ansprüche des Verkäufers. *Abb.: fotodo/Fotolia*

Hypothek
Wie besprochen, handelt es sich um eine im Grundbuch eingetragene Sicherung einer bestehenden Forderung.

Grundschuld
Ebenfalls im Grundbuch eingetragen. Bezieht sich auf eine Geldsumme. Setzt im Gegensatz zur Hypothek keine bestehende Forderung voraus.

Rentenschuld
Die im Grundbuch eingetragene Belastung eines Grundstückes aufgrund regelmäßig wiederkehrender Zahlungen.

Beispiel

Ein Sohn ist Inhaber der vom Vater geerbten Baustoffhandlung. Der zweite Sohn erhält eine monatliche Rente, die durch Grundbucheintragung abgesichert ist.

Warenkreditversicherung
Die Warenkreditversicherung bietet dem Baustoff-Fachhändler, der Waren auf Kredit verkauft, Versicherungsschutz gegen die Ausfälle, die er infolge Zahlungsunfähigkeit seiner Kunden bei den Außenständen erleidet. In diesem Zusammenhang stellt sich die Frage nach dem Nutzen und den Kosten. Die Jahresprämie einer Warenkreditversicherung wird aufgespalten in eine Mindestprämienpauschale und einen Promillebetrag (zwischen 1,2 und 3,0 ‰!) aus der Summe der Außenstände. Zu dieser Jahresprämie kommen noch die Gebühren für die Prüfung der Kunden. Zu beachten ist ferner, dass beim Ausfall eines Kunden eine Selbstbeteiligung vereinbart ist, die in der Regel bei mind. 20 % liegt. Insgesamt handelt es sich bei der Warenkreditversicherung also um eine recht teure Angelegenheit. Trotzdem sind in den letzten Jahren vor allem größere Baustoff-Fachhandlungen dazu übergegangen, eine Warenkreditversicherung abzuschließen.

Versicherer wie Euler-Hermes, Coface Deutschland oder Creditreform bieten u. a. Warenkreditversicherungen.

Einen großen Vorteil hat die Warenkreditversicherung quasi nebenbei. Der Baustoff-Fachhändler wird über die Zahlungsfähigkeit der versicherten Kunden informiert und kann deshalb gegebenenfalls frühzeitig reagieren. Auch das Factoring wir als besondere Form der Warenkreditversicherung angepriesen. Dabei wird aber nicht beachtet, dass die Sicherung von Warenkrediten beim Factoring nur ein Nebeneffekt ist. Im Vordergrund steht beim Factoring die Beschaffung liquider Mittel (Verkauf von Forderungen). Die Anforderungen bei der Kundenüberwachung sind gleich streng wie bei einer Warenkreditversicherung. Zu den Kosten der Warenkreditversicherung kommen aber noch die Kosten der Finanzierung hinzu.

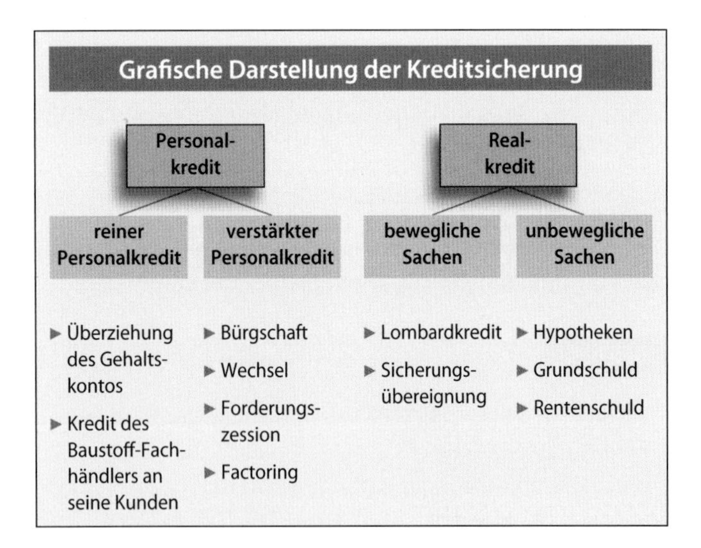

9.5 Finanzierungsregeln

Vorhandene Zahlungsverpflichtungen müssen jederzeit abgedeckt werden können. Um dies zu gewährleisten, sind Finanzierungsregeln entwickelt worden. Es handelt sich dabei um Faustregeln, die auf ein bestimmtes Verhältnis von Eigen- und Fremdkapital oder auf den Vergleich von Vermögens- und Kapitalstruktur zielen. Der Aussagewert der allgemeinen Regeln ist begrenzt, da sie firmenindividuelle Gegebenheiten nicht berücksichtigen. Trotzdem spielen sie, etwa bei der Beurteilung der Kreditwürdigkeit eines Unternehmens, eine wichtige Rolle. Spezielle Grundsätze der Finanzierung für den Baustoff-Fachhandel gibt es nicht. Es handelt sich vielmehr um eine Abwandlung der allgemeinen, für jeden Betrieb geltenden Regeln. Der bekannteste Finanzierungsgrundsatz lautet: Langfristig gebundenes Vermögen muss mit langfristigem Kapital finanziert werden. Diese Aussage wird auch als „goldene Finanzregel" bezeichnet. Versucht man, die Finanzierungsregeln zu systematisieren, so lassen sich zwei am Bilanzbild orientierte Gruppen unterscheiden.

Die vertikalen Regeln: Sie untersuchen die Positionen auf der Aktiv- bzw. Passivseite der Bilanz.

Die horizontalen Regeln: Sie untersuchen die Relationen zwischen dem Vermögen und der Kapitalstruktur der Bilanz. Bereits Mitte der 1950er Jahre hatte der damalige Vorstandsvorsitzende der Heidelberger Zement AG, Prof. K. Schmaltz, die für den Baustoffhandel wichtigsten Finanzierungsgrundsätze herausgearbeitet. Bis heute hat sich an diesen Überlegungen kaum etwas geändert.

Finanzierungsregel 1
Das Eigenkapital muss so hoch sein, dass mindestens das im Anlagevermögen und im Warenlager angelegte Kapital gedeckt ist. Dieser Grundsatz ist für jede Baustoff-Fachhandlung wohl die wichtigste Aussage. Kurzfristige Verstöße sind sicherlich zu verkraften. Langfristig gesehen wird jedes Unternehmen scheitern, das diese Relation missachtet. Zum Anlagevermögen zählen Grundstücke und Gebäude, die Kraftfahrzeuge und Stapler sowie die sonstige Einrichtung. Das Warenlager zählt ebenfalls zum Anlagevermögen. Dies mag zunächst irritieren, da die gelagerten Baustoffe mehrmals jährlich umgeschlagen werden. Zu bedenken ist jedoch, dass trotz möglicher saisonaler Schwankungen die Kapitalbindung für ein durchschnittlich großes Warenlager langfristig vorhanden ist. Unter Eigenkapital ist das Inhaberkapital zu verstehen, bei GmbH-Gesellschaften das Grundkapital einschließlich der Rücklagen. In vielen Fällen, z. B. bei Unternehmen, die gerade große Investitionen getätigt haben, ist langfristiges Fremdkapital (Hypothekendarlehen) dem Eigenkapital gleichzusetzen.

Finanzierungsregel 2
Eigenkapital und Fremdkapital müssen in einem angemessenen Verhältnis zueinander stehen. Dieser zweite Grundsatz bringt zum Ausdruck, dass zusätzlich zum langfristig gebundenen Kapital eigene Mittel vorhanden sein müssen, damit unerwartete Risiken, wie etwa die Zahlungsunfähigkeit eines Kunden, abgefedert werden können. Die Relation zwischen Eigen- und Fremdkapital einer Baustoff-Fachhandlung kann nicht eindeutig definiert werden. Was angemessen, richtig oder zweckmäßig ist, hängt von der individuellen Struktur des einzelnen Betriebs ab. Die Qualität der Debitoren, der Führungsstil, eine aussagefähige Kostenrechnung, zukunftsorientiertes Denken und Handeln, auch die gegebenen Relationen zwischen Groß- und Einzelhandel gehören dazu. Tendenziell kann man aber sagen, dass Gefahr im Verzug ist, wenn der Eigenkapitalanteil unter 20 % des Gesamtkapitals fällt.

Finanzierungsregel 3
Die gesamten Schulden aus Wareneinkauf dürfen nicht höher sein als die gesamten Forderungen aus Warenverkauf. Diese Regel ergibt sich zwangsläufig aus dem erstgenannten Grundsatz. Wenn das Eigenkapital das Anlagevermögen und das Warenlager voll deckt, können die Schulden nicht höher sein als die Forderungen.

9.6 Liquidität (Zahlungsfähigkeit)

Um die Zahlungsfähigkeit eines Betriebs besser beurteilen zu können, wurden Liquiditätskennzahlen entwickelt, mit denen der sogenannte **Liquiditätsgrad** festgestellt wird. Durch die Gegenüberstellung der Vermögenswerte und der vorhandenen Verbindlichkeiten werden die verschiedenen Liquiditätsgrade ermittelt. Dabei werden sofort verfügbare Geldmittel mit kurzfristigen Verbindlichkeiten verglichen. Dasselbe geschieht mit schwerer veräußerbaren Vermö-

Exkurs

Gläubiger-Schutz-Gemeinschaft (GSG)

Im Juli 1999 wurde die Gläubiger-Schutz-Gemeinschaft GmbH (GSG) von 21 norddeutschen Baustoffhändlern mit der Zielsetzung „Minimierung der Forderungsverluste" ins Leben gerufen. Dieses Schutzkonzept gegen Forderungsausfälle entwickelte sich vom regionalen zum inzwischen bundesweit erfolgreichen Instrument im Kreditmanagement des Baustoff-Fachhandels. Innerhalb von fast zehn Jahren ist die GSG, unter der Leitung des BDB, heute das im Baustoff-Fachhandel am häufigsten eingesetzte Branchenschutzsystem.

Die Gründungsziele gelten auch heute noch. Allerdings ist die Finanzierungssituation insbesondere für den mittelständischen Baustoff-Fachhandel noch schwieriger geworden. Der Baustoff-Fachhandel ist nach wie vor die „Bank am Bau". Wer aber Kredite vergibt – und Warenkredite sind ja auch eine Form von Krediten –, der braucht wie jeder andere Geldgeber Informationen aus verlässlichen Quellen. Informationen aus der eigenen Finanzbuchhaltung (OP-Liste, Mahnvorschlagsliste) reichen aber nicht aus, um Kenntnis von einer sich verschlechternden Zahlungsmoral bzw. Liquidität des Kunden zu erhalten. Der Kunde selbst wird es dem Baustoffhändler nicht mitteilen. Kleinere Handwerker und Baugeschäfte gehen zunehmend auf Wanderschaft, weil sie keinen eigenen Heimatmarkt mehr haben. Nach der Insolvenz eines Bauunternehmens entstehen im Handumdrehen mehrere kleine Baugeschäfte, deren Vorgeschichte man kennen sollte.

Kundenliste Zurück: Suchmaske

Kundennummer	Abos	Firmierung	PLZ	Ort	Gesamtstatus	Historie	Meldung
24022825 679-	5	Hennighausen Bau GmbH & Co. KG	19294	Neu Kaliß	-40	anzeigen	eingeben
24066520 679-	3	u. Bautenschutz	19322	Wittenberge	240	anzeigen	eingeben
56702628 673	3	Zimmerei & Schreinerei	91796	Ettenstatt	50	anzeigen	eingeben
24040080 679-	3	u GmbH	19077	Lübesse	50	anzeigen	eingeben
52132842 605-	3	Stephan Musall Garten und Landschaftsbau	21714	Hammah	-20	anzeigen	eingeben
24042346 679-	4	Meyer Bau GmbH	19077	Lübesse	-20	anzeigen	eingeben
24040560 679-	4	Stephan Freitag GmbH & Co.KG Bauhandwerksbetrieb	19089	Crivitz	10	anzeigen	eingeben
24040646 679-	4	ecker GmbH	19089	Zapel	65	anzeigen	eingeben
24020011 679-	4	Karl-Heinz Weißhaupt GmbH	19230	Pätow	-40	anzeigen	eingeben
24041125 679-	4	Michael Ertl Zimmerei	19077	Sülstorf/ OT Boldela	-60	anzeigen	eingeben
24046225 679-	3	Bauunternehmen Sagard Peter Thomas-Jussupow	18551	Sagard	-20	anzeigen	eingeben
24040247 679-	3	und ann GbR Montagebau	19079	Sukow	100	anzeigen	eingeben
24066026 679-	3	Umwelttechnik & Tiefbau GmbH	19086	Consrade	30	anzeigen	eingeben
24041151 679-	3	Garten- und Landschaftsbau Crivitz GmbH	19089	Crivitz	-20	anzeigen	eingeben
24042194 679-	4	Estrichbau Gerd Fischer	19205	Gadebusch	-60	anzeigen	eingeben
24042461 679-	4	GmbH	19230	Hagenow Heide	115	anzeigen	eingeben
24022646 679-	3	Falko Baustellensicherung	21465	Reinbek	50	anzeigen	eingeben
24020010 679-	3	Bau GmbH	19243	Wittenburg	50	anzeigen	eingeben
24020735 679-	4	Manfred Donde	19243	Dodow	10	anzeigen	eingeben
24021993 679-	3	Baugeschäft	19243	Wittenburg	300	anzeigen	eingeben

Seite: <zurück ... 4 5 6 7 8 9 10 11 12 13 14 15 ... weiter> Ergebnis exportieren

Alle wichtigen Daten auf einen Blick

Hier setzt die GSG an und leitet die Zahlungserfahrungen aller teilnehmenden Baustoffhändler an die Händlerkollegen weiter, bei denen der konkrete Kunde einkauft oder einkau-

Meldungshistorie Zurück: Suchmaske -> Suchergebnisse

Debitor: Innenausbau GmbH
Kd-Nr:
Kd-Nr 2: 199-

Eigene Statusmeldung eingeben

Meldungshistorie:

TN	Datum	Code	Bezeichnung	Beschreibung	Meldungstext
5	12.06.2009	500	Inkassobüro oder Rechtsanwalt mit Einzug beauftragt	Kunde wurde zum Forderungseinzug gegeben (RA oder Inkassobüro)	
1	04.06.2009	457	Kunde intern gesperrt	Es liegen Informationen vor welche eine Sperrung des Kunden nötig machten	
5	04.06.2009	500	Inkassobüro oder Rechtsanwalt mit Einzug beauftragt	Kunde wurde zum Forderungseinzug gegeben (RA oder Inkassobüro)	
5	28.05.2009	500	Inkassobüro oder Rechtsanwalt mit Einzug beauftragt	Kunde wurde zum Forderungseinzug gegeben (RA oder Inkassobüro)	
5	22.05.2009	500	Inkassobüro oder Rechtsanwalt mit Einzug beauftragt	Kunde wurde zum Forderungseinzug gegeben (RA oder Inkassobüro)	
6	21.05.2009	301	Liefersperre / kein Warenkreditkauf	Kunde kann z. Z. keinen Warenkreditkauf tätigen	
6	21.05.2009	300	Zahlungszielüberschreitung > 120 Tage	Kunde überschreitet das Zahlungsziel um mehr als 120 Tage	
5	14.05.2009	500	Inkassobüro oder Rechtsanwalt mit Einzug beauftragt	Kunde wurde zum Forderungseinzug gegeben (RA oder Inkassobüro)	
5	08.05.2009	500	Inkassobüro oder Rechtsanwalt mit Einzug beauftragt	Kunde wurde zum Forderungseinzug gegeben (RA oder Inkassobüro)	
1	07.05.2009	457	Kunde intern gesperrt	Es liegen Informationen vor welche eine Sperrung des Kunden nötig machten	
6	06.05.2009	301	Liefersperre / kein Warenkreditkauf	Kunde kann z. Z. keinen Warenkreditkauf tätigen	
6	06.05.2009	300	Zahlungszielüberschreitung > 120 Tage	Kunde überschreitet das Zahlungsziel um mehr als 120 Tage	
5	24.04.2009	500	Inkassobüro oder Rechtsanwalt mit Einzug beauftragt	Kunde wurde zum Forderungseinzug gegeben (RA oder Inkassobüro)	

Detailinformationen sind sofort abrufbar.

fen möchte. Als GSG-Teilnehmer erhält der Baustoffhändler auf diese Weise über die GSG von anderen Baustoffhändlern anonym deren aktuelle Zahlungserfahrungen mit diesem Kunden. Es gehört zur Philosophie dieses Systems, dass sich jeder Teilnehmer verpflichtet, möglichst schnell seine aktuellen Erfahrungen an die GSG zu übermitteln. Auf Grundlage dieser aktuellen und detaillierten Informationen über Kunden kann der teilnehmende Händler rechtzeitig reagieren (z. B. rechtzeitiger Lieferstopp, Anpassung des Kreditlimits).

Die übermittelten Zahlungserfahrungen bestehen auch aus allen relevanten Faktoren, die Schlüsse auf die Bonität eines Kunden zulassen. Das sind positive Meldungen (Zahlungen erfolgen pünktlich), aber natürlich auch die Negativmeldungen. Dazu gehören dann nicht nur die harten Merkmale (Insolvenz usw.), sondern auch die weichen negativen Merkmale (Zahlungszielüberschreitungen, Liefersperren, Rücklastschriften etc.), welche in der Regel einer Insolvenz vorangehen.

Um den GSG-Teilnehmern das Meldeverfahren zu erleichtern wurden mittlerweile von zahlreichen Software-Anbietern GSG-Schnittstellen programmiert, die den Aufwand des Meldens für den Teilnehmer minimieren. Die Schnittstellen erzeugen die Meldungen der Zahlungserfahrungen automatisch, per Knopfdruck aus der bestehenden Finanzbuchhaltungssoftware heraus. Auf diese Weise werden heute pro Monat über 100 000 Meldungen in den GSG-Datenpool eingepflegt. Folgende Softwarehäuser verfügen aktuell über eine GSG-Schnittstelle:

Allgeier	Megacom
base4it	Navision
Compex	Neutrasoft
Datev	Raw
hagebau	SAP
InfoKom	SE-Padersoft

gensteilen im Verhältnis zu mittelfristigen Verbindlichkeiten und letztlich mit den sehr schwer veräußerbaren Vermögenswerten mit langfristigen Krediten.

Einer Umfrage der Deutschen Bank zufolge sind über 90 % der deutschen Unternehmen davon überzeugt, dass Liquiditätsmanagement in Zukunft wichtiger denn je sein wird.

Liquidität ersten Grades

Sofort verfügbare Mittel wie Barmittel, Postscheck- und Bankguthaben in Relation zu Verbindlichkeiten aus Warenlieferungen, Löhnen und Gehältern, Steuern und kurzfristigen Verbindlichkeiten. Die Formel zur Berechnung lautet:

$$\frac{\text{Geldwerte x 100}}{\text{kurzfristige Verbindlichkeiten}}$$

Liquidität zweiten Grades

Diskontfähige Wechsel, verpfändbare Wertpapiere, kurzfristig fällige Forderungen und leichtverkäufliche Warenbestände in Relation zu Verbindlichkeiten mit 30 bis 90 Tagen Ziel. Die Formel zur Berechnung lautet:

$$\frac{\text{mittelfristig liquidierbares Vermögen x 100}}{\text{mittelfristige Verbindlichkeiten}}$$

Liquidität dritten Grades

Immobilien, Maschinen, Hypothekenforderungen in Relation zu mittel- und langfristigen Krediten. Die Formel zur Berechnung lautet:

$$\frac{\text{langfristig liquidierbares Vermögen x 100}}{\text{langfristige Verbindlichkeiten}}$$

Bei allen Liquiditätsgraden besteht immer dann Gefahr, wenn die jeweiligen Vermögenswerte die zugeordneten Schulden nicht zu 100 % abdecken.

9.7 Kapitalrentabilität

Wie stark sich die Kapitalausstattung mit Eigen- und Fremdkapital auf die Gewinnsituation auswirkt, können folgende Beispiele zeigen:

Beispiele

Beispiel 1

Kapital 2 Mio. EUR, nur Eigenkapital: Gewinn 5 % =100 000 EUR. Das eingesetzte Kapital verzinst sich also mit 5 %. Man spricht in diesem Zusammenhang auch von der Eigenkapitalrentabilität. Das Verhältnis aller Kapitalerträge zum Gesamtkapital wird mit Gesamtkapitalrentabilität bezeichnet.

Beispiel 2

Kapital 2 Mio. EUR, davon 1 Mio. EUR Eigenkapital und 1 Mio. EUR Fremdkapital: Schuldzinsen für Fremdkapital 8 % = 80 000 EUR. Da Schuldzinsen Kosten darstellen, würde in diesem Fall der Gewinn auf 20 000 EUR absinken.

Beispiel 3

Kapital 2 Mio. EUR, davon 500 000 EUR Eigenkapital und 1,5 Mio. EUR Fremdkapital: Schuldzinsen 8 % für Fremdkapital, demnach 120 000 EUR. Die Firma müsste also einen Verlust von 20 000 EUR ausweisen. Die Schlussfolgerungen lauten: Sind die Zinsen für Fremdkapital höher (8 %) als die Gesamtkapitalrentabilität (5 %), verringert sich der Gewinn bei steigendem Fremdkapital. Umgekehrt steigt der Gewinn, wenn die Fremdkapitalzinsen kleiner sind als die Gesamtkapitalrentabilität.

Beispiel 4

Kapital 2 Mio. EUR, davon 500 000 EUR Eigenkapital und 1,5 Mio. EUR Fremdkapital: Die Schuldzinsen für Fremdkapital sollen durch Inanspruchnahme von Fördermitteln nur 3 % = 45 000 EUR betragen. In diesem Fall wird bei entsprechendem Anteil von Eigen- und Fremdkapital, wie in Beispiel 3, kein Verlust, sondern noch ein Gewinn von 55 000 EUR erwirtschaftet.

9.8 Finanzplanung

In der Finanzwirtschaft eines Unternehmens nimmt die Finanzplanung einen wichtigen Platz ein. Sie ist Bestandteil der Gesamtplanung. Als Grundlage der Finanzplanung dienen vielfach Zahlen aus dem Rechnungswesen (Finanzbuchhaltung).

Kapitalbedarf und Liquidität stehen im Mittelpunkt der Finanzplanung.
Foto: geralt/pixabay

Während die Buchhaltung die Finanzierungsvorgänge jedoch rückschauend festhält, ist die Finanzplanung ihrem Wesen nach zukunftsorientiert. Die vorausschauende Bereitstellung von Geldkapital dient vor allem der Aufrechterhaltung des finanziellen Gleichgewichts zwischen Einnahmen und Ausgaben auch in der Zukunft. Aufgabe der Finanzplanung ist es somit, immer so viel Finanzmittel bereitzustellen, dass das Unternehmen stets in der Lage ist, seinen vielseitigen Verpflichtungen nachzukommen. Die Finanzplanung muss stets im engen Zusammenhang mit der Investitionsplanung gesehen werden.

Kapitalbedarf

Die Berechnung des Kapitalbedarfs erstreckt sich auf das ganze Unternehmen. Die Finanzierung bei normalem Betriebsablauf ist beim Baustoff-Fachhandel in der Regel bekannt und braucht deshalb nicht ständig neu berechnet bzw. geplant werden. Unumgänglich ist eine Kapitalbedarfsberechnung jedoch, wenn neue Ereignisse finanziell bewältigt werden müssen.

Expansion: Wenn sich die Umsätze von Jahr zu Jahr erhöhen – dies ist beim Baustoff-Fachhandel zumindest im Trend gesehen der Fall –, müssen daraus finanzielle Konsequenzen gezogen werden. Für zusätzliche Beschäftigte, die Aufstockung der Lagerkapazität, den Kauf weiterer Lkws und die Finanzierung gestiegener Kundenkredite müssen neue Geldmittel aufgebracht werden. Nur mit einer möglichst genauen Planung lassen sich Fehldispositionen vermeiden.

Wettbewerb: Unter dem Druck des sich ständig verstärkenden Wettbewerbs benötigt besonders der mittelständische Baustoff-Fachhandel Kapital, um die erforderlichen Investitionen durchführen zu können. So müssen z. B. bei konkurrierenden Fliesen-Fachhandelsfirmen die Wettbewerber zwangsläufig nachziehen, wenn eines der Unternehmen eine neue Fliesenausstellung eröffnet.

Strukturwandel: Der Wandel in der Kundenstruktur – der Endverbraucher als Nachfrager von Baustoffen ist heute auch beim Baustoff-Fachhandel nicht mehr wegzudenken – bedingt neue Investitionen.
Der Baustoff-Fachhandel sich auf dem Weg zum Fachhandel, der sowohl den Profi als auch den Privatkunden bedient. Der stetig steigende Anteil an Privatkunden bedeutet konkret: Das Sortiment wandelt sich und ist so zu gestalten, dass es sowohl den Ansprüchen der Handwerkerkundschaft als auch den Wünschen des fortgeschrittenen Heimwerkers Rechnung trägt. Die Qualität rückt in den Vordergrund.
Die Ergänzung des traditionellen Verkaufssystems „Beratungshandel" durch qualifizierte Selbstbedienung (mit dem Angebot zur Fachberatung) muss bewältigt werden. In diesem Zusammenhang müssen zusätzliche Verkaufsflächen gewonnen und entsprechend eingerichtet werden. Eine Vielzahl qualitativ hochwertiger Artikel muss verkauft werden. Entsprechend kommt der qualifizierten Fachberatung eine immer größere Bedeutung zu. Dies umso mehr, als auch die Baumärkte zunehmend versuchen, ihren Kunden eine Fachberatung anzubieten.

Sortiment: Die Sortimente, die ein Baustoff-Fachhändler führen muss, expandieren ständig. Früher waren es vor allem die Rohbaustoffe, die schwerpunktmäßig verkauft wurden, heute sind Baustoffe für den Innenausbau, den Garten- und Landschaftsbau, vielfach auch Sanitär, Holz, Werkzeuge, Kleineisenwaren und vieles andere mehr hinzugekommen. Das bedeutet letztlich erhöhten Kapitalbedarf für das Sortiment, die aufgestockte Lagerkapazität und hochqualifizierte Verkaufskräfte. Ähnliche Zusammenhänge ergeben sich bei der Spezialisierung. Das vorhandene Sortiment muss dann breiter und tiefer ausgebaut werden.

Der moderne Baustoff-Fachhändler verkauft Qualität, d. h. Lebensqualität für seine Kunden. *Foto: Bussemas & Pollmeier / Baustoffring*

Teile des traditionellen Sortiments SB-fähig machen: Erfolgreiche Baustoffhändler versuchen, möglichst viele Bereiche des traditionellen Sortiments SB-fähig zu machen. Dies gelingt bei ca. 25 % der Baustoffe. Erfahrungen zeigen, dass auch der Profi diese Entwicklung begrüßt. Seine Einkaufszeiten verkürzen sich ganz erheblich. Auch für diese Umgestaltung sind zusätzliche Finanzierungsmittel aufzubringen. Wenn die Entscheidung für ein Projekt feststeht, die Kosten

Im angeschlossenen Bauzentrum werden die SB-Sortimente angeboten. *Foto: Karl Klein Baustoffe / Baustoffring*

ermittelt sind und das zu führende Fachsortiment definiert ist, kann die Wirtschaftlichkeitsberechnung weitere Entscheidungshilfen bringen.

Kapitalbedarfsplanung

Bei der Kapitalbedarfsplanung für die beschriebenen Investitionen wird unterschieden in Anlagekapitalbedarf und Umlaufkapitalbedarf. Der Anlagekapitalbedarf wird beim Baustoff-Fachhandel durch eine Investitionsplanung ermittelt. Die Festlegung von Prioritäten bzw. Dringlichkeitsstufen ist dabei unumgänglich, wenn Investitionswünsche mit den Möglichkeiten, zusätzliches Kapital aufzubringen, in Übereinstimmung gebracht werden müssen. Die Durchführung von Wirtschaftlichkeitsberechnungen spielt ebenfalls eine wichtige Rolle und ist für eine erfolgreiche Investition unerlässlich.

Der Umlaufkapitalbedarf errechnet sich aus den für das Umlaufvermögen anfallenden Ausgaben. Genaue Untersuchungen, die ein repräsentatives Bild der Baustoffhandelsbranche bieten können, sind zu diesen Themen nicht vorhanden. Trotzdem gibt es Erfahrungswerte, die sich auch über längere Zeiträume hinweg nur unbedeutend ändern: Der Baustoff-Fachhandel gewährt seinen Kunden Kredite vor allem in Form von längeren Zahlungszielen. Die Bedeutung des Wechselkredits wurde seit Einführung des Euros stark zurückgeführt und spielt heute nur noch eine untergeordnete Rolle. Die Laufzeit der Kredite ist stark konjunkturabhängig. Im Durchschnitt kann man sagen: Etwa ein Drittel der Kunden zahlt mit Skonto oder innerhalb von 30 Tagen, ca. 50 % innerhalb eines Zeitraums zwischen 30 und 60 Tagen, und der Rest benötigt mehr als 60 Tage, um seine Schulden begleichen zu können. Durch die Kreditgewährung an seine Kunden übernimmt der Baustoff-Fachhandel Bankfunktionen. Maßnahmen zur Absicherung des Kundenkreditrisikos sind überwiegend die traditionellen Instrumente: Auskunfteinholung, genaue Überwachung der Zahlungseingänge und Vorauskasse. Die wie immer auch geartete Sicherheitsleistung durch den Kunden ist in der Regel nur schwer durchzusetzen. Bei der Relation Eigenkapital zu Fremdkapital können für den Baustoff-Fachhandel folgende Richtgrößen aufgestellt werden:

- 1/3 Eigenkapital,
- 1/3 kurzfristiges Fremdkapital,
- 1/3 langfristiges Fremdkapital.

Bei der Überbrückung von Liquiditätsengpässen ergeben sich beim Baustoff-Fachhandel – in der Reihenfolge der Wichtigkeit – folgende Maßnahmen:

- Aufnahme von Kontokorrentkrediten,
- Schuldwechsel,
- Beschränkung der Kundenkredite,
- Aufnahme von Lieferantenkrediten.

Zum Finanzierungsbedarf des mittelständischen Baustoff-Fachhandels, dies gilt auch für alle anderen Großhandelsbranchen, lässt sich zusammenfassend feststellen: Durch die begrenzten Kreditmöglichkeiten auf dem Kapitalmarkt gibt es in der Bewältigung der Finanzierungsaufgaben ganz erhebliche Schwierigkeiten.

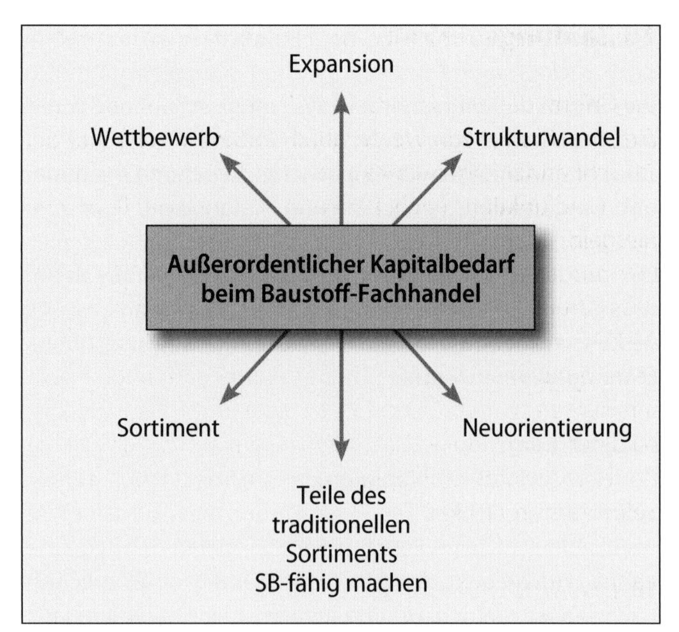

Beispiele für den außerordentlichen Kapitalbedarf im Baustoff-Fachhandel

Diese Aussage gilt sowohl in Stagnationsphasen, in denen die Zielüberschreitungen der Abnehmer in der Regel häufiger werden und zu einer ungewollten Kreditausweitung führen, als auch in Wachstumsphasen, in denen der Aufbau der Warenbestände zur Aufrechterhaltung hoher Lieferbereitschaft zusätzlich Finanzierungsaufgaben mit sich bringt.

Die Finanzplanung steht im Mittelpunkt aller unternehmerischen Überlegungen. Alle geplanten Maßnahmen – und mögen sie noch so sinnvoll und notwendig erscheinen – können letztlich nicht umgesetzt werden, wenn zu ihrer Realisierung die erforderlichen Finanzmittel fehlen. Die junge Generation drückt diese Zusammenhänge recht plastisch aus, indem sie sagt: *„Ohne Moos nix los."* Die Bedeutung der Finanzplanung für das Unternehmen wird im Schaubild deutlich.

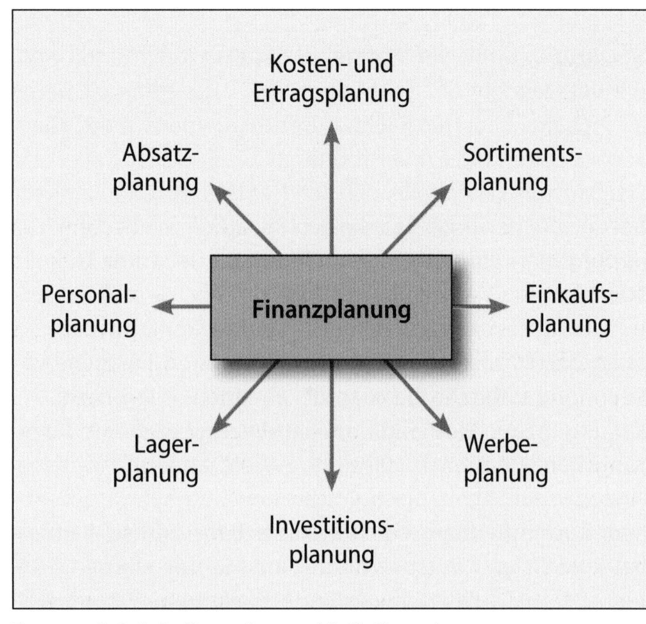

Eine zentrale Rolle im Unternehmen spielt die Finanzplanung.

10 Zahlungsverkehr im Baustoff-Fachhandel

Die Urform des Zahlungsverkehrs ist der Tauschhandel, also die „Bezahlung“ von Waren durch andere Waren. Auf den Tauschhandel folgte der Kauf mit Geld, erst Gegenständen mit „Geldfunktion“ (Vieh, Perlen etc.), dann Metall- und Papiergeld.
Der moderne Warenwirtschaftsverkehr zeigte aber bald, dass Bargeld (Münzen und auch Papiergeld) den Zahlungsverkehr erschwerten. Der Transport von Geld über weite Entfernungen hinweg ist nicht nur aufwendig, sondern auch mit Risiken behaftet. Das führte dazu, dass die Wirtschaft bald den bargeldlosen Zahlungsverkehr entwickelte. Heute ist der bargeldlose Zahlungsverkehr im Geschäftsleben eine Selbstverständlichkeit.

10.1 Begriffsbestimmung

In der Praxis wird im Baustoffhandel grob zwischen **Barverkäufen** und **Rechnungsverkäufen** unterschieden. Dabei bedeuten die Bezeichnungen „Barverkäufe“ nicht zwangsläufig die Barzahlung, Rechnungsverkäufe nicht unbedingt eine bargeldlose Zahlungsweise. So können auch Rechnungen bar, Barverkäufe auch bargeldlos bezahlt werden. Barverkauf bedeutet im Baustoff-Fachhandel, dass der Kunde sofort bei Übernahme der Ware diese auch bezahlt, sei es mit Bargeld oder aber mit Kredit- oder Bankkarten (EC-Karten). Die Bezahlung mit Schecks gibt es seit Einstellung des Euroschecks praktisch nicht mehr. Rechnungsverkäufe sind in Baumärkten nur ausnahmsweise möglich. Es ist jedoch zu beobachten, dass auch Baumärkte Bauhandwerkern und kleineren Bauunternehmern die Möglichkeit bieten, auf Rechnung einzukaufen, wenn diese vorher ein Kundenkonto beantragt haben. In den Fachmärkten des Baustoff-Fachhandels hingegen ist der Rechnungskauf von Handwerkern die Regel. Aber auch Privatkunden, die sogenannten „Unternehmer auf Zeit“ (private Hausbauer, die beim Baustoffhändler ein Kundenkonto eingerichtet haben), können meistens auf Rechnung einkaufen. Auf „Rechnung einkaufen“ bedeutet in der Praxis, dass der Kunde mit der Ware einen Lieferschein erhält, auf dem er den ordnungsgemäßen Erhalt der Ware quittiert. Dieser Lieferschein wird dann aus der Verkaufsabteilung in die Buchhaltung gegeben, die auf dessen Basis einen Rechnungsbeleg erstellt und dem Kunden zustellt.

Bauzentrum Wassermann & Co

Sehr geehrter Kunde/-in,

vielen Dank für Ihren Besuch und das Vertrauen, das Sie unserem Betrieb entgegenbringen.
Zur Eröffnung eines Kundenkontos benötigen wir von Ihnen einige Angaben, die wir selbstverständlich streng vertraulich behandeln.

Firma ____ Inhaber / Geschäftsführer ____
Straße ____ PLZ/ Ort: ____
Telefon ____ Mobil ____
Fax ____ E-Mail ____

Wir bestätigen hiermit ausdrücklich, dass gegen unser Unternehmen keine gerichtlichen, finanziellen Forderungen bestehen bzw. jemals bestanden haben und stimmen einer Bonitätsüberprüfung zu. Mit unserer Unterschrift erkennen wir die uns übergebenen Allgemeinen Geschäftsbedingungen der Wassermann & Co GmbH ausdrücklich an.

Datum, Stempel, Unterschrift

Interne Statistikfelder - auszufüllen durch Ihren Kundenbetreuer
Kundennummer: ____ Grp.: ____ KL: ____ SB: ____

Formular drucken & unterschreiben --> per Fax an 08331/490943

Antragsformular für ein Kundenkonto bei einem Baustoff-Fachhändler

> **Exkurs**
>
> **Elektronische Rechnung**
>
> Für gewöhnlich versendet der Baustoffhandel die Rechnungsbelege in Papierform per Post. Aber auch der elektronische Rechnungsversand nimmt deutlich zu. Der Vorteil für den Händler ist der Wegfall der Postlaufzeit der Papierrechnung und der Wegfall des Briefportos. Die Kosten einer per E-Mail versandten Rechnung sind verschwindend gering und spielen keine Rolle.
> Bei der Umstellung auf die elektronische Rechnung müssen jedoch einige Voraussetzungen zur Unversehrtheit des abgesendeten Datensatzes und zur steuerlich konformen Archivierung des Beleges gegeben sein.

Gewerbliche Kunden und auch die Unternehmer auf Zeit ziehen aus nachvollziehbaren Gründen den Kauf auf Rechnung vor. Leider hat im traditionellen Baustoff-Fachhandel der Barverkauf nach wie vor noch eine verhältnismäßig geringe Bedeutung. Rechnungsverkäufe stellen aber für den Baustoffhändler, neben dem zusätzlichen Aufwand, vor allem eine Verzögerung des Zahlungseingangs dar, denn der Kunde bezahlt frühestens nach Zugang der Rechnung. Viele Händler schreiben auch nur ein- oder zweimal in der Woche Rechnungen; damit gewähren sie ihren Kunden quasi ein erweitertes Zahlungsziel. Mit der Rechnung – aus schlichter Bequemlichkeit – verschiebt sich die Zahlung grundsätzlich auf einen späteren Zeitpunkt als beim Bargeschäft.
Schwarze Schafe unter den Kunden zögern die Bezahlung von Rechnungen bewusst hinaus und missbrauchen den Baustoffhandel als Bank.
Neben dem Zinsverlust erhöht zudem jede offene Forderung das

BAUKING

RECHNUNG 50161247

Papierausdruck einer Rechnung

Abb.: Bauking

Forderungsausfallrisiko des Händlers erheblich. Um möglichst schnell zu seinem Geld zu kommen, muss es Ziel des Baustoff-Fachhändlers sein, möglichst viele Barverkäufe zu tätigen.
So haben in den letzten Jahren die offenen Forderungen bei den Mitgliedern des Bundesverbandes Deutscher Baustoff-Fachhandel e. V. (BdB) deutlich zugenommen, ein Zeichen dafür, dass die Kunden des Baustoffhandels „knapp bei Kasse" waren. Natürlich wird das nicht offen angesprochen. Zwei Argumente sind es immer wieder, die von den Kunden vorgeschoben werden: *„Ich komme direkt von der Baustelle und hab nicht so viel Bargeld bei mir!"* oder *„Ich brauche eine Rechnung fürs Finanzamt!"* Zumindest von Privatkunden sind das eher Ausreden.
Moderne Formen des bargeldlosen Zahlungsverkehrs lassen den Barverkauf zu, auch wenn der Kunde nicht ausreichend Bargeld bei sich haben sollte. Mit modernen EDV-Systemen bereitet der Barverkauf auch keine zusätzliche Arbeit. Im SB-Bereich und in den Baumärkten werden Scanner-Kassen und Bon-Drucker eingesetzt, die dem Kunden die erforderliche Quittung in vereinfachter Form ausgeben. Moderne Systeme drucken heute nicht nur die Warengruppe, sondern auch die Artikelbeschreibung detailliert aus. Auf diese Weise kann auch der Wunsch nach einer Rechnung fürs Finanzamt schon mit Bondruckern erfüllt werden. Auch der schnelle Ausdruck von detaillierten Rechnungen ist heute für ein modernes Baustoffhandelsunternehmen kein Problem.

Kassenbereich in einem Baumarkt *Foto: Hagebaumarkt Garching*

10.2 Mögliche Zahlungsarten

Barzahlung

Die einfachste und unkomplizierteste Form des Zahlungsverkehrs ist der Verkauf „Cash", also gegen Bargeld. Wesen der Barzahlung ist, dass der Käufer Bargeld einsetzt und der Verkäufer den Kaufpreis in bar erhält. Ein Nachteil der Barzahlung ist, dass am Abend verhältnismäßig viel Bargeld in der Kasse liegt. Ausreichend Wechselgeld muss vorgehalten werden. Das „Kasse machen" am Abend ist aufwendig und der Transport des Geldes riskant. Als weitere Barzahlungsarten gelten auch der Wertbrief und die Postanweisung. Sie haben aber im Tagesgeschäft faktisch keine Bedeutung mehr. Barzahlung im Baustoff-Fachhandel erfolgt in der Regel bei kleineren Beträgen durch Bezahlung an der Kasse mit Bargeld. Denkbar wäre auch die unmittelbare Barzahlung an den Fahrer, der die Baustoffe ausliefert. In anderen Branchen, etwa im Getränkehandel, ist das Inkasso durch Fahrer üblich. Nicht so beim Baustoff-Fachhandel. Hier kommt diese Form der Barzahlung nur in seltenen Einzelfällen vor, so etwa bei problematischen Kunden, denen auch bei Streckengeschäften nur Ware gegen Geld angeliefert werden kann.
Dennoch setzen immer mehr Händler mobile Kartenzahlungsgeräte für die Bezahlung „direkt am Lkw" ein.

Kleinere Beträge werden häufig bar bezahlt.
Foto: Rainer Sturm/ pixelio

Auch noch nach einer Lieferung auf Rechnung kann Barzahlung erfolgen. Der Kunde kommt mit der Rechnung in die Geschäftsräume und bezahlt bar. Die Rechnung wird sofort an Ort und Stelle quittiert. Halbbar wäre der Zahlungsvorgang, wenn der Käufer nach Erhalt der Rechnung den Rechnungsbetrag bar bei einer Bank, Sparkasse oder Postbank mit einem Zahlschein einbezahlen würde. Für diese Einzahlung erhält er eine Einzahlerquittung. Dem Verkäufer wird der Rechnungsbetrag auf seinem Konto bei der Bank oder dem Postgiroamt gutgeschrieben. Da für den Verkäufer der Zahlungsvorgang bargeldlos ist, bezeichnet man diese Bezahlform auch als „halbbar".

Bargeldlose Zahlung

Von bargeldloser Zahlung spricht man, wenn die Bezahlung des Kaufpreises völlig bargeldlos erfolgt. Die gebräuchlichsten Zahlungsmittel des bargeldlosen Zahlungsverkehrs sind:
- Überweisung,
- Kreditkarte,
- Electronic-Banking (EC-Karte).

Schecks und Wechsel spielen im Baustoff-Fachhandel als reines Zahlungsmittel heute praktisch keine Rolle mehr. Bargeldloser Zahlungsverkehr ist rationell (besonders in Zusammenhang mit moderner Datenfernübertragung), sicher, in der Regel auch Kosten sparend und bei Electronic-Banking auch noch schnell.

10.3 Scheck

Der Scheck war früher ein vielseitiges und wichtiges Instrument des bargeldlosen Zahlungsverkehrs, das aber heute, zumindest in der Form des Barschecks, in Europa fast keine Bedeutung mehr hat. Rein rechtlich ist der Scheck ein Wertpapier. Der Kunde (Kontoinhaber) weist mit dem Scheck seine Bank an, bei Vorlage des Schecks einen bestimmten

Betrag an den Scheckinhaber auszuzahlen (Barscheck) oder dem Konto des Scheckeinreichers gutzuschreiben (Verrechnungsscheck). Schecks sind zahlbar, wenn sie der Bank vorgelegt werden. Es besteht jedoch keine Auszahlungsgarantie. Vereinzelt findet man aber noch den Verrechnungsscheck. Ein Verrechnungsscheck ist ein Barscheck, über den der Aussteller, aber auch der Empfänger, quer über die Vorderseite den Vermerk „Nur zur Verrechnung" schreibt. Meistens ist dieser Hinweis schon auf den Scheckformularen der Verrechnungsschecks aufgedruckt.
Der Scheckinhaber kann dann den Scheck nur seiner Bank zur Gutschrift auf sein Konto einreichen. Eine Barauszahlung ist nicht möglich. Damit wird der Verrechnungsscheck zu einem relativ sicheren Zahlungsmittel. Bei Missbrauch kann rekonstruiert werden, auf welchem Konto der Betrag gutgeschrieben wurde. Damit eignet sich der Verrechnungsscheck auch für den Versand von Geldbeträgen. Doch Vorsicht. Der Versand von Verrechnungsschecks ist nicht unproblematisch. Leider werden Verrechnungsschecks auch immer wieder von Banken eingelöst, ohne die Berechtigung des Vorlegers zu prüfen. Deshalb ist es fahrlässig, Verrechnungsschecks in Fensterkuverts zu verschicken und das Adressfeld der Schecks zu benutzen. Im Fenster kann jeder sofort erkennen, dass es sich um einen Scheck handelt. Wenn schon Schecks verschickt werden, sollte man sich die Mühe machen, die Adresse auf ein neutrales Blatt zu schreiben, so dass der Scheck von außen nicht als solcher erkennbar ist. Im Geschäftsleben werden daher auch heute noch Rechnungen von Lieferanten, Beiträge zu Verbänden, Seminargebühren u. ä. per Verrechnungsscheck bezahlt. Insbesondere bei zahlungsschwachen Kunden erlebt der Verrechnungsscheck eine neue Blüte. Da im Gegensatz zu früher (Euroscheck) die Einlösung des Schecks durch die Bank nicht mehr garantiert ist, kann der Verrechnungsscheck als „vorläufiges" Zahlungsmittel missbraucht werden. Mit der Scheckübergabe täuscht ein Kunde zunächst eine Zahlung vor. Löst die Bank dann den Scheck nicht ein (Scheckprotest), hat der Kunde auf diese Weise ein paar Tage Zeit für einen weiteren Zahlungsversuch gewonnen. Doch auch für zahlungsfähige und -willige Kunden bietet ein Verrechnungsscheck gegenüber einer Überweisung Vorteile. Verrechnungsschecks werden vom Empfänger in der Regel als Barzahlung angesehen. Sind Zahlungsfristen einzuhalten, so wird der Zeitpunkt des Scheckeingangs als Zahlungsdatum akzeptiert. Der Kunde kann auf diese Weise unter Umständen Skontoabzüge machen, wobei sein Konto erst nach Einreichung des Schecks – oftmals einige Tage später – belastet wird. Auch dem Baustoffhändler kann die Annahme eines Schecks Vorteile bieten. Wird ein Scheck von der Bank nicht eingelöst, kann der Händler seine Forderung in einem Scheckprozess einklagen (eine Unterart des Urkundenprozesses). Gegenüber dem normalen Zivilprozess ist das ein vereinfachtes und schnelleres Verfahren. Noch schneller kann der Gläubiger zu seinem Geld kommen, wenn er vor dem Scheckprozess ein Scheckmahnverfahren betreibt, das ihm einen schnellen Vollstreckungstitel beschaffen kann. Häufig werden auch heute noch Seminare oder Tagungen mit Verrechnungsschecks bezahlt. Gehen Anmeldung und Scheck gleichzeitig ein, ist die Seminarverwaltung wesentlich einfacher. Das zeitintensive Abgleichen von Kontoauszügen mit den Anmeldelisten erübrigt sich.

Verrechnungsscheck

10.4 EC-Karte

Die moderne EC-Karte (Electronic Banking Card) hat den Euroscheck und die Euroscheckkarte ersetzt. An Bankautomaten kann überall in Deutschland, meistens aber auch im europäischen Ausland, mit der EC-Karte Bargeld abgehoben werden. In erweiterter Funktion gibt es die EC-Karte auch als Bankkarte mit Zahlfunktion. Auf der Karte wird ein Guthaben vom Girokonto aufgeladen, mit dem direkt im Geschäft bargeldlos bezahlt wird.

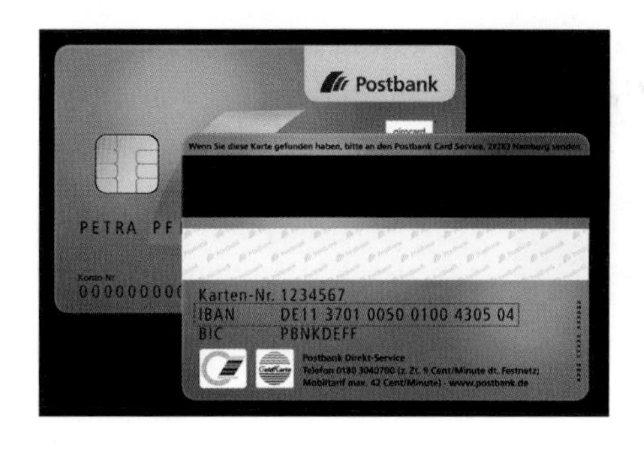

Bankkarte mit Zahlfunktionen, IBAN und BIC

Foto: Postbank

10.5 Kreditkarte

Eine weitere Möglichkeit der bargeldlosen Zahlungsweise ist die Bezahlung mit Kreditkarten. In Deutschland kennen wir die Karten von vier großen Organisationen:

- MasterCard (bis 2003 in Europa Eurocard),
- Visa,
- Diners Club,
- American Express.

Der Markt für das sogenannte Plastikgeld wächst weltweit zwar immer schneller, dennoch scheint die Kreditkarte sich im deutschen Handel nur dort durchzusetzen, wo Touristen einkaufen oder Spontankäufe getätigt werden. Im Baustoff-Fachhandel hat die Kreditkarte noch nie eine größere Bedeutung gehabt. Das wird sich auch in Zukunft nicht ändern. Vor allen Dingen die sehr hohen Provisionen (zwischen 3,5 und 5,5 % vom Rechnungswert), welche die Kartengesellschaften von ihren Vertragsunternehmen einbehalten, schrecken viele Händler ab. Durch die weite Verbreitung von Electronic Banking gibt es kurz- und mittelfristig für Kreditkarten im Baustoff-Fachhandel keinen Bedarf.

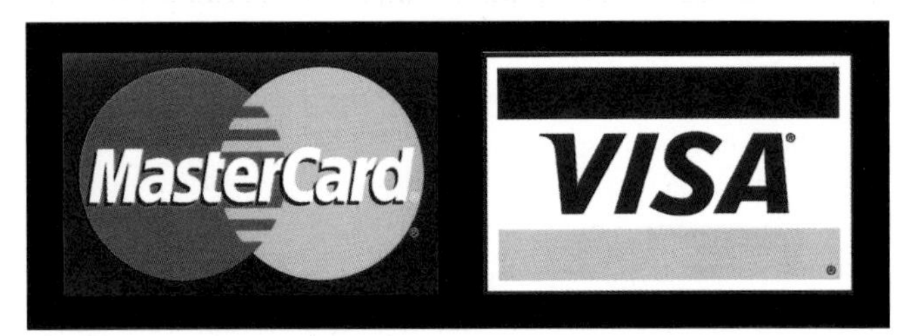

Kreditkarten spielen im stationären Baustoffhandel kaum eine Rolle.

10.6 Kundenkarten und Co-Branding-Karten

Weit verbreitet sind im Handel Kundenkarten und Co-Branding-Karten. Kundenkarten werden nur von einem Unternehmen herausgegeben. Der Kunde kann diese Karten auch nur bei diesem Unternehmen einsetzen. Co-Branding-Karten werden von mehreren Unternehmen gemeinsam herausgegeben und können auch in diesen genutzt werden. Ziel aller Karten ist es, eine verstärkte Kundenbindung herbeizuführen. Die wenigsten dieser Karten haben auch Zahlungsfunktion. Die meisten Kundenkarten werden nur parallel zur Zahlung benutzt, um beim Einkauf besondere Vorteile (Bonuspunkte, Rabatte u. ä.) zu erhalten. Karten mit Zahlungsfunktion werden wie klassische Kredit- oder EC-Karten genutzt. Beispiele für Karten mit Zahlungsfunktion sind die Kundenkarten von Karstadt (auf Wunsch sogar mit Kreditkartenfunktion) und dem Elektronik-Versender Conrad. Im klassischen Baustoff-Fachhandel sind Kundenkarten kaum verbreitet. Im Baumarkt sind sie aber häufig zu finden. So bietet auch die Hagebau ihren Kunden eine sogenannte Hagebau Partner-Card an. Neben vielen Informationen ist der 3%ige Sofortbonus sicher der größte Anreiz. Da die Karte in allen Hagebau-Märkten genutzt werden kann, handelt es sich hier dem Grunde nach um eine Co-Branding-Karte.

Kundenkarte eines Baustoff-Fachhändlers *Abb.: Bauking*

10.7 SEPA – der Standard im Euro-Zahlungsverkehr

SEPA (Single Euro Payments Area) ist ein einheitlicher Euro-Zahlungsverkehrsraum, in dem alle Zahlungen wie inländische Zahlungen behandelt werden. Zum SEPA-Bereich gehören zurzeit alle 27 EU-Mitgliedsstaaten sowie zusätzlich Island, Liechtenstein, Norwegen und die Schweiz.

Damit wird zukünftig nicht mehr zwischen nationalen und grenzüberschreitenden Zahlungen unterschieden. So gibt es SEPA-Überweisungen, SEPA-Lastschriften und SEPA-Kartenzahlungen. Es soll also zukünftig in Europa einheitliche Verfahren und Standards geben, sodass jeder Kunde Überweisungen, Lastschriften und Kartenzahlungen in einheitlicher Weise überall in Europa einsetzen kann.

Im Bereich der Lastschriften wird zukünftig zwischen der sogenannte **SEPA-Basislastschrift** und der **SEPA-Firmenlastschrift** unterschieden. Die Unterschiede werden in den beiden nachfolgenden Abschnitten erklärt. Die bisher notwendigen Angaben zu Kontonummer und Bankleitzahl wurden durch die Angabe der internationalen IBAN- und BIC-Nummern abgelöst. Ziel des SEPA-Verfahrens ist es, bei Überweisungen eine maximale Laufzeit von drei Bankarbeitstagen, bei Lastschriften die Belastung innerhalb von fünf Bankarbeitstagen zu gewährleisten. Im Übrigen sollen Barabhebungen an jedem Geldautomaten und Kartenzahlung an allen Händlerkassen im gesamten SEPA-Bereich möglich sein.

10.8 Überweisung

Die Überweisung ist ein typisch deutsches Instrument des bargeldlosen Zahlungsverkehrs. Mehr als die Hälfte aller bargeldlosen Zahlungen werden auch heute noch in Form der Überweisung getätigt. Rechtlich gesehen ist die Überweisung eine Anweisung des Kontoinhabers an seine Bank, einen bestimmten Betrag vom eigenen Konto abzubuchen und auf das Konto des Zahlungsempfängers zu übertragen. Die Überweisung ist also eine rein bargeldlose Zahlungsform, bei der sowohl der Überweisende als auch der Zahlungsempfänger ein Konto haben. Die Überweisung ist das wichtigste Zahlungsmittel bei Rechnungsverkäufen im Baustoff-Fachhandel. Durch die Umstellung auf den SEPA-Zahlungsverkehr muss statt der Bankleitzahl und Kontonummer zukünftig die 14-stellige IBAN Nummer angegeben werden.

SEPA-Überweisung
Für Überweisungen in Deutschland und in andere EU-/EWR-Staaten in Euro.
COMMERZBANK
Angaben zum Zahlungsempfänger: Name, Vorname/Firma (max. 27 Stellen, bei maschineller Beschriftung max. 35 Stellen)
TELECOM GMBH
IBAN
DE97500400000589116000
BIC des Kreditinstituts/Zahlungsdienstleisters (8 oder 11 Stellen)
COBADEFFXXX
Die Angabe des BIC kann entfallen, wenn die IBAN des Zahlungsempfängers mit DE beginnt.
Betrag: Euro, Cent
137,70
Kunden-Referenznummer - Verwendungszweck, ggf. Name und Anschrift des Zahlers - (nur für Zahlungsempfänger)
KD-NR: 387250 RG: 87589
noch Verwendungszweck (insgesamt max. 2 Zeilen à 27 Stellen, bei maschineller Beschriftung max. 2. Zeilen à 35 Stellen)
Angaben zum Kontoinhaber: Name, Vorname/Firma, Ort (max. 27 Stellen, keine Straßen- oder Postfachangaben)
MUSTER MAX
IBAN
DE1212345678012378913 2
16
SEPA
30/33/47
Datum
29/05/2015
Unterschrift(en)

SEPA-Überweisungsvordruck

Eine besondere Form der Überweisung ist der Dauerauftrag. Mit einem Dauerauftrag weist der Auftraggeber (Kontoinhaber) seine Bank an, zu bestimmten Terminen immer wiederkehrende, über den gleichen Betrag lautende Überweisungen an denselben Empfänger auszuführen. Der Dauerauftrag bietet sich deshalb immer dann an, wenn in gleichen Beträgen regelmäßig z. B. Darlehen getilgt, Zinsen entrichtet, Mieten oder Pachtbeträge geleistet werden müssen. Das beauftragte Kreditinstitut führt den Dauerauftrag nur aus, wenn ausreichend Geld auf dem Girokonto vorhanden ist.

An: COMMERZBANK Aktiengesellschaft

DAUERAUFTRAG

Folgender Dauerauftrag ist zu Lasten des angegebenen Kontos bis auf Widerruf auszuführen bzw. zu ändern, befristet auszusetzen, zu löschen (Zutreffendes bitte ankreuzen).

☐ Zugang ☐ Änderung

Ausführung erstmalig am: gültig ab:

Folge: Terminschlüssel*

*) Terminschlüssel siehe Rückseite dieses Vordruckes

Ausführung letztmalig am:

☐ Ausführung befristet aussetzen ab:

Anzahl der Nichtausführungen:

☐ Löschung

Schreibmaschine: normale Schreibweise! Handschrift: Blockschrift, Kästchen beachten!

Konto-Nr. des Auftraggebers: 86342

Bankleitzahl des Auftraggebers: 20010067

Auftraggeber (max. 27 Stellen): Walter Kunde

Betrag: EURO, Ct: 350,--

Konto-Nr. des Empfängers: 12367

Bankleitzahl des Empfängers: 10070030

Empfänger: Name, Vorname / Firma (max. 27 Stellen): Albert Meyer

bei (Kreditinstitut): Bank Nordstadt

Verwendungszweck (nur für Empfänger) max. 2 Zeilen à 27 Stellen: Miete

noch Verwendungszweck

Die umseitig abgedruckten »Bedingungen für Daueraufträge« werden von mir/uns anerkannt

Datum: 17.10.08

Walter Kunde
Unterschriften

TX-Code: T20231

Für Vermerke der Bank

Zuordnungsnummer

Fil.-Nr. Textschlüssel Dis. Geb.

Unterschrift/en geprüft:

1 39/03/93 HD0690

Der Dauerauftrag ist eine besondere Form der Überweisung.

10.9 Banklastschriftverfahren

Die Banklastschrift ist eigentlich auch eine Form der Überweisung. Hier wird aber nicht der Bank der Auftrag zur Überweisung erteilt, sondern einem Gläubiger die Genehmigung gegeben, bestimmte Beträge einzuziehen. Die Lastschrift ist also ein Einzugspapier. Das Lastschriftverfahren eignet sich besonders, wenn immer an den gleichen Gläubiger gezahlt werden soll und es sich um unterschiedliche Zahlungsbeträge und/oder unterschiedliche Zahlungstermine handelt. Der entscheidende Vorteil des Banklastschriftverfahrens für den Zahlungsempfänger (also den Baustoffhändler) ist, dass er selbst die Zahlung veranlasst.

Beispiel

Ein Bauunternehmer vereinbart mit seinem Baustoff-Fachhändler eine Monatsrechnung. Diese Monatsrechnung soll im Banklastschriftverfahren jeweils zum Monatsersten des Folgemonats eingezogen werden. Der Baustoff-Fachhändler kann sich darauf verlassen, dass die beauftragte Bank jeden Monat termingenau den offenstehenden Gesamtrechnungsbetrag bei der Bank des Bauunternehmers einziehen wird. Der Vorteil für den Kunden (Zahlungspflichtigen) liegt darin, dass er sich um keine Termine kümmern muss, da die Bank von sich aus die Überweisung tätigt.

Das Banklastschriftverfahren wird gerne bei der Einrichtung eines Kundenkontos bei „Unternehmern auf Zeit" (z. B. Neubaukunden oder Renovierer) eingerichtet. Die privaten Bauherren, die ein solches Konto bei einem Händler einrichten, verpflichten sich, dem Ausgleich des Kontos durch Banklastschriftverfahren zuzustimmen. Im Gegenzug erhalten sie die Möglichkeit, auf Rechnung zu kaufen. Jeweils zu einem bestimmten Stichtag (oftmals dem Monatsende, wenn das Gehalt auf dem Konto ist) wird dann die offene Rechnung durch eine Banklastschrift ausgeglichen. Da es der Baustoffhändler in der Hand hat, den Lastschriftvorgang auszulösen, hat er bei diesem Zahlungsverfahren seine Außenstände im Griff. Zu beachten ist aber, dass das Banklastschriftverfahren generell nur bedingt gegen Forderungsausfälle schützt. Wird die SEPA-Basislastschrift genutzt, behält der Kunde die Möglichkeit, einer Belastung seines Kontos (Bezahlung) zu widersprechen. Der Baustoffhändler muss also immer damit rechnen, dass eine Bezahlung nachträglich wieder rückgängig gemacht wird. Insoweit täuscht das Banklastschriftverfahren nur eine vermeintliche Sicherheit der Bezahlung vor. Dabei gibt es erhebliche Unterschiede bei den möglichen zwei Verfahrensarten. Es muss daher zwischen den verschiedenen Banklastschriftverfahren unterschieden werden.

Lastschrift mit Einzugsermächtigung / SEPA-Basislastschrift

Der Schuldner gibt dem Gläubiger die Ermächtigung, eine Forderung selbst von der Gläubigerbank einzuziehen: *„Hiermit ermächtige ich Sie widerruflich, die von mir zu entrichtenden Zahlungen wegen … (Verpflichtungsgrund) bei Fälligkeit zulasten meines Kontos Nr. … bei der … (kontoführendes Kreditinstitut), IBAN, mittels Lastschrift einzuziehen."*

Mit dieser Einzugsermächtigung kann der Gläubiger für seine Forderung eine Lastschrift ausstellen und diese bei seiner Bank (Gläubigerbank) einreichen. Die Lastschrift ist ein einheitlicher Vordruck und trägt den Vermerk: *„Einzugsermächtigung des Zahlungspflichtigen liegt dem Zahlungsempfänger vor."* Die Gläubigerbank schreibt dem Gläubiger den Lastschriftbetrag unter Vorbehalt gut (Eingangsvorbehalt) und leitet die Lastschrift an die Bank des Schuldners (Schuldnerbank) weiter. Die Lastschrift wird dem Schuldner im Original zugesandt. Erst dieser hat die Möglichkeit zu einer Prüfung. Ist die Lastschrift zu Unrecht erfolgt, kann der Schuldner innerhalb von acht Wochen der Kontobelastung widersprechen. Im Falle eines Widerspruchs wird die Belastung des Schuldnerkontos rückgängig gemacht und die Lastschrift an die Gläubigerbank zurückgegeben mit dem Vermerk *„Belastet am …, zurück am … wegen Widerspruchs".*

Die Gläubigerbank rückbelastet den unter Vorbehalt gutgeschriebenen Lastschriftbetrag auf dem Konto des Gläubigers. Der Forderungseinzug des Gläubigers ist gescheitert. In der Möglichkeit, der Kontobelastung innerhalb von sechs Wochen zu widersprechen, liegt für den Handel die besondere Gefahr dieser Lastschrift per Einzugsermächtigung. Besonders in wirtschaftlich schwierigen Zeiten ist es für einen Baustoffhändler beinahe unzumutbar, erst nach sechs Wochen zu wissen, ob die Ware bezahlt wurde oder ob der Kunde widerrufen wird. Verschärfend kommt hinzu, dass die Acht-Wochen-Frist keine starre Frist ist. Die Acht-Wochen-Frist läuft nicht, wenn die Bank innerhalb dieses Zeitraumes keinen Kontoabschluss getätigt hat. Schlampt die Bank und lässt sie sich beim Kontoabschluss Zeit, so kann der Kunde auch noch nach Ablauf der Acht-Wochen-Frist der Belastung seines Kontos widersprechen. Besonders schwerwiegende Konsequenzen kann dies für einen Händler haben, wenn ein Kunde – bei dem bereits abgebucht wurde – zahlungsunfähig werden sollte (Insolvenz). Jeder Insolvenzverwalter wird zunächst einmal so weit wie möglich von seinem Widerspruchsrecht Gebrauch machen. Damit können dem Baustoffhändler sicher geglaubte Gelder nachträglich wieder verloren gehen, eine kritische Situation bei größeren Kunden. Aus diesem Grund sollte der Baustoffhändler, wann immer möglich, mit seinen Kunden das sicherere Abbuchungsauftragsverfahren vereinbaren.

Zahlungsempfänger
Vorname und Name/Firma: ____________
Straße und Hausnummer: ____________
PLZ und Ort: ____________

Gläubiger-Identifikationsnummer: ____________
Mandatsreferenz: ____________

Ich ermächtige (Wir ermächtigen) den oben genannten Zahlungsempfänger,

☐ einmalig eine Zahlung

☐ wiederkehrende Zahlungen

von meinem (unserem) Konto mittels SEPA-Basislastschrift einzuziehen.
Zugleich weise ich mein (weisen wir unser) Kreditinstitut an, die von oben genanntem Zahlungsempfänger auf mein (unser) Konto gezogene(n) Lastschrift(en) einzulösen.

Hinweis: Ich kann (Wir können) innerhalb von 8 Wochen, beginnend mit dem Belastungsdatum, die Erstattung des belasteten Betrages verlangen. Es gelten dabei die mit meinem (unserem) Kreditinstitut vereinbarten Bedingungen.

Kontoinhaber (Zahlungspflichtiger)
Vorname und Name/Firma: ____________
Straße und Hausnummer: ____________
PLZ und Ort: ____________

Kreditinstitut (Name): ____________
BIC: _ _ _ _ _ _ _ _ | _ _
IBAN: DE _
Unser Kassenzeichen (bitte beim Einzug angeben): _ _ _ _ _ _ _ _ _ _ _ _

Ort, Datum ____________

Unterschrift/en ____________

Vordruck einer Einzugsermächtigung (SEPA-Basislastschrift)

Abbuchungsauftragsverfahren / SEPA-Firmenlastschrift

Der Schuldner gibt seiner Bank einen Abbuchungsauftrag. Dieser kann in der Höhe limitiert werden: *„Hiermit bitte ich Sie widerruflich, die von der Firma (Name des Zahlungsempfängers) für mich bei Ihnen eingehenden Lastschriften zulasten meines Kontos Nr. … IBAN einzulösen."*

Der Gläubiger reicht bei seiner Bank eine Lastschrift ein. Die Gläubigerbank leitet diese an die Schuldnerbank weiter. Die Schuldnerbank kann nun prüfen, ob die Lastschrift mit dem ihr erteilten SEPA-Lastschriftmandat übereinstimmt. Liegen keine Abweichungen vor, so wird das Schuldnerkonto entsprechend belastet. Bestehen Abweichungen, gibt die Schuldnerbank die Lastschrift an die Gläubigerbank zurück. Eine nachträgliche Rückgabe wegen Widerspruchs des Schuldners ist in diesem Verfahren aber nicht möglich. Zum Nachteil des Händlers kann diese Firmen-Lastschrift seit Februar 2014 nur noch mit Gewerbetreibenden vereinbart werden. Bei Privatleuten kann nur noch die SEPA-Basis-Lastschrift vereinbart werden, mit allen vorgenannten Nachteilen für die sichere Zahlung der ausstehenden Beträge.

MUSTER GMBH - STEINWEG 45 - 09557 OYENBERG

Gläubiger-Identifikationsnummer DE99ZZZ05678901234
Mandatsreferenz 987543CB2

SEPA-Firmenlastschrift-Mandat

Wir ermächtigen die Muster GmbH, Zahlungen von unserem Konto mittels Lastschrift einzuziehen. Zugleich weisen wir unser Kreditinstitut an, die von der Muster GmbH auf unser Konto gezogenen Lastschriften einzulösen.

Hinweis: Dieses Lastschriftmandat dient nur dem Einzug von Lastschriften, die auf Konten von Unternehmen gezogen sind. Wir sind nicht berechtigt, nach der erfolgten Einlösung eine Erstattung des belasteten Betrages zu verlangen. Wir sind berechtigt, unser Kreditinstitut bis zum Fälligkeitstag anzuweisen, Lastschriften nicht einzulösen.

____
Name der Firma (Kontoinhaber)

____
Straße und Hausnummer

____
Postleitzahl und Ort

____________ _ _ _ _ _ _ _ _ | _ _ _
Kreditinstitut (Name und BIC)

DE _ _ | _ _ _ _ | _ _ _ _ | _ _ _ _ | _ _ _ _ | _ _
IBAN

____
Datum, Ort und Unterschrift(en)

Mandat (Auftrag) für wiederkehrende Zahlungen einer SEPA-Firmenlastschrift

10.10 Banklastschrift im Baustoff-Fachhandel

Die Baustoffindustrie erwartet heute grundsätzlich, dass ein Baustoffhändler seine Rechnungen im Banklastschriftverfahren bezahlt. Aus den oben erwähnten Gründen bietet die Baustoffindustrie meistens nur das Abbuchungsauftragsverfahren an. Dieses Verfahren ist natürlich für den Baustoffhändler nicht unproblematisch. Oftmals wird der Rechnungsbetrag schon abgebucht, nachdem die Ware beim Hersteller verladen wurde. Der Händler hat vor der Abbuchung keine Möglichkeit, die Ware zu prüfen. Noch brisanter kann sich dieser Umstand bei Streckengeschäften auswirken, wenn die Ware vom Hersteller direkt auf die Baustelle geliefert wird. Gibt es Reklamationen, so ist der Kaufpreis abgebucht und der Händler hat keine Möglichkeit, nachträglich der Abbuchung zu widersprechen. Bei seriösen Geschäftspartnern bereitet dies in der Praxis normalerweise keine Probleme. Dennoch sollte ein Händler versuchen, soweit möglich mit seinem Lieferanten das kundenfreundlichere SEPA-Basislastschrift mit einer gewissen Rückgabemöglichkeit zu vereinbaren. Generell sollte gelten: Wer einem anderen einen derartigen Zugriff auf sein Konto gestattet, sollte genau prüfen, ob auch alles mit rechten Dingen zugeht!
Bei Mitgliedern der Baustoffkooperationen ist dieses Thema im Übrigen nicht so sehr ausgeprägt, da die Kooperation jeweils die Abrechnung übernimmt und mit der Industrie entsprechende Zahlungsziele für ihre Mitglieder vereinbart hat. Entweder übernehmen die Kooperationen die Abrechnung selbst (z. B. Hagebau oder Eurobaustoff) oder sie nutzen Bankdienstleister für die Abrechnung (z. B. Baustoffring oder Baustoffverbund Süd).
Im Gegensatz zur Einkaufsseite sollte jeder Händler versuchen, mit seinen Kunden die SEPA-Firmenlastschrift ohne Widerspruchsmöglichkeit zu vereinbaren. Wie bereits ausgeführt, geht dies nur noch mit gewerblichen Kunden und nicht mehr bei Privatkunden.
Umso mehr sollte der Baustoffhändler, dort wo er es mit Gewerbekunden zu tun hat, auf diesem für ihn sichereren Verfahren bestehen.

10.11 Electronic Banking

POS-Kasse in einem Fachmarkt
Foto: Fachmarkt Zweygart, Tübingen

Heute sind hier zwei Verfahren üblich: Das POS-Verfahren (Point of Sale mit Zahlungsgarantie) und das ELV-Verfahren (Elektronisches Lastschriftverfahren).
Beim **POS-Verfahren** verwendet der Kunde eine EC-Karte und gibt seine persönliche Geheimzahl in die Tastatur eines Lesegeräts an der Kasse ein. Die POS-Kasse baut dann vollautomatisch eine Onlineverbindung zum Rechenzentrum einer Bank oder Sparkasse auf.

Die Echtheit der Karte, die Legitimation und Bonität des Kunden sowie eine mögliche Kartensperre werden automatisch überprüft. Der Rechnungsbetrag wird vom Konto des Kunden abgebucht.
Der Vorteil dieses Zahlungssystems ist, dass die Zahlung garantiert ist und sofort erfolgt. Damit wird sowohl das Kassengeschäft als auch die Buchhaltung rationalisiert. Die Tageseinnahmen werden unmittelbar auf dem Firmenkonto verbucht.
Beim **ELV-Verfahren** unterschreibt der Kunde einen Beleg (Duplikat des Kassenbons). Dieses Verfahren ist preiswerter für den Händler, allerdings auch unsicherer. Da zunächst keinerlei Prüfung von Karte und Unterschrift erfolgt, hat der Händler keine Sicherheit der späteren Zahlung. Dieses Verfahren wird nach und nach vom Markt verschwinden.

Baustofftheke mit Karten-Lesegerät
Foto: K. Klenk

10.12 Wechsel

Der Wechsel ist ein schuldrechtliches Wertpapier, das in einer gesetzlich vorgeschriebenen Form ein selbständig verpflichtendes Zahlungsversprechen enthält. Ursprünglich war der Wechsel zunächst einmal ein bargeldloses Zahlungsmittel. Diese Funktion hat er zwar bis heute nicht verloren, allerdings lag schon immer seine eigentliche wirtschaftliche Bedeutung in der Verwendung als Kredit- und Sicherungsinstrument. Der Wechsel unterliegt strengen Formvorschriften. Das ist wohl auch ein Grund, warum er heute als Zahlungsmittel jegliche Bedeutung verloren hat. Es ist nicht gelungen, ihn für den modernen Geldverkehr „maschinentauglich" zu machen. Bedingt durch die strengen Formvorschriften, kann ein Wechsel nur mit hohem Personalaufwand abgewickelt werden. So muss ein Wechsel folgende acht Bestandteile enthalten; fehlt nur ein Bestandteil, ist der Wechsel ungültig:

- Bezeichnung „Wechsel",
- unbedingte Anweisung eines bestimmten Betrages,
- Name des Bezogenen (der die Wechselsumme bezahlen soll),
- Verfallzeit,
- Zahlungsort,
- Name dessen, an den oder an dessen Order gezahlt werden soll,
- Tag und Ort der Ausstellung,
- Unterschrift des Ausstellers.

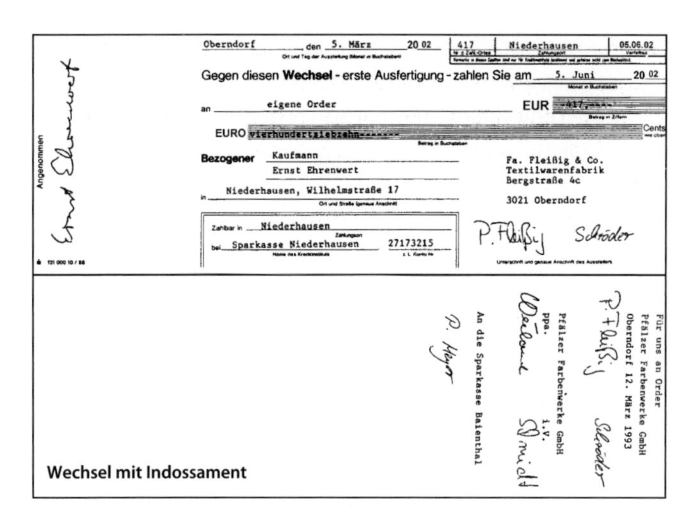

Oberndorf den 5. März 20 02 | 417 | Niederhausen | 05.06.02
Ort und Tag der Ausstellung (Monat in Buchstaben) | Zahlungsort | Verfalltag

Gegen diesen **Wechsel** - erste Ausfertigung - zahlen Sie am 5. Juni 20 02

an eigene Order EUR -417,----

EURO vierhundertsiebzehn------- Cents

Bezogener Kaufmann
Ernst Ehrenwert
in Niederhausen, Wilhelmstraße 17

Zahlbar in Niederhausen
bei Sparkasse Niederhausen 27173215

Fa. Fleißig & Co.
Textilwarenfabrik
Bergstraße 4c
3021 Oberndorf

P. Fleißig Schröder

Unterschrift und genaue Anschrift des Ausstellers

Angenommen Ernst Ehrenwert

131 000 10 / 86

Für uns an Order
Pfälzer Farbenwerke GmbH
Oberndorf 12. März 1993
P. Fleißig Schröder
Pfälzer Farbenwerke GmbH
ppa. i.V.
Weiland Schmidt
An die Sparkasse Baienthal
P. Meyer

Wechsel mit Indossament

Als **Zahlungsmittel** könnte ein Baustoffhändler den Wechsel eines Kunden zum Ausgleich eigener Schulden (z. B. gegenüber einem Baustoffhersteller) weiterreichen. Der neue Besitzer (in diesem Fall der Baustoffhersteller) würde dann den Wechsel dem Schuldner (also dem Kunden des Baustoffhändlers) am Fälligkeitstag vorlegen. Die Weitergabe des Wechsels müsste auf der Rückseite vermerkt werden (Indossament). Als **Sicherungsmittel** kann der Händler den Wechsel bis zum Verfallstag selbst behalten und diesen dann dem Schuldner zur Bezahlung vorlegen. Als **Kreditmittel** kann er den Wechsel bei einer Bank zum Diskont einreichen. Die Bank wird ihm zwar nicht den vollen Wechselbetrag auszahlen, sie verrechnet für den Zeitraum bis zur Fälligkeit Kreditzinsen (Diskont); da die Bank den Wechsel aber erst zum Fälligkeitstag vorlegen kann, gibt sie dem Einreicher praktisch Kredit. Die wesentlichen Rechtsgrundlagen für den Wechsel sind neben dem Wechselgesetz (WG) vom 21. Juni 1933 die Bestimmungen der §§ 592 ff. der Zivilprozessordnung (ZPO) über den Urkunden- und Wechselprozess. Heute besteht die Bedeutung des Wechsels in seiner Funktion als Kreditmittel und als Instrument der Forderungsabsicherung.

Beispiel

Ein Dachdecker (D) hat bei einem größeren Objekt das Dach einzudecken. Zu diesem Zweck bestellt er bei einem Baustoff-Fachhändler (B) Betondachsteine. Bei D handelt es sich um einen kleineren Betrieb, der, weil Löhne ausbezahlt werden müssen, gerade nicht ausreichend „flüssig" ist. D kann aber davon ausgehen, dass er nach Fertigstellung des Bauvorhabens, etwa in drei Monaten, vom Bauherren bezahlt wird. Aus verschiedenen Gründen will D bei seiner Bank keinen Überbrückungskredit aufnehmen. Er einigt sich mit seinem Baustoff-Fachhändler dahingehend, dass dieser einen Wechsel über den Kaufpreis mit D als Bezogenem ausstellt. In dem Wechsel verpflichtet sich D, nach Ablauf von drei Monaten den vereinbarten Kaufpreis an B zu bezahlen. Mit dem Wechsel bekommt der Baustoff-Fachhändler zwar kein Bargeld in die Hand, doch hat er ein Zahlungsversprechen seines Käufers. Benötigt B kurzfristig Bargeld, so kann er den Wechsel seiner Bank zur Auszahlung im Diskont einreichen.

Zahlungsverkehr im Baustoff-Fachhandel

Besonders deutlich wird die Funktion des Wechsels als Kreditmittel im Finanz- oder Kreditwechsel. Dieser ist ein abstraktes Schuldversprechen, dem in der Regel keine Forderung zugrunde liegt.

Vorteile des Wechsels im Tagesgeschäft mit gewerblichen Kunden
Da es sich bei der Wechselforderung um eine abstrakte Forderung handelt, die vom Grundgeschäft losgelöst ist, können dem Wechselinhaber bei der Wechselvorlage keine Einwendungen aus dem Grundgeschäft (z. B. Mängelrügen u. a.) entgegenhalten werden!

Beispiel

Ein Baustoff-Fachhändler (B) hat einen größeren Posten Berufskleidung gekauft. Zur Bezahlung hat er einen Wechsel akzeptiert, den der Lieferant der Berufskleidung (L) ausgestellt hat. L hat den Wechsel unverzüglich an seine Hausbank weitergeleitet. Am Tage der Fälligkeit legt die Bank B den Wechsel zur Bezahlung vor. Zwischenzeitlich hat sich jedoch die Mangelhaftigkeit der Berufskleidung herausgestellt. B hat nun das Problem, dass er die mangelhafte Lieferung zwar gegenüber L reklamieren kann, die Bank als Wechselinhaberin diese Einwendungen aus dem Grundgeschäft aber nicht akzeptieren muss.

Für den Baustoffhändler, der einen Wechsel zur Forderungsabsicherung für gelieferte Ware benutzt, ist der Umstand, dass es sich beim Wechsel um ein abstraktes Wertpapier handelt, besonders interessant. Erfahrungsgemäß werden, wenn ein klammer Kunde bezahlen soll, gerne Mängel an der Ware reklamiert (z. B. Farbabweichungen bei Klinkern, Dachziegeln, falsche Kleber, zu geringe Liefermenge usw.). Mit diesen Einreden gegen die Höhe der Forderung muss sich ein Baustoffhändler, der einen Wechsel zur Absicherung von Kaufpreisforderungen besitzt, nicht mehr herumschlagen. Er kann zunächst auf dem vollen Wechselbetrag bestehen. Zahlt der Käufer trotzdem nicht, hat der Baustoffhändler gute Chancen, zu seinem Geld zu kommen. Löst der Käufer den Wechsel nicht ein, also bezahlt er nicht, kann der Baustoffhändler als Wechselinhaber mit einem Wechselmahnbescheid die Zahlung anmahnen und bei Erfolglosigkeit Wechselklage erheben.
Das Besondere an der Wechselklage ist, dass es sich hierbei um einen Urkundsprozess, also ein besonders beschleunigtes Zivilprozessverfahren handelt (kurze Fristen, Beschränkung der Beweismittel), das schneller zu einem Urteil und zur Zwangsvollstreckung führt als ein gewöhnliches Klageverfahren.
Das Gericht prüft nur die Urkunde (Wechsel) und braucht auf Einreden des Käufers aus dem Grundgeschäft nicht einzugehen. Aufgrund dieser Besonderheiten ist der Wechsel im Baustoff-Fachhandel als Kreditsicherungsinstrument nach wie vor sehr beliebt.

Der Wechsel in der Praxis des Baustoff-Fachhandels
Die Bedeutung des Wechsels im Tagesgeschäft des Baustoff-Fachhandels ist uneinheitlich. Viele Betriebe verwenden ihn wie dargestellt ausschließlich im Verkauf als Sicherungs- oder Marketinginstrument gegenüber ihren gewerblichen Kunden. Andere sehen seinen Haupteinsatzbereich auf der Einkaufsseite als Mittel zur Liquiditätsverbesserung.

Sicherungsinstrument: Manche gewerbliche Kunden wollen ihre Rechnungen grundsätzlich erst nach zwei oder drei Monaten bezahlen. Lässt sich ein Baustoff-Fachhändler darauf ein, so kann er sich nicht darauf verlassen, dass die Rechnung dann auch pünktlich bezahlt wird. Viele Baustoff-Fachhändler stellen auf solche Kunden Wechsel aus, die von den Kunden meistens akzeptiert werden. Anders als offene Rechnungen werden Wechselforderungen bei Fälligkeit sofort gezahlt. Für einen Gewerbetreibenden wäre ein Wechselprotest (bei Nicht-Bezahlen) aufgrund der schnellen Durchsetzbarkeit einer Zwangsvollstreckung und der fatalen Imagewirkung sein wirtschaftliches Todesurteil.

„Marketinginstrument“: Viele, insbesondere kleinere Handwerksbetriebe, haben – obwohl wirtschaftlich gesund – immer wieder Liquiditätsengpässe. Baustoffhändler helfen hier aus, indem sie die Bezahlung von Baustofflieferungen durch Wechsel akzeptieren. Solche Wechsel werden auf den Kunden ausgestellt und sofort der Hausbank zum Diskont gegeben. Der Kunde trägt die Kosten des Wechsels. Der Kunde verbessert auf diese Weise seine Liquidität, der Baustoff-Fachhändler erreicht eine hohe Kundenbindung.

Liquiditätsverbesserung: In der Regel bezahlt der Baustoff-Fachhandel seine Lieferanten im Banklastschriftverfahren. Die Bezahlung mit Wechsel ist die Ausnahme. Jedoch bieten einige der Kooperationen ihren Mitgliedern die Möglichkeit, Warenbezüge in einem gewissen Umfang per Wechsel zu

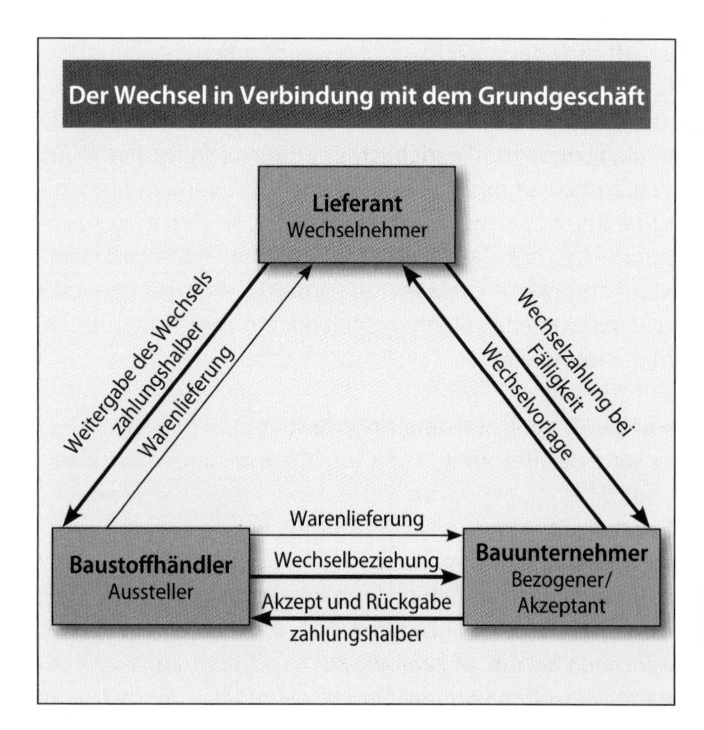

bezahlen. Dazu erhält das Mitglied eine sogenannte Wechsellinie, die es beim Bezug von Waren über die Kooperation ausschöpfen kann.

11 Mahnwesen

Das Mahnwesen dient der Geltendmachung und Durchsetzung von Kaufpreisansprüchen.
Die Zahlungsmoral der Kunden des Baustoffhandels hat in den letzten Jahren deutlich nachgelassen. Besonders gewerbliche Kunden versuchen, durch verzögerte Zahlungsweise eigene Liquiditätsengpässe zu überbrücken. Ursachen hierfür sind in der im Schnitt sehr geringen Eigenkapitaldecke bei Handwerk und Baugewerbe zu suchen. Öffentliche Auftraggeber und private Kunden wiederum haben den Baustoffhandel als preiswerten Kreditgeber entdeckt. Nicht wenige Bauherren zahlen ihre Rechnungen grundsätzlich erst nach mehreren Mahnungen. Schulden haben ist nichts Ehrenrühriges mehr.
Der Baustoffhandel kommt durch diese Entwicklung in eine schwierige Lage. Da er seinerseits seine Lieferanten meistens im Banklastschriftverfahren bezahlt, müssen die Außenstände voll finanziert werden. Wer die Ertragslage im Baustoffhandel verbessern möchte, sollte daher zunächst die Außenstände kritisch im Auge behalten. Ein gut funktionierendes Mahnwesen kann dazu beitragen, die Zahlungseingänge zu beschleunigen und dadurch Kosten zu senken.

11.1 Betriebliches Mahnwesen

Die Höhe seiner Außenstände hat jedes Unternehmen weitgehend selbst in der Hand. Auch wenn die Zahlungsmoral der Kunden nachlässt, liegt es doch in nicht geringem Maße an der Buchhaltung, wie schnell die Kunden ihre Rechnungen bezahlen. Wenn Kunden die Bezahlung von Rechnungen hinauszögern wollen, werden sie dies immer dort tun, wo sie sich den meisten Erfolg versprechen. Je größer der Druck, je höher das Risiko gerichtlicher Schritte, desto eher die Bereitschaft zum Nachgeben, sprich Bezahlen.
Ein konsequentes betriebliches Mahnwesen lässt die Kunden schnell erkennen, dass alle Versuche der Zahlungsverzögerung nur wenig Erfolg haben werden. Schon der Zeitpunkt der ersten Mahnung lässt Schlüsse auf die Effizienz eines betrieblichen Mahnwesens zu. Ein Unternehmen, das sich mit der ersten Mahnung Zeit lässt, wird sich auch später hinhalten lassen.

Fälligkeit der Kaufpreisforderung

Bevor gemahnt wird, sollte geprüft werden, ob der Kaufpreis fällig ist. Abgesehen davon, dass es gegenüber einem Kunden eine Unfreundlichkeit darstellt, ihn vor einem vereinbarten Zahlungstermin zu mahnen, sind Mahnungen vor Fälligkeit grundsätzlich ohne rechtliche Bedeutung. Für die Frage, wann die Fälligkeit eintritt, kommt es auf die Vereinbarungen an, die im Rahmen des Abschlusses des Kaufvertrages getroffen wurden. Sind keine Regelungen getroffen worden, dann tritt nach dem Gesetz sofortige Fälligkeit ein. Dabei stellt sich beim Barverkauf die Frage einer Mahnung erst gar nicht, weil der Käufer sofort bezahlen muss, weil er sonst die Ware nicht erhält.

Der Warenkredit

Anders ist die Situation beim „klassischen" Rechnungsverkauf im Baustoff-Fachhandel. Hier wird das Prinzip „Ware gegen Geld" zulasten des Verkäufers abgeändert. Der Verkäufer erbringt eine Vorleistung, ohne dass er auf sofortiger Zahlung des Kaufpreises besteht. Der Kaufpreis wird gestundet. Praktisch gewährt der Verkäufer dem Käufer einen zinslosen Kredit (Warenkredit). Die Fälligkeit der Kaufpreiszahlung wird hier zwischen den Vertragsparteien abweichend von der Rechtslage vereinbart.

Rechnungsverkauf mit Zahlungsziel

Die Gewährung eines Zahlungsziels ist, wie schon ausgeführt, nicht selbstverständlich. Ein solches muss bei Vertragsabschluss ausdrücklich vereinbart werden. In der Praxis wird es meistens aber erst fälschlicherweise in der Rechnung erwähnt.
Möglich ist folgende Formulierung: *„Zahlbar innerhalb 30 Tagen nach Rechnungsstellung rein netto."*
Hier kann sich der Käufer mit der Bezahlung der Rechnung Zeit lassen. Der Kaufpreis ist erst nach 30 Tagen ab Rechnungsstellung fällig. Ein solcher Rechnungszusatz ist nicht nur überflüssig, sondern im Grunde sogar schädlich. Ohne solch eine Formulierung würde automatisch 30 Tage nach Lieferung bzw. nach Rechnungsstellung Verzug eintreten (bei Verbrauchern als Kunden nur mit Hinweis auf der Rechnung!). Aufgrund obiger Formulierung tritt der automatische Verzug erst nach 60 Tagen ein (§ 286 III BGB)!
Auch eine Skontovereinbarung mit dem Kunden führt zu einem ähnlich zweifelhaften „Erfolg"! Auch wenn es von vielen Baustoffhändlern nicht so gesehen wird: In der Konsequenz wird durch die Skontovereinbarung ebenfalls ein Zahlungsziel gesetzt, das die Zahlung unter Umständen sogar verzögert: *„Abzüglich 2 % Skonto bei Zahlung innerhalb von 14 Tagen nach Rechnungsstellung oder innerhalb 30 Tagen rein netto."*
Was hier vom Verkäufer als Mittel zur Beschleunigung des Zahlungseingangs gedacht ist, wirkt sich rein rechtlich und in der Regel auch praktisch als Zahlungsverzögerung aus. Während bei einer Rechnung ohne besondere Vereinbarung der Kaufpreis sofort fällig ist, darf sich der Käufer bei einer Skontoabrede mit der Zahlung Zeit lassen. Dafür wird er dann auch noch mit einem Rabatt belohnt! Kunden, welche die Skontierungsfrist versäumen oder solche, die „finanziell schwach auf der Brust" sind, werden in einer Art „Wenn schon denn schon"-Reaktion das Zahlungsziel von 30 Tagen bewusst ausnutzen. Da die Fälligkeit auf 30 Tage hinausgeschoben wird (*„innerhalb 30 Tagen rein netto"*), tritt hier auch der gesetzliche Verzug erst nach 60 Tagen ein.
Die Konsequenz für den Baustoffhandel sollte deshalb sein, auf Rechnungen grundsätzlich keine Zahlungsziele zu setzen. Auch Skontovereinbarungen sollten die große Ausnah-

me bleiben. Solche Vereinbarungen verzögern den Zahlungseingang im Baustoffhandel unnötig. Darüber hinaus wird ein effektives betriebliches Mahnwesen erschwert. Durch diese Angaben entstehen auch zusätzliche Risiken bei späteren Insolvenzen.

Ziel des betrieblichen Mahnwesens

Bezahlt der Kunde nach Fälligkeit den Kaufpreis nicht, so muss sich der Handel Gedanken machen, wie er den Zahlungseingang forcieren kann. Die Entscheidung ist nicht immer leicht. Einerseits liegt es im Interesse des Unternehmens, auf prompte Zahlungseingänge hinzuwirken, um die Außenstände möglichst gering zu halten, andererseits möchte man den säumigen Kunden nicht verärgern, um ihn auch zukünftig als Geschäftspartner zu behalten. Aber was hat man von einem Kunden, der kauft, aber nicht zahlt?
Einer der Prüfungspunkte im Rahmen des betrieblichen Mahnwesens ist, zu kontrollieren, ob der Kunde in Verzug ist. Nur wenn dies der Fall ist, können die weiter entstehenden Kosten inkl. Verzugszinsen gegenüber dem Kunden geltend gemacht werden. Oben ist gezeigt worden, dass der Verzug in vielen Fällen automatisch eintritt. Eine gesonderte Mahnung ist also rechtlich nicht notwendig. Dennoch sollte man sicherheitshalber eine Mahnung schicken, denn in der Tat könnte eine Rechnung verloren gegangen sein. Alle weiteren Mahnungen sind rechtlich überflüssig und für den Ruf des Händlers mehr schädlich als nützlich. Wenn im Rahmen der Kontoeröffnung mit dem Kunden alles geregelt worden ist, und dazu zählen auch Zahlungsfristen, dann tritt mit deren Ablauf automatisch Verzug ein.
Vor dem Hintergrund der augenblicklichen Zahlungssituation sollte der Handel sich um die zügige Begleichung seiner Rechnungen bemühen. Hinterher dankt es ihm keiner mehr. Das Geschäftsmodell des Baustoff-Fachhandels ist der Verkauf von Baustoffen und nicht die Vergabe von Krediten, dies können andere besser, nämlich die Banken. Diese achten auch auf entsprechende Sicherheiten – was leider im Baustoff-Fachhandel nicht immer berücksichtigt wird.
Besonders die überfälligen Zahler drohen auf Dauer auszufallen. Die dann entstehenden Forderungsausfälle (egal ob warenkreditversichert oder nicht) zwingen zu deutlich mehr Umsatz, um den Zahlungsausfall auszugleichen.
Im Internet kann man Rechensysteme herunterladen, mit denen man den entsprechenden Mehrumsatz errechnen kann.

Das kostet Ihr Zahlungsausfall:

- Umsatz Ihres Unternehmens
- Ihr Gewinn in Euro
- Ihr Forderungsausfall in Euro

Online-Rechner für die überschlägige Berechnung von Zahlungsausfällen
Quelle: www.hfg-inkasso.de

Aufgabe des betrieblichen Mahnwesens ist es, auch die notwendigen Informationen für die letztlich gerichtliche Durchsetzung und dann Vollstreckung zur Verfügung zu stellen. Was nutzt der beste Titel, wenn ich aus diesem nicht in werthaltiges Vermögen vollstrecken kann? Die Informationen des Außendienstes über das Vermögen des Kunden, von diesem dem Außendienst gegenüber gerne kundgetan, müssen an das Mahnwesen weitergeleitet werden. Ziel kann auch sein, mit dem Kunden eine Ratenzahlungsvereinbarung zu treffen. Dabei sollte dann entscheidend sein, dass auf alle Einreden und Einwendungen (z. B. Verjährung, Mangelhaftigkeit der Lieferung etc.), verzichtet wird und man sich spätestens jetzt um weitere Absicherungen bemühen sollte (z. B. Bürgschaften, Grundschulden etc.), also all das, was auch eine Bank bei der Vergabe eines Kredites tut.

Erste Mahnung / Erinnerung

BAUKING

BAUKING Westfalen GmbH · Reiterweg 2 · 58636 Iserlohn

Herr
Heinz Mustermann
Musterhausverwalter
Ortsteil Musterdorf
Mustermann Str. 12
D-12345 Musterstraße

Datum : 29.05.2015
Kundennummer : 10124823
Ihr Ansprechpartner : Elena Bork
Telefon : 02371 960016
Telefax :
Email : Elena.Bork@bauking.de
Seite : 1 von 1

Zahlungserinnerung

Sehr geehrter Kunde,

haben Sie im allgemeinen Tagesgeschehen die fälligen Rechnungen übersehen oder sind Ihre Zahlungen von uns falsch zugeordnet worden?
Nach unseren Unterlagen steht der unten aufgeführte Gesamtbetrag noch zur Zahlung offen.

Sofern sich eine bereits angewiesene Zahlung mit dieser Erinnerung überschneidet, betrachten Sie diese Zahlungsaufforderung als erledigt.
Bitte zahlen Sie die angemahnten Posten bis zum 05.06.2015
Zahlungseingänge nach dem 29.05.2015 sind nicht berücksichtigt.

Mit freundlichen Grüßen
i. A. Elena Bork
BAUKING Westfalen GmbH

Beleg-Nr	Vorgang	Datum	Fälligkeit	Offener Betrag	MS
50154250	Ausgangsrechnung	21.05.2015	21.05.2015	387,99	1
Summe offene Rechnungen				387,99	EUR
Summe überfälliger Rechnungen				**387,99**	**EUR**

BAUKING Westfalen GmbH
Reiterweg 2
58636 Iserlohn
Telefon: 02371 960-100
Telefax: 02371 960-026
Internet: www.bauking.de
USt.-IdNr.: DE213022230
Bankverbindung:
Commerzbank AG
Konto: 7 032 444 00
BLZ: 445 800 70
IBAN DE39 4458 0070 0703 2444 00
BIC DRESDEFF445
Geschäftsführer:
Kai Fuhrmann,
Michael Knüppel,
Andreas Strietzel

Beispiel einer Zahlungserinnerung *Quelle: Bauking*

Die erste Mahnung sollte als eine höfliche Erinnerung an die Fälligkeit der Kaufpreisforderung formuliert werden. Auch wenn es viele Kunden gibt, die heute grundsätzlich erst nach einer Mahnung bezahlen – die Mehrzahl wird sich um rechtzeitige Zahlung bemühen. Trotzdem kann es immer einmal vorkommen, dass eine Rechnung vergessen wird. Hier reicht es aus, den Kunden an die noch offene Rechnung zu erinnern. Mit einer freundlichen Erinnerung sollte man sich aber nicht allzu lange Zeit lassen. Im Zeitalter der elektronischen Datenverarbeitung ist es möglich, eine erste Mahnung schon wenige Tage nach Fälligkeit an den säumigen Kunden zu schicken. Der vergessliche Kunde wird eine solche schnelle Mahnung nicht übel nehmen, und dem hartnäckigen Schuldner ist sie sowieso gleichgültig.

Weitere Mahnungen

Wie oben ausgeführt, sind weitere Mahnungen überflüssig und verursachen nur Kosten. Dennoch: Spätestens zu diesem Zeitpunkt muss sich der Baustoffhändler entscheiden, was ihm lieber ist: geringe Außenstände oder „zufriedene", aber zahlungsunwillige Kunden. Man sollte sich daher eher überlegen, ob nicht eine Liefersperre oder ein gerichtliches Mahnverfahren angezeigter wären. Wenn man denn wirklich noch meint, mehr schreiben zu müssen, dann auch mit der deutlichen Androhung der Konsequenzen. Auch der Außendienst sollte eingeschaltet werden mit dem klaren Auftrag, beim kommenden Besuch des Kunden nicht mit neuen Aufträgen, sondern vor allen Dingen mit Geld zurückzukommen.

Zweite Mahnung

Betr.: Unsere Lieferung vom ....
Rechnung vom .... Nr. ....

Sehr geehrte/r Frau/Herr ....

Leider konnten wir trotz unserer Mahnung vom .... bis heute keinen Zahlungseingang auf unsere Rechnung vom ....
Nr. .... über EUR .... feststellen.

Wir fordern Sie daher letztmalig auf, den Rechnungsbetrag in Höhe von EUR .... auf eines unserer Bankkonten zu überweisen.

Sollten wir bis spätestens .... keinen Zahlungseingang feststellen, wären wir leider gezwungen, gerichtliche Schritte gegen Sie einzuleiten.

Wir hoffen, dass es dazu nicht kommen muss.

Mit freundlichen Grüßen

11.2 Gerichtliches Mahnverfahren

Reagiert ein Käufer auf alle Mahnungen nicht, so bleiben dem Verkäufer nur noch gerichtliche Schritte als letztes Mittel. Ziel von gerichtlichen Maßnahmen ist es, gegen den Käufer (Schuldner) einen rechtskräftigen Titel zu erwirken. Erst mit diesem kann die Zwangsvollstreckung gegen den Schuldner eingeleitet werden, z. B. durch die Beauftragung eines Gerichtsvollziehers oder die Pfändung von Konten.

Vorüberlegungen

Vor allen gerichtlichen Maßnahmen sollte aber die Überlegung stehen, ob sich dieser weitere Aufwand auch lohnt. Ganz gleich, welches Verfahren gewählt wird, das Einschalten der Gerichte kostet Geld. Zwar muss der Schuldner am Ende die nicht unbeträchtlichen Anwalts- und Gerichtskosten tragen, doch muss diese der Gläubiger zunächst einmal vorstrecken. Gegen mittellose Schuldner helfen auch vollstreckbare Titel nicht weiter. Neben der eigentlichen Kaufpreisforderung kommen dann noch die Kosten für die gerichtliche Verfolgung hinzu. Deshalb sollte jeder, bevor er Gerichte bemüht, Informationen über die finanziellen Verhältnisse des Schuldners einholen. Diese Informationen jetzt zu besorgen, ist mit erheblichem Aufwand verbunden. Anders, wenn man schon in den guten Zeiten alle Informationen über den Kunden sammelt und jetzt zur Verfügung hat. Dazu gehört auch, sich einem guten Informationsaustausch – anonymisiert – angeschlossen zu haben. Was tut sich bei den Kollegen? Ein alter kaufmännischer Merksatz lautet: *„Man soll gutes Geld nicht schlechtem hinterherwerfen."*

Dennoch sollte ein Gläubiger nur in Ausnahmefällen auf gerichtliche Schritte verzichten. Während Ansprüche aus dem Kaufvertrag in drei Jahren verjähren (beginnend mit Ablauf des Jahres, in dem die Forderungen entstanden sind), kann aus einem rechtskräftigen Titel 30 Jahre lang vollstreckt werden (§ 197 I BGB). 30 Jahre sind eine lange Zeit. Da ist es leicht möglich, dass ein jetzt zahlungsunfähiger Käufer wieder zu Geld kommt. Allerdings ist zu beachten, dass Kapitalgesellschaften als Kunden auch gelöscht und aufgelöst werden können, dies entweder durch die Gesellschafter oder im Rahmen eines Insolvenzverfahrens. Dann nutzt der Titel gar nichts. Für natürliche Personen gibt es die Möglichkeit, nach einem Insolvenzverfahren eine Restschuldbefreiung zu beantragen (§§ 286 ff. InsO). Damit kann sich ein Schuldner bei Wohlverhalten bereits nach sechs Jahren von seinen Restschulden befreien. Die Politik will diese Frist allerdings noch verkürzen.

Mahnverfahren oder Klage

Wer sich zur Einleitung gerichtlicher Schritte entschlossen hat, hat die Wahl zwischen dem gerichtlichen Mahnverfahren und der sofortigen Klage. Das gerichtliche Mahnverfahren ist eine Möglichkeit, einfach, schnell und relativ billig zu einem rechtskräftigen Titel (dem Vollstreckungsbescheid) zu kommen. Das Verfahren wird schriftlich, ohne mündliche Verhandlung mit einheitlichen amtlichen Vordrucken durchgeführt. Man kann dies auch bei hohen Beträgen ohne Anwalt betreiben. Sinnvoll ist das Mahnverfahren jedoch nur dann, wenn nicht damit zu rechnen ist, dass der Schuldner seine Zahlungsverpflichtung bestreitet. Andernfalls würde das Mahnverfahren den Erhalt eines Titels nur unnötig verzögern, denn die Einlegung von Widerspruch oder Einspruch wird dem Schuldner durch entsprechende Formulare, die mit versandt werden, leicht gemacht. Es kann sich aber im Rahmen einer Ratenzahlungsvereinbarung anbieten, mit dem Schuldner zu vereinbaren, dass man einen Vollstreckungsbescheid anstrebt und der Schuldner sich dagegen nicht wehrt, man selbst dann aus diesem die Vollstreckung gegen den Schuldner nicht betreibt, solange er sich an die Ratenzahlung hält. So hat man dann zumindest einen vollstreckbaren Titel.

Die zivilrechtliche Klage im Vergleich zum Mahnverfahren zeitraubend und teurer. Mündliche Verhandlungen und Beweisaufnahme können das Verfahren erheblich in die Länge ziehen. Neben den nicht unbeträchtlichen Gerichtsgebühren kommen noch die Rechtsanwaltshonorare hinzu, wenn das Verfahren vor dem Landgericht stattfindet.

Ablauf des gerichtlichen Mahnverfahrens

Das gerichtliche Mahnverfahren wird mit dem Antrag auf Erlass eines Mahnbescheides über die offene Kaufpreisforderung eingeleitet. Der Antrag wird grundsätzlich beim für den Baustoffhändler als Antragsteller zuständigen Amtsgericht eingereicht.

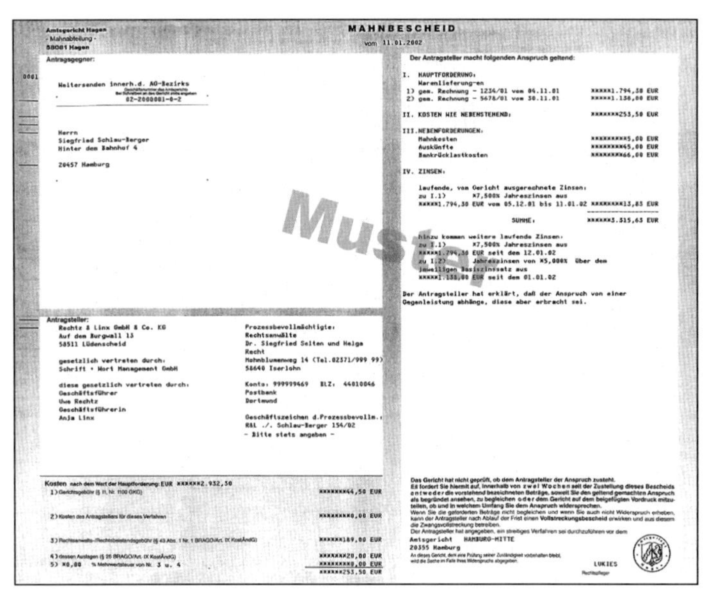

Amtsgericht Hagen
- Mahnabteilung -
58081 Hagen

MAHNBESCHEID
vom 11.01.2002

Antragsgegner:
0001
Weitersenden innerh.d. AG-Bezirks
02-2000001-0-2

Herrn
Siegfried Schlau-Berger
Hinter dem Bahnhof 4

20457 Hamburg

Der Antragsteller macht folgenden Anspruch geltend:

I. HAUPTFORDERUNG:
Warenlieferung-en
1) gem. Rechnung - 1234/01 vom 04.11.01 xxxxx1.794,30 EUR
2) gem. Rechnung - 5678/01 vom 30.11.01 xxxxx1.138,00 EUR

II. KOSTEN WIE NEBENSTEHEND: xxxxxxx253,50 EUR

III. NEBENFORDERUNGEN:
Mahnkosten xxxxxxxxx5,00 EUR
Auskünfte xxxxxxxx45,00 EUR
Bankrücklastkosten xxxxxxxx66,00 EUR

IV. ZINSEN:
laufende, vom Gericht ausgerechnete Zinsen:
zu I.1) x7,500% Jahreszinsen aus
xxxxx1.794,30 EUR vom 05.12.01 bis 11.01.02 xxxxxxxx13,83 EUR

SUMME: xxxxxx3.515,63 EUR

hinzu kommen weitere laufende Zinsen:
zu I.1) x7,500% Jahreszinsen aus
xxxxx1.794,30 EUR seit dem 12.01.02
zu I.2) Jahreszinsen von x5,000% über dem
jeweiligen Basiszinssatz aus
xxxxx1.138,00 EUR seit dem 01.01.02

Der Antragsteller hat erklärt, daß der Anspruch von einer Gegenleistung abhänge, diese aber erbracht sei.

Antragsteller:
Rechtz & Linx GmbH & Co. KG
Auf dem Burgwall 13
58511 Lüdenscheid

gesetzlich vertreten durch:
Schrift + Wort Management GmbH

diese gesetzlich vertreten durch:
Geschäftsführer
Uwe Rechtz
Geschäftsführerin
Anja Linx

Prozessbevollmächtigte:
Rechtsanwälte
Dr. Siegfried Selten und Helga Recht
Mohnblumenweg 14 (Tel.02371/999 99)
58640 Iserlohn

Konto: 999999469 BLZ: 44010046
Postbank
Dortmund

Geschäftszeichen d.Prozessbevollm.:
R&L ./. Schlau-Berger 154/02
- Bitte stets angeben -

Kosten nach dem Wert der Hauptforderung: EUR xxxxxx2.932,30
1) Gerichtsgebühr (§ 11, Nr. 1100 GKG) xxxxxxx44,50 EUR
2) Kosten des Antragstellers für dieses Verfahren xxxxxxxx0,00 EUR
3) Rechtsanwalts-/Rechtsbeistandsgebühr (§ 43 Abs. 1 Nr. 1 BRAGO/Art. IX KostÄndG) xxxxxx189,00 EUR
4) dessen Auslagen (§ 26 BRAGO/Art. IX KostÄndG) xxxxxxx20,00 EUR
5) x0,00 % Mehrwertsteuer von Nr. 3 u. 4 xxxxxxxx0,00 EUR
xxxxxx253,50 EUR

Das Gericht hat nicht geprüft, ob dem Antragsteller der Anspruch zusteht.
Es fordert Sie hiermit auf, innerhalb von zwei Wochen seit der Zustellung dieses Bescheids entweder die vorstehend bezeichneten Beträge, soweit Sie den geltend gemachten Anspruch als begründet ansehen, zu begleichen oder dem Gericht auf dem beigefügten Vordruck mitzuteilen, ob und in welchem Umfang Sie dem Anspruch widersprechen.
Wenn Sie die geforderten Beträge nicht begleichen und wenn Sie auch nicht Widerspruch erheben, kann der Antragsteller nach Ablauf der Frist einen Vollstreckungsbescheid erwirken und aus diesem die Zwangsvollstreckung betreiben.
Der Antragsteller hat angegeben, ein streitiges Verfahren sei durchzuführen vor dem
Amtsgericht HAMBURG-MITTE
20355 Hamburg
An dieses Gericht, dem eine Prüfung seiner Zuständigkeit vorbehalten bleibt, wird die Sache im Falle Ihres Widerspruchs abgegeben.

LUKIES
Rechtspfleger

Mahnbescheid

Der Antrag muss auf bestimmten Formularen gestellt werden. Die Vordrucke können bei Gericht, aber auch in jedem Geschäft für Bürobedarf gekauft werden. Meistens bieten die Mahngerichte aber auch schon im Internet die Formulare an, die dann dort ausgefüllt und ausgedruckt werden können. Beim Ausfüllen des Mahnbescheidantrags ist streng auf die amtlichen Erläuterungshinweise, die dem Formular beiliegen, zu achten. Fehler beim Ausfüllen können zu zeitlichen Verzögerungen und in besonderen Fällen zu rechtlichen Nachteilen führen. Die Gerichts- und Zustellkosten für den Mahnbescheid müssen bereits bei Antragstellung eingezahlt werden. Dies geschieht entweder durch Gerichtskostenmarken, die in entsprechender Höhe in das auf dem Mahnbescheid vorgesehene Feld geklebt werden, oder, soweit möglich, bargeldlos. Kostenmarken sind bei jeder Gerichtskasse erhältlich. Wenn die Zeit reicht, kann der Mahnbescheidsantrag per Post an das zuständige Amtsgericht gesandt werden. In Eilfällen, insbesondere wenn Fristen einzuhalten sind, empfiehlt es sich jedoch, den Mahnbescheid direkt in den Gerichtsbriefkasten einzuwerfen (Zugang noch am Tage des Einwurfs!). Dies ist insbesondere dann wichtig, wenn mit dem Antrag auf Erlass des Mahnbescheides noch die Verjährung unterbrochen werden soll.

Nach Eingang bei Gericht wird der Mahnbescheid nur auf die Einhaltung der Formalien geprüft. Es wird nicht geprüft, ob der Anspruch, den der Gläubiger geltend macht, zu Recht besteht. Nach Prüfung durch den Rechtspfleger wird der Mahnbescheid automatisch („von Amts wegen") dem Schuldner zugestellt. Gleichzeitig erhält der Gläubiger, der den Mahnbescheid beantragt hat, von der Zustellung Nachricht.

Automatisiertes gerichtliches Mahnverfahren (AGM)

Um das relativ aufwendige manuelle Bearbeiten der Mahnsachen zu vereinfachen und zu beschleunigen, wurde ein automatisiertes gerichtliches Mahnverfahren eingeführt. Die maschinelle Bearbeitung erfolgt in allen beteiligten Bundesländern grundsätzlich bei den zentralen Mahnabteilungen der jeweiligen Amtsgerichte. Für das automatisierte Verfahren sind bundesweit bestimmte Amtsgerichte zuständig. Eine Liste dieser Amtsgerichte findet sich z. B. im Internet unter www.mahngerichte.de. Die Anträge nach dem automatisierten Verfahren können in verschiedenen Formen, auch schriftlich, gestellt werden. Die Mahnanträge werden in der Regel am selben Tag automatisiert bearbeitet. Der weitere Ablauf unterscheidet sich dann nicht vom klassischen Mahnverfahren.

Vollstreckungsbescheid

Auf der Grundlage des Antrages wird vom Gericht ein Mahnbescheid erlassen, der dem Schuldner zugestellt wird. Gegen diesen kann der Schuldner innerhalb von 14 Tagen Widerspruch einlegen oder leisten. Dann wiederum kann der Antragsteller die Abgabe an das normale Gericht beantragen, das sich dann beim Antragsteller, nunmehr Kläger, meldet und das normale Klageverfahren fortsetzt.

Legt der Schuldner keinen Widerspruch ein, so kann der Gläubiger auf dem Formular, mit dem er von der Zustellung des Mahnbescheides benachrichtigt wurde, den Erlass eines Vollstreckungsbescheides beantragen. Auch hier muss der Händler die Zustellungskosten des Vollstreckungsbescheides durch Kostenmarken vorstrecken. Wieder werden bei Gericht nur die Formalien geprüft. Der Vollstreckungs-

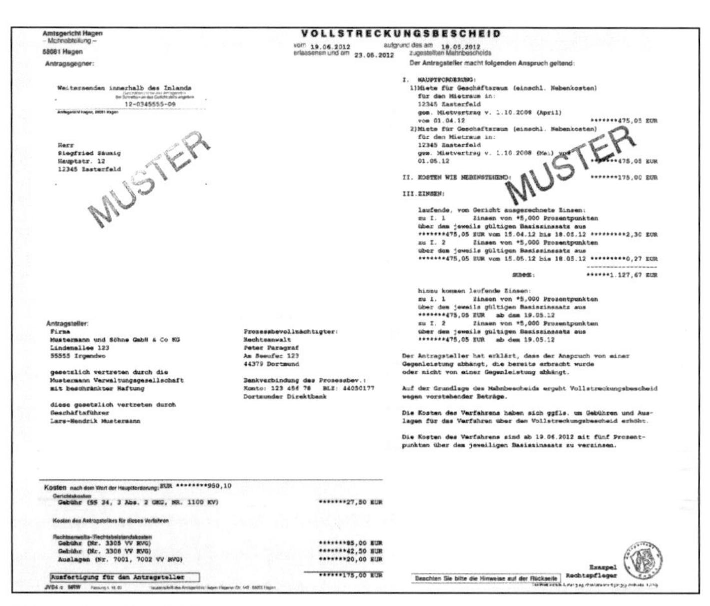

Amtsgericht Hagen
– Mahnabteilung –
58081 Hagen

VOLLSTRECKUNGSBESCHEID
vom 19.06.2012 aufgrund des am 18.05.2012
erlassenen und am 23.05.2012 zugestellten Mahnbescheids

Antragsgegner:
Weitersenden innerhalb des Inlands
12-0345555-09

Herr
Siegfried Säumig
Hauptstr. 12
12345 Zasterfeld

Der Antragsteller macht folgenden Anspruch geltend:

I. HAUPTFORDERUNG:
1) Miete für Geschäftsraum (einschl. Nebenkosten)
für den Mietraum in:
12345 Zasterfeld
gem. Mietvertrag v. 1.10.2008 (April)
vom 01.04.12 *******475,05 EUR
2) Miete für Geschäftsraum (einschl. Nebenkosten)
für den Mietraum in:
12345 Zasterfeld
gem. Mietvertrag v. 1.10.2008 (Mai) vom
01.05.12 *******475,05 EUR

II. KOSTEN WIE NEBENSTEHEND: *******175,00 EUR

III. ZINSEN:
laufende, vom Gericht ausgerechnete Zinsen:
zu I. 1 Zinsen von *5,000 Prozentpunkten
über dem jeweils gültigen Basiszinssatz aus
*******475,05 EUR vom 15.04.12 bis 18.05.12 *********2,30 EUR
zu I. 2 Zinsen von *5,000 Prozentpunkten
über dem jeweils gültigen Basiszinssatz aus
*******475,05 EUR vom 15.05.12 bis 18.05.12 *********0,27 EUR

SUMME: ******1.127,67 EUR

hinzu kommen laufende Zinsen:
zu I. 1 Zinsen von *5,000 Prozentpunkten
über dem jeweils gültigen Basiszinssatz aus
*******475,05 EUR ab dem 19.05.12
zu I. 2 Zinsen von *5,000 Prozentpunkten
über dem jeweils gültigen Basiszinssatz aus
*******475,05 EUR ab dem 19.05.12

Der Antragsteller hat erklärt, dass der Anspruch von einer Gegenleistung abhängt, die bereits erbracht wurde oder nicht von einer Gegenleistung abhängt.

Auf der Grundlage des Mahnbescheids ergeht Vollstreckungsbescheid wegen vorstehender Beträge.

Die Kosten des Verfahrens haben sich ggfls. um Gebühren und Auslagen für das Verfahren über den Vollstreckungsbescheid erhöht.

Die Kosten des Verfahrens sind ab 19.06.2012 mit fünf Prozentpunkten über dem jeweiligen Basiszinssatz zu verzinsen.

Antragsteller:
Firma
Mustermann und Söhne GmbH & Co KG
Lindenallee 123
55555 Irgendwo

gesetzlich vertreten durch die
Mustermann Verwaltungsgesellschaft
mit beschränkter Haftung

diese gesetzlich vertreten durch
Geschäftsführer
Lars-Hendrik Mustermann

Prozessbevollmächtigter:
Rechtsanwalt
Peter Paragraf
Am Seeufer 123
44379 Dortmund

Bankverbindung des Prozessbev.:
Konto: 123 456 78 BLZ: 44050177
Dortmunder Direktbank

Kosten nach dem Wert der Hauptforderung: EUR ********950,10
Gerichtskosten
Gebühr (§§ 34, 3 Abs. 2 GKG, NR. 1100 KV) *******27,50 EUR
Kosten des Antragstellers für dieses Verfahren
Rechtsanwalts-/Rechtsbeistandskosten
Gebühr (Nr. 3305 VV RVG) *******85,00 EUR
Gebühr (Nr. 3308 VV RVG) *******42,50 EUR
Auslagen (Nr. 7001, 7002 VV RVG) *******20,00 EUR
******175,00 EUR

Ausfertigung für den Antragsteller

Beachten Sie bitte die Hinweise auf der Rückseite

Exempel
Rechtspfleger

Vollstreckungsbescheid

bescheid wird dem Schuldner zugestellt. Der Gläubiger erhält gleichzeitig eine Ausfertigung des Vollstreckungsbescheides.

Einspruch gegen den Vollstreckungsbescheid
Gegen den Vollstreckungsbescheid kann der Schuldner innerhalb von zwei Wochen ab Zustellung Einspruch einlegen. Auch wenn der Gläubiger mit dem Erhalt der Ausfertigung des Vollstreckungsbescheides sofort die Vollstreckung betreiben könnte, empfiehlt es sich für ihn, die Einspruchsfrist abzuwarten. Nach Ablauf dieser Frist ist der Vollstreckungstitel rechtskräftig, und der Schuldner hat keine Möglichkeit mehr, sich gegen eine Vollstreckung zu wehren. Dagegen könnte das Erscheinen des Gerichtsvollziehers vor Ablauf der Einspruchsfrist den Schuldner noch im letzten Moment zum Einspruch veranlassen. Wenn andererseits der Schuldner nur zum Zwecke der Verzögerung Einspruch einlegt, dann kann es sinnvoll sein, gleich zu vollstrecken, damit man erst einmal etwas hat. Wird hinterher der Titel wieder aufgehoben, dann muss allerdings der Kläger das Vollstreckte wieder zurückzahlen.
Insgesamt muss man sagen, dass das gerichtliche Mahnverfahren oft nur zum Jahresende für die Unterbrechung der Verjährung dienlich ist. Ansonsten legen die meisten Schuldner Widerspruch ein und der vermeintliche Beschleunigungseffekt ist dahin. Hätte man gleich eine ordentliche Klage eingereicht, wäre man weiter.

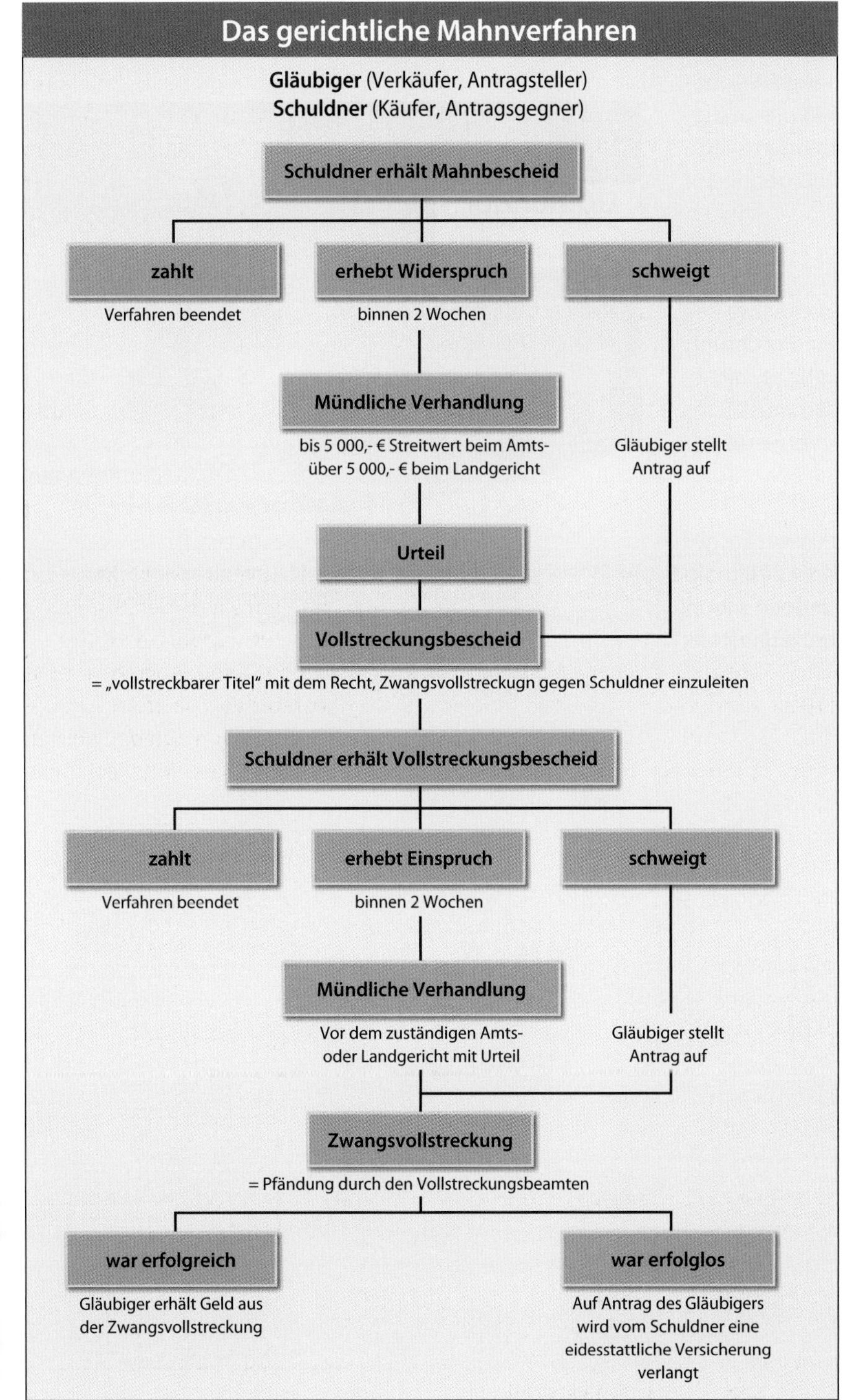

Zwangsvollstreckung
Um die Zwangsvollstreckung gegen den Schuldner zu betreiben, wird vom Gläubiger ein vollstreckbarer Titel benötigt. Solche Titel sind z. B.:

- Vollstreckungsbescheid (Mahnverfahren),
- vollstreckbares Urteil (ordentliches Klageverfahren).

Mit der vollstreckbaren Ausfertigung des Titels wird vom Gläubiger ein Gerichtsvollzieher im Amtsgerichtsbezirk des Schuldners beauftragt. Neben der Hauptforderung wird dieser auf Antrag auch über die Zinsen und die übrigen Verfahrenskosten vollstrecken. Zunächst einmal wird der Gerichtsvollzieher den Schuldner nochmals auffordern, die eigentliche Forderung sowie alle zwischenzeitlich entstandenen Kosten zu bezahlen. Erst dann wird er in das bewegliche Vermögen vollstrecken. Findet der Gerichtsvollzieher keine pfändbare Habe vor, stellt er eine Unpfändbarkeitsbescheinigung aus. Für die Vollstreckung in Geldforderungen durch Pfändungs- und Überweisungsbeschluss, in unbeweglichen Sachen (insbesondere Grundstücken) durch die Zwangsverwaltung, Zwangshypothek und Zwangsversteigerung ist das Vollstreckungsgericht zuständig.

Eidesstattliche Versicherung
Mit der Unpfändbarkeitsbescheinigung hat der Gläubiger die Möglichkeit, die Abgabe einer eidesstattlichen Versicherung (früher Offenbarungseid) durch den Schuldner zu beantragen. Dafür war früher das Vollstreckungsgericht zuständig. Heute ist dies der Gerichtsvollzieher, der dann alles gleich zusammen erledigen

Eine eidesstattliche Versicherung wird durch das zuständige Amtsgericht vorgenommen.
Foto: Rainer Sturm/pixelio

kann. Dann muss der Schuldner ein vollständiges Vermögensverzeichnis erstellen und an Eides statt die Vollständigkeit versichern. Sollten noch irgendwelche Vermögenswerte beim Schuldner vorhanden sind, kann der Gläubiger sie auf diese Weise in Erfahrung bringen.

Einreden und Einwendungen
Mit Einreden und Einwendungen werden Gegenrechte des Schuldners beschrieben, die dieser gegen eine Forderung des Gläubigers geltend machen kann. Dabei gibt es solche, auf die sich der Schuldner ausdrücklich berufen muss (Einrede) und solche, die von einem Gericht von Amts wegen zu beachten sind (Einwendung).

Verjährung (Einrede): Eigentlich müsste man davon ausgehen können, dass das betriebliche Mahnverfahren innerhalb weniger Monate abgeschlossen wird. Es soll jedoch schon vorgekommen sein, dass sich allzu zurückhaltende Baustoffhändler von ihren Kunden so lange vertrösten ließen, bis ihr Anspruch auf die Kaufpreisforderung verjährt war. Deshalb ist hier der Hinweis auf die Verjährungsfristen angebracht. Ansprüche aus Kaufvertrag (Kaufpreis) verjähren in drei Jahren (§ 195 BGB). Achtung! Einfache Mahnschreiben hemmen den Ablauf der Verjährung nicht. Das Gesetz kennt nur wenige Gründe, die zu einer Hemmung der Verjährung führen. Die wichtigsten sind:

- Anerkenntnis durch den Schuldner (auch Abschlagszahlung, Zinszahlung, Sicherheitsleistung u.ä.),
- Verhandlungen über den Anspruch (§ 203 BGB),
- Rechtsverfolgung (§ 204 BGB).

Die für den Baustoff-Fachhandel wichtigsten Maßnahmen sind die Zustellung eines Mahnbescheids im Mahnverfahren und die Klageerhebung.

Der DDMonitor (Deutscher Debitoren Monitor) wertet u. a. zahlreiche Inkasso-Datenbestände aus und unterstützt das Risikomanagement insbesondere von Unternehmen mit einem breiten Kundenportfolio.

KANN Baustoffwerke – Tradition und Innovation seit über 85 Jahren

Nichts passt besser zu gehobenen Designansprüchen als Beton. Und kaum jemand weiß dies besser als KANN. Die KANN Baustoffwerke sind einer der größten Betonsteinhersteller und geben Beton mit viel Gespür fürs Material und kompromisslosem Qualitätsanspruch Formen. Seit vielen Jahrzehnten werden mit individuellen Produkten echte Lieblingsplätze für jede Anforderung geschaffen, moderne Produktions- und Bearbeitungsanlagen garantieren dabei eine gleichbleibend hochwertige Beschaffenheit. In 4 verschiedenen Produktwelten – ob Elegant, Rustikal, Zeitlos oder Funktional – präsentiert der Hersteller mit Hauptsitz in Bendorf am Rhein vielfältige Produkte für private und öffentliche Plätze. Um eine einheitliche Gestaltung zu ermöglichen, bietet das Sortiment zahlreiche Produktsysteme an.

Das Unternehmen steht für Innovation, Qualität und Flexibilität. Individuelle Lösungsideen und ein bundesweiter Außendienst unterstreichen den Service-Gedanken. So stellt das Traditionsunternehmen einen ansprechenden Partner für Garten- und Landschaftsbauer dar und findet mit individuellen Objektlösungen auch im öffentlichen und gewerblichen Bereich Anklang.

Mit über 600 Mitarbeitern in 21 Standorten stellt KANN einen der führenden Anbieter für Baustoffe dar. Die Mitarbeiter zeigen neben der hohen Motivation ein hohes Verantwortungsbewusstsein und Engagement gegenüber Kunden, welches maßgeblich zum Erfolg des Unternehmens beiträgt. Der persönliche Kontakt zum Kunden führt zu enger Bindung und Marktnähe.

Für die Auszubildenden des Baustofffachhandels bietet KANN Interessantes: In der Zentrale in Bendorf bietet die KANN Akademie Schulungen an, in denen Wissenswertes über Bautechnik und Baustoffe vermittelt werden.

In Kürze: Das Unternehmen

KANN GmbH Baustoffwerke
Bendorfer Straße
56170 Bendorf-Mülhofen

Tel.: +49 (0) 26 22 / 7 07-0
Fax: +49 (0) 26 22 / 7 07-165
info@kann.de
www.kann.de

KNAUF

Knauf: Perfekt im System

Als starke Marke mit hohem innovativem Anspruch orientiert sich Knauf in besonderer Weise an den Bedürfnissen des Marktes und seiner Marktpartner. 1932 durch die Brüder Alfons und Karl Knauf gegründet, zählt das Familienunternehmen heute zu den führenden Herstellern von Baustoffen und Bausystemen in Europa und weit darüber hinaus. Knauf ist weltweit auf allen fünf Kontinenten in mehr als 80 Ländern an über 220 Standorten mit Produktionsstätten und Vertriebsorganisationen vertreten.

Anspruchsvolle Knauf Deckenkonstruktion im Foyer des Max-Planck-Institutes für Sonnensystemforschung in Göttingen. (Foto: Knauf/Andreas Braun)

Repräsentative Stadtvilla in Berlin – gestaltet und effizient gedämmt mit dem System Knauf WARM-WAND Basis. (Foto: Knauf/Stephan Klonk)

Abgestimmtes System: Knauf Nivellierestrich 425 auf Fußbodenheizung Uponor Minitec für besonders schlanke und doch hoch energieeffiziente Bodenkonstruktionen. (Foto: Knauf)

Innovatives Denken und Aufgeschlossenheit für technologische Neuerungen sind Eckpfeiler der Unternehmensstrategie. Knauf arbeitet beständig daran, das Bauen und Modernisieren immer perfekter und effizienter zu machen. Aufeinander abgestimmte Komplett-Systeme von Knauf überzeugen durch Wirtschaftlichkeit, hohen Brand- und Schallschutz sowie höchste Energieeffizienz und laden zu vielfältigen Gestaltungsmöglichkeiten für raumbildende Ausbauten ein.

Die Knauf Gips KG, ein Unternehmen der Knauf Gruppe, ist spezialisiert auf Systeme für Trockenbau und Boden, Putz und Fassade. Knauf Trockenbau-Systeme sind ein Synonym für leistungsfähigen Schall-, Brand- und Wärmeschutz an Boden, Wand und Decke. Am Boden sorgen Knauf Fließ- und Nivellierestriche für den schnellen Baufortschritt.

Zu den Knauf Putzen zählen Markenklassiker wie Rotband, MP75, SM700 oder Rotkalk. An der Fassade stehen die Wärmedämm-Verbundsysteme WARM-WAND für energieeffiziente Gestaltung.

Weitere Informationen: www.knauf.de

In Kürze: Das Unternehmen

Knauf Gips KG
Am Bahnhof 7
97346 Iphofen

Tel.: +49 (0) 93 23 / 31-0
Fax: +49 (0) 93 23 / 31-277
info@knauf.de
www.knauf.de

VI Mitarbeiter

1 Personalwesen

Die Bedeutung der Personalarbeit hat sich im Verlauf der vergangenen Jahre grundlegend gewandelt. Die Personalabteilung ist im 21. Jahrhundert keine nachgelagerte, betriebliche Teilfunktion mehr, welche sich im Wesentlichen um administrative Aufgaben wie z. B. Lohn- und Gehaltsabrechnungen kümmert, sondern ein integraler Bestandteil des modernen Baustoffhandels.

Der Bedeutungswandel hat folgende Gründe:
- Erhöhung der Aufwendungen für Personal,
- Stärkung der wirtschaftlichen und rechtlichen Stellung der Arbeitnehmer,
- veränderte Führungsanforderungen und Unternehmensphilosophien,
- Notwendigkeit verstärkter betrieblicher Aus- und Fortbildungsaktivitäten,
- veränderte Anforderungsprofile und Qualifikationen,
- neue Erkenntnisse der Arbeits- und Sozialwissenschaften,
- Änderung der Arbeitsmarktlage.

Heute übernimmt eine Personalabteilung die Gesamtheit aller Aufgaben und Maßnahmen der Unternehmensleitung, welche sich aus den Beziehungen zwischen dem Unternehmen und seinen Mitarbeitern ergeben. Die Aufgaben und Tätigkeiten einer Personalabteilung hängen von ihrem jeweiligen Entwicklungsstand und damit gleichzeitig von der Größe, Struktur und der Tradition des Unternehmens ab. Aus diesem Grund werden auch immer häufiger die zeitgemäßen Begriffe Personalwesen und Personalmanagement verwendet.
Dem Personalwesen sind grundsätzlich alle Aufgaben zugeordnet, die sich in irgendeiner Weise mit den Mitarbeitern im Unternehmen befassen. Es ist zuständig für alle Mitarbeiter aller Hierarchiestufen und Tätigkeitsbereiche eines Unternehmens, die in einem vertraglich geregelten Verhältnis zum Unternehmen stehen.

Das Personalwesen hat folgende Grundaufgaben (operative Aufgaben):
- Einstellen von Mitarbeitern,
- Ausscheiden von Mitarbeitern,
- Entlohnung (Lohn- und Gehaltsabrechnungen),
- Verwalten und Betreuen von Mitarbeitern.

Zusätzlich haben sich in den letzten Jahren folgende Aufgaben entwickelt (taktische/strategische Aufgaben):
- Personalplanung,
- Personaleinsatz,
- Zusammenarbeit mit dem Betriebsrat,
- Einhaltung der gesetzlichen und tariflichen Vorschriften,
- Personalführung,
- Ausbildung,
- Personalentwicklung,
- Personalbeurteilung,
- Personalcontrolling,
- Personalmarketing.

Das Personalwesen unterstützt aktiv die Unternehmensleitung und Führungskräfte in allen personalrelevanten Fragen. Damit rechtzeitig auf Veränderungen im Unternehmen (z. B. Expansion, veränderte Marktentwicklung) reagiert werden kann, wird das Personalwesen zeitnah in Entscheidungsprozesse mit einbezogen. Das betrifft auch die Mitwirkung bei der Entwicklung von Unternehmensstrategien und der unternehmensspezifischen Führungskultur.

Das Personalwesen hat kontinuierlich an Bedeutung gewonnen.
Foto: LieC/pixelio

2 Ausbildung

Die Anforderungen im modernen Arbeitsleben verändern sich laufend. Die Schnelligkeit in der Entwicklung von neuen Techniken in der Kommunikation und EDV und die verringerten Zyklen und Innovationszeiten von Produkten machen ein lebenslanges Lernen erforderlich. Mit der Berufsausbildung wird das berufliche Grundwissen vermittelt. Die Berufsausbildung verfolgt im Wesentlichen praktische Absichten. Ihre pädagogische Zielsetzung liegt weniger in der allgemeinen und persönlichen Entfaltung, sondern vielmehr in der standardisierten Vermittlung von anwendbaren Fertigkeiten, die zumeist der praktischen Berufsausübung dienen.
Insbesondere anerkannte Ausbildungsbetriebe und Berufsschulen (berufsbildende Schulen, Berufskollegs) übernehmen diese Aufgaben nach den Vorgaben des Berufsbildungsgesetzes (BBiG). Als Grundlage für eine geordnete und einheitliche Berufsausbildung erlassen das Bundesministerium für Wirtschaft und Arbeit oder das sonst zuständige Fachministerium Ausbildungsverordnungen.
Engagierte, qualifizierte Ausbilder aus den Unternehmen vermitteln gemeinsam mit der Berufsschule das notwendige theoretische Wissen und die praktischen Fähigkeiten.
Die Berufsschule ist eine berufsbegleitende Teilzeitschule. Ihre Aufgabe ist es, die allgemeine Bildung und die Berufsbildung zu vertiefen. Dabei wird der Ausbildungsberuf berücksichtigt und die betrieblichen Ausbildungsmaßnahmen werden fachbezogen ergänzt. Dies erfolgt durch theoretischen und praktischen Unterricht, dem ein Lehrplan zugrunde liegt.

Die Verzahnung von betrieblicher Ausbildung und Berufsschule wird als „duales System" oder „duale Berufsausbildung" bezeichnet.
Der Baustoff-Fachhandel bildet seit Jahrzehnten erfolgreich junge Menschen aus. Einerseits werden die Unternehmen ihrer sozialen und gesellschaftlichen Verantwortung gerecht, indem eine aktuelle, nutzbringende und zukunftsorientierte Ausbildung gewährleistet wird, andererseits sichern und entwickeln sie ihre zukünftigen Fach- und Führungskräfte.

2.1 Ausbildungsberufe im Baustoff-Fachhandel

Kaufmann/-frau im Groß- und Außenhandel

Der Baustoff-Fachhandel sucht Nachwuchskräfte und bildet vielfältig aus.
Abb.: Bauking

Kaufleute im Groß- und Außenhandel kaufen Waren bei Herstellern ein und verkaufen diese weiter an Partner aus Handel, Handwerk und Industrie. Sie beraten Kunden über Einsatzmöglichkeiten und Eigenschaften der Ware und organisieren die termingerechte Lieferung. Sie ermitteln Bezugsquellen, den Bedarf an Ware, vergleichen Angebote und Konditionen, führen Einkaufsverhandlungen. Mit dem Lieferanten sorgen sie für fachgerechte Lagerung, kontrollieren Rechnungen und Lieferpapiere. Die Abwicklung von Kostenrechnungs- und Zahlungsvorgängen, ggf. Reklamationen und die Organisation von Marketingmaßnahmen gehören ebenfalls zu ihren Aufgaben. Die Ausbildung beträgt drei Jahre.

Kaufmann/-frau im Einzelhandel (in Betrieben mit Bau- oder Baufachmärkten)

Schwerpunkte sind Informieren und Beraten von Kunden, Verkaufen und Kassieren sowie Mitwirkung bei der Sortimentsgestaltung. Die Vermittlung von Waren- und Produktkunde, Material- und Lagerwirtschaft ist ebenfalls Bestandteil der Ausbildung. Die Ausbildung beträgt drei Jahre.

Verkäufer/innen

Zu ihren wichtigsten Aufgaben zählen der Verkauf sowie die vor- und nachbereitenden Arbeiten in Beratungs- und Baumärkten. Tätigkeitsfelder sind darüber hinaus Warenannahme und -lagerung, Service an der Kasse, Verkaufsförderung und Bestandspflege. Die Inhalte sind identisch mit der Ausbildung zum Kaufmann/ zur Kauffrau im Einzelhandel für das 1. und 2. Ausbildungsjahr. Die Ausbildung beträgt zwei Jahre.

Fachkraft für Lagerlogistik

Fachkräfte für Lagerlogistik arbeiten im Bereich der logistischen Planung und Organisation. Sie nehmen Güter an, kommissionieren, verladen und verstauen, transportieren und verpacken die Waren. Der Gabelstapler ist ein oft genutztes Hilfsmittel. Die Ausbildung beträgt drei Jahre.

Fachlagerist/in

Fachlageristen übernehmen alle Tätigkeiten im Rahmen des Güterumschlags und der Güterlagerung. Dabei nehmen sie Güter an, packen, sortieren und lagern sie anforderungsgerecht nach wirtschaftlichen Gesichtspunkten und unter Beachtung der Lagerordnung. Die Ausbildung beträgt zwei Jahre.

Kaufmann/-frau für Büromanagement

Kaufleute für Büromanagement übernehmen kaufmännische Aufgaben in Bereichen wie Buchführung, Personalwesen oder Rechnungsbearbeitung. Sie erledigen organisatorische Büroarbeiten, koordinieren Termine, bereiten Besprechungen vor und bearbeiten Schriftverkehr. Die Ausbildung beträgt drei Jahre.

Weitere Informationen zu den Ausbildungsberufen unter: www.zbb.de

Um einen einheitlichen und messbaren Qualitätsstandard der Berufsausbildung zu gewährleisten, führen die Industrie- und Handelskammern Zwischen- und Abschlussprüfungen aller Ausbildungsberufe durch.

Mit einer Broschüre wendet sich diese Kooperation an junge Interessenten und informiert sie über alle Ausbildungsberufe des Baustoff-Fachhandels.
Abb.: Eurobaustoff

2.2 Industrie- und Handelskammer (IHK) und Berufsausbildung

Die Industrie- und Handelskammern (IHK) sind berufsständische Körperschaften des öffentlichen Rechts. Zu ihnen gehören Unternehmen einer Region. Alle Gewerbetreibenden und Unternehmen mit Ausnahme reiner Handwerksunternehmen, landwirtschaftlicher Betriebe und Freiberufler (die nicht ins Handelsregister eingetragen sind) gehören ihnen per Gesetz an.
In Deutschland gibt es 80 Industrie- und Handelskammern, die für unterschiedlich große Regionen zuständig sind. Sie

übernehmen Aufgaben der Selbstverwaltung der regionalen Wirtschaft. Folgende Aufgaben hat die IHK in der Berufsausbildung:

- Beratung der Betriebe und Auszubildenden in Ausbildungsfragen,
- Ausbildungseignung der Betriebe überprüfen,
- Ausbildungsverträge in das Verzeichnis der Ausbildungsverhältnisse eintragen,
- Schlichtung bei Streitigkeiten zwischen Azubi und Ausbildenden,
- Zwischen- und Abschlussprüfungen durchführen,
- Betreuung von Weiterbildungsmaßnahmen,
- Weiterbildungsberatung.

Das Logo der IHK

2.3 Das Ausbildungsportal www.baustoffwissen.de

Speziell für Auszubildende in der Baustoffbranche hat das Verlagshaus Wohlfarth das Internetportal www.baustoffwissen.de entwickelt. Das Portal steht unter der Schirmherrschaft des BDB (Bundesverband Deutscher Baustoff-Fachhandel e. V.) und bietet Berufsanfängern umfangreiche Hilfestellungen für einen gelungenen Berufsstart, wie z. B. ein Forum, Weiterbildungsangebote, Prüfungsfragen, produktkundliche Beiträge und Berichte von anderen Auszubildenden.

2.4 Berufliche Zukunftsperspektiven

Demografischer Wandel

Der Baustoffhandel profitiert vom demografischen Wandel. Bereits heute sind die beruflichen Zukunftsperspektiven für alle Ausbildungsberufe im Baustoff-Fachhandel sehr gut. In den kommenden Jahren und Jahrzehnten steigt der Bedarf an Auszubildenden und Arbeitnehmern kontinuierlich an. Denn in Deutschland werden immer weniger Kinder geboren und die Menschen werden dank des medizinischen Fortschritts immer älter. Somit sinkt die Zahl der Erwerbsfähigen, und eine zunehmende Anzahl an Ausbildungs- und Arbeitsplätzen steht einer abnehmenden Anzahl an Auszubildenden und Arbeitnehmern gegenüber.

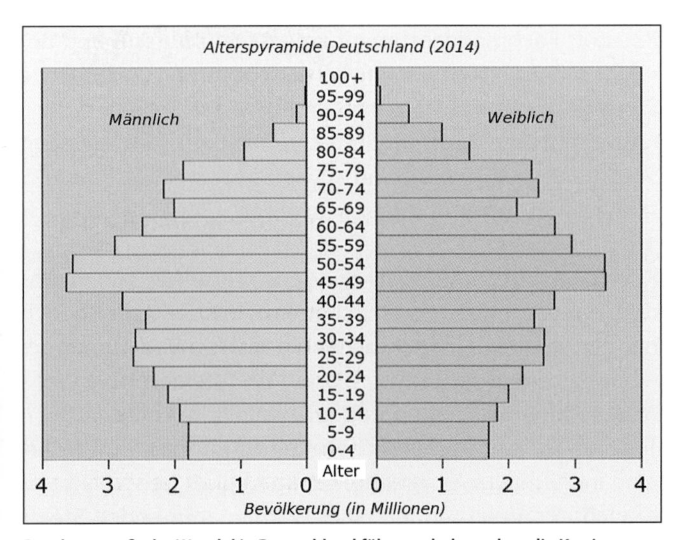

Der demografische Wandel in Deutschland führt auch dazu, dass die Karrierechancen für Nachwuchskräfte des Baustoff-Fachhandels sehr günstig sind.
Grafik: Wikipedia

Dies ist ein Grund, warum der Baustoff-Fachhandel seit Jahren in der Regel seine Stellen mit Nachwuchskräften besetzt. Fach- und Führungskräfte kommen vielfach aus den eigenen Reihen. Viele bedeutende Persönlichkeiten der Branche haben als Auszubildende begonnen und sind heute in Führungs- oder Leitungsfunktion tätig.

Zukunftsmarkt SanReMo (Sanierung, Renovierung, Modernisierung)

Bedingt durch die kontinuierliche Reduktion von natürlichen Energieträgern, die steigenden Energiekosten und die gesetzlichen Bestimmungen zur Energieeinsparung (EnEv), ist die Notwendigkeit, energieeffizient zu bauen oder zu sanieren, deutlich angestiegen. In diesem dynamischen Markt hat sich der Baustoffhandel mit seinen modernen Dienstleistungen und Produkten für die Zukunft gut positioniert und gleichzeitig gute Zukunftsperspektiven für junge Fachkräfte entwickelt.

Mithilfe von Thermografien lassen sich Wärmebrücken (Energieverluste) in der Gebäudehülle lokalisieren.
Foto: Archiv

Ausbildungsqualität

Die hohe Qualität der Berufsausbildung im Baustoff-Fachhandel wird durch engagierte und gut qualifizierte Ausbilder am Standort sowie Führungskräfte sichergestellt. Moderne Medien, Fachbücher und -zeitschriften, E-Learning und Internetportale unterstützen den Auszubildenden beim Lernen. Durch Schulungen, Trainings und Messebesuche werden Fähigkeiten erworben und geübt. Die Ausbildung im Baustoff-Fachhandel hat einen hohen Stellenwert; so werden über 80 % aller Auszubildenden nach erfolgreich bestandener Abschlussprüfung übernommen.

Um diese Zukunftsperspektiven aktiv zu nutzen, erwartet der ausbildende Betrieb, dass der Auszubildende sich so gut und erfolgreich entwickelt, dass er nach bestandenen Prüfungen ohne Schwierigkeiten in den Mitarbeiterstab übernommen werden kann.

Im betrieblichen Ausbildungsplan ist die Ausbildung detailliert festgelegt.
Abb.: Bauking

Eine Ausbildung ist für den Auszubildenden und den Ausbildungsbetrieb dann erfolgreich, wenn vom Auszubildenden die erforderlichen Kenntnisse und Fertigkeiten erworben wurden und die notwendigen Prüfungen mit gutem und sehr gutem Erfolg abgeschlossen sind.
Die Ausbildung beinhaltet jedoch auch übergeordnete Aufgaben und Ziele. So sind die Entwicklung der Persönlichkeit und das Erlernen von z. B. Teamfähigkeit oder der Umgang mit Kollegen (Sozialkompetenz) von großer Wichtigkeit.
Eine ausgeprägte Sozialkompetenz äußert sich z. B. durch:

Richtig kritisieren: Sozialkompetenz beinhaltet auch, konstruktive und angemessene Kritik anzubieten.

Kritik annehmen: Wenn Kritik und auch Beschwerden nicht als Angriff empfunden werden und die Vorschläge anderer in der eigenen Arbeit berücksichtigt werden.

Konflikte vermeiden: Bei Auseinandersetzungen sachlich bleiben und die Eskalation von Meinungsunterschieden zu Streitereien verhindern.

Konfliktmanagement anwenden: In Konfliktsituationen trotz hoher Spannung ruhig und sachlich bleiben. Den Standpunkt des Anderen nachvollziehen, den Grund seiner Unzufriedenheit erkennen und eine Lösung, die beide Seiten zufriedenstellt, entwickeln und aushandeln.

Kontakt- und Kommunikationsfähigkeit: Respektvoll mit anderen Kollegen, Kunden und Freunden umgehen, sich verständlich ausdrücken, aufmerksam zuhören und aktives Feedback geben.

Teamfähigkeit leben: Teamfähigkeit zu beweisen, heißt sich gewinnbringend mit dem Team zu verständigen und mit anderen konstruktiv zusammenzuarbeiten. Teamfähigkeit bedeutet nicht, sich in einem Team den anderen Mitgliedern einfach unterzuordnen und es allen recht zu machen. Bei Teamwork geht es darum, die gemeinsamen Ziele schnellst- und bestmöglich zu erreichen.

Einfühlungsvermögen (Empathie): Bezeichnet die Fähigkeit und Bereitschaft, Gedanken, Emotionen, Motive und Persönlichkeitsmerkmale einer anderen Person zu erkennen und zu verstehen. Zur Empathie gehört auch die Reaktion auf die Gefühle Anderer wie zum Beispiel Mitleid, Trauer oder Schmerz.

In einem sogenannten Azubi-Camp treffen sich Auszubildende des Baustoffhändlers, um ihr Fachwissen zu verbessern und ihre Sozialkompetenzen zu stärken.
Abb.: Bauking

3 Personalentwicklung (PE)

Beim Baustoff-Fachhandel hat sich in den letzten Jahren ein erheblicher Wandel auf unterschiedlichen Ebenen vollzogen. Eine Vielzahl von Veränderungen führt dazu, dass die Mitarbeiter kontinuierlich, mit unterschiedlichsten Maßnahmen und Methoden, qualifiziert werden müssen, um den täglichen Anforderungen gerecht zu werden.
Während man vor Jahren nur Schulungen in der Weiterbildung kannte, werden heute umfangreiche Qualifizierungsmaßnahmen und individuelle Entwicklungspläne für einzelne Mitarbeiter umgesetzt. Diese systematische, strukturierte und nachhaltige Qualifizierung von Mitarbeitern nennt man Personalentwicklung (PE).

3.1 Berufliche Anforderungen im Wandel

Der Wandel im Baustoff-Fachhandel findet insbesondere in folgenden Bereichen statt:

Sortimente: Einst waren es verhältnismäßig wenige genormte Massenbaustoffe, die es zu verkaufen galt. Heute umfasst das Vollsortiment viele Tausend Artikel. Dazu kommen besondere Baustoffe wie Fliesen, Elemente und das Baustoff-Fachmarktsortiment. Spezialprodukte in den Bereichen Brandschutz, technische Isolierung, energetische Sanierung oder Akustik erhöhen die Produktvielfalt.
Heute muss ein Baustoffhändler umfassende Kenntnisse in Sortiment und Anwendung sowie Spezialwissen von Vorschriften und Verordnungen vorweisen.

Kundenstruktur: Auch die Kundenstruktur hat sich verändert. Hauptkunde ist zwar nach wie vor das Gewerbe, jedoch hat der private Endverbraucher deutlich an Bedeutung gewonnen. Zielgruppen wie Planer, Architekten und Wohnungsbaugesellschaften stehen ebenfalls im Fokus.
Jede dieser unterschiedlichen Kundengruppen erfordert eine individuelle Ansprache. Einem Maurer beispielsweise braucht die Verarbeitung eines wärmedämmenden Steins nicht erklärt zu werden. Ein privater Bauherr dagegen, der selbst mit Hand anlegen möchte, hat ganz andere Informa-

tionsbedürfnisse. Ein Planer oder Architekt wiederum erfragt spezielle Details. Ihm sind die Werte für Wärmedämmung oder Schallschutz ganz genau zu erläutern.

Ertragsdenken: Auch in der Betriebswirtschaft sind die Anforderungen an die Mitarbeiter gestiegen. Heute wird ein auf Kostenkenntnis basierendes Ertragsdenken verlangt. Dem Gewinn des Unternehmens wird Priorität eingeräumt, der Umsatz tritt demgegenüber in den Hintergrund.

Neue Wissensgebiete: Werbung und Verkaufsförderung, Marktforschung, Markterschließung, Internet-Verkauf, veränderte Logistikstrukturen und vieles mehr sind Themen, mit denen man sich fast täglich auseinandersetzen muss. Darüber hinaus ist rechtliches Grundwissen in unterschiedlichen Bereichen erforderlich.

Verändertes Führungsverhalten: Zu all diesen Erfordernissen tritt noch ein ganz wesentlicher Gesichtspunkt hinzu: Durch den gesellschaftlichen Wertewandel hat sich in den Unternehmen das Führungsverhalten verändert. Bei früheren Unternehmensleitungen mit streng autoritärer Prägung wurde bestimmt, was zu machen ist (autokratischer/patriarchalischer Führungsstil).
Heute wird der Mitarbeiter in den Entscheidungsprozess mit einbezogen, Tätigkeiten werden delegiert und Fremdkontrolle wird (teilweise) durch Eigenkontrolle ersetzt. Das Verständnis übergeordneter Zusammenhänge wirkt motivierend. Wertschätzung und Anerkennung sind prägende Elemente des kooperativen Führungsstils.

Hinzu kommt, dass die elektronischen Medien mehr und mehr die Büros erobern, die Logistik gewinnt explosionsartig an Bedeutung, und mit verfeinerten Marketingstrategien werden neue Märkte erschlossen. Daraus resultiert, dass der Lern- und Weiterbildungsprozess ein kontinuierlicher Prozess während des gesamten Berufslebens ist. Man spricht auch vom „lebenslangen Lernen".

3.2 Aufgaben der Personalentwicklung

Personalentwicklung hat das Ziel, die individuelle berufliche Entwicklung der Mitarbeiterinnen und Mitarbeiter zu fördern und ihnen – unter Beachtung ihrer persönlichen Kompetenzen – die zur optimalen Wahrnehmung ihrer Aufgaben erforderlichen Qualifikationen zu vermitteln. Sie gehört zum Aufgabenbereich des betrieblichen Personalwesens und beinhaltet einen umfassenderen Ansatz als der Begriff Aus-/Fortbildung und Weiterbildung.

Personalentwicklung

Instrumente	Ziele
Schulungen	Wissensvermittlung
Training	Praktische Anwendung des Erlernten
Coaching	Verhaltensänderung

Die Personalentwicklung richtet sich an der Unternehmensstrategie aus und berücksichtigt alle Mitarbeiter- und Führungsebenen.

Einige Unternehmen haben mehrjährige Qualifizierungs- und Personalentwicklungsmaßnahmen konzipiert. Führungskräfte-Entwicklungs-Programme, Talent- und Nachfolgeprogramme werden immer öfter eingesetzt. Dabei ist es egal wie alt der Mitarbeiter ist oder welche Funktion/Tätigkeit er ausübt.

Info

Lebenslanges Lernen

Lernen hört nach Schule, Ausbildung oder Studium nicht auf, denn Lernen ist das wesentliche Werkzeug zum Erlangen von Bildung und damit für die Gestaltung individueller Lebens- und Arbeitschancen.
Das sogenannte „lebenslange Lernen" sichert ganz persönliche Zukunftschancen. Es gibt sehr viele Möglichkeiten, kontinuierlich zu lernen, sich also fachlich, methodisch und persönlich weiterzubilden.
Reaktions- und Lerngeschwindigkeit nehmen zwar mit zunehmendem Alter ab, die intellektuellen Fähigkeiten sind jedoch altersstabil und nehmen eher zu. Wenn es also darum geht, Ursachen und Wirkungen zu erkennen und diese gedanklich zu verarbeiten oder Erkenntnisse in neue Situationen zu übertragen, sind ältere Mitarbeiter den jüngeren Kollegen häufig überlegen. Entscheidendes Kriterium ist also nicht die Lernfähigkeit, sondern die Lernbereitschaft. Das gilt für junge und ältere Mitarbeiter gleichermaßen. Wer es unternimmt, seine Fähigkeiten durch eine gezielte Lernaktivität – etwa in Form der beruflichen Weiterbildung – fortzuentwickeln, wird immer dem überlegen sein, der dies unterlässt. Wer geistig rege ist und sich dem ständigen Lernprozess nicht nur stellt, sondern ihn aktiv bejaht, wird seine Fähigkeiten bis ins hohe Lebensalter hinein weiterentwickeln.

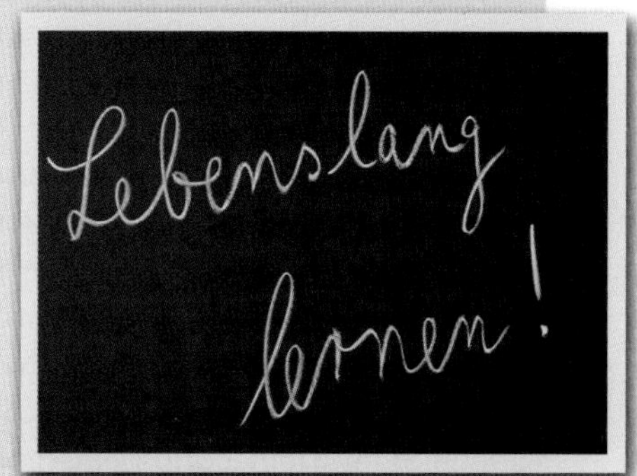

Auch von der Bildungspolitik werden europaweit unter dem Begriff „Lebenslanges Lernen" zahlreiche Initiativen initiiert und gefördert. *Foto: Dieter Schütz/pixelio*

3.3 Berufliche Weiterbildung

Zur beruflichen Weiterbildung gehören Umschulungen und Meisterkurse ebenso wie ein Sprachunterricht, das Nachholen von Schulabschlüssen oder freizeitorientierte Bildungsangebote. Weiterbildung ist die Fortsetzung jeder Art des Lernens nach Abschluss der Bildungsphase in der Jugend.
In Deutschland nehmen jährlich über 40 % der Bevölkerung im erwerbstätigen Alter an einer Weiterbildungsveranstaltung teil. Das ist im europäischen Vergleich ein sehr hoher Anteil. Deshalb spricht man auch von der „Bildungsrepublik".

Berufliche Weiterbildung vollzieht sich auf recht unterschiedlichen Ebenen. Ein hoher Prozentsatz von zusätzlichem Wissen wird bei der täglichen Berufsarbeit vermittelt: etwa durch An- und Einweisung von Vorgesetzten, Hilfe von Kollegen, Übernahme von Sonderaufgaben und nicht zuletzt durch das ständige Bemühen, den wechselnden Situationen und Anforderungen gerecht zu werden. Neben diesen Möglichkeiten, die sich jedem täglich bieten, kann beim Baustoff-Fachhandel berufliche Weiterbildung auf unterschiedliche Weisen erfolgen.

Innerbetriebliche Schulung und Trainings (Inhouse-Schulungen)

Viele Mitarbeiter im Unternehmen verfügen über ein ausgeprägtes Fach- und Spezialwissen. Dieses wird in fachbezogenen und praxisnahen Schulungen innerhalb des Unternehmens an die Kollegen weitergegeben.

Schulungen, Seminare und Trainings der Industrie

Viele Industriepartner des Baustoff-Fachhandels haben in den letzten Jahren Akademien und Schulungszentren für die Weiterbildung von Kunden aufgebaut. Das Angebot ist vielfältig und reicht von Fachseminaren bis hin zu zertifizierten Lehrgängen.

Veranstaltungen der Verbände und Kooperationen

Verbände (z. B. BDB) und Kooperationen (z. B. Hagebau oder Eurobaustoff) führen für ihre Gesellschafter und Mitgliedsunternehmen vielfältige Qualifizierungsmaßnahmen durch, wie Schulungen, Seminare und Trainings in sogenannten Präsenzveranstaltungen. Man spricht von Präsenzveranstaltungen, wenn Trainer und Teilnehmer sich zur gleichen Zeit im selben Raum befinden und eine direkte Kommunikation stattfindet.

E-Learning-Kurse

E-Learning-Kurse unterstützen Lernprozesse durch den Einsatz von Informations- und Kommunikationstechnologien. Sie werden zur Vermittlung von Fachwissen eingesetzt. Wenn die Vorteile von Präsenzveranstaltungen mit denen von E-Learning verknüpft werden, spricht man von Blended Learning (deutsch: integriertes Lernen). Blended Learning verbindet dabei beide Lernformen in einem gemeinsamen Lehrplan (Curriculum). Blended Learning wird insbesondere dann eingesetzt, wenn neben reiner Wissensvermittlung auch die praktische Umsetzung trainiert werden soll (z. B. im Arbeitsschutz).

Mit einem E-Learning-Programm unterstützt eine Kooperation die Ausbildungsbetriebe ihrer Mitglieder. *Foto: Hagebau*

Internet

Im Internet (z. B. YouTube) gibt es eine Vielzahl von informativen und interessanten Clips und Filmen, die aktuelles Fachwissen vermitteln und ebenfalls zur Weiterbildung genutzt werden können.

Aufstiegsfortbildung

Zur beruflichen Weiterbildung gehört auch die Aufstiegsfortbildung. Sie soll auf die Übernahme von Führungsaufgaben vorbereiten, z. B.: Ein qualifizierter Baustoffkaufmann erwirbt zusätzliche Führungserfahrung durch Trainingsmaßnahmen zur Übernahme einer Gruppenleiter-Position. Die Firmenleitung kann wesentlich dazu beitragen, die Lernbereitschaft im Mitarbeiterkreis zu aktivieren. Dies gelingt vor allem dann, wenn durch eine systematische Personalentwicklung Bildungsmotive geweckt und Bildungsziele gesetzt werden. Dies kann nicht durch Einzelaktionen geschehen. Gefordert ist vielmehr ein planvolles und nachhaltiges Gesamtkonzept. Die berufliche Weiterbildung ist für jedes auf die Zukunft ausgerichtete Unternehmen ein wesentlicher Bestandteil der Unternehmensstrategie.

> *Bildung ist das, was übrigbleibt, wenn der letzte Dollar weg ist.*
>
> *Mark Twain, amerikanischer Schriftsteller (* 30.11.1835, † 21.04.1910)*

Eigeninitiative

Eigeninitiative bei der beruflichen Weiterbildung liegt dann vor, wenn man sich selbst ein Lernziel setzt und mit allen zur Verfügung stehenden Mitteln versucht, dieses zu erreichen. Die Bewältigung des notwendigen Lernstoffes nimmt einen nicht unerheblichen Teil der Freizeit in Anspruch. Wer jedoch bereit ist, ständig hinzuzulernen, wird sich davon nicht schrecken lassen.

Lernmethoden

Was ist zu lernen und welche Lernmethoden gibt es? Das hängt in erster Linie vom Arbeitsplatz ab, also der Tätigkeit und Funktion, die ausgefüllt werden sollen. Stellt ein Mitarbeiter in seinem Wissen Defizite fest, kann die berufliche Weiterbildung mit allen ihren Maßnahmen hier ansetzen.

1.1 Grundlegende Fertigkeiten, Kenntnisse und Fähigkeiten (Pflichtqualifikationseinheiten gemäß § 3 Absatz 1 der Ausbildungsverordnung)				
Lernziel:	Lernstufe:	1. AJ	2. AJ	3. AJ
Sicherheit, Gesundheits- und Umweltschutz am Arbeitsplatz				
Gesetzliche Vorschriften und betriebsinterne Regelungen zum „Ladendiebstahl" kennen und anwenden können	2	●	○	○
Gefährdungen der Sicherheit, Gesundheit und Umwelt erkennen und Maßnahmen (z.B. Sicherheitsschuhe, Ohrenschützer etc.) ergreifen können	2	●	○	○
Berufsbezogene Arbeitsschutz- und Unfallverhütungsvorschriften anwenden können	2	●	○	○
Verhaltensweisen bei Unfall erläutern und Maßnahmen (z.B. Melden im Personal- bzw. Marktleiterbüro) einleiten können	2	●	○	○
Gesetzliche und betriebliche Vorschriften zum Umgang mit Pflanzenschutzmitteln kennen und anwenden können	2	●	○	○
Mögliche Umweltbelastungen vermeiden können und geltende Regelungen zum Umweltschutz anwenden können (z.B. bei Spezialabfällen: Batterien, Bauschaum)	2	○	●	○
Maßnahmen zur Energieeinsparung (z.B. Licht aus! Energiesparlampen), Materialschonung und Abfallvermeidung (z.B. Mülltrennung) einleiten können	2	○	●	○
Information und Kommunikation				
Informations- und Kommunikationssysteme ((z.B. Faxgeräte, E-Mails, Internet (Otto, Baumarkt direkt) des Ausbildungsbetriebes erläutern und nutzen können))	2	●	○	○
Den Nutzen von Kommunikation und Zusammenarbeit für Arbeitsleistung, Betriebsklima und Geschäftserfolg erläutern können	2	●	○	○
Grundlagen und Regeln der Teamarbeit aus hagebau-Leitlinien kennen sowie Aufgaben im Team planen und umsetzen können	2	●	○	○
Arbeitsmittel am Beispiel erläutern sowie Lern- und Arbeitstechniken gezielt einsetzen können	2	●	○	○
Möglichkeiten der Datenerfassung, -verarbeitung und -übertragung kennen und nutzen können (z.B. MDE-Gerät, Warenwirtschaftssystem hibis etc.)	2	○	●	○
Informationen gemäß den Vorschriften zu Datensicherheit/ -schutz beschaffen und verarbeiten können	2	○	●	○
Ursachen von Konflikten erkennen und an der Beilegung mitwirken können	2	○	●	○

Lernziele (in Auszügen) eines innerbetrieblichen Ausbildungsplans im Baustoff-Fachhandel *Quelle: Bauking*

Entscheidend ist, dass das Lernziel genau definiert ist: Was soll bis wann, aus welchem Grund gelernt werden? Zum Beispiel definieren Ausbildungsrahmenpläne der IHK die zu vermittelnden Fähigkeiten und Kenntnisse. Viele Unternehmen haben auf dieser Basis zusätzlich noch innerbetriebliche Ausbildungspläne im Einsatz.
Oftmals wird auch die sogenannte SMART-Regel angewandt, um ein Lernziel oder eine Veränderung im Verhalten genau zu definieren.
Spezifisch: Das Lernziel sollte spezifisch, konkret, eindeutig und präzise formuliert werden.
Messbar: Es sollte messbar sein, da die Erreichbarkeit überprüfbar sein sollte.
Attraktiv: Das Lernziel muss positiv formuliert werden und motivierend sein.
Realistisch: Das Ziel muss grundsätzlich realisierbar sein.
Terminiert: Das Lernziel muss durch einen Anfangs- und Endtermin sowie durch Zwischentermine sogenannte Meilensteine terminiert sein.

Lernmethoden gibt es viele, und die beste Lernmethode gibt es nicht. Beim persönlichen Studium ist jedoch das Lesen an erster Stelle zu nennen. Wichtig ist dabei, dass das Gelesene auch geistig verarbeitet wird. Dies kann erreicht werden, wenn man das erlernte Wissen möglichst häufig einsetzt. Kontinuierliches Wiederholen und praktisches Üben führt dazu, dass das neu erworbene Wissen zu gegebener Zeit auch richtig eingesetzt und im Gespräch oder in der Praxis wiedergegeben wird.
Zahlreiche Hilfsmittel stehen zur Verfügung. Im Fachbuch *Baustoffkunde für den Praktiker* wird nahezu jeder gängige Baustoff eingehend beschrieben und es werden Hinweise für die Anwendung und die Verarbeitung gegeben. Zusätzlich gibt es umfassende Informationen auf dem Internetportal www.baustoffwissen.de
Die Lektüre des Wirtschaftsteils eine Tageszeitung oder das regelmäßige Lesen einer Wirtschaftszeitung gehört zur Pflichtübung eines jeden, der im Berufsleben steht.
Was sich im Baustoffhandel Neues tut und welche Sachthemen aktuell sind, erfährt man umfassend im offiziellen Organ des deutschen Baustoff-Fachhandels, dem *baustoffmarkt*.

Die Fachzeitschrift *baustoffmarkt* informiert aktuell über das Branchengeschehen.
Abb.: Redaktion

Wer in der Branche arbeitet und umfassend informiert sein will, sollte diese Fachzeitschrift nicht nur lesen, sondern sorgfältig durcharbeiten.
Ergänzende Informationen findet man auch im Internet unter: www.baustoffmarkt-online.de

Lehr- und Fachbücher
Lehr- und Fachbücher über allgemeine Themen der Weiterbildung sind in größerem Umfange vorhanden. Bei einem Besuch in der Fachbuchhandlung oder einem Blick ins Internet wird man immer fündig.
Ein hervorragendes Mittel zur Weiterbildung ist das Gruppengespräch. Mehrere Gleichgesinnte tauschen hierbei ihre Erfahrungen aus und diskutieren über Lösungsvorschläge für vorhandene Probleme. Es lohnt sich, auch Lerngruppen zu initiieren oder in Internetforen zu diskutieren. Nicht zuletzt helfen auch die elektronischen Medien, wie Skype, oder virtuelle Klassenräume, Gruppengespräche zu führen.

Auch Stadtbibliotheken verfügen über ein umfangreiches Angebot an Fachliteratur. *Foto: Rainer Sturm/pixelio*

Weitere Möglichkeiten, mit Eigeninitiative weiterzukommen, werden z. B. geboten durch die Volkshochschulen (www.vhs.de). In den Kursen können Methoden- und Sozialkompetenzen gut weiterentwickelt werden.
Der Besuch von Messen und Ausstellungen ist ebenfalls zu empfehlen. Dort erhält man aufgrund der Kommunikationsdichte bei geringem Zeitaufwand viele Informationen über Produkte, Verarbeitung oder Beschaffung. In der Baustoffbranche gibt es alle zwei Jahre die Messe BAU in München. Sie ist die Weltleitmesse für Architektur, Materialien und Systeme. Zusätzlich gibt es noch einige andere Messen, wie die Galabau-Messe in Nürnberg oder die Bautec in Berlin.

3.4 Weiterbildungsangebote der Baustoffhersteller

Die Hersteller von Baustoffen haben in den letzten Jahren ihre Weiterbildungsangebote weiterentwickelt und ausgebaut. Viele Produzenten haben dabei Schulungsakademien mit einem umfassenden Schulungssystem aufgebaut. Die vielfältigen Aktivitäten sind nach Zielgruppen geordnet. So gibt es spezielle Qualifizierungen für alle Teilnehmer der Wertschöpfungskette in der Baustoffbranche: für Mitarbeiter im Baustoff-Fachhandel, Handwerker, Fachunternehmen, Architekten/Planer und Behörden, Endverbraucher und Auszubildende. Werksbesichtigungen und Praxistage runden die Weiterbildungsmaßnahmen ab. Teilweise steht die Teilnahme an den Qualifizierungen in Verbindung mit Marketingaktivitäten oder Produkteinführungen. Häufig ist der Besuch solcher Weiter-

An Fachhändler und Verarbeiter wendet sich dieses Seminarangebot eines Dämmstoff-Herstellers. *Abb.: Isover*

bildungen Bestandteil des Konditionssystems der Baustoffindustrie.
Die Qualifizierungen vermitteln neben dem technischen Grundwissen oftmals auch Spezialwissen. Insbesondere in den Bereichen energetische Sanierung, Brandschutz oder Schimmelbekämpfung werden aufgrund der Lehrstoffmenge aufeinander aufbauende Seminare (Seminarreihen) durchgeführt. Immer mehr Produzenten bieten auch E-Learning-Kurse an. Hier wird das Fachwissen mit Dokumentationen, Filmen und in virtuellen Klassenräumen vermittelt.

3.5 Weiterbildungssysteme der Verbände und Kooperationen

Der Bundesverband Deutscher Baustoff-Fachhandel (BDB), Berlin, bietet seinen Mitgliedern ein vielfältiges Programm zur beruflichen Weiterbildung. Dabei gibt es ein allgemeines Schulungsangebot für die Bereiche Einkauf, Vertrieb, Führung und Managementtechniken, das über den Bundesverband Groß- und Außenhandel vom DAHD Bildungszentrum Groß- und Außenhandel (www.dahd.de) durchgeführt wird. Die Seminare finden dezentral in verschiedenen Tagungsstätten im ganzen Bundesgebiet statt.
Eine besondere Qualifizierungsmaßnahme ist die Weiterbildung zum „Modernisierungs-Fachberater im Baustoff-Fachhandel BDB" (MoFiB). In dem sechstägigen Seminar werden Mitarbeiter im Baustoff-Fachhandel rund um das aktuelle Thema Modernisierung fit gemacht.

Die Broschüre „Modernisierungs-Fachberater im Baustoff-Fachhandel BDB" beschreibt die Anforderungen einer wichtigen Qualifizierungsmaßnahme des BDB.

Auch die Kooperationen bieten umfangreiche Qualifizierungsmaßnahmen an. In modernen Schulungs- oder Personalentwicklungsabteilungen werden marktaktuelle und nachhaltige Schulungen und Trainings angeboten. Die umfassenden Angebote verfolgen das Ziel, die Unternehmer und ihre Mitarbeiter in Richtung „Erfordernisse des Marktes" zu qualifizieren. So werden die Themenkomplexe Betriebswirtschaft, Führung und Rechtsfragen, Unternehmensstrategien, Verkaufstechnik, Warenkunde, Auszubildende und Sonderseminare angeboten. Weiterbildungen zum Brandschutzfachtechniker (TÜV) oder zur Akustikfachkraft (TÜV) runden das Portfolio ab.

Schulungskatalog der Kooperation Hagebau *Abb.: Hagebau*

3.6 Qualifizierungswege mit IHK-Abschluss

Insbesondere in der betrieblichen Ausbildung sollten aktuelles Wissen und modernste Methoden eingesetzt werden. Aus diesem Grund sollten alle Ausbilder im Baustoffhandel die Ausbildereignung und den Lehrgang Ausbildung der Ausbilder (IHK) absolviert haben.
Bei Mitarbeitern/innen im Vertrieb und Verkauf muss auch zukünftig sichergestellt werden, dass fundamentales Wissen, Fertigkeiten und Fähigkeiten in ausreichendem Maße vorhanden sind und weiterentwickelt werden. Eine systematische Qualifizierung kann diesen Anforderungen gerecht werden.
Die beiden Aufstiegsfortbildungen Fachkaufmann/-kauffrau für Vertrieb IHK /(Vertriebsfachwirt) und Fachberater/in im Außendienst (IHK) orientieren sich von ihren Inhalten her an den neuen Anforderungen, die an Vertriebsmitarbeiter/innen und Verkäufer/innen gestellt werden, und bieten eine exzellente Chance für die systematische Weiterqualifizierung in Vertrieb und Verkauf. Diese dauern in Teilzeit 12 bis 15 Monate, bei E-Learning-Kursen etwa 9 bis 14 Monate. Beide Maßnahmen schließen mit einer anerkannten Abschlussprüfung vor der Industrie- und Handelskammer (IHK) ab.
Der Deutsche Industrie- und Handelstag definiert diese beiden Qualifizierungsmaßnahmen wie folgt: Der Fachberater ist der fachlich versierte Außenvertreter seiner Branche. Der Fachkaufmann ist die funktionsspezifische kaufmännische Führungskraft.
Wer die Prüfungsvoraussetzungen erfüllt, kann an den Aufstiegsfortbildungen des Deutschen Industrie- und Handelstages (DIHT) teilnehmen.

Das Drei-Stufen-Modell der IHK-Qualifizierungsangebote *Abb.: DIHK Berlin*

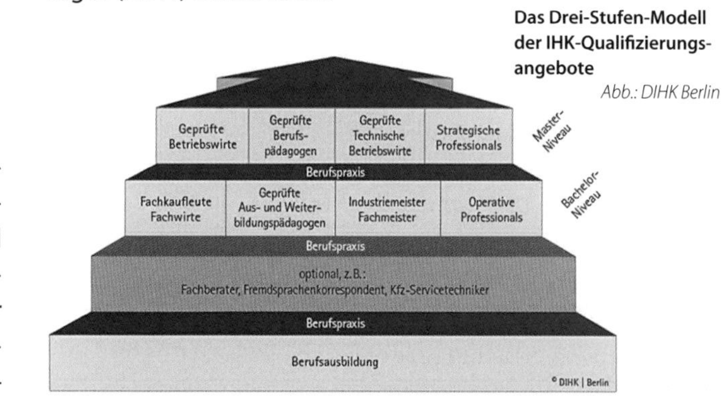

3.7 Verwaltungs- und Wirtschaftsakademie

Die Verwaltungs- und Wirtschaftsakademien bieten Berufstätigen die Möglichkeit, sich neben ihrer Arbeit durch ein weiterbildendes Studium auf höhere Positionen im Wirtschaftsleben vorzubereiten. Das Studium auf universitärem Niveau vermittelt fundierte wirtschafts- und rechtswissenschaftliche Kenntnisse. Die Studieninhalte umfassen folgende Schwerpunkte:

- Betriebswirtschaft,
- Volkswirtschaft,
- Recht.

Die wirtschaftswissenschaftlichen Studiengänge umfassen als Studienregelzeit sechs Semester bzw. drei Jahre. Die Lehrveranstaltungen finden in Form von Vorlesungen, Übungen und Seminaren abends in der Woche und an Samstagen statt.

3.8 Berufsakademie und duale Hochschule

Das duale System der beruflichen Ausbildung wird auf das Studium übertragen. Während des Studienganges wechseln sich Akademiebesuch und Ausbildung im Betrieb in zwölfwöchigem Rhythmus ab. Die enge Verzahnung von Theorie und Praxis wird durch den ständigen Kontakt von Vertretern der Berufsakademie mit den ausbildenden Unternehmen erreicht.
Zum Studium an der Berufsakademie kann zugelassen werden, wer die allgemeine oder die dem ausgewählten Ausbildungsbereich entsprechende fachgebundene Hochschulreife besitzt und mit einer an der Berufsakademie beteiligten Ausbildungsstätte einen Ausbildungsvertrag abgeschlossen hat.
Jeder, der eine Ausbildung in der Berufsakademie/dualen Hochschule durchläuft, ist somit Studierender und steht zugleich in einem Ausbildungsverhältnis. Die Ausbildung ist gestuft. Der erste berufsqualifizierende Abschluss wird nach zwei Jahren erreicht, der zweite nach insgesamt drei Jahren. Für den Ausbildungsbereich Wirtschaft verleiht z. B. das Land Baden-Württemberg folgende Diplome:

- nach erfolgreicher zweijähriger Ausbildung die Bezeichnung „Wirtschaftsassistent (Berufsakademie)", in Kurzform „Wirtschaftsassistent (BA)",
- nach erfolgreicher dreijähriger Ausbildung die Bezeichnung „Diplombetriebswirt (Berufsakademie)", in Kurzform „Dipl.-Betriebswirt (BA)" oder neuerdings auch den Bachelor.

Der Führungsnachwuchs beim Baustoff-Fachhandel ist auf besonders umfangreiche Kenntnisse angewiesen. Berufsakademie-Studenten verfügen zum Zeitpunkt ihres Studienabschlusses über ein globales betriebswirtschaftliches Wissen.

Das Logo der Dualen Hochschule Baden-Württemberg

3.9 Berufsintegrierende und berufsbegleitende Weiterbildungsstudiengänge

Neben den dualen Studiengängen in der beruflichen Erstqualifizierung gibt es für Unternehmen auch die Möglichkeit, ihre Mitarbeiter berufsintegriert oder berufsbegleitend in einem Studium weiter zu qualifizieren (HochSchG § 19, Abs. 5). Talente werden im Unternehmen identifiziert und entsprechend gefördert, sodass sie meist dauerhaft im Unternehmen verbleiben – eine ideale Maßnahme, um Mitarbeiter langfristig zu binden.
Diese berufsintegrierenden und berufsbegleitenden Weiterbildungsstudiengänge (sie zählen nicht zu den dualen Studiengängen) richten sich an Interessentinnen und Interessenten, die bereits über eine Berufsausbildung verfügen und sich akademisch weiterbilden möchten.
Informationen zum berufsintegrierenden Studium erhält man bei den einzelnen Hochschulen oder dem Hochschulkompass.
Eine Besonderheit sind die beiden Studiengänge Holztechnik und Bauwesen, die an der DHBW Mosbach studiert werden können (www.dhbw-mosbach.de).
Neu ist der Studiengang BWL-Handel / Branchenhandel Bau und Sanitär.

3.10 Handelsfachwirt/in IHK

Der AKAD-Studiengang „Handelsfachwirt/in IHK" ermöglicht es, ohne Aufgabe der Berufstätigkeit eine höhere Qualifikation in der Handelsbranche zu erwerben. Entsprechend den Anforderungen der Praxis und der Abschlussprüfung ist die Fächerkombination zusammengestellt. Die Studenten werden in einem Methodenmix von Fernunterricht und Seminarunterricht vorbereitet. Allgemeines Ziel des Studienganges ist es, Teilnehmern jene Kenntnisse, Fähigkeiten und Fertigkeiten zu vermitteln, die sie befähigen, die Prüfung zum/zur Handelsfachwirt/in an einer Industrie- und Handelskammer zu bestehen. Die Regelstudienzeit beträgt acht Monate.

4 Berufsausbildung und Recht in der Ausbildung

4.1 Das Berufsausbildungsverhältnis

Die Berufsausbildung stellt für den jungen Menschen den Einstieg ins Berufsleben dar. Sie unterscheidet sich in vielen Punkten von der Schule. Zum Schutz der jungen Menschen im Hinblick auf ihre Unerfahrenheit und Gesundheit sind im Berufsausbildungsverhältnis Rechte und Pflichten von Ausbildern und Auszubildenden streng gesetzlich formuliert. Während in einem normalen Arbeitsverhältnis die „Arbeitsleistung gegen Entgelt" die wichtigste Vertragsgrundlage ist, steht im Berufsausbildungsverhältnis die „Berufsausbildung" im Vordergrund. Pflicht des Auszubildenden ist es, alles für einen erfolgreichen Abschluss der Berufsausbildung Erforderliche zu lernen. Pflicht des ausbildenden Betriebes ist es, den Auszubildenden auf einen erfolgreichen Abschluss der Berufsausbildung vorzubereiten. Das Berufsausbildungsverhältnis unterliegt im Wesentlichen den gleichen Rechtsgrundlagen wie das normale Arbeitsverhältnis. Zusätzlich gilt jedoch das Berufsbildungsgesetz (BBiG) sowie – soweit es sich um minderjährige Auszubildende handelt – das Jugendarbeitsschutzgesetz (JArbSchG). Weitere Rechtsgrundlagen sind daneben Tarifverträge, der Berufsausbildungsvertrag sowie eventuelle einzelvertragliche Vereinbarungen.

Auszubildende der Nordwest Handel AG (Produktionsverbindungshandel)
Foto: Nordwest Handel AG

4.2 Der Berufsausbildungsvertrag

Grundsätzlich kann der Berufsausbildungsvertrag formlos, d. h. mündlich, geschlossen werden. Allerdings hat der Ausbildende unverzüglich nach Abschluss des Berufsausbildungsvertrages, spätestens vor Beginn der Berufsausbildung, den wesentlichen Inhalt des Vertrages schriftlich niederzulegen (§ 11 Abs. 1 BBiG; Textform genügt nicht). In der Praxis bedeutet dies, dass schon mündliche Vereinbarungen zwischen dem ausbildenden Betrieb und dem Auszubildenden – bei Minderjährigen dessen Eltern – rechtswirksam ein Berufsausbildungsverhältnis begründen können. Die Niederschrift des Berufsausbildungsvertrages muss von beiden Parteien unterzeichnet werden. Je ein Exemplar erhalten der Auszubildende bzw. dessen gesetzlicher Vertreter, der Ausbildungsbetrieb sowie die „zuständige Stelle", die das

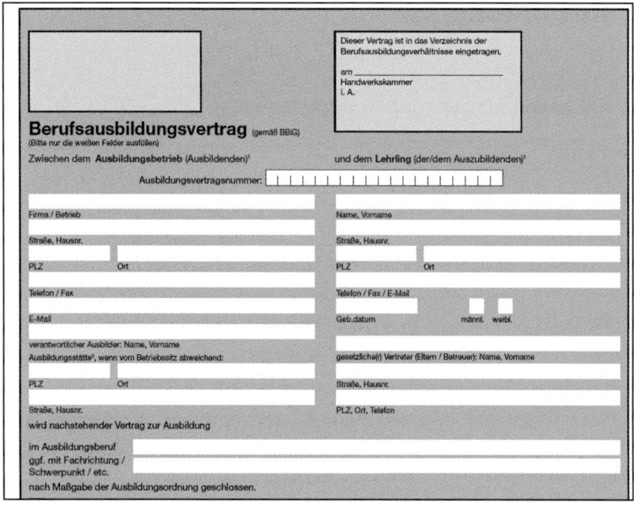

Dieser Vertrag ist in das Verzeichnis der Berufsausbildungsverhältnisse eingetragen.
am ______________
Handwerkskammer
i. A.

Berufsausbildungsvertrag (gemäß BBiG)
(Bitte nur die weißen Felder ausfüllen)

Zwischen dem **Ausbildungsbetrieb** (Ausbildenden)[1] und dem **Lehrling** (der/dem Auszubildenden)[1]

Ausbildungsvertragsnummer:

Firma / Betrieb	Name, Vorname
Straße, Hausnr.	Straße, Hausnr.
PLZ / Ort	PLZ / Ort
Telefon / Fax	Telefon / Fax / E-Mail
E-Mail	Geb.datum / männl. / weibl.
verantwortlicher Ausbilder: Name, Vorname	
Ausbildungsstätte[2], wenn vom Betriebssitz abweichend:	gesetzliche(r) Vertreter (Eltern / Betreuer): Name, Vorname
PLZ / Ort	Straße, Hausnr.
Straße, Hausnr.	PLZ, Ort, Telefon

wird nachstehender Vertrag zur Ausbildung

im Ausbildungsberuf
ggf. mit Fachrichtung / Schwerpunkt / etc.

nach Maßgabe der Ausbildungsordnung geschlossen.

Berufsausbildungsvertrag (Vertragsformular)

Verzeichnis der Berufsausbildungsverhältnisse (§ 34 Abs. 1 BBiG) führt. Für den Baustoff-Fachhandel ist dies die jeweils zuständige Industrie- und Handelskammer (IHK). Diese prüft dann auch, ob die Voraussetzungen nach dem Berufsbildungsgesetz vorliegen. Aus praktischen Erwägungen heraus empfiehlt es sich, die Musterausbildungsverträge der jeweils zuständigen IHK zu verwenden.
Mit der Berufsausbildung beginnt die Überwachungs- und Beratungspflicht des Ausbildungsberaters bei der zuständigen Industrie- und Handelskammer. Dieser kann von den ausbildenden Betrieben erforderlichenfalls Auskünfte sowie Unterlagen anfordern. Er kann auch die Ausbildungsstätte besichtigen und die Einhaltung der gesetzlichen Vorschriften überprüfen. Generell ist er der richtige Ansprechpartner für alle Parteien bei Problemen in der Ausbildung.

Wesentliche Inhalte des Berufsausbildungsvertrags

Wesentliche Inhalte des Berufsausbildungsvertrags sind:
- sachliche und zeitliche Gliederung sowie Ziele der Berufsausbildung, insbesondere die Berufstätigkeit, für die ausgebildet werden soll,
- Beginn und Dauer der Berufsausbildung,
- Ausbildungsmaßnahmen außerhalb der Ausbildungsstätte,
- Dauer der regelmäßigen täglichen Ausbildungszeit,
- Dauer der Probezeit,
- Zahlung und Höhe der Vergütung,
- Dauer des Urlaubs,
- Voraussetzungen, unter denen der Berufsausbildungsvertrag gekündigt werden kann,
- ein in allgemeiner Form gehaltener Hinweis auf die Tarifverträge, Betriebs- oder Dienstvereinbarungen, die auf das Berufsausbildungsverhältnis anzuwenden sind.

Unzulässige Vertragsvereinbarungen
Nichtig sind Vertragsvereinbarungen,
- die dem Auszubildenden für die Zeit nach Beendigung des Berufsausbildungsverhältnisses in der Ausübung seiner beruflichen Tätigkeit beschränken,
- die den Auszubildenden oder seine Eltern verpflichten, für die Berufsausbildung Geld zu zahlen,
- die Vertragsstrafen zum Gegenstand haben,
- welche die Beschränkung von Schadenersatzansprüchen des Auszubildenden (§ 12 BBiG) ausschließen.

4.3 Pflichten des Arbeitgebers (Ausbilder)

Hauptpflicht des Arbeitgebers ist – das ergibt sich aus der Besonderheit des Berufsausbildungsverhältnisses – die Pflicht zur Berufsausbildung. Dem Auszubildenden müssen die Fertigkeiten und Kenntnisse vermittelt werden, die zum Erreichen des Ausbildungszieles erforderlich sind. Die Ausbildung ist so durchzuführen, dass das Ausbildungsziel in der vorgesehenen Ausbildungszeit erreicht werden kann. Das Ausbildungsziel ist definiert durch das Berufsbild bzw. durch die Ausbildungsordnung und den betrieblichen Aus-

Ausbilder und Auszubildende beim Lehrgespräch in der GaLaBau-Ausstellung des Baustoff-Fachhändlers *Foto: K. Klenk*

bildungsplan. Die Ausbildungsstätte muss nach Art und Einrichtung für die Berufsausbildung geeignet sein. Das heißt, dass die Zahl der Auszubildenden in einem angemessenen Verhältnis zur Zahl der Ausbildungsplätze oder der beschäftigten Fachkräfte steht (§ 22 BBiG).

Der Ausbilder muss selbst ausbilden oder einen Ausbilder ausdrücklich beauftragen. Ausbilden darf nur, wer persönlich und fachlich dazu geeignet ist. Die Überwachung, ob in einem Ausbildungsbetrieb die entsprechende Qualifikation zur Ausbildung vorliegt, obliegt im Baustoff-Fachhandel den zuständigen Industrie- und Handelskammern. Die Ausbilder müssen die Ausbildereignungsprüfung abgelegt haben. In einzelnen IHK-Bezirken wird hierauf auf Antrag verzichtet. Dem Auszubildenden müssen kostenlos Ausbildungsmittel, Werkzeuge und Werkstoffe, aber auch Zeichen- und Schreibmaterial sowie Fach- und Tabellenbücher, die zur Vorbereitung auf die Prüfungen erforderlich sind, zur Verfügung gestellt werden.

Zum Besuch des Berufsschulunterrichts sowie von Ausbildungsmaßnahmen außerhalb der Ausbildungsstätte ist der Auszubildende freizustellen. Die Vergütung ist während dieser Zeit fortzuzahlen.

Bei jugendlichen Auszubildenden (unter 18 Jahren) darf die Berufsausbildung erst begonnen werden, wenn diese von einem Arzt untersucht worden sind und eine Bescheinigung vorliegt mit dem Inhalt, dass der Auszubildende aufgrund seiner gesundheitlichen Verfassung für die Tätigkeiten im Ausbildungsbetrieb geeignet ist. Die Untersuchung muss innerhalb der letzten 14 Monate vor Beginn der Ausbildung durchgeführt worden sein. Ein Jahr nach Beginn der Berufsausbildung hat eine Nachuntersuchung des Jugendlichen zu erfolgen. Zu dieser Nachuntersuchung muss der ausbildende Betrieb den Jugendlichen rechtzeitig auffordern. Wird die Untersuchung unterlassen bzw. wird die ärztliche Bescheinigung über die Nachuntersuchung nicht rechtzeitig vorgelegt, kann die zuständige Industrie- und Handelskammer das Ausbildungsverhältnis löschen.

Die Arbeiten, die der Auszubildende zu verrichten hat, müssen dem Ausbildungszweck dienen und dürfen seine körperlichen Kräfte nicht übersteigen. Welche Tätigkeiten dem Ausbildungszweck dienen, legen grundsätzlich die Ausbildungsordnungen fest. Bei Jugendlichen hat der Arbeitgeber darüber hinaus bei Einrichtung und Unterhaltung der Arbeitsstätte alle Vorkehrungen und Maßnahmen zu treffen, die zum Schutze der Jugendlichen gegen Gefahren für Leben und Gesundheit sowie zur Vermeidung einer Beeinträchtigung der körperlichen oder seelisch-geistigen Entwicklung der Jugendlichen erforderlich sind (§ 28 Abs. 1 JArbSchG). Regelungen hierzu finden sich in Rechtsverordnungen und Unfallverhütungsvorschriften.

Auszubildende im Freilager des Baustoff-Fachhändlers *Foto: K. Klenk*

Soweit in der Ausbildungsordnung das Führen von Berichtsheften (Ausbildungsnachweisen) vorgeschrieben ist, hat der Ausbildende die ordnungsgemäße Führung zu überwachen. Während der Berufsausbildung hat der Ausbildende eine angemessene Vergütung zu gewähren. Angemessen ist die Vergütung dann, wenn sie dem Tarifvertrag entspricht oder sich, bei fehlender Tarifbindung, an diesem orientiert. Die Vergütung muss so bemessen sein, dass sie mit fortschreitender Berufsausbildung mindestens jährlich ansteigt. Tarifverträge sehen deshalb unterschiedliche Ausbildungsvergütungen für das erste, das zweite und das dritte Berufsausbildungsjahr vor. Soweit Tarifregelungen vorliegen, sind sie als Untergrenze für den Auszubildenden und den ausbildenden Betrieb verbindlich. Enthalten die Tarifverträge keine solchen Regelungen, dann geben die IHKs oft Empfehlungen heraus, die maximal um 20 % unterschritten werden dürfen.

Im Übrigen bewegt sich das Berufsausbildungsverhältnis im Rahmen der gesetzlichen Bestimmungen für das normale Arbeitsverhältnis. So bestehen auch für den Auszubildenden Anspruch auf Urlaub, Lohnfortzahlung und Mutterschutz, um nur einige Beispiele zu nennen.

4.4 Pflichten des Auszubildenden

Neben den Aufgaben eines normalen Arbeitnehmers aus dem Arbeitsverhältnis ergeben sich für den Auszubildenden aufgrund der Besonderheit des Berufsausbildungsverhältnisses noch einige besondere Obliegenheiten.

Da das Erreichen des Ausbildungsziels wesentlicher Inhalt des Berufsausbildungsverhältnisses ist, hat der Auszubildende alles zu tun, um in der vorgesehenen Zeit (regelmäßig drei Jahre) die erforderlichen Fertigkeiten und Kenntnisse zu erwerben. Der Auszubildende muss an den Ausbildungsmaßnahmen, für die er freigestellt wird, teilnehmen (Berufsschule, Prüfungen usw.). Tut er dies nicht, so entfällt der Anspruch auf Ausbildungsvergütung. Im Rahmen der Ausbildungsordnung muss der Auszubildende Berichtshefte führen und diese regelmäßig dem Ausbilder vorlegen. Berichtshefte sind Ausbildungsnachweise und Zulassungsvoraussetzungen für die Abschlussprüfung (§ 43 I Ziff. 2 BBiG). Weisungen, die im Rahmen der Ausbildung von weisungsberechtigten Personen erteilt werden, hat der Auszubildende zu befolgen.

Es ist selbstverständlich, dass der Auszubildende die für den Ausbildungsbetrieb geltende Ordnung (Betriebsordnung, Organisationsanweisungen) zu beachten hat. Dies gilt insbesondere für Sicherheits- und Unfallverhütungsvorschriften, das Tragen von Schutzkleidung usw. Auch ein bestimmtes Erscheinungsbild der Mitarbeiter und auch des Auszubildenden aufgrund von Branche, Arbeitsplatz und gewünschter Darstellung des Unternehmens in der Öffentlichkeit kann im Einzelfall vorgegeben sein.

Im Rahmen seiner Ausbildung kommt der Auszubildende in alle wesentlichen Abteilungen des Ausbildungsbetriebes. Dadurch erhält er Informationen über betriebliche Interna wie sonst kaum ein anderer Mitarbeiter. Der Auszubildende ist über solche Informationen zur Verschwiegenheit verpflichtet.

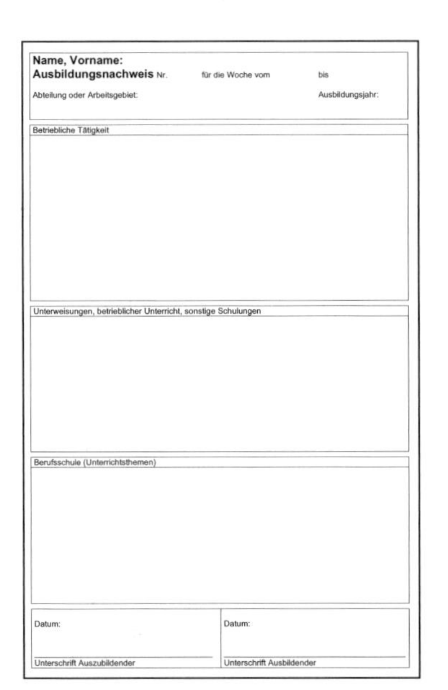

Name, Vorname:
Ausbildungsnachweis Nr. für die Woche vom bis
Abteilung oder Arbeitsgebiet: Ausbildungsjahr:

Betriebliche Tätigkeit

Unterweisungen, betrieblicher Unterricht, sonstige Schulungen

Berufsschule (Unterrichtsthemen)

Datum:	Datum:
Unterschrift Auszubildender	Unterschrift Ausbildender

Formular eines Ausbildungsnachweises *Quelle: IHK NRW*

4.5 Beginn und Ende des Berufsausbildungsverhältnisses

Das Berufsausbildungsverhältnis beginnt mit einer Probezeit. Sie muss mindestens einen Monat und darf höchstens vier Monate betragen. Während der Probezeit hat der Ausbildende den Auszubildenden im Hinblick auf die Eignung für den zu erlernenden Beruf besonders zu beobachten. Der Auszubildende soll die Gelegenheit haben, zu prüfen, ob er die richtige Wahl getroffen hat. Die Probezeit gehört bereits zum Berufsausbildungsverhältnis. Es besteht jedoch sowohl für den Auszubildenden als auch für den Ausbilder die Möglichkeit, das Ausbildungsverhältnis ohne Angabe von Gründen und ohne Einhaltung einer Frist schriftlich zu kündigen. Das Ausbildungsverhältnis endet mit dem Ablauf der Ausbildungszeit. Diese wird durch die Ausbildungsordnung bestimmt. Nach der Verordnung über die Ausbildung zum Kaufmann im Groß- und Außenhandel beträgt die Ausbildungsdauer drei Jahre. Diese Dauer gilt ebenfalls für die Ausbildung zum Kaufmann im Einzelhandel. Bestehen Auszubildende vor Ablauf der Ausbildungszeit die Abschlussprüfung, so endet das Ausbildungsverhältnis mit Bekanntgabe des Ergebnisses durch den Prüfungsausschuss. Für Auszubildende, welche die Abschlussprüfung nicht bestehen, verlängert sich das Berufsausbildungsverhältnis auf ihr Verlangen bis zur nächsten möglichen Wiederholungsprüfung, höchstens um ein Jahr. Die Regelausbildungszeit kann in Ausnahmefällen verkürzt oder verlängert werden. Eine Verkürzung kann immer dann ins Auge gefasst werden, wenn zu erwarten ist, dass der Auszubildende das Ausbildungsziel in der verkürzten Zeit erreicht (z. B. bei entsprechender schulischer Vorbildung wie Abitur, Berufsgrundbildungsjahr oder Berufsfachschule). In besonderen Ausnahmefällen und ausschließlich auf Wunsch des Auszubildenden kann die Ausbildungszeit verlängert werden (bei längerer Krankheit während der Ausbildung). Die voraussichtliche Dauer der Berufsausbildung muss im Berufsausbildungsvertrag schriftlich fixiert werden.

Teilnehmer an der Aktion „Azubis entern die NordBau", die jährlich vom Ausbildungsportal baustoffwissen.de durchgeführt wird *Foto: baustoffwissen.de*

Will der Betrieb den Auszubildenden nicht übernehmen, sollte er Folgendes beachten: Das Berufsausbildungsverhältnis endet mit der bestandenen Abschlussprüfung auch dann, wenn nach dem Berufsausbildungsvertrag die vereinbarte Ausbildungszeit noch nicht vorüber ist. Wird ein Auszubildender über das Ende des Ausbildungsverhältnisses hinaus beschäftigt, so geht das Ausbildungsverhältnis in ein normales unbefristetes Beschäftigungsverhältnis über. Einen Anspruch auf Weiterbeschäftigung nach bestandener Abschlussprüfung hat ein Auszubildender grundsätzlich nicht. Der ausbildende Betrieb hat dem Auszubildenden rechtzeitig vor Beendigung des Berufsausbildungsverhältnisses mitzuteilen, ob eine Übernahme in ein Arbeitsverhältnis auf unbestimmte Zeit nach bestandener Abschlussprüfung in Betracht kommt.

Sondervorschriften enthält das Betriebsverfassungsgesetz für Jugendvertreter. Bei diesen hat der Betrieb mindestens drei Monate vor Ablauf der Ausbildung Mitteilung zu machen, wenn eine Übernahme nicht erfolgen soll, anderenfalls gilt ein unbefristetes Arbeitsverhältnis als abgeschlossen.

Der ausbildende Betrieb hat keinen Anspruch auf eine Weiterbeschäftigung des Auszubildenden nach bestandener Abschlussprüfung. Frühestens während der letzten sechs Monate des bestehenden Berufsausbildungsverhältnisses kann eine entsprechende wirksame Vereinbarung getroffen werden.

4.6 Kündigung des Berufsausbildungsvertrags

Nach der Probezeit kann das Berufsausbildungsverhältnis von Auszubildendem und Ausbilder nur noch aus wichtigem Grund ohne Einhaltung einer Kündigungsfrist gekündigt werden. Wichtige Gründe liegen immer dann vor, wenn im Einzelfall, bei Berücksichtigung aller Umstände und bei Abwägung aller Interessen, den Parteien eine Fortsetzung des Berufsausbildungsverhältnisses bis zum Ablauf der Ausbildungszeit nicht zugemutet werden kann.
Es gelten auch hier die allgemeinen Voraussetzungen für eine fristlose außerordentliche Kündigung. Eine außerordentliche Kündigung kommt auch dann in Betracht, wenn nicht damit zu rechnen ist, dass das Ziel der Berufsausbildung erreicht werden kann. Jede Kündigung bedarf der Schriftform. Nach der Probezeit müssen in der Kündigung auch die Kündigungsgründe genannt werden. Der Auszubildende – nicht der Ausbilder – hat auch nach Ablauf der Probezeit eine Kündigungsmöglichkeit. Wenn er die Berufsausbildung aufgeben oder sich für eine andere Ausbildung entscheiden will, kann er grundsätzlich mit einer Frist von vier Wochen das Berufsausbildungsverhältnis kündigen.

4.7 Die Abschlussprüfung

Jeder Auszubildende, der die Ausbildungszeit hinter sich gebracht hat oder dessen Ausbildungszeit nicht später als zwei Monate nach dem Prüfungstermin endet, wird zur Abschlussprüfung zugelassen. Voraussetzung ist die Teilnahme an den Zwischenprüfungen sowie die ordnungsgemäße Führung der Berichtshefte. Der Auszubildende ist für den Tag der Abschlussprüfung freizustellen. Jugendliche unter 18 Jahren haben bereits für den Tag vor der schriftlichen Abschlussprüfung einen Anspruch auf Freistellung. Gleiches gilt auch für die vorgeschriebenen Zwischenprüfungen. Die Prüfungsanforderungen für die Abschlussprüfung werden durch die Ausbildungsordnung festgelegt. Durch die Prüfung soll festgestellt werden, ob der Auszubildende die erforderlichen Fertigkeiten beherrscht, die notwendigen praktischen und theoretischen Kenntnisse besitzt und mit dem ihm im Berufsschulunterricht vermittelten, für die Berufsausbildung wesentlichen Lehrstoff vertraut ist. Über die bestandene Prüfung erhält der Auszubildende ein Prüfungszeugnis. Auch der ausbildende Betrieb hat dem Auszubildenden bei Beendigung der Berufsausbildung ein Zeugnis auszustellen. Das Zeugnis muss Angaben über Art, Dauer und Ziel der Berufsausbildung sowie über die erworbenen Fähigkeiten und Kenntnisse enthalten. Der Auszubildende kann darüber hinaus verlangen, dass im Zeugnis auch Angaben über Führung, Leistung und besondere fachliche Fähigkeiten gemacht werden.

Die Abschlussprüfung bestanden: Start in ein erfolgreiches Berufsleben *Foto: SGBDD*

4.8 Rat und Hilfe für den Auszubildenden

Grundsätzlich kann sich der Auszubildende mit der Bitte um Auskünfte oder mit Beschwerden an seinen Ausbilder, an den Betriebsrat und – soweit vorhanden – an die Jugendvertretung wenden. Außerhalb des Betriebes sind für Auskünfte und Beschwerden die Ausbildungsberater der IHKs, Gewerkschaften und Arbeitgeberverbände sowie die Lehrer- und Schülervertreter an berufsbildenden Schulen zuständig.
Für gerichtliche Streitigkeiten zwischen Ausbildungsbetrieb und Auszubildendem ist das Arbeitsgericht zuständig.

5 Arbeitsverhältnis

In einem Arbeitsverhältnis stehen sich Arbeitgeber und Arbeitnehmer als Vertragspartner gegenüber. Zwischen ihnen werden unmittelbar die wichtigsten Inhalte des Arbeitsverhältnisses vereinbart (Arbeitsvertrag). Darüber hinaus werden jedoch die Rahmenbedingungen durch Gesetze sowie vertragliche Vereinbarungen der Sozialpartner (Tarifverträge) bestimmt. Diese haben, soweit bei Arbeitgeber und Arbeitnehmer Tarifbindung besteht, quasi Gesetzescharakter. Dazu können dann noch betriebliche Vereinbarungen zwischen dem Arbeitgeber und einem Betriebsrat kommen. Das Arbeitsrecht ist von zahlreichen – wie manche meinen, zu vielen – Schutzvorschriften (z. B. Kündigungsschutzrecht, Arbeitszeitrecht etc.) für die Arbeitnehmer gekennzeichnet. Arbeitsrecht kann als Sonderrecht für das Arbeitsverhältnis verstanden werden. So besteht für alle arbeitsrechtlichen Streitigkeiten eine gesonderte Gerichtsbarkeit in Form von Arbeitsgerichten.
Neben den Lohn-/Gehaltszahlungen beteiligt sich der Arbeitgeber an den Beiträgen der gesetzlichen Sozialversicherung (Kranken- und Rentenversicherung). Er übernimmt darüber hinaus die gesetzliche Unfallversicherung und die Entgeltfortzahlung im Krankheitsfall. Er ist verpflichtet, die Sozialversicherungsbeiträge für die Arbeitnehmer einzubehalten und an die Sozialversicherungen abzuführen.

5.1 Arbeitgeber

Arbeitgeber sind Personen, die abhängige Arbeitnehmer beschäftigten. Der Arbeitgeber muss keine natürliche Person sein; auch juristische Personen (Gemeinden, Vereine usw.) können Arbeitgeber im Sinne des Arbeitsrechts sein. Häufig werden Arbeitgeber mit Unternehmern gleichgesetzt, doch sind diese Begriffe nicht deckungsgleich. So muss ein Unternehmer nicht unbedingt Arbeitgeber sein und umgekehrt.

Beispiel

Zur Unterstützung im Haushalt wird eine Haushaltshilfe beschäftigt. Die einstellende Hausfrau wird zur Arbeitgeberin, aber nicht zur Unternehmerin.
Ein Handwerker, der keine Mitarbeiter hat, ist demgegenüber Unternehmer, aber kein Arbeitgeber.

5.2 Arbeitnehmer

Arbeitnehmer sind Personen, die abhängige, fremdbestimmte Arbeit leisten. Dieses grundlegende Merkmal unterscheidet sie von Selbständigen, die frei über Ort und Zeit ihrer Tätigkeit entscheiden können.
Die Arbeitnehmer werden – historisch – grob in zwei Gruppen eingeteilt: Arbeiter und Angestellte. Zeitgemäße Arbeits- und Tarifverträge unterscheiden jedoch heute nicht mehr zwischen Arbeitern und Angestellten. Der einzige Unterschied liegt meistens nur in der Art der Entgeltabrechnung. Arbeiter werden in der Regel noch im Stundenlohn entlohnt. Angestellte erhalten ein Monatsgehalt. Aber auch dieses Unterscheidungsmerkmal entfällt zwangsläufig bei modernen Arbeitszeitmodellen.

Die Mitarbeiter (Arbeiter und Angestellte) eines Baustoffmarktes *Foto: Hagebau*

Leitende Angestellte

Eine Sondergruppe unter den Arbeitnehmern stellen die leitenden Angestellten dar. Ein typisches Merkmal dieser besonderen Gruppe ist die Befugnis, Mitarbeiter einzustellen oder zu entlassen. Zwar zählen leitende Angestellte noch grundsätzlich zu den Arbeitnehmern, doch gelten für sie in der Regel die Tarifverträge nicht. Aufgrund ihrer besonderen Position im Unternehmen haben sie auch arbeitsrechtlich eine Sonderstellung. So ist der Kündigungsschutz eingeschränkt, und es werden erhöhte Anforderungen an die Treuepflicht zum Unternehmen, an die Arbeitsleistung und an die Haftung des Arbeitnehmers gegenüber dem Unternehmen gestellt. Auch im Bereich des Mitbestimmungsrechts nehmen sie eine Sonderstellung ein.

Ausländische Arbeitnehmer

Unterschiede gibt es hier gegenüber deutschen Arbeitnehmern hauptsächlich bei der Einstellung. Grundsätzlich benötigen Ausländer (Angehörige sogenannter Drittstaaten), wenn sie in Deutschland arbeiten wollen, einen Aufenthaltstitel, der die Genehmigung zur Arbeitsaufnahme (in Form einer vorherigen Zustimmung) der Bundesagentur für Arbeit (BA) beinhaltet (Arbeitsgenehmigungsverordnung (ArgV).

In einem Merkblatt informiert die Bundesagentur für Arbeit zu Fragen der Einstellung von ausländischen Arbeitnehmern.

Angehörige der EG-Mitgliedsstaaten benötigen keine Arbeitserlaubnis (Europäische Freizügigkeit).
Arbeitgeber, die ausländische Arbeitnehmer ohne Arbeitserlaubnis beschäftigen, machen sich bußgeldpflichtig. Auch wenn die Voraussetzungen einer Einstellung gegeben sind und der ausländische Arbeitnehmer einem Deutschen dann grundsätzlich gleichgestellt ist, können sich unterschiedliche Konsequenzen für das Arbeitsverhältnis ergeben. Dies gilt besonders für Ausländer, die der deutschen Sprache nicht mächtig sind. Bei diesen können u. U. Erklärungen, wie Kündigungen, Verwarnungen und Aufhebungsverträge, wegen Sprachschwierigkeiten unwirksam oder nichtig sein. Daher sollten ausländische Arbeitnehmer bei schriftlichen Erklärungen ausreichend Zeit bekommen, sich diese übersetzen zu lassen. Mündliche Äußerungen wie Kündigungen, Abmahnungen usw. sollte der Arbeitgeber am besten vor Ort durch einen sprachkundigen Kollegen übersetzen lassen. Kündigungen gelten dann zwar bei Übergabe als zugegangen, aber u. U. wird eine eigentlich verspätete Kündigungsschutzklage dann noch zugelassen.
Unklarheiten gibt es bei der Behandlung von religiösen Feiertagen. Eine einheitliche Rechtsauffassung gibt es noch nicht. Die Tendenz geht jedoch dazu, Ausländern ihre großen religiösen Feiertage zuzubilligen.

Schwerbehinderte

Besonderen Schutz genießen im Arbeitsleben Schwerbehinderte. Mit dem Sozialgesetzbuch IX (SGB IX) versucht der Gesetzgeber, die sozialen Nachteile auszugleichen, die diese Personen wegen ihrer Behinderung treffen.
So sind Arbeitgeber, die über mindestens 20 Arbeitsplätze verfügen, verpflichtet, mindestens 5 % mit Schwerbehinderten zu besetzen. Die Berechnung erfolgt so, dass Bruchteile von 0,5 und mehr auf ganze Stellen aufgerundet werden. Als Arbeitsplätze gelten alle Stellen, auf denen Arbeiter, Angestellte, auch Auszubildende und andere zu ihrer beruflichen Bildung Eingestellte beschäftigt sind. Kommt der Arbeitgeber dieser Pflicht nicht nach, so hat er für jeden nicht mit einem Schwerbehinderten besetzten Arbeitsplatz eine sogenannte Schwerbehindertenabgabe zu zahlen.

Bei der Beschäftigung von Schwerbehinderten hat der Arbeitgeber besonders zu beachten:

- Aufzeichnungs- und Anzeigepflichten,
- besonderer Kündigungsschutz,
- Zusatzurlaub,
- entsprechende Ausstattung des Betriebes,
- berufliche Förderung Schwerbehinderter,
- Schwerbehindertenvertretung und Schwerbehindertenbeauftragter (nur in Betrieben mit mehr als fünf Schwerbehinderten).

Schwerbehindert im Sinne des Gesetzes sind alle Personen, die infolge ihrer Behinderung in ihrer Erwerbsfähigkeit um wenigstens 50 % gemindert sind. Als „Gleichgestellte" können Personen behandelt werden, die einen Grad der Behinderung von wenigstens 30 % aufweisen. Grundsätzlich genießen Schwerbehinderte und Gleichgestellte die gleichen Schutzrechte mit einer Ausnahme: Gleichgestellte haben keinen Anspruch auf Zusatzurlaub.

Umfangreiche Informationen bietet das Fachlexikon „Behinderung & Beruf". Hrsg.: Bundesarbeitsgemeinschaft der Integrationsämter und Hauptfürsorgestellen (BIH)

Eigenschaft und Grad der Behinderung werden durch einen Schwerbehindertenausweis dokumentiert. Aber der besondere Schutz des SGB IX ist an die Behinderung gebunden und nicht daran, ob der Arbeitnehmer einen Schwerbehindertenausweis beantragt und der Arbeitgeber davon Kenntnis hat. Ein Schwerbehinderter ist grundsätzlich nicht verpflichtet, seinem Arbeitgeber über seine Schwerbehinderung zu informieren, sofern die Behinderung nicht seine Einsetzbarkeit am Arbeitsplatz beeinträchtigt.

Der Arbeitgeber hat auf die Behinderung des Schwerbehinderten bei der Art der Beschäftigung sowie in der Ausgestaltung des Arbeitsplatzes Rücksicht zu nehmen. Ein Schwerbehinderter kann Überstunden ablehnen.

Minderjährige Mitarbeiter

Die besonderen Schutzvorschriften für Jugendliche gelten für alle Arbeitnehmer, unabhängig davon, ob sie in einem Berufsausbildungsverhältnis stehen oder als Arbeitnehmer tätig sind. Das Gesetz unterscheidet zwischen Kindern (die das 15. Lebensjahr noch nicht vollendet haben), und Jugendlichen (die das 15., aber noch nicht das 18. Lebensjahr vollendet haben). Jugendliche, die der Vollzeitschulpflicht unterliegen, werden Kindern im Sinne dieses Gesetzes gleichgestellt.

Die Beschäftigung von Kindern ist grundsätzlich verboten! Ausnahmen gibt es für Beschäftigungen in der Landwirtschaft sowie für Ferienarbeiter. Verboten ist auch die Beschäftigung Jugendlicher unter 15 Jahren. Auch hier gibt es noch Ausnahmen, soweit die Jugendlichen im Berufsausbildungsverhältnis stehen oder nur mit leichten Tätigkeiten bis zu sieben Stunden am Tage beschäftigt werden. Grundsätzlich dürfen Jugendliche nicht mehr als acht Stunden täglich und 40 Stunden wöchentlich beschäftigt werden. Darüber hinaus gilt für sie die 5-Tage-Woche und – von Ausnahmen abgesehen – das Gebot der Samstagsruhe. Der Urlaubsanspruch von Jugendlichen richtet sich nach § 19 Jugendarbeitsschutzgesetz (JarbSchG) und ist nach dem Alter des Minderjährigen gestaffelt.

5.3 Sonstige Arbeitsverhältnisse

Beauftragte Selbständige

Vom Arbeitnehmer abzugrenzen sind die aufgrund gesonderter Verträge beschäftigten Selbständigen, die für Projekte, besondere Aufgaben etc. von einem Unternehmen hinzugezogen werden. In diesem Fall führt der „Arbeitgeber" – besser Auftraggeber – für den Beschäftigten keine Sozialversicherungsbeiträge ab. Kranken- und Rentenversicherung müssen durch den Beschäftigten selbst erfolgen. Auch die gesetzliche Unfallversicherung oder eine Lohnfortzahlung im Krankheitsfall erfolgt nicht durch den Auftraggeber. Der Beschäftigte muss sich selbst privat absichern. Die Arbeits- und Sozialgesetze gelten nicht. Der Klageweg vor die Arbeitsgerichte ist nicht gegeben. Ansprüche müssen vom Beschäftigten vor den normalen Zivilgerichten eingeklagt werden. Für die Beurteilung, ob Personen Arbeitnehmer oder selbständige Unternehmer sind, kommt es regelmäßig auf das tatsächliche Verhältnis und nicht nur auf die Erklärung (Vertrag) an.

Beispiel

Ein Arbeitgeber beauftragt einen Steuerberater mit der Erstellung seines Jahresabschlusses. Der Steuerberater, auch wenn er keine Angestellten hat, ist selbständig und nicht Arbeitnehmer des Arbeitgebers/Auftraggebers. Stellt der Arbeitgeber aber einen Steuerberater ein, der für das Unternehmen den Jahresabschluss erstellen soll, so ist dieser Arbeitnehmer.

Die Abgrenzung hier mag noch einfach und überschaubar sein. Gerade in einer Arbeitswelt, in der zunehmend die festen Strukturen aufgelöst werden und Mitarbeiter für Projekte zusammenarbeiten und danach wieder getrennte Wege gehen, ist die Abgrenzung zunehmend schwieriger. Hinzu kommt, dass wegen der Schutzgesetze oft versucht wird, das Arbeitsverhältnis mit den entsprechenden Folgen zu meiden.

Scheinselbständige

Von Scheinselbständigkeit spricht man, wenn ein Mitarbeiter vertraglich wie ein Dienstleister oder Subunternehmer beschäftigt wird, tatsächlich aber ein wirtschaftliches und auch organisatorisches Abhängigkeitsverhältnis zum Auftraggeber (Arbeitgeber) besteht.

Als Indikatoren einer Scheinselbständigkeit gelten u. a.:

- feste vertragliche Bindung an das Unternehmen und ausschließlicher Verkauf oder Vermittlung der eigenen Produktpalette des Unternehmens,
- Auftraggeber kalkuliert Kosten und Preise,
- feste Einbindung in die Arbeitsorganisation des Unternehmens,
- Weisungsgebundenheit,
- feste Arbeitszeit,
- keine Möglichkeit, für andere Auftraggeber tätig zu werden.

Beispiel

Ein Fuhrunternehmer fährt mit eigenem Lkw ausschließlich für ein bestimmtes Unternehmen. Fahrzeug, Gestaltung und Arbeitskleidung werden vom Auftraggeber bestimmt. Dieser bestimmt auch Touren und tägliche Arbeitszeit. Der Fuhrunternehmer kann daher für keine anderen Auftraggeber arbeiten. Er ist deshalb nur ein scheinselbständiger Unternehmer.

Wird eine Scheinselbständigkeit später „entdeckt" bzw. von den Prüfern der Sozialversicherung oder der Finanzämter (Lohnsteuerprüfungen) anders eingeordnet, dann muss der Arbeitgeber die bisher nicht abgeführten Sozialversicherungsbeiträge und die Lohnsteuer nachträglich entrichten. Er kann sich auch gem. § 266 a StGB wegen der Nichtabführung von Arbeitnehmerbeiträgen zur Sozialversicherung strafbar machen. Der Arbeitgeber kann aber beim Scheinselbständigen nur eingeschränkt Regress nehmen. Oft dürfte auch schon Verjährung eingetreten sein.
Wegen dieser erheblichen Risiken besteht die Möglichkeit, die Einordnung verbindlich durch die Rentenversicherung durchführen zu lassen.

Arbeitnehmerähnliche Personen

Nicht zu den Arbeitnehmern zählen solche Personen, die zwar nicht in persönlicher Abhängigkeit stehen, aber dennoch wirtschaftlich von einem Unternehmer abhängig sind (arbeitnehmerähnliche Personen). Wenn diese Abhängigkeit mit der eines Arbeitnehmers vergleichbar ist und die geleisteten Dienste einer Arbeitnehmertätigkeit entsprechen, wird auch eine soziale Schutzbedürftigkeit angenommen, wie sie bei einem Arbeitsverhältnis bestehen würde. Für arbeitnehmerähnliche Personen gilt grundsätzlich das Arbeitsrecht nicht. Dennoch werden aufgrund der Schutzbedürftigkeit dieses Personenkreises einzelne arbeitsrechtliche Vorschriften entsprechend angewendet (z. B. Kündigungsschutz).
Arbeitnehmerähnliche Person kann auch sein, wer gleichzeitig eine freiberufliche Tätigkeit ausübt – trotz dieser Selbständigkeit besteht dann eine soziale Schutzbedürftigkeit.
Typische Beispiele sind: Heimarbeiter, Handelsvertreter – soweit sie nur ein Unternehmen vertreten (Versicherungsvertreter), Verkaufsfahrer von Tiefkühlkost, teilweise auch Künstler und Schriftsteller.

Beispiel

Der Außendienstmitarbeiter, der ausschließlich einen Schraubenhersteller vertritt, kann Angestellter, also Arbeitnehmer, oder aber Handelsvertreter in arbeitnehmerähnlicher Position sein. Der Reisende, der einem Baustoffhändler weite Sortimentsbereiche verschiedener Lieferanten vermittelt, ist freier Handelsvertreter.

6 Sozialpartner

Die Verfassung der Bundesrepublik Deutschland hat die Wahrung und Förderung der Arbeits- und Wirtschaftsbedingungen auf die Sozialpartner übertragen (Art. 9 Abs. 3 Grundgesetz). Darunter versteht man alle Vereinigungen, die als Vertreter von Arbeitnehmer- bzw. Arbeitgeberinteressen, frei von staatlichen Einflüssen, die Arbeitsbedingungen aushandeln.

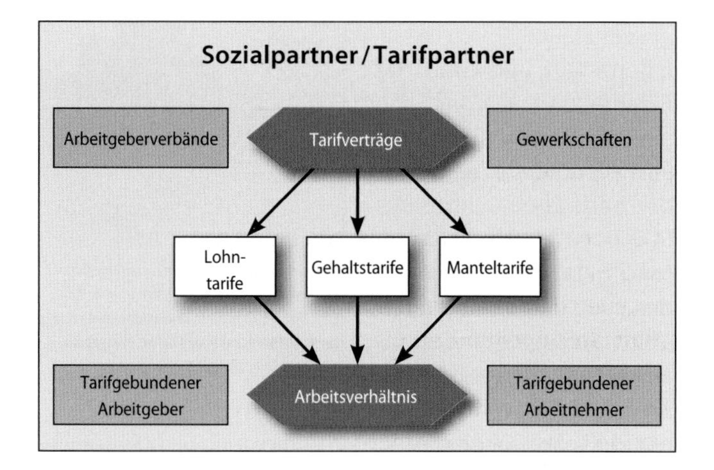

6.1 Gewerkschaften

Die Gewerkschaften verstehen sich als Arbeitnehmervereinigungen und haben das Ziel, auf die Sozialpolitik einzuwirken und auf diese Weise wirtschaftliche, soziale und gesellschaftliche Fragen zugunsten der Arbeitnehmer zu lösen. Durch die Solidarität aller Arbeitnehmer soll, so die Auffassung der Gewerkschaften, ein soziales und wirtschaftliches Gleichgewicht geschaffen werden, durch das die Arbeitgeber gezwungen sind, die Arbeitswelt in sozialer Ausgewogenheit zu gestalten.
Heute stellt der Deutsche Gewerkschaftsbund (DGB/www.dgb.de) die größte Arbeitnehmerorganisation in der Bundesrepublik Deutschland mit knapp 6,1 Mio. (Stand Ende 2014) Mitgliedern dar. Er gliedert sich in acht Einzelgewerkschaften der wichtigsten Wirtschaftsbranchen. Die Einzelgewerkschaften schließen eigenständige Tarifverträge ab.
Als weitere gewerkschaftliche Organisationen gibt es noch den Christlichen Gewerkschaftsbund (CGB) sowie den Deutschen Beamtenbund, der das deutsche Berufsbeamtentum vertritt.

Für den Baustoff-Fachhandel bieten sich zwei Gewerkschaften als Tarifpartner an. Aus dem DGB ist es die Gewerkschaft ver.di (Vereinte Dienstleistungsgewerkschaft), welche in 13 Fachbereichen unter anderem auch die Arbeitnehmer aus dem Handel vertritt (Fachgruppe Handel). Vorwiegend an die Angestellten im Baustoff-Fachhandel wendet sich der Deutsche Handels- und Industrieangestelltenverband (DHV/www.dhv-cgb.de) im Christlichen Gewerkschaftsbund (CGB).

Das Logo der Fachgruppe Handel der Gewerkschaft ver.di

Bundesverwaltung der Gewerkschaft ver.di, Berlin
Foto: Christian Jungeblodt/ver.di

6.2 Abeitgeberverbände

Im Gegensatz zu den Gewerkschaften sind die Unternehmerverbände zweigliedrig strukturiert: Die Wirtschaftsverbände verstehen sich als Interessenvertretung in Politik und Gesellschaft. Spitzenorganisation ist hier der Bundesverband der Deutschen Industrie (BDI/www.bdi.eu).
Die Arbeitgeberverbände haben vorwiegend tarifpolitische Aufgaben. Sie entstanden als Reaktion auf die Gewerkschaftsbewegung. Dachorganisation ist hier die Bundesvereinigung der Deutschen Arbeitgeberverbände (BDA/www.arbeitgeber.de).

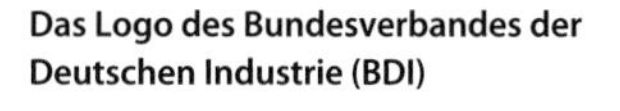

Das Logo des Bundesverbandes der Deutschen Industrie (BDI)

Das Logo der Bundesvereinigung der Deutschen Arbeitgeberverbände (BDA)

6.3 Tarifverträge

Die schriftlichen Vereinbarungen zwischen den Tarifpartnern (Arbeitgebern und Gewerkschaften) sind Tarifverträge im Sinne des Tarifvertragsgesetzes (TVG). Je nach Regelungsinhalt wird unterschieden in Lohn-, Gehalts- sowie Rahmen- oder Manteltarife.
Tarifverhandlungen werden zwischen den Tarifpartnern (Arbeitgeberverbände/Gewerkschaften) geführt. In der Regel sind dies die für eine bestimmte Branche zuständigen Fachverbände und Gewerkschaften. Großunternehmen und Konzerne schließen aber auch eigene Tarife ab (Firmen- oder Haustarife).
Die 16 Landesverbände und verschiedene Regionalverbände des Bundesverbandes Großhandel, Außenhandel, Dienstleistungen e. V. (BGA/www.bga.de) sind auf Landesebene Tarifpartner für die Gewerkschaften. Mit diesen verhandeln sie die Lohn-, Gehalts- und Manteltarife für die Arbeitnehmer im Groß- und Außenhandel.

Das Logo des Bundesverbandes Großhandel, Außenhandel, Dienstleistungen (BGA)

Landesverbände BGA	
Baden-Württemberg VDGA Verband für Dienstleistung Groß- und Außenhandel Baden-Württemberg e. V.	**Bayern** LGAD Landesverband Groß- und Außenhandel, Vertrieb und Dienstleistungen Bayern e. V.
Berlin Unternehmens- und Arbeitgeberverband für Großhandel und Dienstleistungen e. V. (AGD)	**Brandenburg** Landesverband des Groß- und Außenhandels von Berlin-Brandenburg e. V. (LGA)
Bremen AGA Norddeutscher Unternehmensverband Großhandel, Außenhandel, Dienstleistung e. V. Landesgruppe Bremen	**Hamburg** AGA Norddeutscher Unternehmensverband Großhandel, Außenhandel, Dienstleistung e. V.
Niedersachsen AGA Norddeutscher Unternehmensverband Großhandel, Außenhandel, Dienstleistung e. V. Landesgruppe Niedersachsen	**Schleswig-Holstein** AGA Norddeutscher Unternehmensverband Großhandel, Außenhandel, Dienstleistung e. V. Landesgruppe Schleswig-Holstein
Mecklenburg-Vorpommern AGA Norddeutscher Unternehmensverband Großhandel, Außenhandel, Dienstleistung e. V. Landesgruppe Mecklenburg-Vorpommern	**Hessen** Verband Großhandel Außenhandel Verlage und Dienstleistungen Hessen e. V.
Nordrhein-Westfalen Landesverband Großhandel – Außenhandel – Dienstleistungen Nordrhein-Westfalen e. V.	**Rheinland-Pfalz** a) Rheinland-Rheinhessen Arbeitgeberverband Großhandel – Außenhandel – Dienstleistungen Rheinland-Rheinhessen e. V. b) Pfalz Verband Groß- und Außenhandel Verlage und Dienstleistungen Pfalz e. V. (GAD)
Sachsen Landesverband des Sächsischen Groß- und Außenhandels/Dienstleistungen e. V. (SGA)	**Sachsen-Anhalt** Landesverband Großhandel Außenhandel Dienstleistungen Sachsen-Anhalt e.V
Thüringen Landesverband für Groß-/Außenhandel und Dienstleistungen Thüringen e. V.	

Geltungsbereich der Tarifverträge

Ein Tarifvertrag gilt räumlich für das im Vertrag vereinbarte Gebiet (i. d. R. Bundesland). Fachlich gilt er grundsätzlich für alle Betriebe oder Betriebsteile der Branche, mit deren Verbänden er vereinbart wurde.

So schließen in der Regel die Landesverbände des BGA Tarifverträge für alle Betriebe des Groß- und Außenhandels und somit auch des Baustoff-Fachhandels ab. Persönlich gilt er für alle Arbeitnehmer und Auszubildenden dieser Betriebe mit Ausnahme der Personen, die nach dem Betriebsverfassungsgesetz (BetrVG) nicht als Arbeitnehmer im Sinne dieses Gesetzes zu betrachten sind.

Tarifbindung

Da es sich bei einem Tarifvertrag dem Grunde nach um eine privatrechtliche Vereinbarung handelt, können Tarife nur zwischen den Vertragsparteien, also den entsprechenden Gewerkschaften und Arbeitgeberverbänden sowie deren Mitgliedern, Wirkung entfalten. Nur wenn ein Arbeitnehmer der beteiligten Gewerkschaft angehört und der Arbeitgeber Mitglied in dem die Tarife beschließenden Arbeitgeberverband ist, sind die Regelungen des betreffenden Tarifvertrags für das betreffende Arbeitsverhältnis bindend. Wird ein Tarifvertrag für allgemeinverbindlich erklärt, bedarf es dieser Voraussetzungen nicht. In diesem Falle sind automatisch alle Betriebe und alle Arbeitnehmer der betreffenden Branche im Geltungsbereich des Tarifvertrages an den entsprechenden Tarif gebunden.

Regelungsinhalt von Tarifverträgen

In Tarifverträgen können die Rechtsbeziehungen zwischen Arbeitgebern und Arbeitnehmern verbindlich vereinbart werden. Die meisten Tarife haben die Höhe von Löhnen und Gehältern (Lohn- und Gehaltstarife) sowie die Rahmenbedingungen eines Arbeitsverhältnisses wie Arbeitszeit, Urlaub, Kündigungsfristen usw. zum Inhalt (Rahmen- und Manteltarife). Die vereinbarten Tarife sind Mindestregelungen, die im Einzelfall nicht unterschritten werden dürfen. Überschreitungen, wie übertarifliche Zulagen, Sonderurlaub, Gratifikationen u. a. werden dagegen durch Tarifvereinbarungen nicht berührt.

7 Auswahl und Einstellen neuer Mitarbeiter

Sind Arbeitsplätze neu zu besetzen und werden Mitarbeiter hierfür benötigt, so lassen sich grundsätzlich zwei Beschaffungswege unterscheiden:

- die innerbetriebliche Personalbeschaffung,
- die außerbetriebliche Personalbeschaffung.

7.1 Innerbetriebliche Personalbeschaffung

Die Möglichkeiten der innerbetrieblichen Personalbeschaffung sind begrenzt. Dies gilt besonders für mittelständische Betriebe, da diese aufgrund der beschränkten Mitarbeiterzahl nur ein kleines Auswahlpotenzial besitzen. Bei Konzernen und Großbetrieben ist sie jedoch mittlerweile die Regel. Dies schon deshalb, weil der Betriebsrat aufgrund seiner Mitwirkungsrechte nach dem Betriebsverfassungsgesetz eine interne Stellenausschreibung verlangen kann. Bei kleineren und mittleren Betrieben überwiegen zumeist die Nachteile.

Vorteile der innerbetrieblichen Personalbeschaffung sind:

- erhöhte Motivation der Arbeitnehmer, denen auf diese Weise innerbetrieblich Aufstiegschancen verschafft werden, dadurch
- geringere Mitarbeiterfluktuation,
- die Mitarbeiter sind bereits bekannt, dadurch wird das Risiko einer Fehlbesetzung erheblich vermindert,
- die Mitarbeiter besitzen bereits wesentliche Vorkenntnisse, was die Einarbeitungszeit deutlich reduziert,
- die innerbetriebliche Mitarbeiterbeschaffung ist die kostengünstigste (teure Stellenanzeigen sowie der beachtliche Zeitaufwand durch Auswertung der Bewerbungsunterlagen und Vorstellungsgespräche entfallen).

Nachteile der innerbetrieblichen Personalbeschaffung sind:

- Gefahr einer gewissen Betriebsblindheit,
- Verärgerung bzw. Unzufriedenheit bei nicht berücksichtigten Mitarbeitern,
- erschwerte Akzeptanz des Beförderten durch seine ehemaligen Kollegen,
- Autoritätsprobleme am neuen Arbeitsplatz.

Eine sehr interessante, aber noch zu wenig genutzte Möglichkeit der innerbetrieblichen Arbeitskräftebeschaffung ist die sogenannte **Austrittskartei**: Ausscheidende Mitarbeiter, insbesondere Rentner und werdende Mütter, werden bei ihrem Ausscheiden zu ihrem grundsätzlichen Interesse an Aushilfsarbeiten befragt. Gerade für den Baustoff-Fachhandel tut sich hier ein Erfolg versprechendes Mitarbeiterpotenzial auf. Fachkenntnisse sind vorhanden. Die „alten" Mitarbeiter kennen die Branche und die Kunden, und sie haben die notwendigen Warenkenntnisse, die sie bei ihren Aushilfstätigkeiten immer wieder aktualisieren können.
Auch Aushänge im eigenen Betrieb sind ein Mittel, neue Mitarbeiter zu bekommen. Vor allem an größeren Betrieben kann man Tafeln sehen wie: „Wir suchen ...!" oder „Wir stellen ein ...!" Sinnvoll ist dieser Weg jedoch nur in kleinen Gemeinden und bei der Suche nach weniger qualifizierten Mitarbeitern. Schon aus Platzgründen müssen die Aussagen auf solchen Schildern sehr allgemein gehalten werden, sodass sich schon deshalb qualifizierte Bewerber kaum melden werden.
Verstärkt gibt es in größeren Unternehmen Maßnahmen wie „Kollegen werben neue Kollegen". Hier erhalten Mitarbeiter Prämien, wenn sie aus dem Bekanntenkreis einen neuen Mitarbeiter für ihr Unternehmen werben.

7.2 Außerbetriebliche Personalbeschaffung

Speziell im mittelständischen Betrieb ist die Vermittlung von neuen Arbeitnehmern durch Betriebsangehörige ein interessanter Weg der Personalbeschaffung. Die Mitarbeiter haben Interesse daran, dem Betrieb nur gute und seriöse Mitarbeiter zu vermitteln. Schließlich wollen sie für ihre Empfehlung einstehen. Umgekehrt stellt die Vermittlung durch Betriebsangehörige die beste Empfehlung für das Unternehmen als neuer Arbeitgeber dar.

Außerbetrieblich gibt es eine Vielzahl von Möglichkeiten, den Personalbedarf zu decken:

- Stellenanzeigen in Tageszeitungen und der Fachpresse,
- Jobbörsen und Bewerberportale,
- Eigeninserate von Stellensuchenden,
- Vermittlung durch Arbeitsämter,
- Stellentafeln am Betriebseingang,
- Internetauftritt des eigenen Unternehmens,
- Personalberater.

A.I.D.A.-Formel

Auch für eine Stellenanzeige gilt im Grundsatz die aus der Verkaufspsychologie bekannte A.I.D.A.-Formel:
A = Attention (Aufmerksamkeit erregen)
I = Interest (Interesse am Inhalt wecken)
D = Desire (den Wunsch zur Information bestärken)
A = Aktion (zur Bewerbung motivieren).

Stellenanzeige

Das bekannteste Mittel der außerbetrieblichen Personalbeschaffung ist die Stellenanzeige in einer Tageszeitung oder Fachzeitschrift. Zwar ist sie mit Abstand die teuerste Maßnahme, doch verspricht sie eine große Auswahl an Bewerbern. Der Inhalt der Anzeige sollte klar und präzise die Anforderungen formulieren, die an den neuen Mitarbeiter gestellt werden. Doch Vorsicht, auch hier lauern rechtliche Fallen. Allgemein bekannt dürfte heute sein, dass Stellenanzeigen geschlechtsneutral ausgeschrieben werden müssen. Das heißt, auch wenn ein Arbeitgeber eine Verkäuferin sucht, muss er die Stelle sowohl für Verkäufer als auch Verkäuferinnen ausschreiben. Wesentlich umfassender sind auch hier die Anforderungen, die das neue Allgemeine Gleichbehandlungsgesetz (AGG) an eine Stellenanzeige stellt. Nicht nur dass die Stelle geschlechtsneutral ausgeschrieben werden muss, die Anzeige darf bestimmte Bewerberkreise nicht diskriminieren. Aussagen wie *„Für unser junges Team suchen wir einen jungen Mitarbeiter."* oder *„Wir sind alle Nichtraucher, daher suchen wir einen Nichtraucher."* sind nicht zulässig. Zulässig und wichtig dagegen ist die ausführliche Beschreibung der gewünschten Qualifikation, z. B. „Baustoffkaufmann mit Berufserfahrung" oder „Fliesenleger für die Fliesenabteilung".

Abb.: CouloursPic

Jeilzeit-Verkäuferin gesucht:
Sie sollten ca 35 bis 55 Jahre jung u. schlank sein.
Bevorzugte Sternzeichen:
Jungfrau
Stier
Steinbock
Nur Nichtraucherinnen mit gesichertem Hintergrund.
Bewerbungen bitte nur schriftlich
Modehaus Leonie
Wormserstrasse 15
67346-Speyer

Aushang eines Modegeschäfts: Die Formulierungen des sind rechtlich zweifelhaft.
Foto: K. Klenk

Die Beispiele machen deutlich, dass eine gute Stellenanzeige zwar vieles über die erwünschte Qualifikation des Bewerbers aussagen soll, weitere Hinweise auf den Wunschkandidaten wie Alter, Geschlecht und sonstige persönliche Merkmale zu unterbleiben haben. Die Stellenanzeige sollte außerdem darüber Auskunft geben, welches Unternehmen und welcher Arbeitsplatz von dem Mitarbeiter erwartet werden kann.

Baustoffe | Dämmstoffe | Holz | Solar | Baufachmarkt

Für unseren Baustoff-Fachhandel in **Ehingen** und **Laichingen** suchen wir jeweils eine/n

Baustoff-Kaufmann/-frau

Wir sind ein bedeutender Baustoff-Fachhandel in Baden-Württemberg (Raum Ehingen - Laichingen - Riedlingen - Ochsenhausen).

Der Verkauf und Vertrieb des umfangreichen Sortiments an Qualitätsbaustoffen erfordert eine optimale Beratung und Betreuung unserer Kunden.

Aufgaben
Kundenberatung und -betreuung, Kalkulation, Angebotserstellung, Auftragsabwicklung, Verhandlungen mit Lieferanten, Datenpflege im Warenwirtschaftssystem, Ausbau neuer Geschäftsverbindungen

Ihr Profil
Abgeschlossene kaufmännische Ausbildung Fachrichtung Baustoffe, gewandtes und verhandlungssicheres Auftreten, kundenorientierte Arbeitsweise, Kenntnisse in MS-Office, SAP Warenwirtschaftssystem (von Vorteil), Teamfähigkeit, Flexibilität und selbstständiges Arbeiten

Wenn Sie Interesse an neuen Aufgaben in einem sympathischen Team und einem expandierenden Unternehmen haben, schicken Sie uns Ihre vollständigen Bewerbungsunterlagen.
Ansprechpartner: Mathias Bleher, Tel.: 07391 7719-170

Linzmeier Baustoffe GmbH & Co. KG
Personalabteilung
Industriestraße 21 | 88499 Riedlingen
Karriere@Linzmeier.de | www.Linzmeier-Baustoffe.de

...zum Bauen LINZMEIER

Beispiel eines Stellenangebots in einer Fachzeitschrift *Abb.: Linzmeier*

Die Wahl des Werbeträgers wird von dem ausgeschriebenen Arbeitsplatz abhängen. Üblicherweise wird man Angestellte und Arbeiter mit einer örtlichen bzw. regionalen Tageszeitung suchen, Führungskräfte und leitende Mitarbeiter mit überregionalen Tageszeitungen oder der Fachpresse ansprechen. Bei diesem Personenkreis wird Mobilität vorausgesetzt, sodass auch für einen mittleren Baustoff-Fachhandelsbetrieb – für eine entsprechende Position – eine bundesweite Stellenanzeige sinnvoll sein wird (z. B. Frankfurter Allgemeine, Welt u. a.). Die Möglichkeit der gezielten Ansprache von qualifizierten Mitarbeitern aus der Branche bietet die Fachpresse (z. B.: „baustoffmarkt").

Jobbörsen und Bewerberportale

Jobbörsen und Bewerberportale (www.monster.de, www.stepstone.de, www.expeteer.de) werden immer stärker genutzt. Dort gelten die gleichen Grundsätze für Stellenbeschreibungen, jedoch ist die Reichweite größer und die

Baustoffkauffrau / -mann im Außendienst Bereich Hochbau

RICHTER baustoffhandel

Die RICHTER-Gruppe hat im norddeutschen Raum einen guten Ruf.

Mit mehr als 900 Mitarbeitern in 39 Standorten, die Sie in Schleswig-Holstein, Mecklenburg-Vorpommern, Brandenburg, Niedersachsen und Berlin finden, sind wir als solides Baustoffhandelsunternehmen auf Wachstumskurs.

Aufgrund der Expansion unseres Unternehmens suchen wir für einen Standort in der Mitte Schleswig-Holstein eine / einen

Baustoffkauffrau / -mann im Außendienst Bereich Hochbau

(Vollzeit)

Ihre Aufgaben:

- Verkauf, Beratung und professionelle Betreuung unserer Profikunden
- Angebotserstellung & Objektkalkulation
- Betreuung und Ausweitung unseres bestehenden Kundenstammes
- Weiterentwicklung des Warensortiments

Stellenangebot eines Baustoff-Fachhändlers auf dem Portal stepstone

Kosten sind günstiger. Eine Vernetzung mit der Unternehmens-Internetseite ist möglich und moderne Medien, wie Videos, Podcast, etc., sind einsetzbar.
Suchfunktionen in sozialen Netzwerken (Xing/www.xing.com) werden ebenfalls zur Mitarbeitersuche eingesetzt.

Vermittler
Die Vermittler der Arbeitsagentur bemühen sich, die Vorstellungen des Arbeitgebers über den gewünschten Arbeitnehmer genau zu ermitteln. So sind sie in der Lage, aus möglichen Bewerbern eine Vorauswahl zu treffen. Sie kennen den Stellenmarkt und können den Arbeitgeber schon im Vorfeld der Arbeitnehmervermittlung beraten. Falsche Vorstellungen und Fehlbewerbungen sind somit weitgehend ausgeschlossen. Ergänzend zur kostenlosen Vermittlungstätigkeit kann das suchende Unternehmen im Zentralen Stellenanzeiger der Arbeitsverwaltung kostenlos Anzeigen schalten. Der Stellenanzeiger erscheint wöchentlich und enthält sowohl Stellengesuche als auch Stellenangebote. Heute ist das Arbeitsvermittlungsmonopol der Arbeitsagentur gefallen. Auch private Arbeitsvermittler – vergleichbar mit Immobilienmaklern – können zur Vermittlung von Arbeitnehmern tätig werden. Insbesondere bei schwierigen und qualifizierten Positionen sollte die Einschaltung eines privaten Vermittlers geprüft werden.

Zentrale der Bundesagentur für Arbeit in Nürnberg *Foto: BA*

Personalberater
Insbesondere wenn Schlüssel- und Führungspositionen zu besetzen sind, kann die Einschaltung eines Personalberaters – nicht zu verwechseln mit einem Headhunter – ein Erfolg versprechender Weg zur Personalbeschaffung sein. Ein Headhunter spricht meist hoch qualifizierte Führungskräfte in anderen Unternehmen an und wirbt sie aus einem noch ungekündigten Arbeitsverhältnis ab. Der Personalberater wendet sich an Arbeitnehmer, die einen neuen Arbeitgeber suchen und unter Umständen bereits gekündigt haben. Das Wissen um solche Arbeitnehmer ist das Kapital des Personalberaters.
Der Vorteil eines Personalberaters liegt in dem Umstand, dass er nicht nur neue Mitarbeiter beschafft; seine Stärke ist die Betreuung eines Unternehmens bei einem konsequenten Personalmarketing.
Spezialagenturen können bei der Mitarbeitersuche eine wertvolle Hilfe sein. Sie haben hier große Erfahrung. Ihre Beauftragung lohnt sich jedoch nur bei der Suche nach besonders qualifizierten oder leitenden Mitarbeitern. Mit der Vorarbeit entlasten sie aber deutlich die Geschäftsleitung eines Unternehmens von der Durchsicht der Bewerbungen und der Führung von Vorstellungsgesprächen.

Exkurs

Personalmarketing und Firmenimage

Personalmarketing umfasst alle Aktivitäten der Personalbeschaffung, um im Unternehmen zur rechten Zeit in den gewünschten Bereichen die notwendigen Mitarbeiter mit der richtigen Qualifikation zur Verfügung zu haben.
Über diese Betrachtungsweise der Identifikation vakanter Positionen, der Ausschreibung und der Bewerberauswahl hinaus kann das Personalmarketing in einer weiteren Fassung als Planung, Gestaltung und Kontrolle der Attraktivität eines Unternehmens sowohl auf dem internen als auch auf dem externen Arbeitsmarkt definiert werden.

Effizientes Personalmarketing und Bewerbermanagement mithilfe einer speziellen Personalmanagement-Software *Foto: Sage Software*

Personalmarketing und Arbeitgebermarke

Die Attraktivität, das Image eines Unternehmens in der öffentlichen Meinung ist die beste Werbung für neue Mitarbeiter. Oftmals ist ein guter Name das Ergebnis guten Personalmarketings. Arbeitgeber mit „gutem Ruf" (Arbeitgebermarke) haben auch bei angespannter Arbeitsmarktlage weniger Probleme mit ihrer Personalbeschaffung. Die „Mundpropaganda" zufriedener Mitarbeiter tut ein Übriges. Mitarbeiter werden „unter der Hand" vermittelt. Solche Unternehmen erkennt man daran, dass ganze Generationen, Großvater, Vater, Mutter, Kinder im Unternehmen arbeiten oder gearbeitet haben.
Im Baustoff-Fachhandel ist Personalmarketing noch weitgehend unbekannt. In der Regel werden Mitarbeiter dann gesucht, wenn welche benötigt werden. Langfristige Planungen oder gar Konzeptionen im Personalbereich haben nur die wenigsten Unternehmen.

7.3 Bewerberauswahl

Anhand der eingehenden Bewerbungsunterlagen ist eine Vorauswahl unter den Bewerbern zu treffen. Üblicherweise werden folgende Bewerbungsunterlagen verlangt und eingereicht:
- Anschreiben,
- Lebenslauf (tabellarisch),
- Schul- und Arbeitszeugnisse.

Schriftproben, insbesondere ein handgeschriebener Lebenslauf, müssen ausdrücklich angefordert werden! Es versteht sich von selbst, dass die Bewerbungsunterlagen sorgfältig aufzubewahren und vertraulich zu behandeln sind.

Bewerbungsunterlagen werden in einer Mappe übersichtlich zusammengestellt.
Foto: I-vista/pixelio

Bearbeitung von Bewerbungsunterlagen

Die richtige Bearbeitung der eingehenden Bewerbungsunterlagen ist Voraussetzung für eine erfolgreiche Personalbeschaffung. Mit ihr werden die entscheidenden Weichen gestellt, wird die „Spreu vom Weizen" unter den Bewerbern getrennt. In der Regel werden Bewerbungen in Schriftform eingehen. Aber auch Bewerbungen per E-Mail sind üblich. Bereits heute werden ca. 50 % aller Bewerbungen via E-Mail versandt. Grundsätzlich gelten auch bei E-Mails die gleichen Anforderungen (Inhalt und Darstellung) wie bei schriftlichen Bewerbungen.

Die Bewerbungen sollten möglichst schnell bearbeitet werden. Es hat wenig Sinn, mit der Bearbeitung lange abzuwarten, in der Hoffnung, dass der „ideale" Bewerber noch kommt. Von Ausnahmen abgesehen, werden sich interessierte Arbeitnehmer unverzüglich bewerben. Nachzügler zeigen selbst, wie wenig sie an diesem Arbeitsplatz interessiert sind bzw. wie ihr Arbeitstempo ist.

Umgekehrt kann auch das Unternehmen mit schneller Reaktion dokumentieren, wie interessiert es an einem Bewerber ist. Zu bedenken ist, dass sich Bewerber im Allgemeinen nicht nur um einen Arbeitsplatz bemühen. Verschiedene Bewerbungen werden parallel laufen. Auch hier gilt: Wer zuerst kommt, mahlt zuerst! In der Regel sollte innerhalb von zehn Tagen eine Reaktion auf eine eingereichte Bewerbung erfolgen.

Die Bewertung von Bewerbungsunterlagen ist nach Inkrafttreten des allgemeinen Gleichbehandlungsgesetzes schwieriger geworden. Natürlich darf ein Arbeitgeber seine persönlichen Schlüsse aus den Bewerbungsunterlagen ziehen. Nach wie vor kann er sich den Arbeitnehmer heraussuchen, den er sich wünscht. Zurückhaltend sollte er jedoch bei der Begründung seiner Auswahl sein, um sich nicht dem Vorwurf auszusetzen, er hätte bei der Bewerberauswahl diskriminierende, ja unzulässige Abwägungen angestellt.

Bewertung der Bewerbungsunterlagen

Schon das Anschreiben lässt Schlüsse auf das tatsächliche Interesse des Bewerbers an der ausgeschriebenen Stelle zu. Standardisierte Formulierungen machen hier deutlich, dass es dem Bewerber im Grunde gleichgültig ist, bei welchem Unternehmen er arbeitet. Demgegenüber zeigt ein individuelles, persönliches Anschreiben, dass sich der Bewerber mit dem ausgeschriebenen Arbeitsplatz zumindest gedanklich auseinandergesetzt hat. Briefstil und Ausdrucksweise ergänzen das Bild des Bewerbers.

Besondere Beachtung kommt dem Lebenslauf zu. Hier finden sich wichtige Aussagen zum beruflichen Werdegang des Bewerbers. Erhöhtes Augenmerk ist auf darin enthaltene Lücken zu legen. Lücken müssen plausibel begründet werden. Zahlreiche und kurzfristige Wechsel der Arbeitsplätze sind kein Zeichen besonderer Flexibilität. Auch wenn manche Manager heute ausgesprochen stolz auf ihre vielfältigen und kurzfristigen Jobs in den verschiedensten Branchen sind, sollten Job-Hopper für ein Unternehmen ein Alarmzeichen sein. In der Regel stimmt etwas nicht! Auf jeden Fall ist hier eine besondere Begründung erforderlich.

Schulzeugnisse geben allenfalls bei Anfängern gewisse Hinweise über Kenntnisse und Fähigkeiten. Bei älteren Bewerbern verlieren sie an Bedeutung. Hier haben die Arbeitszeugnisse mehr Aussagekraft.

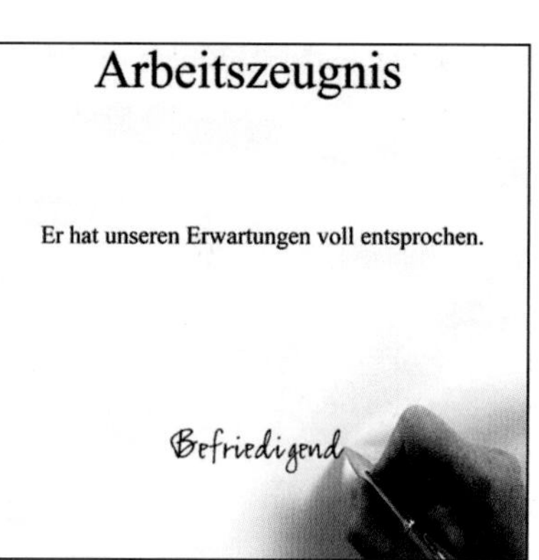

Typische Formulierung der Wertung „befriedigend" in einem Arbeitszeugnis
Foto: Gerd Altmann/pixelio

Bei der Interpretation von Arbeitszeugnissen sollte berücksichtigt werden, dass diese grundsätzlich positiv formuliert werden müssen. Die wahre Beurteilung kann daher – wenn überhaupt – nur zwischen den Zeilen gelesen werden. Doch auch hier ist Vorsicht geboten. Speziell bei Zeugnissen von kleineren Betrieben können die gängigen Interpretationen zu Fehlschlüssen führen. Arbeitgeber in Kleinbetrieben meinen sehr häufig, was sie schreiben. Das heißt, ein solches Zeugnis kann von einem Arbeitgeber als höchste Auszeichnung gewollt sein, nach allgemeinen Interpretationsregeln hingegen zu einer vernichtenden Beurteilung führen.

Beispiel

Ein Arbeitgeber möchte seinen Arbeitnehmer besonders loben und im Zeugnis zum Ausdruck bringen, dass dieser besonders fleißig war und sich immer alle erdenkliche Mühe gegeben hat, seine Arbeit zufriedenstellend zu erledigen. Er greift zur Formulierung: „Er hat sich alle Mühe gegeben, seine Arbeit zu erledigen." – Nach üblicher Auslegung ein vernichtendes Urteil, denn der Mitarbeiter hat sich zwar Mühe gegeben, war aber nicht erfolgreich.

In Zweifelsfällen kann es empfehlenswert sein, bei vorherigen Arbeitgebern Erkundigungen einzuholen. Unklarheiten können so beseitigt werden. Darüber hinaus haben persönliche Auskünfte regelmäßig einen höheren Aussagewert als leider oft formelhafte Zeugnisse. Sperrvermerke des Bewerbers müssen jedoch beachtet werden! Viele Arbeitgeber werden sich jedoch vor einer Auskunft scheuen, weil sie nicht wissen, ob dies ein Testanruf ist.

Eignungstest
In einigen Branchen und Firmen hat sich die Durchführung von Eignungstests in unterschiedlicher Ausgestaltung durchgesetzt, um sachliche Entscheidungsgrundlagen finden zu können. Diese Tests werden teilweise von den Unternehmen selbst, teilweise auch von externen Dienstleistern durchgeführt. Hier sind jedoch Grenzen zu beachten. So muss grundsätzlich ein Bezug zum Arbeitsplatz bestehen. Psychologische Tests dürfen nur von diplomierten Psychologen durchgeführt werden, die der Verschwiegenheitspflicht unterliegen. Alle Tests sind nur mit ausdrücklicher Zustimmung des Bewerbers zulässig.

Ärztliche Untersuchung
Eine ärztliche Untersuchung vor der Einstellung ist zumindest bei Großunternehmen die Regel. Die Kosten hat der Arbeitgeber zu tragen. In der Einwilligung des Arbeitnehmers wird regelmäßig auch eine Befreiung des Arztes von der ärztlichen Schweigepflicht gesehen. Diese umfasst aber nur solche Daten, die für die Eignung des Bewerbers für den konkreten Arbeitsplatz von Bedeutung sind. Bei jugendlichen Bewerbern ist aufgrund des Jugendarbeitsschutzgesetzes vor Arbeitsbeginn eine ärztliche Untersuchung ausdrücklich vorgeschrieben.

7.4 Vorstellungsgespräch

Mit der persönlichen Vorstellung des Bewerbers, dem Vorstellungsgespräch, tritt die Personalbeschaffung in eine entscheidende Phase. Die Vorauswahl ist getroffen, der Kreis der Bewerber eingegrenzt. Jetzt soll die endgültige Entscheidung fallen. Sowohl der Bewerber als auch das suchende Unternehmen treten nun in unmittelbaren persönlichen Kontakt. Die Beteiligten werden versucht sein, sich von ihrer besten Seite zu zeigen.

Die Einladung
Schon die Einladung zum Vorstellungsgespräch sagt so manches über das Unternehmen aus. Das Schreiben soll verbindlich formuliert sein, einen konkreten Vorstellungstermin vorschlagen, dem Bewerber aber gleich die Möglichkeit einräumen, einen anderen Terminvorschlag zu machen. Eine Beschreibung der Anfahrt zeigt, dass der eingeladene Bewerber als Person und Mensch ernst genommen wird und dass das Unternehmen sich über seine Anreise Gedanken gemacht hat. In dem Einladungsschreiben sollte auch die Erstattung der Vorstellungskosten angesprochen werden (siehe dazu unten).

Das persönliche Gespräch
Im Vorstellungsgespräch wollen die Parteien, Bewerber wie einstellendes Unternehmen, voneinander einen persönlichen Eindruck gewinnen. Es gibt nicht wenige Unternehmer bzw. Personalleiter, die in dieser Phase ausschließlich ihre Menschenkenntnis entscheiden lassen. Nach Durchsicht der schriftlichen Bewerbungsunterlagen weiß man, welche Qualifikation der Bewerber mitbringt. Jetzt entscheidet der persönliche Eindruck.
Das Schaffen einer entspannten Atmosphäre, ein lockeres Gespräch, informative Fragen zu Familie und Freizeitgestaltung sowie zu aktuellen Ereignissen können wichtige Eindrücke über die menschliche und auch fachliche Qualifikation eines Bewerbers vermitteln. Während des Vorstellungsgesprächs besteht darüber hinaus die Möglichkeit, Lücken im Lebenslauf auszufüllen, unklare Punkte zu klären und evtl. weitere Einzelheiten zu besprechen. Der Personalfragebogen ist hierbei eine wertvolle Orientierungshilfe.

Fragen und Offenbarungspflichten
Der Arbeitgeber ist zunächst frei in der Auswahl seiner Fragen (Informationsfreiheit). Demgegenüber steht das durch das Grundgesetz garantierte Recht an einer unantastbaren Intimsphäre des Bewerbers (Persönlichkeitsrecht). Zulässige Fragen muss der Bewerber wahrheitsgemäß beantworten. Lügt er, so kann der Arbeitgeber unter Umständen das auf diese Weise erschlichene Arbeitsverhältnis anfechten (§§ 119 ff BGB). Sind die Fragen unzulässig, kann der Bewerber die Antwort verweigern oder lügen, ohne später Konsequenzen fürchten zu müssen.
Der Arbeitgeber darf nur nach aktuellen Krankheiten fragen, welche die Einsatzfähigkeit des Arbeitnehmers für den zukünftigen Arbeitsplatz nachhaltig beeinträchtigen. Ganz allgemein gehaltene Fragen nach Krankheiten braucht der Bewerber nicht zu beantworten.
Schwerbehinderte genießen besondere Schutzrechte in einem Arbeitsverhältnis. So haben sie Anspruch auf Sonderurlaub, und für sie besteht ein erweiterter Kündigungsschutz. Umgekehrt kann ein Arbeitgeber u. U. Zuschüsse und Beihilfen in Anspruch nehmen, wenn er Schwerbehinderte beschäftigt. Deshalb ist die Frage, ob ein Bewerber Schwerbehinderter ist, zulässig, aber aufgrund des allgemeinen Gleichbehandlungsgesetzes (AGG) nicht ungefährlich. Denn wird der Bewerber abgelehnt, könnte er dem Arbeitgeber vorwerfen, er habe ihn nur aufgrund seiner Behinderung nicht eingestellt. Der Arbeitgeber müsste dann das Gegenteil beweisen. Die unrichtige Beantwortung der Frage nach der Schwerbehinderteneigenschaft kann die Anfechtung des Arbeitsvertrages wegen arglistiger Täuschung nach § 123 BGB rechtfertigen. War jedoch die Schwerbehinderung für den Arbeitgeber offensichtlich, entfällt die Möglichkeit zur Anfechtung, da beim Arbeitgeber ein Irrtum nicht entstehen konnte. Eine Offenbarungspflicht besteht nicht. Das heißt, der Bewerber muss von sich aus das Thema Behinderung nicht ansprechen.
Die Frage nach dem derzeitigen Lohn/Gehalt ist für den Bewerber ein „heißes Eisen". Der neue Arbeitgeber wird aus der Höhe des bisherigen Lohnes/Gehaltes seine Schlüsse auf die Qualifikation des Bewerbers ziehen. Darüber hinaus wird er sich auch mit seinem Lohn-/Gehaltsangebot daran orientieren. Aus diesen Gründen hat der Bewerber ein Interesse,

sein bisheriges Einkommen möglichst hoch anzusetzen. Die Rechtslage ist jedoch eindeutig: Der Bewerber hat die Frage nach seinem Lohn/Gehalt wahrheitsgemäß zu beantworten, sofern er sich um einen ähnlichen Arbeitsplatz bewirbt. Umstritten ist allerdings, ob man ihm dabei einen gewissen „Schummelbonus" einräumen kann.

Unzulässige Fragen
Unabhängig von einigen „ungeschickten" Fragen, die Probleme nach dem AGG schaffen könnten, gibt es unzulässige Fragen, auf die der Bewerber nicht antworten muss beziehungsweise lügen darf. Solche Fragen sind zum Beispiel Fragen nach:

- der Religionszugehörigkeit (Ausnahme Tendenzbetriebe, z. B. Kirchen, konfessionelle Kindergärten),
- einer Parteizugehörigkeit,
- der Zugehörigkeit zu einer Gewerkschaft.

Als zulässige Frage wurde früher die Frage nach einer Sektenzugehörigkeit (z. B. Scientology u. ä.) gezählt. Da es sich bei solchen Gruppierungen nach allgemeiner Einschätzung nicht um anerkannte Religionsgemeinschaften handelt, können sich diese nicht auf den besonderen Schutz des Grundgesetzes (Religionsfreiheit) berufen. Die neue, durch das Allgemeine Gleichbehandlungsgesetz (AGG) geschaffene Rechtslage könnte auch hier die Möglichkeit zur Klage auf Diskriminierung durch den abgewiesenen Bewerber schaffen. Es kann vorkommen, dass vergessen wird, bestimmte Fragen zu stellen. Im Nachhinein stellt sich die Frage nach der Offenbarungspflicht des Bewerbers. Das heißt, ob ein Bewerber ungefragt auf bestimmte persönliche Umstände hinweisen muss, die für die eventuelle Einstellung von Bedeutung sein können.
Ganz allgemein kann gesagt werden, dass nur ausnahmsweise eine Offenbarungspflicht angenommen wird, wenn z. B. ein Bewerber aufgrund einer aktuellen Erkrankung die vorgesehene Arbeit nicht aufnehmen kann.
Eine bestehende Schwangerschaft begründet grundsätzlich keine Offenbarungspflicht. Ausnahmsweise besteht eine solche jedoch für angestrebte Tätigkeiten, bei denen die Schwangerschaft die Arbeitsleistung ganz unmöglich macht (z. B. Mannequin, Tänzerin). Besonders jüngere Arbeitnehmerinnen werden gerne gefragt, ob sie sich Kinder wünschen. Auf diese Weise möchte der Arbeitgeber feststellen, ob er in absehbarer Zeit mit einer Schwangerschaft rechnen muss. Zwar kann diese Frage gestellt werden, doch wäre eine Lüge kein Grund zur späteren Anfechtung. Es wäre sittenwidrig, wenn ein Arbeitgeber seine Mitarbeiterinnen zur Kinderlosigkeit verpflichten wollte.
Auch ein Berufskraftfahrer, dem gerade die Entziehung des Führerscheins droht, muss auf diesen Umstand unaufgefordert hinweisen. Wird ihm die Frage nach Verkehrsdelikten gestellt, dann muss er sie auch wahrheitsgemäß beantworten. Dies sind aber Sonderfälle und nicht die Regel. Dies gilt entsprechend für einen Buchhalter oder Kassenverantwortlichen, der nach Vermögensdelikten befragt wird.

Vorstellungskosten
Wird ein Bewerber zu einem Vorstellungsgespräch eingeladen, so müssen ihm die in diesem Zusammenhang anfallenden Kosten erstattet werden. Dies gilt auch dann, wenn die Vorstellung als „unverbindlich" bezeichnet wird. Wenn sich der Bewerber jedoch ohne Einladung vorstellt, hat er keinen Anspruch auf Kostenerstattung. Eine Pflicht zur Kostenerstattung besteht auch dann nicht, wenn der Arbeitgeber ausdrücklich darauf hingewiesen hat, dass er keine Kosten erstattet.

7.5 Zusätzliche Informationen über den Bewerber

Auskünfte früherer Arbeitgeber
Grundsätzlich hat der neue Arbeitgeber das Recht, Auskünfte über den Bewerber auch bei seinem derzeitigen Arbeitgeber einzuholen. Es ist aber verständlich, wenn ein Arbeitnehmer, der noch nicht gekündigt hat, Wert darauf legt, dass sein gegenwärtiger Arbeitgeber von seiner Bewerbung nichts erfährt. Der neue Arbeitgeber muss deshalb einen sogenannten Sperrvermerk des Bewerbers befolgen. Tut er das nicht, macht er sich im Zweifel schadenersatzpflichtig!

Recherche in sozialen Netzwerken
Das Internet ist in Personalabteilungen zu einem wichtigen Werkzeug geworden. Bei der Jobvergabe durchleuchten mehr als ein Viertel der Unternehmen ihre Bewerber auch über das Netz. Ist der digitale Eindruck eines Bewerbers negativ, wird ein Kandidat nicht eingestellt oder gar nicht erst zum Bewerbungsgespräch eingeladen. Dies gaben 25 % der Firmen laut einer Befragung im Auftrag des Bundesverbraucherschutzministeriums an. Verbraucherschützer warnen daher davor, allzu leichtfertig Persönliches ins Netz zu stellen. Vor allem abfällige Bemerkungen über die Arbeit oder das Arbeitsumfeld kommen bei potenziellen Arbeitgebern nicht gut an. 76 % der 500 befragten Firmen sagten, dies wirke sich schlecht auf ihr Bild des Job-Anwärters aus. Auch Angaben, die deutlich von der Bewerbung abweichen, oder sehr Privates wie beispielsweise Partybilder werten Personalchefs kritisch.

Das Logo der Xing AG, Betreiber des gleichnamigen sozialen Netzwerkes, dessen Mitglieder ihre beruflichen und/oder privaten Kontakte zu anderen Personen verwalten und neue Kontakte finden

Generell durchsuchen Großunternehmen bei der Personalauswahl eher das Internet als kleine Unternehmen. Gut ein Drittel der Firmen schaut auch in die Profile von sozialen Netzwerken wie Facebook, Xing oderStudiVZ.

8 Arbeitsvertrag und Arbeitspapiere

Nachdem die Vorstellungsgespräche abgeschlossen sind, fällt die Entscheidung für den Arbeitnehmer. In der Regel kommt es dann nochmals zu einem Gespräch, bei dem der Arbeitsvertrag unterschrieben wird.

Arbeitsvertrag und Arbeitspapiere

8.1 Arbeitsvertrag

Der Arbeitsvertrag ist Grundlage für das Arbeitsverhältnis. Er wird wie jeder andere Vertrag abgeschlossen. Dem Wesen nach ist der Arbeitsvertrag ein Dienstvertrag, wie er im Bürgerlichen Gesetzbuch (BGB) geregelt ist. Je nach Willen der Parteien bzw. Ausgestaltung werden unterschiedliche Arbeitsverträge geschlossen, die im Folgenden beschrieben werden.

Dauerarbeitsvertrag

Die Regel ist der Arbeitsvertrag auf Dauer (unbefristeter Arbeitsvertrag). Um ein solches Arbeitsverhältnis zu beenden, muss gekündigt werden. Es gelten die gesetzlichen Kündigungsfristen.

Zeitvertrag

Ein befristetes Arbeitsverhältnis liegt dann vor, wenn das Ende des Arbeitsverhältnisses für den Arbeitnehmer eindeutig erkennbar ist und von objektiven Umständen, nicht aber vom Willen des Arbeitgebers abhängt. Eine konkrete zeitliche Befristung – durch Datum – (zeitlich befristetes Arbeitsverhältnis) ist nur dann entbehrlich, wenn die Dauer des Arbeitsverhältnisses bereits bei Vertragsabschluss bestimmt oder zumindest objektiv bestimmbar (zweckbestimmtes Arbeitsverhältnis) ist.

Probearbeitsvertrag

Der Arbeitnehmer wird zeitlich befristet (Zeitarbeitsvertrag) zur Probe eingestellt.
„Für die Dauer der Probezeit wird das Arbeitsverhältnis befristet."
„... Herr / Frau ... wird für 3 Monate zur Probe eingestellt ..."
Der Zweck liegt in der Erprobung des Arbeitnehmers. Ein solch befristetes Probe-Arbeitsverhältnis endet automatisch mit Ablauf der Probezeit, ohne dass es gekündigt werden muss. Erst die anschließende Weiterbeschäftigung führt dann direkt in ein unbefristetes Arbeitsverhältnis über (§ 625 BGB).
Neben der befristeten Einstellung zur Probe wird oft auch ein Dauerarbeitsvertrag abgeschlossen, der in den ersten (max.) sechs Monaten vereinfacht gekündigt werden kann (z. B. *„... die ersten drei Monate gelten als Probezeit ..."* In dieser Zeit kann das Arbeitsverhältnis von beiden Seiten ohne Begründung mit einer Frist von zwei Wochen gekündigt werden. Wichtig ist, dass in der verkürzten Kündigungsfrist während der Probezeit der Zeitpunkt der Kündigung und nicht das Ende des Arbeitsverhältnisses (nach der Kündigung) entscheidend ist. So kann bis zum letzten Tage der Probezeit mit der verkürzten Frist von zwei Wochen gekündigt werden.

Zweckbefristeter Arbeitsvertrag

Ähnlich wie beim zeitlich befristeten Arbeitsverhältnis endet auch ein zweckbefristetes oder auch auflösend bedingtes Arbeitsverhältnis ohne den Ausspruch einer Kündigung. Charakteristisch ist, dass das Ende des Arbeitsverhältnisses an den Eintritt einer Bedingung bzw. Erreichung eines Zwecks geknüpft wird, deren genauer Zeitpunkt aber noch ungewiss ist. Eine Befristung kann sowohl für eine kalendermäßig festgelegte Zeit (Zeitbefristung) als auch für einen bestimmten Zweck, also beispielsweise für die Dauer einer Vertretung oder eines Projekts (Zweckbefristung) vereinbart werden.

Beispiel

„Das Arbeitsverhältnis beginnt am 1.5.2012 und endet am 31.12.2012."
oder
„Das Arbeitsverhältnis beginnt am 1.5.2012 und ist auf 6 Monate befristet."

Die Zweckbefristung wird vor allem dann genutzt, wenn der Arbeitgeber noch nicht genau weiß, wie lange er den Mitarbeiter tatsächlich benötigt. Ein befristet eingestellter Mitarbeiter muss mindestens zwei Wochen vorher schriftlich über die Erreichung des Zwecks und das Ende seiner Beschäftigung informiert werden.

Aushilfsverhältnis

Auch wenn grundsätzlich ein Aushilfsarbeitsverhältnis unbefristet denkbar ist, wird in der Regel eine Befristung durch den besonderen Zweck gegeben sein. Aushilfen können eingesetzt werden zur Überbrückung der Urlaubszeit, als Ersatz für Arbeitnehmerinnen im Erziehungsjahr usw. Der Baustoff-Fachhandel kennt den Einsatz von Aushilfsfahrern als Urlaubsvertretung.
Manchmal wird die Bezeichnung „Aushilfsarbeitsvertrag" auch auf Teilzeitarbeitsverhältnisse angewandt. Diese Bezeichnung ist nicht korrekt und führt unter Umständen zu einer falschen Handhabung.
Teilzeitarbeitsverhältnisse sind normalerweise keine zeitlich befristeten Arbeitsverhältnisse, sondern in der Regel als Dauerarbeitsverhältnis – mit reduzierter Arbeitszeit – angelegt. Daher gelten für solche Arbeitsverhältnisse die normalen gesetzlichen Regelungen wie für Dauervollzeit-Arbeitsverhältnisse, nur mit entsprechend reduzierter Arbeitszeit.

Zeitlohnvertrag

Beim Zeitlohnvertrag wird die Vergütung für eine bestimmte Arbeitszeit vereinbart (Stundenlohn, Wochenlohn, Monatslohn).

Akkordlohnvertrag

Die Vergütung erfolgt leistungsbezogen. Der Arbeitnehmer erhält seine Vergütung für eine bestimmte Leistung. Akkordentlohnung gibt es hauptsächlich in der Industrie (Fließbandarbeit), aber auch im Handwerk (z. B. Fliesenverlegung).

Prämienlohnvertrag

Auch beim Prämienlohnvertrag wird leistungsbezogen entlohnt. Allerdings kann im Gegensatz zu Akkordverträgen auch die Qualität der Arbeit berücksichtigt werden.

Mischvertrag
Wird den Arbeitnehmern eine Mindestvergütung garantiert, darüber hinaus aber leistungsbezogen entlohnt, so liegen Mischsysteme vor. Bekannt sind die Verträge für den Außendienst auf Provisionsbasis mit Fixum.
Moderne Formen sind z. B. die „erfolgsbezogene Entlohnung" im Baustoff-Fachhandel auch für die Innendienstmitarbeiter. Auch bei Mischsystemen dürfen gesetzliche Bestimmungen nicht umgangen werden. Dies gilt insbesondere für Lohnfortzahlung, Urlaubsvergütung und das Verbot von Akkordentlohnung bei Berufskraftfahrern.

Weitere Unterscheidungsmerkmale von Arbeitsverträgen sind:
- Arbeitsverträge für gewerbliche Arbeitnehmer (Arbeiter) (z. B. Lagerpersonal, Kraftfahrer),
- Verträge für Angestellte (z. B. Mitarbeiter in Verkauf, Buchhaltung).

Die Tendenz geht dahin, die Unterscheidung zwischen Arbeitern und Angestellten aufzuheben. So unterscheiden z. B. moderne Manteltarifverträge (Rahmentarife) nicht mehr zwischen diesen beiden Mitarbeitergruppen.

Faktischer Arbeitsvertrag
Praktische Bedeutung bekommt der faktische Arbeitsvertrag bei der Weiterbeschäftigung von Auszubildenden. Arbeiten diese nach bestandener Prüfung im Unternehmen weiter, so wird ein Arbeitsvertrag begründet, ohne dass es einer besonderen Vereinbarung bedarf.
Auch wenn mündliche Verträge gültig sind, schreibt das Nachweisgesetz (NachwG) vor, dass der Arbeitgeber dem Arbeitnehmer die Vertragsbedingungen spätestens einen Monat nach Beginn des Arbeitsverhältnisses schriftlich nachzureichen hat.
Oben wurde schon auf die wichtige Funktion der Schriftform für Beweiszwecke hingewiesen. Gerade bei Arbeitsverhältnissen sollte diese auf jeden Fall eingehalten werden.

8.2 Formvorschriften

Nach dem Gesetz ist ein Arbeitsvertrag an keine besondere Form gebunden. Er kann schriftlich geschlossen werden (schriftlicher Arbeitsvertrag), er kann durch die Zusage der Einstellung zustande kommen (mündlicher Vertrag), aber auch schon die tatsächliche Arbeitsaufnahme im Betrieb des Unternehmers genügt für die Begründung des Arbeitsverhältnisses (faktischer Vertrag).

Beispiel

Ein Schüler bietet einem Baustoffhändler an, in dessen Lager Putzarbeiten zu verrichten. Der Baustoffhändler lässt dies zu. Es wird nichts Weiteres vereinbart. Hier ist ein Arbeitsvertrag auf Dauer zustande gekommen. Der Schüler arbeitet mit Wissen und Willen des Baustoffhändlers.

Allerdings setzen eine Reihe von Gesetzen die Einhaltung der Schriftform voraus. Ferner können Schriftformklauseln in Tarifverträgen vereinbart sein.
Auch wenn mündliche Verträge gültig sind, schreibt das Nachweisgesetz (NachwG) vor, dass der Arbeitgeber dem Arbeitnehmer die Vertragsbedingungen spätestens einen Monat nach Beginn des Arbeitsverhältnisses schriftlich nachzureichen hat. Auch hier ist auf die wichtige Funktion der Schriftform für die Beweiszwecke hinzuweisen.

Ein mündlich (per Handschlag) geschlossener Arbeitsvertrag ist gültig. Der Vertrag muss jedoch später schrlftlich nachgereicht werden.
Foto: DEAK

8.3 Inhalte des Arbeitsvertrags

Es gilt grundsätzlich das Prinzip der Vertragsfreiheit. Die Parteien können den Inhalt eines Arbeitsvertrages frei bestimmen, wobei einschlägige gesetzliche und tarifliche Vorschriften zu beachten sind. Mindestinhalte eines Arbeitsvertrags sind nach § 2 I NachwG (Nachweisgesetz):

- Name und Anschrift der Vertragsparteien,
- Zeitpunkt des Beginns des Arbeitsverhältnisses,
- bei befristeten Arbeitsverhältnissen: die vorhersehbare Dauer des Arbeitsverhältnisses,
- Arbeitsort oder, falls der Arbeitnehmer nicht nur an einem bestimmten Arbeitsort tätig sein soll, ein Hinweis darauf, dass der Arbeitnehmer an verschiedenen Orten beschäftigt werden kann,
- eine kurze Charakterisierung oder Beschreibung der vom Arbeitnehmer zu leistenden Tätigkeit,
- Zusammensetzung und Höhe des Arbeitsentgelts einschließlich der Zuschläge, der Zulagen, Prämien und Sonderzahlungen sowie anderer Bestandteile des Arbeitsentgelts und deren Fälligkeit,
- vereinbarte Arbeitszeit,
- Dauer des jährlichen Erholungsurlaubs,
- Fristen für die Kündigung des Arbeitsverhältnisses,
- ein in allgemeiner Form gehaltener Hinweis auf die Tarifverträge, Betriebs- oder Dienstvereinbarungen, die auf das Arbeitsverhältnis anzuwenden sind.

Über den Mindestinhalt hinaus sollten sich in einem Arbeitsvertrag Regelungen zum Urlaubsgeld und zum Verfall von Forderungen aus dem Arbeitsverhältnis finden. Alles Weitere kann dem Gesetz oder tariflichen Regelungen überlassen werden. Viele Arbeitsverträge verweisen deshalb pauschal auf einen Tarifvertrag. Durch die Bezugnahme ersparen sich die Vertragsparteien seitenlange Vertragstexte. Hinzu kommt, dass Arbeitsverträge – einmal abgeschlossen – selten aktualisiert werden. Der Hinweis auf den „jeweils gültigen Manteltarifvertrag" sichert eine ständige Aktualisierung der Rahmenbedingungen für das Arbeitsverhältnis. Sinnvoll sind einzelvertragliche Regelungen dort, wo keine Tarifbindung besteht und eine Bezugnahme auf Tarifverträge ausgeschlossen werden sollen oder wo – soweit rechtlich zulässig – von tariflichen Regelungen abgewichen werden soll. Im Folgenden wird auf einzelne Punkte in Arbeitsverträgen eingegangen.

Art und Lage der Probezeit

Es kann eine Probezeit von höchstens sechs Monaten vereinbart werden. In dieser Zeit kann das Arbeitsverhältnis von beiden Seiten ohne Begründung mit einer Frist von zwei Wochen gekündigt werden. Wichtig ist, dass in der verkürzten Kündigungsfrist während der Probezeit der Zeitpunkt der Kündigung und nicht das Ende des Arbeitsverhältnisses (nach der Kündigung) entscheidend ist. So kann bis zum letzten Tage der Probezeit mit der verkürzten Frist von zwei Wochen gekündigt werden.
Es ist auch möglich, die Probezeit durch ein vorgeschaltetes, befristetes Arbeitsverhältnis zu gestalten („Für die Dauer der Probezeit wird das Arbeitsverhältnis befristet."). Ein solch befristetes Probe-Arbeitsverhältnis endet automatisch mit Ablauf der Probezeit, ohne dass es gekündigt werden muss. Erst die anschließende Weiterbeschäftigung führt dann direkt in ein unbefristetes Arbeitsverhältnis über.

Höhe der Vergütung

Die Höhe der Vergütung sollte auch hinsichtlich der Zusammensetzung aus Gehalt (Tarifgehalt), übertariflicher Zulage, Leistungszulage, Sonderleistungen (Weihnachtsgeld etc.) genau geregelt werden. An dieser Stelle kann auch eventuell bei übertariflicher Entlohnung eine Vereinbarung über die pauschale Abgeltung von Mehrarbeit getroffen werden.

Umfang und Verteilung der Arbeitszeit

Auch Tarifverträge setzen hier nur einen allgemeinen Rahmen, der individuell ausgefüllt werden muss. Der Arbeitsvertrag sollte in diesem Punkt klare Regelungen vorsehen. Insbesondere die Samstagsarbeit ist im Baustoff-Fachhandel ein beliebter Zankapfel. Hier müssen klare Vereinbarungen bereits im Arbeitsvertrag getroffen werden. Soweit in den Betrieben flexible Arbeitszeitmodelle praktiziert werden, sollte im Arbeitsvertrag auf diese Praxis hingewiesen werden. Dies muss nicht im Detail geschehen, es genügt ein allgemeiner Hinweis auf die betriebliche Übung bzw. auf Betriebsvereinbarungen.

Sorgfaltspflichten

Die Aufnahme von eigentlich im Gesetz geltenden Pflichten ist sinnvoll und berechtigt. Sie dienen der Rechtssicherheit, und die Arbeitnehmer nehmen erfahrungsgemäß vertragliche Pflichten ernster als allgemeine Rechtsgrundsätze. Dies ist der Fall bei besonderen Sorgfaltspflichten, die für bestimmte Arbeitnehmergruppen wie Kraftfahrer, Fuhrparkleiter, Gefahrgutbeauftragte u. a. gelten. Auf diese Weise kann der Arbeitgeber jederzeit nachweisen, dass er schon bei der Einstellung die betreffenden Arbeitnehmer zu bestimmten Verhaltensweisen verpflichtet hat. Eigentlich versteht es sich von selbst, dass Lkw-Fahrer für den technischen Zustand ihres Fahrzeugs verantwortlich sind. Es ist auch eine Selbstverständlichkeit, dass sie gesetzliche Vorschriften wie Straßenverkehrsordnung, Lenkzeiten und andere zu beachten haben. Dennoch ist es kein Fehler, im Arbeitsvertrag auf solche Pflichten gesondert hinzuweisen. Besonders wenn Fahrzeuge von mehreren Fahrern benutzt werden, findet sich häufig niemand, der für den technischen Zustand verantwortlich zeichnet. Der Arbeitsvertrag ist die beste Möglichkeit, klare Regelungen zu treffen. Sinnvoll kann es sein, Lkw-Fahrer auf die Einhaltung der Vorschriften zur Nutzung von digitalen Tachografen hinzuweisen. Ein entsprechendes Merkblatt, das dem Arbeitsvertrag als Anhang beigelegt wird, entlastet den Arbeitgeber, falls der Kraftfahrer seine Pflichten nicht ernst genug nimmt.

Auf die Einhaltung wichtiger Vorschriften (z. B. die ordnungsgemäße Nutzung des digitalen Tachografen durch den Lkw-Fahrer) kann im Arbeitsvertrag gesondert hingewiesen werden. *Foto: VDO*

Betriebsordnungen

Gibt es in einem Betrieb eine Betriebsordnung, in der die Rechte und Pflichten des Arbeitnehmers geregelt werden, so empfiehlt es sich, innerhalb des Arbeitsvertrages auf diese Bezug zu nehmen. Hierher könnten auch ein eventuelles Rauch- beziehungsweise Alkoholverbot im Unternehmen sowie Regeln für private Nutzung von Telefon, Handy oder Internet am Arbeitsplatz gehören. Ein rechtzeitiger Hinweis auf solche Regelungen im Arbeitsvertrag vermeidet mögliche Streitfälle oder gar gerichtliche Auseinandersetzungen.

Nebentätigkeiten

Im Arbeitsvertrag sollte die Frage der (ehrenamtlichen) Nebentätigkeiten angesprochen werden, da der Arbeitnehmer auf diese Weise verpflichtet werden kann, vor Aufnahme einer Nebentätigkeit den Arbeitgeber zu informieren bzw. dessen Zustimmung einzuholen. Ein generelles Verbot von Nebentätigkeiten ist nur in Ausnahmefällen zulässig.

Wettbewerbsverbote

Es kann für den Arbeitgeber von Interesse sein, dass der Arbeitnehmer nach seinem Ausscheiden keine Tätigkeit bei einem Wettbewerber aufnimmt (nachvertragliches Wettbewerbsverbot). Ein solches Wettbewerbsverbot kann im Arbeitsvertrag – aber auch noch später – schriftlich vereinbart werden. Jeder Arbeitgeber sollte jedoch sorgfältig abwägen, ob er auf einem Wettbewerbsverbot bestehen will. Wettbewerbsverbote können nur unter ganz engen, gesetzlich genau fixierten Bedingungen vereinbart werden. Sie müssen detailliert den sachlichen, räumlichen und zeitlichen Bereich umschreiben. Das Wettbewerbsverbot ist nur bindend, wenn sich der Arbeitgeber zu einem entsprechenden finanziellen Ausgleich verpflichtet. In den meisten Fällen zeigt sich, dass der mögliche Vorteil eines Wettbewerbsverbots in keinem Verhältnis zu den dadurch entstehenden Kosten steht.

Kündigungsfristen

Eigentlich genügt im Arbeitsvertrag der Hinweis auf die gesetzlichen bzw. tariflichen Kündigungsfristen. Empfehlenswert ist jedoch der Zusatz *„die Kündigungsfristen gelten für beide Vertragsparteien gleichermaßen"*. Nur dann ist gewährleistet, dass die verlängerten Kündigungsfristen, nach längerer Betriebszugehörigkeit, auch für den Arbeitnehmer gelten. Ohne entsprechende Vereinbarung kann ein Arbeitnehmer immer mit der Grundkündigungsfrist von vier Wochen zum 15. eines Monats oder zum Monatsende kündigen. Beim Abschluss befristeter Arbeitsverträge muss geprüft werden, ob dennoch die Möglichkeit einer ordentlichen Kündigung bestehen soll. Dies muss dann ausdrücklich geschehen.

Ausschluss-/Verfallfristen

Wichtig für Rechtsfrieden und Rechtssicherheit ist die Vereinbarung sogenannter Ausschluss- oder Verfallfristen. Das heißt, es wird vertraglich vereinbart, innerhalb welcher Frist Arbeitnehmer und Arbeitgeber Forderungen aus dem Arbeitsverhältnis geltend machen können. Werden diese Fristen nicht eingehalten, sind die Ansprüche verwirkt. In der Regel betragen solche Ausschlussfristen drei Monate nach Fälligkeit der Forderung bzw. nach Beendigung des Arbeitsverhältnisses. Kürzere Fristen dürften in Formularverträgen unzulässig sein (AGB Kontrolle). Individuell können zwischen den Vertragsparteien kürzere Fristen vereinbart werden. Ausschlussfristen werden meistens tariflich geregelt. Durch Bezugnahme auf einen solchen Tarifvertrag können diese Fristen zum Bestandteil des Arbeitsvertrages gemacht werden.

Es handelt sich nur um eine kurze Aufzählung. Denkbar ist, fast alles zu regeln, was von Branche zu Branche auch unterschiedlich geschieht. Denkbar sind für einzelne Arbeitnehmer auch Vertragsstrafen-Klauseln. Nicht zuletzt vor diesem Hintergrund werden immer häufiger Formulare verwendet, weil man glaubt, dann alles geregelt zu haben. Vorsicht ist jedoch geboten, denn solche Formulare sind für alle Branchen und Fälle geschrieben, sie enthalten alles Denkbare, was aber für den konkreten Betrieb nicht passen muss. Sie müssen dann individuell angepasst werden. Geschieht dies nicht, dann können weite Teile wegen Verstoßes gegen die Allgemeinen Geschäftsbedingungen (AGB) unwirksam sein. Wenn Formulare verwendet werden, sollten stets die aktuellen Vorlagen zur Anpassung herangezogen werden.

8.4 Arbeitsvertrag und AGB-Kontrolle

Standardisierte Formulararbeitsverträge sind der Anwendung des Rechtes der Allgemeinen Geschäftsbedingungen unterworfen, nicht jedoch Tarifverträge und Betriebsvereinbarungen! Diese unterliegen wie bisher nur einer allgemeinen Billigkeitskontrolle.

Überraschende und missverständliche Klauseln in Arbeitsverträgen unterliegen einer inhaltlichen AGB-Kontrolle durch die Arbeitsgerichte. Deshalb sollten Arbeitsverträge möglichst eindeutig und klar formuliert werden. Alle Vertragsinhalte, die den Arbeitnehmer verpflichten (z. B. Vereinbarungen von Vertragsstrafen, Geheimhaltungs- und Rückzahlungspflichten), sollten optisch hervorgehoben werden. Das AGB-Recht will den Arbeitnehmer vor Klauseln schützen, mit deren Inhalt er nicht rechnen muss oder die ihn einseitig benachteiligen. Was darunter zu verstehen ist, wird von den Arbeitsgerichten noch sehr unterschiedlich beurteilt.

Die Möglichkeit der AGB-Kontrolle eines Arbeitsvertrages ist dann nicht gegeben, wenn es sich um einen Individualvertrag handelt. Da die AGB-Kontrolle nur bei der Verwendung von Standard- (auch unternehmensinterner Standard) oder Musterarbeitsverträgen, egal von wem, Anwendung findet, sollte grundsätzlich ein Arbeitsvertrag im Baustoff-Fachhandel individualisiert werden. Das heißt, auch wenn ein Unternehmen Musterverträge verwendet, sollte es diese immer individuell abändern und den Gegebenheiten eines bestimmten Arbeitsplatzes anpassen. Doch Vorsicht ist geboten: Werden nämlich in solchen individuellen Einzelverträgen vorformulierte Standardklauseln verwendet, unterliegen diese Klauseln wiederum der AGB-Kontrolle.

Wird eine Vertragsklausel für unwirksam erklärt, weil sie den Arbeitnehmer in unzulässiger Weise benachteiligt, bleibt der Arbeitsvertrag dem Grunde nach bestehen, die beanstandete Klausel wird aber vollständig unwirksam. Eine Teilwirksamkeit oder Umdeutung von beanstandeten Klauseln gibt es nicht! Sonst würde der Verwender immer das Maximum formulieren, weil er weiß, dass letztlich das Maximum gültig bleibt. Das kann unerwünschte Konsequenzen haben. Grundsätzlich sind z. B. Rückzahlungsklauseln bei Weihnachtsgratifikationen zulässig, soweit sie den Arbeitnehmer nur drei Monate nach Auszahlung verpflichten. Eine Klausel mit neun Monaten Rückzahlungsverpflichtung wäre rechtsunwirksam. Die Folge wäre, dass jegliche Rückzahlungspflicht (auch innerhalb von drei Monaten!) für den Arbeitnehmer entfiele.

Hinweis: Da es sich beim Arbeitsvertrag um einen gegenseitigen Vertrag handelt, ist dieser für beide Parteien bindend. Manche Arbeitnehmer sehen dies nicht so eng und bewerben sich gleichzeitig bei mehreren Arbeitgebern. Übersehen wird, dass schon die mündliche Zusage ein Arbeitsverhältnis begründet. Nimmt der Arbeitnehmer zum vereinbarten

Zeitpunkt die Arbeit nicht auf, weil er möglicherweise einen anderen Arbeitsplatz interessanter findet, macht er sich gegenüber dem Arbeitgeber schadenersatzpflichtig.

8.5 Arbeitspapiere

Zu Beginn des Arbeitsverhältnisses werden die Arbeitspapiere ausgetauscht. Dies sind Unterlagen des Arbeitnehmers, die der Arbeitgeber für die Erfüllung seiner Pflichten aus dem Steuer- und Sozialversicherungsrecht benötigt.
Die wichtigsten Arbeitspapiere sind:
- Arbeitszeugnis,
- Arbeitsbescheinigung (§ 12 SGB III),
- Lohnsteuerkarte (bzw. die elektronischen Daten),
- Urlaubsbescheinigung,
- Unterlagen über die betriebliche Altersversorgung,
- Lohnnachweiskarte (nur im Baugewerbe),
- Gesundheitszeugnis (bei Tätigkeit im Lebensmittelbereich),
- Gesundheitsbescheinigung (bei Jugendlichen),
- Arbeitserlaubnis bzw. Arbeitsberechtigung (bei Ausländern aus Nicht-EU-Staaten).

Legt der Arbeitnehmer trotz Aufforderung diese Papiere nicht vor, so kann das eine fristlose Kündigung rechtfertigen. Der Arbeitgeber ist verpflichtet, die Arbeitspapiere sorgfältig aufzubewahren und am Ende des Arbeitsverhältnisses an den Arbeitnehmer zurückzugeben. Bei Beschädigung oder Verlust haftet er für den daraus entstehenden Schaden.

Personalakte
Zu den Arbeitspapieren im weiteren Sinne gehören auch alle Unterlagen, die in Form einer Personalakte geführt werden. Für Arbeitgeber besteht keine Verpflichtung, Personalakten zu führen. Aber schon aus organisatorischen Gründen empfiehlt es sich, für jeden Mitarbeiter eine solche anzulegen. In dieser Akte sollten dann alle Unterlagen geordnet und gesammelt werden, die das jeweilige Arbeitsverhältnis betreffen. Der Arbeitnehmer hat das Recht, in die Personalakten Einsicht zu nehmen.

Personalfragebogen
Schon bei der Einladung zum Vorstellungsgespräch wurde die Verwendung eines Personalfragebogens empfohlen. Spätestens bei der Einstellung sollte er aber ausgefüllt werden. Neben den Fragen, die bei der Bewerberauswahl eine Rolle spielen, enthält ein Personalfragebogen auch wichtige Daten, die die Personalabteilung zur Lohn- bzw. Gehaltsabrechnung benötigt. Das sind z. B.:
- Kontonummer des Girokontos für Lohn-/Gehaltszahlung,
- Anlageform und Daten für die vermögenswirksame Leistung,
- Anlageform und Daten für die private Altersversorgung (Riesterrente),
- private Anschrift und Telefonnummer des Mitarbeiters,
- evtl. Arbeitsplatz und Telefonnummer des Ehegatten,
- sonstige persönliche Daten, soweit erforderlich.

8.6 Meldepflichten des Arbeitgebers

Die Einstellung des Arbeitnehmers muss sowohl der Kranken- als auch der Rentenversicherung sowie der Bundesanstalt für Arbeit gemeldet werden.
Das Verfahren ist heute vereinheitlicht und es genügt, wenn die Meldung gegenüber einem Versicherungsträger – in der Regel der zuständigen Krankenkasse – abgegeben wird. Diese leitet die Daten an die übrigen Versicherungsträger weiter.

8.7 Mitwirkung des Betriebsrates

Die Rechte des Betriebsrats sind im Betriebsverfassungsgesetz (BetrVG) geregelt. In Betrieben mit mindestens fünf ständigen wahlberechtigten Arbeitnehmern, von denen drei wählbar sein müssen, kann ein Betriebsrat gewählt werden. Wahlberechtigt sind alle Arbeitnehmer über 18 Jahre, auch Auszubildende. Ausgenommen sind jedoch leitende Angestellte im Sinne des BetrVG. Wählbar sind alle wahlberechtigten Arbeitnehmer, die dem Betrieb mindestens sechs Monate angehören. Die Größe des Betriebsrates richtet sich nach der Zahl der im Betrieb beschäftigten wahlberechtigten Arbeitnehmer.
Eine Sonderbehandlung der Betriebsratsmitglieder ist im positiven wie negativen Sinne unzulässig. Dennoch haben sie zur Erfüllung ihrer Pflichten im Unternehmen eine Sonderstellung.

Im Rahmen seiner Arbeit hat der Betriebsrat
- ein allgemeines Informationsrecht,
- ein Recht zur Beratung des Arbeitgebers,
- ein allgemeines Anhörungsrecht (z. B. bei Kündigungen),
- ein Mitwirkungsrecht bei personellen Einzelmaßnahmen (z. B. Einstellung, Eingruppierung oder Versetzung von Mitarbeitern) und
- ein umfassendes Mitbestimmungsrecht in den betrieblichen Bereichen, die nicht durch Gesetz oder Tarifvertrag geregelt sind.

Der Betriebsrat vertritt die Interessen der Arbeitnehmer. Dabei kann er selbständig handeln, muss aber die Belange des Unternehmens im Auge behalten. Für seine Tätigkeit ist er ohne finanzielle Nachteile von der Arbeit freizustellen.
Bei größeren Unternehmen (mehr als 200 Arbeitnehmer) besteht ein Anspruch auf völlige Freistellung eines, bei noch größeren Betrieben mehrerer Betriebsräte.
Der Freistellungsanspruch kann aber auch auf mehrere Betriebsräte verteilt werden In Betrieben bis zu 199 Arbeitnehmern können Betriebsräte unter bestimmten Umständen eine Freistellung „nach Bedarf" verlangen. Dabei gilt der Grundsatz, dass die Arbeit als Betriebsrat der Tätigkeit als Arbeitnehmer vorgeht.
Der Betriebsrat ist vor jeder Einstellung zu unterrichten. Insbesondere hat er das Recht, alle Bewerbungsunterlagen einzusehen. Über das Ergebnis von Vorstellungsgesprächen ist er zu informieren.

8.8 Vertragsdauer

Grundsätzlich werden Arbeitsverträge unbefristet abgeschlossen und dann durch Kündigung etc. beendet. Die Zulässigkeit befristeter Arbeitsverhältnisse ergibt sich aus dem allgemeinen Grundsatz der Vertragsfreiheit und dem Gesetz über Teilzeitarbeit und befristete Arbeitsverträge (TzBfG). Die Befristung bedarf gem. TzBfG eines sachlichen Grundes, dies deshalb, weil ansonsten über die Befristungen die Regelungen zum Kündigungsschutzgesetz umgangen werden könnten.

§ 1 TzBfG Zielsetzung

Ziel des Gesetzes ist, Teilzeitarbeit zu fördern, die Voraussetzungen für die Zulässigkeit befristeter Arbeitsverträge festzulegen und die Diskriminierung von teilzeitbeschäftigten und befristet beschäftigten Arbeitnehmern zu verhindern.

Mit dem Gesetz über Teilzeitarbeit und befristete Arbeitsverträge (TzBfG) soll der Missbrauch befristeter Arbeitsverträge verhindert werden.

Eine zweckbestimmte Befristung liegt vor, wenn sich die Dauer des Arbeitsverhältnisses aus dem Zweck der Arbeitsleistung ergibt (z. B. Krankheitsvertretung, Urlaubsvertretung usw.). Die bloße Unsicherheit der künftigen Entwicklung des Arbeitskräftebedarfs rechtfertigt die Befristung eines Arbeitsverhältnisses nicht, so das Bundesarbeitsgericht.
Befristete Arbeitsverhältnisse enden automatisch mit Ablauf der im Arbeitsvertrag vereinbarten Frist, dem vereinbarten Ereignis. Einer gesonderten Kündigung bedarf es dabei nicht.
Manchmal können es sachliche Gründe rechtfertigen, mehrere befristete Arbeitsverträge hintereinander abzuschließen (Mehrfachbefristungen). Würde hierdurch aber der Kündigungsschutz umgangen, lägen unzulässige Kettenarbeitsverträge vor. Deshalb betrachten die Gerichte Mehrfachbefristungen besonders kritisch. Jedoch ist eine dreimalige Verlängerung eines befristeten Arbeitsverhältnisses ohne Vorliegen eines Sachgrundes bis zur Dauer von zwei Jahren möglich. Liegen sachliche Gründe vor, können auch längere und häufigere Befristungen möglich sein.
Insbesondere die beliebte Beschäftigung von Aushilfen birgt Gefahren. Gerne wird hierbei auf bekannte Mitarbeiter – häufig ehemalige Mitarbeiterinnen, die aufgrund von Kindern nicht mehr regelmäßig arbeiten können oder Rentner, die aus dem Erwerbsleben ausgeschieden sind – zurückgegriffen. Auch eingearbeitete Ferienarbeiter, die immer wieder in den Ferien kommen, können bei wiederholten zeitlich befristeten Einstellungen als Umgehung des Teilzeit- und Befristungsgesetzes gewertet werden. Hier ist also äußerste Vorsicht bei der Ausgestaltung des Arbeitsverhältnisses am Platze. Daher sollte für befristete Arbeitsverhältnisse immer ein Sachgrund für die Befristung genannt werden, z. B. Saison, Umbauten oder Projekte.

8.9 Vertragsmängel

Wie jeder andere Vertrag können auch Arbeitsverträge fehlerhaft sein. Es finden dann die allgemeinen Regeln über Mängel bei Rechtsgeschäften des Bürgerlichen Gesetzbuches (BGB) und das Recht der allgemeinen Geschäftsbedingungen (AGB) Anwendung.
Bei Minderjährigen muss die Einwilligung der Eltern eingeholt werden. Gründe, die zur Anfechtung des Arbeitsvertrages führen können, sind Irrtum, Drohung, arglistige Täuschung und überraschende bzw. benachteiligende Klauseln. Praktische Bedeutung für beide Vertragsparteien (Arbeitgeber und Arbeitnehmer!) kommt der Anfechtung wegen arglistiger Täuschung zu. Auch hier ist die Rechtsprechung nicht ganz einheitlich. Deshalb empfiehlt sich sowohl beim Vorstellungsgespräch als auch beim Vertragsschluss größte Sorgfalt, um mögliche Anfechtungsgründe von vornherein auszuschließen.

Beispiel

Ein Arbeitgeber sucht für einen Arbeitsplatz, an dem werdende Mütter nicht beschäftigt werden dürfen, dringend schnellen Ersatz für eine Mitarbeiterin im Mutterschutz. Beim Vorstellungsgespräch teilt er dies den Bewerberinnen auch mit. Die eingestellte Mitarbeiterin hat auf die Frage nach einer Schwangerschaft ausdrücklich mit nein geantwortet. Nach wenigen Tagen am neuen Arbeitsplatz teilt sie dem Arbeitnehmer jedoch mit, dass sie bereits seit zwei Monaten schwanger ist.

Der Arbeitgeber darf die werdende Mutter an diesem Arbeitsplatz nicht mehr beschäftigen, er kann aber auch nicht kündigen (Mutterschutz). Ihm bleibt nur die Möglichkeit, das Arbeitsverhältnis wegen arglistiger Täuschung anzufechten. Als Rechtsfolgen kommen neben der Auflösung des Arbeitsverhältnisses unter Umständen auch Schadenersatzansprüche in Betracht.

9 Regelungen im laufenden Arbeitsverhältnis

9.1 Arbeitszeit

Die Dauer der Arbeitszeit wird im Arbeitsvertrag vereinbart. Sofern es im Arbeitsvertrag keine besonderen Regelungen gibt, ist der Arbeitgeber befugt, die Lage der Arbeitszeit einseitig festzulegen. Er bestimmt den Beginn und das Ende der täglichen Arbeitszeit sowie die Pausen. Zu beachten ist jedoch, dass es Arbeitszeit–Schutzvorschriften in einigen Sondergesetzen gibt.
Erwähnt seien hier das Arbeitszeitgesetz (ArbZG), das Jugendarbeitsschutzgesetz (JarbSchG) und das Mutterschutzgesetz (MuSchG). Darüber hinaus gibt es in einigen Tarifverträgen besondere Regelungen.

Werktägliche Arbeitszeit

Nach § 3 ArbZG darf die werktägliche Arbeitszeit der Arbeitnehmer 8 Stunden nicht überschreiten. Sie kann nur auf bis zu 10 Stunden verlängert werden, wenn innerhalb von 6 Kalendermonaten oder innerhalb von 24 Wochen im Durchschnitt 8 Stunden werktäglich nicht überschritten werden. Arbeitszeit im Sinne des Arbeitszeitgesetzes ist die Zeit von Beginn bis zum Ende der Arbeit ohne die Ruhepausen.

Ruhepausen

Ruhepausen liegen vor, wenn spätestens zu Beginn der Arbeitsunterbrechung auch die Dauer feststeht und der Arbeitnehmer nicht damit rechnen muss, in dieser Zeit zur Arbeit herangezogen zu werden. Bei einer Arbeitszeit von mehr als 6 bis 9 Stunden ist die Arbeit durch eine im Voraus feststehende Ruhepause von 30 Minuten und bei einer Arbeitszeit von mehr als 9 Stunden durch eine Ruhepause von 45 Minuten zu unterbrechen. Die Ruhepausen können in Zeitabschnitte von jeweils 15 Minuten aufteilt werden. Länger als 6 Stunden hintereinander dürfen Arbeitnehmer nicht ohne Ruhepausen beschäftigt werden. Der Arbeitgeber ist verpflichtet dafür zu sorgen, dass die Grenzen des Arbeitszeitgesetzes eingehalten werden.

Sonderfall Kraftfahrer

Bei Kraftfahrern muss unterschieden werden zwischen Lenkzeit und Arbeitszeit. Während die Lenkzeiten in der Regel weniger Probleme bereiten, stoßen die Lkw-Fahrer im Baustoff-Fachhandel mit ihrer Arbeitszeit schnell an die Obergrenze des Arbeitszeitgesetzes.

Nach einer Entscheidung des Landesarbeitsgerichts Niedersachsen sind Be- und Entladezeiten, für deren Dauer die Kraftfahrer ihre Fahrzeuge und das Betriebsgelände zwar verlassen dürfen, ihrem Arbeitsaufruf aber umgehend nachzukommen haben, keine Ruhepause. Für einen Fahrer, der bei einer Werkabholung längere Zeit warten muss und nie genau weiß, wann er um eine Lastzuglänge vorfahren muss, ist diese Wartezeit Arbeitszeit.

Be- und Entladezeiten dürfen dem Kraftfahrer nicht als Ruhezeiten angerechnet werden.
Foto: OBV Baustoffe

Auch die Zeiten des morgendlichen Vorbereitens des Lkws (Be- und Entladen), eine mögliche Fahrzeugwäsche, Wartungsarbeiten usw. sind Arbeitszeit. Kraftfahrer kommen daher in den Sommermonaten schnell auf 9 bis 10 Stunden. Eine Lösung für dieses Problem kann sein, die täglichen Arbeitszeiten der Kraftfahrer in der 5-Tage-Woche auf eine 6-Tage-Woche umzulegen. Das Arbeitszeitgesetz spricht von einer werktäglichen Arbeitszeit. Auch der Samstag ist Werktag. Somit geht das Arbeitszeitgesetz von 6-Tage-Wochen aus. Wenn nun in der 5-Tage-Woche täglich 9 Stunden gearbeitet und diese Arbeitszeit auf die 6-Tage-Woche (einschließlich Samstag) verteilt wird, kommt man auf einen täglichen Schnitt von 7,5 Stunden. Die Vorgabe des Arbeitszeitgesetzes von 8 Stunden täglich wird also eingehalten.

§ 7 I Nr. 1 Arbeitszeitgesetz ermöglicht darüber hinaus, dass auf der Grundlage eines Tarifvertrages die Arbeitszeit auf maximal 10 Stunden werktäglich verlängert wird, wenn in ihr in einem erheblichen Umfang Bereitschaftsdienst etc. anfällt. § 7 III Arbeitszeitgesetz ermöglicht eine entsprechende Vereinbarung zwischen dem Arbeitnehmer und dem Arbeitgeber, auch wenn dieser nicht tarifgebunden ist, aber in einem entsprechenden Tarifvertrag abweichende Regelungen ermöglicht werden.

9.2 Krankheit

Gehaltsfortzahlung im Krankheitsfall

Während der Krankheit erhält der Arbeitnehmer eine Gehaltsfortzahlung. Der Grundsatz ist, dass einem Arbeitnehmer durch eine unverschuldete Arbeitsunfähigkeit keine finanziellen Nachteile entstehen sollen. Der Anspruch auf Entgeltfortzahlung entsteht erstmals nach vierwöchiger ununterbrochener Dauer eines Arbeitsverhältnisses. Wird ein Arbeitnehmer krank, so hat er dies dem Arbeitgeber unverzüglich mitzuteilen (Anzeigepflicht). Dauert die Arbeitsunfähigkeit länger als drei Tage, hat der Arbeitnehmer eine ärztliche Bescheinigung über das Bestehen der Arbeitsunfähigkeit sowie deren voraussichtlicher Dauer spätestens am vierten Fehltag vorzulegen. Der Arbeitgeber kann die ärztliche Bescheinigung auch schon früher verlangen. Mehrmalige Nichtvorlage kann nach wiederholter Abmahnung eine fristlose Kündigung rechtfertigen.

Nicht selten steht der Beweiswert der Arbeitsunfähigkeitsbescheinigung zur Diskussion. Bestehen Zweifel an der Arbeitsunfähigkeit, so kann der Arbeitgeber die Entgeltfortzahlung einstellen oder bei der zuständigen Krankenkasse eine Untersuchung des Medizinischen Dienstes beantragen. Zweifel bestehen z. B. dann, wenn ein Arbeitnehmer auffällig häufig an Montagen oder Freitagen erkrankt.

Grundsätzlich steht kranken Arbeitnehmern ein Entgeltfortzahlungsanspruch in Höhe von 100 % zu. Eine wahlweise Anrechnung von Krankheitstagen auf den Urlaub ist nicht zulässig. Entsprechendes gilt auch für notwendige Kuren. Bemessungsgrundlage für das weiterzuzahlende Arbeitsentgelt sind u. a. das gesamte Bruttoarbeitsentgelt, die Arbeitgeberanteile zur Sozialversicherung, Sonntags-, Feiertags- und Nachtarbeitszuschläge, Erschwernis- und Gefahrenzuschläge, Familien- und Ortszuschläge, laufende vermögenswirksame Leistungen usw. Nicht hinzuzurechnen sind Aufwendungen, die nur bei Arbeitsfähigkeit entstehen. Ausgenommen sind Auslösungen und ähnliche Leistungen, z. B. Reisekosten, Spesen und Trennungsentschädigungen.

Überstundenvergütungen werden bei der Berechnung des fortzuzahlenden Entgelts nicht berücksichtigt.
Bei schwankenden Arbeitseinkünften (z. B. Akkordarbeit) besteht der Entgeltfortzahlungsanspruch in Höhe des Durchschnittsverdienstes der letzten drei Monate.
Der Anspruch besteht für die Dauer von sechs Wochen. Befand sich der Arbeitnehmer jedoch bereits in gekündigtem Arbeitsverhältnis, so endet der Entgeltfortzahlungsanspruch mit dem Ende des Arbeitsverhältnisses. Wird dem Arbeitnehmer aus Anlass der Erkrankung gekündigt (das wird zunächst immer dann vermutet, wenn der Ausspruch der Kündigung in Kenntnis der Erkrankung des Arbeitnehmers erfolgt), so besteht der Entgeltfortzahlungsanspruch auch über das Ende des Arbeitsverhältnisses hinaus bis zur Höchstdauer von sechs Wochen.

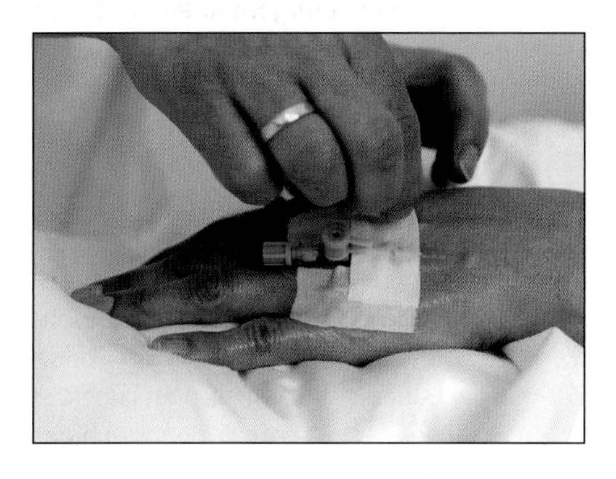

Auch im Krankheitsfall soll der Arbeitnehmer sozial abgesichert sein. *Foto: Scholz/DAK*

Mehrfacherkrankung
Wird ein Arbeitnehmer im Laufe eines Jahres mehrmals krank, so ist zu unterscheiden zwischen **Fortsetzungserkrankung** und **Neuerkrankung**. Handelt es sich bei den Krankheiten um jeweils neue, medizinisch andersartige Erkrankungen, so entsteht der Entgeltfortzahlungsanspruch immer wieder neu. Eine solche liegt auch dann vor, wenn mehrere Erkrankungen auf demselben Grundleiden beruhen. Arbeitnehmer haben bei Fortsetzungserkrankungen dann einen erneuten Entgeltfortzahlungsanspruch von sechs Wochen, wenn sie zwischen zwei Erkrankungen (derselben Krankheit) mindestens sechs Monate nicht aufgrund derselben Krankheit arbeitsunfähig waren. Ein neuer Entgeltfortzahlungsanspruch entsteht auch, wenn seit Beginn der ersten Arbeitsunfähigkeit infolge derselben Krankheit eine Frist von zwölf Monaten abgelaufen ist. Wichtig ist, dass sich der Anspruch auf Entgeltfortzahlung nicht dadurch verlängert, dass während der Arbeitsunfähigkeit eine andere Krankheit auftritt.

Verschuldete Arbeitsunfähigkeit
Bei einer verschuldeten Arbeitsunfähigkeit besteht kein Anspruch auf Lohnfortzahlung. Die Beweispflicht liegt beim Arbeitgeber. Die Rechtsprechung hat eine Reihe von Tatbeständen herausgearbeitet, bei denen Verschulden des Arbeitnehmers angenommen wird:

- grob fahrlässig verursachte Verkehrsunfälle, z. B. Trunkenheitsfahrt, erhebliche Geschwindigkeitsüberschreitungen, Überholen an unübersichtlichen Stellen,

Paragleiten zählt zu den Freizeitaktivitäten mit erhöhtem Risiko. *Foto: Redaktion*

- Sportunfälle bei besonders gefährlichen Sportarten, z. B. Drachenfliegen, Paragleiten, Fallschirmspringen, Motorradrennfahren (Anzumerken ist, dass die Gerichte über die Gefährlichkeit verschiedener Sportarten unterschiedlicher Auffassung sind.),
- Betriebsunfälle, bei denen eine grob fahrlässige Verletzung der Unfallverhütungsvorschriften vorliegt, z. B. verbotswidrige Benutzung gefährlicher Geräte (Kreissäge), Nichttragen von Schutzhelm bzw. Sicherheitsschuhen bei gefährlichen Arbeiten oder Nichttragen von Warnwesten.

Wurde die Arbeitsunfähigkeit durch einen Dritten verschuldet, z. B. bei einem Verkehrsunfall, so hat der Arbeitgeber, der Entgeltfortzahlung leisten muss, einen Schadenersatzanspruch gegen den Schädiger bzw. dessen Versicherung.

9.3 Urlaub

Nach dem Bundesurlaubsgesetz haben alle Arbeitnehmer, deren Arbeitsverhältnis mindestens einen vollen Monat besteht, Anspruch auf bezahlten Erholungsurlaub. Als Mindesturlaub schreibt das Bundesurlaubsgesetz 24 Werktage vor (§3 BUrlG). Da auch Samstage Werktage sind, entspricht das einem Mindesturlaubsanspruch von 4 Wochen im Jahr. Moderne tarifliche Regelungen gehen über diesen Mindesturlaubsanspruch weit hinaus. Von Ausnahmen abgesehen, beziehen sich die meisten tariflichen Urlaubsregelungen auf die 5-Tage-Woche (Urlaubstag = Arbeitstag). Der volle Urlaubsanspruch entsteht erstmals nach sechs Monaten Betriebszugehörigkeit.

Beispiel

Ein Arbeitnehmer tritt zum 1.1.2015 in ein Unternehmen ein. Da er keine schulpflichtigen Kinder hat, möchte er zum 15. Mai seinen Jahresurlaub nehmen. Ein solcher Anspruch besteht nicht, da der Arbeitnehmer noch keine sechs Monate im Betrieb beschäftigt war. Würde er demgegenüber erst zum 15. Juli in den Urlaub gehen, so könnte der Arbeitgeber, wenn keine betrieblichen Belange dem entgegenständen, den vollen Jahresurlaub nicht verweigern, auch wenn der Arbeitnehmer dann im August kündigt.

Es empfiehlt sich daher, zu vereinbaren, dass im Jahr einer Kündigung der Urlaubsanspruch nur anteilig besteht. Ansonsten besteht ein Anspruch auf den gesamten Jahresurlaub.

Bei der zeitlichen Festlegung des Urlaubs sind die Urlaubswünsche des Arbeitnehmers zu berücksichtigen. Allerdings muss der Arbeitnehmer auf die Belange des Unternehmens Rücksicht nehmen, d. h. er kann nicht Urlaub nehmen, wann er will. Neben den betrieblichen Belangen hat er auch Urlaubswünsche anderer Arbeitnehmer mit zu berücksichtigen. In der betrieblichen Praxis wird im Allgemeinen zu Beginn des Urlaubsjahres ein Urlaubsplan ausgelegt, in den Arbeitnehmer ihre Urlaubswünsche eintragen können. Auf diese Weise haben alle Arbeitnehmer die Möglichkeit, frühzeitig ihre Urlaubspläne abzustimmen. Nimmt ein Arbeitnehmer eigenmächtig entgegen dem ausdrücklichen Willen des Arbeitgebers seinen Urlaub, so kann dies ein Grund zur fristlosen Kündigung sein.

Der Urlaubsanspruch muss grundsätzlich während des Urlaubsjahres (= Kalenderjahr) genommen werden. Eine Übertragung des Urlaubs auf das folgende Kalenderjahr ist nur ausnahmsweise möglich. Die Praxis in den Betrieben hat sich aber dahingehend entwickelt, dass die ersten drei Monate des Folgejahres als Übertragungszeitraum für den Resturlaub möglich sind. Urlaub, der bis zum 31.3. des Folgejahres nicht genommen wird, verfällt ersatzlos.

Dies gilt allerdings nicht, wenn der Arbeitnehmer durch eine lang andauernde Erkrankung daran gehindert war, seinen Urlaub zu nehmen. Weitere Ausnahmen, in denen der Urlaub über die ersten drei Monate des Folgejahres hinweg beansprucht werden kann:

- bei Nichterfüllung der Wartezeit von sechs Monaten,
- § 17 Mutterschutzgesetz (wenn eine Mutter vor Beginn des Beschäftigungsverbots Urlaub nicht oder nur unvollständig in Anspruch nehmen konnte),
- bei Elternzeit (wenn der Arbeitnehmer aufgrund der Elternzeit seinen Erholungsurlaub nicht nehmen konnte).

Arbeitgeberwechsel: Wechselt ein Arbeitnehmer seinen Arbeitgeber, so besteht nur ein einheitlicher Urlaubsanspruch. Das heißt, soweit er bereits bei seinem früheren Arbeitgeber seinen Jahresurlaub verbraucht hat, kann er gegenüber dem neuen Arbeitgeber keinen oder nur einen Resturlaub für dieses Urlaubsjahr geltend machen. Er kann auf keinen Fall zweimal den vollen Jahresurlaub (beim alten und beim neuen Arbeitgeber) beanspruchen.

Arbeitsunfähigkeit: Der Urlaubsanspruch wird durch das bestehende Arbeitsverhältnis begründet und besteht auch während der Arbeitsunfähigkeit von Arbeitnehmern. Selbst wenn ein Arbeitnehmer das ganze Jahr arbeitsunfähig war, behält er seinen vollen Urlaubsanspruch. Tarifverträge sehen oft eine gewisse Anrechnung des Urlaubs bei lang andauernder Arbeitsunfähigkeit vor. Zu beachten ist aber, dass durch eine solche Anrechnung der Mindesturlaubsanspruch nach dem Bundesurlaubsgesetz nicht unterschritten werden darf.

Erkrankung im Urlaub: Erkrankt ein Arbeitnehmer im Urlaub, so ist der Urlaubszweck, die Erholung, unmöglich geworden. Der Arbeitgeber darf dann die durch ein ärztliches Attest nachgewiesenen Tage der Arbeitsunfähigkeit während des Urlaubs nicht auf den Jahresurlaub anrechnen.

Abgeltung: Urlaub ist grundsätzlich in „natura" zu gewähren. Das heißt, solange die Möglichkeit besteht, Urlaub in Freizeit zu gewähren, ist eine Abgeltung unzulässig. Lässt sich ein Arbeitgeber dazu verleiten, einen Urlaubsanspruch abzugelten und besteht das Arbeitsverhältnis fort, so kann der Arbeitnehmer trotz bereits geleisteter Abgeltung den Urlaub in Freizeit erneut beanspruchen.

Teilzeitbeschäftigte: Sie haben Anspruch auf den gleichen Jahresurlaub wie ihre vollzeitbeschäftigten Arbeitskollegen. In der Praxis bedeutet dies:

Besteht ein tariflicher Urlaubsanspruch von 30 Arbeitstagen im Jahr, so können auch Teilzeitbeschäftigte diese 30 Tage beanspruchen. Allerdings wird ihnen z. B. bei Halbtagsbeschäftigten für jeden Urlaubstag nur ein halber Tag vergütet. (Schwieriger ist die Berechnung, wenn der Teilzeitbeschäftigte nur an bestimmten Tagen in der Woche arbeitet. Auch diese Arbeitnehmer haben grundsätzlich einen Urlaubsanspruch von 30 Tagen, sie müssen sich jedoch auch die arbeitsfreien Tage der Woche als Urlaubstage anrechnen lassen.

Urlaubsentgelt bei schwankenden Bezügen: Ähnlich wie bei der Entgeltfortzahlung richtet sich das Urlaubsentgelt bei schwankenden Bezügen nach dem durchschnittlichen Arbeitsverdienst der letzten 13 Wochen (drei Monate) vor Beginn des Urlaubs, jedoch ohne eventuell angefallene Überstundenvergütung. Fällt in den Urlaub eine Lohnerhöhung, so ist diese auch beim Urlaubsentgelt zu berücksichtigen.

Tarifliche Regelungen: Tarifverträge sehen heute in der Regel ein zusätzliches Urlaubsgeld vor, das je nach betrieblicher Übung in den Sommermonaten oder vor dem Urlaubsantritt ausbezahlt wird. In den meisten Fällen wird das Urlaubsgeld entsprechend dem Urlaubsanspruch gewährt. Das heißt, hat ein Arbeitnehmer Anspruch auf den vollen Jahresurlaub,

Der Urlaub sollte erholsam und unbeschwert sein. *Foto: Redaktion*

kann er auch das volle zusätzliche Urlaubsgeld beanspruchen. Scheidet er im Laufe eines Kalenderjahres aus, errechnet sich der Anspruch nach dem Zwölftelungsprinzip.
Anders als beim Urlaubsanspruch kann zu viel bezahltes Urlaubsgeld in der Regel als Gehaltsvorschuss zurückgefordert werden.
Urlaub hat der Erholung des Arbeitnehmers zu dienen. Deshalb ist dem Arbeitnehmer jede Erwerbstätigkeit während des Urlaubs verboten, welche einer Erholung entgegenstehen könnte. Unter Umständen kann eine unerlaubte Erwerbstätigkeit während des Urlaubs eine Kündigung rechtfertigen. Zulässig sind Tätigkeiten (auch Erwerbstätigkeiten), die der Erholung des Arbeitnehmers dienen bzw. ihr nicht entgegenstehen.

9.4 Urlaub für Auszubildende

Die Dauer des Urlaubs muss im Berufsausbildungsvertrag vereinbart werden. Für jugendliche Auszubildende ist ein Mindesturlaubsanspruch in §19 JArbSchG vorgeschrieben. Je nach Alter der Jugendlichen liegt dieser zwischen 25 und 30 Werktagen. Zu beachten ist, dass auch Samstage Werktage sind. Demgegenüber gehen die Tarifverträge in der Regel von der 5-Tage-Woche aus. Das hat zur Folge, dass die tariflichen Urlaubsansprüche aller Arbeitnehmer im Baustoff-Fachhandel die Mindestansprüche des JArbSchG regelmäßig überschreiten. Auch für jugendliche Auszubildende gelten die günstigeren tariflichen Regelungen, wenn sie anwendbar sind. Wichtig ist das absolute Verbot für Auszubildende, während des Urlaubs einer dem Urlaubszweck widersprechenden Erwerbstätigkeit nachzugehen. Der Jahresurlaub soll während der Berufsschulferien gewährt werden, um das Ausbildungsziel nicht zu beeinträchtigen.

9.5 Haftung des Arbeitnehmers bei der Arbeit

Die Auffassung, der Arbeitgeber habe für jeden Schaden aufzukommen den ein Arbeitnehmer verursacht, ist falsch. Wie im Privatleben ist auch ein Arbeitnehmer für sein Handeln zunächst einmal voll verantwortlich. Dabei ist der Umfang der Pflichten, für die er einzustehen hat, aus seinem Arbeitsvertrag zu ermitteln. So treffen alle Arbeitnehmer besondere Obhut- und Verwahrungspflichten hinsichtlich des Firmeneigentums (z. B. Werkzeuge, Waren im Lager und Verkaufsraum, Firmenfahrzeuge usw.). Kraftfahrer haben darüber hinaus die Straßenverkehrsvorschriften einzuhalten. Mitarbeiter in Vertrauensstellungen (z. B. Abteilungsleiter, Lagermeister, Filialleiter) unterliegen besonderen Auskunfts-, Überwachungs- und Rechnungslegungspflichten.

Vorsatz und Fahrlässigkeit

Alle Arbeitnehmer haben grundsätzlich Vorsatz und Fahrlässigkeit zu vertreten. Fahrlässig handelt, wer die im Verkehr erforderliche Sorgfalt außer Acht lässt. Vorsatz und grobe Fahrlässigkeit führten grundsätzlich zur vollen Haftung des Arbeitnehmers. Dies gilt bei der Missachtung von Unfallverhütungsvorschriften der Berufsgenossenschaften. Bei grober Fahrlässigkeit ist jedoch im Einzelfall eine Einschränkung der Haftung möglich, wenn der zu ersetzende Schaden eine Größenordnung erreicht, die den Arbeitnehmer in seiner wirtschaftlichen Existenz gefährdet. Liegt der zu ersetzende Schaden nicht erheblich über einem Bruttomonatseinkommen des Arbeitnehmers, besteht zu einer Haftungsbegrenzung keine Veranlassung.

Beispiel

Wer als Berufskraftfahrer (bei seiner Arbeit) wegen Nichtbeachtung einer auf „Rot" geschalteten Lichtzeichenanlage einen Verkehrsunfall verursacht, haftet in aller Regel dem Arbeitgeber wegen grob fahrlässig begangener positiver Vertragsverletzung für den dadurch verursachten Schaden.

Grobe Fahrlässigkeit wird angenommen bei Alkoholgenuss über der Promillegrenze, Missachtung von Verkehrszeichen, unvorsichtigem Überholen und vor allen Dingen, wenn sich der Arbeitnehmer bei seiner Tätigkeit über eindeutige Vorschriften und Anweisungen von Vorgesetzten hinweggesetzt hat.

Mittlere (normale) Fahrlässigkeit führt zu einer Schadensteilung zwischen Arbeitgeber und Arbeitnehmer je nach Verschulden. Für die Gewichtung spielt die Gefahrgeneigtheit (Schwierigkeit der Tätigkeit, Ausbildung des Arbeitnehmers usw.) eine Rolle.

Bei **leichter Fahrlässigkeit** besteht grundsätzlich keine Haftung. Der Arbeitgeber hat den Schaden zu übernehmen. Ausgenommen sind Haftungsfälle, die nicht aus einer dienstlichen Verrichtung des Arbeitnehmers entspringen.
Die Haftung des Arbeitnehmers kann gemildert werden, wenn für den Eintritt des Schadens oder seine Höhe ein Mitverschulden des Arbeitgebers ursächlich war. Haftung und Umfang der Haftung hängen dabei sehr stark von den Umständen des Einzelfalles ab.

Die Missachtung von Unfallverhütungsvorschriften kann – bei Eintreten eines Unfalls – als schuldhaftes Handeln (grobe Fahrlässigkeit) bewertet werden.
Foto: BG Bau

9.6 Haftung des Arbeitgebers im Arbeitsverhältnis

Grundsätzlich trägt der Arbeitgeber für Organisation und Ablauf der Arbeit seiner Mitarbeiter die Verantwortung. Ein Mitverschulden ist dann gegeben, wenn er notwendige Anweisungen nicht oder nicht richtig erteilt hat. Mitverschulden liegt auch vor, wenn der Arbeitgeber es unterlassen hat, den Mitarbeiter auf die Gefahr eines ungewöhnlich hohen

Schadens aufmerksam zu machen, und der Arbeitnehmer diese Gefahr weder kannte noch kennen musste. Bei Sachschäden hat der Arbeitnehmer gegen den Arbeitgeber einen Schadenersatzanspruch, wenn der Arbeitgeber den Eintritt des Schadens zu vertreten hat (Vorsatz und Fahrlässigkeit!). Hat der Arbeitgeber den Schaden nicht zu vertreten, kann dennoch ein Ersatzanspruch des Arbeitnehmers entstehen, z. B. wenn der eingetretene Schaden außergewöhnlich hoch und dem besonderen betrieblichen Risiko zuzurechnen ist (z. B. unzumutbare Strafverfolgung bei Verkehrsunfällen im Ausland, keine Vollkaskoversicherung bei Firmenfahrzeugen).
Bei Personenschäden gelten ausschließlich die Vorschriften des Sozialgesetzbuches VII. Ein Ersatzanspruch des Arbeitnehmers gegen den Arbeitgeber besteht nicht.

9.7 Das Allgemeine Gleichbehandlungsgesetz (AGG)

Das Allgemeine Gleichbehandlungsgesetz (AGG) gilt für das gesamte private Vertragsrecht. Sein Schwerpunkt liegt aber im Arbeitsrecht. Ziel des Gesetzes ist es, Arbeitnehmer vor Benachteiligung im Arbeitsleben zu schützen. Allerdings gilt das Benachteiligungsverbot nicht allgemein. Nur die Benachteiligung in klar definierten Bereichen und in bestimmten Situationen wird untersagt. Benachteiligungsmerkmale sind:

- Rasse und ethnische Herkunft,
- Religion und Weltanschauung,
- Behinderung, Alter,
- sexuelle Identität (Geschlecht).

Das AGG wendet sich gegen Benachteiligung und Diskriminierung in Betrieben.

Sachlich bezieht sich das Gesetz, soweit es den arbeitsrechtlichen Teil betrifft, auf alle Bereiche des Arbeitslebens von der Bewerbung über Beschäftigung und Arbeitsbedingungen bis hin zu den beruflichen oder Entlassungsbedingungen.
Besondere Probleme kann das Allgemeine Gleichbehandlungsgesetz bei der Bewerberauswahl bei Neueinstellungen bereiten. Formulierungen in Stellenausschreibungen wie *„Junges Team sucht junge Mitarbeiter."* oder *„Schlanke Mitarbeiterin für junge Mode gesucht."* dürften nach dem Allgemeinen Gleichbehandlungsgesetz nicht mehr zulässig sein.
Auch beim Vorstellungsgespräch ist Vorsicht geboten. So sollte der Gesprächsverlauf in seinen wesentlichen Inhalten protokolliert werden. Hilfreich ist die Anwesenheit von Zeugen. Größere Unternehmen ziehen ihre Rechtsberater hinzu. Bei späteren Diskriminierungsvorwürfen durch einen abgewiesenen Bewerber muss der Arbeitgeber den Nachweis erbringen, dass bestimmte Aussagen im Vorstellungsgespräch nicht oder anders gefallen sind.

Anfänglich ist befürchtet worden, dass es schwarze Schafe geben würde, die sich ohne wirkliches Interesse an der Arbeitsstelle bewerben würden, um bei gescheiterten Vorstellungsgesprächen dem Arbeitgeber Schadenersatzzahlungen aufgrund einer Benachteiligung aus der Tasche zu ziehen. Die bisherigen Erfahrungen haben jedoch gezeigt, dass sich der Missbrauch potenzieller Stellenbewerber in Grenzen hält. Dennoch sind einige Anwälte dabei, Datenbanken aufzubauen, in denen abgewiesene Stellenbewerber, die Schadenersatzzahlungen gefordert haben, erfasst werden. Könnte man nachweisen, dass ein abgewiesener Stellenbewerber kein ernsthaftes Interesse an dem Arbeitsplatz hatte, so wäre der Nachweis fehlender Benachteiligung leicht zu führen.

9.8 Rauchverbot

Nach der Arbeitsstättenverordnung ist der Arbeitgeber für den Gesundheitsschutz seiner nicht rauchenden Mitarbeiter verantwortlich. Er hat das Recht und die Pflicht, seine nicht rauchenden Arbeitnehmer zu schützen. Andererseits haben auch Raucher Rechte. Ein generelles Rauchverbot im Betrieb greift in die Persönlichkeitsrechte der Raucher ein.
Für einige Bereiche (z. B. Holzlager im Baustoffhandel etc.) bestehen gesetzliche branchenbezogene Rauchverbote u. a. auf Grund von Verordnungen bzw. durch die Unfallverhütungsvorschriften der Berufsgenossenschaften.

In den meisten Betrieben wird das Rauchen am Arbeitsplatz nicht mehr akzeptiert. *Foto: TÜV Süd*

Das Bundesarbeitsgericht hält ein Rauchverbot in allen Betriebsräumen für wirksam, nicht aber auf dem gesamten Betriebsgelände. Der Arbeitgeber kann also die Raucher unter den Arbeitnehmern auf Freiflächen verweisen, soweit dies nicht wegen der besonderen Umstände als unzumutbar oder schikanös erscheint.
Die Raucherpause muss nicht bezahlt werden. Deshalb ist es zulässig, wenn der Arbeitgeber fordert, dass der Arbeitnehmer die Zeit seiner Raucherpausen ausstempeln muss. Tut er dies nicht, dann rechtfertigt dies nach Abmahnung eine fristlose Kündigung.

9.9 Nutzung des Internets

Idealerweise sollte das Thema private Internetnutzung am Arbeitsplatz im Arbeitsvertrag geklärt werden. Da dies aber noch in relativ wenigen Verträgen der Fall ist, muss für eine rechtliche Beurteilung auf allgemeine Grundsätze zurückgegriffen werden. Es gilt dabei das grundsätzliche Verbot der privaten Internetnutzung. Der Arbeitgeber muss dies ausdrücklich gestatten. Selbst wenn der Arbeitgeber die Nutzung gestattet, so bezieht sich diese Gestattung nur auf die Pausenzeiten und nicht auf die Arbeitszeit. Die extensive Nutzung in der Arbeitszeit rechtfertigt eine außerordentliche fristlose Kündigung. Bei Bestehen eines Betriebsrates sollte mit diesem eine Betriebsvereinbarung geschlossen werden.

Die private Internet-Nutzung sollte in einer Betriebsvereinbarung geregelt sein.
Foto: Tony Hegewald/pixelio

Arbeitnehmer, die gegen die Anweisungen zur privaten Nutzung des Internets verstoßen, können abgemahnt werden. Im Wiederholungsfalle ist eine fristlose Kündigung möglich. Die Zulassung privater E-Mails verursacht erhebliche Probleme, denn diese darf der Arbeitgeber nicht lesen. Es gelten besondere gesetzliche Verpflichtungen, z. B. nach dem Telekommunikationsgesetz. Der Zugriff des Arbeitgebers auf die Inhalte und die Kommunikationsdaten selbst ist stark eingeschränkt. Es kann dem Arbeitgeber daher nur geraten werden, jegliche private Nutzung des Internets durch die Arbeitnehmer zu untersagen.

10 Besondere Arbeitnehmergruppen

10.1 Werdende Mütter

Als Teil des besonderen Schutzes, den Ehe und Familie sowie das werdende Leben nach unserem Grundgesetz genießen, gewährt auch das Arbeitsrecht werdenden Müttern einen besonderen Schutz im Arbeitsverhältnis. Das Mutterschutzgesetz (MSchG) regelt den Schutz der Arbeitnehmerin. Sobald ein Arbeitgeber Kenntnis von der Schwangerschaft einer Arbeitnehmerin erhält, hat er unverzüglich das Gewerbeaufsichtsamt über die Schwangerschaft seiner Arbeitnehmerin zu unterrichten. Er hat darüber hinaus besondere Schutzfristen und Beschäftigungsverbote zu beachten.

Bei der Gestaltung des Arbeitsplatzes hat er auf werdende oder stillende Mütter Rücksicht zu nehmen. So dürfen vor der Geburt werdende Mütter nicht an Arbeitsplätzen beschäftigt werden, die mit schweren körperlichen Tätigkeiten verbunden sind oder bei denen gesundheitsgefährdende Stoffe (Gase, Strahlen, Lärm usw.) auf die Arbeitnehmerin einwirken. Akkordarbeit ist in dieser Zeit grundsätzlich verboten.

Sechs Wochen vor der Geburt darf die werdende Mutter nicht mehr beschäftigt werden. Nur auf ihren ausdrücklichen Wunsch hin und nach einer Aufklärung über ihre Rechte ist eine Weiterarbeit möglich.

Ein Arbeitgeber kann einer schwangeren Mitarbeiterin, die aufgrund eines gesetzlichen Beschäftigungsverbots ihre nach dem Arbeitsvertrag geschuldete Leistung nicht mehr erbringen darf, vorübergehend eine andere Tätigkeit zuweisen, wenn die Ersatztätigkeit für die schwangere Frau zumutbar ist.

Nach der Geburt genießen stillende Mütter den gleichen Schutz wie vor der Geburt. Außerdem müssen die Mütter die Möglichkeit erhalten, ohne Verdienstausfall ihre Kinder zu stillen. Von Ausnahmen abgesehen sind Überstunden, Nacht- und Sonntagsarbeit bei stillenden Müttern unzulässig.

Nach der Geburt besteht ein absolutes Beschäftigungsverbot für acht Wochen, selbst wenn die Mutter die Beschäftigung wünscht. Während der Beschäftigungsverbote vor und nach der Geburt erhält die Arbeitnehmerin ihren Arbeitsverdienst weiter. Von der Krankenversicherung erhält sie das sogenannte Mutterschaftsgeld (maximal 13 EUR pro Kalendertag). Der Arbeitgeber hat durch einen Zuschuss zum Mutterschaftsgeld die Differenz zu dem Durchschnittsverdienst der letzten drei abgerechneten Kalendermonate zu übernehmen.

10.2 Junge Eltern – Elternzeit

Alle Arbeitnehmer (Mütter, aber auch Väter), die nach der Geburt eines Kindes ihre Berufstätigkeit nicht aufgeben wollen, gibt der Gesetzgeber die Möglichkeit einer dreijährigen Arbeitsplatzgarantie (Elternzeit) sowie eines Elterngeldes, wenn sie sich in dieser Zeit ausschließlich der Erziehung des Kindes widmen (Bundeselterngeld- und Elternzeitgesetz – BEEG). Die Elternzeit kann, auch anteilig, von jedem Elternteil allein oder von beiden Elternteilen gemeinsam genommen werden

Wer Elternzeit beanspruchen will, muss sie spätestens sieben Wochen vor Beginn schriftlich vom Arbeitgeber verlangen und gleichzeitig erklären, für welche Zeiten innerhalb von zwei Jahren Elternzeit genommen werden soll. Der Arbeitnehmer ist an seine Erklärung gebunden. Er kann von dieser nur mit Zustimmung des Arbeitgebers abweichen (verkürzen bzw. verlängern).

Mit dem „flexiblen dritten Jahr" kann mit Zustimmung des Arbeitgebers die Elternzeit (max. zwölf Monate) auf die Zeit bis zur Vollendung des 8. Lebensjahres des Kindes übertragen werden. Während der Elternzeit ruht das Arbeitsverhältnis. Jedoch dürfen Arbeitnehmer/innen währenddessen ei-

ne Teilzeitbeschäftigung bis zu 30 Stunden pro Woche bei demselben Arbeitgeber ausüben, bei dem sie Elternzeit beantragt haben. Bei einem anderen Arbeitgeber oder selbständig dürfen sie nur mit Einwilligung des Arbeitgebers tätig sein. Dieser kann die Zustimmung jedoch nur aus dringenden betrieblichen Gründen ablehnen.
Eltern im Elternurlaub genießen zwar einen Kündigungsschutz, haben aber nach Rückkehr aus dem Elternurlaub keine grundsätzliche Garantie auf den ursprünglichen Arbeitsplatz. Ver- und Umsetzungen richten sich vielmehr nach den allgemeinen Regeln (LAG Schleswig-Holstein 5.4.2001, 4 Sa 497/00).
Arbeitnehmerinnen und Arbeitnehmer können während der Elternzeit unter Einhaltung der gesetzlichen, tariflichen oder vertraglich vereinbarten Kündigungsfristen kündigen. Falls sie jedoch zum Ende der Elternzeit kündigen wollen, ist eine Sonderkündigungsfrist von drei Monaten einzuhalten.

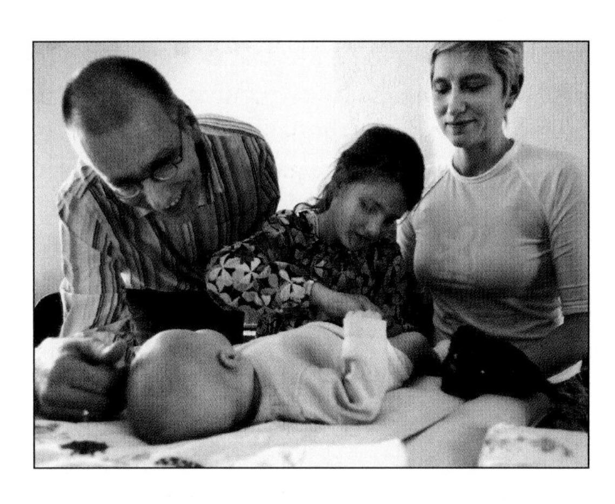

Väter engagieren sich stärker bei der Betreuung ihrer Kleinsten. *Foto: AOK*

Während für die Beschäftigungsverbote nach dem Mutterschutzgesetz eine Anrechnung des Erholungsurlaubs nicht möglich ist, kann der Erholungsurlaub für jeden vollen Monat Elternzeit um $^1/_{12}$ gekürzt werden. Diese Möglichkeit besteht jedoch nicht, wenn der Arbeitnehmer während der Elternzeit bei seinem Arbeitgeber Teilzeitarbeit leistet.
Mütter, aber auch Väter, die nach der Geburt eines Kindes keine volle Erwerbstätigkeit ausüben, haben Anspruch auf Elterngeld. Dieses wird den Eltern für maximal 14 Monate gezahlt. Beide können den Zeitraum frei untereinander aufteilen. Ein Elternteil kann dabei höchstens zwölf Monate für sich in Anspruch nehmen. Das Elterngeld beträgt 67 % des durchschnittlichen nach Abzug von Steuern, Sozialabgaben und Werbungskosten vor der Geburt monatlich verfügbaren laufenden Erwerbseinkommens (der letzten zwölf Kalendermonate), höchstens jedoch 1 800 EUR und mindestens 300 EUR.

11 Beendigung des Arbeitsverhältnisses

11.1 Kündigung

Formalrechtlich ist die Kündigung die einseitige, empfangsbedürftige Willenserklärung einer Vertragspartei (Arbeitgeber oder Arbeitnehmer), mit der das Arbeitsverhältnis gegen den Willen der anderen Partei für die Zukunft beendet wird. Für die Rechtswirksamkeit der Kündigung genügt es, dass die Kündigungserklärung dem Kündigungsadressaten zugeht. Eine Annahme oder Zustimmung zur Kündigung ist nicht erforderlich.

Bei Kündigungen wird unterschieden zwischen:

- ordentlicher Kündigung,
- außerordentlicher (fristloser) Kündigung
  = für die Kündigung liegt kein Kündigungsgrund oder ein besonderer Kündigungsgrund vor,

sowie

- Änderungskündigung,
- vertragsbeendigender Kündigung
  = das Vertragsverhältnis soll zu anderen Bedingungen fortgesetzt werden oder endgültig beendet werden.

Für die Rechtswirksamkeit einer Kündigung ist von Bedeutung, dass die Kündigungserklärung durch die richtige Person, in richtiger Form und zur richtigen Zeit ausgesprochen wird.

Die Beendigung eines Arbeitsverhältnisses durch Kündigung oder Auflösungsvertrag sowie die Befristung bedürfen zu ihrer Wirksamkeit der gesetzlichen Schriftform (§ 623 BGB). Eine Kündigung durch elektronische Medien (z. B. Fax oder E-Mail) ist ausdrücklich ausgeschlossen! Damit sind Kündigungen nur wirksam, wenn sie der gesetzlich vorgegebenen Schriftform entsprechen. Dies gilt für alle Arten der Kündigung.
Was passiert jedoch, wenn ein Arbeitnehmer mündlich seine Kündigung erklärt? So erklärt ein Lagerarbeiter seinem Chef zornig: *„Ich hol mir meine Papiere!"* Dies tut er dann auch wirklich. Die nächsten Tage lässt er sich nicht mehr in der Firma blicken. Ist das Arbeitsverhältnis beendet?
Da der Arbeitnehmer die vorgeschriebene Schriftform nicht eingehalten hat, ist die Kündigung nichtig, das Arbeitsverhältnis besteht also ungekündigt fort. Wenn es sich der Lagerarbeiter nach einiger Zeit wieder anders überlegt, bekommt der Arbeitgeber ein Problem.

Mündlich ausgesprochene Kündigungen sind unwirksam. Die Schriftform ist gesetzlich vorgeschrieben. *Foto: Matthias Balzer/pixelio*

In der Praxis muss ein Arbeitgeber auf solch eine Kündigung unbedingt reagieren, selbst wenn der Arbeitnehmer nicht mehr im Betrieb erscheint. Er könnte sich noch nach Wochen oder Monaten auf die Unwirksamkeit seiner Kündigung berufen. Eine schriftliche Bestätigung der mündlichen Kündigung genügt nicht, denn eine solche gibt es gerade nicht. Entweder kündigt der Arbeitgeber seinerseits schriftlich oder, wenn für ihn die Bestimmungen des Kündigungsschutzgesetzes gelten, bereitet er eine spätere Kündigung mit einer Abmahnung vor. Dabei ist die Abmahnung gerichtet auf die Aufnahme der Tätigkeit, wodurch der Arbeitnehmer aber gerade erst auf die rechtliche Situation hingewiesen wird.
Die Kündigungserklärung muss ihrem Inhalt nach deutlich zum Ausdruck bringen, dass das Arbeitsverhältnis beendet sein soll. Der Begriff Kündigung braucht allerdings nicht benutzt werden.

Beispiel

In einem Schreiben fordert ein Arbeitgeber einen Arbeitnehmer auf, seine Arbeitspapiere bei der Personalabteilung abzuholen und nach Hause zu gehen.

Diese Kündigungserklärung ist eindeutig. Doch Vorsicht vor allzu saloppen Formulierungen! Wie bei allen Willenserklärungen geht die Mehrdeutigkeit zu Lasten des Kündigenden.

Beispiel

Formulierung eines „Kündigungsschreibens" an einen Lagerarbeiter: „Sollten Sie Ihr schlechtes Benehmen gegenüber unseren Kunden wiederholen, können Sie das Arbeitsverhältnis als gekündigt betrachten."

Formulierungen wie im Beispiel stellen allenfalls eine Abmahnung, aber noch keine rechtswirksame Kündigung dar.

Kündigender

Grundsätzlich muss eine Kündigung von einer Partei des Arbeitsvertrages ausgesprochen werden. Zulässig ist auch eine Kündigungserklärung durch einen gesetzlichen oder rechtsgeschäftlich bevollmächtigten Vertreter. Dann aber muss aus der Kündigung deutlich werden, für wen die Kündigung ausgesprochen wird. Es handelt sich hierbei um eine formelle Frage, die außen vor lässt, ob die Vertretungsmacht tatsächlich besteht.
Nicht zulässig sind bedingte Kündigungen. Der Arbeitnehmer muss wissen woran er ist.
Es gibt Ausnahmen, in denen die Kündigung z. B. von der Genehmigung eines Dritten (z. B. Kündigung von Schwerbehinderten) abhängig ist oder bei Änderungskündigungen (Einzelheiten s. S. 267) oder im Falle einer fristlosen Kündigung, wenn diese sicherheitshalber mit einer ordentlichen Kündigung verbunden wird.

Zustellung der Kündigung

Die Wirksamkeit einer Kündigung setzt den Zugang beim Kündigungsempfänger voraus (§ 130 BGB). Zugang bedeutet nicht nur Zustellung, sondern auch die Möglichkeit des Kündigungsempfängers, von der Kündigung Kenntnis nehmen zu können. Erst wenn eine Kündigung zugegangen ist, beginnt die Kündigungsfrist. Deshalb kann dem Zeitpunkt des Zugangs bei einer gerichtlichen Auseinandersetzung große Bedeutung zukommen. Die kündigende Partei muss sowohl die Kündigung an sich als auch den genauen Zeitpunkt des Zugangs der Kündigung nachweisen.

Exkurs

Sichere Zustellung von Kündigungsschreiben

In der betrieblichen Praxis können folgende Formen der Zustellung gewählt werden:

▶ **Übergabe des Kündigungsschreibens am Arbeitsplatz**
Sie ist die sicherste, schnellste und auch unproblematischste Form, eine Kündigung zuzustellen. Diese geht im Zeitpunkt der Übergabe zu. Auch hier kann sich der Kündigende die Übergabe des Schreibens quittieren oder durch einen Zeugen bestätigen lassen.

▶ **Kündigung per Einschreiben mit Rückschein**
Die häufigste Form der Kündigungszustellung ist nach wie vor der Einschreibebrief mit Rückschein. Übersehen wird aber, dass es hier am Nachweis der Übergabe mangelt. Durch den Rückschein erhält der Kündigende zwar die Bestätigung, dass das Kündigungsschreiben einer Person im Haushalt des Gekündigten übergeben wurde, dies sagt aber noch nicht aus, ob auch der Gekündigte Kenntnis vom Inhalt des Kündigungsschreibens genommen hat. Unter Umständen kann hier eine Ursache für einen verspäteten Zugang (verspätete Kenntnisnahme) des Kündigungsschreibens liegen. Das kann dann dazu führen, dass die Kündigungsfrist nicht eingehalten worden ist.

▶ **Übergabe des Kündigungsschreibens per Boten am Wohnsitz des Arbeitnehmers**
Eine wenig verbreitete, aber sehr sichere Form ist die persönliche Übermittlung der Kündigung durch einen Boten. Im Zweifelsfalle kann ein Bote nicht nur bezeugen, wann er ein Kündigungsschreiben zugestellt hat, er kann auch bestätigen, dass er das Kündigungsschreiben dem Arbeitnehmer übergeben hat. Die Kündigung geht im Zeitpunkt der Aushändigung zu.

▶ **Einwurf des Kündigungsschreibens per Boten in den Briefkasten des Arbeitnehmers**
Nicht so bekannt, aber sehr sicher ist diese Form der Kündigungszustellung. Im Gegensatz zu einer persönlichen Übergabe der Kündigung (Bote, Einschreiben mit

Fortsetzung S. 260

Exkurs Sichere Zustellung von Kündigungsschreiben (Fortsetzung)

Wird das Kündigungsschreiben vom Boten in den Briefkasten des Arbeitnehmers eingeworfen, so gilt es als zugestellt. *Foto: Ju-Metall*

Rückschein bei der der Arbeitnehmer die Annahme des Schreibens verweigern kann, wird bei Einwurf in den Briefkasten der Zugang unterstellt.
Die Kündigung gilt als zugegangen, wenn mit der Leerung des Briefkastens durch den Kündigungsadressaten gerechnet werden kann (BGH Urteil vom 5.72.2007 (Aktz. XII Zit 748/05) Möglichkeit der Kenntnisnahme).
Wird z. B. ein Kündigungsschreiben am Samstagnachmittag durch einen Boten in den Briefkasten des Arbeitnehmers eingeworfen, ist die Kündigung dem Arbeitnehmer erst am Montag wirksam zugegangen. Da üblicherweise am Samstagnachmittag nicht mehr mit Post gerechnet wird, ist der nächste Leerungstermin erst montags anzunehmen.

▶ **Einschreibebrief**
Das Kündigungsschreiben durch Einschreibebrief wird allgemein überbewertet. Trifft der Postbote den Kündigungsempfänger nicht an, so ist die Kündigung nicht zugegangen. Der Benachrichtigungszettel ersetzt den Zugang nicht. Erst wenn der Kündigungsadressat den Brief bei der Post abholt, ist die Kündigung zugegangen. Wird der Weg des Einschreibens mit Rückschein gewählt, so besteht die Möglichkeit, wenn der Rückschein nach vier Werktagen nicht eingetroffen ist, einen Gerichtsvollzieher mit der Zustellung der Kündigung zu beauftragen (§ 732 BGB).

▶ **Kündigung im Urlaub**
Bei Kündigungen im Urlaub gilt der Grundsatz, dass selbst bei Urlaubsabwesenheit ein Kündigungsschreiben dann zugegangen ist, wenn es in der Wohnung zugestellt wurde. Ein Arbeitnehmer hat grundsätzlich dafür Sorge zu tragen, dass ihm die Post auch im Urlaub nachgesandt wird. Eine Einschränkung gibt es allerdings: Ist dem Arbeitgeber bekannt, dass der Arbeitnehmer im Urlaub verreist ist, so kann der Arbeitnehmer bei verspäteter Kündigungsschutzklage eine nachträgliche Zulassung der Klage wegen urlaubsbedingter Abwesenheit erreichen.

▶ **Kündigung während einer Erkrankung**
Weit verbreitet ist unter Arbeitgebern die Auffassung, dass eine Kündigung während einer Krankheit des Arbeitnehmers unzulässig ist. Diese Auffassung ist falsch. In Extremfällen könnte eine Kündigung sogar im Krankenhaus, am Krankenbett, rechtswirksam übergeben werden. Zu trennen ist dies von der Frage, ob eine Kündigung wegen der Krankheit ausgesprochen werden kann.

Kündigungsgründe
Arbeitgeber und Arbeitnehmer wissen oft nicht, dass eine Kündigung auch ohne Angabe des Kündigungsgrundes rechtswirksam ist. Für den Arbeitgeber besteht keine Rechtspflicht, seine Kündigung (ordentliche wie außerordentliche) bei Zustellung zu begründen. Lediglich bei einer außerordentlichen Kündigung muss der Arbeitsgeber auf Verlangen des Arbeitnehmers den Kündigungsgrund unverzüglich schriftlich mitteilen. Ob bei einer ordentlichen Kündigung ein entsprechender Anspruch des Arbeitnehmers aus der Treue- und Fürsorgepflicht des Arbeitgebers hergeleitet werden kann, ist umstritten. Es reicht aus, wenn er seine Kündigungsgründe erst im Kündigungsschutzprozess darlegt, wenn das Kündigungsschutzgesetz Anwendung findet. Gibt es im Unternehmen einen Betriebsrat, müssen diesem gemäß Betriebsverfassungsgesetz die Kündigungsgründe vor Ausspruch der Kündigung mitgeteilt werden (§ 102 I S. 2 BetrVerfG).
Hinweis: Ausbildungsverhältnisse können nur bei Angabe der Kündigungsgründe wirksam gekündigt werden (§ 22 III BBiG). Auch Tarifverträge können zwingend die Angabe von Kündigungsgründen bei Übergabe der Kündigung vorschreiben.

11.2 Allgemeiner Kündigungsschutz

Rechtsgrundlage für den allgemeinen Kündigungsschutz ist das Kündigungsschutzgesetz (KSchG). Dieses Gesetz gilt nur für die ordentliche Auflösung eines Arbeitsverhältnisses durch Kündigung des Arbeitgebers. Außerordentliche Kündigungen (fristlose Kündigungen) werden nicht erfasst (§ 13 KSchG). Der persönliche Geltungsbereich des KSchG umfasst alle Arbeitnehmer ohne Altersbeschränkung und gilt dem Grunde nach auch für leitende Angestellte nach dem Betriebsverfassungsgesetz mit geringen Einschränkungen. Nicht geregelt wird im KSchG die Kündigung durch den Arbeitnehmer. Dieser kann jederzeit unter Einhaltung der Grundkündigungsfrist bzw. einer vereinbarten Kündigungsfrist ohne besondere Begründung das Arbeitsverhältnis lösen, wohingegen der Arbeitgeber Kündigungsgründe anzugeben hat.
Neben dem allgemeinem Kündigungsschutz gibt es auch besondere Kündigungsschutzvorschriften für einzelne Arbeitnehmer wie z. B. Auszubildende, Schwangere, Mitglieder des Betriebsrates etc.

Geltungsbereich des Kündigungsschutzgesetzes
Das Kündigungsschutzgesetz (KSchG) gilt nicht für alle Betriebe. Es findet nur dann Anwendung, wenn der Betrieb in der Regel mehr als fünf Arbeitnehmer ohne die Auszubildenden beschäftigt. Bei der Feststellung der Zahl der beschäftigten Arbeitnehmer sind teilzeitbeschäftigte Arbeitnehmer mit einer regelmäßigen wöchentlichen Arbeitszeit von nicht mehr als 20 Stunden mit 0,5 und nicht mehr als 30 Stunden mit 0,75 zu berücksichtigen. Gilt danach das KSchG, dann ist eine Kündigung nur wirksam, wenn sie begründet und sozial gerechtfertigt ist.

Sozial gerechtfertigt ist die Kündigung, wenn sie durch Gründe, die in der Person (personenbezogene Kündigungsgründe) oder dem Verhalten des Arbeitnehmers (verhaltensbezogene Kündigungsgründe) liegen, oder durch dringende betriebliche Erfordernisse (betriebsbedingte Kündigungsgründe), die einer Weiterbeschäftigung des Arbeitnehmers in diesem Betrieb entgegenstehen, gerechtfertigt erscheint. Die Kündigung muss immer das äußerste Mittel darstellen. Zu jeder Kündigung ist eine Interessenabwägung erforderlich. So darf die Kündigung nur ausgesprochen werden, wenn nach den jeweiligen Umständen des Arbeitsverhältnisses eine weitere Fortsetzung dem Arbeitgeber unter Berücksichtigung der schutzwürdigen Interessen des Arbeitnehmers nicht mehr zuzumuten ist. Der Arbeitgeber hat vor jedem Ausspruch einer Kündigung zu prüfen, ob die Kündigung durch die Umsetzung des Arbeitnehmers an einen anderen Arbeitsplatz vermieden werden kann. Bietet ein Arbeitgeber dem Arbeitnehmer vor Ausspruch der Kündigung einen vorhandenen anderen zumutbaren Arbeitsplatz nicht an, so ist die Kündigung sozial ungerechtfertigt.
Im Arbeitsgerichtsverfahren liegt die Beweislast der sozialen Rechtfertigung beim Arbeitgeber. Er muss nicht nur das Vorliegen eines Kündigungsgrundes darlegen und beweisen, er muss auch nachweisen, dass er die Kündigung erst nach umfassender Interessenabwägung ausgesprochen hat.

Kündigungsschutzgesetz (KSchG)

neue Fassung ab 01.01.2004

ERSTER ABSCHNITT

Allgemeiner Kündigungsschutz

§ 1 Sozial ungerechtfertigte Kündigungen

(1) Die Kündigung des Arbeitsverhältnisses gegenüber einem Arbeitnehmer, dessen Arbeitsverhältnis in demselben Betrieb oder Unternehmen ohne Unterbrechung länger als sechs Monate bestanden hat, ist rechtsunwirksam, wenn sie sozial ungerechtfertigt ist.

Das Kündigungsschutzgesetz (KSchG) regelt die ordentliche Kündigung durch den Arbeitgeber.

11.3 Personenbedingte Kündigung

Ein personenbedingter Kündigungsgrund ist dann gegeben, wenn ein Arbeitnehmer den Betriebsablauf stört, weil er nicht anders kann. Der Kündigungsgrund liegt gleichsam in der Person des Arbeitnehmers selbst und gerade nicht in seinem Verhalten. Bei einer personenbedingten Kündigung kommt es auf ein Verschulden des Arbeitnehmers nicht an. Entscheidend ist, dass dem Arbeitgeber unter Berücksichtigung aller Umstände ein Festhalten an dem bestehenden Arbeitsverhältnis nicht zugemutet werden kann (konkrete Auswirkung auf den Betrieb).

Die wichtigsten personenbedingten Kündigungsgründe sind:

- fehlende Eignung bzw. Befähigung des Arbeitnehmers,
- fehlende körperliche oder geistige Eignung des Arbeitnehmers für den konkreten Arbeitsplatz (stellt sich häufig heraus),
- Verlust des Führerscheins bei einem als Kraftfahrer beschäftigten Arbeitnehmer, unabhängig davon, ob der Entzug auf einer Privat- oder Dienstfahrt erfolgt ist (Voraussetzung ist, dass im Betrieb keine Möglichkeit besteht, den Arbeitnehmer auf einem anderen Arbeitsplatz, auch zu schlechteren Bedingungen, weiter zu beschäftigen),
- fehlende Arbeitserlaubnis,
- Verbüßung einer Freiheitsstrafe,
- Krankheit (lang andauernd oder häufig).

Bei krankheitsbedingten Kündigungen stellt die Rechtsprechung sehr hohe Anforderungen an den Arbeitgeber. Vor Ausspruch der Kündigung ist eine umfassende Interessenabwägung zwischen den Belangen des Unternehmens und den Interessen des Arbeitnehmers zu treffen. Vor einer Kündigung muss festgestellt werden:

- die Zahl der krankheitsbedingten Fehltage,
- ob auch in Zukunft mit erheblichen Fehlzeiten zu rechnen ist (negative Prognose; die Ungewissheit der Wiederherstellung der Arbeitsfähigkeit steht einer krankheitsbedingten dauernden Leistungsunfähigkeit dann gleich, wenn in den nächsten 24 Monaten mit einer anderen Prognose nicht gerechnet werden kann),
- ob das häufige Fehlen dem Unternehmen noch zugemutet werden kann,
- ob eine Umsetzung des Arbeitnehmers auf einen anderen Arbeitsplatz möglich ist und Abhilfe schaffen würde.

Zunächst muss ein Arbeitgeber vor Ausspruch der Kündigung prüfen, ob die Fehlzeiten des erkrankten Arbeitnehmers den Betrieb so sehr beeinträchtigen, dass dem Arbeitgeber weitere Fehlzeiten des Arbeitnehmers nicht mehr zugemutet werden können.
Je mehr Mitarbeiter in dem Betrieb gleiche (vergleichbare) Tätigkeiten ausüben, desto leichter wird es sein, durch innerbetriebliche Organisationsmaßnahmen Fehlzeiten einzelner Arbeitnehmer aufzufangen. Fällt aber in einem Kleinbetrieb der einzige Verkäufer wegen Erkrankung längere Zeit aus, stellt dies eine kaum überbrückbare Belastung des Unternehmens dar.
Je älter ein Arbeitnehmer ist und je länger er einem Unternehmen angehört hat, desto mehr krankheitsbedingte Fehltage muss ein Unternehmen bei diesem Mitarbeiter akzeptieren.
Vor der Kündigung muss der Arbeitgeber eine Prognose über die zukünftige Krankheitsentwicklung des Arbeitnehmers stellen. Erst wenn diese negativ ausfällt, also auch in Zukunft mit weiteren erheblichen Arbeitsausfällen aufgrund der Erkrankung des Arbeitnehmers zu rechnen ist, wäre eine Kündigung wegen der Erkrankung sozial gerechtfertigt.
Zum Zeitpunkt der Kündigung muss der Arbeitgeber davon ausgehen können, dass mit einer Genesung des Arbeitnehmers in absehbarer Zeit nicht zu rechnen ist.
Die betrieblichen Auswirkungen durch die lang andauernde Krankheit müssen für das Unternehmen nicht mehr zumutbar sein. Hier muss zwischen den Interessen des Arbeitnehmers auf Erhalt des Arbeitsplatzes und den wirtschaftlichen Belastungen des Arbeitgebers eine Interessenabwägung stattfinden.

Während es bei der lang andauernden Arbeitsunfähigkeit auf deren Länge ankommt, sind es bei einer Kündigung wegen häufiger Kurzerkrankungen die überdurchschnittlichen Fehlzeiten eines Arbeitnehmers. Voraussetzungen für eine Kündigung sind:

- überdurchschnittlich viele, wenn auch kurze Krankheitszeiten in der Vergangenheit (im Zeitraum von ca. zwei bis drei Jahren),
- negative Zukunftsprognose (auch in der Zukunft sind häufige Fehlzeiten zu erwarten),
- durch die häufigen Fehlzeiten muss der Betrieb auf unzumutbare Weise beeinträchtigt werden.

Was ist, wenn ein Bauarbeiter einen Wirbelsäulenschaden hat? *Foto: HVBG*

Alkoholsucht: Soweit es aufgrund der Alkoholsucht zu Fehlzeiten des Arbeitnehmers kommt und diese zu unzumutbaren Störungen im Betrieb führen, gelten die gleichen Grundsätze wie bei der krankheitsbedingten Kündigung. Wird durch den Alkoholismus des Arbeitnehmers die Arbeitsleistung des Arbeitnehmers beeinträchtigt oder gefährdet der Arbeitnehmer seine Kollegen oder betriebliche Werte, so kann dies ebenfalls eine personenbedingte Kündigung rechtfertigen. Grundsätzlich muss aber der Arbeitgeber dem alkoholabhängigen Mitarbeiter die Chance einer Entziehungskur geben. Wenn der Arbeitnehmer dazu jedoch nicht bereit ist oder aber eine Entziehungskur nicht den notwendigen Erfolg verspricht, ist eine sofortige Kündigung gerechtfertigt.

JOB Aktuell
Rehwald/Reineke/Wienemann/Zinke
Betriebliche Suchtprävention und Suchthilfe
Ein Ratgeber
2. Auflage

Betriebliche Suchtprävention und konkrete Hilfe im Einzelfall werden immer wichtiger.

Drogensucht: Die Drogensucht nimmt eine Zwitterstellung zwischen personenbedingtem und verhaltensbedingtem Kündigungsgrund ein. Dem Grunde nach gelten die Ausführungen zur Alkoholsucht entsprechend.

Ehrenämter: Ehrenämter oder die Übernahme eines politischen Mandats stellen grundsätzlich keine Gründe für eine personenbedingte Kündigung dar. Allerdings kann die exzessive Ausübung von privaten Ehrenämtern karitativer, sportlicher oder religiöser Art eine verhaltensbedingte Kündigung rechtfertigen, wenn die ehrenamtliche Tätigkeit zu einer unzumutbaren Beeinträchtigung des Betriebsablaufs führt.

11.4 Verhaltensbedingte Kündigung

Verhaltensbedingt ist ein Kündigungsgrund dann, wenn sich der Arbeitnehmer anders verhalten könnte, aber nicht anders verhalten will. Im Gegensatz zur personenbedingten Kündigung kann der Arbeitgeber bei einer verhaltensbedingten Kündigung seinem Arbeitnehmer immer den Vorwurf machen, er habe sich bewusst nicht vertragstreu verhalten. Da der Arbeitnehmer vor einer Kündigung sogar noch abgemahnt werden muss, hat er es selbst in der Hand, durch eine Verhaltensänderung die Kündigung abzuwenden.
Von einer verhaltensbedingten Kündigung spricht man dann, wenn einem Arbeitnehmer gekündigt wird, weil er durch sein Verhalten:

- die arbeitsvertragliche Beziehung beeinträchtigt,
- eine Pflichtverletzung begeht,
- gegen die betriebliche Ordnung verstößt (z. B. Alkoholverbot, Rauchverbot, Tragen von Schutzkleidung, Einhaltung von Kreditrahmen, die die Geschäftsleitung für bestimmte Kunden vorgibt, Unterschreiten von vorgegebenen Verkaufspreisen etc.),
- Störungen im personellen Vertrauensbereich verursacht,
- seine arbeitsvertraglichen Pflichten verletzt,
- außerhalb des Betriebs das Arbeitsverhältnis konkret belastet (üble Nachrede, Verbreitung negativer Informationen im Internet).

Beispiel

Ein Verkäufer, der morgens regelmäßig zu spät kommt, ist muffig und bedient die Kunden extrem langsam; damit verstößt er nicht nur gegen die betriebliche Ordnung (Arbeitsbeginn), er verhält sich auch vertragswidrig, weil er nicht pünktlich zur Arbeit erscheint und bewusst langsam arbeitet („go slow").

Man kann darüber streiten, ob es zu seinen arbeitsvertraglichen Haupt- oder Nebenpflichten gehört, die Kunden freundlich zu bedienen. Eine solche Arbeitsauffassung muss ein Arbeitgeber nicht hinnehmen. Ändert dieser Verkäufer sein Verhalten nicht, muss er mit einer verhaltensbedingten Kündigung rechnen.
Auch wenn eine verhaltensbedingte Kündigung relativ einfach durchzusetzen ist, sollte ein Arbeitgeber einige Punkte beachten, um im Falle einer Kündigungsschutzklage auch vor dem Arbeitsgericht bestehen zu können. Dem Arbeitnehmer muss ein Fehlverhalten nachgewiesen werden können, welches als Kündigungsgrund in Betracht kommt. Gründe können zum Beispiel sein:

- schlechte Leistung,
- häufiges Zuspätkommen,
- Arbeitsverweigerung,

- schlechtes Benehmen gegenüber Kunden u. a. m.,
- keine Vorlage des ärztlichen Attestes bei Krankheit schon am 1. Tag,
- Verstoß gegen Compliance.

Complaince: Dieses Thema gewinnt an Bedeutung. Gemeint ist damit nicht nur, dass der Arbeitnehmer kein Schmiergeld annimmt, keinen Spesenbetrug begeht und seine Kunden nicht betrügt. Klare Vorgaben der Geschäftsleitung sind hier gefordert (z. B.: Darf sich der Mitarbeiter von einem Lieferanten in die VIP Lounge von Sportvereinen einladen lassen?).

Weitere Beispiele sind, wenn ein Arbeitnehmer eigenmächtig Urlaub antritt, obwohl der Urlaub vorher von der Geschäftsleitung ausdrücklich abgelehnt wurde, oder wenn er seinen Urlaub eigenmächtig verlängert, krankfeiert oder seinen Arbeitsplatz während der Arbeitszeit ohne Einwilligung der Geschäftsleitung verlässt.

Abmahnung

Der Arbeitgeber muss den Arbeitnehmer abmahnen, d. h. ihn förmlich auf sein Fehlverhalten hinweisen und ihm deutlich machen, dass er dieses Fehlverhalten nicht tolerieren will. Dem Mitarbeiter muss ausdrücklich angekündigt werden, dass im Wiederholungsfall die Kündigung droht. Die Abmahnung muss ohne Erfolg geblieben sein. Das heißt, der Arbeitnehmer muss trotz Abmahnung das beanstandete Verhalten nicht geändert haben. Die Abmahnung sollte schriftlich erfolgen und der Zugang der Abmahnung beim Arbeitnehmer muss nachgewiesen werden.

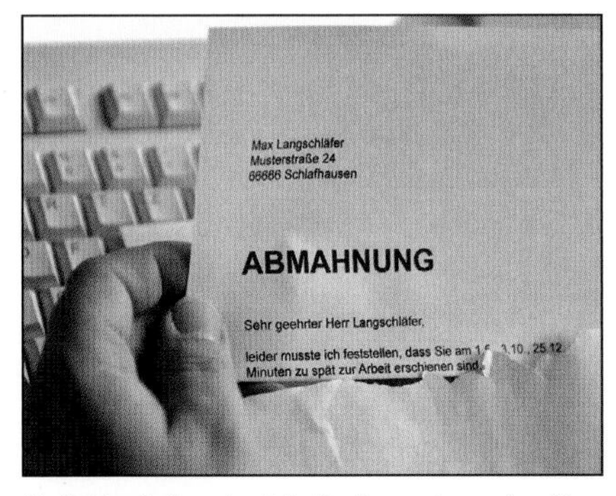

Ein Fehlverhalten des Arbeitnehmers kann eine Abmahnung nach sich ziehen. *Foto: Dirk Vonderstrasse*

Nach erfolgloser Abmahnung hat eine umfassende Interessenabwägung zu erfolgen. Abzuwägen sind die Schwere des Verstoßes und seine Auswirkungen auf das Unternehmen mit dem Alter des Arbeitnehmers, seiner Betriebszugehörigkeit und seinem sozialen Status. Auch vor einer verhaltensbedingten Kündigung sind die Möglichkeiten einer Um- oder Versetzung des Arbeitnehmers zu prüfen. Dabei kommt es jedoch auf die Art des Fehlverhaltens an. Nur in besonderen Fällen wird eine solche Maßnahme die Ursache für das Fehlverhalten beseitigen können.
Hat ein Arbeitnehmer ständig Streit mit seinen Arbeitskollegen, kann eine Versetzung in eine andere Abteilung angezeigt sein, bevor das Arbeitsverhältnis mit ihm gekündigt wird.
Arbeitgeber, aber auch Arbeitnehmer verstehen es oftmals nicht, wenn sie krankgeschriebene Mitarbeiter in einer Bar, beim Dorffest oder im Freibad antreffen. Arbeitsunfähigkeit darf nicht mit Bettlägerigkeit gleichgesetzt werden. Soweit solche Aktivitäten nicht die Genesung des Kranken beeinträchtigen, können sie nicht beanstandet werden und keine verhaltensbedingte Kündigung rechtfertigen. Täuscht ein Arbeitnehmer eine Erkrankung vor, um ungestört einer Nebentätigkeit nachzugehen, ist dies ein Grund für eine fristlose Kündigung.
Ein Arbeitgeber braucht es nicht zu tolerieren, wenn ein Arbeitnehmer durch sein Verhalten das Arbeitsklima nachteilig beeinträchtigt. Sind die Störungen so schwerwiegend, dass sich Mitarbeiter beklagen und darunter nicht nur die Arbeitsmoral, sondern auch die Arbeitsleistung leidet, kann dem störenden Arbeitnehmer gekündigt werden.

11.5 Betriebsbedingte Kündigung

Gründe für die betriebsbedingte Kündigung liegen in der Situation des Unternehmens. Diese Form der Kündigung soll es einem Arbeitgeber ermöglichen, den Personalbestand an den Personalbedarf anzupassen. Im Gegensatz zur verhaltensbedingten oder personenbedingten Kündigung hat der Arbeitnehmer keinen Einfluss auf diese Kündigungsgründe. Deshalb stellt der Gesetzgeber besonders strenge Anforderungen an die Darlegungs- und Beweislast des Arbeitgebers.
Nach § 1 II KSchG ist eine Kündigung dann sozial gerechtfertigt, wenn sie durch dringende betriebliche Erfordernisse bedingt ist, die einer Weiterbeschäftigung des Arbeitnehmers entgegenstehen.
Voraussetzungen für eine betriebsbedingte Kündigung sind:

- Wegfall des Arbeitsplatzes,
- dringende betriebliche Erfordernisse (außerbetrieblich oder innerbetrieblich),
- Unvermeidbarkeit der Kündigung,
- soziale Auswahl.

Um eine betriebsbedingte Kündigung aussprechen zu können, muss ein Arbeitsplatz wegfallen. Das schließt aus, dass die Kündigung eines Arbeitnehmers „aus betrieblichen Gründen" erfolgt und dann später für den gleichen

Wird z. B. ein Leistungsangebot wie Holz- oder Bilderrahmenzuschnitte eingestellt, kann der entsprechende Mitarbeiter entlassen werden. *Foto: Archiv*

Arbeitsplatz eine neue Arbeitskraft eingestellt wird. Es ist somit nicht möglich, einen Arbeitnehmer, dem man keine Verletzung von arbeitsvertraglichen Pflichten vorwerfen kann, mit einer betriebsbedingten Kündigung auszutauschen. Wird der Arbeitsplatz wieder besetzt, spricht einiges dafür, dass die Gründe für eine betriebsbedingte Kündigung nur vorgeschoben waren. Der zunächst entlassene Arbeitnehmer kann Kündigungsschutzklage erheben.
Mit dem Begriff „dringende betriebliche Erfordernisse" wird der durch das KSchG garantierte Bestandsschutz eines Arbeitsverhältnisses eingeschränkt. Das Unternehmen muss deshalb konkret nachweisen, dass es den oder die zur Kündigung vorgesehenen Mitarbeiter wirtschaftlich nicht mehr sinnvoll beschäftigen kann. Nur dann stehen der weiteren Beschäftigung dieses Arbeitnehmers „dringende betriebliche Erfordernisse" entgegen. Begründet ein Unternehmer eine betriebsbedingte Kündigung mit einem Umsatzrückgang, so muss er konkret nachweisen, dass aufgrund des Umsatzrückgangs die Arbeitsmenge verringert wurde, wodurch sich der Arbeitskräftebedarf reduziert hat, und dass es andere Möglichkeiten zur Weiterbeschäftigung nicht gibt, also eine Kündigung absolut notwendig ist.
Ein Umsatzrückgang, z. B. wegen abnehmender Bautätigkeit, ist ein sogenannter außerbetrieblicher Kündigungsgrund. Im Falle eines Kündigungsschutzprozesses muss der Arbeitgeber nicht nur einen eventuellen Umsatzrückgang beweisen, er muss auch nachweisen, nach welcher Berechnungsmethode er die Anzahl der zu entlassenden Mitarbeiter errechnet hat. Zusätzlich muss er erklären, warum der Umsatzrückgang gerade zum Wegfall des konkreten Arbeitsplatzes des gekündigten Arbeitnehmers geführt hat. Eine Kündigung ist nur möglich, wenn der Umsatzrückgang nicht durch andere betriebliche Maßnahmen aufgefangen werden kann. Ist der Umsatzrückgang nur vorübergehend (Kälteeinbruch im Winter), rechtfertigt dies betriebsbedingte Kündigungen nicht. Dann wird einem Baustoffhändler zugemutet, durch Reduzierung von Überstunden, Kurzarbeit u. ä. eine Kündigung von Mitarbeitern zu verhindern.
Stützt ein Arbeitgeber seine Kündigung ausschließlich auf innerbetriebliche Gründe, braucht er nur eine unternehmerische Organisationsentscheidung, die zum Wegfall des Arbeitsplatzes geführt hat, vorzutragen.

Beispiel

Ein Baustoff-Fachhändler hat den Holzzuschnitt in sein Leistungsangebot aufgenommen. Zur Kundenberatung und zur Bedienung der Schneideanlage hat er einen Tischler eingestellt. Bald stellt sich heraus, dass der Holzzuschnitt von den Kunden nicht angenommen wird. Nach einem Jahr wird der Holzzuschnitt wieder aufgegeben. Der Tischler soll entlassen werden. Nicht nachgeprüft wird, ob es sinnvoll ist, den Holzzuschnitt aufzugeben (freie unternehmerische Entscheidung!). Nachzuweisen ist hier nur, dass aufgrund der Aufgabe des Holzzuschnitts die Entlassung des Tischlers dringend und unvermeidbar wird.

Soziale Auswahl bei Kündigungen
Liegt ein dringendes betriebliches Erfordernis vor, dann muss in einem weiteren Schritt die soziale Auswahl unter den in Betracht kommenden Arbeitnehmern vorgenommen werden. Dies ist die zweite große Hürde der betriebsbedingten Kündigung. Kommen mehrere Arbeitnehmer für eine Kündigung in Betracht, so hat der Arbeitgeber bei der Auswahl des zu kündigenden Arbeitnehmers soziale Gesichtspunkte zu berücksichtigen (soziale Auswahl).
Grundsatz: Aus dem Kreis der vergleichbaren Mitarbeiter ist demjenigen zu kündigen, der am wenigsten auf seinen Arbeitsplatz angewiesen ist.
Die soziale Auswahl hat in erster Linie nach arbeitsplatzbezogenen Merkmalen zu erfolgen. Arbeitnehmer sind dann vergleichbar, wenn sie gegeneinander ausgetauscht werden können bzw. ihre Tätigkeiten gleichartig bzw. gleichwertig sind. Erklärt sich ein Arbeitnehmer jedoch bereit, auch zu schlechteren Arbeitsbedingungen weiterzuarbeiten, kann sich die soziale Auswahl auch auf die einfacheren Arbeitsplätze erstrecken. Sozialauswahl bedeutet:

- Feststellung der Arbeitnehmer, die in die soziale Auswahl einzubeziehen sind,
- Festlegung der Sozialdaten und deren Gewichtung,
- Berücksichtigung berechtigter betrieblicher Bedürfnisse.

Der Gesetzgeber hat in §1 III S 1 KSchG konkrete Kriterien festgeschrieben für diese Sozialauswahl festgeschrieben. Dies sind:

- Dauer der Betriebszugehörigkeit,
- Lebensalter,
- Unterhaltspflichten,
- Schwerbehinderung des Arbeitnehmers.

Mit Punktetabellen wird in der Praxis versucht, die soziale Auswahl einigermaßen kalkulierbar zu gestalten. Je nach Lebensalter, Betriebszugehörigkeit, Unterhaltsverpflichtung und einer Reihe von weiteren Kriterien, erhält der Arbeitnehmer Sozialpunkte. Je weniger Punkte ein Arbeitnehmer nach der Sozialauswahltabelle bekommt, desto leichter kann ihm gekündigt werden.
Im Rahmen der Sozialauswahl können im Einzelfall ausnahmsweise auch betriebliche Notwendigkeiten, Spezialkenntnisse der Mitarbeiter oder erhebliche Leistungsunterschiede eine Berücksichtigung finden.
Grundsätzlich trägt der Arbeitgeber die Beweislast für die ordnungsgemäße Auswahl, also die ausreichende Würdigung und Bewertung der sozialen Interessen des Arbeitnehmers.

Stilllegung eines Betriebes
Die Stilllegung eines Betriebes ist ein Grund für eine betriebsbedingte Kündigung. Situationsbedingt entfallen hier Sozialauswahl und Interessenabwägung. Eine Weiterbeschäftigung in einem anderen Betrieb des gleichen Konzerns ist nur dann zumutbar, wenn dort entsprechende Arbeitsplätze und Kapazitäten zur Verfügung stehen. Die Entscheidung des Arbeitgebers, einen Betrieb stillzulegen,

ist nur in geringem Umfange gerichtlich überprüfbar. Auch bei einer Betriebsstilllegung sind die gesetzlichen und tariflichen Kündigungsfristen einzuhalten, denn es wird eine ordentliche Kündigung ausgesprochen. Anderes gilt, wenn die Stilllegung im Rahmen einer Insolvenz stattfindet.

Abfindungen

Weit verbreitet, aber falsch ist die Auffassung, dass ein Arbeitnehmer, dem aus betrieblichen Gründen gekündigt wurde, Anspruch auf eine Abfindung hat. Richtig ist, dass in der deutschen Wirtschaft bei betriebsbedingten Kündigungen häufig Abfindungen gezahlt werden. In der Regel liegen solchen Zahlungen entsprechende Betriebsvereinbarungen zwischen Unternehmen und Betriebsrat zugrunde. Im vorwiegend mittelständisch strukturierten Baustoff-Fachhandel sind solche Vereinbarungen eine Ausnahme. Solange es keine entsprechenden Betriebsvereinbarungen gibt, besteht kein Anspruch auf eine Abfindung!
Von diesen Abfindungen zu unterscheiden sind Abfindungen, die durch Arbeitsgerichte festgesetzt werden. Während die freiwilligen Abfindungszusagen der Unternehmen den gekündigten Arbeitnehmern den Verlust des Arbeitsplatzes erleichtern sollen, stellen die von Gerichten festgesetzten Abfindungen quasi einen Schadenersatz für die durch eine rechtswidrig ausgesprochene Kündigung verloren gegangene Rechtsposition dar.

11.6 Die Abmahnung

Während der Probezeit (sogenannte Wartezeit in den ersten sechs Monaten eines Arbeitsverhältnisses) greift das KSchG noch nicht voll umfänglich. Abmahnungen sind dann nicht notwendig.
Von Ausnahmen abgesehen, kommt eine verhaltensbedingte Kündigung nach einmaligem Fehlverhalten des Arbeitnehmers nicht in Betracht. Ausnahmen sind Kündigungen, die auf Störungen im Vertrauensverhältnis zwischen Arbeitgeber und Arbeitnehmer gründen (z. B. Diebstahl, Untreue, grobe Beleidigung von Vorgesetzten, arbeitgeberschädigende Nebentätigkeiten u. ä.). In diesen Fällen ist das Vertrauensverhältnis regelmäßig so gestört, dass eine Abmahnung nicht sinnvoll ist.
In der Abmahnung weist der Arbeitgeber den Arbeitnehmer auf Verstöße gegen bestimmte Pflichten aus dem Arbeitsvertrag hin und droht im Wiederholungsfalle eine Kündigung an. Erst wenn der Arbeitnehmer auf eine Abmahnung nicht reagiert und sein Fehlverhalten fortsetzt, darf eine verhaltensbedingte Kündigung ausgesprochen werden.
Normalerweise reicht eine Abmahnung aus. Nur wenn zwischen Abmahnung und Kündigung mehr als sechs bzw. zwölf (bei schwereren Verstößen) Monaten liegen, muss erneut abgemahnt werden. Dies ist jedoch nur eine Faustregel. Entscheidend ist, dass der Arbeitgeber das abgemahnte Fehlverhalten konsequent ahndet. Lässt der Arbeitgeber trotz mehrerer Abmahnungen keine Kündigung folgen, kann er sich damit das Recht zur Kündigung verbauen (BAG Urteil vom 16.09.2004 2 AZR 406/03).

An den Inhalt einer förmlichen Abmahnung werden relativ strenge Anforderungen gestellt. Die Abmahnung muss:

- das Fehlverhalten des Arbeitnehmers dokumentieren,
- zum Ausdruck bringen, dass dieses Fehlverhalten vom Arbeitgeber nicht toleriert werden kann (Hinweisfunktion),
- dem Arbeitnehmer die rechtlichen Konsequenzen (Kündigung) eines erneuten Fehlverhaltens vor Augen führen (Warnfunktion).

Grundsätzlich muss der Arbeitnehmer die Chance erhalten, sein Fehlverhalten zu erkennen und zu ändern.
Eine besondere Form ist nicht vorgeschrieben. Abmahnungen können auch mündlich ausgesprochen werden. Ein Abmahnungsgespräch sollte nur mit Zeugen (Nachweis) geführt werden, die u. U. nach Monaten Auskunft über den Sachverhalt geben müssen.
Aus diesen Gründen empfiehlt sich stets, schriftlich abzumahnen und sich den Erhalt vom Arbeitnehmer durch Unterschrift bestätigen zu lassen.
Eine Abmahnung unterliegt nicht dem Mitbestimmungsrecht des Betriebsrates.

11.7 Besonderer Kündigungsschutz

Einige Arbeitnehmergruppen genießen einen besonderen Kündigungsschutz. Bei diesen Arbeitnehmern ist eine Kündigung nur unter besonderen Bedingungen bzw. gar nicht möglich.

Betriebsräte und Auszubildendenvertretung

Mitgliedern des Betriebsrates sowie der Jugend- und Auszubildendenvertretung kann grundsätzlich nicht ordentlich gekündigt werden. Nur im Falle von Betriebsstilllegungen kann Arbeitnehmervertretern ordentlich (ohne Zustimmung des Betriebsrates!) gekündigt werden. Eine außerordentliche Kündigung ist grundsätzlich möglich, bedarf aber der Zustimmung des Betriebsrates.
Bereits vor der Wahl sind Arbeitnehmervertreter vor Kündigungen geschützt. Bis zur Bekanntgabe des Wahlergebnisses und sechs Monate danach darf den Mitgliedern des Wahlvorstands und den Wahlbewerbern nur außerordentlich (aus wichtigem Grund) gekündigt werden. Bis zur Bekanntgabe des Wahlergebnisses muss der Betriebsrat der Kündigung zustimmen. Nach Bekanntgabe des Wahlergebnisses ist diese Zustimmung nicht mehr erforderlich.

Werdende Mütter

Gegenüber Frauen während der Schwangerschaft und bis zum Ablauf von vier Monaten nach der Entbindung ist grundsätzlich jede Kündigung – auch eine außerordentliche – unzulässig (§ 9 Mutterschutzgesetz). Vorher ausgesprochene, aber während der Schwangerschaft wirksam werdende Kündigungen bleiben wirksam. Voraussetzungen sind:

- Vorliegen einer Schwangerschaft/einer Entbindung,
- Kenntnis des Arbeitgebers oder Mitteilung innerhalb von zwei Wochen nach Zugang der Kündigung.

Achtung! Eine vom Arbeitgeber ohne Kenntnis der Schwangerschaft ausgesprochene Kündigung ist unwirksam, wenn ihm die Arbeitnehmerin die Schwangerschaft innerhalb von zwei Wochen nach der Kündigung mitteilt. Diese Frist gilt auch dann, wenn der Arbeitnehmerin bei Zugang der Kündigung ihre Schwangerschaft noch nicht bekannt war.
Der Schutz des Mutterschutzgesetzes gilt bereits während der Probezeit und im Ausbildungsverhältnis. Die Arbeitnehmerin kann jederzeit unter Einhaltung der gesetzlichen oder vereinbarten Kündigungsfristen kündigen. Die Kündigung durch die junge Mutter zum Ende der Schutzfrist ist ohne Einhaltung einer Kündigungsfrist möglich.

Arbeitnehmer in Elternzeit
Wie werdende Mütter genießen auch Elternzeitberechtigte einen entsprechenden Kündigungsschutz. Achtung! Elternzeitberechtigter ist nicht nur die Mutter, sondern auch der Vater eines Kindes (Bundeselterngeldgesetz).
Der Arbeitgeber darf das Arbeitsverhältnis ab dem Zeitpunkt, an dem Elternzeit verlangt wurde, frühestens jedoch acht Wochen vor deren Beginn und während der Elternzeit nicht kündigen (§ 18 BEEG). Im Übrigen gilt das zum Mutterschutz Gesagte entsprechend. Will der Arbeitnehmer zum Ende der Elternzeit kündigen, beträgt die Kündigungsfrist drei Monate.

Schwerbehinderte
Schwerbehinderten (Entsprechendes gilt auch für Gleichgestellte nach dem SGB IX) kann grundsätzlich jederzeit gekündigt werden. Vor Ausspruch einer Kündigung muss jedoch die Zustimmung des Integrationsamts eingeholt werden (§ 85 SGB IX). Voraussetzung ist, dass das Arbeitsverhältnis zum Zeitpunkt des Zugangs der Kündigung länger als sechs Monate besteht.

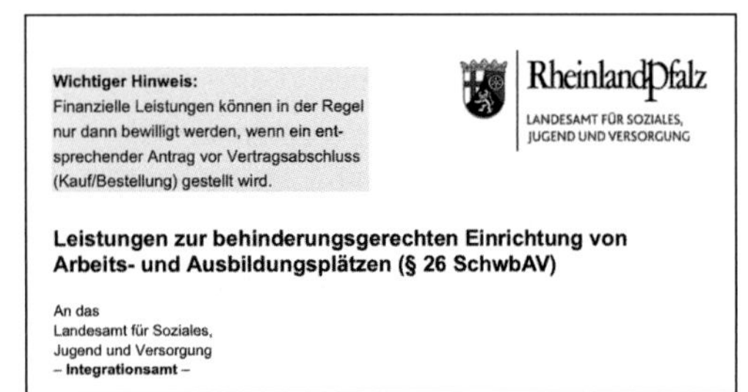
Wichtiger Hinweis:
Finanzielle Leistungen können in der Regel nur dann bewilligt werden, wenn ein entsprechender Antrag vor Vertragsabschluss (Kauf/Bestellung) gestellt wird.

RheinlandPfalz
LANDESAMT FÜR SOZIALES, JUGEND UND VERSORGUNG

Leistungen zur behinderungsgerechten Einrichtung von Arbeits- und Ausbildungsplätzen (§ 26 SchwbAV)

An das
Landesamt für Soziales,
Jugend und Versorgung
– **Integrationsamt** –

Das Integrationsamt berät und unterstützt in allen Fragen, die mit der Beschäftigung schwerbehinderter Menschen in Zusammenhang stehen.

Das Integrationsamt hat seine Zustimmung zur Kündigung im Regelfall zu erteilen, wenn der Grund zur Kündigung nicht mit der Behinderung in Zusammenhang steht. Die Entscheidung soll innerhalb eines Monats erfolgen. Liegt die Zustimmung vor, muss die Kündigung innerhalb eines Monats ausgesprochen werden (§ 88 SGB IX).
Auch vor einer außerordentlichen Kündigung ist die Zustimmung des Integrationsamts einzuholen. Auch hier gilt die Frist von zwei Wochen ab Kenntnis des Arbeitgebers von dem Kündigungsgrund. Das Integrationsamt muss innerhalb von zwei Wochen nach Eingang des Antrags entscheiden. Entscheidet das Integrationsamt innerhalb dieser Frist nicht, gilt die Zustimmung als erteilt. Der Arbeitgeber kann dann auch ohne Vorliegen der behördlichen Zustimmung außerordentlich kündigen.

11.8 Kündigungsfristen (ordentliche Kündigung)

Für Angestellte und Arbeiter gelten einheitliche gesetzliche Kündigungsfristen. Das Gesetz (§ 622 BGB) unterscheidet zwischen der Grundkündigungsfrist, der Kündigungsfrist bei längerer Beschäftigung und einer Kündigung während der Probezeit.
Bei Arbeitsverhältnissen bis zu zwei Jahren beträgt die Grundkündigungsfrist vier Wochen zum 15. eines jeden Monats oder zum Monatsende. Bei längerer Betriebszugehörigkeit (mindestens zwei Jahre) gelten verlängerte Kündigungsfristen für Kündigungen durch den Arbeitgeber jeweils zum Monatsende. Einzelheiten dazu in der nebenstehenden Tabelle. Die Betriebszugehörigkeit wird nach dem Gesetz erst ab dem 25. Lebensjahr angerechnet (§ 622 II S. 2 BGB). Der Europäische Gerichtshof hat jedoch entschieden, dass diese Regelung wegen Verstoßes gegen die Altersdiskriminierung unwirksam ist. Die noch im Gesetz stehende Regelung darf daher nicht mehr angewendet werden.

Beschäftigungsdauer ab	Kündigungsfrist (zum Monatsende)
2 Jahre	1 Monat
5 Jahre	2 Monate
8 Jahre	3 Monate
10 Jahre	4 Monate
12 Jahre	5 Monate
15 Jahre	6 Monate
20 Jahre	7 Monate

Während der Probezeit, die bis zu sechs Monate dauern darf, beträgt die gesetzliche Kündigungsfrist zwei Wochen (§ 622 III BGB).

Sonderregeln
Für Kleinbetriebe (bis zu 20 Arbeitnehmer) gib es eine Sonderregelung. Die Kündigungsfrist kann im Arbeitsvertrag auf vier Wochen zu jedem beliebigen Termin vereinbart werden. Im Übrigen ist einzelvertraglich nur eine Verlängerung der Kündigungsfristen (über die gesetzliche Regelung hinaus) möglich (§ 622 V BGB), die dann aber für Arbeitgeber und Arbeitnehmer gleichermaßen zu gelten hat.
Ausnahmsweise ist eine Vereinbarung kürzerer Fristen möglich in zwei Fällen:
- für Aushilfskräfte, wenn die Dauer des Arbeitsverhältnisses drei Monate nicht überschreitet,
- in Betrieben mit nicht mehr als 20 Arbeitnehmern (ohne Auszubildende und Teilzeitkräfte unter zehn Stunden Arbeitszeit wöchentlich).

Die Kündigungsfrist darf hier aber vier Wochen nicht unterschreiten. Bei der Feststellung der Zahl der beschäftigten Arbeitnehmer sind teilzeitbeschäftigte Arbeitnehmer mit einer regelmäßigen wöchentlichen Arbeitszeit von nicht mehr als 20 Stunden mit 0,5 und nicht mehr als 30 Stunden mit 0,75 zu berücksichtigen.
Die gesetzlichen Kündigungsfristen können durch Tarifvertrag abgekürzt oder verlängert werden (§ 622 IV BGB). Der

Gesetzgeber geht davon aus, dass die Tarifvertragsparteien angemessene Regelungen finden.
Erfolgt die Kündigung eines unbefristeten Arbeitsverhältnisses entsprechend dieser Kündigungsfristen, dann spricht man von einer ordentlichen Kündigung.

11.9 Änderungskündigung

Eine Änderungskündigung ist begrifflich eine Kündigung in Verbindung mit dem Angebot, einen neuen Arbeitsvertrag zu veränderten Bedingungen abzuschließen. Daher müssen bei einer Änderungskündigung alle Voraussetzungen einer normalen Kündigung vorliegen (Kündigungsgründe, Sozialauswahl, Kündigungsfristen usw.).
Bevor der Arbeitgeber eine (insbesondere betriebsbedingte) Kündigung aussprechen kann, muss er die Möglichkeit einer Änderungskündigung prüfen. Dies ergibt sich aus dem Verhältnismäßigkeitsgrundsatz. So hat er z. B., soweit vorhanden, dem Arbeitnehmer einen freien, u. U. schlechter bezahlten, jedoch zumutbaren Arbeitsplatz zur Verfügung zu stellen. Erst wenn der Arbeitnehmer den ihm angebotenen Arbeitsplatz ablehnt, darf die Kündigung ausgesprochen werden. Ein Arbeitnehmer, dem gekündigt werden soll, hat keinen Anspruch auf einen freien, aber besser bezahlten und fachlich qualifizierteren Arbeitsplatz.
Die Versetzung: Zu unterscheiden ist die Änderungskündigung von der Versetzung des Arbeitnehmers an einen anderen Arbeitsplatz. Bei einer Versetzung ist nicht die Beendigung des Arbeitsverhältnisses gewollt, sondern nur eine Änderung des Aufgabenbereichs. Zu beachten ist, dass eine Versetzung, die im Direktionsrecht des Arbeitgebers begründet ist, nur im Rahmen der im Arbeitsvertrag vereinbarten Arbeitsleistung erfolgen darf. Durch die Versetzung darf weder die Arbeitsvergütung verringert noch die Arbeitszeit verkürzt noch eine geringwertigere Arbeit zugewiesen werden.
Da eine Änderungskündigung zunächst eine Kündigung ist, hat der Betriebsrat ein Mitbestimmungsrecht.

11.10 Fristlose Kündigung

Im Gegensatz zur ordentlichen Kündigung kann die fristlose und zumeist auch außerordentliche Kündigung ohne Einhaltung einer Kündigungsfrist ausgesprochen werden. In der Regel endet das Arbeitsverhältnis mit dem Zeitpunkt des Ausspruchs (mündliche Kündigung) bzw. mit dem Zugang der schriftlichen Kündigung. Zulässig ist eine fristlose Kündigung nur, wenn ein gesetzlich vorgesehener Grund besteht und die Kündigung wegen dieses Grundes ausgesprochen wird.
Nach § 626 I BGB kann ein Arbeitsverhältnis von jedem Vertragsteil aus wichtigem Grund ohne Einhaltung einer Kündigungsfrist gekündigt werden, wenn Tatsachen vorliegen, aufgrund derer dem Kündigenden unter Berücksichtigung aller Umstände des Einzelfalles und unter Abwägung der Interessen beider Vertragsteile (Arbeitgeber und Arbeitnehmer) die Fortsetzung des Dienstverhältnisses bis zum Ablauf der Kündigungsfrist oder bis zu der vereinbarten Beendigung des Arbeitsverhältnisses nicht zugemutet werden kann.
Gründe, die eine außerordentliche Kündigung rechtfertigen:
- beharrliche Arbeitsverweigerung,
- ständiges Zuspätkommen (trotz mehrmaliger Abmahnung),
- Annahme von Schmier- oder Bestechungsgeldern durch Arbeitnehmer,
- Spesenbetrug,
- Diebstahl zu Lasten von Arbeitgeber oder Mitarbeitern,
- Verlust des Führerscheins aufgrund von Alkohol bei einem Lkw-Fahrer,
- Tätlichkeiten unter Arbeitnehmern.

Kataloge mit Kündigungsgründen können nur der Orientierung dienen. In jedem Einzelfall ist der Grundsatz der Verhältnismäßigkeit zu beachten.

Beispiel

Ein Lagerarbeiter ist in einem Baustoff-Fachhandelsunternehmen seit über 20 Jahren beschäftigt. Als beim Umladen ein Zementsack aufreißt, sammelt er den verschütteten Zement auf und nimmt ihn in einem Eimer, der Eigentum des Betriebs ist, mit nach Hause. Den Eimer bringt er am nächsten Tag zurück. Als der Arbeitgeber von diesem Vorfall hört, kündigt er dem Lagerarbeiter fristlos wegen Diebstahls.

Diebstahl stellt in der Regel immer einen typischen Grund für eine außerordentliche Kündigung dar. Allerdings wird sich in unserem konkreten Beispiel der Arbeitgeber vorhalten lassen müssen, dass er die Umstände in diesem konkreten Fall nicht ausreichend berücksichtigt hat. Insbesondere hat keine ernstzunehmende Interessenabwägung stattgefunden. Der langen, offensichtlich untadeligen Betriebszugehörigkeit des Arbeitnehmers steht die Entwendung einer geringwertigen Sache gegenüber. Hinzu kommt, dass der Arbeitnehmer sich der Rechtswidrigkeit seines Verhaltens gar nicht bewusst war. Unter diesen Umständen wird der Arbeitgeber wohl nicht argumentieren können, dass ihm eine weitere Beschäftigung des Arbeitnehmers nicht zuzumuten ist.
Eine fristlose Kündigung wäre in unserem Beispiel nicht gerechtfertigt. Selbst eine ordentliche Kündigung – ohne vorherige Abmahnung – dürfte ungerechtfertigt sein. Die außerordentliche Kündigung darf immer nur das letzte Mittel sein.
Sehr wichtig ist, dass eine außerordentliche Kündigung nur innerhalb von zwei Wochen nach Kenntnis des Arbeitgebers vom Kündigungsgrund ausgesprochen werden kann. Es kommt nicht auf den Zeitpunkt des Vorfalls an, der einer Kündigung zugrunde liegt. Zwischen dem Vorgang selbst und sicherer Kenntnisnahme kann also durchaus ein längerer Zeitraum vergangen sein. Dabei hat der Arbeitgeber auch Zeit, den Sachverhalt, aus dem sich der außerordentliche Kündigungsgrund ergeben soll, zu ermitteln, und er sollte auch dem Arbeitnehmer (innerhalb von einer Woche) Gelegenheit zu einer Äußerung geben.

11.11 Massenentlassung

Besondere Anforderungen werden an sogenannte Massenentlassungen (§ 17 ff. KSchG) gestellt. Eine Massenentlassung liegt dann vor, wenn:
- in Betrieben zwischen 20 und 60 Arbeitnehmern mehr als 5 Arbeitnehmer,
- in Betrieben mit mehr als 60 und weniger als 500 Arbeitnehmern 10 % der Arbeitnehmer oder mehr als 25 Arbeitnehmer,
- in Betrieben mit mehr als 500 Arbeitnehmern mindestens 30 Arbeitnehmer innerhalb von 30 Kalendertagen entlassen werden.

Vor einer Massenentlassung muss der Arbeitgeber dem Arbeitsamt die Entlassungen schriftlich anzeigen und den Betriebsrat schriftlich unterrichten. Kommt der Arbeitgeber diesen Verpflichtungen nicht nach, so sind alle anzeigepflichtigen Entlassungen unwirksam.
Auch bei Massenentlassungen ist, wie bei jeder Kündigung, eine Interessenabwägung erforderlich.

11.12 Mitbestimmung und Kündigung

Das Betriebsverfassungsgesetz (BetrVG) räumt der Arbeitnehmervertretung (Betriebsrat) eine Mitbestimmung in sozialen und personellen Angelegenheiten ihres Unternehmens ein. Das Anhörungsrecht des Betriebsrats bei Kündigungen ist Bestandteil dieses Mitbestimmungsrechts in personellen Fragen (§ 102 BetrVG). Die Gründe und Umstände der beabsichtigten Kündigung müssen konkret mitgeteilt werden. Bei einer betriebsbedingten Kündigung ist er über die dringenden betrieblichen Erfordernisse und die Sozialauswahl zu informieren.
Daher muss in Betrieben mit Betriebsrat dieser vor jeder Kündigung angehört werden. Dieses Recht besteht bei jeder Art von Kündigung! Es gilt auch für Kündigungen während der ersten sechs Monate und während der Probezeit. Auch bei einer außerordentlichen Kündigung ist der Betriebsrat unter Angabe von Kündigungsart und Kündigungsgründen anzuhören. Wurde der Betriebsrat nicht gehört, ist eine Kündigung unwirksam. Selbst wenn der Betriebsrat einer Kündigung nachträglich zustimmen sollte, bleibt diese wegen Verletzung des Anhörungsrechts unwirksam.
Besondere Formvorschriften für die Anhörung des Betriebsrates gibt es nicht. Aus Beweisgründen empfiehlt sich jedoch die Schriftform.

Die beabsichtigte Kündigung ist dem Vorsitzenden des Betriebsrates oder im Falle seiner Verhinderung dem Stellvertreter mitzuteilen. Diese Mitteilung muss enthalten:
- die Personalien des Gekündigten,
- seine sozialen Daten (Alter, Betriebszugehörigkeit usw.),
- die beabsichtigte Art der Kündigung,
- den Kündigungstermin,
- die Gründe der Kündigung.

Im Anhörungsverfahren muss der Betriebsrat zu der beabsichtigten Kündigung innerhalb bestimmter Fristen (Äußerungsfristen) Stellung nehmen.
Die Äußerungsfristen sind:
- bei ordentlichen Kündigungen eine Woche,
- bei außerordentlichen Kündigungen drei Tage.

Der Betriebsrat kann zu einer Kündigung folgendermaßen Stellung nehmen:
- ausdrücklich schriftlich zustimmen,
- schweigen (gilt als Zustimmung),
- Bedenken äußern,
- ausdrücklich widersprechen.

Nach Ablauf der Äußerungsfrist kann der Arbeitgeber kündigen. Teilt der Betriebsrat dem Arbeitgeber nur seine Bedenken mit, ist nach Ablauf der Äußerungsfrist ebenfalls die Kündigung möglich. Widerspricht der Betriebsrat ausdrücklich der beabsichtigten Kündigung, kann der Arbeitgeber zwar trotzdem kündigen, muss aber der Kündigungserklärung die Widerspruchsgründe des Betriebsrates beilegen.

11.13 Beendigung von Arbeitsverhältnissen ohne Kündigung

Arbeitsverhältnisse werden in der Regel durch einen Arbeitsvertrag geschlossen und mit einer Kündigung beendet. Neben der Kündigung gibt es aber noch andere Möglichkeiten, ein Arbeitsverhältnis zu beenden:
- durch Fristablauf, wenn das Arbeitsverhältnis für eine bestimmte Zeitdauer eingegangen wurde (befristetes Arbeitsverhältnis),
- durch Abschluss eines Aufhebungsvertrages zwischen Arbeitgeber und Arbeitnehmer,
- Tod des Arbeitnehmers.

Befristung von Arbeitsverhältnissen
Befristete Arbeitsverhältnisse enden automatisch mit Ablauf der im Arbeitsvertrag vereinbarten Frist oder dem vereinbarten Ereignis. Einer gesonderten Kündigung bedarf es dabei nicht. Es unterliegt auch nicht den Kündigungsschutzbestimmungen. Deshalb kann ein befristetes Arbeitsverhältnis auch nicht beliebig oft wiederholt werden.

Beendigung durch Aufhebungsvertrag
Der Aufhebungsvertrag ergibt sich als Umkehrschluss zum Arbeitsvertrag. Wenn Arbeitgeber und Arbeitnehmer vertraglich den Beginn eines Arbeitsverhältnisses begründen können, so muss es ihnen auch möglich sein, dieses einvernehmlich durch Vertrag zu jeden beliebigen Zeitpunkt aufzuheben. Der Aufhebungsvertrag ist Folge der allgemein gültigen Vertragsfreiheit. Eine Mitwirkung des Betriebsrates nach dem Betriebsverfassungsgesetz ist beim Aufhebungsvertrag nicht vorgesehen. Auch die behördliche Zustimmung des Integrationsamtes bei Schwerbehinderten oder der obersten Landesbehörde für Arbeitsschutz (je nach Bundesland: Landesarbeitsministerium oder Gewerbeaufsicht) bei Frauen im

Mutterschutz braucht nicht eingeholt zu werden. Der Vorteil ist also vor allen Dingen eine einvernehmliche klare Regelung und schnelle Rechtssicherheit für beide Seiten. Der Arbeitnehmer ist sicher, dass eventuelle Verhaltens- oder personenbedingte Kündigungsgründe nicht im Rahmen eines Arbeitsgerichtsverfahrens offen diskutiert werden. Es kann hierüber Verschwiegenheit vereinbart werden.
Ein Aufhebungsvertrag muss schriftlich abgeschlossen werden (§ 623 BGB). Über den Inhalt eines Aufhebungsvertrages gibt es keine Vorschriften. Dem Grunde nach genügt es, wenn die Parteien im Vertrag zum Ausdruck bringen, dass das Arbeitsverhältnis in beiderseitigem Einverständnis zu einem bestimmten Zeitpunkt endet. Findet sich keine Regelung zum Beendigungszeitpunkt, so endet das Arbeitsverhältnis mit sofortiger Wirkung. Eine rückwirkende Aufhebung des Arbeitsverhältnisses ist nicht möglich.
In der Praxis hat es sich bewährt, wenn im schriftlichen Aufhebungsvertrag einige wichtige Punkte geregelt werden:

- Abfindung,
- Urlaub,
- betriebliche Altersversorgung,
- Wettbewerbsverbot,
- Erledigungsklausel,
- salvatorische Klausel.

Es gibt beim Aufhebungsvertrag keine gesetzliche Widerrufsmöglichkeit, sodass der Vertrag in aller Regel nicht rückgängig gemacht werden kann. Dies ist auch dann der Fall, wenn der Arbeitnehmer überrumpelt wird und er nur jetzt oder gar nicht den Aufhebungsvertrag unterschreiben kann. Deshalb sollte der Aufhebungsvertrag sehr sorgfältig formuliert werden. Wie jede andere Willenserklärung kann jede Seite ihre Willenserklärung zum Abschluss eines Aufhebungsvertrages nachträglich anfechten (§§ 119, 123 BGB). Sehr häufig argumentieren Arbeitnehmer nach Abschluss eines Aufhebungsvertrages, sie wären durch den Arbeitgeber zum Abschluss dieser Vereinbarung genötigt worden (z. B. angedrohte ordentlichen Kündigung u. ä.). Tragfähige Anfechtungsgründe dürften nur dann gegeben sein, wenn der Arbeitnehmer durch den Aufhebungsvertrag übertölpelt und einseitig benachteiligt wurde.

Abfindungsregelungen: Besondere Bedeutung kommt der Abfindung zu. Wie schon gesagt, ist ein Aufhebungsvertrag ein gegenseitiger Vertrag, in dem sich beide Vertragsparteien über die Modalitäten zur Beendigung des Arbeitsverhältnisses einigen. Das bedeutet, dass sich die Parteien (Arbeitgeber und Arbeitnehmer) entgegenkommen müssen. Häufig verzichtet der Arbeitnehmer bei der Aufhebung des Arbeitsverhältnisses auf die Einhaltung einer mehr oder minder langen Kündigungsfrist, unter Umständen auch auf einen besonderen Kündigungsschutz. Für diese Zugeständnisse möchte er von seinem Arbeitgeber einen Ausgleich erhalten. Im Regelfall wird deshalb eine Abfindung in Zusammenhang mit dem Aufhebungsvertrag vereinbart. Die Höhe der Abfindung richtet sich nach dem Einkommen des Arbeitnehmers und den Rechten (Kündigungsschutz, Kündigungsfristen), auf die er verzichtet hat. Arbeitnehmer scheuen sich oft, mit ihrem Arbeitgeber einen Aufhebungsvertrag abzuschließen, weil sie fürchten, bei einer späteren Arbeitslosigkeit von der Bundesagentur für Arbeit eine Sperrfrist verordnet zu bekommen. Dies ist im Einzelnen in §§ 158, 159 SBG III geregelt. Die Sperrfrist, die max. zwölf Wochen beträgt, kommt u. a. zum Tragen, wenn der Arbeitnehmer das Beschäftigungsverhältnis gelöst hat, ohne dass er dafür einen wichtigen Grund hätte (Bundessozialgericht (BSG) – Urteil vom 12.07.2006, B 11a AL 47/05).
Der Arbeitgeber hat den Arbeitnehmer über die wesentlichen sozialversicherungs- und steuerrechtlichen Folgen des Aufhebungsvertrages zu belehren. Tut er dies nicht, dann kann sich der Arbeitgeber schadenersatzpflichtig machen. Schaden ist dann das nicht ausgezahlte Arbeitslosengeld.

Salvatorische Klausel: Nicht vergessen werden sollte auch die Erledigungs- oder Ausgleichsklausel, in der beide Parteien erklären, dass Ansprüche aus dem Arbeitsverhältnis und aus seiner Beendigung nicht mehr bestehen. Unter der sogenannten salvatorischen Klausel, die in jeden Aufhebungsvertrag gehört, versteht man die Formulierung, dass bei Unwirksamkeit eines Teils des Vertrages die Wirksamkeit des anderen Teils nicht berührt wird. Damit wird verhindert, dass durch einzelne nichtige Formulierungen der ganze Vertrag rechtsunwirksam wird.

11.14 Anspruch auf ein Zeugnis

In Deutschland besteht ein Arbeitszeugnisanspruch, der sich sowohl aus dem Gesetz als auch aus den Tarifverträgen ergibt. Ebenfalls haben Praktikanten, die unter das Mindestlohngesetz (MiLoG) fallen, einen Anspruch auf ein Zeugnis.

12 Kündigungsschutzklage

Die Kündigungsschutzklage gem. § 4 S 1 KSchG ist innerhalb von drei Wochen nach Zugang der schriftlichen Kündigung beim Arbeitsgericht zu erheben. Inhalt der Kündigungsschutzklage ist die Klage des Arbeitnehmers auf Feststellung, dass das Arbeitsverhältnis durch die Kündigung nicht aufgelöst sei.

12.1 Gütetermin

Nach Eingang der Klage wird vom Arbeitsgericht ein Gütetermin angesetzt. Darin wird versucht, den Rechtsstreit durch die Vermittlung des Richters gütlich zu beenden und zwischen den Parteien einen Vergleich zu schließen. Scheitert ein Vergleich, kann der Richter am Arbeitsgericht mit Zustimmung der Parteien gem. § 54 I ArbGG noch einen zweiten Gütetermin anregen. Damit kann er den Parteien Zeit zum Nachdenken geben, bevor er diese zu einem Kammertermin lädt.
In der Regel wird der Richter einen ausgewogenen Prozessvergleich zur schnellen und endgültigen Einigung des Kün-

digungsstreites vorschlagen. Dabei wird der Richter einen Abfindungsvorschlag unterbreiten, der in etwa dem auf die Parteien zukommenden Prozessrisiko (mit einem gewissen Abschlag) entspricht.
Häufig schlägt der Richter auch bei einer offensichtlich rechtswirksamen Kündigung aus sozialen Gründen und zur Befriedung der Parteien ein Abfindungsvergleich vor. Erfahrene Rechtsanwälte, die „ihre" Richter kennen, können Schlüsse aus der Güteverhandlung auf den evtl. Ausgang eines späteren Kündigungsschutzverfahrens vor der Kammer ziehen. Schon aus diesem Grunde empfiehlt sich die Einschaltung eines Rechtsanwalts bereits in der Güteverhandlung.
Der Richter am Arbeitsgericht kann mit Zustimmung der Parteien noch einen zweiten Gütetermin anregen.

12.2 Hauptverhandlung

Bleibt die Güteverhandlung erfolglos, kommt es zur streitigen Verhandlung. Ziel ist zwar die Feststellung des Bestehens oder der Auflösung eines Arbeitsverhältnisses, doch sind in der Regel entweder Arbeitnehmer oder Arbeitgeber oder beide Parteien hieran nicht mehr interessiert. Meistens ist das Vertrauensverhältnis zwischen Arbeitgeber und Arbeitnehmer so nachhaltig gestört, dass eine weitere Zusammenarbeit nicht mehr zumutbar ist.

Die Güteverhandlung findet vor dem Arbeitsgericht statt. *Foto: K. Klenk*

Eine Partei oder beide Parteien stellen dann einen Auflösungsantrag. Die Kündigungsschutzklage läuft dann auf einen Abfindungsvergleich hinaus. Selbst wenn das Gericht eine Kündigung als sozialwidrig und somit unwirksam beurteilt, wird den Parteien eine weitere Zusammenarbeit nicht mehr zugemutet. Die Abfindung bedeutet hier den finanziellen Ausgleich für den Verlust einer Rechtsposition des Arbeitnehmers (Kündigungsschutz, Kündigungsfrist).
Bis zum Ablauf der Kündigungsfrist hat der Arbeitnehmer nicht nur Anspruch auf Fortzahlung der Vergütung, sondern auch auf Beschäftigung. Hat der Arbeitgeber ein berechtigtes Interesse daran, dass der Arbeitnehmer nicht mehr an seinem Arbeitsplatz erscheint, kann er ihn unter Weiterzahlung der Bezüge freistellen. Darf der Arbeitnehmer nach Ausspruch der Kündigung nicht weiterarbeiten, muss er seine Arbeitsleistung ausdrücklich anbieten. Verweigert der Arbeitgeber dennoch die Beschäftigung (Freistellung), ist er zur Weiterzahlung der Bezüge verpflichtet. In der Klageerhebung (Kündigungsschutzklage) sieht die Rechtsprechung ein Angebot der Arbeitskraft durch den Arbeitnehmer. Würde der Arbeitnehmer seine Arbeit nicht anbieten, dann bräuchte der Arbeitgeber kein Gehalt zu zahlen.

13 Arbeitsgerichtsbarkeit

Für alle Streitigkeiten, die sich aus dem Arbeitsverhältnis ergeben, insbesondere bei Fragen des Kündigungsschutzes, sind die Arbeitsgerichte zuständig. Gerichtsorganisation:
1. Instanz: Arbeitsgerichte
2. Instanz: Landesarbeitsgerichte (Berufungs- oder Beschwerdeinstanz)
3. Instanz: Bundesarbeitsgericht (Revisions- oder Rechtsbeschwerdeinstanz).

13.1 Arbeitsgericht

Am Arbeitsgericht besteht kein Anwaltszwang, eine anwaltliche Vertretung ist aber möglich. Nach Eingang der Klage wird vom Arbeitsgericht ein Gütetermin angesetzt. Darin wird versucht, den Rechtsstreit durch die Vermittlung des Richters gütlich zu beenden und zwischen den Parteien einen Vergleich zu schließen. Scheitert ein Vergleich, kann der Richter am Arbeitsgericht mit Zustimmung der Parteien gem. § 54 Abs.1 ArbGG noch einen zweiten Gütetermin anregen. Damit kann er den Parteien Zeit zum Nachdenken geben, bevor er diese zu einem Kammertermin lädt. Die Kosten der ersten Instanz trägt, unabhängig vom Ausgang des Verfahrens, jede Partei selbst. Während die Güteverhandlung vom Berufsrichter durchgeführt wird, leitet er die mündliche Verhandlung des Kammertermins, an dem zwei weitere ehrenamtliche Richter teilnehmen, jeweils ein Vertreter des Arbeitgebers und des Arbeitnehmers.

13.2 Landesarbeitsgericht

Gegen Urteile der ersten Instanz gibt es das Rechtsmittel der Berufung. Die Berufungsverhandlung wird vor dem Landesarbeitsgericht durchgeführt. Berufung kann nur eingelegt werden, wenn diese in dem Urteil des Arbeitsgerichts zugelassen worden ist, wenn der Wert des Beschwerdegegenstandes 600 EUR übersteigt oder in Rechtsstreitigkeiten über das Bestehen, das Nichtbestehen oder die Kündigung eines Arbeitsverhältnisses gestritten wird.
Vor dem Landesarbeitsgericht besteht Anwaltszwang. Das heißt, die Parteien müssen sich durch Anwälte, Gewerkschaften oder Arbeitgeberverbände vertreten lassen. Die unterliegende Partei trägt die Kosten. Bei der Berufungsinstanz handelt es sich um eine echte Tatsacheninstanz.

13.3 Bundesarbeitsgericht

Gegen Urteile der Landesarbeitsgerichte ist die Revision zum Bundesarbeitsgericht zulässig, wenn die Revision im Urteil des Landesarbeitsgerichts oder in einem BAG-Beschluss über eine Nichtzulassungsbeschwerde zugelassen ist. Gegen die Urteile des Bundesarbeitsgerichts gibt es kein Rechtsmittel. Es kann nur die Verletzung des Rechts geltend gemacht werden.

DAS SCHULUNGSBÜRO FÜR BAUSTOFFKUNDE Claudia Marion

DAS eLEARNING Claudia Marion

Mehr Wissen. Mehr Verstehen. Mehr Freude im Beruf.

Auszubildende im Baustoff-Fachhandel brauchen ein vielfältiges Expertenwissen um in ihrer Branche erfolgreich zu sein. Neben vertieften kaufmännischen Kenntnissen ist ein umfangreiches Wissen über die einzelnen Baumaterialien erforderlich. Dazu kommen noch zahlreiche branchenspezifische Vorgänge und Abwicklungen. Die Praxis-Vermittlung dieses Fachwissens ist im Arbeitsalltag leider kaum zu bewältigen. Das bedeutet für den Auszubildenden, dass er oft mit Wissenslücken die Abschlussprüfung meistern muss und nicht optimal ausgebildet und für den Alltag gewappnet in den Beruf startet. Das ist frustrierend und für alle nicht effizient.

Wir bieten seit der Gründung im Jahr 2008 mit dem Angebot von DAS SCHULUNGSBÜRO für Baustoffkunde Claudia Marion ein umfangreiches Portfolio an Schulungen für Auszubildende und Mitarbeiter des Baustoff-Fachhandels. Mit unserem vielfältigen Leistungsspektrum begleiten wir die Mitarbeiter vom Ausbildungsstart bis zur Abschlussprüfung sowie bei ihrer Karriere als Vertriebsmitarbeiter im Innen- und Außendienst oder als Führungskraft in der Firmenleitung.

Zusätzlich unterstützen wir die Mitarbeiter mit unseren eLearning-Kursen. Um die Qualität der Ausbildung im Baustoff-Fachhandel weiter zu verbessern, bieten wir mit DAS eLEARNING in Kooperation mit dem BDB (Bundesverband Deutscher Baustoff-Fachhandel e.V.) und baustoffwissen.de ein Lernsystem an, das auf die speziellen Anforderungen dieser Branche zugeschnitten ist. Unsere Tutoren verfügen über langjährige Erfahrung in der Branche und sorgen für einen praxis- und alltagsorientierten Aufbau der Kurse. Im Mittelpunkt stehen die Auszubildenden und Mitarbeiter mit ihren individuellen Fähigkeiten und Ansprüchen. Deshalb ist unser eLearning-System einfach, praktisch und bedarfsorientiert zu bedienen.

In Kürze: Das Unternehmen

DAS SCHULUNGSBÜRO
für Baustoffkunde
Claudia Marion
DAS eLEARNING
Claudia Marion
Leibergweg 20
45257 Essen

Tel.: +49 (0) 201 / 45 03 19 66
Fax: +49 (0) 201 / 45 03 19 69
www.das-schulungsbuero.de
www.das-elearning.de

VII Das Unternehmen

1 Kaufmann und Firma

Die Firma eines Kaufmanns ist der Name, unter dem er seine Geschäfte betreibt und die Unterschrift abgibt.

Aus dieser Definition wird deutlich, dass die Firma, nicht wie im Sprachgebrauch üblich, das Unternehmen bezeichnet, sondern nur den Namen, unter dem das Unternehmen im Geschäftsverkehr auftritt. Ein Kaufmann kann unter seiner Firma klagen und verklagt werden.
Nach deutschem Handelsrecht sind nur Kaufleute zur Führung einer Firma berechtigt. Beim Handelsrecht handelt es sich um ein Sonderrecht der Kaufleute, das im Handelsgesetzbuch (HGB) geregelt ist. Dabei geht es vor allem um die Verschärfung der Rechte und Pflichten aus dem „normalen" Zivilrecht, insbesondere dem BGB. Ziel ist eine Beschleunigung der Abwicklung von Handelsgeschäften.

1.1 Der Kaufmann

Der Einzelkaufmann ist auch heute noch die am weitesten verbreitete Unternehmensform. Im Baustoff-Fachhandel hat sie jedoch an Bedeutung verloren.
Nach § 1 I HGB ist Kaufmann (Ist-Kaufmann, Vollkaufmann), wer ein Handelsgewerbe (Grundhandelsgewerbe) betreibt. Handelsgewerbe im Sinne dieser Vorschrift sind grundsätzlich alle Gewerbebetriebe mit Ausnahme der Betriebe, die nach Art und Umfang keinen in kaufmännischer Weise eingerichteten Geschäftsbetrieb erfordern (Kleingewerbetreibende, Kleinhandwerker).
Wer also ein Gewerbe betreibt, das einen in kaufmännischer Weise eingerichteten Geschäftsbetrieb erfordert, ist Kaufmann. Es kommt nicht darauf an, dass er tatsächlich einen solchen Geschäftsbetrieb auch unterhält. Die Frage, wann konkret dies erforderlich ist, regeln die jeweils regionalen IHKs, die dafür meist Umsatzgrenzen für einzelne Gewerbezweige festlegen. Es kommt bei diesen auch nicht darauf an, ob sie sich in das Handelsregister haben eintragen lassen, wozu sie aber grundsätzlich verpflichtet wären. Erfolgt keine Eintragung im Handelsregister, dann kann diese mit Zwangsgeld erzwungen werden.
Man kann aber auch quasi freiwillig Kaufmann werden (§ 2 HGB). Dazu muss man sich nur mit einer Firma in das Handelsregister eintragen lassen. Dies gilt entsprechend auch für Land- und Forstwirte.
Je größer der Kundenkreis, je vielfältiger die angebotenen Leistungen, desto eher ist eine kaufmännische Einrichtung erforderlich.
Daneben ordnet das Gesetz noch an anderer Stelle an, dass jemand Kaufmann ist. Dies gilt insbesondere für die Formkaufleute (§6 Abs. 1 HGB). Hierzu zählen in erster Linie die Personenhandelsgesellschaften, die das HGB selbst regelt, nämlich oHG und KG. Dann aber auch GmbHs (§ 13 GmbHG), Aktiengesellschaften (§ 3 AktG) etc. Nicht hierunter fallen eingetragene Vereine und Gesellschaften bürgerlichen Rechts. Ferner muss sich unter dem Gesichtspunkt auch ohne Eintragung im Handelsregister derjenige als Kaufmann behandeln lassen, der sich als solcher nach außen geriert oder gar ausdrücklich erklärt, dass er Kaufmann ist.

Beispiel

A betreibt ein kleines Lebensmittelgeschäft. Er ist nicht im Handelsregister eingetragen. Nach außen tritt er aber als „Lebensmittelgroßhandel" auf. Gutgläubigen Dritten gegenüber muss er sich deshalb wie ein Kaufmann behandeln lassen.

Der Kaufmann haftet für die Schulden seines Unternehmens uneingeschränkt mit seinem persönlichen Vermögen. Dies ist auch der Grund, warum heute die Rechtsform des Einzelkaufmanns rückläufig ist.

Baustoffhandelsunternehmen einst – heute machen Größe und wachsender Kapitalbedarf das Einzelunternehmen schon beinahe zur Ausnahme. *Foto: Archiv*

1.2 Die Firma

Der Begriff Firma wird oft falsch verwendet. Die Firma eines Kaufmanns ist – wie bereits festgestellt – der Name, unter dem er seine Geschäfte betreibt und die Unterschrift abgibt. Firma ist also synonym mit Name. Früher unterschrieb der Kaufmann, der im Handelsregister eingetragen war, nicht mit seinem bürgerlichen Namen, sondern mit dem im Handelsregister eingetragenen Namen. Prokuristen unterschrieben unter Voranstellung von ppa. (= lat.: per procura autoritate/in Vollmacht) ebenfalls nicht mit ihrem bürgerlichen Namen, sondern mit der Firma, also dem Namen, unter dem ihr Arbeitgeber im Handelsregister eingetragen war.

Diese Historie macht den Ursprung und damit auch die Bedeutung deutlich.
Dies veranschaulicht, warum § 17 II HGB bestimmt, dass ein Kaufmann unter seiner Firma klagen und verklagt werden kann.

Wahl der Firma

Der Kaufmann ist bei der Wahl seiner Firma heute fast völlig frei. Das erlaubt praktisch jede gewünschte Namensgestaltung für ein Unternehmen (Namensfirma, Sachfirma, Fantasiefirma und Mischformen usw.). Eine Sachfirma enthält in der Regel Branchenbezeichnungen, welche die Tätigkeit des Unternehmens beschreiben (z. B. Hagebau Baucentrum München GmbH). Der Name des Inhabers muss nicht erkennbar sein. Bei einer Namensfirma (Personenfirma) genügt die Angabe des Familiennamens (z. B. Müller OHG). Die Zufügung von Vornamen oder sonstigen Bezeichnungen ist zulässig (z. B. Walter Müller Baustoffe OHG). Auch die Wahl einer Fantasiefirma ist zulässig, sodass auch Markenbezeichnungen verwendet werden können (z. B. Tempo AG).

Das Unternehmen „Bauzentrum + Baufachmarkt Wassermann & Co. GmbH" ist eine Namensfirma. Nach außen präsentiert es sich mit der einprägsamen Kurzform „Bauzentrum Wassermann & Co". *Foto: Bauzentrum Wassermann/Eurobaustoff*

Das Unternehmen „Hagebau Centrum Röhrig GmbH" ist eine Namensfirma. Nach außen präsentiert es sich mit der einprägsamen Kurzform „Röhrig GmbH".
Gewerbetreibende, deren Gewerbebetrieb nicht im Handelsregister eingetragen wird (Nichtkaufmann), sind nach der Gewerbeordnung verpflichtet, im Rechtsverkehr unter dem vollen bürgerlichen Vor- und Zunamen des Inhabers aufzutreten. Möglich ist ein Zusatz, der auf die Tätigkeit des Unternehmens (z. B. Baustoff-Fachhandel) hinweist.
Die allgemeinen Anforderungen an eine Firma sind in § 18 Handelsgesetzbuch (HGB) geregelt:

- Kennzeichnungseignung,
- Unterscheidungskraft,
- Irreführungsverbot.

Firmenwahrheit / Firmenklarheit

Die Firmierung darf keine Angaben enthalten, die über geschäftliche Verhältnisse täuschen könnten (Firmenwahrheit). Eine Firma „Baustoff-Handels GmbH" wäre unzulässig, wenn sie nur Beratungsleistungen erbringen würde. In die gleiche Richtung geht die Forderung nach Firmenklarheit. So darf die Firmierung nicht zu falschen Schlussfolgerungen führen. Aus der Firma muss die Rechtsform deutlich werden. Ein Zusatz, der Gesellschafts- und Haftungsverhältnisse offenlegt, ist unentbehrlich – auch für das Einzelunternehmen. OHG und KG müssen ausschließlich diese Bezeichnungen benutzen. Das früher beliebte „& Co." für eine oHG ist heute verboten. Entsprechend muss die Firma eines Einzelkaufmanns den Zusatz „eingetragene/r Kaufmann/Kauffrau" (e.K., e.Kfr. oder e.Kfm.) führen. Entsprechendes gilt für GmbH, AG, eG etc.

Firmenausschließlichkeit / Firmeneinheit

Firmennamen müssen sich innerhalb einer Gemeinde deutlich voneinander unterscheiden (Firmenausschließlichkeit). Ein Unternehmen darf nur eine Firma führen (Firmeneinheit). Mehrere Firmierungen nebeneinander sind unzulässig. Auch wenn also überregional theoretisch gleiche Firmierungen möglich wären, muss das Gesetz gegen unlauteren Wettbewerb beachtet werden. Danach muss sich auch die Firma eines Unternehmens – ähnlich einer Marke – zur Kennzeichnung eignen, sie muss sich von anderen Firmen so deutlich unterscheiden, dass eine Verwechslung unmöglich ist.
Hinsichtlich des Irreführungsverbotes kann als Prüfungsmaßstab das UWG gelten: Was in der Werbung als Aussage oder Slogan wettbewerbsrechtlich unzulässig wäre, sollte auch nicht in einer Firma verwendet werden.
Die Einhaltung der Vorschriften über die Bildung der Firma wird von den Registergerichten überwacht, die zu diesem Zweck Rücksprache mit den bei den IHKs eingerichteten Abteilungen halten. Daher ist es üblich, vor einer entsprechenden Beantragung auf Eintragung einer Firma diese mit der IHK abzustimmen und sich dort die Firma reservieren zu lassen. Diese Prüfung stellt aber keinen Schutz davor dar, von Dritten auf Unterlassung in Anspruch genommen zu werden, die ihre Ansprüche aus Markenrechten oder der eigenen Firma ableiten.

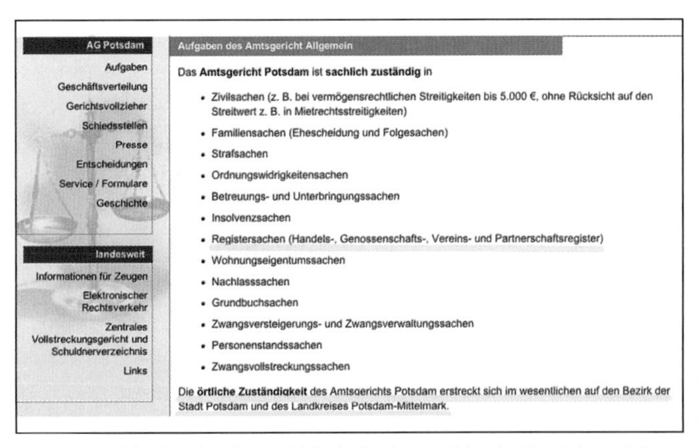

Das Amtsgericht Potsdam ist zugleich ein Registergericht, das Handels- und Genossenschaftsregister sowie weitere Register seines Bezirks führt. *Abb.: Screenshot*

Angaben auf Geschäftsbriefen

§ 37a HGB regelt, welche Angaben auf Geschäftsbriefen zu stehen haben:

- die Firma einschließlich des Rechtsformzusatzes,
- der Ort der Handelsniederlassung bzw. der Gesellschaft,
- das Registergericht,
- die Handelsregisternummer.

Bei Aktiengesellschaften (AG) kommen noch hinzu:

- Namen des Vorstandsvorsitzenden (hervorgehoben) sowie aller Vorstandsmitglieder,
- Vor- und Nachname des Aufsichtsratsvorsitzenden.

Auf dem Geschäftsbriefbogen eines Unternehmens müssen die Elemente der Firma detailliert angegeben werden.

Dies alles soll dem Rechtsverkehr ermöglichen, festzustellen, wer beispielsweise für das Unternehmen vertretungsbefugt ist, in das Handelsregister zu schauen oder sich weitere Daten wie die Jahresabschlüsse (www.unternehmensregister.de) anzusehen. Durch das Handelsregister und die Registernummer ist eine Verwechslung ausgeschlossen.

2 Gesellschaftsrecht

Im Handelsrecht wurde der Name des Unternehmens beschrieben. Im Gesellschaftsrecht geht es um die Verfassung, Organisation, Haftung etc. eines Unternehmens. Es geht um die Fragen, welche Folgen sich daraus ergeben, wenn der Kaufmann als oHK, KG, GmbH, eG etc. handelt und welche dieser Formen für sein Unternehmen die beste ist. Dabei spielen neben den zivilrechtlichen Fragen (und hier insbesondere die der persönlichen Haftung) auch steuerliche Fragen hinein. Unter welcher Form wird ein Gewinn am niedrigsten besteuert bzw. kann ein Verlust am besten geltend gemacht werden? Zunehmend sind aber auch Fragen der Erbschaftssteuer und des Erbrechts relevant, weil sich nicht alle Gesellschaftsformen für eine fließende Überleitung etc. eignen. Wegen der Komplexität und Einzelfallbezogenheit können die Punkte im Folgenden an den jeweiligen Stellen nur angerissen werden.

Die optimale Rechtsform im Baustoff-Fachhandel gibt es nicht. Es gibt auch keine Pflicht, ein Unternehmen in einer besonderen Rechtsform zu führen, wenn man von besonderen Ausnahmen z. B. für Banken (§ 2 b KWG) absieht.

Selbst wenn nur eine einzelne Person ein Baustoffhandelsunternehmen gründen will, sollte sie gründlich über die zukünftige Unternehmensform nachdenken.

Exkurs

Auswahl der Unternehmensform

Bei der Auswahl der Unternehmensform spielen unterschiedliche Überlegungen eine Rolle.

► **Persönliche Gründe:** Naturgemäß werden persönliche Gründe bei der Wahl der Unternehmensform im Vordergrund stehen. So wird der zukünftige Unternehmer entscheiden müssen, ob er sein Unternehmen alleinverantwortlich führen will oder ob er das Unternehmen mit Teilhabern gemeinsam betreiben möchte.

► **Betriebswirtschaftliche Überlegungen:** Diese spielen vor allen Dingen unter dem Gesichtspunkt der Kapitalbeschaffung eine Rolle. In den meisten Fällen wird heute ein Unternehmer bei der Gründung eines Baustoffhandelsunternehmens auf fremde Kapitalgeber (in der Regel Banken) zurückgreifen müssen. Entsprechend wird er die Form eines Gesellschaftsunternehmens wählen.

► **Handelsrechtliche Überlegungen:** Hier wird die Entscheidung für eine Unternehmensform im Baustoff-Fachhandel maßgeblich durch die Unternehmensgröße sowie durch Haftungsfragen bestimmt.

► **Steuerliche Überlegungen:** Hinzu kommen zuletzt noch steuerliche Überlegungen. Diese sollten die Entscheidung für eine Unternehmensform abrunden, aber nicht im Vordergrund stehen.

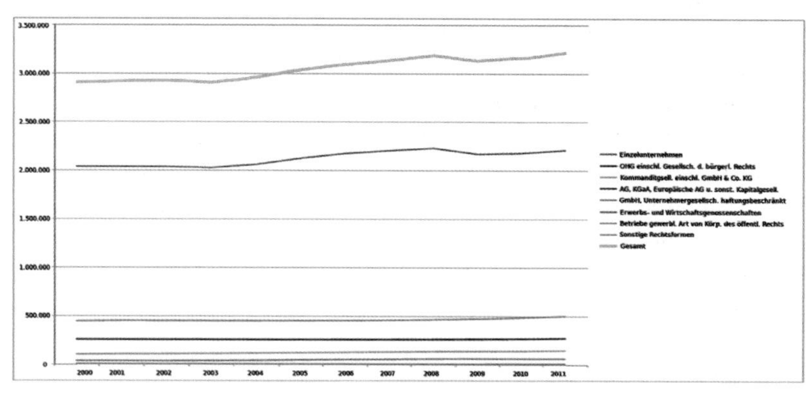

Die Zahl der Unternehmen in Deutschland unterliegt einer stabilen Entwicklung.

Quelle: Institut f. Recht d. Wirtsch. (Uni Hamburg)

2.1 Einzelunternehmung

Die Einzelfirma ist auch heute noch die am weitesten verbreitete Unternehmensform. Insbesondere Existenzgründungen wählen diese Rechtsform, da sie eine flexible Unternehmenspolitik erlaubt. Im Baustoff-Fachhandel hat sie jedoch an Bedeutung verloren. Bedingt durch die Größe der Baustoffhandelsunternehmen und den damit wachsenden Kapitalbedarf ist das Einzelunternehmen heute die Ausnahme.

In dieser Unternehmensform wird das Eigenkapital ausschließlich vom Inhaber aufgebracht. Der Alleininhaber trägt das volle Unternehmensrisiko und haftet in vollem Umfang auch mit seinem Privatvermögen für die Verbindlichkeiten des Unternehmens.

Der große Vorteil einer Einzelunternehmung liegt darin, dass der Inhaber sein „eigener Herr" im Unternehmen ist. So kann er allein, ohne Rücksicht auf Gesellschafter, das Unternehmen führen. Er kann aus diesem Grunde rasche Entscheidungen treffen und braucht nicht auf eine – oftmals mühsame – Meinungsbildung unter Gesellschaftern warten. Da er alleiniger Kapitalgeber ist, kann er auch allein über den Gewinn des Unternehmens verfügen. Schwierigkeiten kann die Kapitalbeschaffung bereiten. So wird in der Regel die Aufnahme von Fremdmitteln (Krediten, Darlehen) durch die persönliche Vermögenssituation des Unternehmers begrenzt. Darüber hinaus trägt ein Einzelunternehmer auch das volle Geschäftsrisiko allein. Damit ist auch der entscheidende Nachteil eines Einzelunternehmens angesprochen. Die Haftung des Unternehmens kann nicht auf das Geschäftsvermögen beschränkt werden.

Der typische Einzelunternehmer ist der Freiberufler, Handwerker, Nichtkaufmann oder sonstige Gewerbetreibende, der unter seinem Namen auftritt und nicht im Handelsregister eingetragen ist. Im Handel ist es aber auch der Einzelhandelskaufmann, der im Handelsregister eingetragen ist und das Recht zur Firmenführung hat.

2.2 Gesellschaftsformen

Eine Gesellschaft wird begründet durch einen freiwilligen Gesellschaftsvertrag. Mit Ausnahme der Aktiengesellschaft besteht für den Gesellschaftsvertrag weitgehende Gestaltungsfreiheit. Die Grundformen Verein (für die sogenannten Kapitalgesellschaften) und Gesellschaft des Bürgerlichen Rechts (GBR oder auch BGB – Gesellschaft; für die Personengesellschaften) sind im BGB geregelt.

Personengesellschaften

Personengesellschaften sind die BGB-Gesellschaft, die OHG, die KG und die stille Gesellschaft, wobei die drei letzten die Personenhandelsgesellschaften sind, die im HGB geregelt sind. Personengesellschaften sind keine juristischen Personen. Dies sind nur die Kapitalgesellschaften. Sie haben aber eine eigene Rechtspersönlichkeit, wie dies in § 124 I HGB zum Ausdruck kommt. Diese rechtliche Selbständigkeit ist heute auch für die BGB-Gesellschaft anerkannt.

BGB-Gesellschaft: Die BGB-Gesellschaft ist in den §§ 705ff. BGB geregelt und die Grundform der Personengesellschaft. Mehrere Personen (natürliche oder juristische) finden sich zu einem gemeinsamen Zweck zusammen. Dieser gemeinsame Zweck kann auch der gemeinsame Betrieb eines Baustoff-Fachhandels sein. Das Problem einer solchen BGB-Gesellschaft im wirtschaftlichen Leben ist, dass sie in keinem Register eingetragen ist. Also kann sich niemand durch Einsicht in ein solches davon überzeugen, wer denn zur Vertretung der Gesellschaft berechtigt ist, wer die Gesellschafter sind und wie es um die wirtschaftlichen Verhältnisse steht, weil die Jahresabschlüsse nicht veröffentlicht werden müssen. Schon unter diesen Gesichtspunkten ist diese Gesellschaftsform ungeeignet für den Betrieb eines Unternehmens.

Dazu kommt, dass ein Baustoff-Fachhandel immer einen eingerichteten Geschäftsbetrieb nach § 1 HGB erfordert. Ist dies aber der Fall, dann wandelt sich die BGB-Gesellschaft automatisch in eine offene Handelsgesellschaft (oHG) um (§ 105 HGB).

Dennoch ist die BGB-Gesellschaft dem Baustoff-Fachhandel nicht fremd. Denn jede Arbeitsgemeinschaft (abgekürzt: Arge) von Bauunternehmen, die sich für ein großes Bauvorhaben zusammenschließen, ist eine BGB-Gesellschaft. Dies macht den Umgang für den Baustoff-Fachhandel aber auch problematisch, wie oben ausgeführt, weil die Vertretungsverhältnisse und die Zusammensetzung der Gesellschafter offen sind.

Am Bahnprojekt Stuttgart-Ulm sind insgesamt zehn Argen beteiligt.

Offene Handelsgesellschaft (oHG): Wie bereits ausgeführt, ist die offene Handelsgesellschaft der Zusammenschluss von mehreren Personen zu einem gemeinsamen Zweck, der einen eingerichteten Geschäftsbetrieb erfordert. Anders als die BGB-Gesellschaft ist die oHG im Handelsregister eingetragen und auch dazu verpflichtet (§ 106 HGB). Kennzeichnend für die oHG ist, dass alle Gesellschafter mit ihrem gesamten privaten Vermögen für Schulden der oHG haften (§ 124 HGB). Wie bei der Firma schon deutlich gemacht, kann die oHG selbst verklagt werden und aktiv klagen. Da die Gesellschafter für ihre Gesellschaft uneingeschränkt haften, wird man neben der Gesellschaft als oHG auch immer gleich

die Gesellschafter mit verklagen, damit man aus einem Titel dann sowohl in das Vermögen der oHG als auch in das der Gesellschafter vollstrecken kann. Die Haftung der Gesellschafter ergibt sich allein aus ihrer Gesellschafterstellung. Sie müssen also nicht zusätzlich z. B. einen Bürgschaftsvertrag oder neben der Gesellschaft als Mitschuldner unterzeichnet haben. Dies macht die besondere Gefahr der oHG deutlich, weshalb diese Rechtsform heute auch nur noch sehr selten zu finden ist.
Haftungsverschärfend kommt das besondere Vertretungsrecht dazu. Gemäß § 125 HGB ist jeder Gesellschafter zur Vertretung der Gesellschaft und damit letztlich zur Begründung von Schulden, für die alle anderen Gesellschafter auch einzustehen haben, berechtigt. Eine Einschränkung gibt es nur insofern, als die Vertretung als Gesamtvertretung ausgestaltet werden kann, sodass immer mehrere oder alle Gesellschafter handeln müssen. Dann aber dauern Entscheidungsprozesse für den unternehmerischen Bereich wahrscheinlich zu lange.

Kommanditgesellschaft (KG): Bei der Kommanditgesellschaft handelt es sich um eine Gesellschaft, die ein Handelsgewerbe unter einer gemeinsamen Firma betreibt und bei der ein Teil der Gesellschafter unbeschränkt und ein Teil beschränkt haftet (§ 161 I HGB). Im Gesetz ist die Kommanditgesellschaft in den §§ 161–177a HGB geregelt. Darüber hinaus gelten – soweit nichts anderes ausdrücklich bestimmt – ergänzend die Vorschriften zur OHG und, wenn dort nichts geregelt ist, zur BGB-Gesellschaft (§ 161 II HGB).
Gesellschafter der Kommanditgesellschaft, die voll haften, nennt man Komplementäre. Als Kommanditisten werden die beschränkt haftenden Gesellschafter bezeichnet. Die Kommanditisten haften mit ihrer in das Handelsregister eingetragenen Haftsumme. Diese beschränkte persönliche Haftung erlischt jedoch, wenn der Kommanditist diesen Betrag der Gesellschaft zur Verfügung gestellt, also eingezahlt hat. Dann besteht eine darüber hinausgehende Haftung gegenüber den Gläubigern der KG nicht mehr.
Diese Haftungsbeschränkung setzt aber die Eintragung im Handelsregister voraus. Daher bestimmt § 176 HGB, dass auch die vermeintlichen Kommanditisten unbeschränkt persönlich haften, wenn sie der Geschäftsaufnahme vor der Eintragung zugestimmt haben. Entsprechendes gilt für Kommanditisten, die der laufenden Kommanditgesellschaft neu beitreten.
Diese beschränkte Haftung der Kommanditisten hat zur Folge, dass sie von der Geschäftsführung und der Vertretung der Gesellschaft ausgeschlossen sind. Anderenfalls könnten sie mit der beschränkten Haftung Rechtsgeschäfte zulasten des unbeschränkt haftenden Komplementärs abschließen. Dies ist aber auch ein besonderer Vorteil für den Komplementär, der so Kapitalgeber als Gesellschafter in sein Unternehmen aufnehmen kann, ohne diese an der Geschäftsführung beteiligen zu müssen. Der Komplementär hat grundsätzlich die entsprechenden Rechte wie der Gesellschafter einer OHG. Für den Kapitalgeber, den Kommanditisten, ist es vorteilhaft, dass er sich mit seinem Kapital an einer Personengesellschaft beteiligen kann, ohne für deren Schulden unbeschränkt haften zu müssen. Auch ohne Pflicht zur Mitarbeit hat der Kommanditist Anspruch auf Gewinn und Kontrollrechte.
Für den (Unternehmer) Komplementär liegt ein entscheidender Nachteil der Kommanditgesellschaft in seiner unbeschränkten Haftung. Für den Kommanditisten kann es unter Umständen von Nachteil sein, dass er keinen Anspruch auf eine Beteiligung in der Geschäftsführung des Unternehmens hat. Manche Kommanditisten versuchen sich daher im Gesellschaftsvertrag umfassende Mitwirkungsrechte in der Geschäftsführung zu sichern, sodass Geschäfte ihrer Zustimmung bedürfen. Dies darf aber nicht darüber hinwegtäuschen, dass diese Geschäfte ohne Zustimmung dennoch wirksam sind und sich der Komplementär allenfalls schadenersatzpflichtig macht.
Aufgrund der unterschiedlichen Mitarbeit und Haftung der Gesellschafter (teilweise beschränkt und teilweise unbeschränkt) kann es zu beträchtlichen Interessenkonflikten um das Unternehmen kommen.

GmbH & Co. KG: Es handelt sich hierbei nicht um eine gesonderte Rechtsform, sondern um die Kombination von zwei Rechtsformen. Das Besondere daran ist, dass als allein haftender Komplementär eine GmbH Gesellschafter der KG ist. Weil bei einer normalen KG immer eine natürliche Person als Komplementär auftritt, hat der Gesetzgeber für diese Kombination die gesetzliche Pflicht geschaffen, die Nichthaftung einer natürlichen Person durch die Rechtsformbezeichnung „GmbH & Co. KG" nach außen deutlich zu machen, denn in der praktischen Konsequenz führt das dazu, dass über die Haftungsbeschränkung der GmbH auf ihr Stammkapital auch der dem Grunde nach voll haftende Komplementär der KG in seiner Haftung beschränkt ist.
Für die GmbH & Co. KG gelten grundsätzlich die Vorschriften der KG. Das heißt, es müssen auch die notwendigen Voraussetzungen für eine KG gegeben sein. Da eine 1-Mann-GmbH grundsätzlich zulässig ist und der alleinige Gesellschafter der GmbH auch gleichzeitig Kommanditist der KG sein kann, ist auch eine sogenannte 1-Mann-GmbH & Co. KG möglich. Für das Gesetz sind zwei Gesellschafter vorhanden: die GmbH mit eigener Rechtspersönlichkeit (= juristische Person) und ihr Gesellschafter, der als natürliche Person Kommanditist ist. Zweck der rechtlichen Konstruktion ist es, die haftungsrechtlichen und steuerlichen Vorteile der Personengesellschaft (KG) mit der beschränkten Haftung einer Kapitalgesellschaft (GmbH) zu kombinieren. Durch die Kombination der Gesellschaftsformen erhält die GmbH & Co. KG weitreichende Gestaltungsfreiheit. So können auch Nichtgesellschafter mit der Geschäftsführung betraut werden, was bei der klassischen KG nicht möglich ist.

Kapitalgesellschaften

Kapitalgesellschaften sind von vornherein auf einen Wechsel im Gesellschafterbestand angelegt. Bindeglied der Kapitalgesellschaft ist, wie schon ihr Name deutlich macht, das finanzielle Engagement von oftmals anonymen Kapitalgebern an einem Unternehmen. Die Person des Kapitalgebers

steht in der Regel im Hintergrund. Die Haftung bleibt auf den jeweiligen Kapitaleinsatz beschränkt.
Die bekanntesten Kapitalgesellschaften dürften die GmbH (mit der Unterform der Unternehmergesellschaft), die Aktiengesellschaft (AG) und die eingetragene Genossenschaft sein. Diese sind jeweils in einzelnen Gesetzen geregelt.

GmbH und AG sind in speziellen Gesetzen geregelt.

Ein bekanntes Beispiel im Baustoff-Fachhandel ist die Baywa AG, München, die aus einer Genossenschaft hervorgegangen ist. *Foto: Baywa*

Gesellschaft mit beschränkter Haftung (GmbH): Sie wurde für mittlere und kleinere Unternehmen geschaffen, weil für diese die Form der Aktiengesellschaft zu aufwendig und umständlich erschien. Die GmbH ist eine ausschließlich deutsche Schöpfung ohne historisches Vorbild. In der Praxis hat sie sich aber so bewährt, dass sie von vielen ausländischen Rechtsordnungen übernommen wurde. In der Bundesrepublik Deutschland dürfte sie heute eine der häufigsten Gesellschaftsformen sein. Auch der Baustoff-Fachhandel macht darin keine Ausnahme.
Bei der GmbH handelt es sich um eine relativ alte Gesellschaftsform. Das GmbH-Gesetz (GmbHG) stammt bereits aus dem Jahre 1892. Dennoch ist das GmbH-Recht grundsätzlich weit flexibler als das Aktienrecht. So kann die GmbH wesentlich leichter auf die Bedürfnisse der Gesellschafter abgestimmt werden. Das ist insbesondere bei kleinen und mittleren Unternehmen vorteilhaft.
Die GmbH ist eine juristische Person und kann daher Träger von Rechten und Pflichten sein. Ziel ist eine Begrenzung des unternehmerischen Risikos. Das Privatvermögen der Gesellschafter soll nicht für die Geschäftsverbindlichkeiten haften. Gesellschaft mit beschränkter Haftung meint also die Beschränkung der Haftung der Gesellschafter mit ihrem privaten Vermögen anders als z. B. bei der oHG. Die Gesellschaft selbst haftet natürlich unbeschränkt mit dem Gesellschaftsvermögen für ihre Schulden. Da der Gesellschaftsvertrag (Satzung) der GmbH weitgehend Gestaltungsfreiheit genießt, können sich die Mitglieder auch eine „personalistische GmbH" schaffen. Sie kann auch von einer Person (natürlich oder juristisch) allein gegründet werden. Man spricht dann von einer 1-Mann-GmbH.
Gegründet wird eine GmbH durch den Gesellschaftsvertrag. Für vereinfachte GmbH-Gründungen (maximal drei Gesellschafter und ein Geschäftsführer) stellt der Gesetzgeber ein Musterprotokoll zur Verfügung (Anlage 1 zum GmbHG). Dieses ist besonders günstig, weil es die Handelsregisteranmeldung und die Gesellschafterliste mit umfasst. Der Gesellschaftervertrag muss notariell beurkundet werden. In ihm sind Firma, Sitz, Gegenstand des Unternehmens sowie Stammkapital und Geschäftsanteile festzuhalten. Wesentlicher Faktor einer GmbH ist ihr Stammkapital. Hierbei handelt es sich um die Summe aller Stammeinlagen, auf die eine Haftung der GmbH grundsätzlich beschränkt ist. Das Stammkapital muss mindestens 25 000 EUR betragen. Einlage ist der Betrag, mit dem sich ein Gesellschafter am Stammkapital zu beteiligen hat. Die Einlage muss auf volle Euro lauten. Vor Eintragung der GmbH ins Handelsregister muss mindestens die Hälfte des Mindest(stamm)kapitals eingezahlt worden sein. Unter Umständen kann das Stammkapital aber auch durch sogenannte Sacheinlagen eingebracht werden.

Beispiel

Zwei Baustoffkaufleute gründen eine GmbH. Der eine bringt als Stammeinlage 8 000 EUR in bar und einen älteren Gabelstapler (Wert 5 000 EUR) ein. Der andere erfüllt seine Einlagepflicht mit einem gebrauchten LKW (Wert 10 000 EUR) und diversen Büromöbeln (Gesamtwert 3 000 EUR). Damit haben die Gesellschafter ihr gesetzlich vorgeschriebenes Mindeststammkapital in Höhe von 25 000 EUR aufgebracht.

Eine solche Sachgründung wird in der Praxis aber oft vermieden, weil die Werthaltigkeit der Sacheinlage (hier der Wert des Gabelstaplers, des Lkws und der Büromöbel) gegenüber dem Handelsregister nachgewiesen werden muss.
Das Beispiel macht die Problematik der GmbH aus der Sicht ihrer Gläubiger deutlich. Die 25 000 EUR Stammkapital stehen bei unserer GmbH aus dem Beispiel nur auf dem Papier. Im Fall der Fälle dürften sich die „Vermögenswerte" der Sacheinlagen nur schwer realisieren lassen. Realistisch bewertet dürfte dieser GmbH ein haftendes Kapital von allenfalls 10 000 EUR zur Verfügung stehen.
Trotz dieser Möglichkeiten hat die Forderung einer Mindestkapitalausstattung von 25 000 EUR dazu geführt, dass zunehmend deutsche Existenzgründer in Großbritannien eine Limited Company (Mindestkapital ab 1 Pfund) gegründet haben. Neben den geringen Anforderungen an das Mindestkapital sind einfache Gründungsformalitäten und geringe Gründungskosten (kein Notar notwendig) Punkte, die – vermeintlich – für die englische Limited sprechen.
Der Gesetzgeber hat im Zuge der GmbH-Modernisierung reagiert und in § 5a GmbHG eine Art Einstiegs-GmbH in Form der haftungsbeschränkten Unternehmergesellschaft (UG)

Handelsregister B des Amtsgerichts München	Abteilung B Wiedergabe des aktuellen Registerinhalts Abruf vom 15.8.2006 22:23	Nummer der Firma: **HRB 135729**
-Ausdruck-	Seite 1 von 1	

1. **Anzahl der bisherigen Eintragungen:**

   2

2. **a) Firma:**

   InterTimer GmbH

   b) Sitz, Niederlassung, Zweigniederlassungen:

   Puchheim, Landkreis Fürstenfeldbruck

   c) Gegenstand des Unternehmens:

   Betrieb von Internet-Portalen, -S- ites sowie -Services aller Art, insbesondere Terminvereinbarung, Entwicklung und Vertrieb von Software aller Art, Schulung, Support und Marketing, insbesondere im Bereich Internet-Terminvereinbarung, Internet-Hosting sowie Betrieb einer Werbeagentur.

3. **Grund- oder Stammkapital:**

   25.000,00 EUR

4. **a) Allgemeine Vertretungsregelung:**

   Ist nur ein Geschäftsführer bestellt, so vertritt er die Gesellschaft allein. Sind mehrere Geschäftsführer bestellt, so wird die Gesellschaft durch zwei Geschäftsführer oder durch einen Geschäftsführer gemeinsam mit einem Prokuristen vertreten.

   b) Vorstand, Leitungsorgan, geschäftsführende Direktoren, persönlich haftende Gesellschafter, Geschäftsführer, Vertretungsberechtigte und besondere Vertretungsbefugnis:

   Einzelvertretungsberechtigt; mit der Befugnis, im Namen der Gesellschaft mit sich im eigenen Namen oder als Vertreter eines Dritten Rechtsgeschäfte abzuschließen:
   Geschäftsführer: Blankenstein, Horst, Germering, *19.09.1967

5. **Prokura:**

   ---

6. **a) Rechtsform, Beginn, Satzung oder Gesellschaftsvertrag:**

   Gesellschaft mit beschränkter Haftung

   Gesellschaftsvertrag vom 25.01.2001
   Zuletzt geändert durch Beschluss vom 06.12.2001

   b) Sonstige Rechtsverhältnisse:

   ---

7. **a) Tag der letzten Eintragung:**

   04.01.2002

Handelsregisterauszug (Abteilung B) einer GmbH (Beispiel).

geschaffen, die unter bestimmten Voraussetzungen die Gründung einer GmbH ohne Mindeststammkapital und unter vereinfachten Gründungsanforderungen möglich macht. Die Gründung einer UG (haftungsbeschränkt) kann auch mit einem Musterprotokoll erfolgen, was die Gründungskosten noch einmal reduziert.

Als Nachteil wird insbesondere von mittelständischen Familienunternehmen die Publizitätspflicht (auch Offenlegungspflicht nach § 325 HGB) empfunden. Das heißt, dass der handelsrechtliche Jahresabschluss – ggf. nebst Bestätigungsvermerk – im elektronischen Bundesanzeiger veröffentlicht werden muss. Diese Publizitätspflicht trifft alle Kapital- und Personenhandelsgesellschaften ohne natürliche Person als persönlich haftendem Gesellschafter, also auch die GmbH & Co. KG.

Aber auch bei der Beschaffung von Fremdkapital kann sich die Haftungsbegrenzung der GmbH negativ auswirken. So sind Banken bei der Kreditvergabe, zumindest bei der 1-Mann-GmbH, sehr zurückhaltend. In der Regel bestehen darüber hinaus Banken bei GmbHs auf persönlichen Sicherheiten der Geschäftsinhaber. Das hat im Baustoff-Fachhandel auch schon dazu geführt, dass Unternehmer ihre GmbHs in kreditwürdigere KGs umgestaltet haben. Die gleichen Risiken wie für Banken bestehen aber auch, wenn der Handel Warenkredite an seine Kunden vergibt. Die Bau-GmbH bekommt zwar bei der Bank keinen Kredit, weil keine Sicherheiten da sind, aber der Baustoff-Fachhandel liefert auf Rechnung ohne Sicherheiten Zigtausende.

Limited Company (Ltd.): Die Europäische Union hat es mit sich gebracht, dass alle innerhalb der Union legal gegründeten Gesellschaften in allen Mitgliedsstaaten auch anerkannt werden müssen. In Deutschland ist in diesem Zusammenhang die Limited Company (Ltd.) bekannt geworden. Es handelt sich dabei nicht um eine deutsche Gesellschaftsform, sondern um eine britische, für die in weiten Teilen auch britisches Recht gilt, ein Umstand, der von vielen völlig übersehen wird, die meinen, mit dieser Rechtsform einen billigen Weg zur Haftungsbeschränkung gefunden zu haben.

Die Vorteile der Limited liegen in der nahezu vollständigen Beschränkung der persönlichen Haftung (praktisch ab 1 britischen Pfund), der Gründung innerhalb weniger Tage und der geringen Gründungskosten. Es sei aber auf einige Probleme hingewiesen: Die Jahresabschlüsse müssen in englischer Sprache beim Registergericht in Großbritannien eingereicht werden. Es muss in Großbritannien ein Büro unterhalten werden, in dem der Company Secretary ansässig ist, eine Leistung, die auch von den Gründungsbüros angeboten wird, aber auch kostet. Eine solche Person kennt das deutsche Recht nicht. Werden die Jahresabschlüsse nicht fristgerecht eingereicht, dann wird die Gesellschaft im britischen Register gelöscht und verliert damit – anders als im Deutschen GmbH-Recht – ihre Rechtspersönlichkeit und damit für die Gesellschafter die Haftungsbeschränkung. Wenn diese dann in Deutschland weiter wirtschaftlich als Ltd. tätig sind, gelten sie als oHG oder BGB–Gesellschaft mit unbeschränkter Haftung der Gesellschafter, ein Ziel, das sicherlich nicht erreicht werden sollte. Das in Großbritannien befindliche Vermögen (z. B. ein Bankkonto) fällt an die britische Krone. Gesellschaftsrechtliche Auseinandersetzungen und Klagen gegen die Gesellschafter (wohl auch gegen die Geschäftsführer) müssen in Großbritannien nach britischem Recht geführt werden (u. a. Anwaltszwang zu den dortigen Stundensätzen).

Spätestens seit der Einführung der Unternehmergesellschaft (UG/haftungsbeschränkt) ist die Ltd. auf dem Rückzug in Deutschland.

Eines der bekanntesten Beispiele für eine Limited ist die Drogeriekette Müller mit rund 400 Filialen. Das Unternehmen hat in eine Ltd. & Co. KG umfirmiert.

Genossenschaften

Genossenschaften sind Vereine mit wechselnder Mitgliederzahl, welche die Förderung des Erwerbs oder der Wirtschaft ihrer Mitglieder (Genossen) durch gemeinschaftlichen Geschäftsbetrieb bezwecken (§ 1 I Genossenschaftsgesetz). Genossenschaften sind Gesellschaften, jedoch weder Personengesellschaften noch Kapitalgesellschaften. Sie entstanden in der zweiten Hälfte des 19. Jahrhunderts und gehen auf die Initiativen von Hermann Schulze-Delitzsch und Friedrich Wilhelm Raiffeisen zurück.

Genossenschaften sollten es Landwirten und kleinen Gewerbetreibenden ermöglichen, unter Wahrung der eigenen Selbständigkeit im Wettbewerb mit großen Unternehmen zu bestehen. Nach den Prinzipien der Selbsthilfe, der Selbstverwaltung und der Selbstverantwortung übernehmen die

Genossenschaften bestimmte Funktionen ihrer Mitglieder. Ursprünglich war nicht geplant, dass die Genossenschaften Gewinne erzielen. Die Vorteile sollten unmittelbar bei den Mitgliedern anfallen. Organisationen, die ihren Ursprung im Genossenschaftsgedanken haben, sind z. B. die Volks- und Raiffeisenbanken, die ländlichen Zentralgenossenschaften und diverse Einkaufskooperationen.

Messestand der Zedach *Foto: Zedach*

Im Baustoffhandel kennen wir als Genossenschaften z. B. die Zedach e. G. (Zentralgenossenschaft des Dachdeckerhandwerks) und die verschiedenen Raiffeisen-Betriebe, um nur einige Beispiele zu nennen. Die Firma der Genossenschaft muss den Gegenstand des Unternehmens nennen und den Zusatz „eingetragene Genossenschaft" oder „e.G." enthalten.
Verstanden sich die Genossenschaften ursprünglich als Selbsthilfeorganisation ihrer – in der Regel schwächeren – Mitglieder, so haben moderne Genossenschaften nicht selten ein Eigenleben entwickelt, sodass sie sich im Wettbewerb wie normale Gesellschaftsunternehmen bewegen.
Der Vorteil einer Genossenschaft als Zusammenschluss von kleineren und mittleren Gewerbetreibenden liegt darin, dass die einzelnen Mitglieder die Vorteile der Genossenschaft (gemeinsames Auftreten am Markt) in Anspruch nehmen können, ohne ihre eigene Selbständigkeit aufgeben zu müssen. Gleichzeitig bleibt die Haftung für Verbindlichkeiten der Genossenschaft auf einen überschaubaren Betrag (Geschäftsanteil) beschränkt.
Ein Nachteil ist, dass expansionswillige Genossenschaftsunternehmen schnell an die Grenze ihrer Kapitalbeschaffungsmöglichkeiten stoßen. Mitglieder können selten zur weiteren Kapitalbeschaffung herangezogen werden. Auch eine Selbstfinanzierung durch Gewinnthesaurierung (der Gewinn wird in diesem Falle nicht an die Genossen ausgeschüttet,

Raiffeisen-Genossenschaftsbetrieb *Foto: Raiffeisen*

sondern verbleibt für zukünftige Zwecke im Unternehmen) ist nur in begrenztem Umfang möglich. Zur Verbesserung der Kapitalausstattung ist die Genossenschaft daher weitgehend auf die Aufnahme neuer Mitglieder angewiesen. Aus diesen Gründen werden expandierende Genossenschaftsunternehmen gerne in Kapitalgesellschaften umgewandelt. Im Baustoff-Fachhandel hat die BayWa diesen Weg bereits beschritten und firmiert heute als Aktiengesellschaft („BayWa AG").

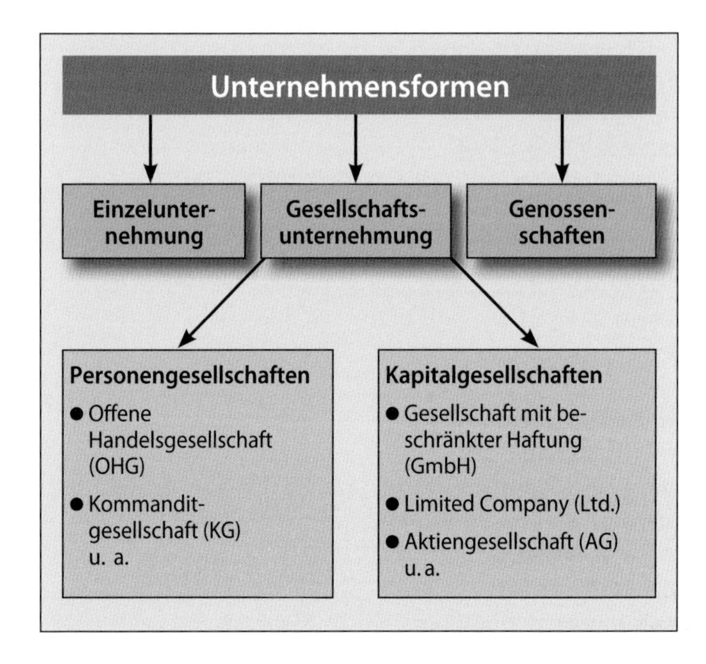

Sonderformen
Im Folgenden sollen einige gesellschaftsrechtliche Besonderheiten aufgezeigt werden, die begrifflich oft Verwendung finden.

Betriebsaufspaltung: Sie bedeutet, dass ein einheitlicher wirtschaftlicher Betrieb in mehrere Gesellschaften aufgeteilt wird. Dies hat zumeist haftungsrechtliche Gründe. So werden z. B. die Betriebsgrundstücke, das Anlagevermögen in einer Gesellschaft gehalten (= sogenannte Besitzgesellschaft), die diese dann an eine andere Gesellschaft vermietet, die das eigentliche Geschäft betreibt (= sogenannte Betriebsgesellschaft). Wegen der Möglichkeit der Haftungsbeschränkung ist es dann meist so, dass die Betriebsgesellschaft eine GmbH ist, während die Besitzgesellschaft eine KG (u. U. eine GmbH & Co KG, wobei die Komplementär-GmbH nicht die Betriebs-GmbH) ist.
Steuerrechtliche wird diese Aufteilung aber nicht nachvollzogen. Die Miete, die die Betriebsgesellschaft an die Besitzgesellschaft zahlt, führt bei dieser zu gewerblichen Einkünften und nicht zu Einkünften aus Vermietung, sodass zusätzlich Gewerbesteuer zu zahlen ist.

Umwandlungen: Das Umwandlungsgesetz ermöglicht einen Wechsel von einer Gesellschaftsform in eine andere im Rahmen einer Gesamtrechtsnachfolge, also bei Aufrechterhaltung der Identität. Dies bedeutet, dass z. B. Verträge (Mietverträge, Lieferverträge etc.) nicht neu abgefasst werden müssen, sondern die alten automatisch weiterlaufen. Dabei sind nicht alle denkbaren Wechsel möglich, sondern nur die in dem Gesetz genannten. Das Umwandlungssteuergesetz regelt ebenfalls, welche steuerrechtlichen Folgen sich aus einer handelsrechtlichen Umwandlung ergeben.

3 Management

Die Leitung eines Unternehmens wird mit dem aus dem Englischen kommenden Begriff als Management bezeichnet. Management umfasst somit sämtliche Unternehmensbereiche. Bis vor Kurzem war Management fast ausschließlich auf Gewinnmaximierung, d. h. auf Ertragssteigerung und Kostenminimierung ausgerichtet. Diese Kriterien sind auch heute noch von entscheidender Bedeutung. Weitere Aufgaben sind hinzugekommen. Sie liegen z. B. im sozialen Bereich, wie etwa der Erhaltung und Sicherung von Arbeitsplätzen, der Rücksichtnahme auf ältere Mitarbeiter oder der Förderung eines positiven Betriebsklimas. Der Umweltschutz nimmt heute bei der Unternehmensleitung einen außerordentlich wichtigen Stellenwert ein. Fehler auf diesem Gebiet werden von der Öffentlichkeit nicht mehr toleriert. Die europäische Gemeinschaft hat weitere neue Akzente gesetzt. Neben dem unternehmensbezogenen bzw. regional ausgerichteten Management sind internationale Verflechtungen zu beachten. Aufgrund der Tätigkeiten und Aufgaben lassen sich die Wesensmerkmale des Managers im Baustoff-Fachhandel verhältnismäßig leicht ableiten.

Manager ist derjenige, der in einer Unternehmung die auf planvolle Tätigkeit des Wirtschaftens ausgerichtete Arbeit mit eigener Entschlusskraft oder Verantwortung ausübt. All das, was einen Unternehmer ausmacht, gilt gleichermaßen für den Manager. Ein Unterschied ist allerdings vorhanden. Der Manager muss nicht zugleich Eigentümer oder Anteilseigner sein.

Manager sind alle mit Weisungsbefugnissen ausgestatteten Führungskräfte, die in der Lage sind, unternehmerisch zu denken und zu handeln. Was heute von Führungskräften und Managern verlangt wird, könnte wie folgt beschrieben werden: Führungskräfte werden nicht dafür bezahlt, dass sie aus der Kontinuität der jeweiligen Trends Nutzen ziehen, sondern sie werden dafür bezahlt, dass sie Wandel, Veränderungen und Trendbrüche rechtzeitig erkennen und ihre Unternehmen darauf vorbereiten. Die Impulse für eine Umorientierung im Denken und im Unternehmen müssen von ihnen ausgehen. Der Manager muss Visionär, Pionier, Koordinator, Moderator, Impulsgeber, Dirigent, Betreuer und Kommunikator in einem sein. Er muss die vernetzten Folgen seiner Entscheidungen möglichst weitreichend überblicken können und gleichzeitig die Fähigkeit besitzen, sich anderer Menschen anzunehmen, sie zu verstehen, zu beraten und zum Erfolg zu führen. Aus dieser allgemeinen Definition lassen sich weitere Anforderungen an den Manager ableiten. Neben der fachlichen Kompetenz, die bei Managern vorausgesetzt wird, werden die übrigen Kompetenzfelder in Zukunft an Bedeutung gewinnen. Die folgende Übersicht soll diese Kompetenzfelder deutlich machen.

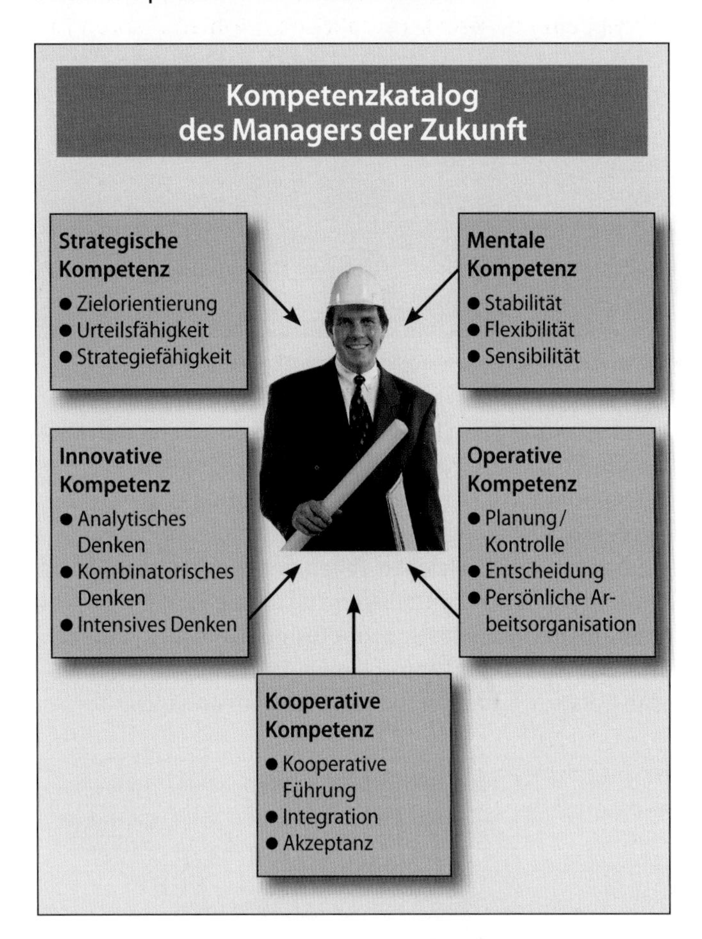

3.1 Management im Baustoff-Fachhandel

Wenn von Management oder Managern die Rede ist, wird häufig eine gedankliche Verbindung mit Großunternehmen hergestellt. Management ist jedoch keine Frage der Größenordnung, vielmehr ist die Qualität, d. h. die Einstellung zur Leitung des Unternehmens, entscheidend. Auf den Baustoff-Fachhandel übertragen bedeutet dies: Auch in mittelgroßen und kleineren Unternehmen kann Management durchgeführt werden. Der Inhaber/die Inhaberin oder der Geschäftsführer nimmt dann die Position des Managers ein. Ausschlaggebend ist dabei, dass die wichtigsten Leitlinien des erfolgreichen Managements praktiziert werden. Weniger wichtig ist es, ob mehr intuitiv oder stark rational vorgegangen wird. Die Grundsätze über das Management – und damit die Arbeit des Managers – lassen sich, so betrachtet, auf jede Baustoff-Fachhandlung übertragen.

3.2 Manager und Management

Der Manager hat seine Tätigkeitsfelder vor allem in vier Bereichen:

- Planung,
- Mitarbeiterführung,
- Organisation,
- Kontrolle.

Manager der Kooperationsunternehmen bei einer Baustoffring-Cheftagung *Foto: Baustoffring*

Planung

Mit der Planung wird die künftige Unternehmenspolitik festgelegt, d. h. die Unternehmensziele werden kurz-, mittel- und langfristig fixiert und die Strategien aufgezeigt, mit denen diese Ziele zu erreichen sind.
Parallel dazu läuft die Finanzierungsplanung, Ertrags- oder Kostenplanung sowie die Personalplanung. Wichtig ist es zu wissen, wer für die Realisation der einzelnen Aufgaben innerhalb eines bestimmten Zeitraums verantwortlich ist. Planungsüberlegungen beim Baustoff-Fachhandel sind z. B.:

Je nach Hierarchie-Ebene sind unterschiedliche Schwerpunktaufgaben zu sehen. Das Topmanagement, die Firmenleitung, wird sich mehr um die Planung und Führung kümmern. Das Mittelmanagement, etwa die Abteilungsleiter, haben sich zu gleichen Teilen um das Planen, Führen, Organisieren und Kontrollieren zu kümmern. Aufgabe des unteren Managements, z. B. der Gruppenleiter, ist dagegen das Organisieren und Kontrollieren. Die folgende schematische Darstellung verdeutlicht die Zusammenhänge.

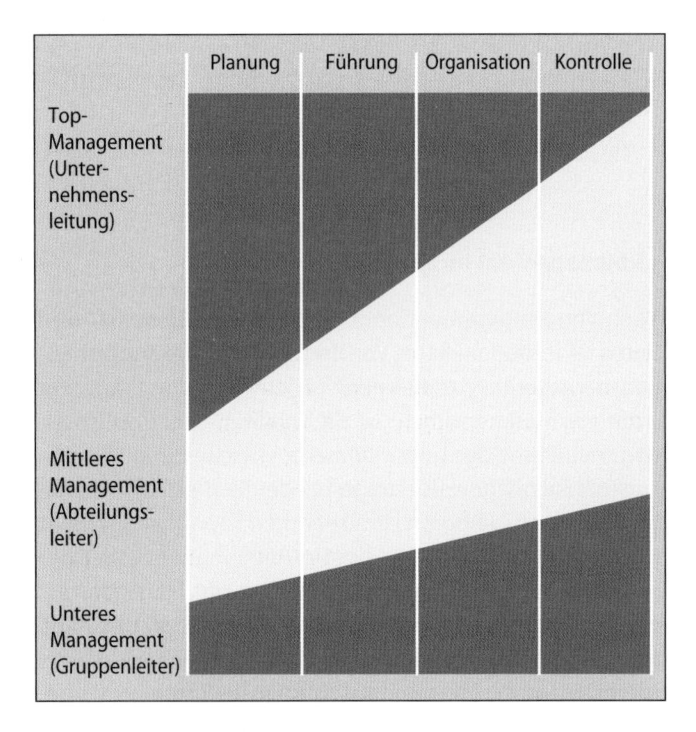

Expansion: Eine Filiale soll errichtet bzw. eine Bestandsimmobilie gekauft oder angemietet werden.

Logistik: Die Lagerlogistik soll nach neuzeitlichen Erfordernissen umgestaltet werden.

Rechnungswesen: Zur besseren Kostenüberwachung soll eine „kurzfristige Erfolgsrechnung" eingeführt werden.

Entlohnung: Eine leistungsbezogene Komponente bei der Entlohnung soll für die Mitarbeiter eingeführt werden.

Fort- und Weiterbildung: Wer welche Kurse und Seminare besucht, sollte bereits ein Jahr im Voraus festgelegt sein.

Finanzierung: Könnten zumindest Teile der Fremdfinanzierung kostengünstiger durchgeführt werden?

Einkauf: Sind mit allen Lieferanten leistungsgerechte Rabatte und Konditionen vereinbart?

Mitarbeiterführung

Führung der Mitarbeiter bedeutet, vereinfacht ausgedrückt, Lenkung und Steuerung, damit die gesetzten Ziele erreicht werden. Mitarbeiterführung bedeutet heute speziell Menschenführung, da der Mitarbeiter als Mensch in seiner Gesamtheit im modernen Baustoff-Fachhandel gesehen wird. Dies geschieht durch:

Motivation: Motivation umfasst die Summe der Beweggründe, die das menschliche Handeln auf den Inhalt, die Richtung und die Intensität hin beeinflussen. Mit der Motivation der Mitarbeiter soll die persönliche Leistungsfähigkeit im Rahmen der betrieblichen Fähigkeit gesteigert werden. Motivation erfolgt z. B., wenn Mitarbeiter zur Inangriffnahme und Bewältigung gewünschter Aufgaben mit Erfolg angeregt werden. Motiviert werden Mitarbeiter ferner durch materielle oder immaterielle Belohnungen. Gelingt es zudem, Teamgeist, d. h. ein Gefühl der Dazugehörigkeit, zu entwickeln, ist ein gewisser Höhepunkt erfolgreicher Motivation erreicht. Zufriedenheit im Unternehmen steigert die Arbeitsleistung.

Mitglieder der Juniorengruppe der Kooperation Baustoffring *Foto: Baustoffring*

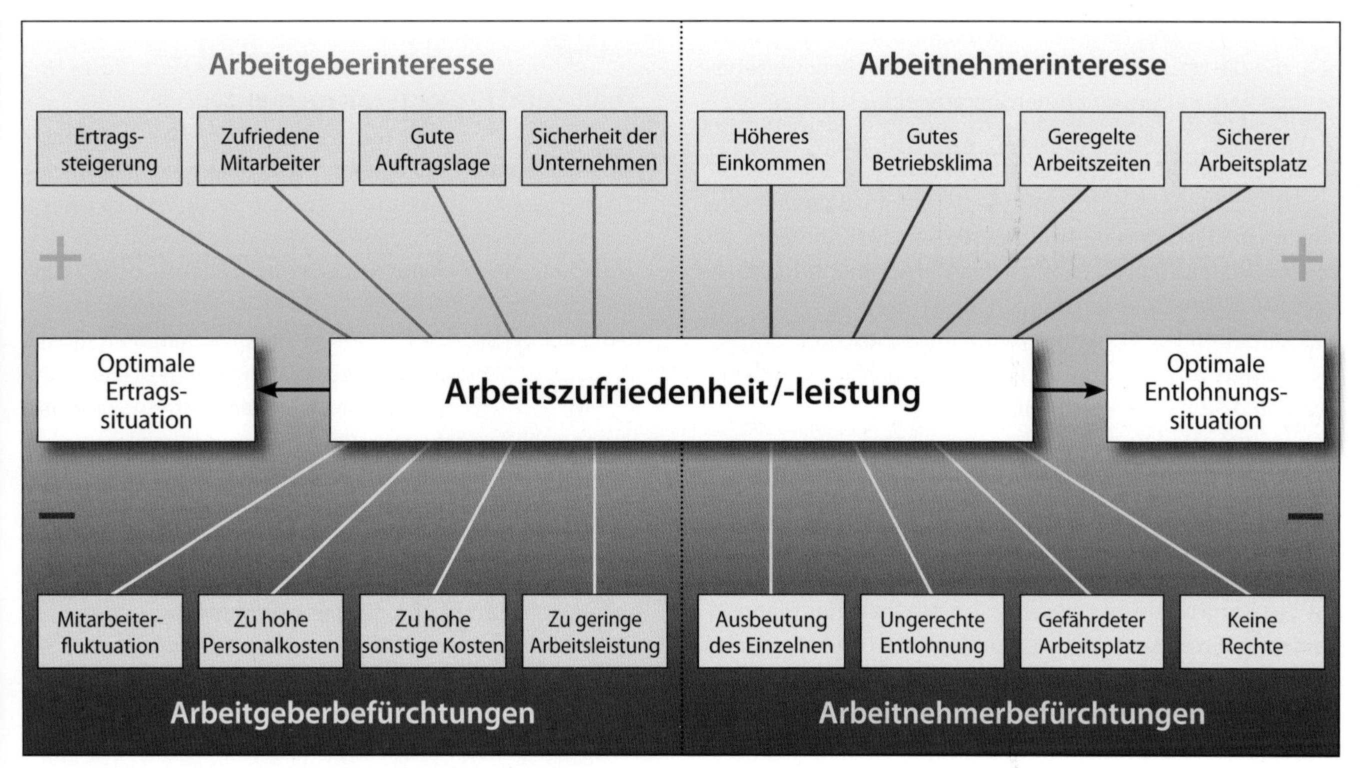

Mitarbeiterführung im Spannungsfeld der Interessen und Befürchtungen.

Dabei müssen die Interessen des Arbeitgebers mit denen der Arbeitnehmer in Einklang gebracht werden. Motivation ist ein gutes Mittel, um dies zu erreichen. Die Wechselwirkung verschiedener Interessenlagen zeigt das Schaubild. In dem bereits erwähnten Beispiel der Entlohnung mit leistungsbezogenen Komponenten bedeutet Motivation: In der Einführungsphase muss die umfassende Information der beteiligten Mitarbeiter erfolgen und durch einen Testzeitraum mit Übergangsregelungen gekoppelt sein. Diese Überzeugungsarbeit muss für die Mitarbeiter geleistet werden, um die möglichen Vorbehalte und individuellen Einwendungen auf ein Minimum zu reduzieren.

Koordination: Hierunter versteht man das gegenseitige Abstimmen bei der Arbeit der Mitarbeiter untereinander. Es geht hier vor allem um die Harmonisierung oftmals unterschiedlicher Meinungen und Entwicklungstendenzen.

Vertrauensvolle Kommunikation motiviert den Mitarbeiter.
Foto: Archiv

Beispiel

Der Einkauf im Baustoff-Fachhandel muss sehr eng mit dem Lager zusammenarbeiten. Ist dies nicht der Fall, ist oftmals zu viel oder zu wenig Ware vorhanden.

Schlichtung von Differenzen: Unstimmigkeiten kommen nicht nur in fachlichen, sondern auch im menschlichen Bereich vor. Dadurch wird die Arbeitsleistung reduziert. Das Personalmanagement muss in diesem Zusammenhang selbständiges Denken und Handeln fördern, damit die Mitarbeiter mit ihren Problemen durch Eigeninitiative fertig werden. In Grenzfällen sind Schlichtungsgespräche zu führen. Es kommt hierbei auf die Kommunikations- und Konfliktfähigkeiten der Manager an.

Neues Denken fördern: Die Mitarbeiter zu kreativem Verhalten anregen und Anstöße zur Ideenfindung geben (z. B. Förderung des betrieblichen Vorschlagwesens) gehört ebenfalls zu den wichtigen Management-Aufgaben.

Organisation

Mit der Organisation muss die Unternehmensstruktur geschaffen werden, um die in der Planung festgelegten Unternehmensziele zu erreichen. Wird z. B. als Zielsetzung die Einführung einer leistungsbezogenen Komponente bei der Entlohnung angestrebt, ist in etwa folgendermaßen vorzugehen:

Analyse des Unternehmens: Zuerst wird aufbauend auf einer allgemeinen ökonomischen Gesamtbewertung eine Transparenz durch Funktions- oder Stellenbeschreibungen erreicht.

Feinziele: Die generelle Zielsetzung steht fest. Feinziele sind in Verbindung mit der dafür notwendigen Organisation noch zu ergänzen. So ist z. B. das vorhandene EDV-System zu überprüfen. Dabei wird festgestellt, welche Änderungen notwendig sind, um die erforderlichen Daten zu erhalten.

Verantwortungsbereich: Es sind die Mitarbeiter zu gewinnen, die die Neuorganisation durchführen sollen. Gegebenenfalls wird ein Unternehmensberater eingeschaltet.

Timing: Innerhalb welchen Zeitraums soll das gesteckte Ziel erreicht werden? Die kurz-, mittel- und langfristigen Zeiträume sind mit Datum versehen abzustecken. Maßnahmen, die bei der Organisation im Rahmen des Managements geschaffen bzw. ergänzt werden müssen, sind folgende:
- Ausarbeiten von Funktions- oder Stellenbeschreibungen,
- Festlegen von Leistungskriterien und Qualifikationsmerkmalen für einzelne Personen,
- Delegieren von Verantwortungsbereichen,
- Errichten der neuen Organisationsstruktur (ein Organisationsschema erleichtert diese Arbeit).

Kontrolle
Mit der Kontrolle wird überprüft, ob die Ziele der Planung erreicht worden sind. Um dies kontrollieren zu können, ist ein Informationssystem erforderlich. Dabei ist festzulegen, welche Daten wie, wo und wann benötigt werden. Die erzielten Ergebnisse sind mit den Zielvorgaben zu vergleichen, Abweichungen sind zu erläutern und Korrekturen vorzunehmen, falls sich die Pläne als unrealistisch erwiesen haben. Letztlich erfolgt Anerkennung und Lob für die verantwortlichen Mitarbeiter. Wenn Tadel erforderlich ist, muss auch dieser in angemessener Form im „Vier-Augen-Gespräch" ausgesprochen werden.

Beispiel

Kontrolle zur Entlohnung mit leistungsbezogener Komponente: Durch die regelmäßige Kontrolle der Zielvorgaben mit der begleitenden Auswertung der Ergebnisse werden die Vorteile der Leistungsentlohnung umfassend verfolgt und frühzeitig gesteuert. Die laufende Überwachung der Funktionsfähigkeit wird mit der Effizienzprüfung nach dem ersten Jahr beendet.

Exkurs

Team- und Projektmanagement

Ein Unternehmen oder eine Organisation von nur einer Stelle, sprich aus der Funktion des Managers zu führen, ist heute unmöglich geworden. Schon die Idee, dass ein oder zwei Manager alles wissen können, ist unrealistisch. Ebenso möchten die Mitarbeiter in der heutigen Zeit nicht nur arbeiten, sondern mitarbeiten, d. h. das Unternehmen mitgestalten. Scott Morgan von der Unternehmensberatung Arthur D. Little hat in umfassenden Studien herausgefunden, dass 70 % der vom Management eingeführten Veränderungsmaßnahmen ins Leere gelaufen sind, da die Mitarbeiter am Veränderungsprozess nicht beteiligt waren und sich somit nicht mit der neuen Situation identifiziert haben.
Was liegt also näher, als die Mitarbeiter in die Entscheidungsfindung mit einzubinden. Dies geschieht mit sogenannten Teams bzw. Projektgruppen. In unserem Beispiel der „leistungsbezogenen Entlohnung" wird nun ein Team gebildet, das am besten aus unterschiedlichen Denk- und Verhaltensmustern und somit aus Mitarbeitern aus den verschiedensten Bereichen zusammensetzt wird. In dem angeführten Beispiel könnten dies ein Mitarbeiter aus dem Marketing, ein Abteilungsleiter, ein Außen- und Innendienstmitarbeiter, ein Mitarbeiter aus dem Controlling und eventuell ein Mitarbeiter aus der Geschäftsleitung sein. Die Geschäftsführung formuliert die Aufgabenstellung an die Gruppe. Die Gruppe wiederum wählt einen Moderator, der die Interessenslagen gegenseitig abwägt und die Gruppe am Thema hält und somit zum Ziel führt.
Innerhalb dieser Projektteams gibt es keine Hierarchien, keine Vorgesetzten, jedes Teammitglied ist gleichberechtigt. Das Ergebnis der Teamarbeit wird in einem Präsentationswork-

3.3 Führungsstil, Managementsysteme

In den letzten Jahrzehnten wurden verschiedene Managementsysteme in Form von Führungskonzeptionen und -modellen entwickelt. Zahlreiche Grundlagenbücher zu diesen Themen gibt es in der Literatur zu finden. Auf eine Aufzählung aller dieser Systeme und Führungskonzeptionen wird hierbei verzichtet. In den Baustoff-Fachhandlungen findet man keine 1:1 umgesetzte Führungsform, sondern meist eine Mischung aus verschiedenen Stilen. Das Management muss also immer den Führungsstil an die Umwelt anpassen und nicht umgekehrt, um am Markt erfolgreich arbeiten zu können.

In der Fachliteratur werden Managementkonzepte wie beispielsweise das strategische Management diskutiert.

4 Kooperationen

In fast allen Branchen des Handels vollzieht sich seit einigen Jahren ein Wandel in Richtung Spezialisierung einerseits und ständiger Konzentration andererseits. Der Handel sieht sich einer stetig abnehmenden Zahl von Industrieanbietern gegenüber, die allerdings immer größere Marktanteile beanspruchen.
Durch diese starke Konzentration auf wenige „Big Player" gehen dem Handel langsam die Möglichkeiten aus, auf Alternativlieferanten auszuweichen. Diese Entwicklung zwingt auch den Baustoff-Fachhandel, sich zu größeren Einheiten zusammenzuschließen.

Lebhafter Meinungsaustausch im Team *Foto: obs/Wings*

shop der Geschäftsleitung vorgetragen. Nun ist es wiederum am Management, das Ergebnis der Gruppe auch im Unternehmen zu verankern. Sicherlich behält sich die oberste Führung vor, dass bei Ergebnissen, die gegen die Unternehmensgrundsätze sprechen, diese abgelehnt und nicht umgesetzt werden. Um Teamarbeit aber langfristig erfolgreich zu machen, sollten die erworbenen Ergebnisse umgesetzt werden, damit eine breite Identifikation der gesamten Belegschaft entsteht. Der große Vorteil der Teams oder Projektgruppen ist, dass man Betroffene (Mitarbeiter) zu Beteiligten macht und somit die Motivation und Identifikation mit dem Unternehmen erhöht. Diese Form der Organisation steht im Baustoff-Fachhandel noch am Anfang. Führende Baustoff-Fachhändler praktizieren dieses Organisationsmodell jedoch schon mit großem Erfolg.

Als bedeutende Größe neben den größer werdenden Baustoff- und Baumarkt-Filialisten entwickeln sich mit immer größerer Marktmacht mittelständisch geprägte Kooperationen. Beim Baustoff-Fachhandel ist es vor allem der starke regionale Wettbewerb, der dazu zwingt, die Leistung ständig zu verbessern und die Preise so niedrig wie möglich zu kalkulieren. Um trotzdem Gewinn erzielen zu können, wäre eigentlich eine zwischenbetriebliche Zusammenarbeit erforderlich.

Dies gilt beim Baustoff-Fachhandel sowohl für die kleineren und mittleren als auch für die großen mittelständischen Unternehmen. Die Einkaufsmenge ist natürlich eine Leistung, die von den Herstellern honoriert wird. Wir beobachten daher auch im Baustoff-Fachhandel seit Jahren den Konzentrationsprozess bei Großbetrieben, andererseits aber auch die zunehmende Zusammenarbeit im mittelständischen Sektor, also die Kooperation.

Kooperation ist jede auf freiwilliger Basis beruhende, vertraglich geregelte Zusammenarbeit rechtlich und wirtschaftlich weitgehend selbständiger Betriebe zum Zweck der Verbesserung ihrer Leistungsfähigkeit.

4.1 Stufen der Kooperationsintensität

Echte Kooperation liegt, wie die Begriffsdefinition zeigt, nur bei vertraglich geregelter Zusammenarbeit vor. Im Rahmen dieser Zusammenarbeit können sich die Kooperationspartner eigene Regeln zur Zusammenarbeit geben. Je nachdem, wie eng die Partner in diesem Zusammenschluss zusammenarbeiten wollen, kann als letzte Ausbaustufe die Aufgabe der einzelnen Unternehmen und die Verschmelzung zu einem einzigen Wirtschaftsunternehmen stehen, an dem alle vorherigen Partner zu gleichen Teilen beteiligt sind. In diesem Spannungsfeld zwischen absoluter Selbständigkeit mit ein paar kleinen Abstrichen und dem Beteiligtsein an einem Gemeinschaftsunternehmen sind eine Reihe von Intensitätsgraden zu unterscheiden. Dabei gibt es keine scharfen Grenzen. Die einzelnen Felder überlappen sich. Vereinfacht dargestellt, lassen sich folgende Sektoren fixieren:

Zufällige Zusammenarbeit oder Notlagen

Hier sind alle Formen der Zusammenarbeit gemeint, denen keine Planung zugrunde liegt. Es ist einfach für ein bestimmtes Problem keine schnelle Lösung vorhanden. Vielleicht kann der Kollege helfen?

Beispiel

Ein guter Kunde des Baustoff-Fachhändlers A benötigt dringend einen bestimmten Baustoff, der von A nicht sofort geliefert werden kann. A wendet sich deshalb an seinen Mitbewerber B und bittet um Unterstützung. Hier liegt kaum ein Ansatz für kooperative Zusammenarbeit vor. Es handelt sich vielmehr um eine Art Nachbarschaftshilfe unter Kollegen.

Regelmäßige Zusammenarbeit

Wenn Baustoff-Fachhändler A mit seinem Kollegen B vereinbart, dass sie sich im Bedarfsfall gegenseitig aushelfen, so liegt eine erste einfache Form der Kooperation vor. Über den Warenaustausch hinaus kann sich ein gutnachbarschaftliches Verhältnis entwickeln. Neben dem reinen Warenaustausch bedeutet so eine Zusammenarbeit vor allem einen enormen Informationsgewinn. Weitere Stufen der Zusammenarbeit, die noch vor dem Zusammenschluss zu einer Kooperationsgemeinschaft liegen, sind beim Baustoff-Fachhandel z. B.:

- Ausbildung von Söhnen und Töchtern im gegenseitigen Austausch,
- regelmäßiger Erfahrungsaustausch in regionalen Sitzungen,
- ein kleiner Händler bezieht regelmäßig Baustoffe von einem großen Händler, der über umfangreiche Lagerkapazitäten verfügt (sogenannter A/B-Handel),

- es findet eine Schwerpunkt-Lagerhaltung statt (dies bedeutet, dass zwei oder mehrere Händler bei verschiedenen Baustoffen ein besonders tiefes und breites Sortiment unterhalten, bezogen werden dann die betreffenden Sortimentsteile vom schwerpunktlagerhaltenden Händler),
- die Schulung der Auszubildenden wird auf regionaler Ebene gemeinsam vorgenommen,
- bestimmte Baustoffe werden in ganzen Lkw-Ladungen gemeinsam bestellt,
- bei Regionalausstellungen präsentieren sich verschiedene Baustoffhandlungen gemeinsam (sehr interessant vor allem in Bezug auf die meist hohen Standgebühren, die man sich dann teilen kann),
- EDV-Programme oder -Programmteile werden gemeinsam entwickelt,
- bei Werbeaktionen kommt dieselbe Zeitungsbeilage zum Einsatz.

Ausgliederung von Unternehmensfunktion
In der Gründungsphase der Kooperationen übernimmt die Einkaufszentrale der Kooperation für die Mitglieder bzw. Gesellschafter zunächst den Einkauf bestimmter Warengruppen. In einem weiteren Stadium übernehmen die im Baustoff-Fachhandel tätigen Kooperationen oder Verbünde für ihre angeschlossenen Unternehmen zusätzliche Funktionen. Als wichtigste seien genannt: Werbung, Mitarbeiterschulung, Einkauf, Lagerhaltung und Teile des Rechnungswesens. Hinsichtlich des Dienstleistungsgrades sind von Kooperation zu Kooperation wesentliche Unterschiede vorhanden.

Praxisnahe Mitarbeiterschulung im Bereich Tiefbau durch die Kooperation Hagebau
Foto: Hagebau

Rechtlich fundierte Ausgliederung von Betriebsteilen
Die Kooperationspartner rufen z. B. eine neue Vertriebs-GmbH ins Leben, die den Verkauf hergestellter Baustoffe übernimmt. Derartige Konstruktionen finden sich bei den Rationalisierungskartellen.

Integration der Kooperationspartnerunternehmen zu einer Unternehmung
Ein solcher Schritt bedeutet praktisch den Zusammenschluss und die Aufgabe der eigenen Selbständigkeit.
In der Grafik rechts oben wird das Spannungsfeld zwischen Selbständigkeit und Abhängigkeit folgendermaßen dargestellt: Im linken Feld sind selbständige Unternehmen positioniert. Je nach Übernahme von Unternehmungsfunktionen nähern sich die Kooperationen dem Schnittpunkt zwischen Selbständigkeit und Abhängigkeit. Im rechten Feld befinden sich Rationalisierungskartelle bei stärkerer Abhängigkeit. Bei Fusion geht die Selbständigkeit praktisch verloren.

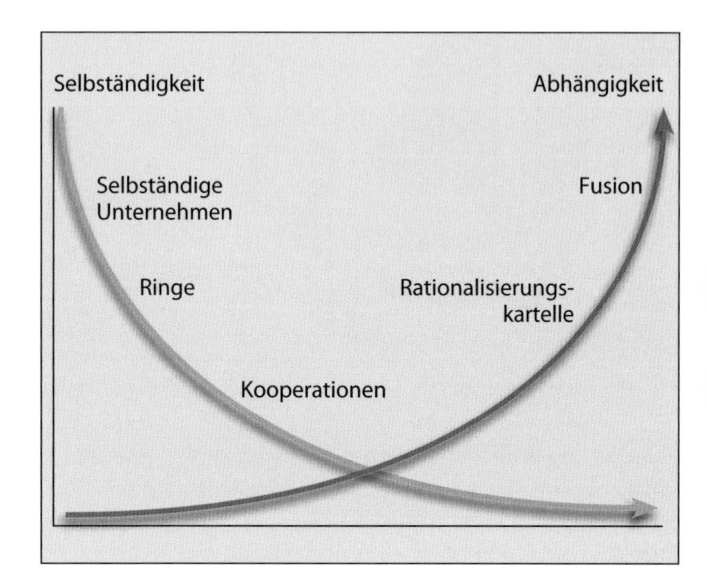

4.2 Kooperationsformen

Horizontale und vertikale Kooperation
Die Zusammenarbeit der Unternehmen kann als horizontale oder vertikale Kooperation erfolgen. Bei horizontalem Zusammenschluss kooperieren Firmen derselben Wirtschaftsstufe.

Beispiel

Verschiedene Hersteller eines bestimmten Baustoffes bilden ein genehmigtes Rationalisierungskartell. Verschiedene Baustoffhändler finden sich zusammen, um gemeinsam ihre Leistung zu steigern. Einzelhändler bilden eine Einkaufsgemeinschaft.

Bei vertikalem Zusammenschluss kooperieren Firmen unterschiedlicher Wirtschaftsstufen.

Beispiel

Baustoffhersteller und Baustoffhändler vereinbaren eine gemeinsame Marktbearbeitung in Form eines kooperativen Marketings. Ein Fliesenfachhändler vereinbart mit seinem Fliesenlegerkunden, dass dieser Interessenten nur in seine Fliesenausstellung führt.

Kooperative Zusammenarbeit findet im Einzelhandel, zumindest in Ansätzen, auch mit dem Endverbraucher statt. In diesen Fällen werden privaten Kunden etwa über einen Einkaufsausweis Sondervorteile eingeräumt.

Die beschriebenen Zusammenhänge sind in der folgenden Grafik dargestellt:

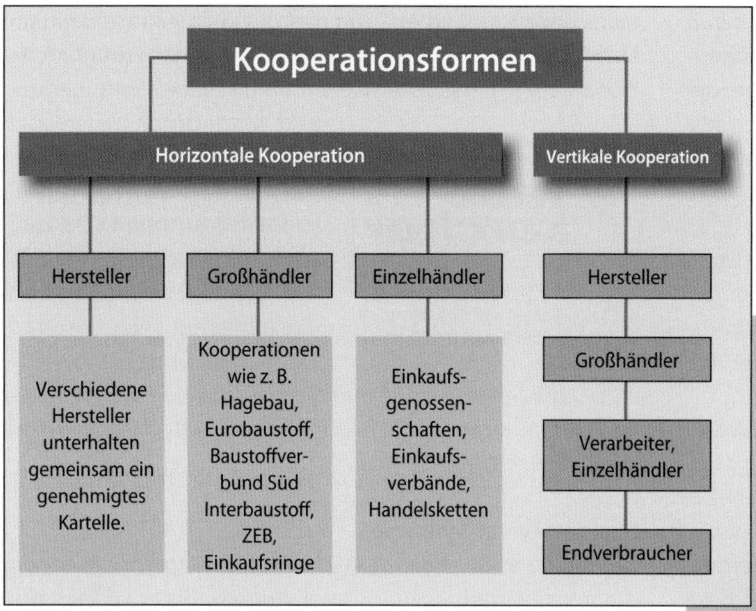

Kooperationsformen

Horizontale Kooperation			Vertikale Kooperation
Hersteller	Großhändler	Einzelhändler	Hersteller
Verschiedene Hersteller unterhalten gemeinsam ein genehmigtes Kartelle.	Kooperationen wie z. B. Hagebau, Eurobaustoff, Baustoffverbund Süd Interbaustoff, ZEB, Einkaufsringe	Einkaufsgenossenschaften, Einkaufsverbände, Handelsketten	Großhändler Verarbeiter, Einzelhändler Endverbraucher

Direkte und indirekte Kooperation

Von direkter Kooperation wird gesprochen, wenn die Beteiligten ohne Einschaltung Dritter zusammenarbeiten.
Die großen Kooperationen im Baustoff-Fachhandel verfügen alle über eine Kooperationszentrale. Von dort aus werden die einzelnen Mitglieder bzw. Gesellschafter betreut.

Beispiel

Im Einkaufsverbund X bearbeitet für den gemeinsamen Einkauf jedes Verbundmitglied eine bestimmte Warengruppe. Indirekte Kooperation liegt vor, wenn die Beteiligten nicht eigenverantwortlich die Kooperation realisieren, sondern eine Zentralstelle eingeschaltet wird.

Joint-Venture (Gemeinschaftsunternehmen)

Hierunter wird der Zusammenschluss selbständig bleibender Unternehmen auf internationaler Ebene verstanden. Grundlage für die Zusammenarbeit bildet ein Vertrag, der von den Beteiligten abgeschlossen wird.

4.3 Kooperationen auf Herstellerebene

Die wichtigsten Kooperationen bei den Herstellern sind die Kartelle und Konzerne. Kartell und Konzern sind jedoch auch auf Handelsebene mögliche Formen der Zusammenarbeit.

Kartelle

Das Kartell ist ein horizontaler Zusammenschluss rechtlich und seitens des Kapitals selbständiger Unternehmen. Die wirtschaftliche Selbständigkeit ist jedoch in Teilbereichen eingeschränkt. Rechtsgrundlage ist der Kartellvertrag. Aber Vorsicht! Kartelle mit wettbewerbsbeschränkenden Vereinbarungen sind in der Bundesrepublik grundsätzlich verboten. So könnten Hersteller beschließen, ihre Preise für bestimmte Produkte einheitlich um einen bestimmten Prozentsatz anzuheben. Eine solche Vereinbarung würde den Preiswettbewerb ausschalten. Sie wäre deshalb gemäß § 1 Gesetz gegen Wettbewerbsbeschränkung (GWB) nicht zulässig. Dasselbe würde für entsprechende Vereinbarungen auf Großhandels- bzw. Einzelhandelsebene gelten. Grundsätzlich sind also Kartelle nach dem UWG verboten, allerdings sind gewisse Ausnahmen von diesem grundsätzlichen Verbot möglich.

§ 1 GWB: Verbot wettbewerbsbeschränkender Vereinbarungen
Vereinbarungen zwischen Unternehmen, Beschlüsse von Unternehmensvereinigungen und aufeinander abgestimmte Verhaltensweisen, die eine Verhinderung, Einschränkung oder Verfälschung des Wettbewerbs bezwecken oder bewirken, sind verboten.

§ 2 GWB: Freigestellte Vereinbarungen
(1) Vom Verbot des § 1 freigestellt sind Vereinbarungen zwischen Unternehmen, Beschlüsse von Unternehmensvereinigungen oder aufeinander abgestimmte Verhaltensweisen, die unter angemessener Beteiligung der Verbraucher an dem entstehenden Gewinn zur Verbesserung der Warenerzeugung oder -verteilung oder zur Förderung des technischen oder wirtschaftlichen Fortschritts beitragen, ohne dass den beteiligten Unternehmen 1. Beschränkungen auferlegt werden, die für die Verwirklichung dieser Ziele nicht unerlässlich sind oder 2. Möglichkeiten eröffnet werden, für einen wesentlichen Teil der betreffenden Waren den Wettbewerb auszuschalten.

Im Folgenden sind einige zulässige Kartelle beispielhaft aufgeführt:

Rationalisierungskartell: Hierbei handelt es sich um Absprachen über Maßnahmen, die eine gemeinsame Rationalisierung ermöglichen. Der Rationalisierungserfolg muss in angemessenem Verhältnis zur Wettbewerbsbeschränkung stehen (§ 5 Abs. 1 GWB). Die Genehmigung eines Rationalisierungskartells durch die Kartellbehörde ist deshalb in der Regel mit erheblichen Auflagen verbunden. Bei der Steinzeug GmbH, Köln, handelt es sich um einen derartigen Zusammenschluss. Die Gesellschafter haben vereinbart, dass nicht jeder jede Dimension von Röhren herstellen muss, sondern eine Rationalisierung durch Spezialisierung stattfinden kann. Das Kartell ist vom Bundeskartellamt Berlin genehmigt.

Konditionenkartell: Vereinbarung gemeinsamer, allgemeiner Vertragsbedingungen wie z. B. Geschäfts-, Lieferungs- und Zahlungsbedingungen einschließlich der Skonti (§ 2 GWB). Solche Kartelle sind grundsätzlich zulässig. Sie dürfen sich aber nicht auf Preise oder Preisbestandteile beziehen. Sie sind anmeldepflichtig und werden erst durch die Anmeldung wirksam. Verbände können dann einheitliche Konditionen empfehlen, wenn sie zulässiger Inhalt eines Konditionenkartells sein könnten. Die Konditionen-Empfehlung ist als unverbindlich zu bezeichnen und bei der Kartellbehörde anzumelden. Die Muster-AGBs des Bundesverbandes Deutscher Baustoff-Fachhandel e. V. sind solche unverbindliche Konditionenempfehlungen.

Rabattkartell: Eine Unterform des Konditionenkartells, in dem gemeinsame Rabatte vereinbart werden. Sie müssen gegenüber allen Abnehmern der entsprechenden Wirtschaftsstufe gleich sein. Rabattkartelle sind anmeldepflichtig.

Mittelstandskartell: Hier soll die Leistungsfähigkeit kleiner und mittlerer Unternehmen durch Rationalisierung wirtschaftlicher Vorgänge im Hinblick auf die zwischenbetriebliche Zusammenarbeit gefördert und verbessert werden. Der Wettbewerb auf dem Markt darf im Wesentlichen nicht verloren gehen (§3 Abs. 1 GWB). Eine Anmeldung ist nicht notwendig.

Merkblatt
des Bundeskartellamtes
über Kooperationsmöglichkeiten
für kleinere und mittlere Unternehmen

Zu den Aufgaben des Bundeskartellamtes gehört auch die Bereitstellung von Informationen zum Kartellrecht.

Beispiel

In den 1990er Jahren gab es in Baden-Württemberg unter den Baustoff-Fachhändlern ein solches Mittelstandskartell mit dem Ziel, eine gemeinsame Bildpreisliste herauszugeben. Auf diese Weise wollten die klein- und mittelständischen Baustoffhändler damals auf eine neue Bildpreisliste von Raab Karcher reagieren.

Demgegenüber handelt es sich um verbotene Kartelle:

- Preiskartell (wie im Beispiel dargestellt),
- Kalkulationskartell (Vereinbarung gleichartiger Kalkulation),
- Quotenkartell (Absprache über Absatzmengen),
- Gebietskartell; jedes Kartellmitglied erhält ein bestimmtes Absatzgebiet zugesprochen (bekannt wurde diese Kartellform auch als „Zementkartell").

Verboten sind auch Wettbewerbsbeschränkungen, die nur durch das aufeinander abgestimmte Verhalten ohne jegliche vertragliche Bindung entstehen (§ 1 GWB).
Das gilt besonders für die sogenannten „Frühstückskartelle", bei denen die Absprachen mündlich getroffen werden. Die Problematik solcher „Frühstückskartelle" gegenüber anderen Kartellen ist, dass diese praktisch nicht nachgewiesen werden können, da schriftliche Belege fehlen.

Konzerne

Konzerne sind betriebliche Zusammenschlüsse mit Kapitalverflechtungen. Die verschiedenen Unternehmen innerhalb eines Konzerns bleiben zwar rechtlich selbständig, verlieren aber ihre wirtschaftliche Selbständigkeit. Wirtschaftlich haben alle Mitgliedsunternehmen eine einheitliche Leitung und sind durch Austausch von Aktien eng miteinander verbunden. Bei den Herstellern von Baustoffen sind zahlreiche Konzerne vorhanden. Auf Handelsseite gibt es im Wesentlichen zwei den Baustoffhandel betreibende Konzerne, die Saint-Gobain Building Distribution Deutschland GmbH, Frankfurt (früher Raab Karcher Baustoffe GmbH) und die Baywa AG, München.

Raab Karcher ist heute eine Marke der Saint-Gobain Building Distribution Deutschland GmbH (SGBDD).

Fusion (Verschmelzung)

Hierbei handelt es sich um die Vereinigung von zwei oder mehreren Unternehmen unter Aufgabe ihrer wirtschaftlichen und rechtlichen Selbständigkeit. Fusionen sind möglich durch Angliederung von Unternehmen (hier wird das anzugliedernde Unternehmen als Ganzes durch Vermögensübertragung in ein weiter bestehendes Unternehmen übernommen) oder durch Neubildung eines Unternehmens (es wird eine neue Gesellschaft gegründet, auf die das gesamte Vermögen der sich verschmelzenden Gesellschaften übergeht).

4.4 Kooperationen auf Großhandelsebene

Für den Baustoff-Fachhandel ist die zwischenbetriebliche Zusammenarbeit in Form einer Kooperation von außerordentlich großer Bedeutung. Von allen kooperationsfähigen mittelständischen Baustoff-Fachhandlungen in der Bundesrepublik sind, gemessen am Umsatz, schätzungsweise rund 90 % einer Kooperation angeschlossen.

Allgemeine Ziele

Durch die Kooperation soll die Leistungsfähigkeit der kooperierenden Firmen erhöht werden. Dies geschieht durch:

- Kostensenkung (durch gemeinsamen Bezug in Großmengen, Sonderrabatte, erhöhte Boni, günstigere Zahlungsbedingungen),
- verbesserte Absatzchancen (wer günstig einkauft, kann im Wettbewerb besser bestehen),
- qualitative Verbesserung (z. B. im Rechnungswesen durch ein branchenbezogenes, aussagefähigeres EDV-Programm, durch bessere Werbung oder intensiveres Marketing).

Kostensenkung, verbesserte Absatzchancen und erhöhte Qualität führen zur Gewinnsteigerung, die über die vermehrte Fähigkeit zur Eigenkapitalbildung, der steigenden Kreditfähigkeit und vermehrte Investitionsmöglichkeiten zur weiteren Steigerung der Leistungsfähigkeit führt.

Vorteile

Die wichtigsten Vorteile der Kooperation sind die Verbesserung der Wettbewerbsfähigkeit und der Wirtschaftlichkeit. Dazu kommt: Mithilfe der Kooperation werden mittelständische Strukturen erhalten. Dies gelingt vor allem dadurch, dass die Vorteile der mittleren und kleineren Unternehmen gestärkt und ihre Nachteile abgebaut werden. Die Stärken bei diesen Betrieben liegen beim Engagement der tätigen Familienmitglieder, der raschen Anpassung an Veränderungen im Markt und dem kleinen Verwaltungsapparat. Vorteile bei Großbetrieben finden sich vor allem in der besseren Qualifikation der Unternehmensleitung, in den vermehrten Chancen, sich zu spezialisieren, und in der Fähigkeit, betriebswirtschaftliche Probleme umfassend zu lösen. Dazu gehören z. B. höhere Mengenrabatte, gute Fusionierungsmöglichkeiten, Ausgleich von Gewinn und Verlust durch ein umfangreiches Filialnetz, umfangreiches und aussagefähiges EDV-System (z. B. im Zusammenhang mit der Profitcenter-Organisation und der leistungsbezogenen Komponente bei der Entlohnung).

Schwierigkeiten

Kooperative Zusammenschlüsse haben auch mit Schwierigkeiten zu kämpfen. Die Betriebsgrößen in der Kooperationsgruppe müssen keineswegs homogen bzw. gleichartig sein. Allzu große Diskrepanzen schaffen jedoch nicht nur Ungleichgewicht, sondern z. B. auch Schwierigkeiten bei der Verteilung etwa von Boni.

Beispiel

Das Bonusaufkommen für einen bestimmten Baustoff soll 50 000 EUR betragen. Ein großer Kooperationspartner hat vom Gesamtumsatz 9/10 getätigt. Der Rest verteilt sich auf mehrere kleine Partner. Das Großunternehmen wird zumindest auf die Dauer mit einem 9/10-Anteil am Bonus nicht zufrieden sein, da nur durch seine Leistung das günstige Bonusabkommen zustande kam.

Über die Kraft der Kooperationsgruppe entscheidet die Stärke der einzelnen Partner. Seitens der Kooperationszentrale ist stets zu prüfen, wie die Kooperation mittel- und langfristig am Markt agieren kann. Im Bemühen um die einzelnen Gesellschafter muss die Kooperation ständig prüfen, wie es um die Leistungsfähigkeit der nächsten Führungsgeneration beim Handel vor Ort bestellt ist bzw. ob überhaupt designierte Nachfolger vorhanden sind.

Beispiel

Eine Kooperation hat auf der Basis möglicher Umsätze für einen Baustoff ein Bonusabkommen abgeschlossen. Da einige Hersteller dabei leer ausgehen, werden von ihnen plötzlich noch günstigere Konditionen geboten. Für jede Kooperation ist es kritisch, wenn ihre Gesellschafter jetzt die Fronten wechseln.

Bewirbt sich ein Unternehmen um die Aufnahme in die Kooperation, so haben die alten Gesellschafter ein gewisses Mitspracherecht. Die Gefahr besteht, dass sich der Interessent durch ein Veto der „Altgesellschafter" einer anderen Kooperation zuwendet. Hier hat allerdings in den letzten Jahren innerhalb der Kooperationen ein Bewusstseinswandel stattgefunden. Das Konkurrenzdenken ist, von Ausnahmen abgesehen, dem Verständnis für die gemeinsamen Chancen gewichen. Auf mehr psychologischem Gebiet liegt eine Reihe von Fakten, die gegeben sein sollten:

- Fähigkeit der Partner, einen Teil der Entscheidungsfreiheit aufzugeben und in die Gemeinschaft einzubringen,
- Überwindung traditioneller Bindungen auf den verschiedensten Gebieten,
- Fähigkeit zu kreativem und progressivem Denken für neue Wege und Zielsetzungen,
- Bereitschaft zur Mitarbeit,
- Toleranz bei der Aufnahmepolitik neuer Partner,
- aktive Sortimentspolitik zur Ausprägung des Kernsortiments im Baustoffhandel (Entsprechendes gilt für Spezialisten),
- verstärkte Lieferantenleistungen in den Regionen und in den Spezialbereichen,
- zielgruppendifferenzierte Marketingleistungen.

Im logistischen Bereich werden die Gesellschafter meistens durch leistungsstarke Regionalläger unterstützt.

4.5 Kooperationen im Baustoff-Fachhandel

In der Baustoff-Fachhandelsbranche gibt es zwei große Kooperationen:

- Hagebau Handelsgesellschaft für Baustoffe mbH & Co. KG, Soltau,
- Eurobaustoff Handelsgesellschaft mbH & Co. KG, Karlsruhe.

Logo und Schriftzug der Hagebau

Logo und Schriftzug der Eurobaustoff

Neben diesen zwei großen und straff organisierten überregionalen Kooperationen sind eine Reihe von kleineren regional orientierten bzw. spezialisierten Zusammenschlüssen vorhanden. Diese Aufzählung ist nicht vollständig, da sich immer wieder neue Gruppierungen finden:

- Baustoff Verbund Süd GBR, Dornstadt,
- Coba-Baustoffgesellschaft für Dach + Wand GmbH & Co. KG, Osnabrück,
- FDF-Kooperation von Fachhändlern für Dach- und Fassadenbaustoffe, Wilnsdorf,
- Baustoffring Förderungsgesellschaft mbH, Kaarst,
- Moderner Baubedarf MB-KAUF, Kaufungen,
- Zentraleinkauf Baubedarf, Paderborn.

Kooperationen

Fachverkäufer-Lehrgang beim Baustoffring

Aufnahme eines neuen Kooperationspartners der Coba
Foto: Dorow & Sohn KG

Ziele der Kooperationen im Baustoff-Fachhandel

Kritiker – insbesondere vonseiten der Industrie – beschreiben Kooperationen gerne als Rabattsammelvereine. Obwohl es tatsächlich auch heute noch die wichtigste Aufgabe der Kooperation ist, die Einkaufsmacht der Mitglieder zu bündeln, vereinfacht eine solche Aussage in unzulässiger Weise. Moderne Kooperationen im Baustoff-Fachhandel stellen sich heute als umfassende Dienstleister zur Unterstützung ihrer Mitglieder dar.

Organisationsformen

In der Regel ist die Gesellschafterversammlung das höchste Gremium einer Kooperation. Sie beschließt über Satzung, Budget, Jahresabschluss, Entlastung von Beirat und Geschäftsführung usw. Ein Beirat oder Verwaltungsrat berät und kontrolliert die Geschäftsführung. Die Regionalkreise stellen den unmittelbaren Kontakt zu den Mitgliedern der Kooperationen her. Aus ihrer Mitte werden in der Regel die Mitglieder der Beiräte bzw. Verwaltungsräte gewählt.

Dienstleistungsangebot

Naturgemäß unterscheidet sich das Leistungsspektrum der einzelnen Kooperationen bedingt durch Größe und Zahl der Mitglieder mehr oder minder stark. Beispielhaft seien jedoch die wichtigsten Bereiche aufgezählt, auf denen zumindest die großen Kooperationen für ihre Mitglieder aktiv tätig sind. Die kleineren Kooperationen bilden hier, je nach Wünschen der Mitglieder, Schwerpunkte.

Einkauf:

- Zentraler Wareneinkauf,
- aktives Beschaffungsmarketing und effiziente, konzentrierte Lieferantenpolitik,
- aktive Sortimentspolitik zur Ausprägung des Kernsortiments im Baustoffhandel (Entsprechendes gilt für Spezialisten),
- verstärkte Lieferantenleistungen in den Regionen und in den Spezialbereichen,
- zielgruppendifferenzierte Marketingleistungen,
- zentrale Regulierung.

Logistik: Im logistischen Bereich werden die Gesellschafter durch leistungsstarke Zentral- oder Regionalläger bzw. intelligente Verteilersysteme unterstützt.

Das Hagebau Zentrallager Schleinitz (in der Nähe von Leipzig) ist eines der fünf Zentralläger dieser Kooperation. Beliefert werden über 220 Kunden in den Absatzgebieten Sachsen-Anhalt, Sachsen, Thüringen, Brandenburg, Berlin und Hessen. *Foto: Hagebau*

Absatzmarketing: Unterstützung der Gesellschafter bei Marketing und Werbung (Werbemittel, Beilagen, Werbegeschenke usw.). Dazu zählt auch die Organisation von Fachgruppen oder die Bildung von Spezialisierungspaketen, um dem Trend zur Spezialisierung im Baustoff-Fachhandel gerecht zu werden, z. B. in folgenden Bereichen:

- Tiefbau,
- Innenausbau,
- Bauelemente,
- Dach & Fassade,
- Garten- und Landschaftsbau,
- Fenster – Türen – Tore,
- Fliesen.

Unterstützung: bei Planung und Einrichtung von Fachmärkten im Einzelhandel mit:

- Standortanalyse,
- Planung,
- Sortimentswerbung,
- Organisation und Personal.

EDV: Entwicklung moderner Warenwirtschaftssysteme zum Einsatz in den Betrieben der Gesellschafter. Sie ermöglichen u. a. das zeitsparende und kostengünstige Verwalten von Stammdaten wie Artikelmengendatei, Kalkulationsdatei und Kundensonderpreisdatei, ebenso wie die Erstellung und Pflege von Verkaufspreislisten, Einkaufsinfosystemen und die automatische Preiskalkulation.

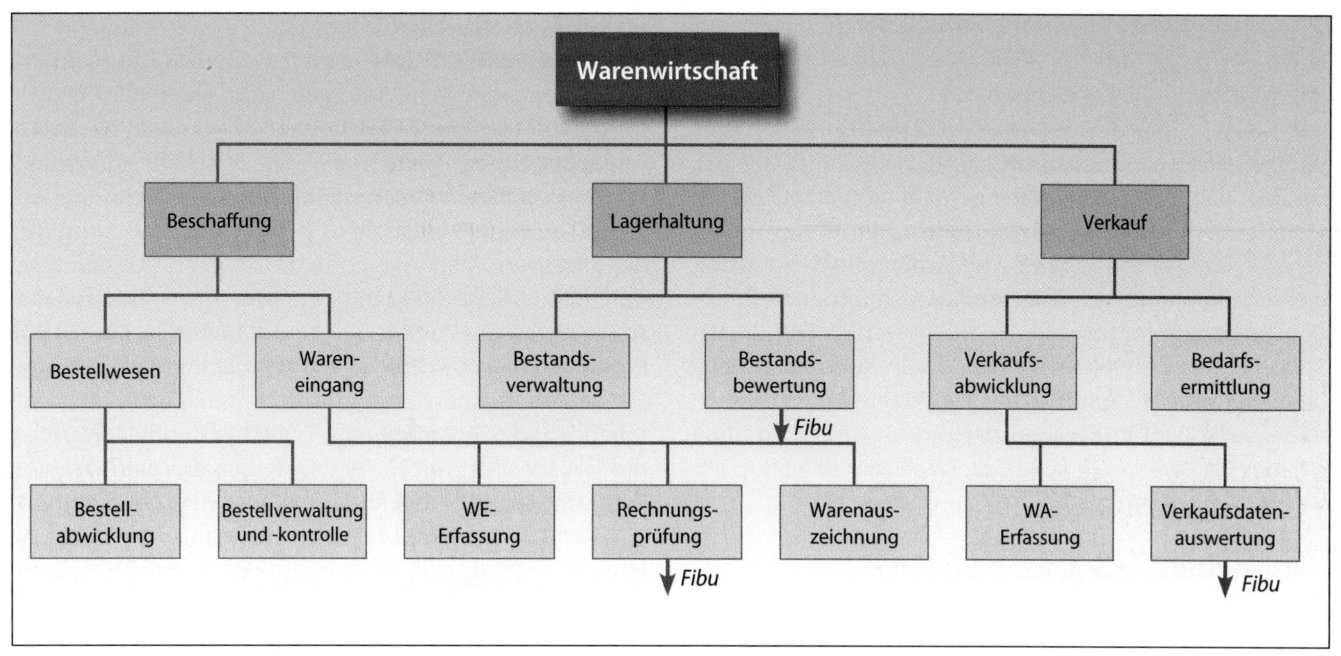

Schematische Darstellung des umfassenden Einsatzes von Warenwirtschaftssystemen

Unternehmensberatung und Mitarbeiterschulung: Angeboten werden fachliche Beratung im organisatorischen und betriebswirtschaftlichen Bereich sowie Schulungsmaßnahmen für die Mitarbeiter im Baustoff-Fachhandel, z. B.:

- Unternehmerseminare,
- Managementseminare,
- Verkaufspsychologie, Verkaufstechnik für Führungskräfte,
- Verkaufspsychologie, Verkaufstechnik für Verkäufer,
- Spezial-Verkaufsseminare (z. B. Telefonverkauf).

Betriebsberatung: Die meisten Kooperationen bieten ihren Gesellschaftern Unterstützung bei der Beseitigung von Schwachstellen im kaufmännischen und organisatorischen Bereich.

4.6 Weitere Kooperationsformen

„Strategische Allianzen"

Im Trend liegen sogenannte „strategische Allianzen". Darunter versteht man enge regionale Formen der Zusammenarbeit von Mitgliedern innerhalb einer großen Kooperation. Diese relativ neue Form der Kooperation auf Großhandelsebene soll die zwangsläufigen Nachteile bundesweit tätiger Kooperationen ausgleichen. Die Zusammenarbeit der Händler vor Ort wird intensiviert und die Marktbearbeitung in der Region optimiert. Die Position der in einer solchen „strategischen Allianz" zusammengeschlossenen Händler wird in unmittelbaren Konditionsgesprächen mit Lieferanten verbessert. Es ist davon auszugehen, dass regionale „strategische Allianzen" an Bedeutung gewinnen werden. Je geringer die Entfernungen zwischen kooperierenden Handelsunternehmen, desto größer sind erreichbare Synergieeffekte. Gemeinsamer Einkauf und gemeinsame Lagerhaltung sind leichter und zu minimalen Kosten zu realisieren. Denkbar ist darüber hinaus eine Zusammenarbeit in den Bereichen wie Fuhrpark, Buchhaltung und Außendienst.

Beispiel

Ein fiktiver Baustoffhersteller hat im Bundesgebiet einen durchschnittlichen Marktanteil von 60 %. Nur die Region Unterfranken macht mit 20 % eine Ausnahme. Gespräche auf Bundesebene können hier nicht weiterhelfen. Eine strategische Allianz in Unterfranken könnte dagegen gezielt regionale Marketingmaßnahmen vereinbaren. Die Mitglieder der strategischen Allianz könnten sich ihr besonderes Engagement vom Hersteller honorieren lassen.

Einkaufskontore

Sie streben insbesondere den gemeinsamen Großeinkauf (Zentraleinkauf) an, um Preis- und Konditionsvorteile zu erhalten. Einkaufskontore sind im Lebensmittelhandel weit verbreitet, z. B. Einkaufskontor des Nahrungsmittelgroßhandels in Frankfurt.

Sortimentskooperation

Hierbei bemühen sich die Kooperationsmitglieder um Ausgleich ihrer Sortimente. Die zunehmende Angebotsbreite zwingt den Großhändler häufig zu starker Diversifikation in Bereichen, in denen er keine genügende Einkaufserfahrung und keine erschlossenen Einkaufsquellen besitzt. Die Zentralen nehmen eine Vorsortierung vor, indem sie geeignete Kollektionen aus dem gesamten Angebot des Marktes zusammenstellen.

Freiwillige Ketten

Hier handelt es sich um Gruppengebilde auch auf Großhandelsebene, die rechtlich und wirtschaftlich selbständig bleiben. In enger Zusammenarbeit wollen diese Handelsketten ihre wirtschaftliche Stellung verbessern und sanieren.

4.7 Kooperationen auf Einzelhandelsebene

Hier trifft man zahlreiche Formen an:

Shop-in-Shop-Vertriebsform
Sie liegt dann vor, wenn z. B. innerhalb der Verkaufsfläche eines Lebensmittel-Supermarktes eine Imbissstube, ein Schlüsseldienst, ein Tabak-Fachgeschäft, ein Schuhladen und ein Baumarkt von selbständigen Unternehmern gegen Pachtzahlung betrieben werden. Der Vorteil für den Shop liegt in der üblicherweise starken Kundenfrequenz des Lebensmittel-Supermarktes. Der Vorteil für den Lebensmittelmarkt liegt in der Dienstleistungserweiterung ohne eigenes Risiko. Er stellt ja nur die Fläche für den Shop zur Verfügung.

Einkaufszentren (Shopping-Center)
Selbständige Einzelhandelsunternehmen der verschiedensten Branchen bilden zusammen mit Dienstleistungsunternehmen ein aus mehreren Gebäuden bestehendes großes Einkaufszentrum. In einem Shopping-Center können sich mehr als 100 Warenhäuser, Supermärkte, Fachgeschäfte, Restaurants, Reparaturwerkstätten, Banken, Friseure, Kinos, Baumärkte usw. befinden. Dies kann im städtischen Bereich (Ladenpassage), „auf der grünen Wiese", meistens aber in Trabantenstädten erfolgen. Die Zusammenarbeit bezieht sich hauptsächlich auf gemeinsame Werbung und gemeinsame Parkplätze.

Franchising-Vertriebssysteme
Franchising ist ein Vertrag zwischen einem Franchise-Geber und einem Franchise-Nehmer. Darin wird dem Franchise-Nehmer gegen Entgelt das Recht eingeräumt, ein Franchise-Paket zu vermarkten. Der Franchise-Geber stellt dabei ein voll entwickeltes Marketing-Konzept zur Verfügung und erbringt außerdem dem Franchise-Nehmer eine Reihe von Dienstleistungen wie z. B. Ladeneinrichtung, Werbehilfen, Schulung der Mitarbeiter u. a. m. Beim Baustoff-Einzelhandel ist die OBI Heimwerker- und Freizeitbedarf Handels GmbH & Co KG, Wermelskirchen, der größte Franchise-Geber in der Bundesrepublik. OBI ist auch international tätig. Von der OBI-Systemzentrale in Wermelskirchen werden Dienstleistungen zur Planung und Betreuung angeboten. Zu diesem Angebot gehören Standortanalysen, Geschäftseinrichtung, Werbung, Verkaufsförderung und Teile des Rechnungswesens. Die Zentrale erhält dafür 2 – 2,5 % des Nettoumsatzes der jeweiligen Märkte in Form der Franchise-Gebühr. Der durchschnittliche Markt ist heute über 10 000 m^2 groß, beschäftigt um die 70 Mitarbeiter und bietet ca. 40 – 60 000 Produkte an, wobei 25 – 30 000 ständig im Markt bevorratet werden. Die durchschnittliche Umsatzrendite liegt zwischen 2 und 5 % vor Steuern. Typischer Kunde von OBI ist der Hausbesitzer mit Garten. Gesellschafter von OBI sind Tengelmann mit einem Anteil von über 70 % des Stammkapitals und die Lueg GmbH. Weitere bekannte Franchise-Systeme sind z. B. Coca Cola, sowie im Hotel- und Gaststättengewerbe McDonalds.

Rack Jobber
Der Begriff wurde aus dem Englischen übernommen und bedeutet soviel wie „Regalhändler". In der Praxis findet man Regalhändler vor allem im Lebensmitteleinzelhandel. Der Regalhändler mietet in den fremden Verkaufsräumen Stellplätze für Regale oder Regalflächen für Non-Food-Artikel an, die er selbst aufstellt und selbständig immer wieder auffüllt. Dort bietet der Rackjobber auf eigene Rechnung Waren an, die das Sortiment des Einzelhandelsbetriebes ergänzen. Die Belieferung erfolgt teils in Konsignation, d. h. die Ware bleibt bis zum Verkauf im Besitz des Lieferanten. Für den Hausherrn entsteht auf diese Weise ein risikoloses Zusatzsortiment, da die angebotenen Artikel bei Nichtverkauf zurückgenommen werden.

Einkaufsgenossenschaften
Einkaufsgenossenschaften sind Zusammenschlüsse von Einzelhändlern oder Handwerksbetrieben, mit dem Ziel des preisgünstigen Einkaufs. Es wird dabei die Rechtsform der Genossenschaft gewählt. Im Rahmen des Handels mit Baustoffen sind vor allem die Dachdecker Einkaufsgenossenschaft (Zedach e.G.), die Gipser Einkaufsgenossenschaft (Egistuck) und die Malereinkaufsgenossenschaft (MEGA) bekannt. Genossen sind die jeweiligen Handwerksbetriebe.

OBI-Baumärkte werden von Franchise-Nehmern betrieben. *Foto: OBI*

Beispiel

- Nord-West-Ring-Schuh Einkaufsgenossenschaft eG, Frankfurt (Schuhwarenhandel),
- Euronics Deutschland eG, besser bekannt unter „Redzack", Ditzingen (Elektrofachhandel),
- Intersport Deutschland eG, Heilbronn (Sportartikelhandel).

Einkaufsverbände
Sie betreiben dieselben wirtschaftlichen Zielsetzungen wie die Genossenschaften, haben aber meist die Rechtsform der GmbH & Co. KG oder die der Aktiengesellschaft.

Ein führender Einkaufsverband im Bereich des Produktionsverbindungshandels (PVH) ist die Nordwest Handel AG mit Sitz in Hagen.

Beispiel

- Edeka, Hamburg (Lebensmittelhandel),
- Sütex Textil-Verbund AG, Sindelfingen (Textilwarenhandel).

Groß- bzw. Filialunternehmen bzw. Handelsketten
Diese Unternehmensform erzielt durch ihr Filialsystem eine Marktabdeckung, die praktisch den Bereich der ganzen Bundesrepublik und darüber hinaus umfasst.

Beispiel

- Metro Cash & Carry Deutschland GmbH, Düsseldorf,
- Tengelmann Warenhandelsgesellschaft KG, Mülheim an der Ruhr,
- Lidl, Neckarsulm.

5 Organisationsformen der Wirtschaft

Die Organisation der Wirtschaft in Deutschland stützt sich im Wesentlichen auf drei Säulen:

- Kammern (Industrie- und Handels-, Handwerks- und Landwirtschaftskammern),
- Arbeitgeberverbände,
- Wirtschaftsverbände.

Kammern sind öffentlich-rechtliche Körperschaften mit Pflichtmitgliedschaft. Sie dienen der Selbstverwaltung der Wirtschaft. Arbeitgeber- und Wirtschaftsverbände dagegen sind Vereinigungen privaten Rechts mit freiwilliger Mitgliedschaft der Unternehmen. Arbeitgeberverbände sind Zusammenschlüsse mit sozial- und tarifpolitischer, Wirtschaftsverbände mit wirtschaftspolitischer Zielsetzung. Kammern und Verbände sind in Spitzenorganisationen zusammengefasst:

- die Arbeitgeberverbände in der Bundesvereinigung der Deutschen Arbeitgeberverbände (BDA),
- die Kammern im Deutschen Industrie- und Handelskammertag (DIHK),
- die Handwerkskammern im Deutschen Handwerkskammertag (DHKT),
- die Wirtschaftsverbände im industriellen Bereich im Bundesverband der Deutschen Industrie (BDI),
- die Wirtschaftsverbände im Handelsbereich im Bundesverband des Deutschen Groß- und Außenhandels (BGA).

Die berufsständische Vertretung des Baustoffhandels erfolgt durch den Bundesverband Deutscher Baustoff-Fachhandel e. V. (BDB), Berlin. Es handelt sich dabei um einen im Vereinsregister eingetragenen Verein.

Exkurs

GG, Art. 9 Vereinigungsfreiheit

(1) Alle Deutschen haben das Recht, Vereine und Gesellschaften zu bilden.
(2) Vereinigungen, deren Zwecke oder deren Tätigkeit den Strafgesetzen zuwiderlaufen oder die sich gegen die verfassungsmäßige Ordnung oder gegen den Gedanken der Völkerverständigung richten, sind verboten.
(3) Das Recht, zur Wahrung und Förderung der Arbeits- und Wirtschaftsbedingungen Vereinigungen zu bilden, ist für jedermann und für alle Berufe gewährleistet. Abreden, die dieses Recht einschränken oder zu behindern suchen, sind nichtig, hierauf gerichtete Maßnahmen sind rechtswidrig.

5.1 Wirtschaftsverbände

Ein Wirtschaftsverband ist eine Vereinigung von Unternehmen bzw. Unternehmern des gleichen fachlichen Wirtschaftszweiges, welche die gemeinsamen wirtschaftlichen Interessen der Mitglieder fördert und insbesondere gegenüber der Öffentlichkeit, der öffentlichen Hand und anderen Wirtschaftszweigen vertritt. Die meisten wirtschaftlichen Verbände sind vom Produkt her organisiert, z. B. Chemie, Stahl, Textil, Baustoffe usw. Daneben gibt es jedoch auch Verbände, die für Querschnittsaufgaben geschaffen wurden (z. B. für Markenartikel). Die verfassungsmäßig gesicherte Grundlage für die Tätigkeit der Wirtschaftsverbände ist – wie auch für die Gewerkschaften – das Grundgesetz (Art. 9 GG). Dort heißt es im Absatz (3): *„Das Recht, zur Wahrung und Förderung der Arbeits- und Wirtschaftsbedingungen Vereinigungen zu bilden, ist für jedermann und für alle Berufe gewährleistet."*
Auf der anderen Seite werden Wirtschaftsverbände, die es in dieser Form in anderen Staaten der EU nicht gibt, auch kritisch gesehen, weil man befürchtet, dass durch diese oder auf der Grundlage der von diesen organisierten Treffen Kartellabsprachen getroffen oder doch deren Vereinbarung erleichtert werden.
Im Sinne des Art. 81 I EG-Vertrags sind Wirtschaftsverbände Unternehmensvereinigungen. Dies verlangt von den Vorständen und den Geschäftsführern der Verbände eine entsprechend vorsichtige und rechtssichere Durchführung von Veranstaltungen. Wegen der Bedeutung der Wirtschaftsverbände in Deutschland besteht eine grundsätzliche Auf-

nahmepflicht von Mitgliedern, die die Voraussetzungen der Satzung des jeweiligen Verbandes erfüllen. Nur in Ausnahmefällen können diese abgelehnt werden. Die Finanzierung der Verbände erfolgt über Beiträge wie bei allen anderen Vereinen auch. Als Bemessungsgrundlage für die Beitragshöhe dienen alternativ der getätigte Umsatz, die Beschäftigungszahl, die Bruttolohnsumme oder eine Mischung aus diesen Elementen.

Eine bedeutsame branchen- und wirtschaftspolitische Publikation ist der jährlich erscheinende „Jahresmittelstandsbericht" der Arbeitsgemeinschaft Mittelstand im Bundesverband Großhandel, Außenhandel, Dienstleistungen (BGA).

Wegen der zunehmenden Komplexität der Wirtschaft brauchen die Unternehmen mehr denn je Verbände auf allen Ebenen, um rechtzeitig bei z. B. gesetzlichen Entwicklungen deutlich zu machen, was dies denn tatsächlich bedeutet. Abgeordnete, welchen Parlaments auch immer, wären überfordert, wenn man von ihnen verlangen würde, dass sie die Konsequenzen von Regelungen auf allen Ebenen und in allen Branchen überschauen sollten. Die Verbände können neutral Daten sammeln und diese auch neutralisiert wieder den Marktpartnern zur Verfügung stellen. Dabei genießen die Verbände ein besonderes Vertrauen ihrer Mitglieder, dass sie mit den Zahlen, Daten und Fakten vertrauensvoll zum Wohle der Branche umgehen.

5.2 Soziologische Bedeutung der Verbände

Auch wenn es zunächst nicht so auszusehen scheint und manche Verbandsmitglieder dies insgeheim anzweifeln, wird die Bedeutung der Verbände in Zukunft zunehmen. Dafür gibt es vor allem drei Gründe:

- die wachsende Spezialisierung und Differenzierung in der Gesamtwirtschaft,
- die zunehmende Großräumigkeit der Märkte und
- der immer schnellere Wandel der Strukturen.

Sie mehren und steigern das Bedürfnis der Unternehmen nach schnellen, verlässlichen und verwertbaren Informationen.
Eine Einzelfirma ist heute kaum noch in der Lage, sich die erforderlichen Informationen selbst zu beschaffen. Für rasche, zuverlässige Orientierung und Entscheidungshilfen brauchen die Unternehmen Partner wie Kooperationen andere Unternehmen (Unternehmenszusammenschlüsse, strategische Allianzen u. ä.) und eben Verbände mehr denn je. Richtig ist, dass Kooperationen und Unternehmenszusammenschlüsse heute viele Funktionen der Verbände als eigene Leistung übernommen haben. Daneben gibt es jedoch noch viele Funktionen, die nur Verbände – als branchenübergreifende Interessenvertretung – erfüllen können. Hier müssen Verbände, Konzerne, Kooperationen und Allianzen im Interesse einer Branche partnerschaftlich zusammenarbeiten und ohne Eifersüchteleien den Partnern die Funktionen überlassen, die diese am besten bedienen können. Denn alle Beteiligten einer Branche sind heute mehr denn je auf Dienstleistungen der Verbände aus dem fachlichen, dem regionalen, dem bundespolitischen und dem EG-Bereich angewiesen.
Verbandsarbeit ist daher in hohem Maße eine politische Aufgabe. Anders als in Unternehmen, die betriebswirtschaftlich geführt werden, muss Verbandsarbeit zukünftige Entwicklungen erkennen und die Mitglieder mehrheitlich darauf vorbereiten.
Die betriebswirtschaftlichen Aufgaben eines Verbands können durch Dienstleister bewältigt werden. Für die Kernaufgaben werden jedoch Persönlichkeiten benötigt, die die Branche und die Mitglieder kennen und die in der Lage sind, die Position des jeweiligen Verbands in den komplexen gesamtwirtschaftlichen Kontext einzuordnen. Je enger die Wechselwirkungen von Wirtschaft, Politik und Gesellschaft werden, desto stärker müssen die Interessen einer Branche auf allen Ebenen und in allen Bereichen wirksam vertreten werden. Dazu muss die Leistungsfähigkeit der Verbände gestärkt, ihre Arbeitsfähigkeit verbessert und ihre Effizienz erhöht werden.

Vertritt die Branche im gesamtwirtschaftlichen Kontext: BGA-Präsident Anton F. Börner. *Foto: BGA*

Je mehr die Gesellschaftspolitik im politischen und vor allem im gesellschaftlichen Leben nach vorne drängt, je mehr Ideologien sich im politischen Denken und Handeln breit zu machen versuchen, desto mehr kommt es auf die Stimme der ökonomischen Vernunft an. Auf Dauer wird die wirtschaftliche, die politische und auch die gesellschaftliche Rolle der Unternehmen nur dann zu sichern sein, wenn sie sich immer stärker in den Verbänden und für ihre Verbände engagieren.
Dennoch müssen alle Verbände mit einen permanenten Mitgliederschwund leben. Ein Widerspruch? Verbandsaufgabe ist es, durch Leistungen verschiedenster Art die Interessen der Mitglieder zu wahren und diese zu fördern. Die traditi-

onsbewusste Verbandspolitik mit ihrer Fülle an persönlichen Kontakten bildet dafür die Basis. Darüber hinaus werden Einzelfragen im Rahmen einer kurz-, mittel- und langfristigen Strategie und Konzeption beantwortet. Der Markt ändert sich ständig. Jedes Unternehmen muss darauf sehr sensibel reagieren. Verbände müssen diese Bewegung mit vollziehen. Um zeitgemäß informieren oder beraten zu können, haben sie darüber hinaus zu agieren, d. h. vorausschauend bestimmte Themenkomplexe abzuhandeln. Betriebswirtschaftliche Ergebnisse, insbesondere wenn sie auf noch jungen Forschungsergebnissen beruhen, sind für die positive Entwicklung der Branche von großer Bedeutung. Hier erwachsen jedem zeitgemäß geführten Verband zusätzliche Aufgaben. Die Flut von Gesetzen, Verordnungen und Erlassen steigt ständig. Information und Beratung der Mitglieder sind daher eine elementare Leistung eines Verbandes.
Verbandsleistungen werden ständig anspruchsvoller und dadurch zwangsläufig teurer. Der Nachweis erfolgreicher Arbeit aus der Vergangenheit reicht zur Motivation der Mitglieder nicht mehr aus. Mitglieder stellen sich die Frage: *„Was bringt mir der Verband?“* Unternehmens- und Steuerberater, die ja in unmittelbarem Wettbewerb zu den Verbänden stehen und ebenfalls ihre Arbeit – und Kosten – rechtfertigen müssen, suchen in den Unternehmen nach Sparpotenzial. Gerne streichen sie dann vermeintlich unproduktive Kosten, wie Werbeausgaben und auch Verbandsbeiträge. Damit schlagen sie kurzfristig zwei Fliegen mit einer Klappe. Sie sparen zunächst Geld und sind auf elegante Weise einen ungeliebten Wettbewerber losgeworden.
Auch wenn sich solche Maßnahmen in der Regel mittel- und langfristig als verheerende Schnellschüsse entpuppen, können diese Berater kurzfristig Erfolge aufweisen. Für spätere Probleme sind sie dann nicht mehr zuständig.
Die Gründerväter unserer Verbände wussten, warum sie ihre Verbände gegründet haben. Mitgliedern bestehender Verbände fehlt diese Erkenntnis in der Regel. Sie sind ja in einer bestehenden Verbandslandschaft aufgewachsen. Sie kennen nichts anderes und nehmen die Errungenschaften von Verbänden als selbstverständlich in Anspruch. Ein Verband kann sich daher heute nicht mehr auf die Solidarität seiner Mitglieder verlassen. Er muss permanent um seine Mitglieder werben, seine Leistungen darstellen und seine Produkte aktiv verkaufen. Kernleistungen eines Verbands sind:

- Information und Beratung der Mitglieder,
- Integration unterschiedlicher Interessen einer Branche,
- treuhändisches Handeln für die Belange der Mitglieder,
- Kraft zur Gestaltung neuer Wege und Zielsetzungen.

5.3 Verbandsmanagement

Aus der soziologischen Betrachtung ergeben sich die Grundlagen für eine erfolgreiche Verbandsführung. Der Verband muss Ziele setzen, Strategien entwickeln und seine Tätigkeit wie ein Unternehmen planen, organisieren und kontrollieren. Dabei sind trotz allem Visionen gefragt. Folgende Grundüberlegungen sind zu beachten:

Leitbild: Das Leitbild des Verbands behandelt die generellen Grundsätze und Vorstellungen, die die Verbandsarbeit bestimmen, die allgemeine Zwecksetzung, die Abgrenzung gegenüber anderen Organisationen und die generelle Verbandspolitik.

Kraftfeld des Verbandes: Die generellen Grundsätze und Vorstellungen des Leitbildes müssen interpretiert werden, Mitgliederwünsche und -probleme sind zu berücksichtigen.

Demokratieprinzip: Ein Verband ist ein sehr demokratisches Gebilde. Hierarchische Führungsstrukturen, wie sie Unternehmer in ihren Betrieben gewohnt sind, sind zwangsläufig zum Scheitern verurteilt. Jede Verbandsmitgliedschaft ist freiwillig. Mitglieder müssen überzeugt werden. Das ist manchmal etwas anstrengend und langwierig, aber urdemokratisch.

Ziele: Leitbild und Kraftfeldanalyse schlagen sich nieder in den Verbandszielen. Die Verbandsziele sind der konkrete Ausdruck des Verbandszwecks und des Mitgliederwillens. Das Kernziel eines jeden Verbands ist die Interessenvertretung aller Mitglieder. In diesem Streben sollte es keine Unterschiede geben. Ob groß, ob klein, alle Mitglieder sollten im Rahmen ihrer Leistungsfähigkeit gleiche Rechte und Pflichten haben.

Strategien: Zur Erreichung der Verbandsziele gibt es unterschiedliche Mittel und Wege. Diese alternativen Strategien müssen formuliert, gegeneinander abgewogen und dann fixiert werden.

Maßnahmen: Ziele und Strategien müssen mittels Planung und Budgetierung, Organisation, Mitgliederdelegation und Finanzierung in die Aktivitäten der konkreten Tagesarbeit einfließen.

Kontrolle: Die Kontrolle der Verbandsarbeit erstreckt sich auf alle Leistungsbereiche. Beim Baustoff-Fachhandel wird sie in den Geschäftsberichten, Mitgliederversammlungen, Präsidiumssitzungen und Bezirkssitzungen ausgeübt.

6 Bundesverband Deutscher Baustoff-Fachhandel (BDB)

Der Bundesverband Deutscher Baustoff-Fachhandel e. V. (BDB) ist der Berufsverband bzw. Branchen- oder Wirtschaftsverband des Baustoff-Fachhandels in Deutschland.
Er vertritt die Interessen der Branche gegenüber der Politik und betreibt Lobbyarbeit in Berlin zusammen mit dem Bundesverband des Groß- und Außenhandels (BGA), bei dem der BDB Mitglied ist.
Die Zahl der Mitglieder im BDB beläuft sich auf ca. 2 000 Betriebsstätten mit rund 36 000 Mitarbeitern (darunter über 3 200 Auszubildende). Die aktuellen Branchenzahlen werden vom BDB regelmäßig einmal jährlich veröffentlicht.

Die Ziele der Verbandsarbeit sind in der Satzung festgelegt. In der neuen Satzung des BDB heißt es hierzu:

> **§ 2 Verbandszweck**
> Dem Verband obliegt die Vertretung der allgemein berufsständischen, wirtschaftspolitischen, arbeits-, sozial- und tarifrechtlichen und sonstigen ideellen Interessen seiner Mitglieder gegenüber vor- und nachgelagerten Wirtschaftsstufen, Behörden, Gewerkschaften, der übrigen Wirtschaft und gegenüber der Politik und der Öffentlichkeit. Der Verband unterstützt seine Mitglieder in berufsfachlichen, betriebswirtschaftlichen, arbeits- und sozialrechtlichen sowie wirtschafts- und steuerrechtlichen Angelegenheiten allgemeiner Art.

6.1 Organisation des BDB

An der Spitze des Bundesverbandes stehen der Präsident und seine drei Stellvertreter (gesetzlicher Vorstand im Sinne des § 26 BGB). Die Wahl des Präsidenten und seiner Stellvertreter erfolgt alle zwei Jahre durch die Mitgliederversammlung. Die Geschäftsstelle befindet sich in Berlin und wird durch einen Hauptgeschäftsführer geführt. Das Präsidium des BDB besteht aus dem gesetzlichen Vorstand und zwei kooptierten Vertretern von Kooperationen und Konzernen, sodass sich die gesamte Handelsbranche widerspiegelt.

6.2 Aufgaben des BDB

Interne Aufgaben des Bundesverbandes:
- Information der Mitglieder über wichtige Branchenthemen durch BDB-Rundschreiben, BDB-Unternehmerbrief,
- Betreuung der Fachabteilungen bzw. Arbeitsgemeinschaften des BDB,
- Beirat im offiziellen Organ des BDB *baustoffmarkt*,
- Beirat im Internetportal *baustoffwissen.de*,
- Schulungen und Seminare,
- Kontaktpflege mit Kooperationen und Konzernen des Baustoffhandels,
- Warenwirtschaftssystem BDB-Data,
- Schutzsysteme gegen Forderungsverluste GSG (Gläubigerschutzgemeinschaft).

Vertretung in überregionalen Verbänden und Gremien:
- im Bundesverband des Deutschen Groß- und Außenhandels (BGA),
- in der UFEMAT, dem europäischen Verband des Baustoff-Fachhandels.

Vertretung gegenüber Dritten:
- Vertretung gegenüber der Baustoffindustrie (z. B. Planung und Durchführung von Gesprächen mit überregionalen Herstellern und deren Organisationen, Bundesverbänden der Baustoffindustrie wie z. B. dem Bundesverband Steine und Erden, dem Bundesverband der Zementindustrie, dem Bundesverband der Ziegelindustrie),
- Mitarbeit in den Händlerbeiräten einzelner Hersteller,
- Vertretung gegenüber den Verbänden der bauausführenden Wirtschaft, wie z. B. dem Hauptverband der Deutschen Bauindustrie, dem Zentralverband des Deutschen Baugewerbes, dem Zentralverband des Deutschen Dachdeckerhandwerks,
- Vertretung im Beirat der BauDatenbank,
- Kontakte zu wirtschaftswissenschaftlichen Instituten (z. B. dem ifo-Institut),
- dem Branchenentsorgungssystem Interseroh.

Vertretung gegenüber Politik und Öffentlichkeit:
- Kontakte zu Regierungsstellen des Bundes und der Länder (Bundestag und Bundesrat),
- Anhörungsverfahren für neue Gesetze und Verordnungen,
- Novellierungsverfahren für bestehende Gesetze und Verordnungen,
- Herausgabe von Presseberichten aus aktuellem Anlass,
- Verknüpfung von BDB-Informationen mit der Berichterstattung im *baustoffmarkt*,
- Aktivitäten während der Baumessen (BAU München, Bautec Berlin, Deuba Essen, Nord-Bau Neumünster u. a.).

FACHHANDEL

Neueröffnung in Pocking

Kasberger ersetzt bisherigen Standort in der niederbayerischen Kleinstadt

Der Neubau in Pocking. Daneben betreibt das Unternehmen sechs weitere Standorte.
FOTOS: KASBERGER

Auf 7 000 qm entstanden Ausstellungsgebäude, Fachmarkt mit Bürobereich, überdachte Ladezone und Lagerhalle. Die Gesamtinvestition beträgt nach Unternehmensangaben rund 3,5 Mio. EUR.

Nachdem der bisherige Pockinger Standort hinsichtlich Lagerplatz und Ausstellungsfläche schon länger an seine Kapazitätsgrenzen gestoßen war, kaufte Kasberger bereits 2013 ein Grundstück für ein neues und größeres Bauzentrum. Im März vergangenen Jahres war Spatenstich für das Millionen-Projekt. „Innerhalb von neun Monaten wurden alle Arbeiten termin- und fachgerecht abgeschlossen und heute können wir stolz auf unseren bisher modernsten Standort blicken", freut sich Geschäftsführer **Horst Bader.**
Mit dem Umzug an die Hartkirchner Straße will das Unternehmen seine Marktstellung im niederbayerischen Rottal festigen und weiter ausbauen. Die Lage nahe der B12 sei für die Erreichbarkeit sowie für die Logistik besser als der bisherige Standort in der Füssinger Straße. Dies komme dem Anspruch an Kundennähe „sehr entgegen". Um die Leistungsfähigkeit für die Kunden zu erhöhen, wurde am neuen Standort das Personal auf 15 Vollzeitkräfte aufgestockt.
Der Betrieb verfügt über ein Vollsortiment „in Markenqualität" und präsentiert seine Produkte auf 1 450 qm Ausstellungs- und Verkaufsfläche im Innen- und Außenbereich. Kasberger wirbt mit einer „nahezu lückenlosen" Produktpalette an Rohbaustoffen, Innenausbauartikeln, Fenstern, Türen und Toren, Fliesen, Natursteinen, Bädern und Gartenbaustoffen.

Große Gartenausstellung

In der Fliesen- und Sanitärausstellung sind Tausende Muster, Farben und Dekore zu entdecken. Funktionale Badeinrichtungen, gepaart mit den exklusiven Fliesen-Trends, sollen als Inspirationsquelle für das eigene „Traumbad" dienen. Die Vielzahl von Fenstern, Dachfenstern, Innentüren und Haustüren in der Bauelemente-Ausstellung eröffnen neue Ein- und Ausblicke. Besonders stolz ist Kasberger auch auf die weitläufige Gartenausstellung im Außenbereich. Auf 450 qm werden hier Pflaster- und Terrassenbeläge, Palisaden, Mauersysteme und vieles mehr, in harmonischen Farben und zahlreichen Formaten, großflächig in Szene gesetzt.
Grundlage der Ausstellung sei, dem Kunden aus einer enorm umfangreichen Produktauswahl der Industrie ein zielgruppengerechtes und effizientes Programm zu bieten. ■

Die neue Niederlassung bietet fast 1500 qm Ausstellungsfläche im Innen- und Außenbereich für verschiedene Sortimentsbereiche.

14 baustoffmarkt 3/2015

Berichterstattung im *baustoffmarkt* über die Neueröffnung einer Baustoffhandlung *Abb.: Redaktion*

6.3 Zentrale Verbandsveranstaltungen

Mitgliederversammlung
Die Mitgliederversammlung ist in aller Regel nicht nur die nach der Satzung vorgeschriebene wichtigste Versammlung eines Verbands, sondern zugleich gesellschaftlicher Höhepunkt in der Verbandsarbeit. In der Mitgliederversammlung des BDB fallen alle wichtigen Beschlüsse des Verbandes nach dem Vereinsrecht (Wahlen des Vorstands, Festsetzung der

Mitgliederversammlung des BDB (Berlin, Oktober 2014) *Foto: Redaktion*

Mitgliedsbeiträge, Entlastung von Vorstand und Geschäftsführung u. a.), aber auch wichtige verbandspolitische Entscheidungen.

Verbandstag
Der Verbandstag findet jährlich statt und soll den Bezirksvorsitzenden aus den Regionen die Möglichkeit bieten, auf das Verbandsgeschehen einzuwirken und sich mit Kollegen aus anderen Regionen auszutauschen. Dieser wird in zeitlicher und örtlicher Nähe zur Mitgliederversammlung des Gesprächskreises veranstaltet. So haben die Bezirksvorsitzenden zusätzlich die Möglichkeit, Kontakte mit der Industrievertretern des Gesprächskreises zu knüpfen.

Juniorenarbeit
Der unternehmerische Nachwuchs aus den Mitgliedsfirmen des Verbandes wirkt in Juniorenarbeitskreisen daran mit, die Zusammenarbeit zwischen Junioren und Verband zu fördern.

6.4 Arbeit der Regionalgeschäftsführer

Durch die Regionalgeschäftsführer wird die Nähe zu den Mitgliedern vor Ort sichergestellt. Die Aufgabe der Regionalgeschäftsführer besteht in der regionalen und persönlichen Betreuung und der Vertretung der gemeinsamen Interessen der Mitglieder. Durch die Nähe zum regionalen Markt und den ständigen Kontakt zu den Mitgliedern können sie diesen praktische Hilfestellungen für die tägliche Arbeit bieten und die Probleme vor Ort „nach oben tragen", damit u. U. bundesweite Regelungen gefunden werden oder gesehen werden kann, wie diese Fragen in anderen Regionen Deutschlands gelöst werden. Helfen können auch regionale Gesprächsrunden. In den Bezirksversammlungen der Regionen informieren die Mitglieder über aktuelle Entwicklungen in der Branche. Regionale Gesprächskreise sind Besprechungen der Mitglieder in regionalen Wirtschaftsbezirken. Es werden Fragen der jeweils regionalen Märkte besprochen.

6.5 Leistungen des Verbandes für die Mitglieder

Bei einem Verband geht es nicht um „Markt- und Einkaufsmacht" wie bei einem Wirtschaftsunternehmen oder den Kooperationen, sondern um die Betreuung der Mitglieder und deren Interessenvertretung gegenüber Politik und Öffentlichkeit.
Neben der Lobbyarbeit, deren Ziel die Einwirkung auf die Politik in laufenden Gesetzgebungsverfahren ist, gibt er Hilfestellung bei der Umsetzung von gesetzlichen Verpflichtungen, die den Handel treffen, und dies kooperationsunabhängig. Aktuelle Beispiele hierfür sind:

- Umsetzung der Anforderungen aus REACH durch die Schaffung einer Gefahrstoffkommunikation,
- Aufzeigen der Probleme bei den Anfechtungen nach dem Insolvenzgesetz (insbesondere § 133 InsO) und Hinweise, wie man die Risiken reduzieren kann,
- Erstellung eines Informationskonzepts für die Umsetzung der europäischen Bauproduktenrichtlinie.

Weitere Beispiele für die Leistungen des BDB für seine Mitglieder:

- eine Internetsuchmaschine, mit der Kunden Händler finden können,
- Durchführung von Aus- und Weiterbildungsschulungen,
- Erstellung von neutralisierten Zahlen, Daten und Fakten (ZDF) über die Branche,
- eine Intranetseite für Mitglieder mit der Möglichkeit, sich auszutauschen sowie Unterlagen im Downloadbereich zu nutzen,
- Bereitstellung von Mustertexten für die eigene Pressearbeit in lokalen Medien.

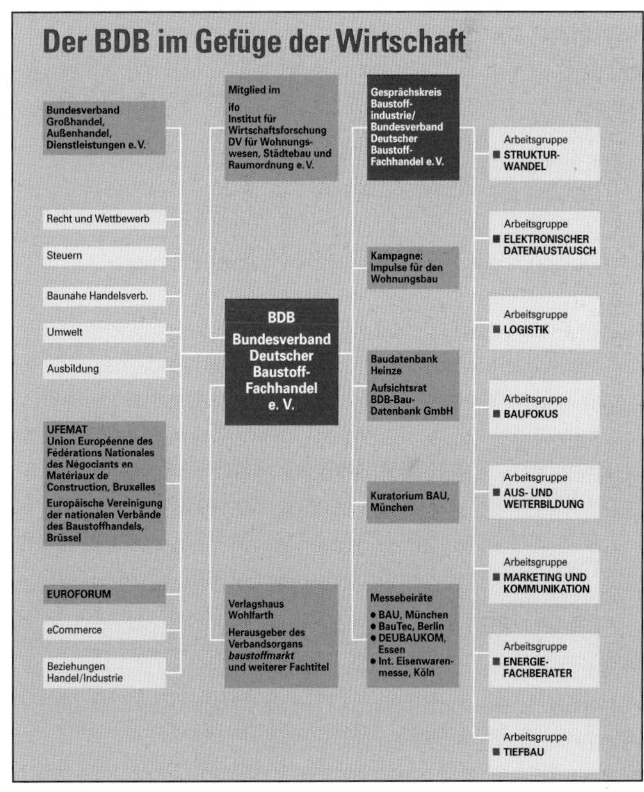

Der BDB im Gefüge der Wirtschaft

7 Der Baustoff-Fachhandel im Internet

Das Internet ist zu einer zentralen Informations- und Kommunikationsplattform geworden. Auch der Baustoff-Fachhandel ist im Internet vielfältig vertreten.

Info

Nutzerzahlen in Deutschland (2015)

Regelmäßig nutzen:
- 28 Mio. Menschen „Facebook"
- 3,1 Mio. Menschen die Suchmaschine „google"
- 1 Mio. Menschen „Twitter"
- 8 Mio. Menschen „Xing"
- 6 Mio. Menschen „LinkedIn"
- 4,2 Mio. Menschen „Instagram"
- 35 Mio. Menschen „Whats App"
- 4 Mio. Menschen „YouTube"

7.1 Die Homepage des BDB (bdb-bfh.de)

Die Homepage des BGB ist die Informationsplattform des Verbandes. Hier erfahren die Verbandsmitglieder alles über die Aktivitäten der Branche und die Leistungen des Verbandes für seine Mitglieder. Ein Downloadbereich bietet Mustertexte und wichtige Informationen für die tägliche Arbeit. Im geschlossenen, mit einem Passwort zugänglichen Bereich können Mitglieder darüber hinaus interne Informationen des Verbandes herunterladen.

Die Homepage des Bundesverbandes Deutscher Baustoff-Fachhandel

Journalisten haben die Möglichkeit, die neuesten Pressemitteilungen des BDB abzurufen, Fotos und Illustrationen downzuloaden und einfach Kontakt mit der Verbandsgeschäftsführung in Berlin aufzunehmen. Sie erhalten Informationen über die Bedeutung des BDB im deutschen Wirtschaftssystem, über die Anzahl der Mitglieder, das Umsatzvolumen der Branche sowie Beschäftigtenzahlen und Informationen über die Ausbildungsquote.

Nicht weniger wichtig ist der Service für die Kunden des Baustoffhandels. Über die BDB-Seite soll es jedem Bauherrn und Renovierer möglich sein, seinen Baustoff-Fachhändler vor Ort zu finden und sich über dessen Sortiment und seinen Internetauftritt zu informieren.

Dem privaten Bauherrn wird deutlich gemacht, dass er im Baustoff-Fachhandel ebenso einkaufen kann wie der Handwerker oder Bauunternehmer. Der Baustoff-Fachhandel muss sich in der Öffentlichkeit als Einkaufsstätte für alle und alles rund um Renovierung und Neubau bekannt machen. Aufklärung tut not, denn im Bewusstsein der meisten Bauherren und Renovierer ist der Baumarkt die einzige Einkaufsstätte für Privatkunden.

7.2 Aktion pro Eigenheim (aktion-pro-eigenheim.de)

Mit der Aktion pro Eigenheim (www.aktion-pro-eigenheim.de) wurde eine Plattform als Ratgeberportal für alle künftigen Wohneigentümer geschaffen. Sie bietet Informationen u. a. zu Baufinanzierung, Fördermitteln, Grundstückssuche und Beratung vor Ort. Als Interessenvertretung fordert die Aktion pro Eigenheim, die vom BDB und dem Gesprächskreis getragen wird, von der Politik eine im europäischen Vergleich angemessene Wohnbauförderung.

Die Homepage der Plattform „Aktion-pro-Eigenheim"

7.3 Energiefachberater (energiefachberater.de)

Schon früh hat der BDB die Bedeutung der Energieeinsparung erkannt. Daher hat er nicht nur den Energiefachberater des Baustoff-Fachhandels geschaffen, sondern auch die Internetseite www.energie-fachberater.de ins Leben gerufen. Auf dieser Seite werden Informationen für Interessierte zusammengetragen, und es besteht die Möglichkeit, einen Energiefachberater vor Ort anzusprechen und mit diesem in Kontakt zu treten. Dies erlaubt dem Händler vor Ort, aus dem Internet Umsätze zu generieren. Wichtig ist dabei, dass die Anfragen von Kunden kommen, die konkret eine Maßnahme planen.

Aktuelle Informationen zur Energieeinsparung und Kontakte zu Energiefachberatern bietet das Portal „Energie-Fachberater".

7.4 Ladungssicherung (ladungssicherung-baustoffe.de)

Jeder Händler kennt das Problem, dass die Art und Weise der Beladung bei eigenen Fahrzeugen oder denen der Kunden beanstandet wird, denn auch für diese Fahrzeuge ist er verantwortlich. Mit der Internetseite www.ladungssicherung-baustoffe.de stellt der BDB auch hier eine umfassende Informationsseite zur Verfügung.

Ratgeberportal „Ladungssicherung Baustoffe"

7.5 Baudatenbank (baudatenbank.de)

Ein erhebliches Rationalisierungspotenzial für den Handel liegt in den elektronischen Daten bzw. im einheitlichen Datenfluss. Bereits früh hat hier der BDB gemeinsam mit dem Gesprächskreis die BDB-BauDatenBank ins Leben gerufen. Zunächst ging es um einen einheitlichen Artikelstammdatensatz, dann aber wurden immer mehr Daten an diese Informationen angefügt (Sicherheitsdatenblätter, Preisinformationen, Informationen zur Beladung ... ein Ende ist nicht absehbar). Müsste der Handel diese Daten und Informationen manuell einpflegen wäre der Aufwand riesig und die einzulagernden Unterlagen würden die meisten Lager sprengen. So aber haben die meisten EDV-Systeme des Handels die entsprechenden Schnittstellen, weil ein einheitlicher Standard vorliegt. Sobald die Daten abgestimmt sind, erfolgen ihre Aktualisierungen automatisch.

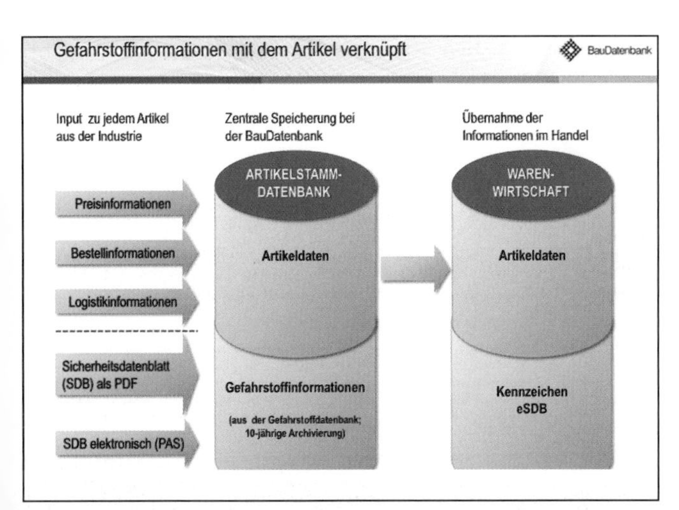

Die Baudatenbank verknüpft alle wichtigen Informationen zu jedem Artikel und erlaubt die Übernahme der Daten in die Warenwirtschaftssysteme des Baustoff-Fachhandels. *Quelle: Baudatenbank*

7.6 Aus- und Weiterbildung (baustoffwissen.de)

Speziell für Auszubildende in der Baustoffbranche hat das Verlagshaus Wohlfarth ein eigenes Portal – baustoffwissen.de – entwickelt. Diese Internetseite steht unter der Schirmherrschaft des BDB. Das Portal bietet Berufsanfängern umfangreiche Hilfestellungen für einen gelungenen Berufsstart, wie zum Beispiel ein Forum, Weiterbildungsangebote, Prüfungsfragen, produktkundliche Beiträge, Berichte von anderen Auszubildenden und vieles mehr. Für Auszubildende und alle, die sich beruflich im Baustoffhandel weiterbilden wollen, ist das Portal eine Fundgrube für Informationen rund um die Ausbildung im Baustoff-Fachhandel. In einem umfangreichen Downloadbereich können Tipps und Hilfsmittel zur täglichen Praxis im Baustofffachhandel heruntergeladen werden. Es sollte für jeden Auszubildenden selbstverständlich sein, die vielfältigen Angebote zu nutzen! Natürlich erhalten auch die Ausbilder im Baustoff-Fachhandel umfassendes Material zur Vorbereitung ihrer verantwortungsvollen Tätigkeit bei der Ausbildung des Nachwuchses.
Über Ausbildungsberufe und Karrierechancen im Baustoff-Fachhandel informiert außerdem folgende Website: groß-handeln.de

Homepage des Aus- und Weiterbildungsportals „Baustoffwissen"

8 Partnerorganisationen des BDB

8.1 Gesprächskreis

Der „Gesprächskreis Baustoffindustrie/Bundesverband Deutscher Baustoffhandel e. V." wurde im Jahre 1982 gegründet. Er ist der sichtbare Ausdruck partnerschaftlicher Zusammenarbeit zwischen Herstellern und Händlern der Baustoffbranche. Mitglieder sind über 70 überregional arbeitende Baustoffhersteller und der Bundesverband Deutscher Baustoffhandel e. V. Der Vorsitzende des Gesprächskreises ist laut Satzung der BDB-Vorsitzende. Der Vorstand setzt sich aus Vertretern der Hersteller und des Handels zusammen. Die Aufgaben des Gesprächskreises werden in der Satzung wie folgt beschrieben:

§ 2 Zweck des Gesprächskreises

Der Gesprächskreis verfolgt den Zweck, die allgemeinen handels- und wirtschaftspolitischen Interessen des deut-

Mitgliederversammlung des Gesprächskreises *Foto: Redaktion*

schen Baustoffhandels zu fördern sowie die Beziehungen zwischen Baustoffhandel und Baustoffindustrie zu pflegen. Außerdem soll der Gesprächskreis die Öffentlichkeitsarbeit des Bundesverbandes des Deutschen Baustoffhandels e. V. unterstützen.

BDB-Arbeitsgruppen

Die Arbeit des Gesprächskreises vollzieht sich in Arbeitsgruppen. Sie werden durch ihre Sprecher aus Handel bzw. Industrie vertreten. Derzeit gibt es acht Arbeitsgruppen, die mit über 200 Experten aus beiden Branchen besetzt sind:

- Arbeitsgruppe Strukturwandel,
- Arbeitsgruppe Elektronischer Datenaustausch,
- Arbeitsgruppe Logistik,
- Arbeitsgruppe BauFocus,
- Arbeitsgruppe Aus- und Weiterbildung,
- Arbeitsgruppe Marketing und Kommunikation,
- Arbeitsgruppe Energiefachberater,
- Arbeitsgruppe Tiefbau.

Die Ergebnisse der Arbeitsgruppen werden auf der jährlichen Mitgliederversammlung vorgetragen. Im Branchenorgan *baustoffmarkt* wird laufend berichtet. Mit dem Gesprächskreis wurde ein Instrument geschaffen, mit dem es möglich ist, bei bestimmten Themenkomplexen nicht nur zu reagieren, sondern auch zu agieren. Zwischen Handel und Industrie besteht ein natürliches Spannungsverhältnis. Bevor es jedoch zu wie auch immer gearteten Diskrepanzen kommt, können Meinungsverschiedenheiten einvernehmlich beigelegt werden. In diesen Fällen ist es dann tatsächlich berechtigt, von gelebter und praktizierter Partnerschaft zu sprechen.

8.2 Bundesverband Großhandel, Außenhandel, Dienstleistungen (BGA)

Der Bundesverband Großhandel, Außenhandel, Dienstleistungen (BGA) (www.bga.de) ist die Spitzenorganisation des Groß- und Außenhandels sowie des Dienstleistungssektors

Exkurs

Impulse pro Kanalbau

Der BDB organisiert Brancheninitiativen oder beteiligt sich daran. Neben der Aktion „pro Eigenheim" wurde aktuell die Initiative „Impulse pro Kanalbau" gestartet. Die Abwasserbeseitigung stellt eine Pflichtaufgabe der öffentlichen Hand, explizit der Städte und Gemeinden, dar. Gleichzeitig hat die Verpflichtung zur Nachhaltigkeit von Bausubstanz – und dazu muss selbstverständlich auch die Kanalisation gezählt werden – in nationale Vorgaben Einzug gehalten. Beispielsweise schreibt die Bauprodukten-Verordnung in Nachfolge der bisherigen Bauprodukten-Richtlinie ab Juli 2013 vor, dass Aspekte der Nachhaltigkeit umgesetzt werden müssen.

Die Aktionsgemeinschaft „Impulse pro Kanalbau" setzt sich deshalb konstruktiv mit gesetzlichen Anforderungen an die Kanalisation und weitergehend mit Umsetzungsmöglichkeiten durch die öffentliche Hand auseinander. Mit empirisch belegten Argumenten wird die zum Teil als dramatisch zu beurteilende Situation der Kanalnetze in Deutschland aufgezeigt. Gleichzeitig werden Forderungen an die Politik gestellt, die als zielführend für Umwelt, Wirtschaft und Gesellschaft betrachtet werden.

Mit Unterstützung dieser Initiative wird somit auch der Tiefbau nachhaltig gestärkt.

in der Bundesrepublik Deutschland. Er wurde 1916 gegründet und nach einer Unterbrechung durch den Zweiten Weltkrieg 1949 erneut aktiviert. Er hat die Aufgabe, die allgemeinen berufsständischen, wirtschafts- und sozialpolitischen Interessen seiner Mitglieder und deren Mitgliedsunternehmen zu vertreten und zu fördern. In Kooperation mit seinen Mitgliedern nimmt der BGA als Spitzenorganisation seiner Wirtschaftsstufe Stellung zu Gesetzesvorhaben. Er unterhält intensive Kontakte mit Vertretern aus Bundestag, Bundesrat und der Bundesregierung.

BGA-Präsident Anton F. Börner (l.) mit Bundeskanzlerin Angela Merkel auf dem Unternehmertag 2014 *Foto: Annett Melzer/BGA*

Der BGA setzt sich derzeit zusammen aus 28 Landes- und Regionalverbänden als Arbeitgeber- und Regionalverbände, welche als Tarifträgerverbände insbesondere für die Lohn- und Sozialpolitik verantwortlich sind, und 43 Fachverbänden, welche die gesamte Palette des Groß- und Außenhandels abdecken.
Der BGA selbst ist wiederum Mitglied in zahlreichen deutschen und europäischen Wirtschaftsorganisationen. Der BGA hat neun Fachbereiche:

- Presse- und Öffentlichkeitsarbeit,
- Außenwirtschaft,
- Tarif- und Sozialpolitik,
- berufliche Bildung,
- Recht und Wettbewerb,
- Volkswirtschaft und Finanzen,
- Agrar- und Umweltpolitik ,
- Logistik und Verkehr,
- Kommunikation.

An der Spitze des BGA steht das Präsidium mit seinem Präsidenten. Dieser wird unterstützt durch verschiedene Vizepräsidenten. Die Geschäftsführung wird durch den Hauptgeschäftsführer und eine Reihe von Geschäftsführern wahrgenommen.
Neben den Fachbereichen existiert eine große Zahl von Ausschüssen, so z. B.:

- Sozialpolitischer Ausschuss,
- Berufsbildungsausschuss,
- Ausschuss für Produktionsverbindungshandel,
- Ausschuss für Konsumgüterhandel,
- Verkehrsausschuss,
- Steuerausschuss,
- Wettbewerbsausschuss,
- Umweltausschuss,
- Europa-Koordinierungskommission,
- Rechtsausschuss,
- Außenwirtschaftsausschuss.

8.3 UFEMAT

Auf internationaler Ebene gehört der BDB der UFEMAT („Union Européenne des Fédérations Nationales des Négociants en Matériaux de Construction" oder „Europäische Vereinigung der Nationalen Baustoffhändler-Verbände") an. Diese Organisation ist der europäische Verband des Baustoff-Fachhandels. Die UFEMAT wurde 1959 in Brüssel gegründet. Das Ziel der UFEMAT ist es, die Interessen des europäischen Baustoff-Fachhandels zu vertreten und insbesondere den mittelständischen Unternehmen die Möglichkeit zu geben, an der europäischen Integration der Baustoffmärkte teilzunehmen und diese aktiv zu gestalten. Immer mehr gesetzliche Vorgaben starten in Brüssel, weshalb eine gute Interessensvertretung dort wichtig ist. Als Beispiel sei hier die Bauproduktenverordnung genannt.
In der UFEMAT haben sich die nationalen Verbände des Baustoff-Fachhandels aus 16 Ländern zusammengeschlossen. Heute gehören der UFEMAT die nationalen Baustoffhandelsverbände folgender Länder an:

- Belgien,
- Bulgarien,
- Dänemark,
- Deutschland,
- Frankreich,
- Großbritannien,
- Irland,
- Italien,
- Luxemburg,
- Niederlande,
- Österreich,
- Portugal,
- Schweden,
- Schweiz,
- Slowakei,
- Ungarn.

Sitz des Verbandes ist Brüssel. Die Verbände der UFEMAT vertreten über 9 000 Unternehmen.
Die UFEMAT ist vorrangig auf vier Ebenen aktiv:

- Kontakte zu den europäischen Behörden,
- Kontakte zur Öffentlichkeit,
- Kontakte zur bauausführenden Wirtschaft,
- Kontakte zur europäischen Baustoffindustrie.

Die UFEMAT verfolgt aufmerksam die Entwicklung des Vertriebs von Baustoffen, des Managements, der Aus- und

Partnerorganisationen des BDB

Weiterbildung, der technischen Aspekte der Baustoffe, der neuen Produktentwicklungen, der Logistik, der Information, der europäischen Gesetzgebung usw. Der Verband bietet sich als Anspechpartner für all diejenigen an, die den europäischen Baustoff-Fachhandel als qualifizierten Vertriebspartner für Baustoffe betrachten.

Zu diesem Zweck pflegt die UFEMAT Kontakte mit den verschiedenen Generaldirektionen der Europäischen Kommission (Industrie, Normen, Wettbewerbspolitik). Ferner hat die UFEMAT 1996 ein „EURO-FORUM (UFEMAT/europäische Baustoffindustrie") gegründet, um gemeinsam mit der europäischen Baustoffindustrie den Vertrieb von Baustoffen über den europäischen Baustoff-Fachhandel zu sichern.

Das Logo des europäischen Dachverbandes des Baustoff-Fachhandels UFEMAT

Stichwortverzeichnis

Stichwortverzeichnis

C

D

E

Stichwortverzeichnis

M

N

O, Ö

P

Stichwortverzeichnis

Stichwortverzeichnis

Literaturverzeichnis

Altmann, Hans Christian: Kunden kaufen nur von Siegern. Redline Verlag (München), 8. Ausgabe, 2015

Armstrong, J. Scott: Werbung mit Wirkung – Bewährte Prinzipien überzeugend einsetzen. Schäffer-Pöschel Verlag (Stuttgart), 2011.

Backhaus, Klaus/Schneider, Helmut: Strategisches Marketing. Schäffer-Pöschel Verlag (Stuttgart), 2. Aufl., 2009.

Beck, Martin, Bichler, Klaus: Beschaffung und Lagerhaltung im Handelsbetrieb I + II. Reihe: Gabler Studientexte, Gabler Verlag (Wiesbaden), 1999.

Becker, Jochen: Marketing-Konzeption: Grundlagen des ziel-strategischen und operativen Marketing-Managements. Vahlen (München), 10. Aufl., 2012.

Berger, Roland: Marketingmix. In: Marketing-Enzyklopädie (S. 597)

Birkenbihl, Vera F.: Fragetechnik ... schnell trainiert. Das Trainingsprogramm für Ihre erfolgreiche Gesprächsführung. mvg Verlag (München), 16. Aufl., 2007.

Böcker, Jens/Ziemen, Werner/Butt, Katja: Marktsegmentierung in der Praxis. Der Kunde im Fokus. Business Village (Göttingen), 2004.

Bundesministerium für Umwelt, Naturschutz, Bau und Reaktorsicherheit (BMUB) (Hrsg.): Leitfaden Nachhaltiges Bauen. Berlin, 2. Ausg., 2014 (Download: www.nachhaltigesbauen.de).

Cluse, Michael/Engels, Jörg (Hrsg.): Basel II – Handbuch zur praktischen Umsetzung des neuen Bankenaufsichtsrecht. Erich Schmidt Verlag (Berlin), 2005.

Detroy, Erich-Norbert: Sich durchsetzen in Preisgesprächen und Preisverhandlungen. Finanzbuch Verlag (München), 17. Aufl., 2015

Dohse, Roderich: Die Verjährung. Boorberg (Stuttgart), 10. Aufl., 2005.

Donner, Paul und Bandler, Richard: Die Schatztruhe: NLP im Verkauf. Neue Wege und Übungen zum Erfolg. Junfermann Verlag (Paderborn), 4. Aufl., 1999.

Ebert, Günter: Kosten- und Leistungsrechnung: Mit einem ausführlichen Fallbeispiel. Gabler Verlag (Wiesbaden), 10. Aufl., 2004.

Fisch, Norbert, Goerke, Julia, Hofmann, Klaus B., Lemaitre, Christine u. a.: Nachhaltiges Bauen und Sanieren – Nachhaltige Bauprodukte – Zertifizierungen. Weka Media (Kissing), 2011.

Freter, Herrmann: Markt- und Kundensegmentierung. Kundenorientierte Markterfassung und -bearbeitung. Kohlhammer (Stuttgart), 2. Aufl., 2008.

Friedrich, Kerstin: Empfehlungsmarketing. Neukunden gewinnen zum Nulltarif. Gabal-Verlag (Offenbach), 4. Aufl., 2004.

Fritz, Wolfgang: Internet-Marketing und Electronic Commerce: Grundlagen – Rahmenbedingungen – Instrumente. Gabler Verlag (Wiesbaden), 3. Aufl., 2004.

Greff, Günter: Telefonverkauf mit noch mehr Power. Kunden gewinnen, betreuen und halten. Gabler Verlag (Wiesbaden), 4. Aufl., 2006.

Grossmann, Matthias: Einkauf: Kosten senken – Qualität sichern – Einsparpotenziale realisieren. Redline Verlag (München), 5. Aufl., 2012.

Häberle, Siegfried Georg (Hrsg.): Handbuch für Kaufrecht, Rechtsdurchsetzung und Zahlungssicherung im Außenhandel. Verlag Oldenbourg (München), 2002.

Heisiep, Armin: Haftung des Baustoffhändlers für Aus- und Einbaukosten mangelhafter Baumaterialien? In: IBR Immobilien- & Baurecht 19 (2008), Nr.9, S. 507.

Hentze, Joachim/Graf, Andrea/Kammel, Andreas: Personalführungslehre: Grundlagen, Funktionen und Modelle der Führung. Haupt UTB (Stuttgart), 4. Aufl., 2005.

Kittner, Michael/Zwanziger, Bertram/Deinert, Olaf (Hrsg.): Arbeitsrecht – Handbuch für die Praxis. Bund Verlag (Frankfurt/M), 7. Aufl., 2013, Nachaufl. 2015.

Kindler, Peter: Grundkurs Handels- und Gesellschaftsrecht. C. H. Beck (München), 7. Aufl., 2014.

Klepzig, Heinz-Jürgen: Working Capital und Cash Flow – Finanzströme durch Prozessmanagement optimieren. Springer Gabler (Wiesbaden), 3. Aufl., 2014.

Koldau, Alexander: Einstiegsstrategien in den Internethandel: Entwicklung eines Leitfadens für den Baustoffhandel. Kovac Verlag (Hamburg), 2004.

Kotler, Philip/Keller, Kevin L./Bliemel, Friedhelm: Marketing-Management: Strategien für wertschaffendes Handeln. Pearson Studium (Hallbergmoos), 12. Aufl., 2007.

Literaturverzeichnis

Krenzer, Marco: Kauf von Baumaterial: Streckengeschäft endet dort, wo der Werkvertrag beginnt. In: IBR Immobilien- & Baurecht 25 (2014), Nr. 2, S. 112.

Kroeber-Riel, Werner/Gröppel-Klein, Andrea: Konsumentenverhalten. Vahlen (München), 10. Aufl., 2013.

Langenbeck, Jochen: Kosten- und Leistungsrechnung: Grundlagen. Vollkostenrechnung. Teilkostenrechnung. Plankostenrechnung. Prozesskostenrechnung. Zielkostenrechnung. Kosten-Controlling. NWB Verlag (Herne), 2. Aufl., 2011.

Lohmann, Martin: Abschreibungen, was sie sind und was sie nicht sind. In: Der Wirtschaftsprüfer. 1949, ISSN 202843-8, S. 353–360.

Meyer, Annemike: Telefonmarketing – So machen Sie mehr Umsatz am Telefon. Business Village Verlag (Göttingen), 2004.

Müller-Stewens, Günter und Lechner, Christoph: Strategisches Management. Wie strategische Initiativen zum Wandel führen. Schäffer-Poeschel Verlag (Stuttgart), 4. Aufl., 2012.

Nagel, Ulrich: Zahlungsforderungen sichern und durchsetzen. 16 baupraktische Wege. Handlungsanleitungen, Praxisbeispiele, Musterbriefe, aktuelle Rechtsprechung. Mit CD-ROM. Bauwerk Verlag (Berlin) 2. Aufl., (2008).

Nieschlag, Robert/Dichtl, Erwin/Hörschgen, Hans: Marketing. Duncker & Humblot (Berlin), 19. Aufl., 2002.

Pepels, Werner (Hrsg.): Marktsegmentierung. Erfolgsnischen finden und besetzen. Symposion Publishing (Düsseldorf), 2. Aufl., 2007.

Perridon, Louis/Steiner, Manfred/Rathgeber, Andreas: Finanzwirtschaft der Unternehmen. Vahlen (München), 16. Aufl., 2012.

Pfohl, Hans-Christian: Logistiksysteme: Betriebswirtschaftliche Grundlagen. Springer-Verlag (Heidelberg), 8. Aufl., 2009.

Probst, Hans-Jürgen: Kennzahlen leicht gemacht. Verlag Redline (Frankfurt/M), 2004.

Radke, Horst-Dieter: Kostenrechnung. Haufe Lexware (Freiburg/Breisgau), 5. Aufl., 2009.

Rönnecke, Dirk: Kundenorientiertes Beschwerdemanagement. expert-verlag (Renningen), 2. Aufl., 2006

Hans Ruchti: Die Bedeutung der Abschreibung für den Betrieb. Junker und Dünnhaupt (Berlin), 1942.

Rüde-Wissmann, Wolf: Super-Selling – Rhetorik, Dialektik, Verkaufspsychologie. Wirtschaftsverlag Langen Müller/Herbig (München), 1989.

Rutzki, Assi: Reklamationsmanagement als Kundenbindungsinstrument im eCommerce. Grin-Verlag (München), 2013.

Schaub, Günter: Arbeitsrechts-Handbuch, (bearbeitet von Ulrich Koch, Rüdiger Linck, Jürgen Treber, Hinrich Vogelsang). C. H. Beck (München), 15. Aufl., 2013.

Schnabel, Claus: Gewerkschaften und Arbeitgeberverbände: Organisationsgrade, Tarifbindung und Einflüsse auf Löhne und Beschäftigung. In: Zeitschrift für Arbeitsmarkt-Forschung, Jg. 38, H. 2/3, S. 181–196., 2005.

Schneider, Roman: Der Mahnbescheid und seine Vollstreckung. Boorberg (Stuttgart), 6. Ausg., 2008.

Schumacher, Bernt: Kosten- und Leistungsrechnung: Für Industrie und Handel. NWB Verlag (Herne), 5. Aufl., 2006.

Schumann, Peter: Kurzfristige Erfolgsrechnung in der Kostenrechnung – Abgrenzung von der Gewinn- und Verlustrechnung. Grin-Verlag (München), 2013.

Scott-Morgan, Peter, Die heimlichen Spielregeln – Die Macht der ungeschriebenen Gesetze im Unternehmen. Campus Verlag (Frankfurt/M), 2008.

Siegert, Gabriele und Brecheis, Dieter: Werbung in der Medien- und Informationsgesellschaft. Eine kommunikationswissenschaftliche Einführung. VS-Verlag (Heidelberg), 2. Aufl., 2011.

Silberer, Günter und Kretschmar, Carsten: Multimedia im Verkaufsgespräch: Mit zehn Fallbeispielen für den erfolgreichen Einsatz. Springer-Verlag (Heidelberg), 2013.

Stangl, Anton: Verkaufen muss man können. Econ (Berlin), 3. Aufl., 1991.

Staub, Gregor: Das große mega memory® Gedächtnistraining, Multimedia Edition. www.gregorstaub.com

Unger, Fritz und Fuchs, Wolfgang: Management der Marketing-Kommunikation. Springer-Verlag (Heidelberg), 3. Aufl., 2005.

Vieweg, Klaus und Werner, Almuth: Sachenrecht. Carl Heymanns Verlag (Köln), 2. Aufl., 2007.

Vogel, Ingo: Top Emotional Selling: Die 7 Geheimnisse der Spitzenverkäufer. Gabal Verlag (Offenbach), 7. Aufl., 2009.

Vry, Wolfgang: Beschaffung und Lagerhaltung: Materialwirtschaft für Handel und Industrie. Verlag Neue Wirtschaftsbriefe (Herne), 5. Aufl., 2000.

Watzlawick, P., Beavin, J.H., Jackson, D. D.: Menschliche Kommunikation. Verlag Huber (Bern), 1990.

Weber, Rainer: Lageroptimierung: Bestände – Abläufe – Organisation – Datenqualität – Stellplätze. Expert-Verlag (Renningen), 2009.

Wessling, Ewald: 30 Minuten Lernen von Google & Co. Gabal Verlag (Offenbach), 2. Aufl., 2010.

Wiehle, Ulrich/Diegelmann, Michael/Deter, Henryk/Schömig, Peter Noel: Unternehmensbewertung: Methoden – Rechenbeispiele – Vor- und Nachteile. Cometis Publishing (Wiesbaden), 2004.

Wilde, Klaus D./Dusch, Reinhard: Die Planung von Markt- und Investitionsstrategie im mittelständischen Baustoffhandel. In: Schmalenbachs Zeitschrift für betriebswirtschaftliche Forschung (Zfbf), Bd. 34 (1982), S. 1090–1098.

Winter, Eggert (Hrsg.): Gabler Wirtschaftslexikon. Springer Fachmedien (Wiesbaden), 18. Aufl., 2013.

Wirth, Axel/Kuffer, Johann (Hrsg.): Der Baustoffhandel – Ein Rechtshandbuch für die Praxis. Kohlhammer Verlag (Stuttgart), 2010.

Wöhe, Günter und Döring, Ulrich: Einführung in die Allgemeine Betriebswirtschaftslehre. Vahlen (München), 25. Aufl., 2013.

Wölffer, Ingo: Eigentumsvorbehalt kraft Handelsbrauch? Zivilrecht/Kaufrecht. In: Baustoffmarkt (2004), Nr. 2, S. 212.

Nützliche Internet-Adressen

Branche

Bundesverband Deutscher Baustoff-Fachhandel e. V. (BDB):
www.bdb-bfh.de

Baustoffring Förderungsgesellschaft mbH:
www.baustoffring.com

Baustoff-Verbund Süd GbR:
www.baustoffverbund.de

BHB – Handelsverband Heimwerken, Bauen und Garten e. V.:
www.bhb.org

Bundesverband Großhandel, Außenhandel, Dienstleistungen (BGA) e. V.:
www.bga.de

COBA-Baustoffgesellschaft für Dach + Wand GmbH & Co. KG:
www.coba-osnabrueck.de

Eurobaustoff Handelsgesellschaft mbH & Co. KG:
www.eurobaustoff.de

EURO-MAT S.A. – europäische Kooperation des unabhängigen Baustoff- und Holzfachhandels:
www.euro-mat.com

Hagebau Handelsgesellschaft für Baustoffe mbH & Co. KG:
www.hagebau.com

MB-Kauf Baustoff-Fachhändler GmbH & Co. KG:
www.mb-kauf.de

Nowebau GmbH & Co KG:
www.nowebau.de

Branchen-Medien

Baustoffmarkt – Das Nachrichtenportal für die Baustoff-Branche:
www.baustoffmarkt-online.de

Bau-Netz Media GmbH:
www.baunetz.de

BDB – Bau-Datenbank GmbH:
www.baudatenbank.de

Informationsplattform für Bauprodukte, Firmenprofile und Architekturobjekte:
www.heinze.de

Fenster-Türen-Technik Nachrichtenportal:
www.fenster-tueren-technik.de

Ratgeber zum Thema Ladungssicherung von Baustoffen:
www.ladungssicherung-baustoffe.de

Aus- und Weiterbildung, Beruf

Das Aus- und Weiterbildungsportal für die Baustoff-Branche:
www.baustoffwissen.de

DAHD Bildungszentrum Groß- und Außenhandel:
www.dahd.de

Bundesverband Deutscher Verwaltungs- und Wirtschafts-Akademien e. V.:
www.vwa.de

Info-Portal für Ausbildung in der Baustoffindustrie:
www.baudeinezukunft.com

Branchenübergreifendes Ausbildungsportal:
www.azubister.net

E-Learning Plattform des Baustoff-Fachhandels:
www.baustoffe-lernen.de

Fach- und Beratungswissen für Fachhandelsverkäufer und Verkäufer des Hartwarenhandels:
www.baumarktwissen.eu

Adressen und Kursangebote der Volkshochschulen (VHS):
www.vhs.de

Portal für Berufsinformationen der Bundesagentur für Arbeit:
http://berufenet.arbeitsagentur.de

Portal für Stellenangebote:
www.jobs.de

Akademien der Baustoffhersteller

ACO:
www.aco-academy.de

Braas:
www.braas-akademie.de

Deutsche Rockwool:
www.rockwool.de

Knauf Gips:
www.knauf-akademie.de

Saint-Gobain Isover:
www.isover.de

Saint-Gobain Weber:
www.sg-weber.de/akademie

Ytong Silka (Xella):
www.ytong-silka.de

Verschiedenes

Berufsgenossenschaft Handel und Warenlogistik:
www.bghw.de

Deutsches Bundesrecht nach Rechtsgebieten:
www.rechtliches.de

Gläubigerschutz-Gemeinschaft Baustoff-Fachhandel (GSG):
www.gsg-bfh.de

IHK-Finder:
www.dihk.de/ihk-finder/ihk-finder-dihk.html

Politik und Wirtschaft

Bundesministerium für Umwelt, Naturschutz, Bau und Reaktorsicherheit:
www.bmub.bund.de

Statistisches Bundesamt (Destatis):
www.destatis.de

Förderprogramme

Fördermittelrecherche für Hausbesitzer und Bauherren:
www.foerdermittel-auskunft.de

KfW Bankengruppe:
www.kfw.de

Firmenporträts

Namhafte Baustoffhersteller empfehlen sich in diesem Buch mit ganzseitigen Firmenporträts dem Nachwuchs des Baustoff-Fachhandels.

Als Partner des Baustoff-Fachhandels legen diese Unternehmen besonderen Wert auf die Vermittlung von technischem Know-how.

Baustoffe werden technisch immer anspruchsvoller und der Baustoff-Fachhandel muss immer stärker in den Baustoff-Systemen der Industrie mitdenken, um als anerkannter Verkäufer erfolgreich zu sein.

Somit gewinnt die Aus- und Weiterbildung im Baustoff-Fachhandel weiter an Bedeutung und wird von zahlreichen Unternehmen der Baustoffindustrie vielfältig unterstützt.

Zementwerk Amöneburg
Foto: Dyckerhoff

Notizen

Notizen